Elektronik Tabellen Energie- und Gebäudetechnik

Dr. Michael Dzieia, Darmstadt
Heinrich Hübscher, Lüneburg
Dieter Jagla, Neuwied
Jürgen Klaue, Roxheim
Harald Wickert, Emmelshausen

westermann

Diesem Buch wurden die bei Manuskriptabschluss vorliegenden neuesten Ausgaben der DIN-Normen, VDI-Richtlinien und sonstigen Bestimmungen zu Grunde gelegt. Verbindlich sind jedoch nur die neuesten Ausgaben der DIN-Normen und VDI-Richtlinien und sonstigen Bestimmungen selbst.

Die DIN-Normen wurden wiedergegeben mit Erlaubnis des DIN Deutsches Institut für Normung e.V. Maßgebend für das Anwenden der Norm ist deren Fassung mit dem neuesten Ausgabedatum, die bei der Beuth-Verlag GmbH, Burggrafenstraße 6, 10787 Berlin, erhältlich ist.

Auf verschiedenen Seiten dieses Buches befinden sich Verweise (Links) auf Internet-Adressen.
Haftungshinweis: Trotz sorgfältiger inhaltlicher Kontrolle wird die Haftung für die Inhalte der externen Seiten ausgeschlossen. Für den Inhalt dieser Seiten sind ausschließlich deren Betreiber verantwortlich. Sollten Sie bei dem angegebenen Inhalt des Anbieters dieser Seite auf kostenpflichtige, illegale oder anstößige Inhalte treffen, so bedauern wir dies ausdrücklich und bitten Sie, uns umgehend per E-Mail unter www.westermann.de davon in Kenntnis zu setzen, damit der Verweis beim Nachdruck gelöscht wird.

3. Auflage, 2007
Druck 4, Herstellungsjahr 2010

Redaktion: Armin Kreuzburg, Gabriele Wenger
Verlagsherstellung: Harald Kalkan
Satz und Layout: Fa. Lithos, Dirk Hinrichs, Wolfenbüttel
Druck und Bindung: westermann druck GmbH, Braunschweig

ISBN 978-3-14-**22 5036**-6

Verhalten bei Notfällen – *Behaviour in emergencies*

Logo: Erste Hilfe

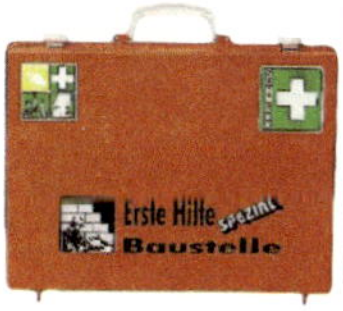

Erste-Hilfe-Kasten

Rettungsdienste:

Malteser, Deutsches Rotes Kreuz, ASB, DLRG, Johanniter-Unfall-Hilfe

Notfall-Rettungskette

1. **Sofortmaßnahme**
2. **Notruf**
3. **Erste Hilfe**
4. **Rettungsdienst**
5. **Krankenhaus**

Notruf

- Wo ist der Unfall?
- Was ist geschehen?
- Wie viele Verletzte gibt es?
- Welche Verletzungen sind vorhanden?
- Warten auf Rückfragen!

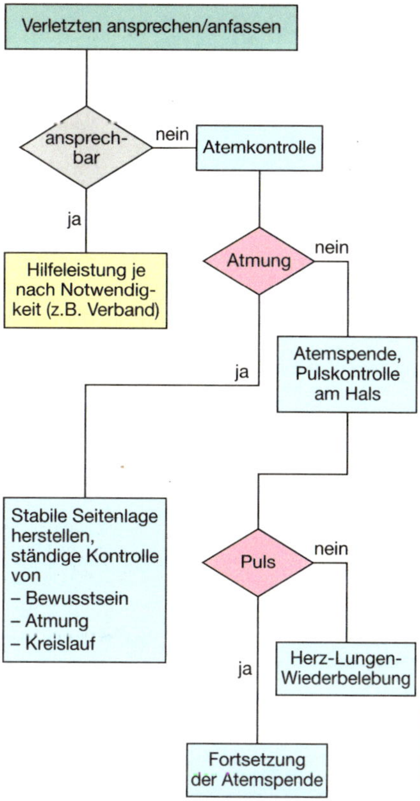

	Versagen der Atmung/ Atemstillstand	Herzversagen/ Herzstillstand	Kreislaufversagen/ Schock	Starke Blutung
Symptome	• Flache, unregelmäßige Atmung bzw. keine Atembewegung mehr wahrnehmbar; • keine Atemgeräusche hörbar; • bläuliche Verfärbung der Haut (Lippen, Ohrläppchen); • Bewusstlosigkeit	• Bewusstlosigkeit; • erweiterte Pupillen; • blaue oder weißliche (blasse) Verfärbung der Haut	• Schwacher, beschleunigter Puls; • feuchte, blasse, kalte Haut; • Unruhe, Angst	• Bei Verletzung der Schlagader pulsierender Blutaustritt; • hellrote Farbe des Blutes
Maßnahmen	• Verletzten in stabile Seitenlage bringen; • Mund- und Rachenraum von Fremdkörpern (Speisereste, Erbrochenes) säubern; • Atmung überwachen; • Bei Atemstillstand mit der Atemspende beginnen	• Sofort mit Herzdruckmassage beginnen; • Achtung: Ersthelferausbildung ist hierfür unbedingt erforderlich	• Schocklage herstellen (Oberkörper flach legen, Beine schräg nach oben); • Achtung: Schocklage nicht bei Verletzung der Beine oder Wirbelsäule; • vor Unterkühlung schützen; • durch Ansprache beruhigend wirken; • Atmung und Puls kontrollieren	• Druckverband anlegen, sterile Auflage (Einmalhandschuh verwenden!); • leichte Blutung aus Nase: Kopf nach vorne neigen, Kinn in die Hand stützen lassen, kalter Umschlag auf den Nacken; • bei verletzter Schlagader die Ader abdrücken bzw. abbinden

Vorwort

Die Elektronik Tabellen „Energie- und Gebäudetechnik“ sind an den zunehmend auftrags-, projekt- und prozessorientierten Arbeiten im Bereich der Elektroinstallation ausgerichtet. Berücksichtigt werden dabei die Verknüpfungen zwischen fachlichen, wirtschaftlichen und kaufmännischen Belangen. Demzufolge werden zu Beginn des Buches die Beziehungen zwischen dem betrieblichen Umfeld und den Kunden bzw. dem Auftragswesen vorgestellt. Mit Hilfe dieses Buches lassen sich somit ganzheitliche Praxisprobleme lösen und die berufliche Handlungskompetenz verbessern.

Die Kapitel des Buches orientieren sich an den **Lernfeldern** der Rahmenlehrpläne. Es werden dazu die Sachverhalte im Umfeld ihrer Anwendungs- und Handlungsbereiche dargestellt. Im Vordergrund steht dabei der Praxisbezug, der in enger Verbindung mit dem technologischen Zusammenhang steht.

Für jedes Kapitel sind auf einer bzw. mehreren Seiten wesentliche technologische Sachverhalte übersichtlich dargestellt. Die komplexen technischen Zusammenhänge werden dabei strukturiert dargestellt und mit verschiedensten Veranschaulichungs- und Darstellungsmitteln präsentiert (Tabellen, Struktogramme, Diagramme der verschiedensten Art, Zeichnungen,Technologieschemata). Die Darstellungsart ist dem jeweiligen Sachverhalt angepasst. Durchgängig werden Farben verwendet, die für die Verdeutlichung der Funktionen sowie zur Unterscheidung eingesetzt werden. Vielfältige Fotos veranschaulichen die Praxissituationen. Besonderer Wert wurde auf die Darstellung von Arbeitssicherheit und dem Schutz bei der beruflichen Tätigkeit gelegt.

Dieses Buch ist in erster Linie für die/den **Elektronikerin/Elektroniker der Fachrichtung Energie- und Gebäudetechnik** gedacht. Dabei wird besonders berücksichtigt, dass in diesem Arbeitsbereich zunehmend informations- und kommunikationstechnische Systeme installiert, repariert und gewartet werden. Es ist aber auch aufgrund seines großen Praxisbezuges für andere Elektroberufe einsetzbar. So ist es z. B. für die/den Elektronikerin/Elektroniker der Fachrichtung Informations- und Telekommunikationstechnik sowie die/den Systemelektronikerin/ Systemelektroniker im schulischen und beruflichen Alltag einsetzbar. Dieses wird besonders deutlich durch die Behandlung der Themen Gebäudesystemtechnik mit aktuellen Bussystemen, Internet, Satellitenempfang, PC-Komponenten u. ä.

Dieses Werk ist besonders gut für die theoriegeleitete praktische Arbeit geeignet. Darüber hinaus lässt es sich sehr gut bei unterschiedlichsten Planungsaufgaben sowie in der Fort- und Weiterbildung einsetzen.

Dem zusammenwachsenden europäischen Markt wird dadurch Rechnung getragen, dass die Überschriften und das Stichwortverzeichnis auch in englischer Übersetzung angegeben sind.

Autoren und Verlag wünschen ein zielstrebiges und erfolgreiches Arbeiten mit diesem Werk und sind für Hinweise und Verbesserungsvorschläge jederzeit aufgeschlossen und dankbar.

Autoren und Verlag
Braunschweig 2007

Betrieb und Umfeld 1

Betriebsgründung – *Foundation of a company*

Anmeldung eines handwerklichen Gewerbes

Handwerkskammer	Gewerbeamt
• Die Handwerkskammer hat ein Verzeichnis zu führen, in dem die selbstständigen Handwerker eingetragen sind (Handwerksrolle). • Für Handwerksbetriebe besteht die Pflichtmitgliedschaft. • In die Handwerksrolle können auch Absolventen deutscher Hochschulen mit Diplom und Abschlussprüfungen eingetragen werden, wenn eine entsprechende Gesellenprüfung oder drei Jahre Fachpraxis vorliegen.	• Laut Gewerbeordnung muss der selbstständige Betrieb eines bestehenden Gewerbes der zuständigen Gemeinde angezeigt werden (Gewerbeamt/ Gemeindeamt). • Gewerbeamt gibt Mitteilung über Gewerbeanzeige u. a. weiter an: – Finanzamt – Handwerkskammer – Staatliches Amt für Arbeitsschutz und Sicherheitstechnik – Berufsgenossenschaft – AOK, Arbeitsamt

Meldepflichten bei Gewerbeanmeldung

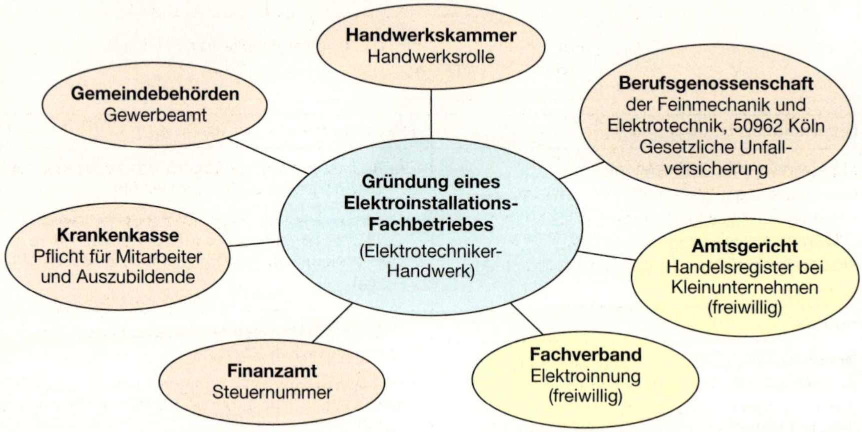

Handwerksordnung (HWO)

- Handwerksordnung legt fest, dass selbstständige Gewerbeausübung an den großen Befähigungsnachweis (Meisterprüfung) gekoppelt ist.
- Handwerker können in verwandtem Handwerk ohne zusätzliche Meisterprüfung tätig sein.
- HWO von 1998 legt 94 Vollhandwerke fest, darunter drei elektrotechnische.
- Für Ausübungsberufe können mehrere Ausbildungsordnungen (Ausbildungsberufe) erlassen werden.
- §5 und §7a ermöglichen Arbeiten in anderen Gewerken, falls sie technisch oder fachlich mit eigenem Gewerk zusammenhängen oder dieses wirtschaftlich ergänzen.

Handwerkliche Elektroberufe

Ausübungsberuf (Meisterprüfung)	Elektromaschinenbauer ⟷ verwandte Ausübungsberufe	Elektrotechniker ⟷ verwandte Ausübungsberufe	Informationstechniker
Ausbildungsberuf (Gesellenprüfung)	Elektroniker/-in für Maschinen- und Antriebstechnik	• Elektroniker/-in mit den Fachrichtungen – Energie- und Gebäudetechnik – Automatisierungstechnik – Informations- und Telekommunikationstechnik • Systemelektroniker/-in	Informationselektroniker/-in mit den Schwerpunkten – Bürosystemtechnik – Geräte und Systemtechnik

Rechtsformen von Unternehmen – *Legal forms of companies*

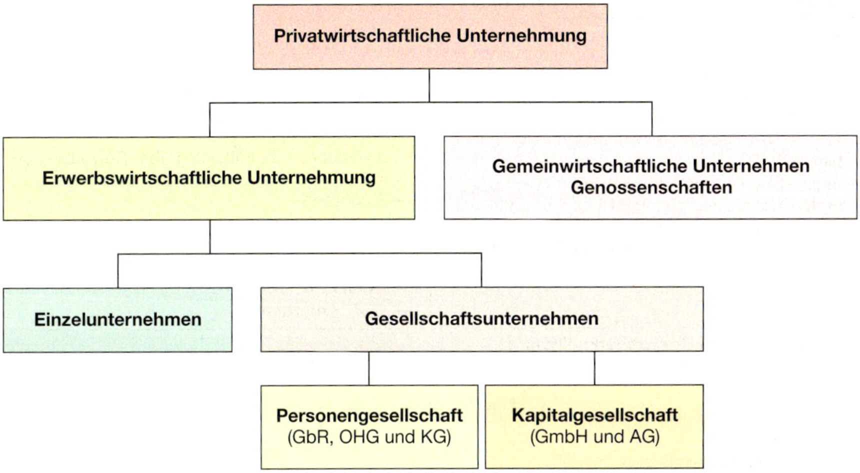

Unternehmen/Unternehmung

Marktwirtschaftliche Einheit mit

- selbstständiger Wirtschaftsplanbestimmung,
- Verfolgung des erwerbswirtschaftlichen Prinzips (Gewinnmaximierung) bei eigenem Risiko.

Ein Unternehmen kann aus mehreren Betrieben bestehen.

Betrieb

Örtlich begrenzte Wirtschaftseinheit zur Erstellung von Sachgütern und Dienstleistungen.

Durch Kombination der Produktionsfaktoren werden die Leistungen unter Beachtung des Wirtschaftlichkeitsprinzips erstellt und vertrieben.

Rechtsform einer Unternehmung

Die Rechtsform legt die Unternehmensstruktur mit externer und interner Wirksamkeit fest.

- Extern werden die Rechtsbeziehungen zwischen der Unternehmung mit außenstehenden Personen, anderen Unternehmen und dem Staat festgelegt.
- Intern werden durch die Rechtsform u. a. die Rechte und Pflichten der einzelnen Gesellschafter zueinander festgelegt.
- Im Rahmen der inneren Organisation wird durch die Rechtsform u. a. die Leitungsbefugnis vorgegeben.

Rechtsform	Gründung/Führung	Merkmale
Einzelunternehmung	• Einzelne Person gründet und leitet das Unternehmen. • Eigentümer ist voll verantwortlich und haftet mit seinem Gesamtvermögen.	• Kein Eintrag ins Handelsregister. • Kein Mindestkapital erforderlich.
Gesellschaft bürgerlichen Rechts (GbR) auch BGB-Gesellschaft	• Mindestens zwei Gesellschafter gründen und leiten die GbR. • Bei gemeinsamen Gesellschaftsvermögen besteht gemeinsame Haftung.	• Kein Eintrag ins Handelsregister, daher kein offizieller Firmenname. • Es reicht ein formfreier Gesellschaftsvertrag ohne Vorgabe von Mindestkapital.
Gesellschaft mit begrenzter Haftung (GmbH)	• Gesellschafter legen im Gesellschaftsvertrag die Höhe des Stammkapitals (mindestens 25.000 €) und die Geschäftsführer fest. Grundsätzlich genügt ein Gesellschafter. • Die Haftung ist auf das Gesellschaftsvermögen beschränkt. Von diesem ist die Kreditwürdigkeit abhängig. • Anteil eines Gesellschafters, auch Stammkapital beträgt mindestens 250 €.	• Gesellschaftsvertrag (auch Satzung) muss notariell beurkundet werden. • Eintragung ins Handelsregister vorgeschrieben. Dadurch wird die GmbH zur juristischen Person. • Pro Geschäftsjahr sind eine Bilanz sowie eine Gewinn- und Verlustrechnung zu erstellen.

Allgemeine Geschäftsbedingungen (AGB) – *Generell terms of business*

Merkmale

AGB
- werden von einer Vertragspartei einseitig aufgestellt, ohne dass vorher die einzelnen Punkte im Einzelnen zwischen den Vertragsparteien ausgehandelt worden sind;
- können von einzelnen Wirtschaftsbereichen bzw. Unternehmen aufgestellt werden (z. B. Groß- und Einzelhandel, Transportunternehmen, Banken).

Ausführung:
Oft in klein gedruckter Form auf der Rückseite von Angeboten bzw. Verträgen.

Absichten

- Vereinfachung von Massenverträgen durch vorformulierte Verkaufsbedingungen, Pflichten usw.,
- Risikobegrenzung für den Verkäufer durch Einschränkung von Vertragspflichten.

Vereinbarungsbeispiele:
Liefer- und Zahlungsbedingungen, Zahlungsweise, Erfüllungsort, Gerichtsstand, Lieferzeit, Eigentumsvorbehalt, Gewährleistungsansprüche bei Mängeln, Verpackungs- und Beförderungskosten.

Schutz gegenüber unangemessener Benachteiligung durch AGB

- Verkäufer muss auf AGB hinweisen.
- AGB müssen für die Käufer leicht erreichbar und gut lesbar sein.
- Käufer muss den AGB zustimmen.
- Persönliche Absprachen haben Vorrang (auch mündliche Ansprachen);
  Problem:
  Beweis unter Umständen schwierig.
- Ausschluss oder Einschränkung von Reklamationsrechten sowie Haftung bei grobem Verschulden ist verboten.
- Verbot nachträglicher Preiserhöhungen (innerhalb von vier Monaten).
- Rücktritt bzw. das Recht auf Schadenersatz bei zu später Lieferung darf nicht ausgeschlossen werden.

Überlassung von Eigentum – *Passage of ownership*

Überlassen

Leihen	Mieten	Pachten	Leasen
einer Sache zum unentgeldlichen Gebrauch (z.B. Bücher aus einer Bücherei).	einer Sache gegen Zahlung eines vereinbarten Mietpreises (z.B. Mietvertrag für eine Wohnung)	von Sachen und Rechten gegen Zahlung eines Pachtzinses (z.B. Pachtvertrag für eine landwirtschaftliche Nutzfläche).	von Sachen durch Vermietung oder Verpachtung. (Übernahme möglich)

Leasing

Merkmale:
Nutzung von Investitionsgütern (z. B. Maschinen, Fahrzeuge) ohne Kauf (Mieten).
Gegen Zahlung von festgelegten Raten stellt der Leasinggeber dem Leasingnehmer die gewünschten Investitionsgüter zur beliebigen Nutzung zur Verfügung.
Während der gesamten Mietzeit sind die Investitionsgüter Eigentum des Leasinggebers.

Arten des Leasings:
- Beim **direkten Leasing** ist der Hersteller oder eine dafür speziell eingerichtete Gesellschaft der Leasinggeber.
- Beim **indirekten Leasing** ist ein vom Hersteller unabhängiges Unternehmen der Leasinggeber.

Vorgang beim indirekten Leasing

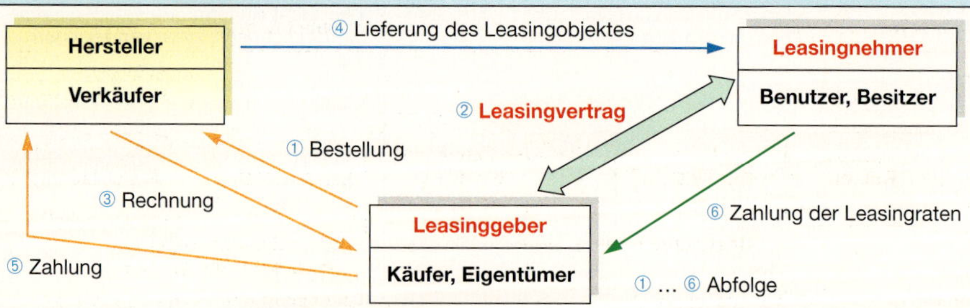

Finanzierung und Beschaffung des Leasingobjektes

Rechtsgeschäfte – *Legal transactions*

Mehrseitige Rechtsgeschäfte (Verträge)

Sie werden rechtswirksam durch
- mindestens **zwei** übereinstimmende Willenserklärungen (Antrag und Annahme).

Beispiele für Vertragsarten:

- Darlehensvertrag
- Dienstvertrag
- Kaufvertrag
- Leihvertrag
- Mietvertrag
- Pachtvertrag
- Reisevertrag
- Schenkung
- Tauschvertrag
- Werklieferungsvertrag

Einseitige Rechtsgeschäfte

Sie werden rechtswirksam durch
- die Willenserklärung einer Person.

Empfangsbestätigung erforderlich	Empfangsbestätigung nicht erforderlich
Rechtsgeschäft	
wird erst wirksam, wenn sie der anderen Person zugeht. **Beispiele:** Kündigung, Mahnung	wird gültig, ohne dass sie einer anderen Person zugeht. **Beispiel:** Testament

Nichtigkeit von Rechtsgeschäften

Ein Rechtsgeschäft ist von Anfang an ungültig bei einer **Willenserklärung**
- von Geschäftsunfähigen,
- von beschränkt Geschäftsfähigen gegen den Willen des gesetzlichen Vertreters,
- die bei Störung der Geistesfähigkeit abgegeben wurde,
- die gegenüber einer anderen Person, mit deren Einverständnis nur zum Schein (Scheinvertrag) abgegeben wurde,
- die nicht ernst gemeint war,
- die nicht in der vorgeschriebenen Form abgeschlossen wurde,
- die gegen Gesetze verstößt,
- die gegen gute Sitten verstößt.

Anfechtung von Rechtsgeschäften

Rechtsgeschäfte können im Nachhinein durch Anfechtung ungültig werden.
Sie sind jedoch bis zur Klärung gültig!

Anfechtungsgründe bei:
- Irrtum
  - in Erklärungen (z. B. Mengenbestellung);
  - über die Eigenschaften einer Person oder Sache;
  - bei der Übermittlung (z. B. falsche Weitergabe).
- Drohungen zur Abgabe einer Willenserklärung.
- Arglistiger Täuschung (z. B. gebrauchter PKW wird als unfallfrei angegeben, obwohl dieses nicht zutrifft.)

Möglichkeiten der Entstehung von Kaufverträgen

Antrag (1. Willenserklärung)

Annahme (2. Willenserklärung)

Verkäufer → **Angebot** → Bei Übereinstimmung entsteht **Kaufvertrag** ← **Bestellung** ← **Käufer**

Käufer macht Angebot.

Käufer nimmt Angebot durch Bestellung an.

Antrag (1. Willenserklärung)

Annahme (2. Willenserklärung)

Käufer → **Bestellung** → Bei Übereinstimmung entsteht **Kaufvertrag** ← **Bestellungsannahme oder sofortige Lieferung** ← **Verkäufer**

Antrag geht vom Käufer aus, ohne dass ein Angebot vorliegt.

Verkäufer nimmt Antrag an (Auftragsbestätigung) oder liefert sofort.

Geschäftsprozesse – *Business processes*

- Die Organisationsformen in Firmen und Unternehmen haben sich in der Vergangenheit entwickelt von der
  - Funktions-Organisation über die
  - Ablauf-Organisation zur
  - **Geschäftsprozess-Organisation**.
- Diese heute überwiegend angewendete Form einer Unternehmens-Organisation ist u. a. entstanden durch
  - zunehmenden Konkurrenzdruck,
  - Internationalisierung des Handels,
  - kurze Produktlebenszyklen,
  - Kostenoptimierung.
- Vorteile (Ziele) dieser **Prozessorientierung** sind u. a.
  - strikte Kundenorientierung,
  - funktionsüberschreitende Verkettung wertschöpfender Aktivitäten,
  - Flexibilität in der Reaktion auf Kundenanforderungen,
  - Kostentransparenz,
  - wenige definierte Schnittstellen im Durchlauf.
- Der Begriff Prozess beschreibt dabei alle Aktivitäten
  - die inhaltlich abgeschlossen,
  - zeitlich und sachlogisch aufeinander folgend ein betriebswirtschaftliches Objekt bearbeiten.
- In der Regel binden Geschäftsprozesse auch die Aktivitäten von Zulieferern, Kunden und ggf. von Konkurrenten mit ein.
- Grundsätzlich gibt es die drei Prozesstypen
  - **Kernprozesse**
  - **Supportprozesse** (unterstützende Prozesse)
  - **Managementprozesse**.
- Kernprozesse
  - haben direkten Bezug zum Produkt oder der Dienstleistung,
  - tragen zur direkten Wertschöpfung des Unternehmens bei,
  - werden vom externen Kunden direkt wahrgenommen.
- Supportprozesse
  - sind für den Ablauf der Kernprozesse notwendig,
  - werden vom externen Kunden nicht direkt wahrgenommen,
  - bringen keine direkte Wertschöpfung.
- Führungsprozesse
  - steuern und koordinieren die Supportprozesse,
  - sorgen insgesamt für das Zusammenspiel aller Teilprozesse.
- Grundsätzlich erzeugen die in einem Prozess strukturiert verbundenen Aktivitäten das für einen externen Kunden gewünschte Resultat.
- Beispiele für Geschäftsprozesse sind u. a.
  - Bearbeitung eines Kundenauftrages,
  - Abwicklung einer Reklamation,
  - Durchführung einer Entwicklung.

Übersicht

Beispiele:

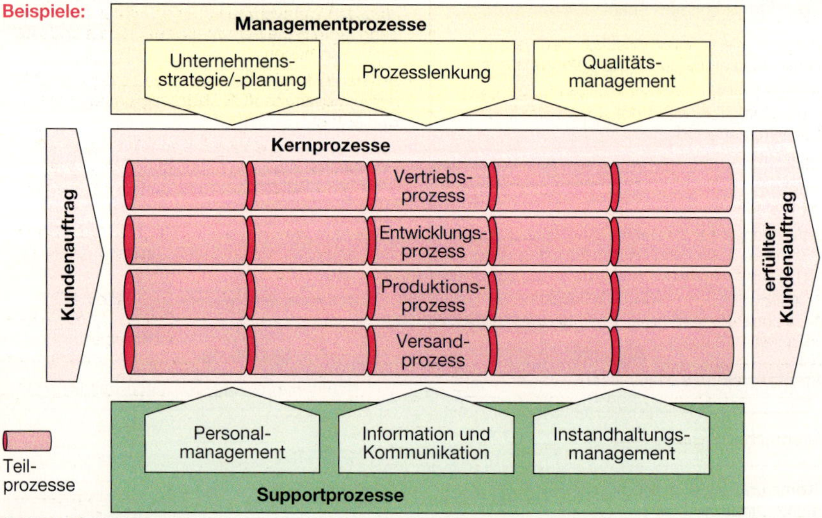

Geschäftsprozessmodelle

- Geschäftsprozessmodelle sind in der Regel unternehmensspezifisch zu modellieren.
- Grundlage für die Modellierung ist dabei immer die Definition der **Kernleistung** eines Unternehmens.
- Große Unternehmen mit mehreren Geschäftseinheiten verwenden in der Regel standardisierte Modelle.
- Die durchgängige Prozesslandschaft ermöglicht damit einen effizienten Leistungsaustausch.

Auftragsvergabe – *Award of contract*

Investitionsentscheidung → **Ausschreibung** → **Angebotsauswertung** → **Vergabe**

Investitionsentscheidung
- Entscheidung zum Bau einer Anlage/eines Gebäudes,
- ggf. Beauftragung eines Planungsbüros zur Erstellung von Leistungsbeschreibungen.

Ausschreibung
- Aufforderung zur Abgabe eines Angebotes.

Angebotsauswertung
- Nach angemessener Frist Auswertung der Angebote nach Leistungen, Erfahrung und Preis.

Vergabe
- Vergabe nach VOB bei (Teil-)Finanzierung durch öffentliche Mittel,
- sonst freie Vergabe nach BGB (freiwillig VOB-Vereinbarungen möglich).

öffentliche Ausschreibung
- Veröffentlichung
- unbeschränkte Anzahl von Angeboten

beschränkte Ausschreibung
- beschränkte Anzahl von Angeboten

freie Ausschreibung
- kein förmliches Verfahren
- willkürliche Vergabe möglich

Grundlagen des Werklieferungs- bzw. Bauvertragsrechts

Bürgerliches Gesetzbuch (BGB)

- Buch 1 legt Rechtsbegriffe fest (z.B. Rechtsgeschäfte, Verträge, ...).
- Vertragsinhalte können zwischen den Vertragspartnern frei vereinbart werden (Vertragsfreiheit).
- Allgemeine Geschäftsbedingungen (AGB) besitzen nur Gültigkeit, wenn der Kunde/Bauherr damit einverstanden ist.
- Werklieferungsvertrag
  - Errichtung der Anlage durch Elektrofachmann mit Materialien, die er selbst liefert.
  - Unternehmer hat bestelltes Werk ordnungsgemäß herzustellen und an den Besteller (Bauherrn) zu übergeben.
  - Besteller muss das ordnungsgemäß hergestellte Werk abnehmen und den vereinbarten Werklohn bezahlen.

Verdingungsordnung für Bauleistungen (VOB)

- Die allgemein gehaltenen BGB-Bestimmungen über den Werkvertrag kommen immer zur Anwendung, sofern die Vertragspartner nichts anderes vereinbart haben.
- Bei Bauaufträgen ist üblicherweise die vom DIN herausgegebene VOB Vertragsgrundlage der Bauverträge.
- Verdingung ist die Vergabe von Aufträgen von Privatleuten oder der öffentlichen Hand aufgrund einer öffentlichen oder beschränkten Ausschreibung.
- Bauleistungen sind Arbeiten jeder Art, die Gebäude/Anlagen entstehen lassen, instandhalten, ändern oder beseitigen.
- VOB gibt eine verschuldensunabhängige Gewährleistungspflicht vor. Im Falle eines Schadenersatzes gelten Haftungsbegrenzungen.

Marktanteil nach Auftraggebern

Öffentlicher Bereich

u.a. Kommunen, Ämter von Bund und Ländern

Privater Bereich

im Wesentlichen Privathaushalte

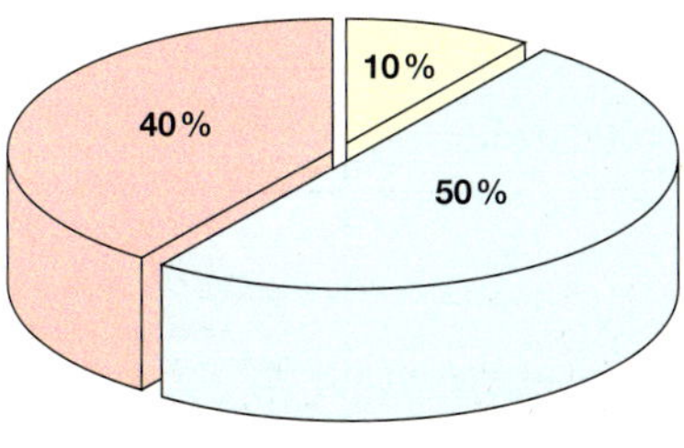

Gewerblicher Sektor

Industrie, Handel, Banken, Versicherungen

Stand: 2002

Beschaffung – *Procuring*

Grundsätze

Was soll beschafft werden?

Material

↓

Wie viel soll beschafft werden?

Menge

↓

Wann soll beschafft werden?

Zeit

↓

Wo soll beschafft werden?

Bezugsquelle

Anfrage

Form

Es ist keine bestimmte Form vorgeschrieben, z. B.
- mündlich, telefonisch
- schriftlich (Brief, Fax, E-Mail)

Rechtliche Bedeutung

Sie ist stets unverbindlich, eine Kaufverpflichtung besteht nicht.

Unterscheidung

- **Allgemein** gehaltene Anfrage
  Beispiele:
  Warenprobe, Muster, Katalog, Preisliste
- **Bestimmt** gehaltene Anfrage
  Beispiele:
  Artikelnummer, Beschaffenheit, Lieferzeit, Zahlungsbedingung, Lieferbedingung

Aufbau einer bestimmt gehaltenen Anfrage

1. Grund
2. Gewünschte Ware
3. Erforderliche Menge
4. Preis, Lieferungs- und Zahlungsbedingungen
5. Gewünschter Liefertermin

Angebotsvergleich

Angebote

↓ **Ziel**

Ermittlung des Lieferanten

Beschaffungskreislauf

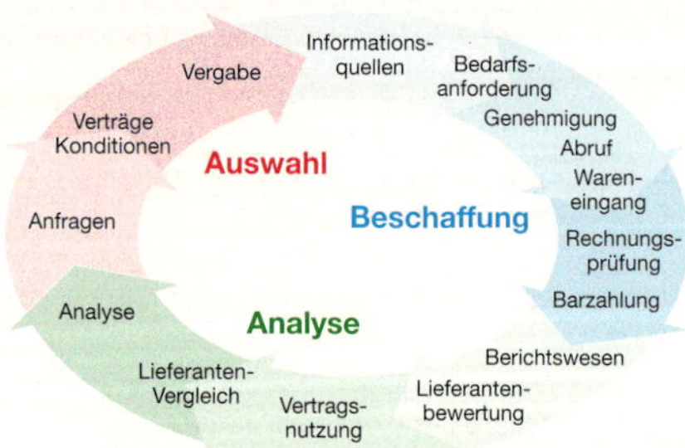

Entscheidungen

quantitativ	qualitativ
• Listenpreis • Lieferrabatt • Lieferskonto • Zahlungsziel • Bezugskosten – Verpackungskosten – Transportkosten – …	• Warenqualität • Liefermenge • Lieferzeit • Zuverlässigkeit des Lieferanten • Verhalten bei Reklamationen • Kulanz • Kundendienst, Service • …
↓ **Ziel** Möglichst günstiger Einstandspreis	↓ **Ziel** Möglichst „reibungslose" Beschaffung

Beschaffung und Lager

Lager als „Gelenkstelle"

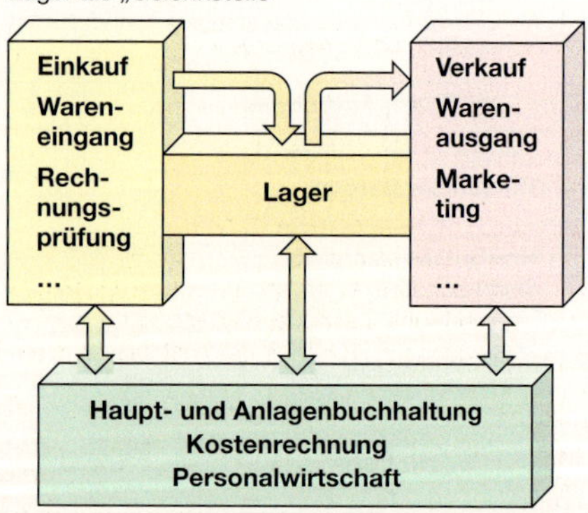

Angebot – *Tender*

Beispiel:

Elektro-Müller GmbH
Hauptstraße 87
65432 Höhlendorf

Tel. 012 34/5 67 89
Fax 012 34/9 87 65
mail: info@*emailadresse*

Elektro-Müller

Industrie-Services GmbH
Peter Meier
Postfach 3456

76573 Talbach

Ihre Anfrage vom 15. Juli 2003

Höhlendorf, 17. Juli 2003

Sehr geehrter Herr Meier,

wir danken Ihnen herzlich für Ihr Interesse an unseren Leistungen. Gemäß Ihren Wünschen im Schreiben vom 15. Juli 2003 unterbreiten wir Ihnen folgendes Angebot.

Pos.	Menge ①	Bezeichnung ①	Einzelpreis ②	Gesamtpreis ②
1	2 Std.	Ausmessen des Gebäudes, Aufnahme und Dokumentation der Maße	37,50 €	75,00 €
2	5 m	Montage doppelzügiger Stahlblech-Brüstungskanäle	30,00 €	150,00 €
3	3 Stck.	Lieferung, Montage Pendelleuchte Typ Leuchtwunder mit EVG	600,00 €	1800,00 €
4	1 Stck.	Kleinteile, divers	50,00 €	50,00 €
5	1 Stck.	Prüfung, Abnahme und Dokumentation	200,00 €	200,00 €

Summe (netto) **2275,00 €**

zuzüglich der zum Zeitpunkt der Bestellung gültigen Mehrwertsteuer

Dieses Angebot ist bindend für 8 Wochen ab Angebotsdatum ③. Die Allgemeinen Geschäftsbedingungen (AGB) ④ sind Grundlage dieses Angebotes. Erfüllungsort und Gerichtsstand ist 65432 Höhlendorf ⑤.

Wir hoffen, dass Ihnen unser Angebot zusagt und freuen uns auf eine gute Zusammenarbeit.

Mit freundlichen Grüßen

Müller

Angebotsbestandteile:

① Angabe über Ware und Preis bzw. Leistung und Umfang
② Einzel- und Gesamtpreis netto/brutto (ggf. Rabatt)
③ Bindungsfrist (ohne Angabe ist das Angebot bindend, ggf. Zusatz freibleibend/nicht bindend verwenden)
④ Zahlungs-/Lieferbedingungen (ggf. Verweis auf AGB)
⑤ Angabe von Erfüllungsort und Gerichtsstand
Verpackungs-/Beförderungskosten (nur bei Liefervertrag)

Rechnungsstellung – *Issuing an invoice*

Merkmale

- Gegliederte Aufstellung über eine Geldforderung (Entgelt für eine erbrachte Montage, Reparatur, Warenlieferung, …)
- Die an den Kunden weiterzugebende Umsatzsteuer ist als Verbindlichkeit an das Finanzamt zu erfassen.
- Rechnungsstellung ist durch EU-Richtlinien harmonisiert und wird von allen Steuerbehörden der EU-Länder anerkannt.
- **Teilrechnung** wird für Leistungen gestellt, die in vertraglich festgelegter Zeit erbracht wurden.
- **Schlussrechnung** erfolgt nach Fertigstellung aller Leistungen gemäß Werk-/Liefervertrag.

Rechnungsangaben

empfohlene, freiwillige Angaben

- Bestellangaben des Kunden
- Zahlungsziel
- Bei Privatkunden: Hinweis auf automatischen Eintritt des Verzugs nach 30 Tagen
- Information über Skonti bzw. „zahlbar ohne Abzug"
- Aufbewahrungsfrist für Kunden (12 Jahre)
- Aufbewahrungsfrist für Rechnungssteller (10 Jahre)

Pflichtangaben

Rechnungsbetrag ≤ 100 EUR (Kleinbetragsrechnung)

- Name und Anschrift des Lieferanten
- Ausstellungsdatum
- Menge und Bezeichnung der gelieferten Gegenstände oder Art und Umfang der erbrachten Leistung
- Bruttobetrag für Lieferung oder Leistung
- Angewandter Steuersatz mit Steuerbetrag bzw. Hinweis auf Steuerbefreiung

Rechnungsbetrag > 100 EUR

- Angaben wie bei Kleinbetragsrechnung
- Name und Anschrift des Kunden
- Steuernummer oder Umsatzsteueridentifikationsnummer (Ust-ID-Nr)
- Eindeutige, fortlaufende Rechnungsnummer
- Nettobetrag für Lieferung oder Leistung
- Zeitpunkt der Lieferung oder Leistung

Mahnverfahren – *Dunning procedure*

Außergerichtlich

Zeit	Vorgang
Leistungserbringung	Dem Schuldner ist eine angemessene Frist zur Leistungserfüllung zu gewähren.
Fristende	Es tritt **Verzug** ein.
+30 Tage	30 Tage nach Fälligkeit und Rechnungseingang tritt automatisch Verzug ein (auch ohne Mahnung). Privatkunden müssen in der Rechnung auf den Sachverhalt hingewiesen werden.
+2 Jahre	Geldforderungen aus einem Werkvertrag verjähren 2 Jahre nach der Abnahme. Eine **Verjährung** des Anspruchs wird durch eine Mahnung **nicht** ausgedehnt.

- **Mahnung** (Zahlungserinnerung genannt) ist die bestimmte und eindeutige Mitteilung an den Schuldner, die ausstehende Leistung (Zahlung) zu erbringen.
- Verzug tritt immer dann ein, wenn ein Schuldner seine Leistung (z. B. Zahlung) nicht wie vereinbart erbringt. Dies betrifft den Umfang der Leistung und den Zeitpunkt.
- Tritt der Verzug erst durch die Mahnung auf, können dem Schuldner die entstandenen Kosten **nicht** berechnet werden.

Gerichtlich

Mahnverfahren sind zur vereinfachten Durchsetzung von Geldforderungen juristisch geregelt. Die Vollstreckung einer Geldforderung wird ohne Klageerhebung möglich.

Mahnbescheid

wird nach formeller Prüfung des Gläubigerantrages vom Gericht erlassen und an den Gläubiger zugestellt.

- Gläubiger **zahlt**
- Gläubiger **zahlt nicht**

  Nach 2 Wochen kann ein Vollstreckungsbescheid beantragt werden.

  Im Anschluss kommt es zur Zwangsvollstreckung (Pfändung/Zwangsversteigerung)
- Gläubiger erhebt **Widerspruch**

  Es kommt zu einer Verhandlung vor Gericht mit anschließendem Urteil. Im Anschluss kommt es bei entsprechendem Urteil zur Zwangsvollstreckung.

  Bei Streitwerten über 5000 EUR besteht bei Klageerhebung vor dem Landgericht eine Anwaltspflicht.

Entsorgung – *Waste disposal*

Gesetzliche Grundlagen

Europäische Richtlinie 2002/96/EG über Elektro- und Elektronik-Altgeräte

Europäische Richtlinie 2002/95/EG zur Beschränkung der Verwendung bestimmter gefährlicher Stoffe in Elektro- und Elektronikgeräten

Deutsches Recht:
Gesetz über das Inverkehrbringen, die Rücknahme und die umweltverträgliche Entsorgung von Elektro- und Elektronikgeräten (Elektro- und Elektronikgesetz – ElektroG)

Ziele

- Vermeidung von Abfällen aus Elektro- und Elektronikartikeln.
- Reduzierung der Abfallmengen durch Wiederverwertung.
- Verringerung des Schadstoffgehaltes durch Verwendungsverbot gefährlicher Stoffe.

Betroffene Geräte

- Haushaltsgroß- und Kleingeräte
- Geräte der Informations- und Telekommunikationstechnik, Unterhaltungselektronik
- Beleuchtungskörper
- Elektrische Werkzeuge (Ausnahme: ortsfeste, industrielle Großwerkzeuge)
- Spielzeug, Sport- und Freizeitgeräte
- Medizinprodukte (Ausnahme: implantierte und infektiöse Produkte)
- Automatische Ausgabegeräte (z. B. Getränkeautomat usw.)

Ausnahmen: Militärische Geräte

Gemeinsame Stelle der Industrie

Die Industrie hat gemeinsam eine Stiftung gegründet: „Stiftung Elektro-Altgeräte-Register".

Aufgaben:

- Übernahme von Aufgaben des Umweltbundesamtes,
- Registrierung der **b2b** (**b**usiness **to b**usiness)- und **b2c** (**b**usiness **to c**onsumer)-Hersteller,
- Herstellermeldung von Produktionsmengen.

Online-Registrierung und Online-Meldungen sind möglich: www.stiftung-ear.de

Stoffverbote

- Max. 0,1 Gewichtsprozent von Blei, Quecksilber, sechswertigem Chrom, PBB, PBDE zulässig.
- Max. 0,01 Gewichtsprozent von Cadmium zulässig.
- Ausnahmen gelten für bestimmte Gerätetypen, Ersatzteile und Geräte die vor 01.07.2006 erstmals in Verkehr gebracht wurden.

Herstellerpflichten

- Produkte so gestalten, dass Demontage und Verwertung erleichtert werden.
- Kennzeichnung mit Herstellername und Symbol ①
- Registrierung als Hersteller bei einer zentralen Stelle.

①

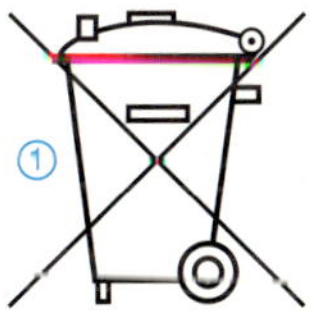

- Registriernummer in Geschäftspapieren führen
- Garantie zur Finanzierung der Rücknahme und Entsorgung stellen.
- Monatliche Meldung von in Verkehr gebrachten Gerätearten und Mengen.
- Rücknahme von Altgeräten
- Einhaltung von Mindestverwertungsquoten
- Jährliche Meldung über abgeholte, gesammelte, wiederverwertete, stofflich verwertete oder aus der EU ausgeführte Altgeräte.

Sammlung

- Altgeräte müssen einer getrennten Sammlung zugeführt werden (kein Hausmüll usw.).
- Entsorgungsunternehmen müssen private Haushalte über Entsorgungspflicht und -möglichkeiten informieren (z. B. Sammelstellen der Kommunen oder LIGHTCYCLE-Organisation für Leuchtmittel usw.).

Lastenheft, Pflichtenheft – *Requirment specification, System specification*

Lastenheft

DIN VDI/VDE 3694: 91-04

- Das Lastenheft enthält alle Forderungen des Auftraggebers (Kunden) an die Lieferungen und/oder Leistungen eines Auftragnehmers.
- Die Forderungen sind aus Anwendersicht einschließlich aller Randbedingungen zu beschreiben. Diese sollten quantifizierbar und prüfbar sein.
- Im Lastenheft wird definiert, was für eine Aufgabe vorliegt und wofür diese zu lösen ist.

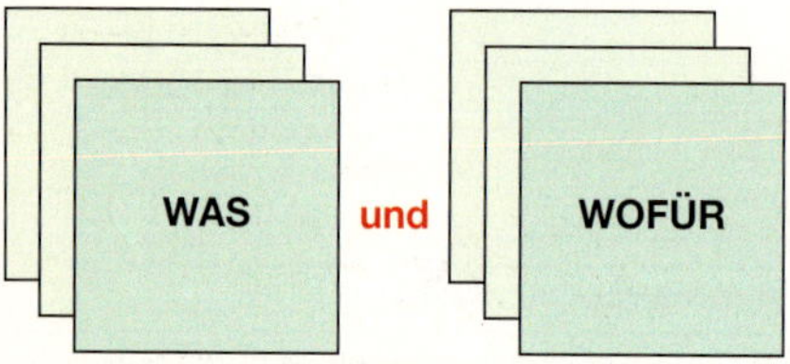

Voraussetzungen für die Erstellung

- Guten Kontakt zwischen allen Beteiligten herstellen.
- Wesentliche Anforderungen durch Markt-, Kunden- und Umfeldanalyse ermitteln.

Durchführung

- Keine allgemeingültigen Vorgaben.
- Umfang und Inhalt ist stark von der Zielsetzung abhängig.
- Ermittlung der
  - Anforderungsträger
  - Produktfaktoren aus Kundensicht
  - Kaufentscheidende Faktoren
  - Anforderungen aus dem Umfeld
  - Anforderungen aus dem Unternehmen
  - Anforderungen des Vertriebs
  - Anforderungen von Lieferanten und von Kooperationspartnern
  - Produktionsprofile
  - …

Vorteile

- Einheitliche Vorgabe für alle am Entwicklungsprozess Beteiligten.
- Weniger Missverständnisse und Versäumnisse durch eine systematische Dokumentation.

Nachteile

- Hoher Aufwand
- Individuelle Erstellung (keine Standardisierung)

Einsatzbereiche

- Dokumentation der Anforderungen als Abschluss der Planung eines Produktes bzw. einer Dienstleistung.
- Prinzipiell für alle Produkte bzw. Dienstleistungen einsetzbar.

Pflichtenheft

DIN VDI/VDE 3694: 91-04

- Das Pflichtenheft enthält das vom Auftragnehmer erarbeitete Realisierungsvorhaben auf der Grundlage des Lastenheftes.
- Das Pflichtenheft ist Anlage des Lastenheftes.
- Im Pflichtenheft werden die Anwendervorgaben detailliert und in einer Erweiterung die Realisierungsforderungen unter Berücksichtigung konkreter Lösungsansätze beschrieben.
- Im Pflichtenheft wird definiert, wie und womit die Forderungen zu realisieren sind.

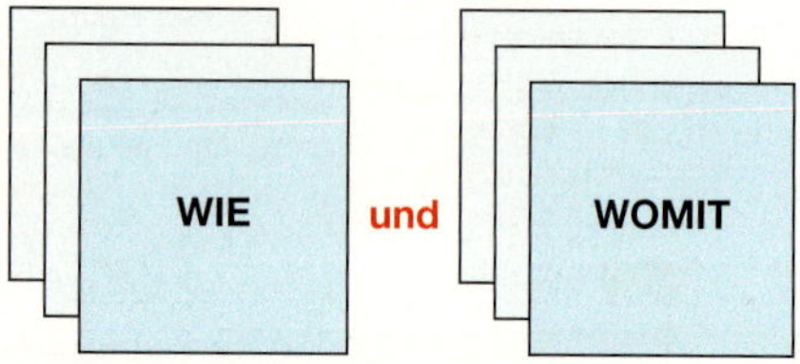

Funktion

- „Roter Faden" während des Ablaufs der Entwicklung, Produktion, …

Wesentliche Bestandteile (Beispiele)

- Name des Prozesses, Projektes, Vorhabens, …
- Verfasser des Pflichtenheftes
- Version
- Ablage der Datei, Dokumentation
- Ziele
  Beschreibung, Nutzen für den Auftraggeber (Kunden), aktuelle Situation (z.B. bisheriges System)
- Anforderungen
  - **Vollständigkeit**
    Alle Details der Anforderungen sind zu definieren. Es sollten so wenig wie möglich Aspekte als selbstverständlich eingeschätzt werden.
  - **Eindeutigkeit**
    Damit keine Missverständnisse entstehen, sind die Anforderungen möglichst mit einfachen Worten zu definieren.
  - **Testbarkeit**
    Alle Anforderungen müssen überprüfbar sein. Dieses ist eine Voraussetzung für die Abnahme durch den Auftraggeber.
- Schnittstellen
  Verbindungen zu anderen Systemen, Projekten, usw.
- Randbedingungen
- Unterschriften
  - Projektauftraggeber
  - Projektleiter
  - …

Nicht-Rechtzeitig-Leistung – *Delayed delivery*

Nicht-Rechtzeitig-Lieferung	⇒	Lieferungsverzug	⇒	Rechte des Käufers
Nicht-Rechtzeitig-Zahlung	⇒	Zahlungsverzug	⇒	Rechte des Gläubigers

Schuldrecht im BGB vom 1. Januar 2002

Nicht-Rechtzeitig-Leistung
(Schuldnerverzug)

- **Nicht-Rechtzeitig-Lieferung** (Lieferungsverzug)
- **Nicht-Rechtzeitig-Zahlung** (Zahlungsverzug)

Käufer (rot) – Käufer bzw. Gläubiger (schwarz) – Gläubiger (blau)

Maßnahmen

Beide Rechte können **gleichzeitig** in Anspruch genommen werden.

Lieferung/Zahlung und ggf. **Schadenersatz** verlangen
§ 286 BGB

Voraussetzungen:
- Fälligkeit
- Verschulden
- **Mahnung** ist nicht erforderlich, wenn
  - Verkäufer die Lieferung verweigert;
  - Liefertermin/Zahlungstermin kalendermäßig bestimmt ist;
  - 30 Tage nach Rechnungszugang vergangen sind;
  - der Schuldner die Zahlung verweigert;
  - Besondere Gründe (z.B. Eilbedürftigkeit, Reparatur).

Schadenersatz
an Stelle von Leistung verlangen
§ 281 BGB

Voraussetzungen:
- Fälligkeit
- Verschulden
- Angemessene Nachfrist ist entbehrlich, wenn
  - Verkäufer die Lieferung verweigert;
  - Schuldner die Zahlung verweigert.

Es besteht Anspruch auf Ersatz vergeblicher Aufwendungen (§ 284 BGB)

Beispiele:
Vertragskosten, Verzugszinsen

Rücktritt
vom Vertrag
§ 323 BGB

Voraussetzungen:
- Fälligkeit
- Angemessene Nachfrist ist entbehrlich, wenn
  - Verkäufer die Lieferung verweigert;
  - Schuldner die Zahlung verweigert;
  - Liefertermin/Zahlungstermin kalendermäßig bestimmt (Fixgeschäft) ist, Zweckkauf;
  - Besondere Umstände.

Mängel und Haftung – *Defect and liability*

Mängelarten

Falsche Lieferung

Menge	Art
Quantitätsmangel, zu viel bzw. zu wenig geliefert.	Gattungsmangel, andere Ware geliefert als bestellt.

Sach- oder Qualitätsmangel

Beschaffenheit	Güte
Die Ware ist beschädigt, verdorben, …	Die zugesicherte Eigenschaft fehlt.

Erkennbarkeit

Offener Mangel
- sofort erkennbar

Versteckter Mangel
- nicht sofort erkennbar,
- stellt sich später heraus

Arglistig verschwiegener Mangel
- vom Verkäufer bewusst verschwiegen

Gewährleistung

- **Gesetzlich verankertes Recht** (24 Monate für bewegliche, 36 für unbewegliche Sachen), vom Vertragspartner (Übergeber) ein Einstehen für Mängel an der Sache zu fordern.
- Eine Gewährleistung kann nicht durch AGB beschränkt werden.
- Der Übergeber (z. B. Verkäufer) trägt innerhalb der ersten sechs Monate ab Übergabe die Beweislast dafür, dass die Mängel nicht schon bei Übergabe vorhanden waren.
- Gewährleistung gilt nicht bei Verschleiß und Abnutzung.

Garantie

- Ein **vertraglich eingeräumtes Versprechen** – in der Regel des Herstellers (und nicht des Vertragspartners) – für Mängel, die an einer Sache während der Garantiezeit auftreten, entsprechend der Garantieerklärung einzustehen.
- Mängel werden während der festgelegten Garantiezeit behoben.
- Garantieleistungen können, müssen aber nicht kostenlos sein.

Rechte des Käufers bei mangelhafter Lieferung (§ 437 BGB, Schuldrecht seit 01. 01. 2002)

Bedingung: Mangel wurde rechtzeitig gemeldet.

Vorrangig: Nacherfüllung (§ 439 BGB)

Nachbesserung ← **Wahlrecht des Käufers** → **Neulieferung**

Zusätzlicher Anspruch, wenn ein Verschulden vorliegt:

Schadenersatz neben der Leistung

Nachrangig:
(In der Regel erst nach dem erfolglosen Ablauf einer zur Nacherfüllung gesetzten Frist.)

Rücktritt vom Vertrag (Wandlung)	Minderung des Kaufpreises	Schadenersatz statt Leistung	Ersatz vergeblicher Aufwendungen
§ 440, 323, 326 BGB	§ 441 BGB	§ 280, 281, 440 BGB	§ 284 BGB
Gilt nicht bei geringfügigen Mängeln		Gilt nicht bei geringfügigen Mängeln	

Voraussetzungen

Eine angemessene Nachfrist ist entbehrlich, wenn
- der Verkäufer die Nacherfüllung verweigert,
- zwei Nacherfüllungsversuche fehlgeschlagen sind,
- für Verkäufer bzw. Käufer Nacherfüllung unzumutbar ist.

Eine angemessene Nachfrist ist entbehrlich, wenn
- der Verkäufer die Nacherfüllung verweigert,
- zwei Nacherfüllungsversuche fehlgeschlagen sind,
- für Verkäufer Nacherfüllung unzumutbar ist.

Packung und Verpackung – *Packet and packing*

Begriffe

Verpackung

Umhüllung einer Ware aus Gründen der Zweckmäßigkeit (z. B. Schutz vor Beschädigung, Feuchtigkeit).

Packung

Zusätzliche, über die Zweckmäßigkeit hinausgehende Verpackung, die den Verkauf fördern und Anreize schaffen soll (z. B. einprägsame Bilder, Farben, durchsichtige Folien).

Verpackungsverordnung

Verordnung über die Vermeidung von Verpackungsabfällen vom 21. 06. 1991.

Transport-Verpackung
Fässer
Kanister
Säcke
Paletten
usw.

Umverpackung (Doppelverpackung)
Folien
Kartonagen
usw.

Verkaufsverpackung (Einzelverpackung)
Becher
Dosen
Flaschen
Tragetaschen
usw.

↓

Geschäft

Rücknahme der Verpackung durch:

Hersteller und Vertreiber | **Vertreiber** | **Hersteller und Vertreiber**

↓

Wiederverwertung

oder

Stoffliche Verwertung (Recycling)

Duales System
Gebrauchte Verpackungen werden beim Verbraucher gesammelt und der stofflichen Verwertung (Recycling) zugeführt.

Grüner Punkt
Hersteller, die sich am dualen System beteiligen, kennzeichnen ihre Produkte mit dem grünen Punkt.

Ziel: Kreislaufwirtschaft

1

Abfälle verringern
- **Produktion**:
  - „Abfallstoffe" der Produktion wieder zuführen.
  - „Abfallarme" Produktion durch Materialeinsparung, Einsatz langlebiger Produkte, „sparsame" Verpackung usw.
- **Verbraucher**:
  Veränderung der Einstellungen gegenüber Abfällen (jeder kann etwas zur Verringerung beitragen).

2

Abfälle verwerten
- **Recycling**:
  Wiederverwertung von Abfallstoffen
  - im gleichen Produktionskreislauf,
  - in einem anderen Produktionsprozess.
- **Energetische Verwertung**:
  Abfälle als Ersatzbrennstoffe umweltverträglich nutzen.

3

Abfälle verwerten
- **Trennung**:
  Sortengerechte Trennung und Lagerung
- **Lagerung**:
  Umweltschonende Lagerung auf entsprechenden Deponien.
- **Verbrennung**:
  Umweltschonende Verbrennung

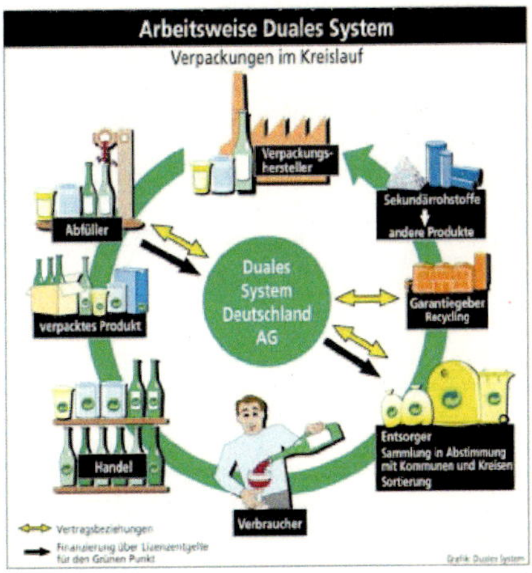

Preise – *Prices*

Preisangaben

Grundsatz: Preiswahrheit und Preisklarheit

Was muss angegeben sein?

- Gesetzlich vorgeschrieben (Verordnung zur Regelung der Preisangaben) sind:
  - **Verkaufspreis** einschließlich Umsatzsteuer,
  - **Verkaufseinheit** (z. B. Stück, m, kg),
  - **Grundpreis** bei Fertigpackungen (z. B. €/kg),
  - Handelsübliche **Warenbezeichnung**.
- Sinnvolle freiwillige Angaben (Beispiele):
  - Eingangsdatum,
  - Lieferantennummer,
  - Artikel- und Lagernummer.

Wo muss die Angabe erfolgen?

- Verkaufsraum:
  - Preisschilder, Etiketten, ...,
  - Beschriftung auf Ware,
  - Preise auf Muster.
- Dienstleistung und Handwerk:
  - Preisschilder,
  - Preislisten.
- Versandhandel:
  - Preisverzeichnis,
  - an Abbildungen bzw. Beschreibungen,
  - in Anmerkungen.

Wie muss sie angebracht sein?

- Grundsätze:
  - gute Erkennbarkeit,
  - gute Lesbarkeit,
  - klare Zuordnung von Preis und Ware.

Überwachung der Preisangabenverordnung durch:
Gewerbeaufsichtsamt
Bei Verstößen:
Bußgeld

Maßnahmen zur Preisgestaltung (Preispolitik)

Misch- oder Ausgleichskalkulation

- **Prinzip**:
  Die Artikel eines Sortiments werden aufgrund der Marktsituation (Konkurrenz, Kundenverhalten) mit unterschiedlichen Gewinnspannen kalkuliert.
- **Ausgleichsnehmer**
  sind Waren, die nicht zur Erwirtschaftung eines angemessenen Gewinns ausreichen (z. B. Waren mit großer Preistransparenz).
- **Ausgleichsträger**
  sind Waren mit hohen Gewinnspannen (z. B. hochwertige Waren) zum Ausgleich der Ausgleichsnehmer.

Sonderveranstaltungen

- Schlussverkäufe
- Räumungsverkäufe
- Jubiläumsverkäufe

Preisnachlass

- Mengenrabatt (Abnahme größerer Mengen),
- Wiederverkäuferrabatt (für Händler und Produktionsbetriebe),
- Treuerabatt (für langjährige Kunden),
- Personalrabatt (für Betriebsangehörige),
- Jubiläumsrabatt
- Skonto (bei vorzeitiger Zahlung),
- Bonus (bei Überschreitung von Mindestumsätzen).

Preisdifferenzierung

- **Prinzip**:
  Gleiche Waren bzw. Dienstleistungen werden zu unterschiedlichen Preisen angeboten.
- **Ziel**:
  Anpassung an die jeweiligen Marktgegebenheiten.
- **Formen**:
  - räumlich
  - personell
  - zeitlich
  - mengenmäßig

Sonderangebote

- **Funktion**:
  - Räumung von Lagerbeständen,
  - Beschleunigter Verkauf von „Ladenhütern",
  - Werbung.

Absatzfördernd sind:

Konditionsgewährung

Zahlungsbedingungen
z. B. Teilzahlung

Lieferungsbedingungen
- kostenfreie Lieferung
- Übernahme des Transportrisikos

Kundendienstleistungen
- Aufstellung von Geräten
- Einweisung
- Garantie
- Umtausch

Kulanz
- Entgegenkommen z. B. bei kleinen Mängeln

Betriebliches Rechnungswesen – *Cost accounting*

Aufgabe:
- Sicherung und Ausweitung eines ertraggewährleistenden Anteils des Absatzmarktes
- Aufzeichnung sämtlicher Geschäftsvorfälle
- Pflicht zur Buchführung und Bilanzierung (s. HGB)

Funktion:
- Führungs- und Kontrollinstrument; es umfasst das betriebswirtschaftliche Zahlenmaterial eines Unternehmens.

Verknüpfung betrieblicher Funktionsbereiche

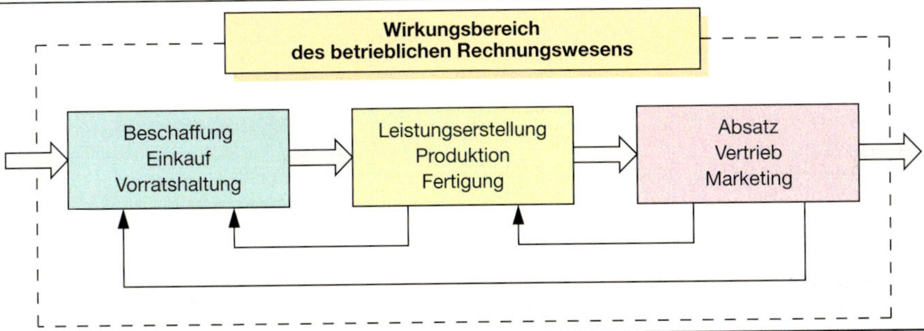

Buchführung

Aufgaben	Gesetzliche Vorgaben
• Darlegung von Vermögenshöhe und Zusammensetzung des betrieblichen Vermögens sowie betrieblicher Schulden. • Ermittlung und Dokumentation des betrieblichen Erfolges (Misserfolges) innerhalb einer Zeitspanne. • Grundlage der betrieblichen Kosten- und Leistungsrechnungen. • Ermittlung von Kennzahlen zur Abschätzung der betrieblichen Liquidität und Rentabilität. • Bemessungsgrundlage zur Ermittlung anfallender Steuern. • Wiedergabe der wirtschaftlichen Unternehmensverhältnisse bei Gesprächen u. a. mit Kreditgebern, Auftraggebern oder Behörden.	**Handelsrecht**: Grundsätze ordnungsgemäßer Buchführung (GOB), u. a. mit Verpflichtung zur • Erstellung des Jahresabschlusses, • Aufbewahrung der Handelsbücher für 10 Jahre, • Bewertung als Hauptaufgabe der Inventur unter Beachtung des Gläubigerschutzes. **Steuerrecht**: Abgabenordnung (AO) u. a. für neugegründete Betriebe in der Anfangsphase und Kleingewerbetreibende. Buchführungspflicht auch für Gewerbetreibende mit • Umsatz > 260.000 €, • Gewinn aus Gewerbebetrieb im Wirtschaftsjahr > 25.000 €.

Gewinn- und Verlustrechnung (GuV)/Bilanz

- Eine GuV erfasst am Ende eines Wirtschaftsjahres auf je einer Seite alle Aufwendungen und Erträge.
- Die Differenz ergibt den Gewinn bzw. Verlust.
- Jahresabschluss gilt als Ergebnis der Buchführung am Ende des Wirtschaftsjahres.
- Kernpunkte sind dabei Bilanz und GuV.

Beispiel:

Bilanz der Firma …
zum 31. 12. 2003

Aktiva | **Passiva**

I.: Anlagevermögen u. a. Grundstücke, Gebäude, technische Anlagen	400.000,00 €	**I.: Eigenkapital** z. B. Nennbeträge der Gesellschaftsanteile, Privateinlagen/-entnahmen	250.000,00 €
II.: Umlaufvermögen u. a. Vorräte wie Roh-, Hilfs- und Betriebsstoffe, Erzeugnisse	600.000,00 €	**II.: Verbindlichkeiten** z. B. gegenüber Kreditinstituten und Lieferanten, Anzahlungen	750.000,00 €
Summe	**1.000.000,00 €**	**Summe**	**1.000.000,00 €**

Kalkulation und Kosten – *Calculation and costs*

Prinzipien einer soliden Betriebsführung:
- Eine einwandfreie Wertarbeit,
- tragbare und angemessene Preisgestaltung,
- Kostenrechnung und Kalkulation (Teilgebiete des betrieblichen Rechnungswesens),
- Ermittlung der Selbstkosten,
- Marktgerechte Preisgestaltung bei Leistungs- oder Produktionseinheiten.

Zuschlagskalkulation

Sie eignet sich besonders für Betriebe mit unterschiedlichen Produkten bzw. Leistungen (z.B. Montagebetrieb). Dabei werden die gesamten Jahreskosten auf die Kundenleistungen bzw. das Produkt umgelegt und aufgeteilt nach:

- **Einzelkosten**
  Diese zeichnen sich durch Auftragsnähe aus. Sie sind direkt verrechenbar (Material, Lohn).
- **Gemeinkosten**
  Sie haben keinen unmittelbaren Auftragsbezug und können nur indirekt (aus Betriebsabrechnungen; BAB) ermittelt werden.
- **Zuschlagsätze**
  Sie sind Prozentsätze, mit denen die Gemeinkosten anteilig auf die Einzelkosten pro Auftrag umgelegt werden.

Beispiel:

	100,00 €	Materialkosten
+	5,00 €	5 % Materialgemeinkosten
=	105,00 €	**Materialgesamtkosten**
+	500,00 €	Arbeitslohn
+	35,00 €	7 % Lohngemeinkosten
+	150,00 €	Produktionssonderkosten
=	790,00 €	**Herstellungskosten**
+	23,70 €	3 % Zuschlag für Verwaltung und Vertrieb
=	813,70 €	**Selbstkosten**
+	40,69 €	5% Zuschlag für Gewinn und Wagnis
=	854,39 €	**Nettopreis des Angebotes**
+	162,33 €	19 % Umsatzsteuer
=	**1016,72 €**	**Bruttopreis des Angebotes**

Kostenrechnungsarten

Vollkostenrechnung

- Alle Kosten werden dem Produkt bzw. der Leistung (auch Kostenträger) zugerechnet.
- Die Genauigkeit der Kalkulation ist umso besser, je differenzierter die Zuschlagsätze der einzelnen Kalkulationen sind.
- Nachteil: Durch Ermittlung der Zuschlagsätze aus dem zurückliegenden Geschäftsjahr werden laufende Veränderungen der betrieblichen Gegebenheiten nicht erfasst. Dennoch ist die Vollkostenrechnung im Handwerk noch dominierend.

Teilkostenrechnung

- Die Mängel der Vollkostenrechnung werden vermieden, indem man dem Produkt oder Auftrag nur die variablen Kosten anlastet.
- **Variable Kosten** steigen oder sinken mit der Veränderung der Auftragslage linear, progressiv oder degressiv.
- **Fixe Kosten** sind unabhängig vom Beschaffungsgrad. Der Fixkostenanteil ist dann am geringsten, wenn der Betrieb maximal ausgelastet ist.

Deckungsbeitragsrechnung

- **Deckungsbeitrag** ist bei der Teilkostenrechnung die Differenz von Auftragserlös und variablen Kosten.
- **Gewinn** entsteht dann, wenn im Abrechnungszeitraum die Deckungsbeiträge höher sind als die Fixkosten.
- **Konkurrenzsituation** erfordert die Kenntnis der unteren Kosten- und Preisgrenze.
- **Kalkulatorischer Ausgleich** liegt dann vor, wenn Aufträge mit relativ hohem Deckungsbeitrag solche ausgleichen, bei denen nur ein geringer Teil der Fixkosten gedeckt wird.

Beispiel:

Auftrag	Erlös	variable Kosten	Deckungsbeitrag (D)	fixe Kosten (F)	Gewinn (= D – F)
1	9.500,00 €	6.500,00 €	3.000,00 €	–	–
2	11.500,00 €	7.500,00 €	4.000,00 €	–	–
3	6.000,00 €	4.500,00 €	1.500,00 €	–	–
4	8.500,00 €	6.000,00 €	2.500,00 €	–	– ①
Summe	35.500,00 €	24.500,00 €	11.000,00 €	11.100,00 €	-100,00 €
⋮	⋮	⋮	⋮	⋮	⋮
5	10.000,00 €	9.000,00 €	1.000,00 €	–	– ②
Summe	45.500,00 €	33.500,00 €	12.000,00 €	11.100,00 €	900,00 €

Aufträge 1 … 4 ergeben Verlust ①.
Ausführung des 5. Auftrages führt zum Gewinn ②.

Werbung – *Advertising*

Grundsätze der Werbung

A I D A

Attention
Aufmerksamkeit erzielen durch Werbebotschaft

Beispiele:
- Blickfang
- Farbgestaltung
- Schlagzeile

Interest
Interesse wecken, Werbebotschaft soll im Gedächtnis bleiben.

Beispiele:
- Positves Gesamtbild
- Imageaufbau durch Wiedererkennung

Desire
Kaufwunsch auslösen.

Beispiele:
- Vorteile der Ware herausstellen
- Proben, Informationen aushändigen
- Befristetes Angebot

Action
Ware wird gekauft.

Beispiele:
- Bestellschein
- Zugabe

Werbemittel

– Werbebotschaft

Innerhalb des Unternehmens:
- Schaufensterdekoration
- Warenpräsentation (z. B. Anordnung, Beleuchtung) im Verkaufsraum
- Fachkompetente Beratung und Information
- Verpackung

Außerhalb des Unternehmens:
- Anzeige
- Plakat
- Zeitungsbeilage

Werbeträger

= Transportmittel

Innerhalb des Unternehmens:
- Verkaufsraum
- Schaufenster

Außerhalb des Unternehmens:
- Hauswand
- Fahrzeug
- Zeitungen
- Leuchtmittel
- Brief
- Kundenkontakt (z. B. Erinnerung)

Fragen zur Planung und Durchführung

Werbeziel – **Was** soll erreicht werden?

Werbeetat – **Wieviel** Mittel stehen zur Verfügung?

Zielgruppe (Streukreis) – **Wer** soll angesprochen werden?

Streugebiet – **Wo** soll geworben werden?

Werbemittel, Werbeträger – **Womit** soll geworben werden?

$$\text{Werbeerfolg} = \frac{\text{Umsatzsteigerung}}{\text{Kosten für die Werbung}}$$

Wie können die Ziele umgesetzt werden? – **Gestaltung der Werbemittel**

Wann soll geworben werden? – **Streuzeit**

Kundengespräch – *Conversing with the customer*

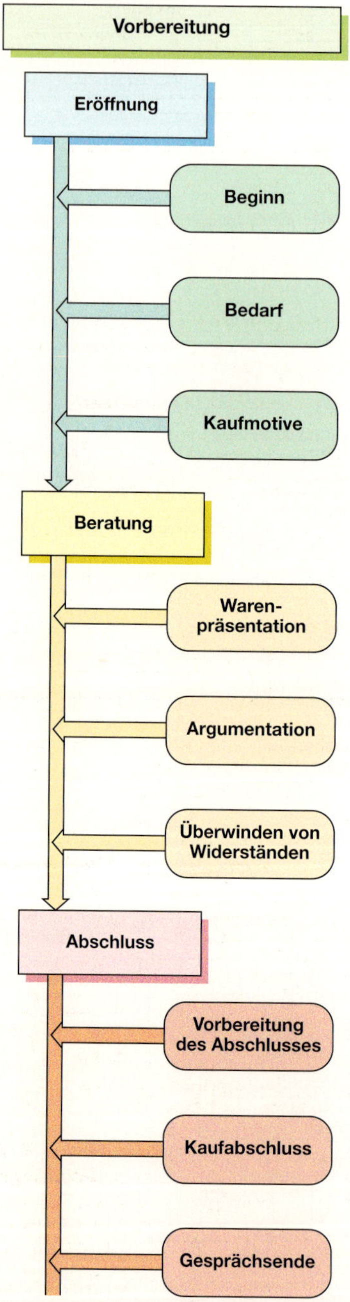

Die Reihenfolge hängt vom Gesprächsverlauf ab!

Vorbereitung
- Intensive Auseinandersetzung mit dem Ziel und dem möglichen Kunden.
- Gesprächsstrategie entwickeln.

Beginn
- Kunden zur Kenntnis nehmen (Blickkontakt).
- Kontakt aufnehmen, ihn positiv ansprechen.
- Beratung anbieten.
- Fachkundige Erstinformationen.

Bedarf
- Offene Fragen zum Bedarf stellen.
- Offene Fragen zum Nutzen stellen.
- Präzisierung der Wünsche vornehmen.
- Keine peinlichen oder indiskreten Fragen stellen.
- Fragen nach Preisvorstellungen noch vermeiden.

Kaufmotive
- Aufmerksam zuhören, Verständnisfragen stellen.
- Kaufmotive erforschen.
- Kaufmotive rationaler und emotionaler Art unterscheiden.
- Argumente kundenorientiert und motivationsfördernd einbringen.

Warenpräsentation (evtl. Modelle)
- Präsentation dem Auffassungsvermögen des Kunden anpassen.
- Auswahl und Vergleich ermöglichen.
- Unterstützende Materialien (Prospekte usw.) zur Veranschaulichung einsetzen.
- Vielfältige Sinne ansprechen.
- Beginn mit mittlerer Preisklasse.

Argumentation
- Preis-Nutzen-Relation herausstellen.
- Entscheidungshilfen vorbereiten.
- Kenntnisse über Produkte gezielt einsetzen.

Überwinden von Widerständen
- Argumente des Kunden wahrnehmen.
- Argumentationsketten aufbauen (Behauptung mit Begründung).
- Qualitätsbestimmende Merkmale und Eigenschaften hervorheben.
- Nutzungsargumente betonen.
- Zusatzangebote, Serviceleistungen hervorheben.

Vorbereitung des Abschlusses
- Einwände beachten und eventuell entkräften.
- Dem Kunden die Entscheidung überlassen.

Kaufabschluss
- Zügige Abwicklung.
- Kaufentscheidung positiv herausstellen.
- Zufriedenheit artikulieren.

Gesprächsende
- Dank aussprechen und Verabschiedung.
- Wunsch für weitere Besuche zum Ausdruck bringen.

Arbeitsbericht – *Work report*

Ein Bericht soll **verständlich** geschrieben sein, das **Wesentliche** enthalten und **übersichtlich** gestaltet sein.

Arbeitsbericht	
Projekt	Name, Beschreibung
Auftraggeber	Name. Institut, ...
Verfasser	Der Verantwortliche für die Erstellung des Berichts.
Letzte Änderung	Datum der letzten Änderung.
Dateiablage	Dateiname, Ort der Dateiablage, Ordner, ...
Zeit	Zeitspanne, für den dieser Bericht erstellt wurde (von ... bis ...)
Status	Z. B. unproblematisch, kritisch, ansatzweise kritisch, ..., 50 %, ...
Aufgabenfortschritt	Fertigstellungsgrad (Angabe z. B. in %)
Besondere Ereignisse	Z. B. folgende Teilaufgabe wurde erfolgreich abgeschlossen: ...
Nachfolgende Aktivitäten	Was ist als nächstes zu erledigen, ...
Zu erwartende Schwierigkeiten	Welche Probleme können bei den nächsten Teilaufgaben auftreten? Welche Entscheidungen müssen von wem und bis wann getroffen werden?
Entscheidungs- und Handlungsbedarf	Welche Probleme treten auf, wenn die geforderten Entscheidungen nicht getroffen werden? Welche Handlungen müssen von wem und wann durchgeführt werden? Welche Probleme treten auf, wenn die Handlungen nicht ausgeführt werden?
...	

Arbeitsorganisation – *Work organisation*

Gliederung und **Gestaltung** eines Arbeitsablaufs nach
- aufgabenmäßigen,
- inhaltlichen und
- zeitlichen Gesichtspunkten.

Einteilung
- aufbauorganisatorisch und
- ablauforganisatorisch

Menschliche Leistungskurve

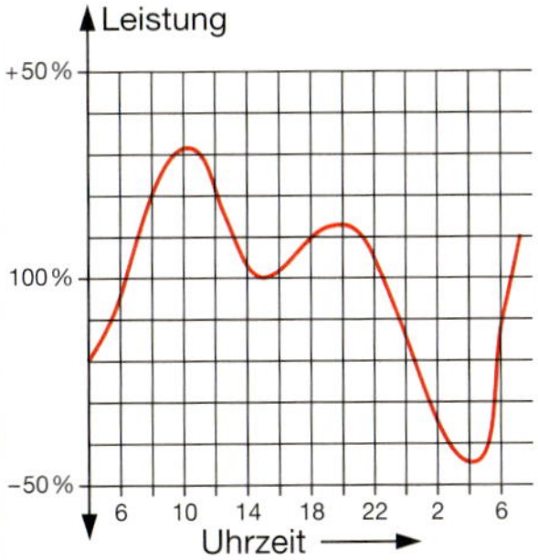

Zusammenwirken mehrerer Arbeitsplätze

Arbeitsaufgabe
auftragsbezogen

Eingabe

Nicht gestaltbare Umgebungsbedingungen:
z. B. gesetzliche Bestimmungen, tarifvertragliche und betriebliche Vereinbarungen

Arbeitsorganisation
- **Kapazitätsbedarf** (Zeitbedarf, gegenseitige Abhängigkeit)
- **Kooperation** (Kommunikations- und Informationsformen)

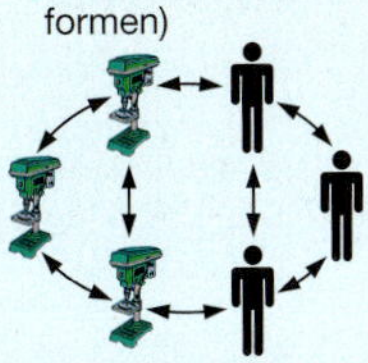

Gestaltbare Umgebungsbedingungen
z.B. Arbeitszeit, Pausenregime

Arbeitsergebnis objektbezogen:
personenbezogene Überprüfung der Leistung

Ausgabe

Arbeitsergebnis subjektbezogen:
Förderung der Motivation durch Information, Lernangebot, Partizipation und Entgeltdifferenzierung

Teamentwicklung, Teamarbeit – *Team development, team work*

Traditionelle Organisationseinheiten

- Abläufe und Vorgänge sind eindeutig festgelegt. Jeder weiß genau, **wer was wie** zu tun hat.
- Die Aufgaben werden den einzelnen Mitarbeitern vom jeweiligen Vorgesetzten zugeteilt.
- Es gibt klare Kontrollmechanismen zur Sicherung der vorschriftsmäßigen Arbeitsdurchführung und der zu erwartenden Qualität.
- Kommunikation und übergreifende Problemlösungen mit anderen Abteilungen oder sonstigen Unternehmensbereichen erfolgen über den Vorgesetzten oder durch eine ausdrücklich von diesem bestimmte Person.
- Organisationseinheiten sind dauerhaft installiert. Sie haben klar umrissene Aufgaben- und Kompetenzbereiche.

Phasen der Teamentwicklung

Kontaktphase

Vorgesetzte und Teammitglieder:
- Klärung gegenseitiger Erwartungen, Ziele, Rahmenbedingungen

Notwendige Voraussetzungen der Beteiligten:
- Offenheit, Ehrlichkeit und Engagement

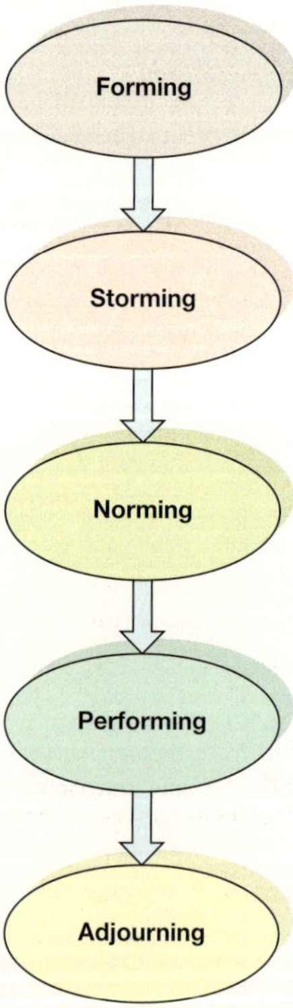

Forming
- Erstes Kennenlernen
- Individuelle Verhaltensmuster werden erprobt

Storming
- Gegensätzliche Meinungen werden deutlich
- Konflikte entstehen
- Machtkämpfe

Norming
- Widerstände sind überwunden
- Eingespielte Verhaltensweisen
- Regeln werden akzeptiert

Performing
- Geklärte Rollen
- Konzentration auf die Aufgaben
- Effektive Arbeit mit höchster Leistung

Adjourning
- Auflösung der Strukturen durch Zu- und Abgänge
- Neubeginn

Teamarbeit

- Teams sind Arbeitsgruppen, die sich mit Hilfe des Teamleiters selbst organisieren.
- Innerhalb eines Teams gibt es keine Hierarchiestufen. Jeder beteiligt sich nach persönlichen Fähigkeiten und Fertigkeiten an der gemeinsamen Aufgabe.
- Die Arbeit erfolgt in fach- und abteilungsübergreifenden Gruppen.
- Unterschiedliches Spezialistenwissen und unterschiedliche Erfahrungen werden im Team zur gemeinsamen Lösung komplexer Aufgaben kombiniert.
- Zwischen den Teams eines Unternehmens bestehen rege Kontakte. Informationen werden offen ausgetauscht.
- Teams werden nicht auf Dauer installiert, sondern für bestimmte Vorhaben oder Projekte zusammengestellt.
- Wenn das gemeinsame Ziel erreicht oder die gemeinsame Aufgabe gelöst ist, können die einzelnen Mitglieder neuen Teams zugeordnet werden.

Voraussetzungen an die Beteiligten:

Flexibilität + **Selbstantrieb** + **Eigenverantwortung**

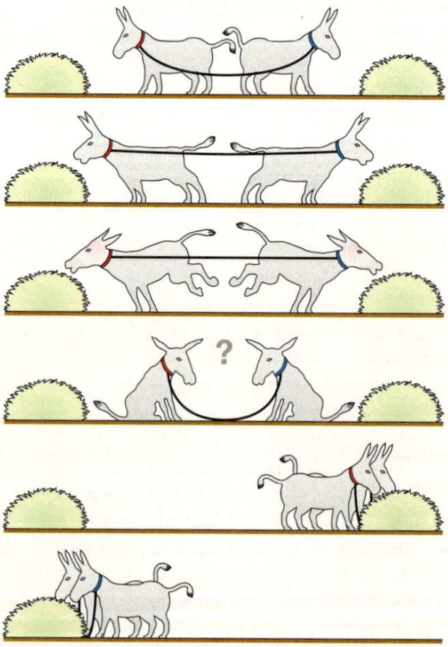

Projektmanagement – *Projectmanagement*

- Realisierung zukünftiger Vorhaben (z. B. Bau eines Gebäudes, Entwicklung eines Produktes)
- Begrenzte Ressourcen verfügbar (Geld, Zeit, Personal, …)
- Zusammenarbeit mehrerer Gewerke, Abteilungen und Personen zum Erreichen gemeinsamer Ziele
  ⇒ Koordinierung der Zusammenarbeit erforderlich

Projektphasen

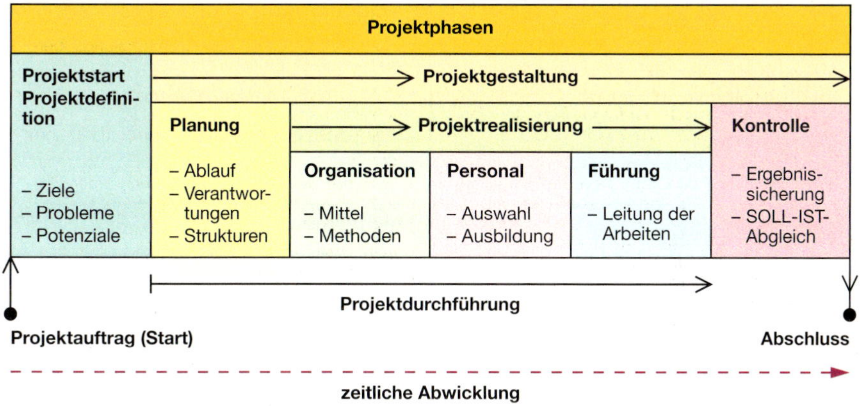

Projektstart/Projektdefinition

Frage: Was soll gemacht werden?
- Ziele und Prioritäten eindeutig und realistisch festlegen sowie schriftlich dokumentieren.
- Nachweisformen für Ergebnisse definieren.
- Analyse mehrerer Lösungsmöglichkeiten.
- Festlegung der umzusetzenden Lösung.

Projektplanung

Frage: Wie/Wann soll es gemacht werden?
- Inhaltliche und terminliche Struktur erstellen.
- Zwischenziele (Meilensteine) festlegen.
- Kostenrahmen festlegen.
- Projektverantwortlichkeiten definieren.

Organisation

- Kompetenzen und Stellen zuweisen.
- Arbeitsumgebung (Büro, Werkstatt, Labor, …) und Kommunikationsstruktur (Telefon, Fax, PC-Netz) bereitstellen.
- Zielorientierte Handlungsabläufe erstellen.
- Handhabbare Teilaufgabengebiete festlegen.

Personal

- Notwendige Personalqualifikation ermitteln.
- Personalauswahl- /-beschaffung organisieren.
- Weiterbildung des ausgewählten Personals sicherstellen.
- Personalverantwortung festlegen.
- Projektbezogene Entlohnung regeln.

Führung

- Alltägliche Arbeitsabläufe steuern.
- Abstimmung zwischen den Beteiligten.
- Kontinuierliches Prüfen der Arbeiten.

Kontrolle

- Ständige Kontrolle der Soll- und Ist-Zustände (Kosten, Projektfortschritt, Qualität, Dokumentation, …)
- Durchführung durch Projektleiter oder Kontrollteams sowie Verantwortliche für Teilaufgaben.

Abschluss

- Abnahmetests durchführen, Dokumentation an den Auftraggeber übergeben.
- Produktdokumentation prüfen und übergeben.
- Vergleich zwischen Projektzielen und Ergebnissen erstellen.
- Abschlusskalkulation erstellen.
- Analyse des Projektablaufs (Stärken/Schwächen in Projektentwicklung, Projektmanagement, Projektleitung, …)
- Ergebnisse der Projektanalyse dokumentieren.
- Projektteam mit allen Ressourcen auflösen oder in neue/andere Projekte überführen.

Qualitätsmanagement (QM) – *Quality management*

Normenübersicht

DIN EN ISO 9004 - QM-Systeme - Leitfaden

DIN EN ISO 9000 - QM-Systeme - Grundlagen und Begriffe

DIN EN ISO 9001 - QM-Systeme - Anforderungen

DIN EN ISO 19011 - Leitfaden für Audits von QM -/ Umweltmanagementsystem

Ergänzende Vorschriften z. B. durch Automobilkonzerne (Quality System Requirements QS-9000, VDA) oder Medizinalanwendungen (DIN EN 46001 ff.)

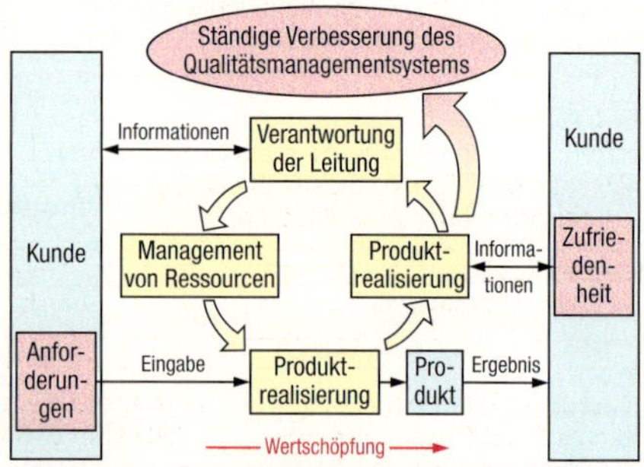

Ziele

- Kundenorientierung (Produkt, Service, Termine, Preis)
- Verringern von Fehlerkosten, Produkthaftungsrisiken
- Verbesserung der Wettbewerbsfähigkeit (Kostendruck, Innovationszyklen, Globalisierung)
- Erreichen von Unternehmenszielen (Qualität, Wirtschaftlichkeit, Image, ...)
- Auflagenerfüllung (Sicherheitsvorschriften, Normen, Umweltverordnung, Produkthaftung, ...)

Ansätze

- Kundenerfordernisse und -erwartungen ermitteln.
- Qualitätspolitik und -ziele festlegen.
- Verantwortlichkeiten und Prozesse für QM-Ziele festlegen.
- Ressourcen zum Erreichen der QM-Ziele ermitteln und bereitstellen.
- Strategien zur Vermeidung von Fehlern sowie Beseitigung von Fehlerursachen festlegen.
- Prozesse zur ständigen Verbesserung des QM-Systems

Prozesse

- **Verantwortung der Leitung**: Geschäftsführung ist für Umsetzung der Qualitätspolitik verantwortlich. (Erstellung eines QM-Handbuches mit Verfahrens-, Arbeits- und Prüfanweisungen; interne Audits[1])
- **Ressourcenmanagement**: Planung von materiellen und personellen (Aus- und Weiterbildung) Ressourcen.
- **Kundenkontakt**: Verträge mit eindeutig definierten Kundenwünschen und erfüllbaren Zielen abschließen.
- **Beschaffung**: Qualität eingekaufter Materialien und Dienstleistungen sicherstellen.
- **Leistungserbringung**: Planung und Sicherstellung einer ordnungsgemäßen Leistung.
- **Messung, Analyse, Verbesserung**: Kundenzufriedenheit erfragen, Kritik aufnehmen, prüfen und in Verbesserung des QM einbinden.
- **Dokumentation**: Handlungsanweisungen schriftlich dokumentieren; Aufzeichnungen nachträglich nicht ändern, um sie als Nachweisdokumente verwenden zu können.
- **Kennzeichnung**: Um Fehlerquellen ermitteln zu können, ist eine Kennzeichnung von Produkten, Unterlagen und Aufzeichnungen erforderlich.
- **Lenkung fehlerhafter Produkte**: Regeln zur Fehlererkennung, -erfassung und -beurteilung festlegen; Weiterverwendung fehlerhafter Produkte verhindern.

[1] englisch audit = Revision; lat. audire = hören

Zertifizierung

- Nachweis über eingeführte und systematisch praktizierte Qualitätsmanagementsysteme
- Wettbewerbsvorteil durch QM-Nachweis
- Zertifizierung durch akkreditierte Stelle (TÜV, ZDH-Zert, ...)

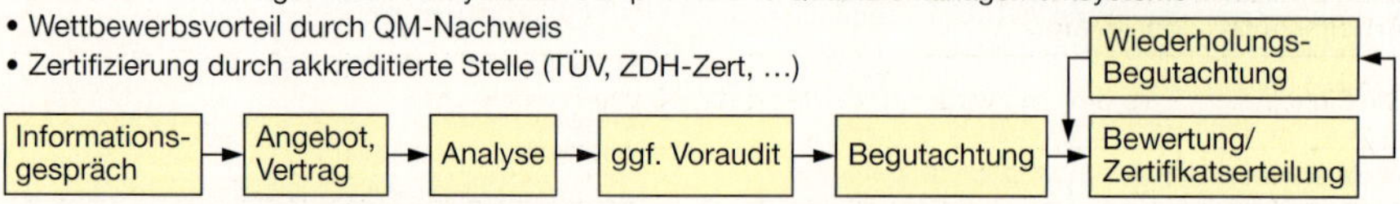

1. Im Informationsgespräch wird vorab über Ablauf, Kosten, ... der Zertifizierung informiert.
2. Nach Angebotserstellung wird die Zertifizierungsstelle vertraglich mit der Betreuung beauftragt. Die Analyse erfolgt durch einen Auditor, der das Unternehmen durch den Prozess begleitet. Erarbeitung eines QM- Handbuches.
3. Bewertung des QM-Handbuches und Überprüfung der Praktikabilität gemäß ISO 9001 in einem optionalen Voraudit.
4. Verbesserung des QM-Handbuches, interne Audits mit abschließender Auditierung (Begutachtung) durch die Zertifizierungsstelle.
5. Bewertung des Audits und bei Erfolg Ausstellung des QM-Zertifikates
6. Wiederholungsaudit, um Gültigkeit des Zertifikates zu verlängern.

Werkstattausrüstung – *Workshop equipment*

- **Richtlinie** für die Werkstattausrüstung für Betriebe des Elektrotechniker-Handwerks (Bundes-Installateurausschuss im ZVEH)
- Zusätzliche **Empfehlungen** des ZVEH für fachgerechte Messgeräte, Literatur und Sicherheitseinrichtungen

Grundsatz:
Art und Umfang der Werkstattausrüstung richtet sich nach dem Tätigkeitsbereich des Betriebes und der Anzahl der Beschäftigten.

Überprüfung:
Vor Eintrag in das „Installateur-Verzeichnis" beim zuständigen VNB werden die Arbeitsräume vom Bezirks-Installateurausschuss überprüft.

Werkzeuge

Grundausstattung für fachgerechte Durchführung aller vorkommenden Arbeiten.

Einige Landes-Installateurausschüsse empfehlen bestimmte Werkzeuge.

Fachliteratur

- Auswahlordner für das Elektrotechniker-Handwerk (VDE-Vorschriften)
- Normen für das Handwerk (DIN-Taschenbuch)
- AVBEltV
- TAB des VNB
- Unfallverhütungsvorschriften (BG)
- BGVA 1 und 2 (BGE)
- Grundsätze der Zusammenarbeit von VNB und Elektroinstallateuren
- Formularvordrucke zur Prüfung elektrischer Anlagen, Prüfprotokolle u. ä.

Einrichtungen

Prüfplatz nach DIN VDE 0104:
Festeingebaute Messgeräte zum Prüfen elektrischer Betriebsmittel, insbesondere zum Messen von

- Betriebsspannung
- Betriebsstromstärke
- Ableitstromstärke
- Isolationswiderstand
- Schutzleiterwiderstand

Schutzvorrichtungen

- Matte zur Standortisolierung
- Isolierende Abdeckungen für stromführende Teile (Berührungsschutz)
- NH-Sicherungsaufsteckgriff
- Persönliche Schutzausrüstung (Sicherheitsschuhe, Schutzhelm, -brille, Gesichtsschutz)

Mess- und Prüfgeräte

- Spannungsprüfer (DIN VDE 0682-401)
- Spannungs- und Strommesser (DIN VDE 0411-1)
- Gerät zum Messen des Isolations- und Schleifenwiderstandes (DIN VDE 0413-2 … 4)
- Prüfgerät für RCD- und Schutzeinrichtungen (DIN VDE 0413-6)
- Drehfeld-Richtungsanzeiger (DIN VDE 0413-7)
- Messgerät zur sicherheitstechnischen Prüfung und Prüfung elektrischer Geräte (DIN VDE 0404-1, -2)
- Erdungsmessgerät (DIN VDE 0413-5)
- Durchgangsprüfgerät (DIN VDE 0403)
- Beleuchtungsstärkemessgerät
- Leitungssuchgerät

Arbeitsstättenverordnung

Die Einhaltung der Verordnung wird vom Gewerbeaufsichtsamt überwacht.

Arbeitsraum	Waschraum	Umkleideraum	Toilette
• Mindest-Fläche: 8 m^2 • Mindest-Höhe: 2,50 m • Mindest-Volumen: 12 m^3 • Mindest-Bewegungsfläche: 1,50 m^2	• Frauen und Männer getrennt • Mindest-Fläche: 4 m^2 • Mindest-Höhe: 2,30 m • Freie Bodenfläche pro Waschgelegenheit: 0,7 m · 0,7 m	• Frauen und Männer getrennt • Räumlich vom Waschraum getrennt • Unmittelbarer Zugang vom Waschraum	• In der Nähe des Arbeitsplatzes • Handwaschbecken • > 5 Arbeitnehmern verschiedenen Geschlechts ⇒ getrennte Toilettenräume

Arbeitsschutz – *Maintenance of industrial and safety standards*

BGV A1, A3, A4

Gefährdungen bei Elektroinstallationsarbeiten

- Umgang mit elektrischen Betriebsmitteln
- Arbeiten in gefährdeten Bereichen (z.B. große Höhe)
- Äußere Umwelteinwirkungen und Maschinen (z.B. beim Schleifen)
- Art der Baustelleneinrichtung (z.B. Erste-Hilfe-Material)

Gesetzliche Regelung im Arbeitsschutzgesetz (ArbSchG) zur

- Regelung der grundlegenden Pflichten des Arbeitgebers,
- Festlegung der Pflichten und Rechte des Arbeitnehmers,
- Überwachung des Arbeitsschutzes durch die zuständigen Behörden (**Berufsgenossenschaften BGV**).

Pflichten des Arbeitgebers

- Elektrische Anlagen und Betriebsmittel
  - nach den elektrotechnischen Regeln betreiben,
  - nur von einer Elektrofachkraft bzw. unter deren Aufsicht errichten, ändern und instandhalten,
  - auf einen ordnungsgemäßen Zustand prüfen und Mängel unverzüglich beseitigen.
- Erforderliche persönliche Schutzkleidung dem Arbeitnehmer zur Verfügung stellen.
- Sicherheitsrelevante Arbeitsgeräte (z.B. Leitern) in ausreichender Anzahl und technisch einwandfreiem Zustand zur Verfügung stellen.

Pflichten des Arbeitnehmers

- Sicherheitstechnische Bestimmungen am Arbeitsplatz einhalten und Anweisungen befolgen.
- Vor Arbeitsbeginn alle sicherheitsrelevanten Arbeitsgeräte und Hilfsmittel überprüfen.
- Elektrotechnische Bestimmungen einhalten.
- Bei Übertragung der Unternehmerpflichten an die Elektrofachkraft (BGV A1, §12) deren Einhaltung kontrollieren. Die Übertragung muss schriftlich bestätigt werden.
- Persönliche Schutzausrüstung tragen.

Elektrotechnische Fachkräfte

Anlagenverantwortlicher	**Elektrofachkraft**	**Verantwortliche Elektrofachkraft**	**Arbeitsverantwortlicher**
Verantwortlich für den Betrieb einer elektrischen Anlage (Elektrofachkraft) DIN VDE 0105-100	Maßnahmen und Entscheidungen in eigener Verantwortung. Voraussetzung ist eine Fachausbildung.	Fach- und Aufsichtsverantwortung bei Übertragung durch den Unternehmer. DIN VDE 0100-100	Für jede Arbeit benannt; verantwortet die Durchführung der Arbeiten. VDE 0105-100

Persönliche Schutzausrüstung

Zusätzlich zur Arbeitsschutzbekleidung muss je nach Arbeitsgefährdung folgende Schutzausrüstung getragen werden:

- **Kopfschutz** – Schutzhelm DIN EN 397
- **Augenschutz** – Schutzbrille DIN EN 166
- **Schallschutz** – Gehörschutzstöpsel bis 110 dB (A) bzw. Gehörschutzkapseln bis 120 dB (A)
- **Fußschutz** – Sicherheitsschuhe DIN EN ISO 20345
- **Handschutz** – Sicherheitshandschuhe DIN EN 60903
- **Atemschutz** – Filtergeräte DIN 3179
- **Absturzschutz** – Sicherheitsgeschirr (Halte- bzw. Auffanggurt) EN 358/EN 361

Ergonomie – *Ergonomies*

Begriff

Analyse der
- Aufgabenstellung,
- Arbeitsumwelt,
- Mensch-Maschine-Interaktion

mit dem **Ziel**:

- **Verbesserung** der Leistungsfähigkeit,
- **Minderung** der auf den Menschen wirkenden Belastungen.

Mensch-Maschine-Struktur

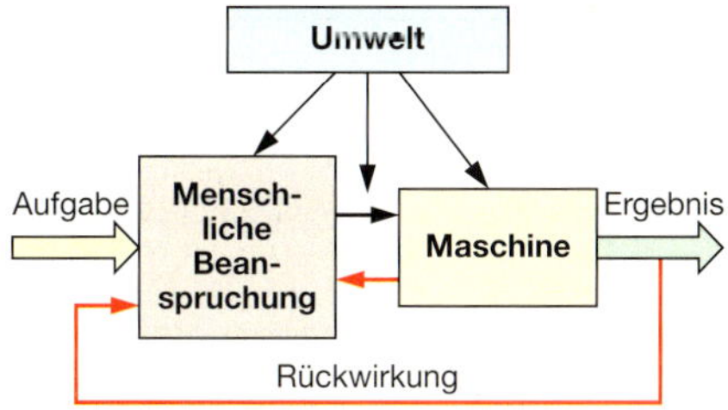

Greifbereich

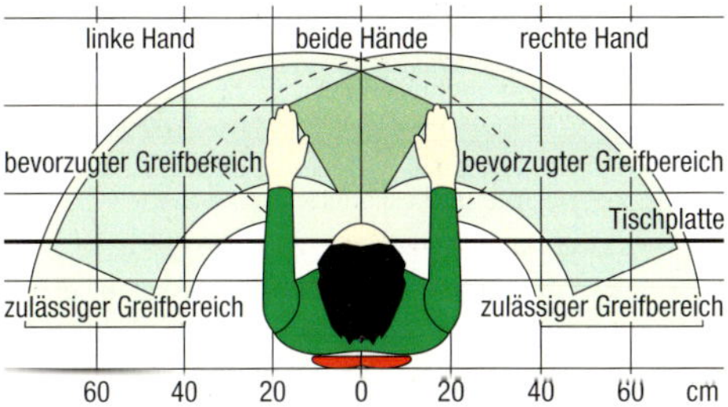

Sehraum

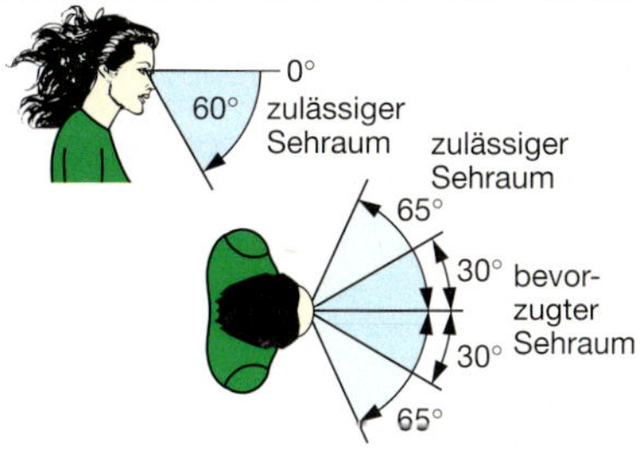

Bildschirmarbeitsplätze

Bestimmungen	Checkliste
• Bildschirmarbeitsverordnung (BildscharbV) • Sicherheitsregeln für Büroarbeitsplätze (VBG ZH 1/535 und GUV 17.7) • Sicherheitsregeln für Bildschirm-Arbeitsplätze im Bürobereich (VBG ZH 1/618 und GUV 17.8) • Arbeitsstätten-Richtlinien (ASR) zur Arbeitsstättenverordnung (ArbStättV) • Unfallverhütungsvorschriften (UVV)	• Bildschirmgerät (Zeichengröße, flimmerfrei, ...) • Tastatur (neigbar, Druckpunkt, ...) • Arbeitsfläche (Größe, Beinfreiheit, ...) • Arbeitsstuhl (Verstellbarkeit, Rückenabstützung, ...) • Fußstütze (Größe, Verstellbarkeit, ...) • Vorlagenhalter (Stabilität, Größe, ...) • Beleuchtung (Blendfreiheit, flimmerfrei, ...) • Lärm (Geräuschentwicklung der Geräte, ...) • Wärme (Einstellbare Heizung, ...) • Software (Hilfe, Korrektur, Geschwindigkeit, ...)

Stuhl und Arbeitsfläche	Blendungsabgrenzung
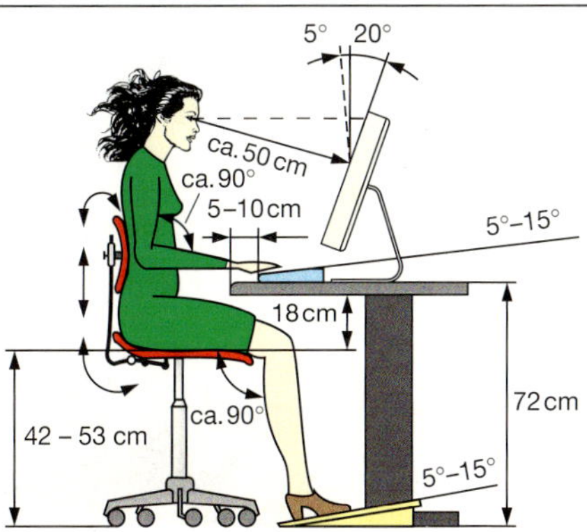	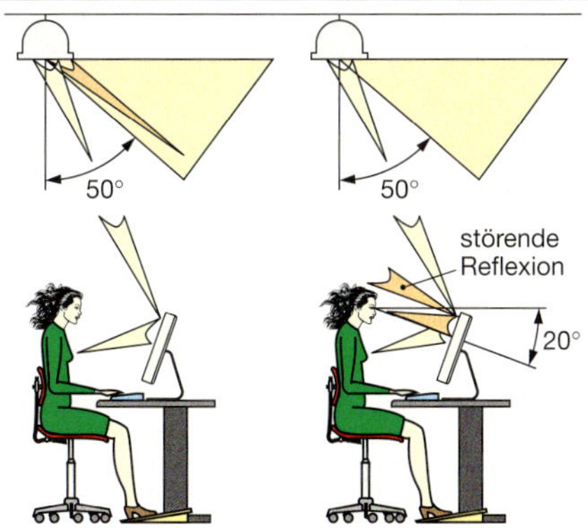

Leitern und Gerüste – *Ladders and scaffolding*

DIN EN 131, BGV D36

Technische Anforderungen für Aufstiegshilfen

Aufstiegshilfen	Tritte ①	Anlege- ②	Steh- ③	Podest- ④	Mehrzweck- ⑤	Kleingerüste ⑥
		Leiter				
Eigenschaften	bis 1 m Höhe mit einer zug- bzw. druckfesten Verbindung; obere Fläche ist zum Betreten geeignet	zur Benutzung an einen rutschfesten Untergrund lehnen bzw. befestigen (Anlegewinkel $\alpha \approx 70°$)	zweischenklige freistehende Sprossen- oder Stufenleitern	einseitig besteigbare Stufenleiter, die eine umwehrte Plattform (0,5 m^2) besitzt	Steh- oder Anlegeleiter, die zu der jeweilig anderen Leiterart umgebaut werden kann.	gerüstähnliche Konstruktionen, Bühnen oder Podeste mit einer Beläghöhe < 2 m
Spreizsicherung (z. B. Gurt) erforderlich	–	–	ja	–	ja	–
Betriebsanleitung erforderlich	ja	ja	ja	ja	ja	ja
Benutzungshinweise	Schenkel müssen fest miteinander verbunden sein; kein Verschieben beim Betreten.	Länge muss 1 m über der Auftrittstelle liegen; nicht als dauerhafter Arbeitsplatz geeignet.	Nicht als Anlegeleiter verwenden; zwei Stehleitern können zu einem Behelfsgerüst umgebaut werden.	Eventuell vorhandene Rollen müssen bei Betreten selbstständig abgebremst werden.	Für kurzzeitige Arbeiten ist der Umbau als Behelfsgerüst möglich, wenn ein Belag als Standfläche verwendet wird.	Ab einer Beläghöhe von 1 m ist ein Seitenschutz notwendig; Belagbreite ≥ 0,5 m.

Umgang mit Leitern und Gerüsten

Der Vorgesetzte

- stellt richtige Leiter (z. B. Steh- oder Anlegeleiter) mit notwendigem Zubehör für sicheren Stand bereit,
- bringt Hinweis für die Benutzung der Leiter und Gerüste an und unterweist Mitarbeiter in deren Handhabung,
- garantiert einwandfreie Beschaffenheit und kontrolliert sichere Funktion,
- lässt beschädigte Teile reparieren bzw. ersetzen und untersagt einen bestimmungswidrigen Einsatz.

Der Mitarbeiter

- prüft ordnungsgemäßen Sicherheitszustand vor **jedem** Gebrauch,
- achtet auf Standsicherheit und zulässige Belastungen (Benutzungshinweise),
- setzt nach Möglichkeit Gerüste statt Leitern ein,
- berücksichtigt die Kraftrückwirkung, z. B. bei Stemmarbeiten auf einer Leiter,
- steigt nicht über das Ende einer Stehleiter hinaus,
- lehnt sich bei der Arbeit nicht seitlich hinaus.

Heben und Tragen – *Lift and carry*

ArbSchG, LasthandhabV

Beurteilung der Arbeitsbedingungen beim Heben und Tragen von Lasten

1. Lastwichtung

Wirksame Last für Frauen	Wirksame Last für Männer	Lastwichtung
< 5 kg	< 10 kg	1
5 … 10 kg	10 … 20 kg	2 ①
10 … 15 kg	20 … 30 kg	4
15 … 25 kg	30 … 40 kg	7
> 25 kg	> 40 kg	25

2. Ausführungswichtung

Ausführungsbedingungen	Wichtung
gute ergonomische Bedingungen (z. B. ausreichend Platz)	0
Bewegungsfreiheit eingeschränkt (z. B. geringe Arbeitshöhe und -fläche)	1 ②
Bewegungsfreiheit stark eingeschränkt	2

3. Haltungswichtung

Lastposition und Körperhaltung		Haltungswichtung
	• Oberkörper aufrecht und nicht verdreht • Last am Körper	1
	• geringe Vorneigung oder Verdrehung des Körpers • Last am Körper bzw. körpernah	2
	• tiefes Beugen oder weites Vorneigen • Last körperfern oder über Schulterhöhe	4 ③
	• weites Vorneigen mit gleichzeitigem Verdrehen des Oberkörpers • Last körperfern • hocken oder knien	8

4. Zeitwichtung

Tragen (> 5 m)		Halten (> 5 s)		Hebe- oder Umsetzvorgänge	
Gesamtweg pro Arbeitstag	Zeitwichtung	Gesamtdauer pro Arbeitstag	Zeitwichtung	Anzahl pro Arbeitstag	Zeitwichtung
< 300 m	1	< 5 min	1	< 10	1
300 m … 1 km	2	5 … 15 min	2	10 … 40	2
1 km … 4 km	4	15 min … 1 h	4	40 … 200	4
4 km … 8 km	6	1 h … 2 h	6	200 … 500	6 ④
8 km … 16 km	8	2 h … 4 h	8	500 … 1000	8
> 16 km	10	> 4 h	10	> 1000	10

5. Bewertung

Beispiel: Umsetzen von 300 Leuchten (12 kg) in 1,50 m Höhe

2 ① Lastwichtung
\+ 1 ② Ausführungswichtung
\+ 4 ③ Haltungswichtung
= 7 x 6 ④ = 42 →
Zeitwichtung Punktwert

Punktwert	Beschreibung
< 10	geringe Belastung
10 … 25	erhöhte Belastung
25 … 50	wesentlich erhöhte Belastung
> 50	hohe Belastung

Der tätigkeitsbezogene Punktwert gibt Aufschluss über die jeweilige Belastung. Bei einem Punktwert > 10 sind Maßnahmen (Gewichtsverminderung, geringe zeitliche Belastung) erforderlich.

Informationsquellen – *Sources of information*

Druckmedien (Printmedien)

Fachbücher

Der Inhalt ist systematisch, übersichtlich und im Zusammenhang dargestellt.

Fachbücher sind gut geeignet zur Vorbereitung und Nachbereitung an beliebigen Orten.

Dauerhafte und individuell eingefügte Markierungen erleichtern den Zugriff und die Handhabbarkeit.

Fachbücher können auch über das Stichwortverzeichnis als Nachschlagewerk verwendet werden. Das Quellen- und Literaturverzeichnis liefert Hinweise über weiterführende Literatur.

Fachzeitschriften

Behandelt werden begrenzte Gebiete oder nur Teile eines Fachgebietes.

Fachzeitschriften sind aktuelle Informationsquellen. Mitunter kann es sinnvoll sein, die reinen Fachaufsätze getrennt zu sammeln und zu archivieren.

Lexikon, Tabellenbuch, Handbuch

Einzelne Fachgebiete sind geordnet, übersichtlich, anschaulich und mitunter in Tabellenform dargestellt. Ein schneller Zugriff auf wesentliche Informationen soll dadurch erleichtert werden.

Sie eignen sich in der Regel zum Nachschlagen bestimmter Sachverhalte oder Themen. Alphabetische oder themenbezogene Gliederungen kommen vor.

Ein sinnvoller Zugriff auf Themen oder Begriffe erfolgt in der Regel über das Stichwortverzeichnis.

Firmenunterlagen

Diese Informationsquellen sind in der Regel auf eine bestimmte Zielgruppe ausgerichtet, z. B.:

Käufer ⇒ Produktwerbung, Selbstdarstellung

Service ⇒ Technische Informationen und Bedienungsanleitungen

Multimedia

Informationsquellen mit diesem Merkmal enthalten neben Textinformationen auch akustische Informationen und Videosequenzen. Die Datenträger sind in der Regel CDs bzw. DVDs.

Mit Hilfe des Computers lassen sich einzelne Programmelemente bzw. Seiten abrufen (über Links) und dem eigenen Auffassungsvermögen (Schnelligkeit, Wiederholung, Standbild, usw.) anpassen.

Der Benutzer kann aufgefordert werden, aktiv in die Darbietung einzugreifen (interaktiv).

Bestimmte Teile lassen sich ausdrucken und können dann wie eine reine Textinformation benutzt werden.

Internet

Internet-Dienste:

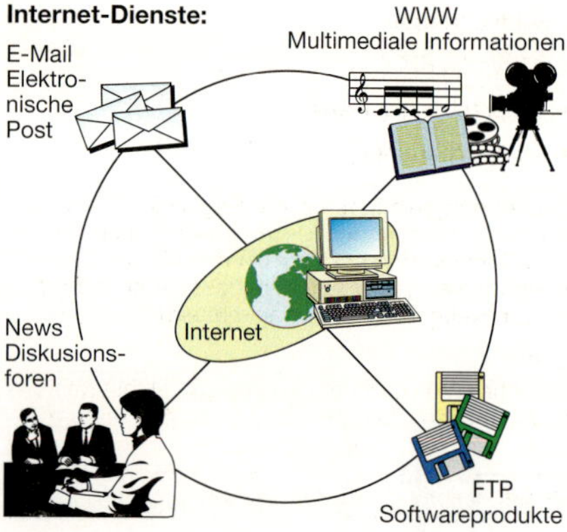

E-Mail

Elektronisches Versenden oder Empfangen von Nachrichten (Electronic Mail). Die Nachricht kann gespeichert oder ausgedruckt oder sofort beantwortet werden. Alle Teilnehmer besitzen eine elektronische Postadresse, z. B.: *Schulservice@westermann.de.*

WWW (World-Wide-Web)

Multimediale Benutzeroberfläche des Internets. Angebote und Informationen können aufgerufen, gespeichert oder ausgedruckt werden. Die Informationen können umfassen: Texte, Bilder, grafische Symbole, Ton- und Videosequenzen, z. B.: *http://www.westermann.de*

FTP (File-Transfer-Protokoll)

Dieses ist eine Abkürzung für ein Verfahren zum Datentransfer im Internet. Mit diesem Verfahren können aus dem weltweiten Softwarepool des Internets die unterschiedlichsten Programme direkt kopiert werden. Hochschulen und größere Firmen bieten entsprechende Software über ihre FTP-Server an, z.B.:
ftp://ftp.mcafee.com/ (Hauptverzeichnis des Rechners der Firma McAfee)

News

Im Internet finden sich Gruppen (Newsgroups) zum Gedanken- und Meinungsaustausch zusammen. Diskussionsbeiträge u. Ratschläge zu unterschiedlichsten Themen werden ausgetauscht. In Diskussionsforen stellt jeder Teilnehmer seine Nachricht für alle anderen als elektonische Post zur Verfügung („schwarzes Brett“).
News-Server sind Computer, auf deren Festplatten die Nachrichten der Diskussionsforen gespeichert sind und abgerufen werden können, z.B. News-Server des Datendienstes T-Online:
News.btx.dtag.de

Wissensmanagement, Lernen – *Knowledge management, Learning*

Lerntypen

- Sehtyp (**visuell**)
- Hörtyp (**auditiv**)
- Gesprächstyp (**verbal**)
- Fühltyp (**haptisch**)

Diese Lerntypen treten in der Regel nicht in reiner Form auf. Vorherrschend sind Mischformen. Je nach Lerntyp sind entsprechende Lehr- und Lernmethoden anzuwenden, damit das Lernergebnis im Langzeitgedächtnis verankert wird.

Ziel:
Erkennen, zu welchem Lerntyp man selbst gehört und in diesem Rahmen die Lernfähigkeit verbessern.

Verbesserung der Lernfähigkeit

- Sich die eigenen **Lernmotive** verdeutlichen.
- Entspannte und angemessene **Lern-/Arbeitsatmosphäre** herstellen.
- Lern- bzw. Arbeitsplatz den individuellen Bedürfnissen anpassen.
  - Schreibtisch, Arbeitsfläche für die Lernaufgabe herrichten,
  - bequeme Sitzhaltung einnehmen,
  - für ausreichende Beleuchtung sorgen,
  - Materialien bereitlegen.
- **Überblick** über die Aufgabe verschaffen.
- **Zeitbedarf** abschätzen.
- **Strukturen** des Lernstoffs herausarbeiten (Element, Beziehungen und Abhängigkeiten zwischen den Elementen).
- Informationen auf den **Kerngehalt** reduzieren.
- **Merktechniken** und **Visualisierungen** während des Lernprozesses verwenden.
- Ergebnis bzw. **Zusammenfassung** festhalten.
- **Rückbesinnung** auf den Lernprozess und das Lernergebnis vornehmen.
- **Beseitigung von Lernblockaden**
  Negative Einstellungen durch positive Lerneinstellungen ersetzen (entspannteres Lernen).
  - Ich kann mich nicht konzentrieren.
    ⇒ Ich bin ruhig und ausgeglichen!
  - Das habe ich noch nie gekonnt.
    ⇒ Was andere können, kann ich auch!

Behaltensquote

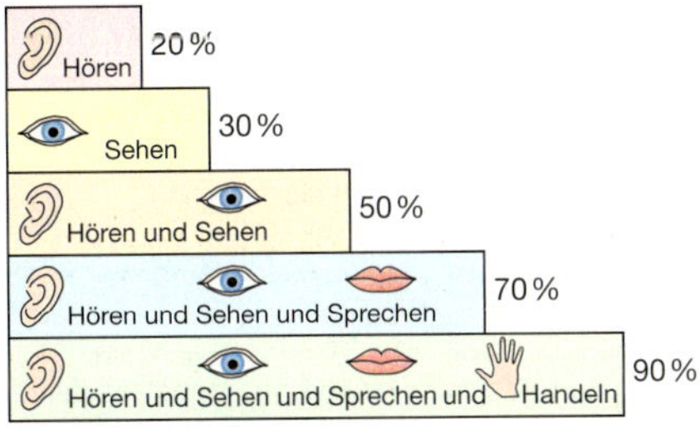

Kurzzeitgedächtnis:
Speicherung der Information ca. 30 bis 60 Sekunden lang.

Langzeitgedächtnis:
Lebenslange Speicherung.
Ziel von Lernprozessen: Gewünschte Informationen in das Langzeitgedächtnis transformieren.

Text verarbeiten und behalten

- Gelesenes nachsprechen.
- Text mit eigenen Worten wiedergeben.
- Über Gelesenes nachdenken.
- Unterstreichungen und Markierungen mit gleichbleibender Bedeutung verwenden.
- Einfache und sich wiederholende Markierungen benutzen.
  Beispiele:
  !: wichtig, bedeutsam
  !!: sehr wichtig, sehr bedeutsam
  ?: bedenklich, fragwürdig
  ??: sehr bedenklich, sehr fragwürdig
- Text durch Grafiken und Bilder veranschaulichen (Visualisierungen vornehmen).
  Beispiele:
  Flussdiagramm, Mind-Map, Struktogramm, ...
- Theoretische Sachverhalte mit praktischen Möglichkeiten verbinden.
- Sich den Text in Form von Bildern vorstellen, den Text gedanklich „ausmalen".
- Individuelle Merkhilfen erfinden (Eselsbrücken).
- Pausen einhalten. Damit erhöht sich der Lernwirkungsgrad und der Behaltenseffekt.
- Ablenkungen vermeiden (akustisch, optisch, ...).
- Je nach Lerntyp: Hintergrundmusik verwenden.
- ...

Lernen mit der Projektmethode

Weitgehend selbstorganisiertes Lernen in Gruppen.
Ablauf:
1. Projektinitiative
2. Projektskizze (Absichten, Vorhaben)
3. Projektplan (Schritte, Zeitbedarf, Aufgabenverteilung; „Wer macht was bis wann")
4. Durchführung
5. Abschluss (Ergebnis, kritische Betrachtung des gesamten Projekts)

Lernen durch Rollenspiele

Probehandeln in simulierten Situationen.
Ablauf:
1. Einführung in die Rolle (Lehrkraft, Leiter, ...)
2. Erarbeitung des Rollenprofils
3. Darstellung der Rolle
4. Herausführen aus der Rolle (Lehrkraft, Leiter, ...)
5. Reflexion über die gespielte Rolle
6. Feedback durch Beobachter

Präsentation – *Presentation*

Beschreibung

- Informationsübermittlung an einen bestimmten Adressatenkreis.
- Adressaten zeigen im Wesentlichen passives und konsumierendes Informationsverhalten.
- Hohe Behaltensrate wird erreicht durch Kombination von visuellen und verbalen Informationen.
- Vertiefung und Festigung der Präsentation wird erreicht durch
  - Dialog
  - Diskussion
  - Beantwortung zusätzlicher Fragen

Ziele

- Motivation
- Verschiedene menschliche Sinne ansprechen
- Information
- Darstellung komplexer Sachverhalte
- Überzeugen
- Repräsentieren
- Aufbau eines Images
- Handlungen auslösen

Voraussetzungen

- Geeignete technische Hilfsmittel
  - Metaplanwand und -karten, Nadeln, Stifte, …
  - Flipchart mit Papier, Stifte, …
  - Schreibtafel mit Kreide, Karten, Plakate, Klebeband, …
  - Overhead-Projektor mit Folien, Stifte, Tuch zum Löschen, …
  - PC, Software, Daten-/Video-Projektor mit Leinwand, Lichtzeiger, …
- Übung im Umgang mit den technischen Hilfsmitteln

Vorbereitung

1. Ziel bzw. Absicht formulieren.
2. Sammeln von Ideen, Informationen, Materialien.
3. Auswählen geeigneter Materialien im Hinblick auf das Ziel.
4. Sortieren der Materialien: Kernaussagen, Hintergrundinformationen.
5. Gewichtung
6. Geeignete Methoden und Medien für die Präsentation auswählen.
7. Besonderheiten der Adressaten und des Raumes beachten.
8. Informationen wirkungsvoll aufbereiten.
9. Präsentationsmanuskript erstellen.
10. Abfolge „durchspielen", Probelauf, Test, …

Medien

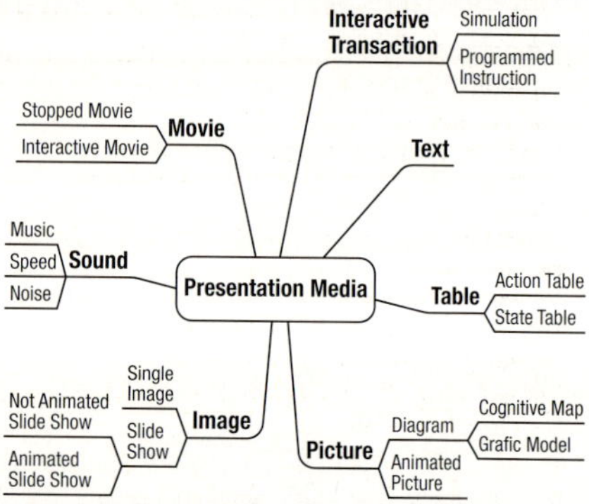

Durchführung

- **„Roten Faden"** einhalten.
- Zusammenspiel zwischen **verbalen Aussagen** und **Visualisierungen** einhalten.
- Dramaturgie und Dynamik durch **Sprache** und geeignete Medien.
- Funktion von **Sprechpausen**:
  Gelegenheit zum Atmen, eigene Gedanken neu ordnen, Denkpausen für Zuhörer, Aufmerksamkeit und Spannung
- Medien nacheinander (z. B. durch Aufdecken) präsentieren (**Abfolge**).
- **Haltung, Körpersprache**:
  Stehend:
  Leicht geöffnete Füße auf gleicher Höhe, Gewicht gleichmäßig verlagern, nicht schaukeln oder wippen, mit Händen und Armen ruhig die Visualisierung unterstützen.
  Sitzend:
- Aufrechte Haltung, Arme und Hände ruhig halten, nicht mit Gegenständen spielen.
- Nicht zum Medium, sondern zu den Zuhörern sprechen (**Konzentration**).

Visualisierung – *Visualization*

Visualisierungs-Regeln

- Zuhörer müssen alle Materialien gut sehen und Texte gut lesen können, evtl. Sitzordnung ändern.
- Materialien zielgerichtet einsetzen.
- Wirkung der Materialien bedenken (Pausen zum Betrachten einplanen).
- Texte übersichtlich und gut lesbar gestalten (Größe, Form, Farbe, Druckbuchstaben). Weniger ist oft mehr!
- Innere Ordnung muss durch Überschriften und Textanordnung deutlich werden.
- Dramaturgie durch geeignete Reihenfolge der Elemente herstellen.
- Verknüpfung verbaler Aussagen mit bildhaften Darstellungen.
- Blickkontakt während des Medieneinsatzes herstellen.
- Wenn Medien nicht mehr benötigt werden, diese entfernen bzw. abschalten.

Vorteile

- Sprachaussagen werden anschaulicher und verständlicher.
- Zusammenhänge werden deutlicher.
- Kernaussagen treten klarer hervor.
- Redeanteil lässt sich verkürzen.
- Struktur wird erkennbar.
- Bilder können komplexe Zusammenhänge auf „einen Blick" verdeutlichen.

Visualisierung durch MindMap

- Bildhafte Darstellung von Gedankengängen (bildhafte Gedankenstütze).
- Grafische Strukturierung von Sachverhalten, Zusammenhängen, Ideen und Denkprozessen (Überblick).
- MindMaps lassen sich einzeln oder durch Gruppen erstellen.
- Innere Ordnung: Vom Abstrakten zum Konkreten, vom Allgemeinen zum Speziellen.
- Vielseitig verwendbar, fördert Kreativität.
- Viel auf einen „Blick", nichts geht „verloren". Geringer Aufwand.

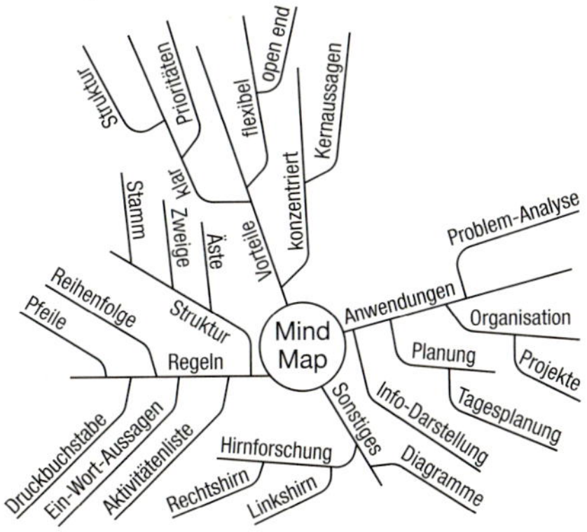

Möglichkeiten

Text:	Unterstützung der Sprache durch Folien, Plakate, Karten.
Tabellen:	„Ordnung" von Zahlen.
Bilder:	Veranschaulichung komplexer Beziehungen, Assoziationen wecken.
Schaubilder:	Strukturen und Abhängigkeiten.
Symbole:	Reduzierung auf das „Wesentliche".

Anordnung und Gestaltung von Textkarten

Reihung

Themenstruktur wird deutlich.

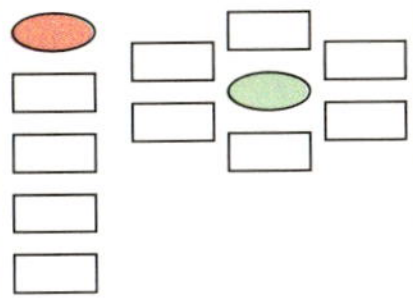

Rhythmus

Erfassung von Zusammenhängen.

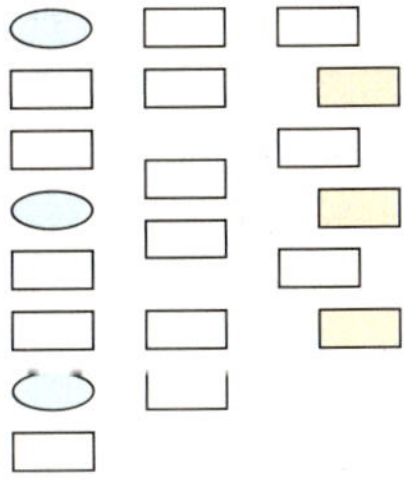

Betonung

Blick wird auf wichtige Aussagen gelenkt.

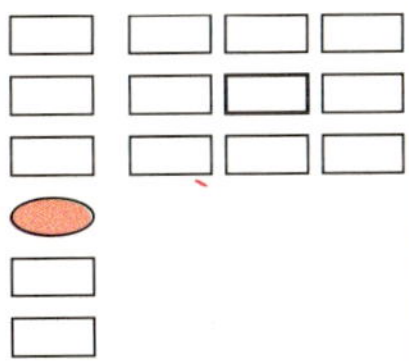

Ballung und Streuung

Bearbeitungsschwerpunkte treten hervor.

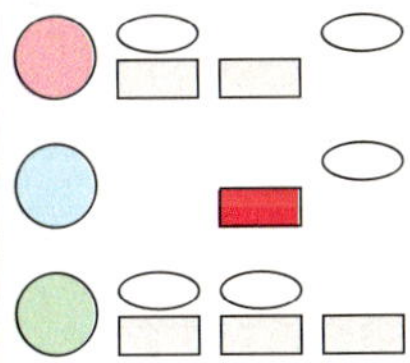

Symmetrie und Asymmetrie

Ähnlichkeiten und Unterschiede treten hervor.

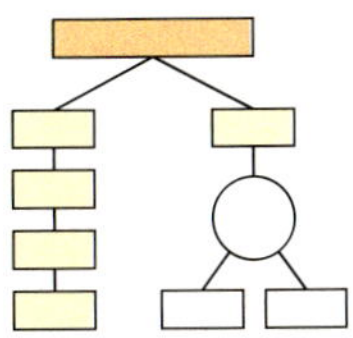

Dynamik

Offene Struktur

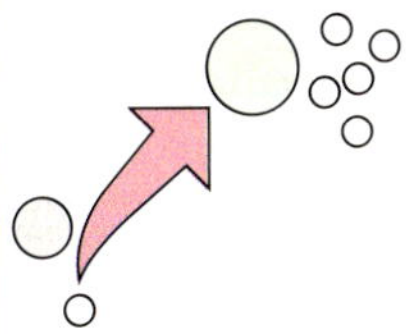

Normung – *Standardisation*

Normen

- Normen sind anerkannte und veröffentlichte Regeln zur Lösung von Sachverhalten.
- Durch Einbeziehung in Rechts-/ Verwaltungsvorschriften oder Privatwirtschaftliche Verträge können diese verbindlich werden.
- Normen werden in festgelegten Normungsverfahren verabschiedet.
- Internationale Normung dient dem Abbau von Handelshemmnissen.
- Internationale Normen werden europäischen Normungsgremien zur Übernahme vorgeschlagen.
- EU-Normen sind durch EWG-Vertrag auch für Deutschland bindend und entsprechen DIN-Normen.

Elektro- und informationstechnische Normungsgremien

International	Europäisch	National
• **IEC** (**I**nternational **E**lectrotechnical **C**omission, Genf) • Wird gebildet aus Mitgliedern nationaler Normungsgremien (z. B. DKE). • Erstellt Standards als Basis für nationale Normung oder internationale Verträge. • www.iec.ch	• **CENELEC** (**C**omité **E**uropéen de **N**ormalisation **Elec**trotechnique, Brüssel) • Mitglieder sind nationale Normungsinstitute der EU (z. B. DKE) • Erstellt Standards für die Umsetzung in nationale europäische Normen. • www.cenelec.org	• **DKE** (**D**eutsche **K**ommission **E**lektrotechnik Elektronik Informationstechnik im DIN u. VDE) • Ist ein Organ von DIN und VDE (Träger) • Erstellt nationale Normen und vertritt Deutschland in europäischen und internationalen Gremien. • www.dke.de

VDE-Vorschriftenwerk

- Wird vom DKE erarbeitet und herausgegeben.
- Bezeichnung von VDE-Vorschriften ist gegliedert nach Herausgeber (VDE, DIN VDE), Gruppe (0–8), Unternummerierung der Gruppen und Teilen.

Kennzeichnungsbeispiel

DIN VDE 0 7 01 – 1 : 2000-09

- DIN VDE: Herausgeber
- 0: Blindnull
- 7: Gruppe
- 01: Nr. innerhalb der Gr.
- 1: Teil-Nummerierung
- 2000-09: Jahr/Monat des Inkrafttretens

Gruppen des VDE-Vorschriftenwerkes

0 Allgemeines
1 Starkstromanlagen
2 Starkstromleitungen und -kabel
3 Isolierstoffe
4 Messung und Prüfung
5 Maschinen, Transformatoren, Umformer
6 Installationsmaterial, Schaltgeräte, Hochspannungsgeräte
7 Verbrauchsgeräte
8 Fernmelde- und Rundfunkanlagen

Auswahl wichtiger VDE-Vorschriften

VDE 0100	Bestimmungen für das Errichten von Starkstromanlagen bis 1000 V
VDE 0105	Betrieb von elektrischen Anlagen
VDE 0185	Blitzschutz
VDE 0800	Fernmeldetechnik
VDE 0805	Einrichtungen der Informationstechnik
VDE 0808	Signalübertragung auf elektrischen Niederspannungsnetzen im Frequenzbereich von 3 kHz bis 148, 5 kHz
VDE 0820	Geräteschutzsicherungen
VDE 0824	Elektrische Systemtechnik für Heim und Gebäude
VDE 0830	Alarm-/ Einbruchmeldeanlagen
VDE 0838 VDE 0834 VDE 0847	Elektromagnetische Verträglichkeit
VDE 0887	Koaxialkabel für Kabelverteilanlagen
VDE 0888	Lichtwellenleiterkabel

Elektrotechnische Grundlagen 2

Grundlegende Größen und Formeln der Elektrotechnik

Basic quantities and formulas of electrical engineering

Größe	Darstellung	Größen und Formelzeichen	Einheit und Einheitenzeichen	Formel und Kurzbezeichnung
Spannung	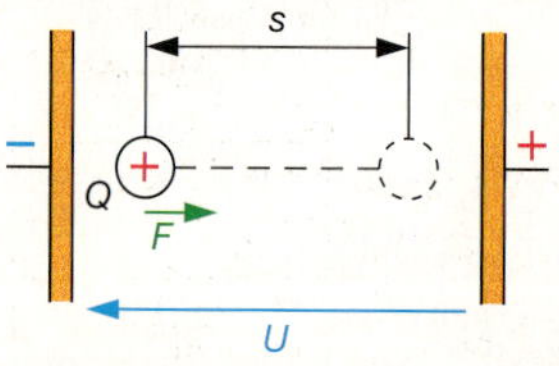	Spannung U	Volt V	$U = \frac{W}{Q}$ DC: Gleichspannung AC: Wechselspannung
		Ladung Q	Coulomb C Amperesekunde As	
		Arbeit W	Wattsekunde Ws, VAs	
	Die **elektrische Spannung** zwischen zwei Punkten eines elektrischen Feldes ist gleich dem Quotienten aus der verrichteten Verschiebungsarbeit und der bewegten Ladung.			
Stromstärke	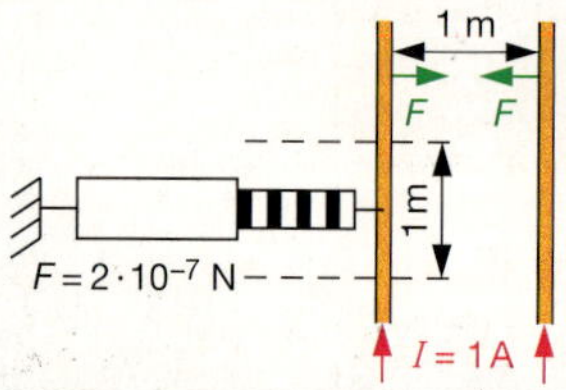	Stromstärke I	Ampere A	$I = \frac{Q}{t}$
		Zeit t	Sekunde s 1 As = 1 C	
	Ein Ampere ist die Stärke eines zeitlich unveränderlichen elektrischen Stromes durch zwei geradlinige, parallele, unendlich lange Leiter, die einen Abstand von 1 m haben und zwischen denen im leeren Raum je 1 m Doppelleitung eine Kraft von $2 \cdot 10^{-7}$ N wirkt.			
Stromdichte	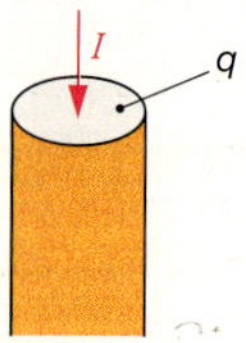	Stromdichte J	Ampere durch Quadratmeter $\frac{A}{m^2}$	$J = \frac{I}{q}$
		Querschnittsfläche q	Quadratmeter m^2 $1\ m^2 = 10^4\ cm^2 = 10^6\ mm^2$	
Stromstärke, Spannung, Widerstand und Leitwert	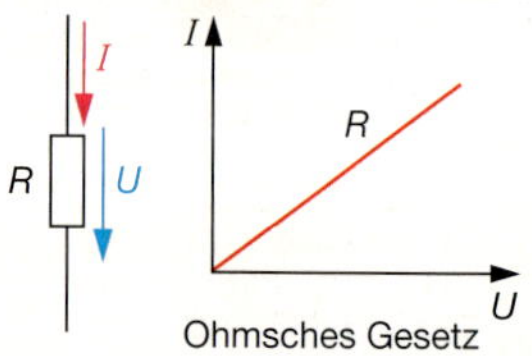 Ohmsches Gesetz	Widerstand R	Ohm Ω $1\ \Omega = 1\ \frac{V}{A}$	$I = \frac{U}{R}$
		Leitwert G	Siemens S $1\ S = 1\ \frac{A}{V}$	$G = \frac{1}{R}$ $I = G \cdot U$
Elektrische Arbeit		Elektrische Arbeit W	Wattsekunde Ws, VAs 1 kWh = $3{,}6 \cdot 10^6$ Ws 1 Nm = 1 Ws = 1 J	$W = U \cdot I \cdot t$ $W = P \cdot t$
Elektrische Leistung	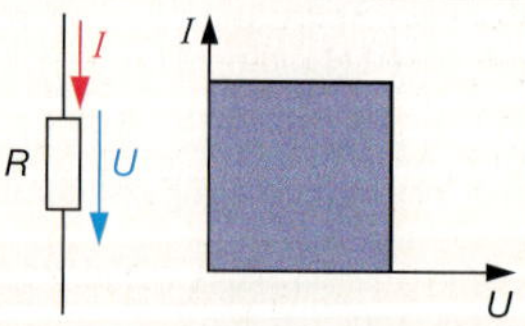	Elektrische Leistung P	Watt W, VA	$P = \frac{W}{t}$ $P = U \cdot I$ $P = I^2 \cdot R$ $P = \frac{U^2}{R}$

Elektrischer Widerstand – *Electrical resistor*

Bezeichnung	Darstellung	Größen und Formelzeichen	Einheitenzeichen	Formel
Widerstand von Leitern	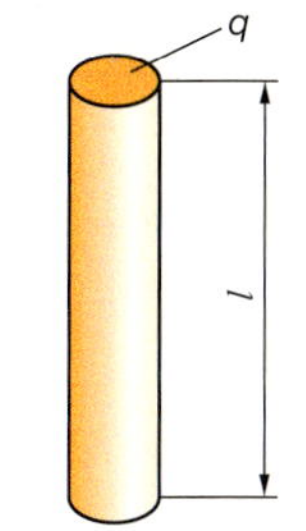	R: Widerstand l: Leiterlänge q: Querschnittsfläche ϱ: Spezifischer Widerstand $\gamma, \varkappa$: Elektrische Leitfähigkeit	Ω m m^2, mm^2 $\Omega \cdot m$, $\frac{\Omega \cdot mm^2}{m}$ $1\,\frac{\Omega \cdot mm^2}{m} = 1\,\mu\Omega \cdot m$ $\frac{S}{m}$, $\frac{S \cdot m}{mm^2}$ $1\,\frac{S \cdot m}{mm^2} = 1\,\frac{MS}{m}$	$R = \frac{\varrho \cdot l}{q}$ $\varkappa = \frac{1}{\varrho}$ $R = \frac{l}{\varkappa \cdot q}$
Widerstand und Temperatur	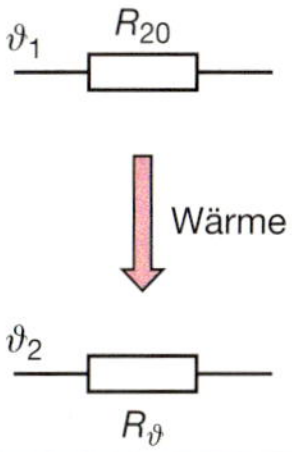	ΔR: Widerstandsänderung R_{20}: Widerstand bei 20 °C $\alpha; \beta$: Temperaturkoeffizient $\Delta\vartheta$: Temperaturänderung R_ϑ: Widerstand nach Erwärmung	Ω Ω $\frac{1}{K}$, K^{-1}; $\frac{1}{K^2}$, K^{-2} K Ω	$\vartheta < 200$ °C $\Delta R = R_{20} \cdot \alpha \cdot \Delta\vartheta$ $R_\vartheta = R_{20} + \Delta R$ $R_\vartheta = R_{20}\,(1 + \alpha \cdot \Delta\vartheta)$ $\vartheta > 200$ °C $R_\vartheta = R_{20}\,(1 + \alpha \cdot \Delta\vartheta + \beta \cdot \Delta\vartheta^2)$

Bemessungsspannungen in V – *Rated voltages in V*

Wechselspannungen unter 120 V (für Betriebsmittel)

bevorzugt		6	12		24		42		60		110
ergänzend	5			15		36		48		100	

Gleichspannungen unter 750 V (für Betriebsmittel)

bevorzugt						6			12		24		36		48	60	72		96	110		220		440	
ergänzend	2,4	3	4	4,5	5		7,5	9		15		30		40				80			125		250		600

Drehstrom-Vierleiter- oder Dreileiternetz				Einphasen-Dreileiternetz
230 V/400 V	277 V/480 V	400 V/690 V	1 000 V	120 V/240 V

Gleichstrom-Bahnnetze

Bemessungsspannung (bevorzugt)	Bereich
750	500 … 900
1 500	1 000 … 1 800
3 000	2 000 … 3 600

Wechselstrom-Einphasen-Bahnnetze

Bemessungsspannung (bevorzugt)	Bereich	Frequenz in Hz
15 000	12 000 … 17 250	16 2/3
25 000	19 000 … 27 500	50 oder 60

Drehstromnetze über 1 kV bis 230 kV (Bemessungsspannung)

bevorzugt in Deutschland	3	6	**10**	15	**20**		35	45	**66**	**110**	**132**	150	**220**
andere Länder	3,3	6,6	11		22	33			69	115	138		230

Fettgedruckte Werte sind Vorzugswerte für öffentliche Verteilernetze.

Drehstromnetze über 245 kV (höchste Spannung)

300	363	**420**	525	765	1 200	Vorzugswert fett gedruckt

Bemessungsstromstärken in A – *Rated currents in A*

1 10 100 1 000 10 000	1,25 12,5 125 1 250	1,6 16 160 1 600	2 20 200 2 000	2,5 25 250 2 500	3,15 31,5 315 3 150	4 40 400 4 000	5 50 500 5 000	6,3 63 630 6 300	8 80 800 8 000

Es können, falls erforderlich, anstatt 1,6 A; 3,15 A; 6,3 A und 8 A auch die Werte 1,5 A; 3 A; 6 A und 7,5 A bzw. das 10-, 100- und 1 000fache dieser Werte vorgesehen werden.

Schaltungen mit Widerständen – *Circuits with resistors*

Vorzeichen und Richtungssinne von Strom und Spannung

Gleicher Bezugssinn

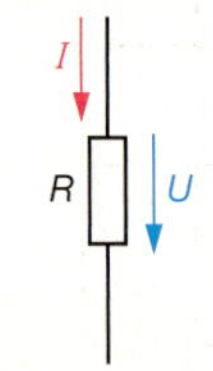

$U = I \cdot R$

Ungleicher Bezugssinn

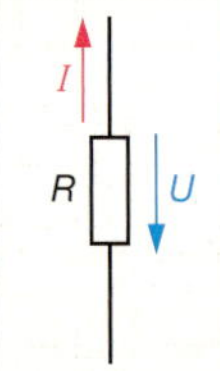

$U = -I \cdot R$

Verbraucher-Pfeilsystem

Spannungsq.

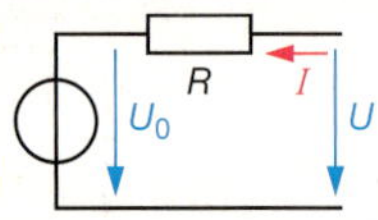

$U = U_0 + I \cdot R$

Stromquelle

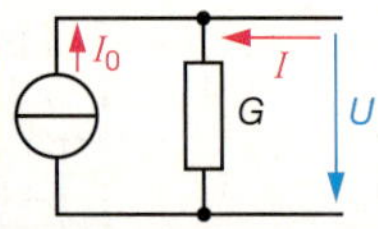

$I = -I_0 + G \cdot U$

Erzeuger-Pfeilsystem

Spannungsq.

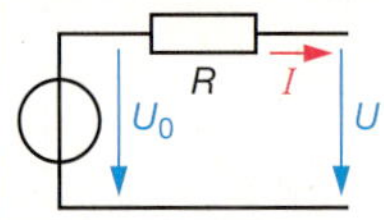

$U = U_0 - I \cdot R$

Stromquelle

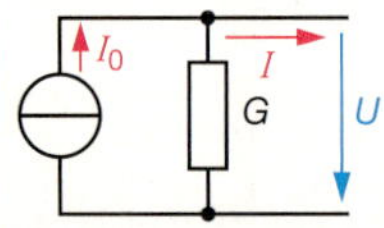

$I = I_0 - G \cdot U$

Erstes Kirchhoffsches Gesetz (Knotenregel)

In jedem Knotenpunkt ist die Summe aller Ströme Null.

$$\sum I = 0$$

$$I_1 - I_2 - I_3 + I_4 + I_5 = 0$$

Beispiel:

Zweites Kirchhoffsches Gesetz (Maschenregel)

Die Summe aller Teilspannungen entlang eines geschlossenen Weges (willkürlich gewählter Umlaufsinn) ist Null.

$$\sum U = 0$$

$$-U_1 + I \cdot R_1 + I \cdot R_2 - U_2 + I \cdot R_3 = 0$$

Beispiel:

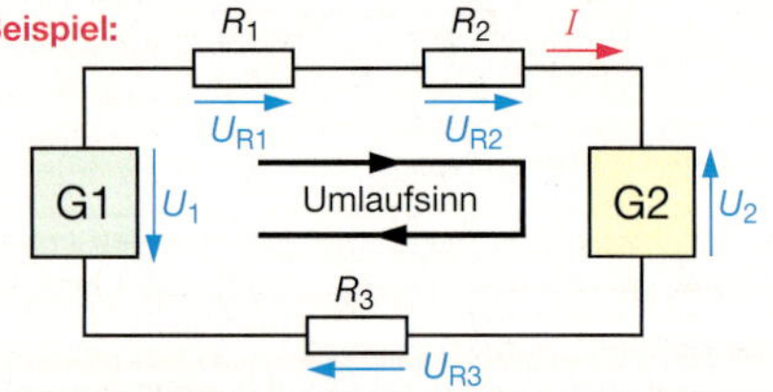

Reihenschaltung / Parallelschaltung

Schaltung – Reihenschaltung

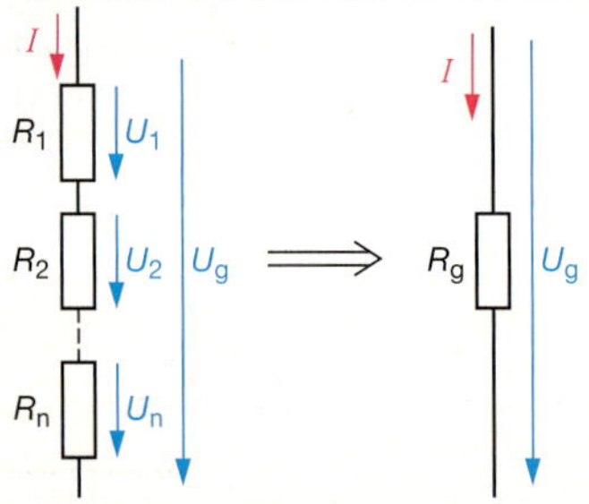

Schaltung – Parallelschaltung

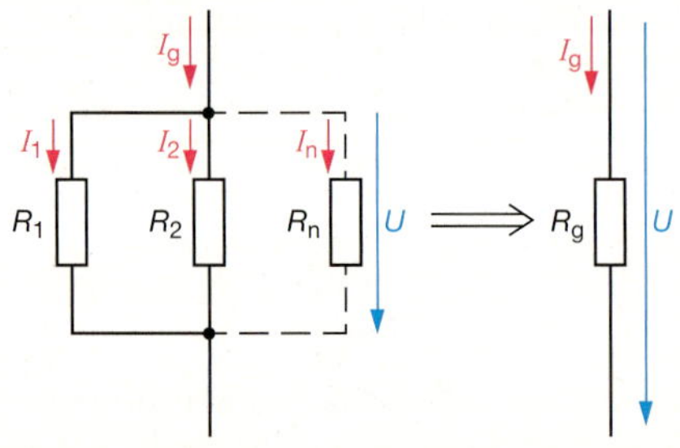

	Reihenschaltung	Parallelschaltung
Spannung	$U_g = U_1 + U_2 + \ldots + U_n$	Alle Widerstände liegen an derselben Spannung U.
Stromstärke	Durch alle Widerstände fließt derselbe Strom mit der Stärke I.	$I_g = I_1 + I_2 + \ldots + I_n$
Widerstände und Leitwerte	$R_g = R_1 + R_2 + \ldots + R_n$	$\frac{1}{R_g} = \frac{1}{R_1} + \frac{1}{R_2} + \ldots + \frac{1}{R_n}$ $G_g = G_1 + G_2 + \ldots + G_n$
Verhältnisse	$\frac{U_1}{U_2} = \frac{R_1}{R_2}$; $\frac{U_1}{U_n} = \frac{R_1}{R_n}$; $\frac{U_1}{U_g} = \frac{R_1}{R_g}$; …	$\frac{I_1}{I_2} = \frac{R_2}{R_1}$; $\frac{I_1}{I_n} = \frac{R_n}{R_1}$; $\frac{I_1}{I_g} = \frac{R_g}{R_1}$; …

Schaltungen mit Widerständen – *Circuits with resistors*

Unbelasteter Spannungsteiler

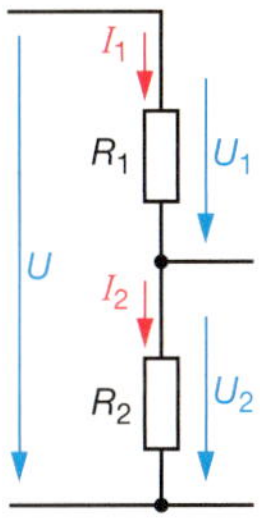

$$\frac{U_2}{U} = \frac{R_2}{R_1 + R_2}$$

Belasteter Spannungsteiler

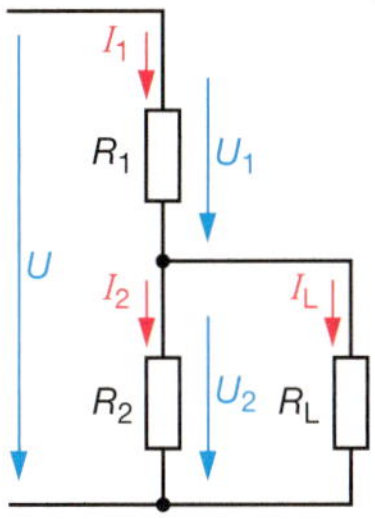

$$\frac{U_2}{U} = \frac{R_2 \cdot R_L}{R_1\,(R_2 + R_L) + R_2 \cdot R_L}$$

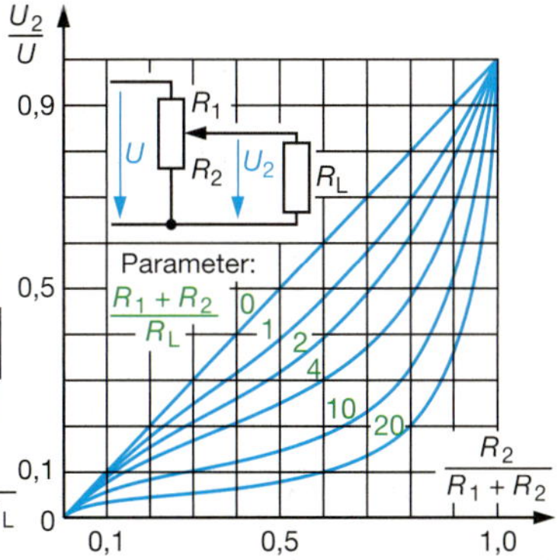

Messbereichserweiterung

Spannungsmessung

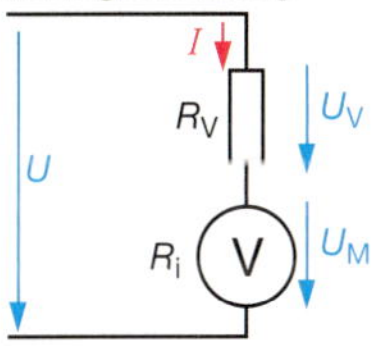

- n: Faktor der Messbereichserweiterung
- R_v: Vorwiderstand
- R_i: Innenwiderstand
- U_M: Spannung am Messwerk bei Vollausschlag
- I: Strom durch das Messwerk bei Vollausschlag

$$n = \frac{U}{U_M}$$

$$R_v = \frac{U - U_M}{I}$$

$$R_v = (n - 1)\,R_i$$

Stromstärkenmessung

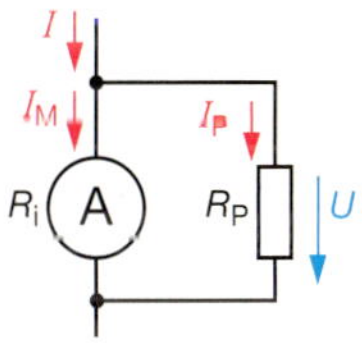

- n: Faktor der Messbereichserweiterung
- R_p: Parallelwiderstand
- R_i: Innenwiderstand
- U: Spannung am Messwerk bei Vollausschlag
- I_M: Strom durch das Messwerk bei Vollausschlag

$$n = \frac{I}{I_M}$$

$$R_p = \frac{U}{I - I_M}$$

$$R_p = \frac{R_i}{(n - 1)}$$

Stern-Dreieck-Umwandlung

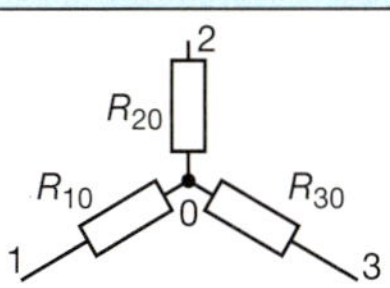

Umwandlung

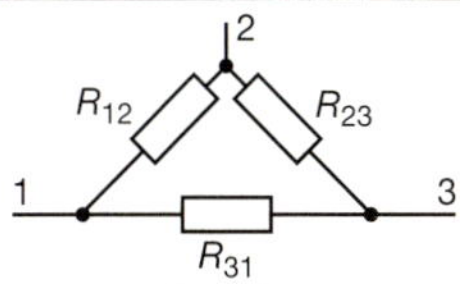

$$R_{12} = \frac{R_{10} \cdot R_{20}}{R_{30}} + R_{10} + R_{20}$$

$$R_{23} = \frac{R_{20} \cdot R_{30}}{R_{10}} + R_{20} + R_{30}$$

$$R_{31} = \frac{R_{10} \cdot R_{30}}{R_{20}} + R_{10} + R_{30}$$

$$R_{10} = \frac{R_{12} \cdot R_{31}}{R_{12} + R_{23} + R_{31}}$$

$$R_{20} = \frac{R_{12} \cdot R_{23}}{R_{12} + R_{23} + R_{31}}$$

$$R_{30} = \frac{R_{23} \cdot R_{31}}{R_{12} + R_{23} + R_{31}}$$

Beispiel:

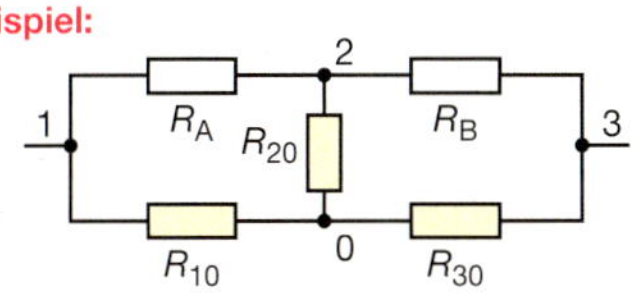

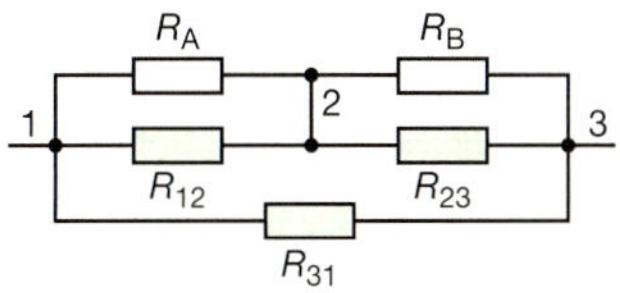

Schaltungen mit Spannungsquellen – *Circuits with voltage sources*

Spannungsquelle mit Innenwiderstand

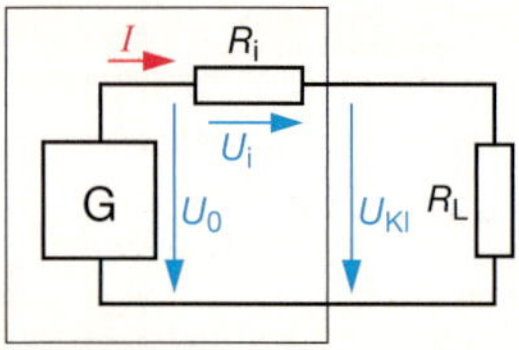

U_0	Leerlaufspannung (Quellensp.)
U_{Kl}	Klemmenspannung
ΔU	Spannungsänderung
R_i	Innenwiderstand
R_L	Belastungswiderstand
I_k	Kurzschlussstromstärke
ΔI	Stromstärkenänderung
P_L	Ausgangsleistung
P_i	Verlustleistung der Spannungsquelle

$$U_0 = U_i + U_{Kl}$$

$$I = \frac{U_0}{R_i + R_L}; \quad I_k = \frac{U_0}{R_i}$$

$$R_i = \frac{U_i}{I}; \quad R_i = \frac{\Delta U}{\Delta I}$$

$$U_{Kl} = U_0 - I \cdot R_i$$

Anpassung

Stromanpassung, $R_L \ll R_i$	Spannungsanpassung, $R_L \gg R_i$	Leistungsanpassung, $R_L = R_i$
$I \approx \frac{U_0}{R_i}$	$I \approx \frac{U_0}{R_L}$	$I = \frac{U_0}{2R_i}; \quad I = \frac{U_0}{2R_L}$
$U_{Kl} \approx \frac{U_0 \cdot R_L}{R_i}$	$U_{Kl} \approx U_0$	$U_{Kl} = \frac{U_0}{2}$
$P_L \approx 0$	$P_L \approx 0$	$P_L = \frac{U_0^2}{4R_i}; \quad P_i = \frac{U_0^2}{4R_L}$

Reihenschaltung

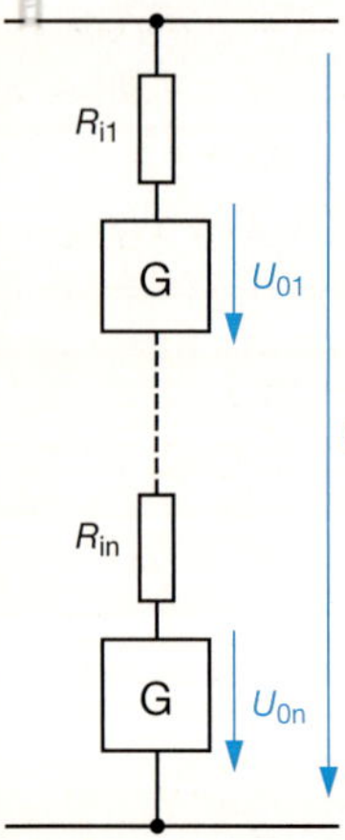

$$U_{0g} = U_{01} + \ldots + U_{0n}$$

$$R_{ig} = R_{i1} + \ldots + R_{in}$$

Parallelschaltung

$$I_g = I_1 + \ldots + I_n$$

$$\frac{1}{R_{ig}} = \frac{1}{R_{i1}} + \ldots + \frac{1}{R_{in}}$$

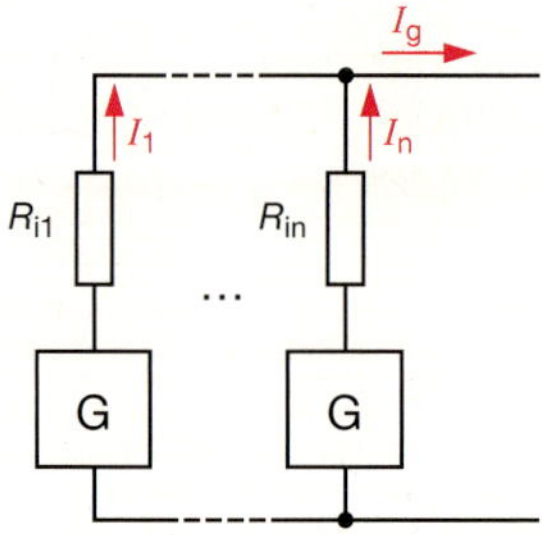

Bei unterschiedlichen Leerlaufspannungen fließen zwischen den Spannungsquellen Ausgleichsströme.

Wärmewirkungsgrad – *Thermal efficiency*

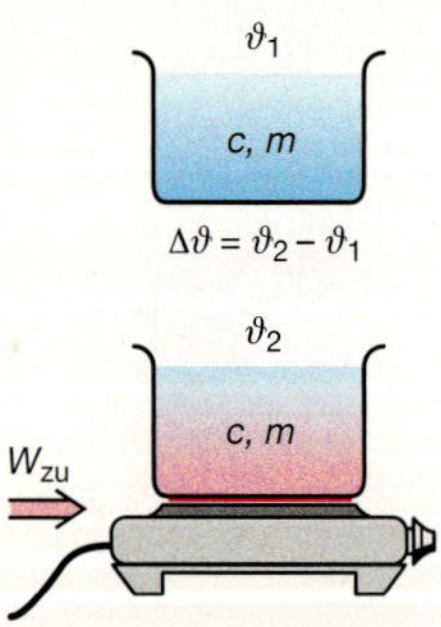

W_{zu}	Zugeführte elektrische Arbeit
W_{ab}, Q	Abgegebene Wärmemenge
$\Delta\vartheta$	Temperaturänderung
c	Spezifische Wärmekapazität
	$c_{H_2O} = \frac{4{,}19\ \text{kJ}}{\text{kg} \cdot \text{K}}$
η_{th}	Wärmewirkungsgrad
t	Zeit
m	Masse (z. B. Wasser)

$$W_{zu} = P \cdot t$$

$$W_{ab} = Q$$

$$Q = m \cdot c \cdot \Delta\vartheta$$

$$\eta_{th} = \frac{W_{ab}}{W_{zu}}$$

$$P = \frac{\Delta\vartheta \cdot c \cdot m}{\eta_{th} \cdot t}$$

$[W_{zu}] = \text{Ws}$
$[P] = \text{W}$
$[t] = \text{s}$
$[Q] = \text{J}$
$[m] = \text{kg}$
$[c] = \frac{\text{J}}{\text{kg} \cdot \text{K}}$
$[\Delta\vartheta] = \text{K}$
$[\eta] = 1$

Elektrisches Feld, Kondensator – *Electric field, capacitor*

Kraft zwischen Ladungen (Coulombsches Gesetz)

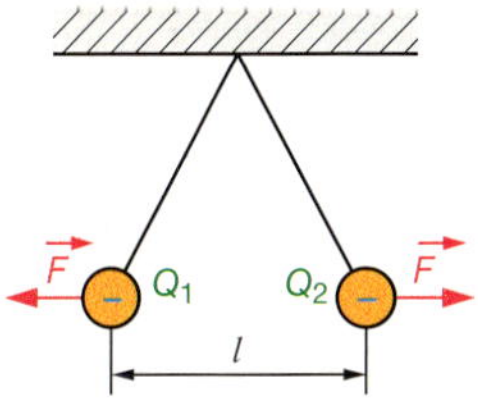

- F : Kraft zwischen den Ladungen
- Q_1, Q_2 : Ladungen
- ε : Permittivität
- ε_0 : Elektrische Feldkonstante
- ε_r : Permittivitätszahl
- l : Abstand der Ladungen

$$F = \frac{Q_1 \cdot Q_2}{4\pi\varepsilon \cdot l^2}$$

$$\varepsilon = \varepsilon_0 \cdot \varepsilon_r \qquad [\varepsilon_r] = 1$$

$$\varepsilon_0 = 8{,}86 \cdot 10^{-12}\ \frac{\text{As}}{\text{Vm}}$$

Elektrische Feldstärke

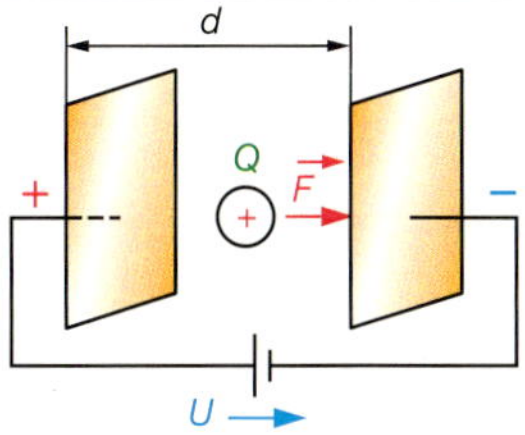

- E : Elektrische Feldstärke
- F : Kraft auf die Ladung im Feld
- Q : Ladung im Feld
- U : Spannung zwischen den Platten
- d : Abstand der Platten

$$E = \frac{F}{Q} \qquad [E] = \frac{\text{N}}{\text{C}}$$

$$1\ \text{C} = 1\ \text{As}$$

$$E = \frac{U}{d} \qquad [E] = \frac{\text{V}}{\text{m}}$$

Kondensator und Kapazität

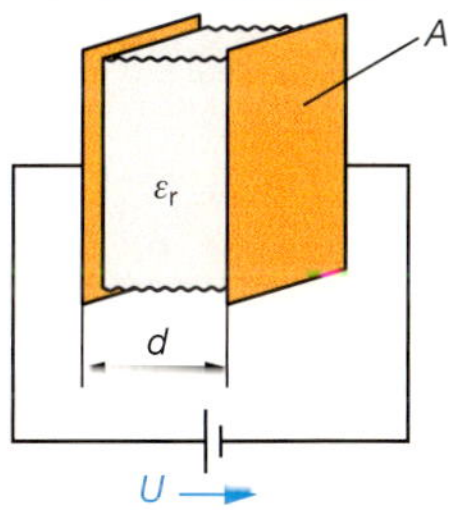

- C : Kapazität des Kondensators
- Q : Ladung des Kondensators
- U : Spannung zwischen den Kondensatorplatten
- ε : Permittivität
- ε_0 : Elektrische Feldkonstante
- ε_r : Permittivitätszahl
- A : Plattenfläche
- d : Plattenabstand
- W : Gespeicherte Energie des Kondensators

$$C = \frac{Q}{U} \qquad [C] = \frac{\text{As}}{\text{V}}$$

$$1\ \frac{\text{As}}{\text{V}} = 1\ \text{F (Farad)}$$

$$C = \frac{\varepsilon \cdot A}{d}$$

$$\varepsilon = \varepsilon_0 \cdot \varepsilon_r \qquad [\varepsilon_r] = 1$$

$$\varepsilon_0 = 8{,}86 \cdot 10^{-12}\ \frac{\text{As}}{\text{Vm}}$$

$$W = \frac{C \cdot U^2}{2} \qquad [W] = \text{V As}$$

Parallelschaltung von Kondensatoren

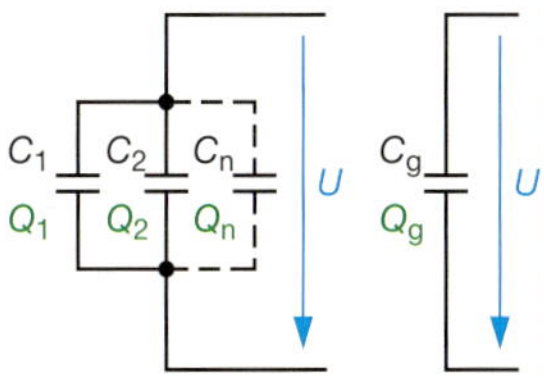

- $Q_1 \ldots Q_n$: Ladungen der Einzelkondensatoren
- $C_1 \ldots C_n$: Kapazitäten der Einzelkondensatoren
- Q_g: Ladung der Gesamtkapazität
- C_g: Gesamtkapazität

$$Q = C \cdot U$$

$$Q_g = Q_1 + Q_2 + \ldots + Q_n$$

$$C_g = C_1 + C_2 + \ldots + C_n$$

Reihenschaltung von Kondensatoren

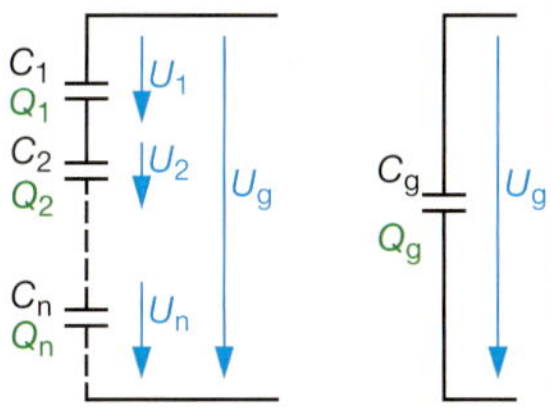

- $Q_1 \ldots Q_n$: Ladungen der Einzelkondensatoren
- $C_1 \ldots C_n$: Kapazitäten der Einzelkondensatoren
- $U_1 \ldots U_n$: Einzelspannungen
- Q_g: Ladung der Gesamtkapazität
- C_g: Gesamtkapazität
- U_g: Gesamtspannung

$$Q = C \cdot U$$

$$Q_g = Q_1 = Q_2 = \ldots = Q_n$$

$$U_g = U_1 + U_2 + \ldots + U_n$$

$$\frac{1}{C_g} = \frac{1}{C_1} + \frac{1}{C_2} + \ldots + \frac{1}{C_n}$$

Magnetisches Feld – *Magnetic field*

Magnetische Feldstärke

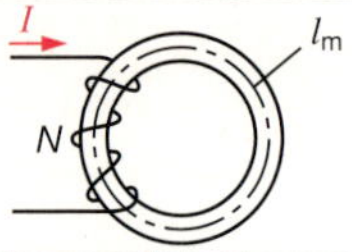

- H : Magnetische Feldstärke
- I : Stromstärke
- N : Windungszahl
- l_m : Mittlere Feldlinienlänge
- Θ : Elektrische Durchflutung

$$H = \frac{I \cdot N}{l_m} \qquad [H] = \frac{\text{A}}{\text{m}}$$

$$\Theta = I \cdot N \qquad [\Theta] = \text{A}$$

Magnetische Flussdichte (Induktion)

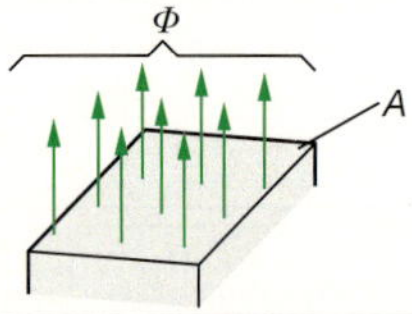

- B : Magnetische Flussdichte
- Φ : Magnetischer Fluss
- A : Fläche

$$B = \frac{\Phi}{A}$$

$[\Phi] = \text{V s}$

$1\ \text{V s} = 1\ \text{Wb}$ (Weber)

$[B] = \frac{\text{V s}}{\text{m}^2}$

$1 \frac{\text{V s}}{\text{m}^2} = 1\ \text{T}$ (Tesla)

Zusammenhang zwischen magnetischer Feldstärke und Flussdichte

Vakuum (Luft)

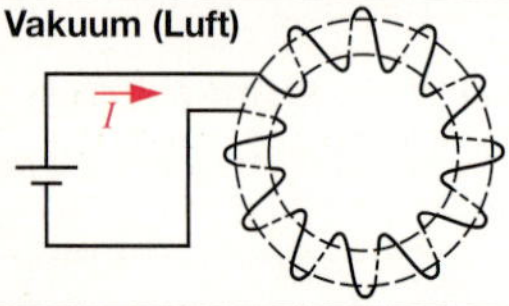

μ_o : Magnetische Feldkonstante

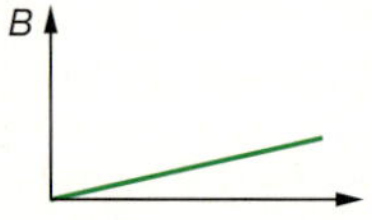

Magnetisierungs-Kennlinie von Luft

$$B = \mu_o \cdot H$$

$$\mu_o = 1{,}257 \cdot 10^{-6}\ \frac{\text{V s}}{\text{A m}}$$

Eisenkern

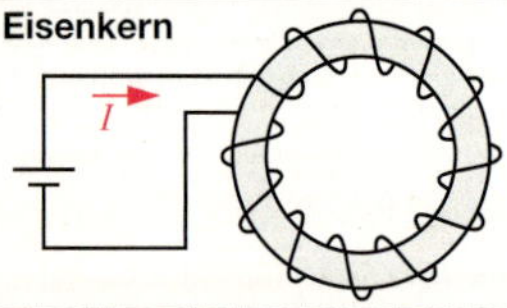

- μ_r : Permeabilitätszahl
- μ : Permeabilität

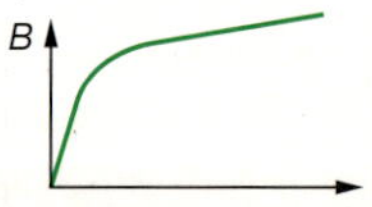

Magnetisierungs-Kennlinie von Eisen

$$B = \mu \cdot H$$

$$\mu = \mu_o \cdot \mu_r \qquad [\mu_r] = 1$$

Stromdurchflossener Leiter im Magnetfeld

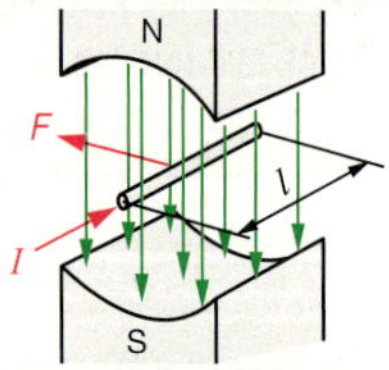

- F: Kraft auf den Leiter
- I : Stromstärke
- l : Leiterlänge im Magnetfeld
- z : Anzahl der Leiter

$$F = B \cdot I \cdot l \cdot z$$

$$[F] = \text{N}$$

Spule im Magnetfeld

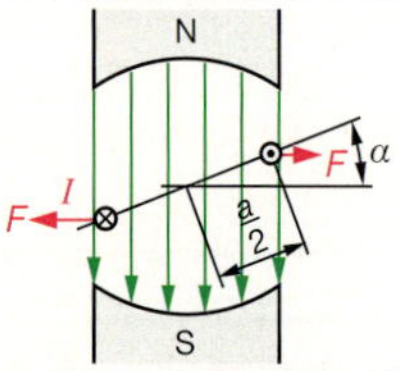

- M: Drehmoment
- a : Spulenlänge
- N: Windungszahl

$$M = \frac{F \cdot a \cdot \sin\alpha}{2}$$

$$F = 2 \cdot N \cdot B \cdot l \cdot I$$

Induktivität der Spule

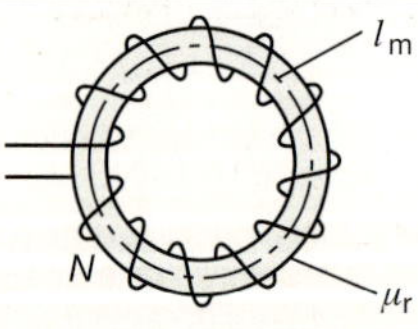

- L : Induktivität
- N : Windungszahl
- A : Fläche (Querschnitt der Spule)
- μ_o : Magnetische Feldkonstante
- μ_r : Permeabilitätszahl
- μ : Permeabilität
- l_m : Feldlinienlänge (mittlere)
- W : Energie der Spule

$$L = \frac{\mu \cdot N^2 \cdot A}{l_m} \qquad [L] = \frac{\text{V s}}{\text{A}}$$

$1 \frac{\text{V s}}{\text{A}} = 1\ \text{H}$ (Henry)

$$\mu = \mu_o \cdot \mu_r \qquad [\mu_r] = 1$$

$$W = \frac{L \cdot I^2}{2}$$

Induktionsspannung – *Induced voltage*

Induktion der Bewegung

Leiter im Magnetfeld

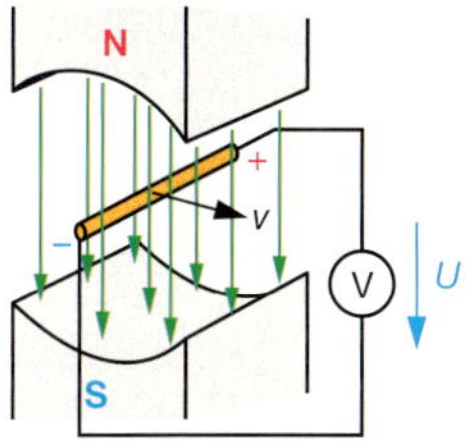

- U : Induktionsspannung
- B : Magnetische Flussdichte
- l : Leiterlänge im Magnetfeld
- v : Geschwindigkeit des Leiters
- z : Anzahl der Leiter

$$U = B \cdot l \cdot v \cdot z$$

Spule im Magnetfeld

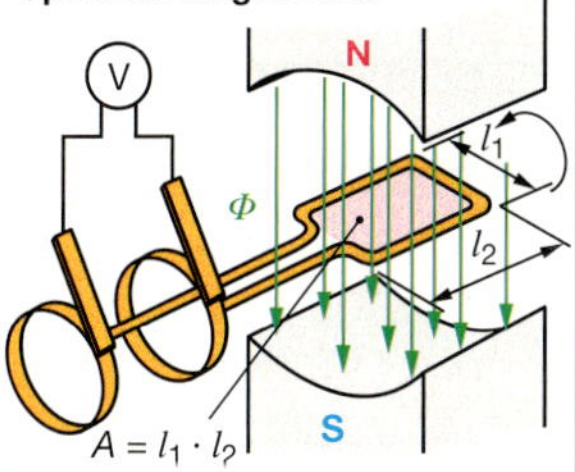

- U : Induktionsspannung
- N : Windungszahl
- $\Delta\Phi$: Flussänderung
- Δt : Zeitänderung

$$U = N \cdot \frac{\Delta\Phi}{\Delta t}$$

$$U = -N \cdot \frac{\Delta\Phi}{\Delta t}$$

(Das Vorzeichen hängt vom gewählten Richtungssinn ab.)

Induktion der Ruhe

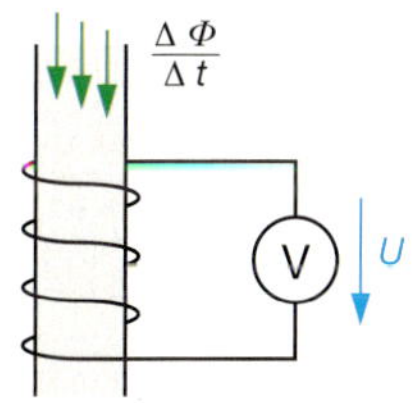

- U : Induktionsspannung
- N : Windungszahl
- $\Delta\Phi$: Flussänderung
- Δt : Zeitänderung

$$U = N \cdot \frac{\Delta\Phi}{\Delta t}$$

$$U = -N \cdot \frac{\Delta\Phi}{\Delta t}$$

(Das Vorzeichen hängt vom gewählten Richtungssinn ab.)

Einphasentransformatoren, Übertrager

Übersetzungsverhältnisse

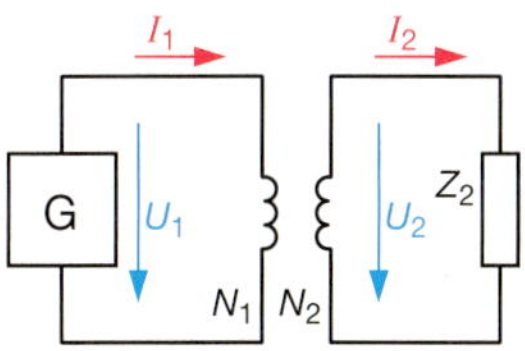

- U_1 : Primärspannung
- U_2 : Sekundärspannung
- I_1 : Primärstromstärke
- I_2 : Sekundärstromstärke
- N_1 : Primärwindungszahl
- N_2 : Sekundärwindungszahl
- Z_1 : Primärer Scheinwiderstand
- Z_2 : Sekund. Scheinwiderstand
- $ü$: Übersetzungsverhältnis

$$\frac{U_1}{U_2} \approx \frac{N_1}{N_2}; \qquad ü = \frac{N_1}{N_2}$$

$$\frac{I_1}{I_2} \approx \frac{N_2}{N_1}$$

$$\frac{Z_1}{Z_2} \approx \left(\frac{N_1}{N_2}\right)^2$$

Wicklungssinn

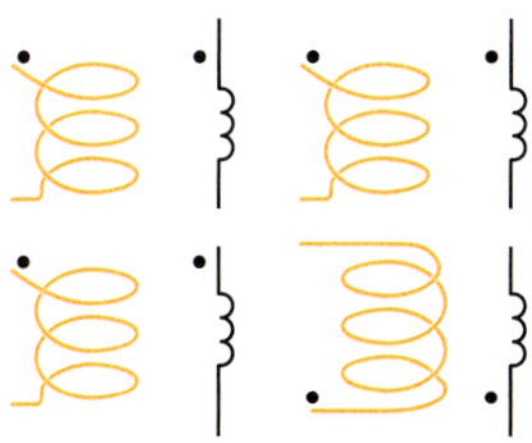

- L : gesamte Selbstinduktivität
- L_1, L_2 : Einzelinduktivitäten
- L_{12} : Gegeninduktivität

$$L = L_1 + L_2 + 2\,L_{12}$$

$$L = L_1 + L_2 - 2\,L_{12}$$

Schaltvorgänge bei Kondensatoren und Spulen

Switching action of capacitors and coils

Kondensator

Aufladung

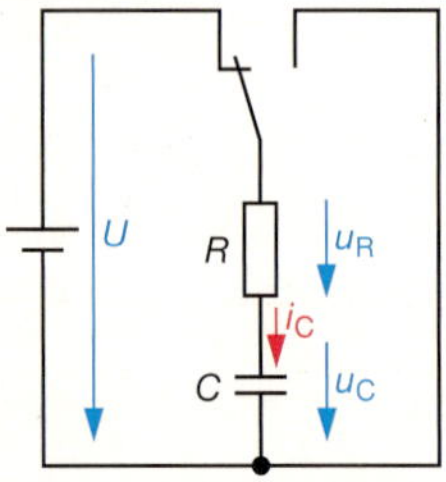

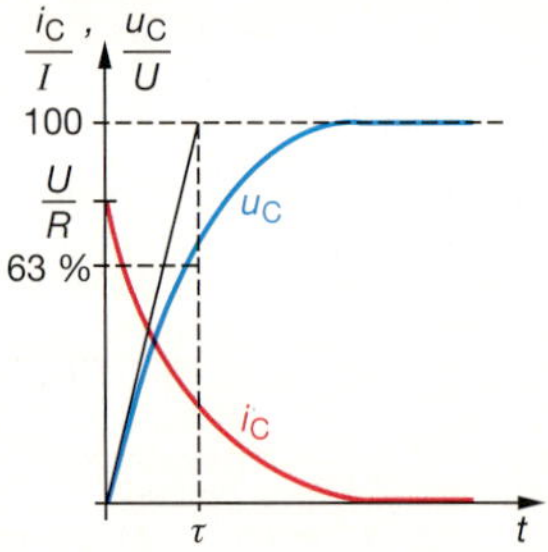

$\tau = R \cdot C$ $[\tau] = \mathrm{s}$

$e = 2{,}718\ \ldots$

$u_C = U\,(1 - e^{-\frac{t}{\tau}})$

$i_C = \frac{U}{R} \cdot e^{-\frac{t}{\tau}}$

bei $t \approx 5\,\tau$:
Kondensator geladen
(99,33 % von U)

τ : Zeitkonstante
u_C: Spannung am Kondensator
i_C : Strom in der Reihenschaltung

Entladung

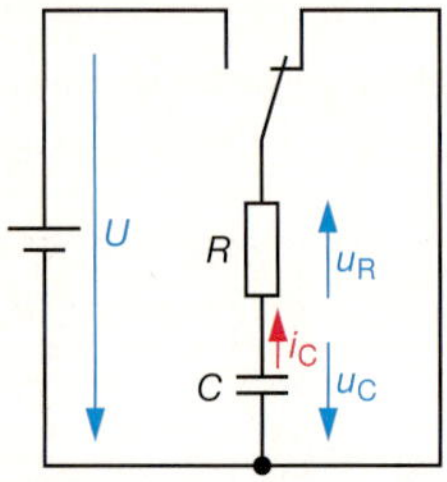

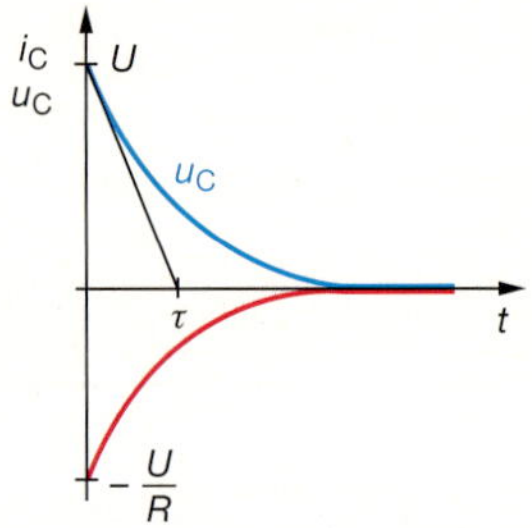

$\tau = R \cdot C$ $[\tau] = \mathrm{s}$

$e = 2{,}718\ \ldots$

$u_C = U \cdot e^{-\frac{t}{\tau}}$

$i_C = -\frac{U}{R} \cdot e^{-\frac{t}{\tau}}$

bei $t \approx 5\,\tau$:
Kondensator entladen

τ : Zeitkonstante
u_C: Spannung am Kondensator
i_C : Strom in der Reihenschaltung

Induktivität

Einschaltvorgang

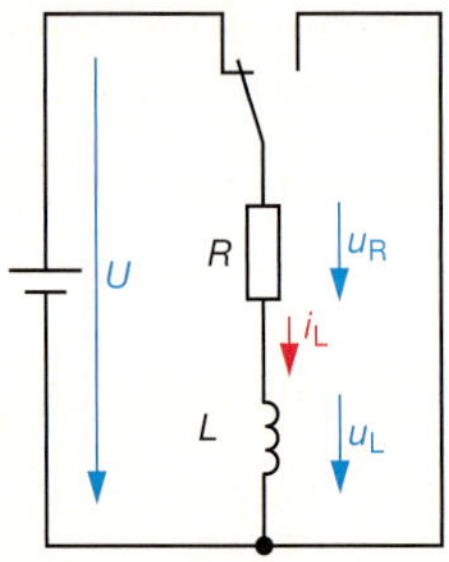

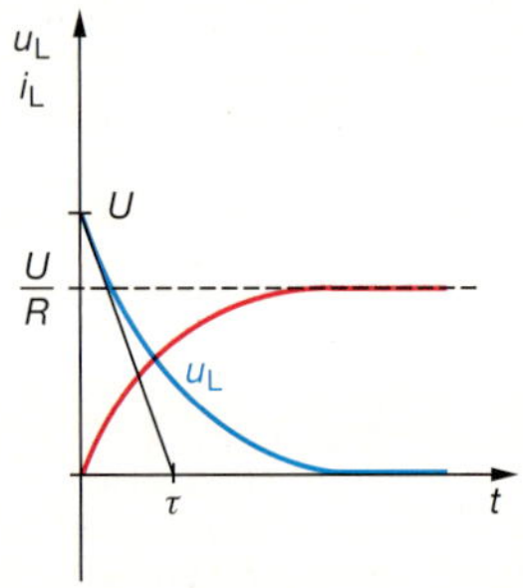

$\tau = \frac{L}{R}$ $[\tau] = \mathrm{s}$

$e = 2{,}718\ \ldots$

$u_L = U \cdot e^{-\frac{t}{\tau}}$

$i_L = \frac{U}{R}\,(1 - e^{-\frac{t}{\tau}})$

τ : Zeitkonstante
u_L : Spannung an der Induktivität
i_L : Strom in der Reihenschaltung

Ausschaltvorgang

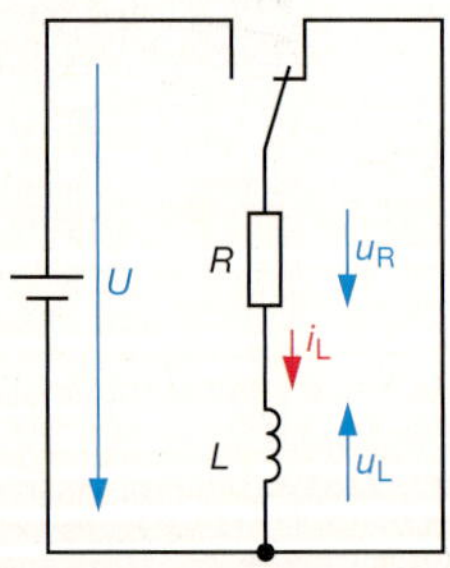

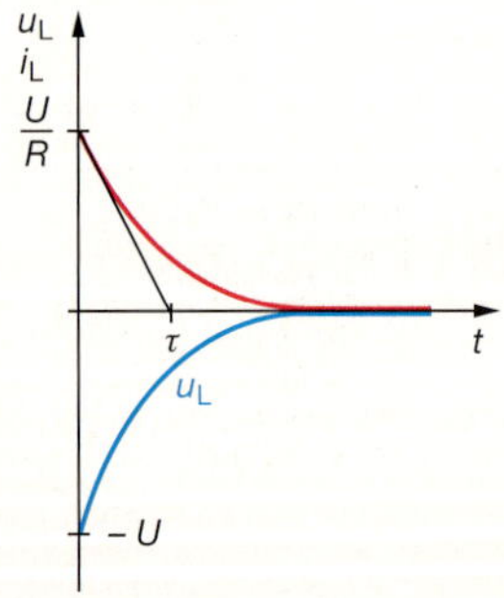

$\tau = \frac{L}{R}$ $[\tau] = \mathrm{s}$

$e = 2{,}718\ \ldots$

$u_L = -U \cdot e^{-\frac{t}{\tau}}$

$i_L = \frac{U}{R} \cdot e^{-\frac{t}{\tau}}$

τ : Zeitkonstante
u_L : Spannung an der Induktivität
i_L : Strom in der Reihenschaltung

Wechselspannung und Wechselstrom – *Alternating voltage and alternating current*

Sinusförmige Wechselspannung

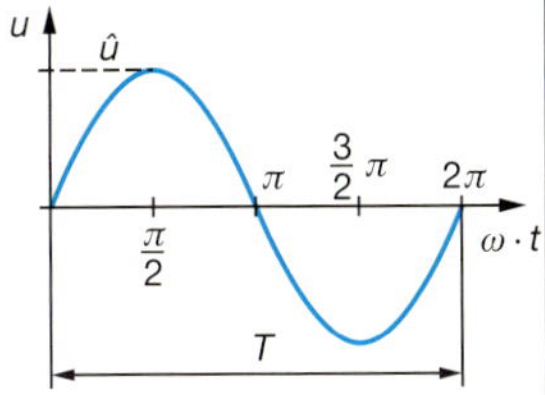

u, i: Momentanwerte (Augenblickswerte)
$\hat{u}, \hat{\imath}$: Maximalwerte, Spitzenwerte
f : Frequenz
T : Periodendauer
ω : Kreisfrequenz
p : Polpaarzahl
n : Drehzahl

$u = \hat{u} \sin \omega \cdot t$

$\omega = 2\pi \cdot f$ $\quad [\omega] = \frac{1}{s}$

$f = \frac{1}{T}$ $\quad [f] = Hz$

$f = p \cdot n$ $\quad [n] = \frac{1}{s}$

Spitzen- und Effektivwerte

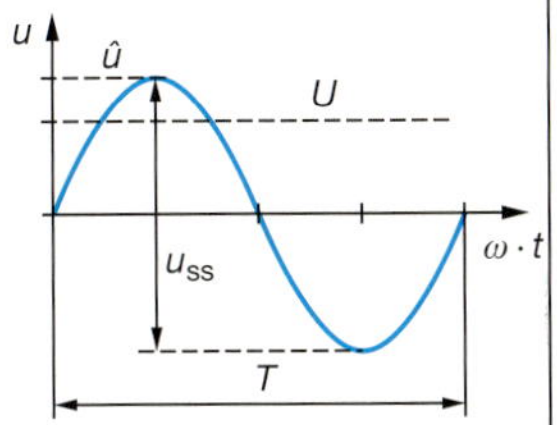

$\hat{u}, \hat{\imath}$: Maximalwerte, Spitzenwerte, Amplituden
U, I : Effektivwerte auch: U_{eff} und I_{eff}
u_{ss}, i_{ss}: Spitze-Spitze-Wert

$U = \frac{\hat{u}}{\sqrt{2}}$

$I = \frac{\hat{\imath}}{\sqrt{2}}$

$u_{ss} = 2 \cdot \hat{u}$

$i_{ss} = 2 \cdot \hat{\imath}$

Addition phasenverschobener Spannungen und Ströme

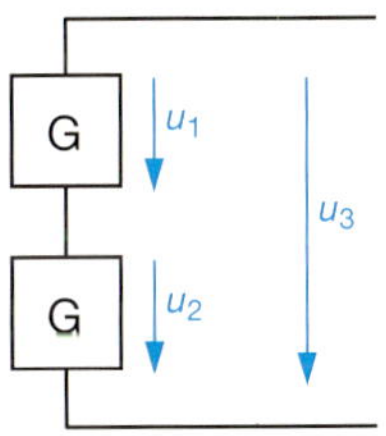

$\varphi_{13}, \varphi_{32}, \varphi_{12}$: Phasenverschiebungswinkel
$\hat{u}_1, \hat{u}_2$: Spitzenwerte der Einzelspannungen
$\hat{u}_3$: Spitzenwert der Gesamtspannung

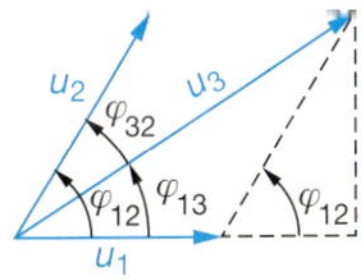

$u_3^2 = u_1^2 + u_2^2 - 2 \cdot u_1 \cdot u_2 \cdot \cos(180° - \varphi_{12})$

$\tan \varphi_{13} = \frac{u_2 \cdot \sin \varphi_{12}}{u_1 + u_2 \cdot \cos \varphi_{12}}$

Leistungen im Wechselstromkreis

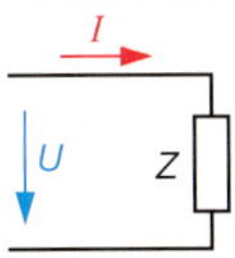

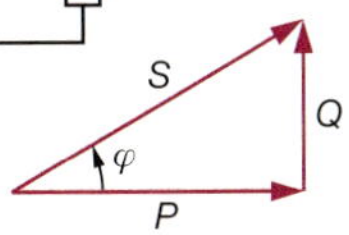

S : Scheinleistung
P : Wirkleistung
Q : Blindleistung
$\cos \varphi$: Leistungsfaktor
λ : Wirkleistungsfaktor
$\sin \varphi$: Blindleistungsfaktor

$S = U \cdot I$ $\quad [S] = V \cdot A$

$S = \sqrt{P^2 + Q^2}$

$P = U \cdot I \cdot \cos \varphi$ $\quad [P] = W$

$\cos \varphi = \frac{P}{S}$

$\lambda = \frac{P}{S}$

$Q = U \cdot I \cdot \sin \varphi$ $\quad [Q] = var$

Rechtecksignale

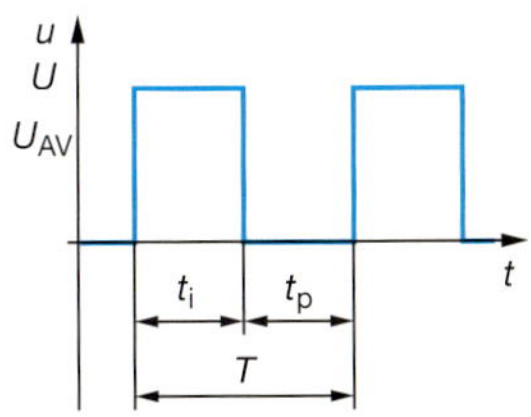

t_i : Impulsdauer
t_p : Pausendauer
T : Periodendauer
f : Frequenz
g : Tastgrad
U_{AV}: Mittelwert
V : Tastverhältnis

$T = t_i + t_p$

$f = \frac{1}{T}$

$g = \frac{t_i}{T}$ $\quad V = \frac{1}{g}$

$U_{AV} = \frac{U \cdot t_i}{T}$

Verbraucherschaltungen im Drehstromnetz

Load circuits in three phase network

U_S : Strangspannung
U : Leiterspannung
I_S : Strangstrom
I : Leiterstrom
S : Gesamt-Scheinleistung
P : Gesamt-Wirkleistung
Q : Gesamt-Blindleistung
$\cos\varphi$: Leistungsfaktor

Symmetrische Belastung $I_N = 0$

$S = \sqrt{3} \cdot U \cdot I$ $[S] = \text{VA}$ $P = \sqrt{3} \cdot U \cdot I \cdot \cos\varphi$ $[P] = \text{W}$ $Q = \sqrt{3} \cdot U \cdot I \cdot \sin\varphi$ $[Q] = \text{var}$

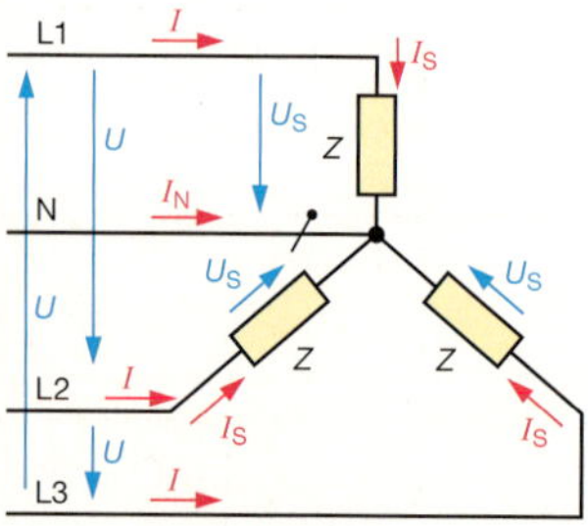

$$U_S = \frac{U}{\sqrt{3}}$$

$$I = I_S$$

S_Y: Gesamt-Scheinleistung bei Sternschaltung

$$U = U_S$$

$$I = \sqrt{3} \cdot I_S$$

$$S_Y = \frac{1}{3} \cdot S_\Delta$$

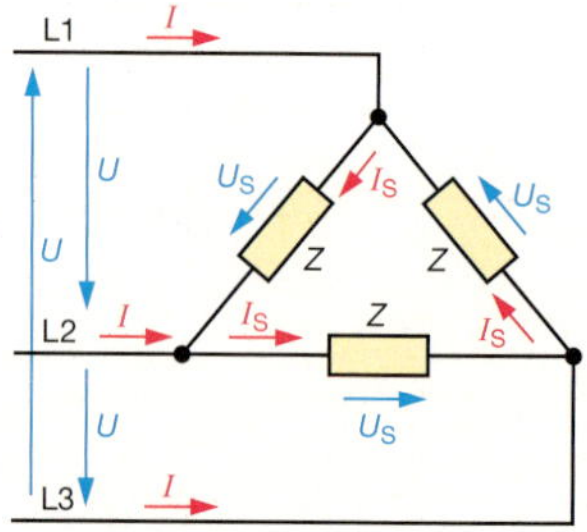

S_Δ: Gesamt-Scheinleistung bei Dreieckschaltung

Unsymmetrische Belastung

Sternschaltung

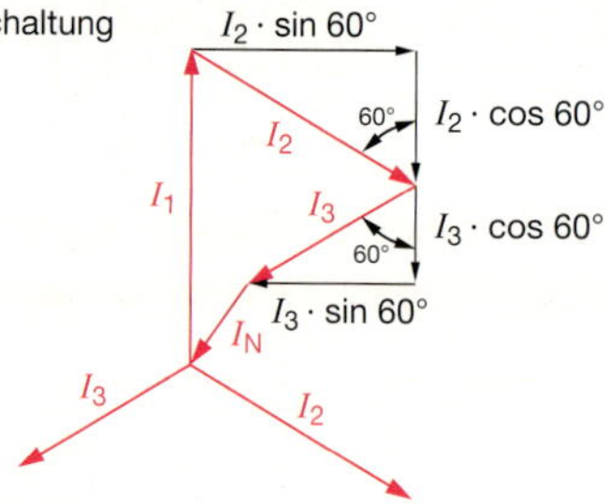

$$I_N = \sqrt{0{,}75 \cdot (I_2 - I_3)^2 + (I_1 - 0{,}5 \cdot I_2 - 0{,}5 \cdot I_3)^2}$$

Dreieckschaltung

$$I_1 = \sqrt{I_{S1}^2 + I_{S3}^2 + I_{S4} \cdot I_{S3}}$$

$$I_2 = \sqrt{I_{S1}^2 + I_{S2}^2 + I_{S1} \cdot I_{S2}}$$

$$I_3 = \sqrt{I_{S2}^2 + I_{S3}^2 + I_{S2} \cdot I_{S3}}$$

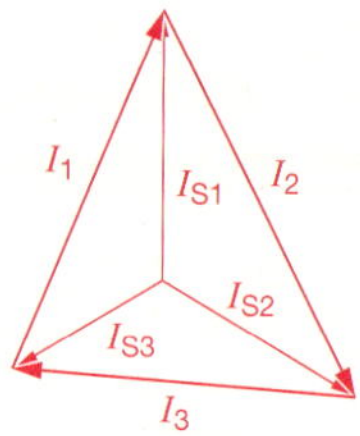

Gestörte Belastungen (Ausfall von Außenleitern und/oder Strängen)

S: Leistung bei Störung

S_{or}: ursprüngliche Leistung

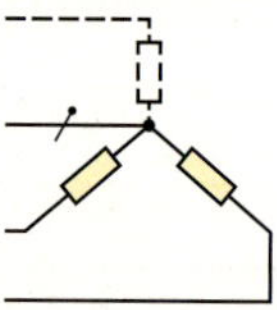

$S = \frac{2}{3} S_{or}$

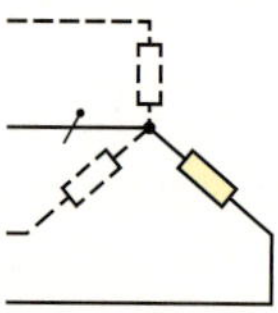

$S = \frac{1}{3} S_{or}$

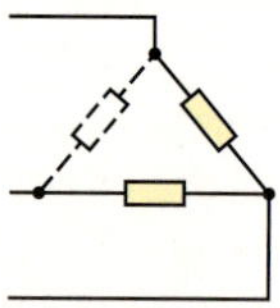

$S = \frac{2}{3} S_{or}$

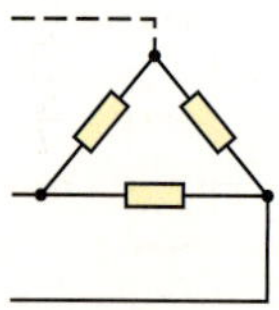

$S = \frac{1}{2} S_{or}$

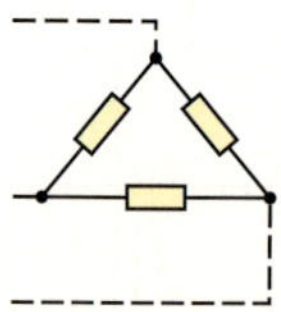

$S = 0$

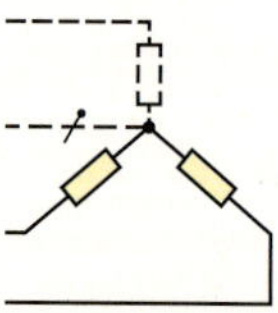

$S = \frac{1}{2} S_{or}$

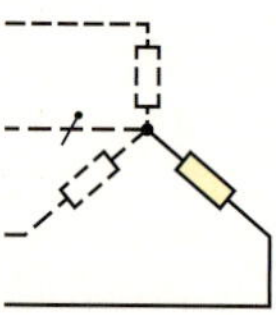

$S = 0$

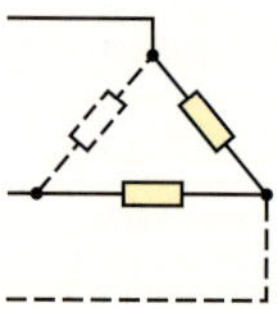

$S = \frac{1}{6} S_{or}$

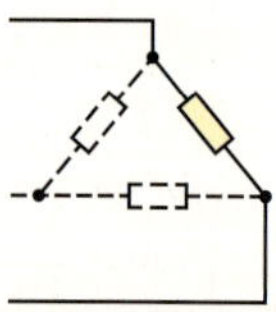

$S = \frac{1}{3} S_{or}$

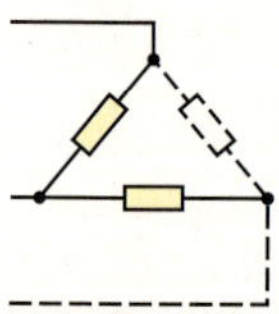

$S = \frac{1}{3} S_{or}$

Widerstände im Wechselstromkreis – *Resistors in a.c. circuit*

Schaltung	Stromstärke und Spannung	Widerstand und Leitwert	Leistung
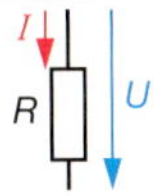	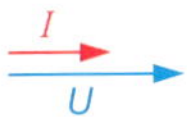 $I = \frac{U}{R}$ $\varphi = 0°$	$R = \frac{U}{I}$	$P = U \cdot I$ $P = I^2 \cdot R$ $P = \frac{U^2}{R}$
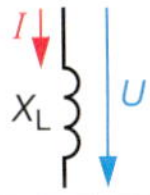	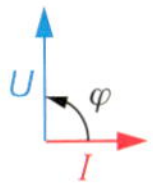 $I = \frac{U}{X_L}$ $\varphi = 90°$ (induktiv)	$X_L = 2\pi \cdot f \cdot L$ $X_L = \omega \cdot L$	$Q_L = U \cdot I$
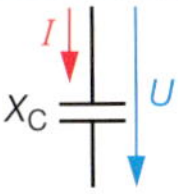	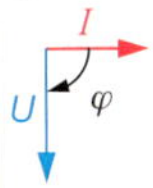 $I = \frac{U}{X_C}$ $\varphi = 90°$ (kapazitiv)	$X_C = \frac{1}{2\pi \cdot f \cdot C}$ $X_C = \frac{1}{\omega \cdot C}$	$Q_C = U \cdot I$
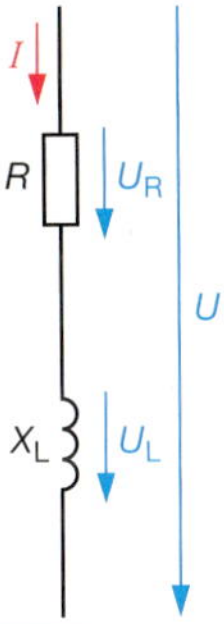	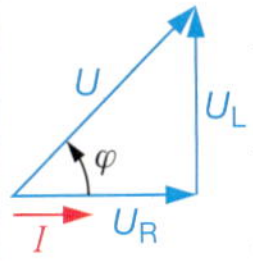 $I = \frac{U_R}{R}$ $I = \frac{U_L}{X_L}$ $I = \frac{U}{Z}$ $U^2 = U_R^2 + U_L^2$ $\tan\varphi = \frac{U_L}{U_R}$ $\sin\varphi = \frac{U_L}{U}$; $\cos\varphi = \frac{U_R}{U}$	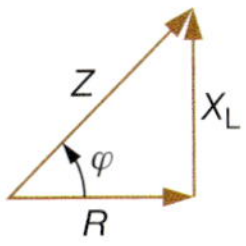 $Z^2 = R^2 + X_L^2$ $\tan\varphi = \frac{X_L}{R}$ $\sin\varphi = \frac{X_L}{Z}$; $\cos\varphi = \frac{R}{Z}$	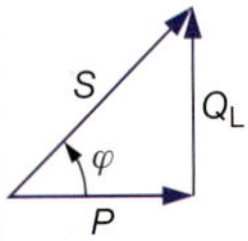 $P = U_R \cdot I$ $Q_L = U_L \cdot I$ $S = U \cdot I$ $S^2 = P^2 + Q_L^2$ $\tan\varphi = \frac{Q_L}{P}$ $\sin\varphi = \frac{Q_L}{S}$; $\cos\varphi = \frac{P}{S}$
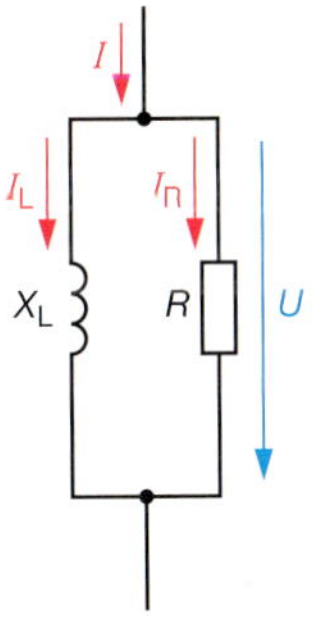	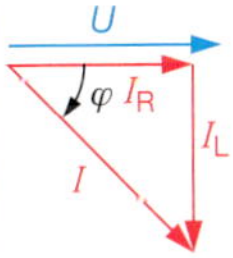 $U = I_R \cdot R$ $U = I_L \cdot X_L$ $U = I \cdot Z$ $I^2 = I_R^2 + I_L^2$ $\tan\varphi = \frac{I_L}{I_R}$ $\sin\varphi = \frac{I_L}{I}$; $\cos\varphi = \frac{I_R}{I}$	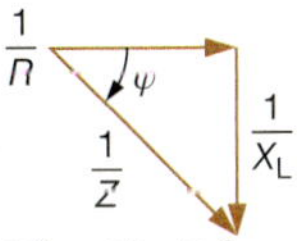 $Y^2 = G^2 + B_L^2$ $\left(\frac{1}{Z}\right)^2 = \left(\frac{1}{R}\right)^2 + \left(\frac{1}{X_L}\right)^2$ $\tan\varphi = \frac{R}{X_L}$ $\sin\varphi = \frac{Z}{X_L}$; $\cos\varphi = \frac{Z}{R}$	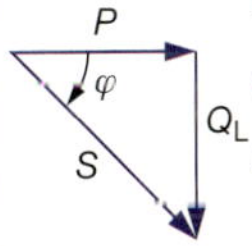 $P = U \cdot I_R$ $Q_L = U \cdot I_L$ $S = U \cdot I$ $S^2 = P^2 + Q_L^2$ $\tan\varphi = \frac{Q_L}{P}$ $\sin\varphi = \frac{Q_L}{S}$; $\cos\varphi = \frac{P}{S}$
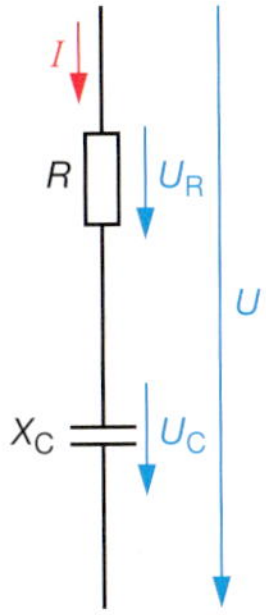	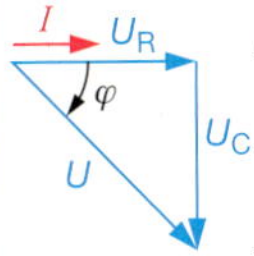 $I = \frac{U_R}{R}$ $I = \frac{U_C}{X_C}$ $I = \frac{U}{Z}$ $U^2 = U_R^2 + U_C^2$ $\tan\varphi = \frac{U_C}{U_R}$ $\sin\varphi = \frac{U_C}{U}$; $\cos\varphi = \frac{U_R}{U}$	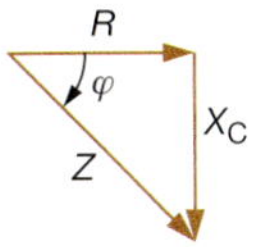 $Z^2 = R^2 + X_C^2$ $\tan\varphi = \frac{X_C}{R}$ $\sin\varphi = \frac{X_C}{Z}$; $\cos\varphi = \frac{R}{Z}$	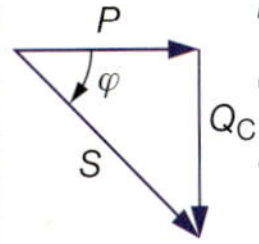 $P = U_R \cdot I$ $Q_C = U_C \cdot I$ $S = U \cdot I$ $S^2 = P^2 + Q_C^2$ $\tan\varphi = \frac{Q_C}{P}$ $\sin\varphi = \frac{Q_C}{S}$; $\cos\varphi = \frac{P}{S}$

Widerstände im Wechselstromkreis – *Resistors in a.c. circuit*

Schaltung	Stromstärke und Spannung	Widerstand und Leitwert	Leistung
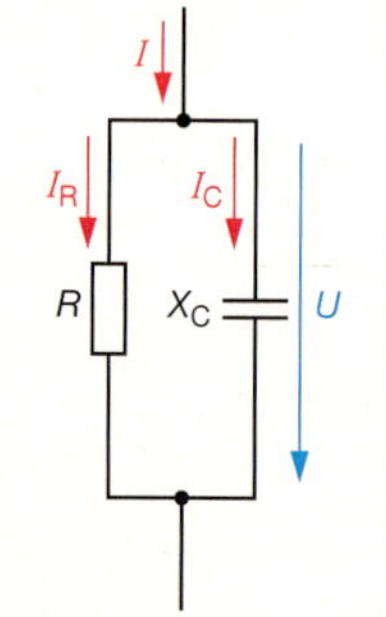	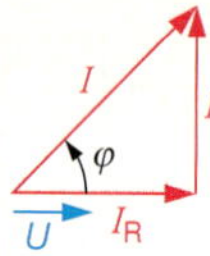 $I_R = \frac{U}{R}$ $I_C = \frac{U}{X_C}$ $I = \frac{U}{Z}$ $I^2 = I_R{}^2 + I_C{}^2$ $\tan\varphi = \frac{I_C}{I_R}$; $\cos\varphi = \frac{I_R}{I}$ $\sin\varphi = \frac{I_C}{I}$	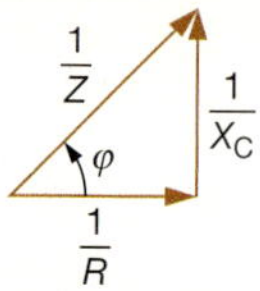 $Y^2 = G^2 + B_C{}^2$ $\left(\frac{1}{Z}\right)^2 = \left(\frac{1}{R}\right)^2 + \left(\frac{1}{X_C}\right)^2$ $\tan\varphi = \frac{R}{X_C}$; $\cos\varphi = \frac{Z}{R}$ $\sin\varphi = \frac{Z}{X_C}$	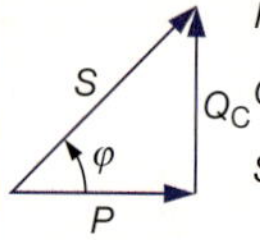 $P = I_R \cdot U$ $Q_C = I_C \cdot U$ $S = I \cdot U$ $S^2 = P^2 + Q_C{}^2$ $\tan\varphi = \frac{Q_C}{P}$; $\cos\varphi = \frac{P}{S}$ $\sin\varphi = \frac{Q_C}{S}$
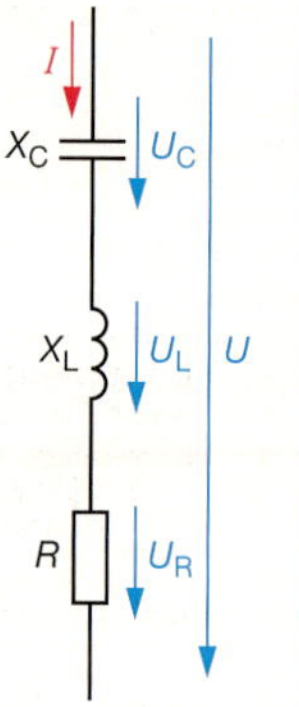	$U_L > U_C$ | $U_L < U_C$ 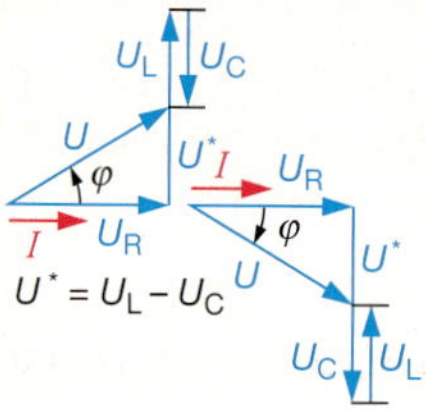 $U^* = U_L - U_C$ $U^* = U_C - U_L$ $U^2 = U_R{}^2 + U^{*2}$ $\tan\varphi = \frac{U^*}{U_R}$ $\sin\varphi = \frac{U^*}{U}$; $\cos\varphi = \frac{U_R}{U}$	$X_L > X_C$ | $X_L < X_C$ 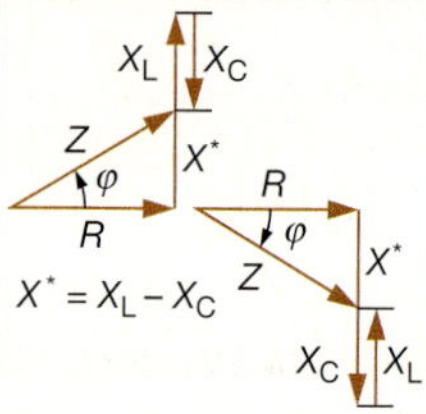 $X^* = X_L - X_C$ $X^* = X_C - X_L$ $Z^2 = R^2 + X^{*2}$ $\tan\varphi = \frac{X^*}{R}$ $\sin\varphi = \frac{X^*}{Z}$; $\cos\varphi = \frac{R}{Z}$	$Q_L > Q_C$ | $Q_L < Q_C$ 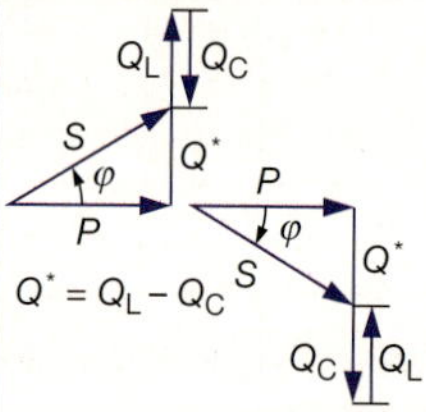 $Q^* = Q_L - Q_C$ $Q^* = Q_C - Q_L$ $S^2 = P^2 + Q^{*2}$ $\tan\varphi = \frac{Q^*}{P}$ $\sin\varphi = \frac{Q^*}{S}$; $\cos\varphi = \frac{P}{S}$
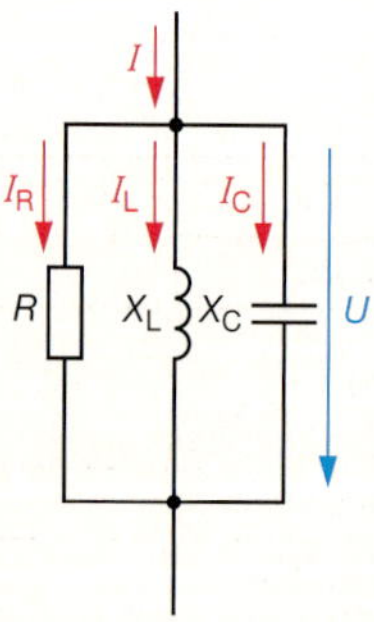	$I_C > I_L$ | $I_C < I_L$ 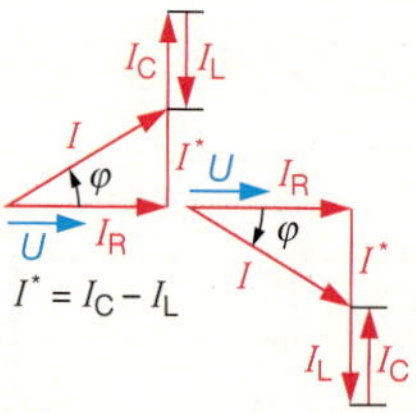 $I^* = I_C - I_L$ $I^* = I_L - I_C$ $I^2 = I_R{}^2 + I^{*2}$ $\tan\varphi = \frac{I^*}{I_R}$ $\sin\varphi = \frac{I^*}{I}$; $\cos\varphi = \frac{I_R}{I}$	$X_C < X_L$ | $X_C > X_L$ 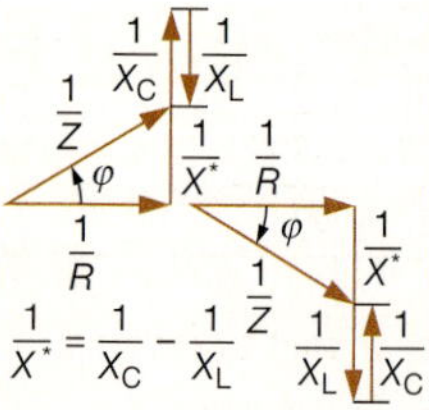 $\frac{1}{X^*} = \frac{1}{X_C} - \frac{1}{X_L}$ $\frac{1}{X^*} = \frac{1}{X_L} - \frac{1}{X_C}$ $Y^2 = G^2 + B^{*2}$ $\left(\frac{1}{Z}\right)^2 = \left(\frac{1}{R}\right)^2 + \left(\frac{1}{X^*}\right)^2$ $\tan\varphi = \frac{R}{X^*}$ $\sin\varphi = \frac{Z}{X^*}$; $\cos\varphi = \frac{Z}{R}$	$Q_C > Q_L$ | $Q_C < Q_L$ 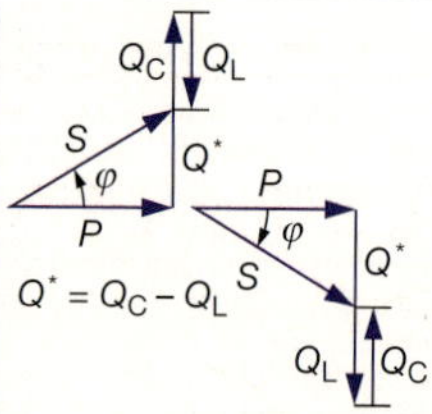 $Q^* = Q_C - Q_L$ $Q^* = Q_L - Q_C$ $S^2 = P^2 + Q^{*2}$ $\tan\varphi = \frac{Q^*}{P}$ $\sin\varphi = \frac{Q^*}{S}$; $\cos\varphi = \frac{P}{S}$

Widerstände – *Resistors*

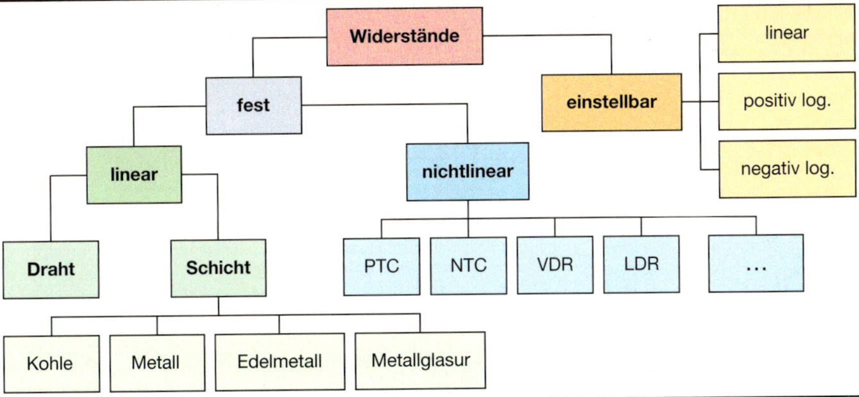

Drahtwiderstände

Anforderungen

- Hoher spezifischer Widerstand
- Große spezifische Wärmekapazität
- Schlechte Wärmeleitfähigkeit
- Gute Korrosionsbeständigkeit
- Gute Zunderbeständigkeit
- Kleiner Ausdehnungskoeffizient
- Kleiner Temperaturkoeffizient (gewünscht bei Messwiderständen)
- Gute mechanische Eigenschaften (z. B. elastisch, stoßfest)
- Gute technologische Eigenschaften (lötbar, warmfest, u. U. schweißbar)

Wertebereich	Toleranz	Werkstoffe	Temperaturbereich	Belastbarkeit bei 70 °C	Temperaturkoeffizient
0,1 Ω bis 300 kΩ	± 0,01 % bis ± 20 %	Chrom-Nickel Kupfer-Nickel Kupfer-Mangan	– 50 °C bis + 500 °C	0,25 W bis 100 W	$\pm 1 \cdot 10^{-6}\ K^{-1}$ bis $\pm 200 \cdot 10^{-6}\ K^{-1}$

Lineare Schichtwiderstände

Merkmale	**Kohle**, C	**Metall**, Cr/Ni	**Edelmetall**, Au/Pt
Herstellverfahren	Thermischer Zerfall von Kohlenwasserstoffen	Aufdampfen im Hochvakuum	Reduktion von Edelmetallsalzen durch Einbrennen
Spezifischer Widerstand	$3000 \cdot 10^{-6}\ \Omega \cdot cm$	$\approx 100 \cdot 10^{-6}\ \Omega \cdot cm$	$\approx 40 \cdot 10^{-6}\ \Omega \cdot cm$
Schichtdicke	$10 \ldots 30000 \cdot 10^{-9}$ m	$10 \ldots 100 \cdot 10^{-9}$ m	$10 \ldots 1000 \cdot 10^{-9}$ m
Flächenwiderstand	1 … 5000 Ω	20 … 1000 Ω	0,5 … 100 Ω
Temperaturkoeffizient	$(-200 \ldots -800) \cdot 10^{-6} \cdot K^{-1}$	$\pm 100 \cdot 10^{-6} \cdot K^{-1}$	$(+250 \ldots +350) \cdot 10^{-6} \cdot K^{-1}$
max. Schichttemperatur	125 °C	175 °C	155 °C
Drift nach 10^4 h Lagerung bzw. bei Belastung auf 125 °C in %	– 0,5 … + 1,5	– 0,6 … + 1	– 0,5
Stromrauschen	klein	sehr klein	sehr klein
Nichtlinearität	klein	sehr klein	sehr klein
Anwendungen	Vermittlungstechnik, Datentechnik, Weitverkehrstechnik, Elektronik	Für extreme klimatische und elektrische Beanspruchungen, Luft- und Raumfahrt, Messgeräte	Kompensation in Transistorschaltungen, Hochlastwiderstände mit Sicherungswirkung

Temperatur- und spannungsabhängige Widerstände

Temperature- and voltage dependent resistors

Heißleiter

NTC-Widerstand
(**N**egative **T**emperature **C**oefficient)

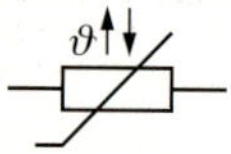

Heißleiter sind temperaturabhängige Halbleiterwiderstände, deren Widerstandswerte sich mit steigender Temperatur verringern.

Material: polykristalline Mischoxidkeramik

Heißleiter in Scheibenform

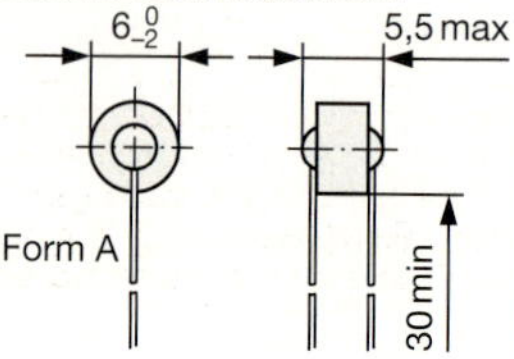

- Form A

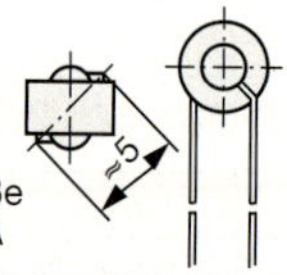

- Form AB

übrige Maße wie Form A

Betriebsbedingungen	Klimatische Anwendungsklasse		
	FKF	HKF	HHH
untere Grenztemperatur	−55 °C	−25 °C	−25 °C
obere Grenztemperatur	125 °C	125 °C	155 °C

Bemessungswiderstandswert
R_N bei 25 °C (R_{25})
Bezugstemperatur: 10 Ω bis 100 kΩ

zulässige Abweichung vom Nennwiderstand ±10 %; ±20 %

Belastbarkeit P_{max} bei 25 °C: 0,6 W

Kaltleiter

PTC-Widerstand
(**P**ositive **T**emperature **C**oefficient)

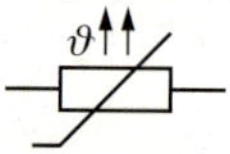

Kaltleiter sind temperaturabhängige Widerstände, deren Widerstandswerte bei ansteigender Temperatur annähernd sprungförmig ansteigen, sobald eine bestimmte Temperatur überschritten wird.

Material: ferroelektrische Keramik, z.B. TiO_3

- ohne Umhüllung, metallisierte Stirnseiten

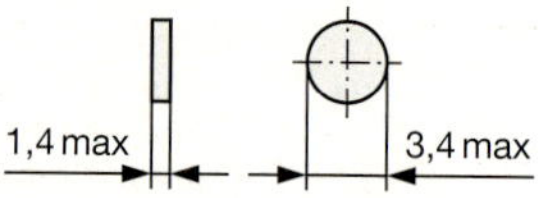

- ohne Umhüllung, radiale Anschlussdrähte

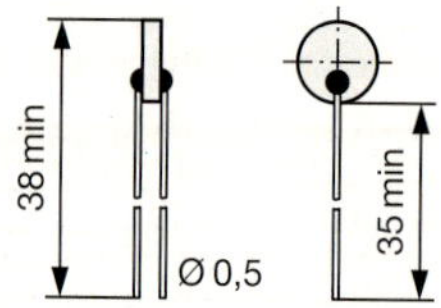

- mit Kunststoffumhüllung

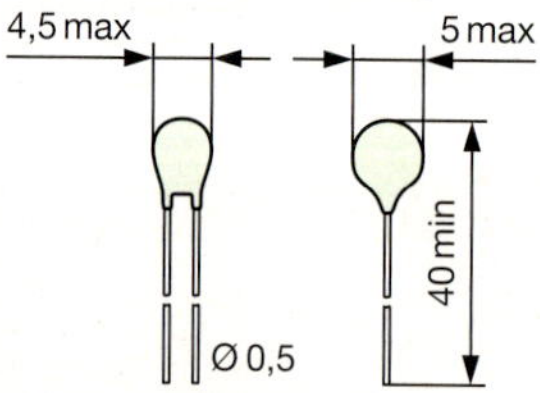

Bezugstemperatur:
− 30 °C … + 180 °C
Endtemperatur:
+ 40 °C … + 220 °C

Varistoren

VDR-Widerstand
(**V**oltage **D**ependent **R**esistor)

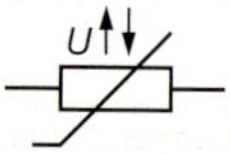

Varistoren sind Widerstände, deren Widerstandswerte sich bei ansteigender Spannung verringern.

Material: Siliciumkarbid, $\alpha < 5$,
Zinkoxid, $\alpha < 30$

Scheibenform

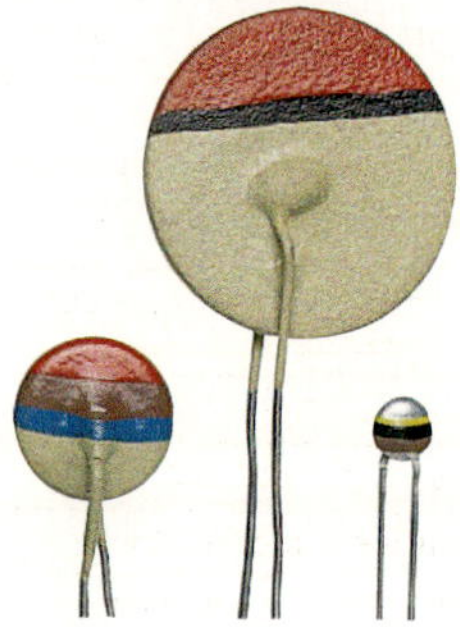

Blockform

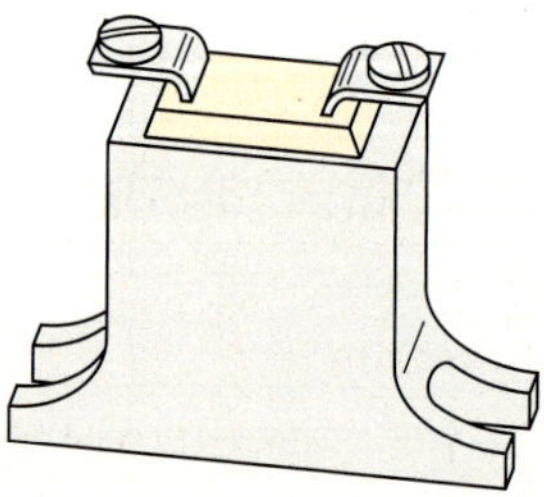

Anwendungen

Arbeitspunktstabilisierung

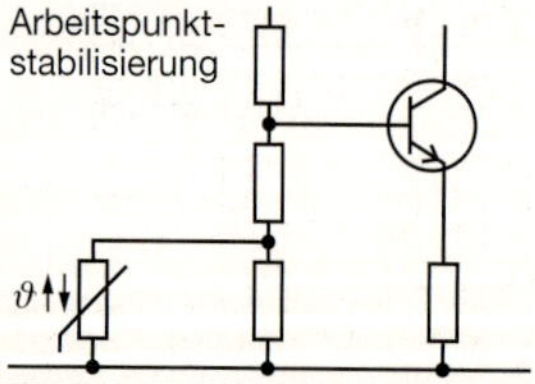

Flüssigkeitsniveaufühler

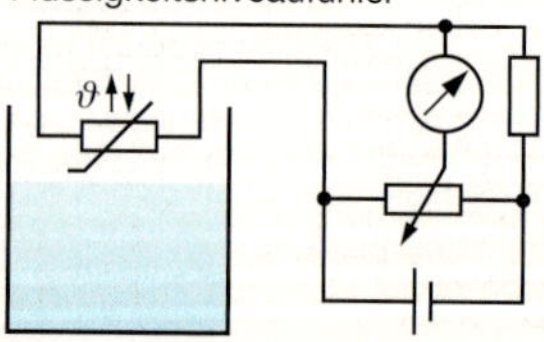

Überspannungsschutz von Halbleiterschaltungen

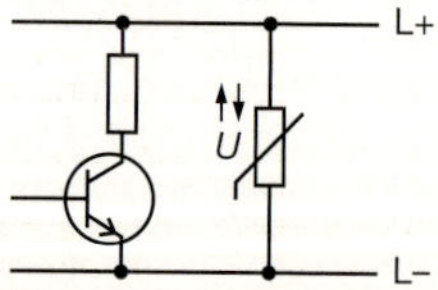

Anwendungsbereiche und Kenndaten von Kondensatoren

Field of applications and characteristic data of capacitors

Kondensatorart	Temperaturbereich in °C	Verlustfaktor tan δ in 10^{-3}	Bevorzugte Anwendung
Papierkondensatoren			
Papierkondensator	– 55 … + 125	50 Hz: 2 … 2,7	Glättungs- und Hochspannungskond.; Stoß- und Stützk.; besonders für 50 Hz, bis 10 kHz möglich.
Metallpapier-Gleichspannungskondensatoren			
MP	– 55 … + 85	50 Hz: 7 … 8 1 kHz: 12	Nachrichtentechnik: Koppel-, Glättungs-; Hochspannungs-; Stoß- und Stützkondensatoren.
Metallisierte Kunststoffkondensatoren			
MKU	– 55 … + 70/+ 85	1 kHz: 12 … 15	Für Gleichspannung, aber auch für reduzierte Wechselspannung; Miniaturtechnik; Hochtemperatur; Glättung; Kopplung; Ablenkstufen von Fernsehgeräten; besonders verlustarmer Kondensator; viele Bauformen (auch in Schichtausführung mit Rastermaß).
MKT	– 55/– 40 … + 100	1 kHz: 5 … 7	
MKC	– 55/– 40 … + 85/+ 100	1 kHz: 1 … 3	
MKP	– 40 … + 85	1 kHz: 0,25	
Verlustarme Kondensatoren			
KS	– 55/– 10 … + 70	1 MHz: 0,4 … 1	Schwingkreiskondensatoren in frequenzbestimmenden Kreisen; Filter; hochisolierte Kopplung und Entkopplung; Miniaturtechnik; Hochtemperatur (Glimmer- und Glaskondensatoren); Blockkondensatoren; Messkondensatoren; Glas; sehr hohe Konstanz und Strahlungsfestigkeit.
MKS	– 55 … + 70	1 kHz: 0,5 … 1	
KP	– 55/– 25 … + 85	1 MHz: 0,3 … 1	
Glimmer-Kondensator	– 40 … + 80	1 MHz: ≤ 0,2 (< 1 nF)	
MKV	– 55 … + 85	1 kHz: ca. 1	
Glas-Kondens.	– 55 … + 125	1 MHz: < 0,5	
Keramik-Kondensatoren			
NDK-Kondensator (ε_r = 13 … 470)	– 55/– 25 … + 85/+ 125	1 MHz: 0,4 … 1	In frequenzstabilisierten Schwingkreisen zur Temperaturkompensation; Filter-, Hochspannungs-, Impuls-Kondensatoren, auch als Chip.
HDK-Kondensator (ε_r = 700 … 50 000)	– 55/+ 10 … + 70/+ 125	1 kHz: 10 … 20	Kopplung, Siebung, Hochspannungs-, Impulskondensator, auch als Chip.
Elektrolyt-Kondensatoren			
Aluminium-Elektrolytkon.	– 55/– 25 … + 70/+ 125	50 Hz: 80 … 300 (bis 1000 µF)	Sieb-, Koppel-, Glättungs-, Block-, Motorkondensator; Energiespeicher.
Tantal-Elektrolytkondensator	– 55 … + 85 (+ 125)	120 Hz: ≤ 40 … 350	Nachrichtentechnik; Mess- und Regelungstechnik, Chip-Kondensator für Hybridschaltung; Glättung und Kopplung.

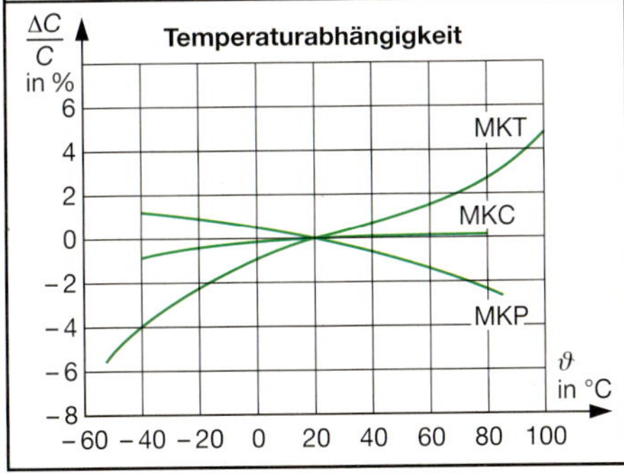

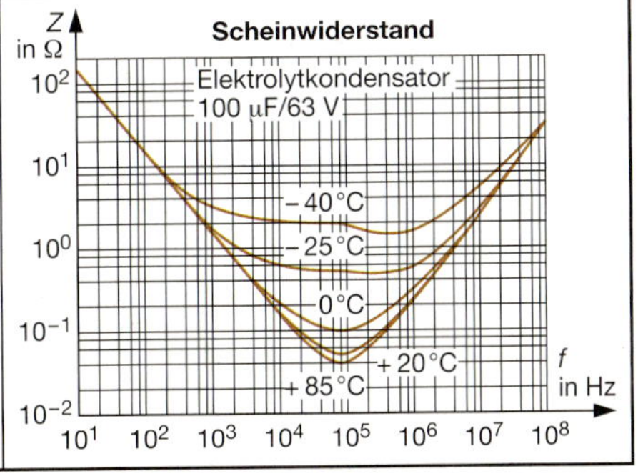

Bemessungsspannungen und Toleranzen von Kondensatoren

Rated voltages and tolerances of capacitors

Bemessungsgleichspannungen in V für Kondensatoren bis 1000 V Werte der R 5-Reihe

Kondensator	Papierkondensator	MP-Kondensator	Kunststoff-Folienkond.	Glimmerkondens.	Keramik-Kondens.	Aluminium-Elektrolytkon.	Tantal-Elektrolytk.
Spannung (R 5) in V	40, 63, 100, 160, 250, 400, 630, 1000	63, 100, 160, 250, 400, 630, 1000	63, 100, 160, 250, 400, 630, 1000	250, 1000	40, 63, 100, 160, 250, 630, 1000	10, 25, 100, 250, 1000	6,3; 10, 16, 25
Zulässige Abweichung in %	±5; ±10; ±20;	±10; ±20	±0,3; ±0,5; ±1; ±2; ±2,5; ±5; ±10; ±20;	ab 10 pF ±0,1; ±0,5; ±1; ±2; ±5; ±10; ±20	ab 10 pF ±1; ±2; ±5; ±10; ±20; +50…–20; +80…–20; +100…–20	+20…–0; +30…–10; +30…–20; +5 …–0; +50…–10; +5 …–20; +80…–10; +100…–10; +100…–20	±5; ±10; ±20; +50…–10; +50…–20

Werte der R 5-Reihe: 6,3; 10; 16; 25; 40; 63; 100; 160; 250; 400; 630; 1000

Zulässige Abweichungen in %

B: ±0,1	**C**: ±0,3	**D**: ±0,5	**F**: ±1	**G**: ±2	**H**: ±2,5	**J**: ±5	**K**: ±10
M: ±20	**W**: +20…–0	**Q**: +30…–10	**R**: +30…–20	**Y**: +50…–0	**T**: +50…–10	**S**: +50…–20	**U**: +80…–0
Z: +80…–20	**V**: +100…–10	**ohne**: +100…–20					

Kurzform der Benennung von Kunststoff-Folienkondensatoren

M K C

- **C** – Art des Dielektrikums
- **K** – Dielektrikum: Kunststoff
- **M** – Metallisierte Beläge (falls Metallfolienbeläge: kein Zeichen)

Kennbuchstabe und Art des Dielektrikums

- **C**: Poly**c**arbonat
- **P**: Poly**p**ropylen
- **S**: Poly**s**tyrol
- **T**: Poly**t**erephthalat
- **U**: Cell**u**loseacetat

Kondensatoren zum Betrieb von Entladungslampen

Capacitors for operation of discharge lamps

Beispielhafter Aufbau

B: Papierkondensator rund

C: MP-Kondensator, rund

Maße in mm

l_1: 102 mm … 210 mm

d_1: 30 … 50 mm

d_2: M8- oder M12-Gewinde

l_2: 8 mm

1) vorzugsweise 10 mm

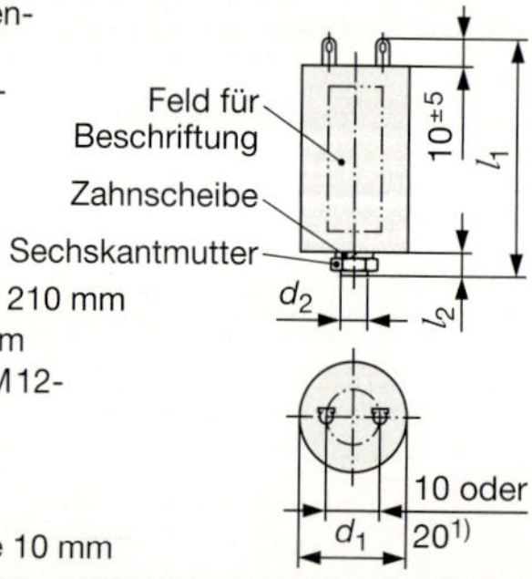

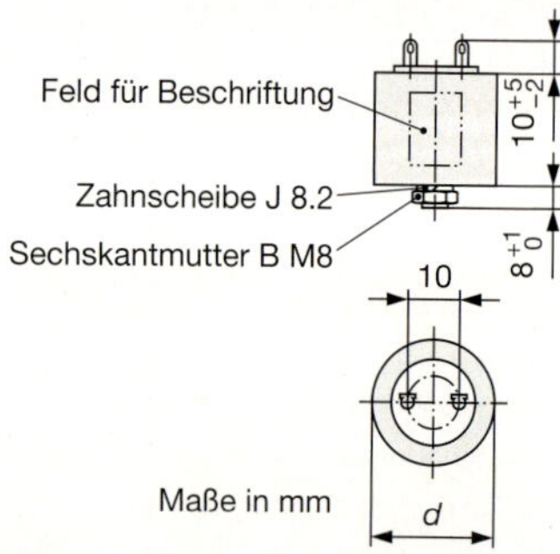

Blindleistungen von Kondensatoren zur Kompensation

Berechnung	$\cos\varphi_1$	$\cos\varphi_2 = 0,7$	$\cos\varphi_2 = 0,8$	$\cos\varphi_2 = 0,9$	$\cos\varphi_2 = 0,96$	$\cos\varphi_2 = 1,0$
$Q_C = P \cdot (\tan\varphi_1 - \tan\varphi_2)$	0,3	2,16	2,43	2,70	2,89	3,18
Q_C: Kapazitive Bindleistung in var	0,4	1,27	1,54	1,81	2,00	2,29
P: Wirkleistung in W	0,5	0,71	0,98	1,25	1,44	1,73
φ_1: Phasenverschiebungswinkel vor der Kompensation	0,6	0,31	0,58	0,85	1,04	1,33
φ_2: Phasenverschiebungswinkel nach der Kompensation	0,7		0,27	0,54	0,73	1,02
	0,8			0,27	0,46	0,75

Kennzeichnung von Bauelementen – *Marking of components*

Farbkennzeichnung von Widerständen

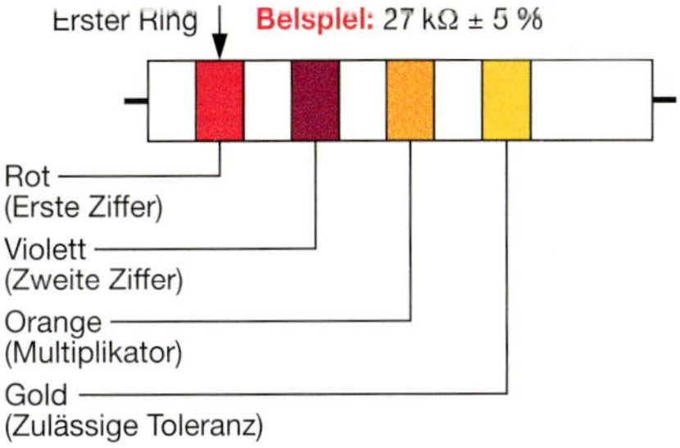

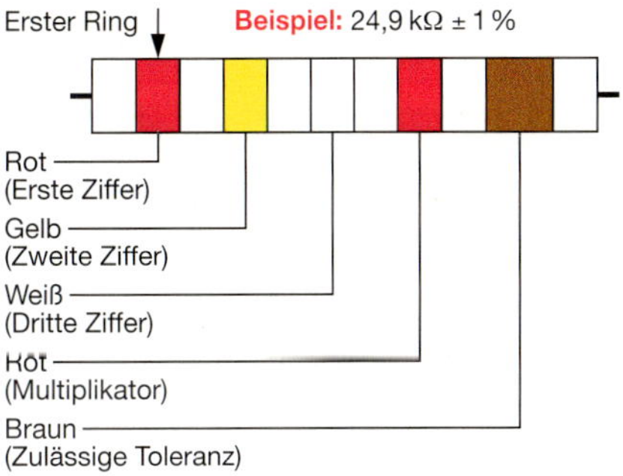

Temperaturkoeffizient:

- sechster und breiter Farbring, eventuell unterbrochen

Vorzugsreihen für Bemessungswerte bis ± 5 % zul. Abweichung DIN IEC 63: 85-12

E3(>±20 %)	E6(±20 %)	E12(±10 %)	E24(±5 %)
1,0	1,0	1,0	1,0
			1,1
		1,2	1,2
			1,3
2,2	1,5	1,5	1,5
			1,6
		1,8	1,8
			2,0
	2,2	2,2	2,2
			2,4
		2,7	2,7
			3,0
4,7	3,3	3,3	3,3
			3,6
		3,9	3,9
			4,3
	4,7	4,7	4,7
			5,1
		5,6	5,6
			6,2
	6,8	6,8	6,8
			7,5
		8,2	8,2
			9,1

Farbschlüssel

Kennfarbe	Widerstandswert in Ω: zählende Ziffern	Widerstandswert in Ω: Multiplikator	Zulässige rel. Abweichung des Widerstandswertes	Temperatur-Koeffizient (10^{-6}/K)
silber	–	10^{-2}	± 10 %	–
gold	–	10^{-1}	± 5 %	–
schwarz	0	10^{0}	–	± 250
braun	1	10^{1}	± 1 %	± 100
rot	2	10^{2}	± 2 %	± 50
orange	3	10^{3}	–	± 15
gelb	4	10^{4}	–	± 25
grün	5	10^{5}	± 0,5 %	± 20
blau	6	10^{6}	± 0,25 %	± 10
violett	7	10^{7}	± 0,1 %	± 5
grau	8	10^{8}	–	± 1
weiß	9	10^{9}	–	–
keine	–	–	± 20 %	–

Wertkennzeichnung durch Buchstaben EN 60 062: 94-10

Kennbuchstabe	Multiplikator	Beispiele:
p	Pico 10^{-12}	3μ3 = 3,3 μF
n	Nano 10^{-9}	m33 = 330 μF
μ	Mikro 10^{-6}	33m = 33000 μF
m	Milli 10^{-3}	R33 = 0,33 Ω
R, F	10^{0}	3R3 = 3,3 Ω
K	Kilo 10^{3}	33K = 33 kΩ
M	Mega 10^{6}	330K = 330 kΩ
G	Giga 10^{9}	M33 = 0,33 MΩ
T	Tera 10^{12}	3M3 = 3,3 MΩ

Buchstabenkennzeichnung der zulässigen Abweichungen

zul. Abweichung	Kennzeichen
Symmetrische Abweichung in %	
± 0,1	B
± 0,25	C
± 0,5	D
± 1	F
± 2	G
± 5	J
± 10	K
± 20	M
± 30	N
Unsymmetrische Abweichung in %	
+ 30 … – 10	Q
+ 50 … – 10	T
+ 50 … – 20	S
+ 80 … – 20	Z
Symmetrische Abweichung in absoluten Werten (Kapazitätswerte unter 10 pF)	
± 0,1	B
± 0,25	C
± 0,5	D
± 1	F

Farbkennzeichnung von Bauelementen

Colour marking of components

Kondensatoren

Beispiele: 27 nF, 10 % Toleranz, 400 V

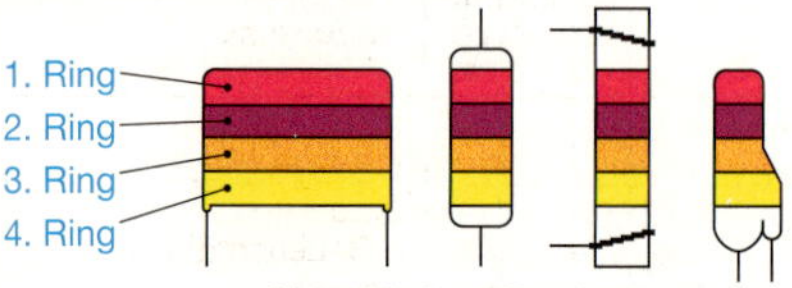

Verschiedene Bauformen

Farbe	Ring 1	2	3	4		5
	Ziffer		Multiplikator	Toleranz		Betriebsspannung in V
	1.	2.		$C <$ 10 pF	$C >$ 10 pF	
schwarz	0	0	x 1 pF		20 %	
braun	1	1	x 10 pF	0,1 pF	1 %	100
rot	2	2	x 100 pF	0,25 pF	2 %	200
orange	3	3	x 1 nF			300
gelb	4	4	x 10 nF			400
grün	5	5	x 100 nF	0,5 %	5 %	
blau	6	6				600
violett	7	7				700
grau	8	8	x 0,01 pF			800
weiß	9	9	x 0,1 pF	1 pF	10 %	
gold						1000
silber						2000
ohne				20 %		500

Tantalkondensatoren

Beispiele: 5,6 μF; 6,3 V

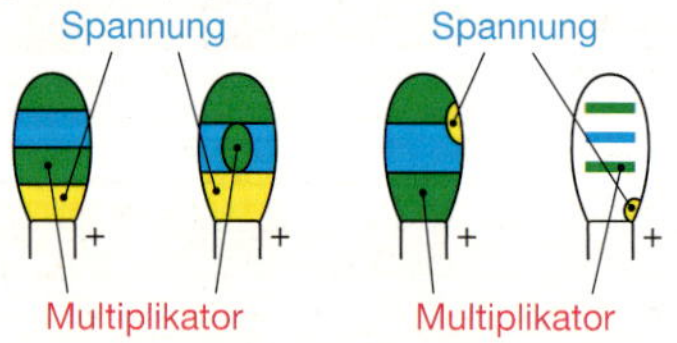

Farbe	Ring 1	2	3	4
	Ziffer		Multiplikator	Betriebsspannung in V
	1.	2.		
schwarz	0	0	x 1	10
braun	1	1	x 10	1,5
rot	2	2	x 100	(rosa) 35
orange	3	3		(rosa) 35
gelb	4	4		6,3
grün	5	5		16
blau	6	6		20
violett	7	7	x 0,001	
grau	8	8	x 0,01	5
weiß	9	9	x 0,1	3

Induktivitäten

Farbe	Ring 1	2	3	4
	Ziffer		Multiplikator	Toleranz
	1.	2.		
schwarz		0	1 μH	
braun	1	1	10 μH	
rot	2	2	100 μH	
orange	3	3		
gelb	4	4		
grün	5	5		
blau	6	6		
violett	7	7		
grau	8	8		
weiß	9	9		
gold			0,1 μH	5 %
silber			0,01 μH	10 %
ohne				20 %

Dioden

Beispiele (Pro Electron)**:** BAX 35

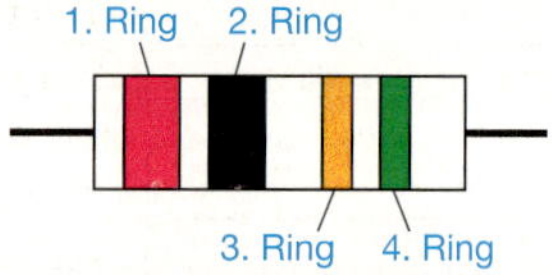

JEDEC (Joint Electronic Devices Engineering Council)

Farbe	Ring 1. breit Katode	2.	3.	4.
	Ziffer			
	1.	2.	3.	4.
schwarz	0	0	0	0
braun	1	1	1	1
rot	2	2	2	2
orange	3	3	3	3
gelb	4	4	4	4
grün	5	5	5	5
blau	6	6	6	6
violett	7	7	7	7
grau	8	8	8	8
weiß	9	9	9	9

Pro Electron

Farbe	Ring 1. breit Katode	2.	3.	4.
	Buchstabe		Ziffer	
	1. und 2.	3.	1.	2.
schwarz		X	0	0
braun	AA		1	1
rot	BA		2	2
orange		S	3	3
gelb		T	4	4
grün		V	5	5
blau		W	6	6
violett			7	7
grau		Y	8	8
weiß		Z	9	9

Halbleiterkennzeichnungen – *Semiconductor marking codes*

Beispiel: B C X 70

- B: Ausgangsmaterial
- C: Hauptfunktion
- X: Hinweis auf kommerziellen Einsatz
- 70: Registriernummer (2 oder 3 Ziffern)

1. Kennbuchstabe	Ausgangsmaterial	2. Kennbuchstabe	Bedeutung	2. Kennbuchstabe	Bedeutung
A	Germanium	A	Diode, allgemein	N	Optokoppler
B	Silicium	B	Kapazitätsdiode	P	z. B. Fotodiode, Fotoelement
C	z. B. Gallium-Arsenid (Energieabstand ≥ 1,3 eV)	C	NF-Transistor	Q	z. B. Leuchtdiode
D	z.B. Indium-Antimonid (Energieabstand ≥ 0,6 eV)	D	NF-Leistungstransistor	R	Thyristor
R	Fotohalbleiter- und Hallgeneratoren-Ausgangsmaterial	E	Tunneldiode	S	Schalttransistor
		F	HF-Transistor	T	z. B. steuerbare Gleichrichter
		G	z. B. Oszillatordiode	U	Leistungsschalttransistor
		H	Hall-Feldsonde	X	Vervielfacher-Diode
		K (M)	Hallgenerator	Y	Leistungsdiode
		L	HF-Leistungstransistor	Z	Z-Diode

Als dritter Buchstabe wird bei kommerziellen Bauelementen X, Y oder Z benutzt.

Gehäuseformen von Halbleiterbauelementen – *Semiconductor packages*

Lötanschluss

SMD – Beispiele

Diodengehäuse SOD 80

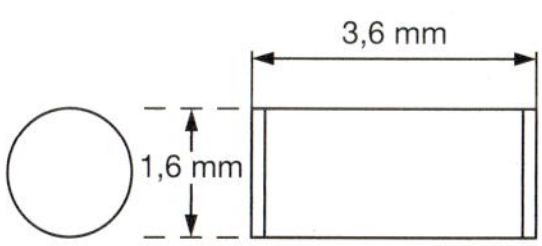

z. B. Siliciumdiode BA683
Typenkennzeichnung über farbigen Kathodenring

Kunststoffgehäuse SOT 23

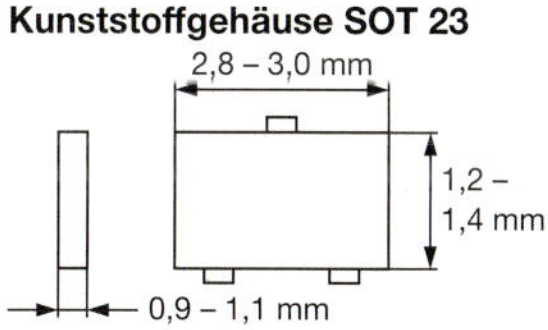

z. B. Silicium Z-Diode 3,6 V
BZX79 C3V6

Kunststoffgehäuse TO-268

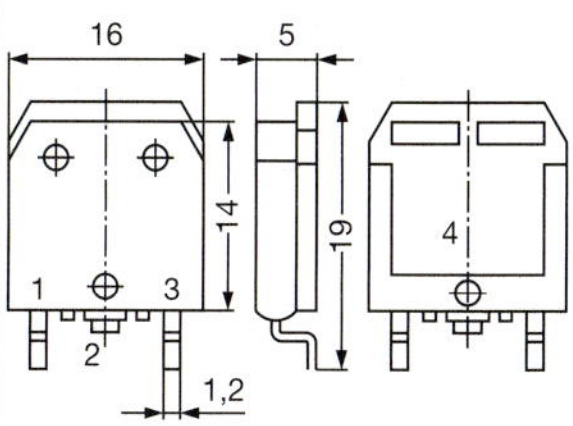

z. B. IGBT IXGT 31N60D1
(Herstellerbezeichnung)

diskret – Beispiele

Glasgehäuse DO-7

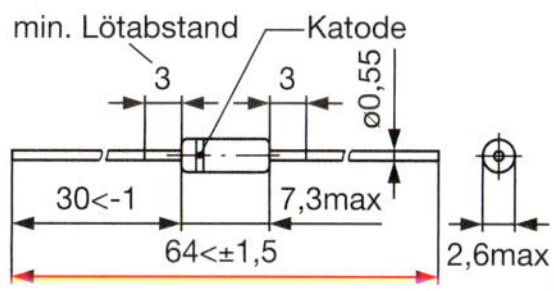

z. B. Germanium-Universal-Diode
AA 118

Kunststoffgehäuse TO-92

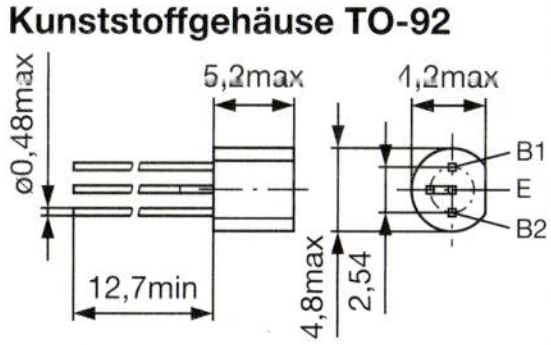

z. B. Unijunction-Transistor
2N 4870

Kunststoffgehäuse TO-220 mit Metallflansch

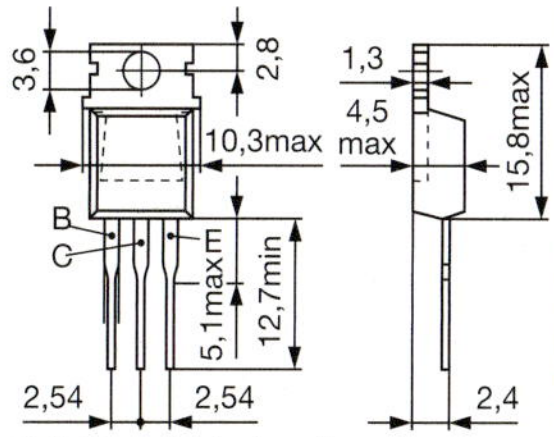

Kollektor mit Montageflansch verbunden

z. B. Silicium-NPN-Darlingtontransistor BD 649

Schraub-/Lötanschluss

Leistungshalbleiter – Beispiele

Metallgehäuse TO-64

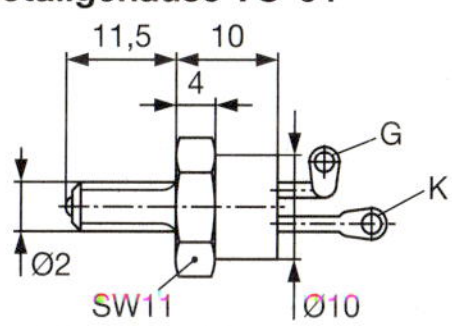

z. B. Thyristor CS8-12IO2
(Herstellerbezeichnung)

Modulgehäuse

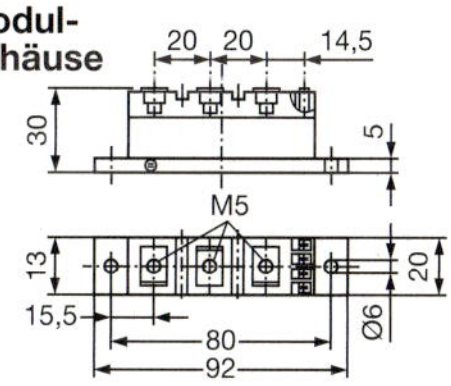

z. B. Thyristormodul

miniBloc-Gehäuse SOT-227B

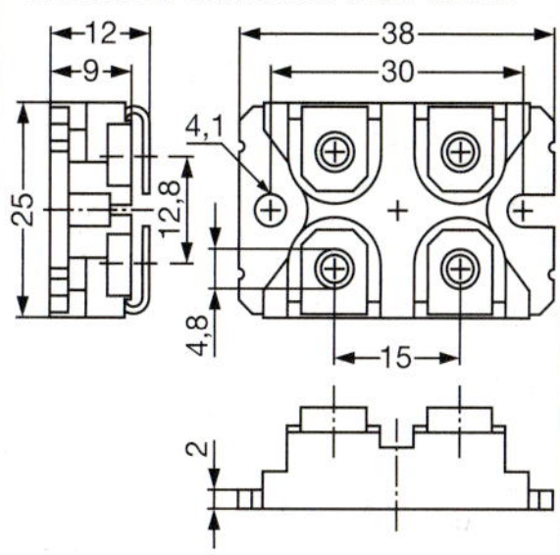

z. B. Hochgeschwindigkeits-IGBT
IXGN 60N60 (Herstellerbez.)

Dioden – *Diodes*

Anwendungen	Schaltzeichen	Kennlinien	Kennwerte
Germanium-Dioden: • Universaldiode im HF-Bereich, bedingt durch die geringe Sperrschichtkapazität • Schaltdiode **Silicium-Dioden:** • Gleichrichterdioden bis Höchstleistungsbereich • Diodenschalter, z. B. Schutz vor Falschpolung • Begrenzerdiode für kleine Spannungen	**Diode** 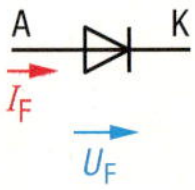	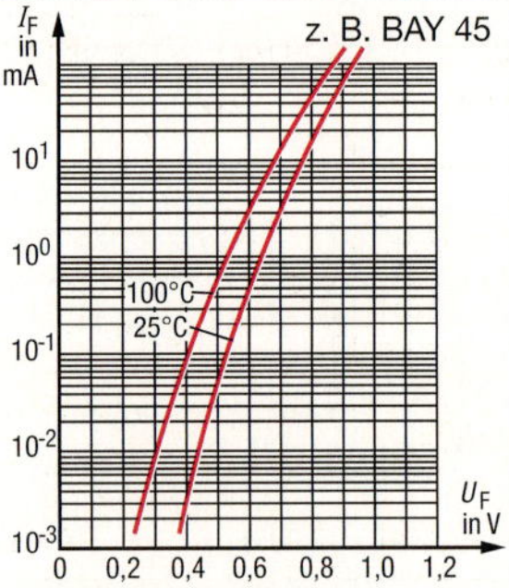 Durchlasskennlinie bei ϑ_u = 25 °C bzw. 100 °C	**Germanium-Dioden:** U_{T0} = 200 mV … 400 mV U_{RM} ≤ 100 V I_F ≤ 150 mA I_R ≤ 300 μA $R_{thJU} \leq 400 \frac{K}{W}$ ϑ_u = −55 °C … +75 °C **Silicium-Dioden:** U_{T0} = 0,6 V … 0,8 V U_{RM} = 30 V … 3,5 kV I_F = 150 mA … 750 A I_R = 0,5 μA … 50 mA ϑ_u = −40 °C … +150 °C
• Stabilisierung bzw. Begrenzung von Gleichspannungen • Gegenreihenschaltung von Z- und normalen Dioden zu Referenzdioden mit besonders kleiner Temperaturabhängigkeit • TAZ-Dioden (**T**ransient **A**bsorption **Z**ener) zum Schutz vor zu hohen Spannungsspitzen.	**Z-Diode** 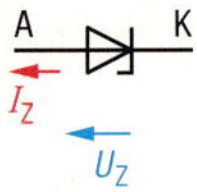	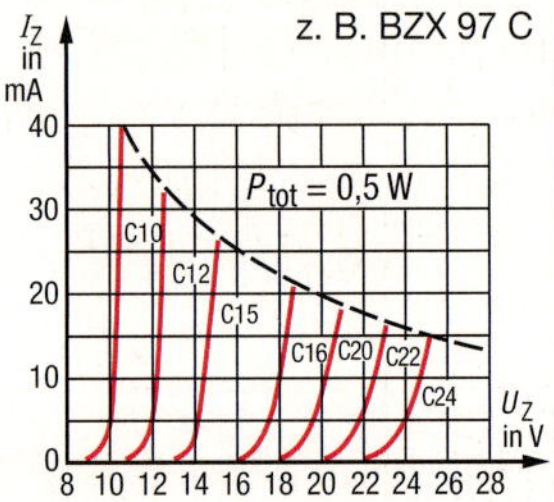 Stabilisierungskennlinien	Stabilisierungseffekt bei Betrieb in Sperrrichtung U_z = 0,8 V … 200 V P_{tot} ≤ 50 W ϑ_u ≤ 150 °C Bei $U_z \leq 5{,}1$ V negativer und bei $U_z \geq 5{,}1$ V positiver Temperaturkoeffizient.

Thyristoren – *Thyristors*

Anwendungen	Schaltzeichen	Kennlinien	Kennwerte
Stromrichter bis zu größten Leistungen. Thyristortriode • katodenseitig steuerbar • rückwärtssperrend	**Thyristor** 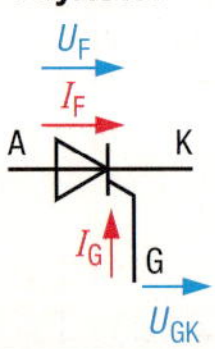	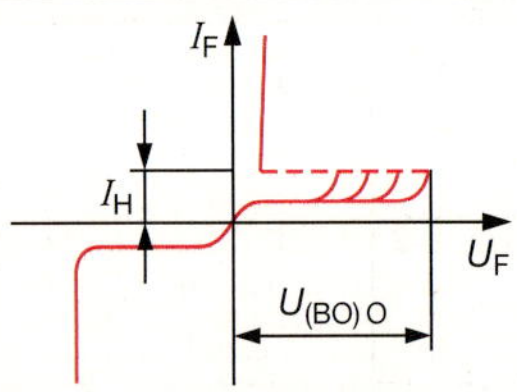	• Element ist nach Zündimpuls in Durchlassrichtung leitfähig. • Leitfähigkeit erlischt bei Stromnulldurchgang • U =100 V … 12 000 V • I_F < 4000 A • Scheibenthyristoren wassergekühlt
Gleichstromsteller bis zu größten Leistungen Thyristortriode • katodenseitig steuerbar • Sperren von I_F mit negativem Gatestrom • rückwärtssperrend	**Abschaltbarer Thyristor (GTO, Gate-turn-off)** 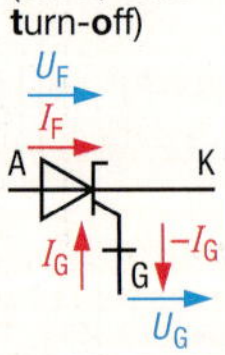	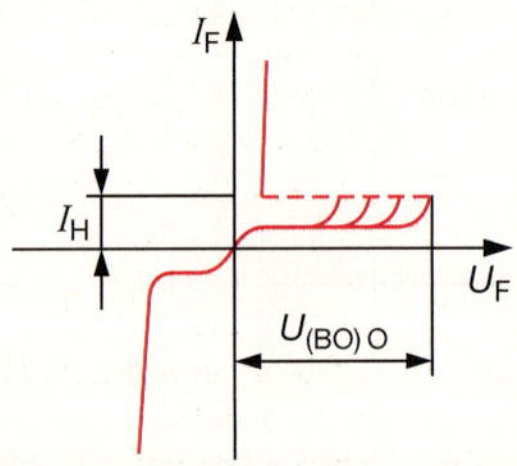	• Verhalten wie bei Thyristor, Leitfähigkeit verlischt zusätzlich bei negativem Gatestrom • U < 6000 V • I_F < 6000 A • f_S < 25 kHz

A: Anode I_F, I_G: Durchlass-, Gatestrom P_{tot}: maximale Verlustleistung U_F: Vorwärtsspannung
K: Katode I_H: Haltestrom, kleinster Strom I_F bei dem der Thyristor noch leitet ϑ_U: Umgebungstemperatur U_Z: Z-Spannung
G: Gate U_G: Gatespannung $U_{(BO)O}$: Kippspannung bei offenem Gate

Transistoren – *Transistors*

	Bipolartransistor	Unipolartransistor (Feldeffekttransistor)	
		Sperrschicht FET	Isolierschicht FET
Aufbau	**Beispiel:** NPN-Transistor 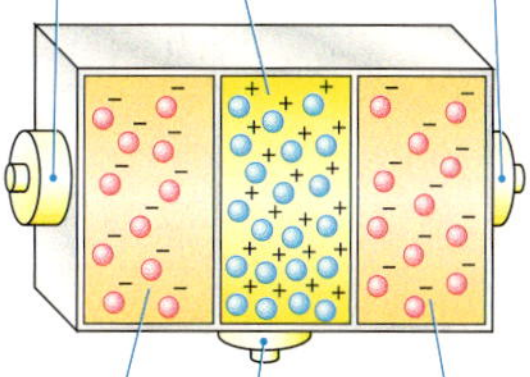	**Beispiel:** N-Kanal FET 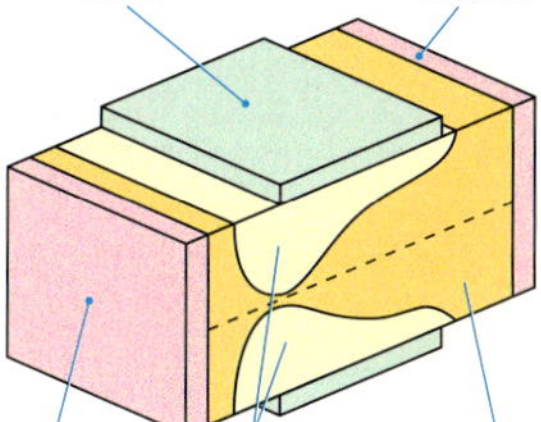	**Beispiel:** MOS-FET 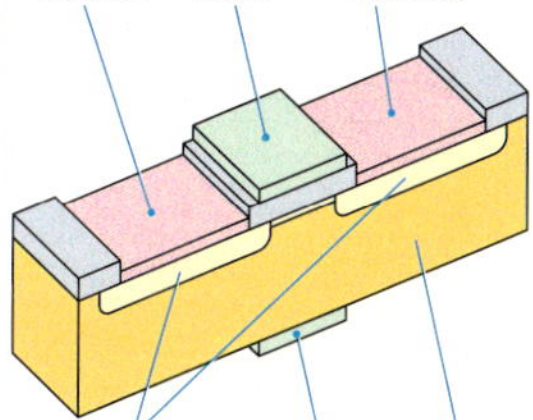
Symbole	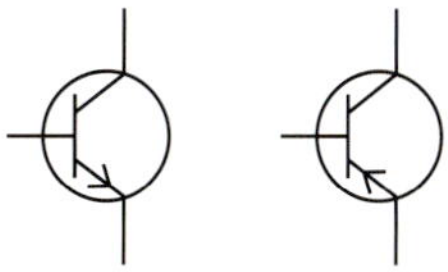	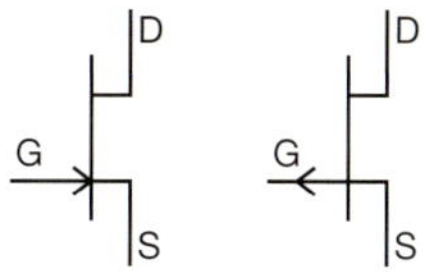	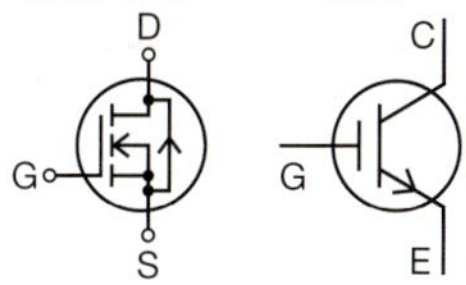
Kennlinien (Beispiele)	NPN 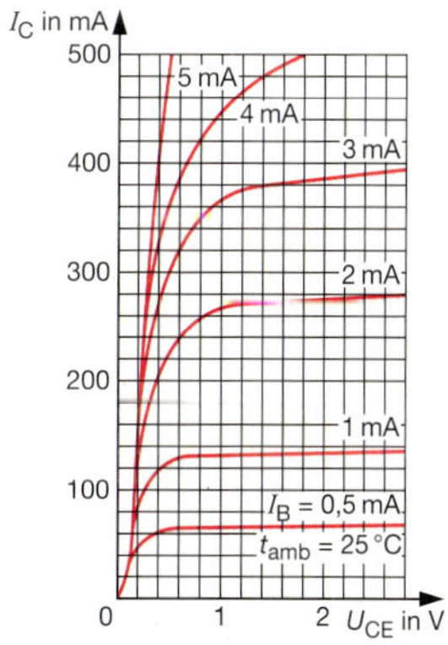 Ausgangskennlinie $I_C = f(U_{CE})$ mit I_B als Parameter	N Kanal 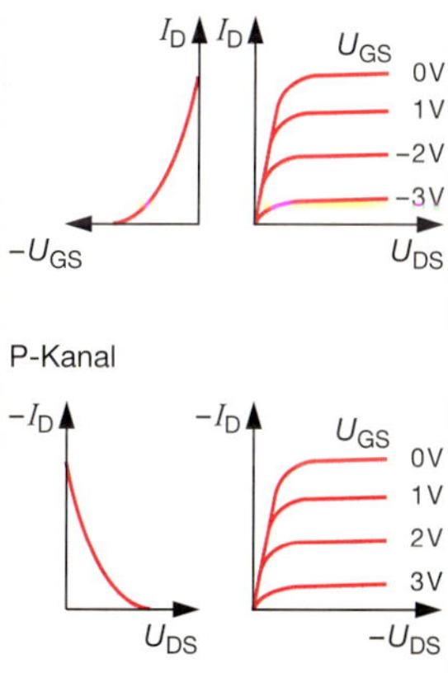	MOS-FET 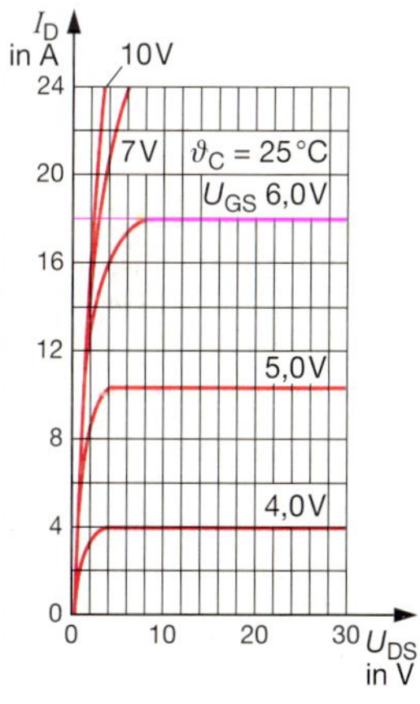
Eigenschaften	• hohe Stromverstärkung $\beta = 20 \ldots 1000$ • geringer Eingangswiderstand	• mit geringer Leistung ansteuerbar • empfindlich gegen elektrostatische Aufladung • Verhalten wie steuerbarer Widerstand	• $U_{DS} < 1$ kV $U_{CE} < 3{,}5$ kV • $I < 1$ kA $I < 2{,}5$ kA • geringe Schaltverluste (gegenüber Bipolartransistor) • empfindlich gegen elektrostatische Aufladung
Anwendungen	• NF-Verstärker • Impedanzwandler • Oszillatorschaltungen • Schalten kleiner Leistungen (z. B. Relais, Lampe, Leistungsverstärker bei digitalen Schaltungen)	• HF-Verstärker • Grundelement für Operationsverstärker • digitale Verknüpfungen • Hochvoltinverter • Konstantspannungsquellen	• Schalter in leistungselektronischen Anwendungen • Stellglied für lineare Leistungsstellung (z. B. linearer Spannungsregler)

Transistorgrundschaltungen – *Basic transistor circuits*

Transistorart	Bipolar mit NPN-Struktur			Unipolar mit N-Kanal-Struktur		
Grund-schaltung	**Emitterschaltung** 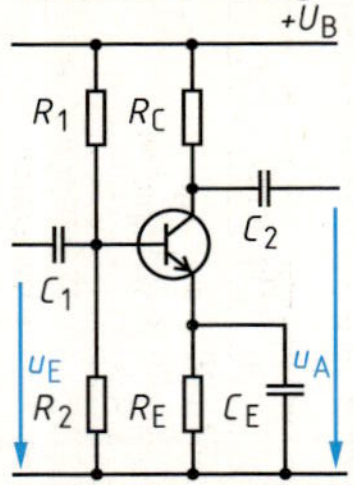	**Kollektorschaltung** 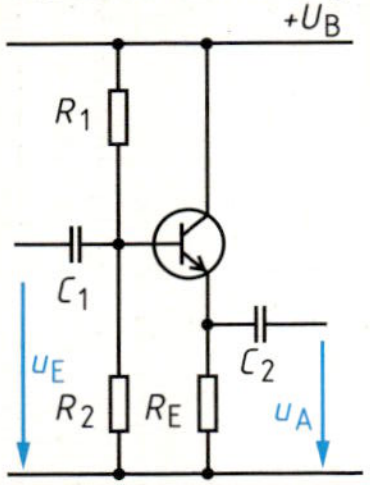	**Basisschaltung** 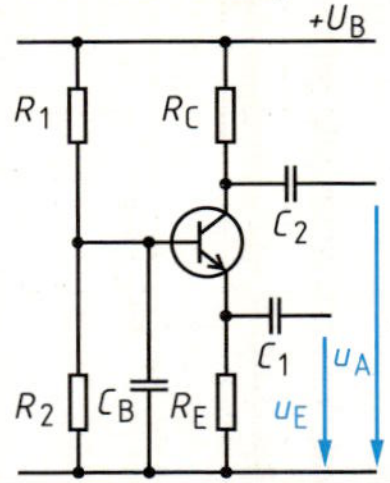	**Sourceschaltung** 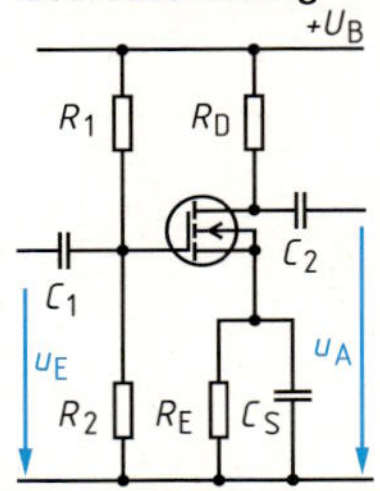	**Drainschaltung** 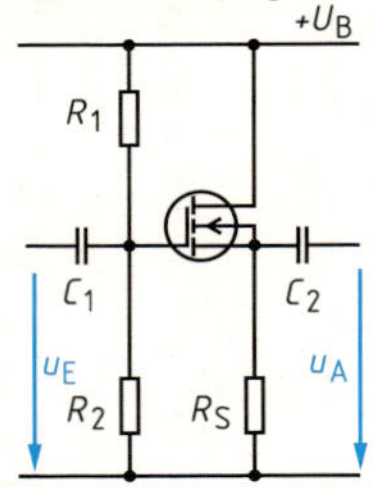	**Gateschaltung** 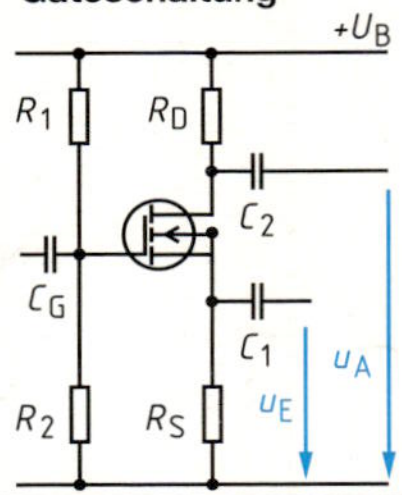
Eingangs-Widerstand[1]	$r_e = r_{BE} \parallel R_1 \parallel R_2$ 20 Ω … 5 kΩ	$r_e = (r_{BE} + \beta R_E) \parallel R_1 \parallel R_2$ 10 kΩ … 200 kΩ	$r_e = \frac{r_{BE}}{\beta} \parallel R_E$ 10 … 200 Ω	$r_e \approx R_1 \parallel R_2$ 1 MΩ … 10 MΩ	$r_e \approx R_1 \parallel R_2$ 5 MΩ … 20 MΩ	$r_e \approx R_S + \frac{1}{S}$ 100 … 500 Ω
Ausgangs-Widerstand[1]	$r_a = r_{CE} \parallel R_c \approx R_c$ 5kΩ … 100 kΩ	$r_a \approx \frac{r_{BE}}{\beta} \parallel R_E \parallel R_L$ 10 Ω … 200 Ω	$r_a = r_{CE} \parallel R_C \approx R_C$ 50 kΩ … 1 MΩ	$r_a \approx R_D$ 2 kΩ … 20 kΩ	$r_a \approx \frac{1}{S}$ 100 Ω … 1 kΩ	$r_a \approx R_D$ 20 kΩ … 2 MΩ
Verstär-kungen[1] $v_p = v_u \cdot v_i$	$v_u = -\frac{\beta}{r_{BE}} \cdot R_c \parallel r_{CE}$ 100 … 1000 $v_i \approx \beta$; 20 … 500	$v_u \approx 1$ $v_i \approx \beta$ 20 … 500	$v_u \approx \beta \frac{R_C}{r_{BE}}$ 100 … 1000 $v_i \approx 1$	$v_u \approx -S \cdot R_D$ 5 … 20 $v_i \to \infty$	$v_u \approx 1$ $v_i \to \infty$	$v_u \approx S \cdot R_D$ 5 … 20 $v_i \approx 1$
Phasenver-schiebung	$\varphi = 180°$	$\varphi = 0°$	$\varphi = 0°$	$\varphi = 180°$	$\varphi = 0°$	$\varphi = 0°$
Anwendungen	• Universelle Schaltung zur Spannungs- und Stromverstärkung im NF- und HF-Bereich	• NF-Eingangsverstärker • Impedanzwandler	• Oszillatorschaltungen • HF-Verstärker	• Gebräuchliche Verstärkerschaltung im NF- und HF-Bereich	• Vorverstärker • Impedanzwandler	• Da hoher Gate-Kanal-Widerstand ungenutzt, erfolgt Anwendung nur in Sonderfällen wie z. B. Messwert- oder Antennenverstärker mit Leistungsanpassung

[1] Die angegebenen Werte können im Einzelfall deutlich unter- bzw. überschritten werden.

r_e : Eingangswiderstand
r_a : Ausgangswiderstand
R_L : Lastwiderstand
r_{BE} : differenzieller Eingangswiderstand
r_{CE} : differenzieller Ausgangswiderstand
S : Steilheit, ca. 1 mS … 50 mS
v_u : Wechselspannungsverstärkung
v_i : Wechselstromverstärkung
v_p : Leistungsverstärkung
β : Transistor-Wechselstromverstärkung
φ : Phasenverschiebung zwischen u_A und u_E
$\parallel$: Parallelschaltung

Optoelektronische Bauelemente – *Opto-electronic components*

lichtemitierend/-beeinflussend

Luminiszenzdiode (**LED**, **l**ight **e**mitting **d**iode)

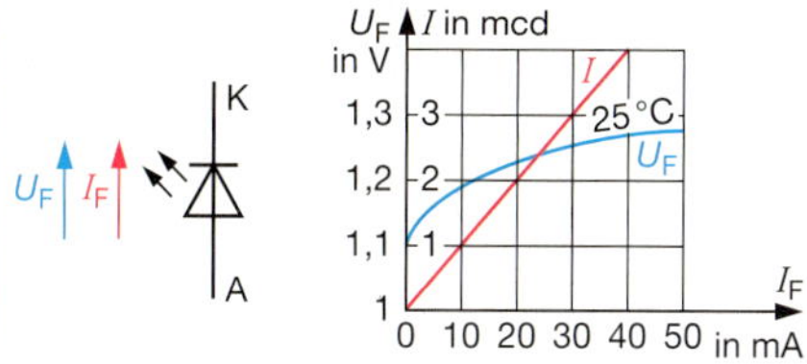

I: Lichtstärke in Achsenrichtung

- Lichtaussendung im Durchlassbereich
- LED in rot, gelb, grün, blau, weiß, infrarot
- Einsatz als Anzeige, Sender

7-Segment-Anzeige

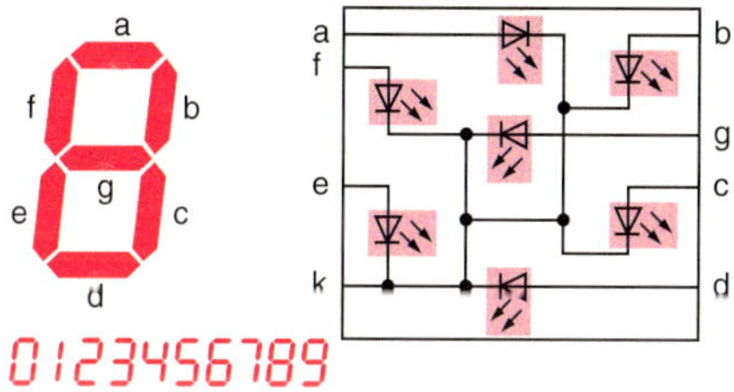

- Zusammengesetzt aus einzelnen LEDs; mit gemeinsamer Anode bzw. Katode verfügbar.

Flüssigkristallanzeige (**LCD**, **l**iquid **c**rystal **d**isplay)

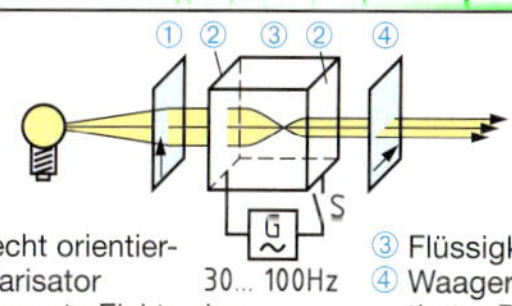

① Senkrecht orientierter Polarisator
② Transparente Elektroden
③ Flüssigkristallschicht
④ Waagerecht orientierter Polarisator

Funktion:

Steuerung	Polarisationsebene	Licht
ohne Spannung	Drehung in ③	sichtbar in ④
mit Spannung	keine Drehung in ③	nicht sichtbar in ④

lichtempfindlich

Fotodiode

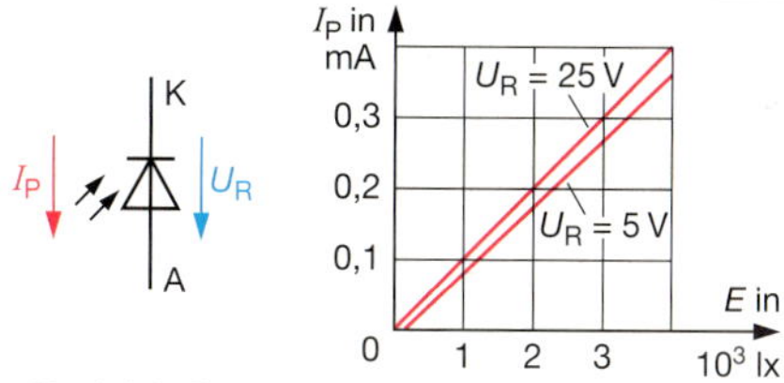

- Betrieb in Sperrrichtung
- Geringe Lichtempfindlichkeit
- Einsatz: Beleuchtungsmessung, Dämmerungsschalter

Fototransistor

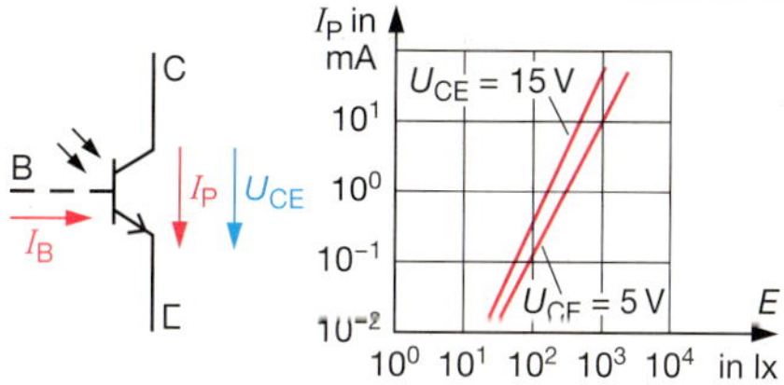

- Wirkungsweise wie Fotodiode, jedoch höhere Verstärkung
- Einsatz als fotoelektronischer Empfänger

Solarzelle (Fotoelement)

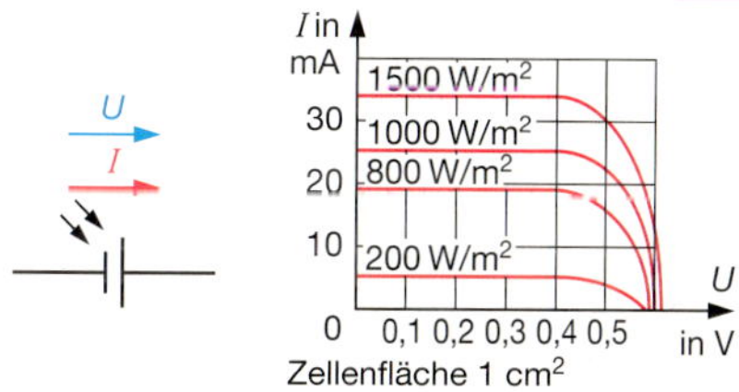

Aktives Bauelement zur Stromerzeugung; Leistungsabgabe abhängig von Lichtintensität, Temperatur, aktiver Fläche und Arbeitspunkt.

Optokoppler

Kenngrößen

CTR: Koppelfaktor, auch Stromübertragungsverhältnis; (**CTR**: **c**urrent **t**ransfer **r**atio)

$$CTR = \frac{I_C}{I_F} \text{ (in \%) bei } I_F = 10 \text{ mA und } U_{CE} = 5 \text{ V}$$

U_{ISOL}:	Isolationsprüfspannung	(max. ≈ 10 kV)
I_F:	Dioden-Durchlassstrom	(max. ≈ 80 mA)
I_C:	Kollektorstrom	(max. ≈ 100 mA)
f_g:	Grenzfrequenz	(typ. 250 kHz)

Ausführungen

Schaltung	Bemerkung
A 1, K 2 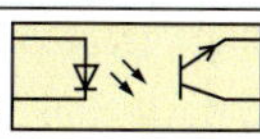 4 E, 3 C	Basisanschluss nicht vorhanden
A 1, K 2, 3 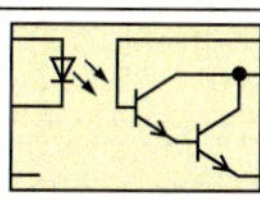 6 B, 5 C, 4 E	Darlington-Fototransistor $\frac{I_C}{I_F} > 500$ %
A 1, K 2, 3 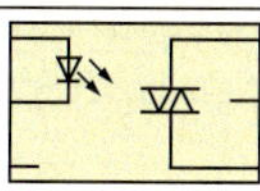 6 A2, 5, 4 A1	Triac-Koppler, Schalter für Wechselspannung, Spitzensperrspannung bis 600 V

Operationsverstärker – *Operational amplifiers*

- Integrierte Schaltung mit Differenzverstärker am Eingang und mehrstufigem Ausgangsverstärker
- Meistens symmetrische Gleichspannungsversorgung notwendig (z. B. +/– 9 V)
- Sehr hohe Verstärkung $v > 10^3 \dots 10^8$
- Durch Beschaltung lassen sich unterschiedliche Funktionen realisieren (z. B. Verstärker, Komparator, Multivibrator, Regler, usw.)

Schaltzeichen

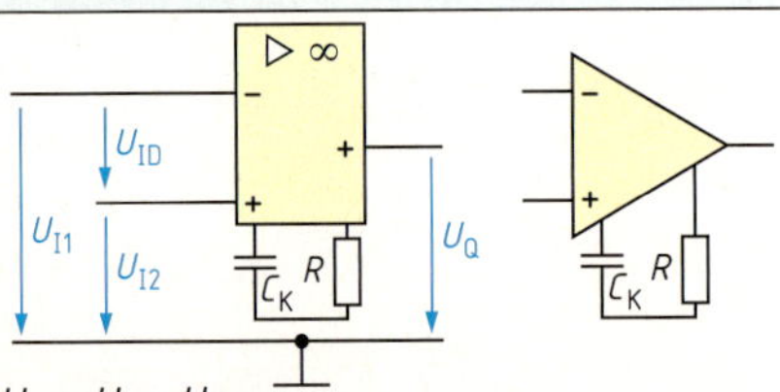

$U_{ID} = U_{I1} - U_{I2}$

Darstellung: einpolig, ohne Speisespannungsanschlüsse

–: Invertierender Eingang

+: Nichtinvertierender Eingang

C_K, R: Frequenzkompensation

U_{ID}: Differenz-Eingangsspannung

Übertragungskennlinie

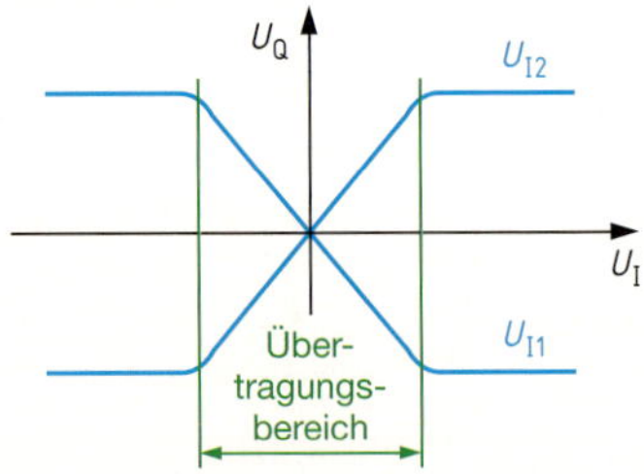

Anwendungsbereiche

Industrielle Elektronik, Regelungstechnik, NF-Technik

Begriff, Formelzeichen	Definition	Beziehung	Typ. Werte
Eingangs-Null-Spannung (input offset voltage) U_{I0}	Spannungsdifferenz, die an den Eingängen angelegt werden muss, damit die Ausgangsspannung Null ist.	$U_{I0} = U_{I1} - U_{I2}$ bei $U_Q = 0$ V und Generatorwiderstand $R_G = 50\ \Omega$	max. ± 6 mV
Gleichtakt-Eingangsspannung (common mode input voltage) U_{IC}	Arithmetischer Mittelwert der Eingangsspannungen, wenn die Ausgangsspannung Null ist.	$U_{IC} = \frac{U_{I1} + U_{I2}}{2}$	
Eingangs-Null-Strom (input offset current) I_{I0S}	Differenz der Eingangsströme im Arbeitsbereich, wenn die Ausgangsspannung Null ist.	$I_{I0S} = I_{I1} - I_{I2}$	80 nA
Eingangs-Ruhestrom (input bias current) I_I	Mittlerer statischer Eingangsstrom, der für die Funktion des OP notwendig ist.	$I_I = \frac{I_{I1} + I_{I2}}{2}$	80 nA
Differenz-Leerlaufspannungs-Verstärkung (open loop voltage gain) v_{UD0}	Verstärkung einer Differenz-Eingangsspannung ohne Gegenkopplung	$v_{UD0} = \frac{U_Q}{U_{ID}} = 20 \log \frac{U_Q}{U_{ID}}$ in dB	80 dB
Gleichtakt-Leerlaufspannungs-Verstärkung (common mode voltage gain) v_{UC0}	Verhältnis der Ausgangsspannung zur Gleichtakt-Eingangsspannung	$v_{UC0} = \frac{U_Q}{U_{IC}}$	

Beispielschaltungen

Integrierer (Tiefpass)

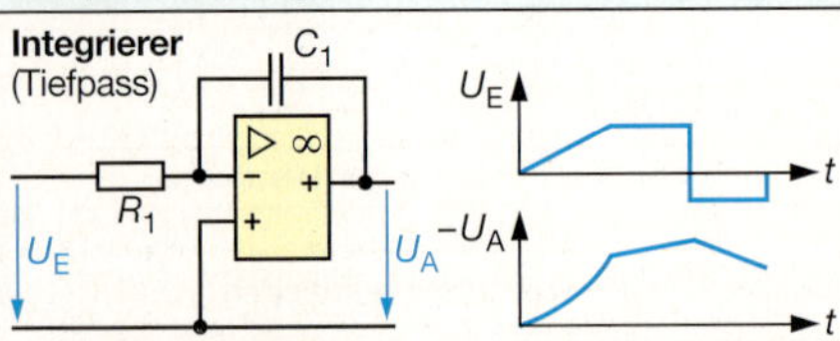

Spannungs-Komparator, mit Hysterese

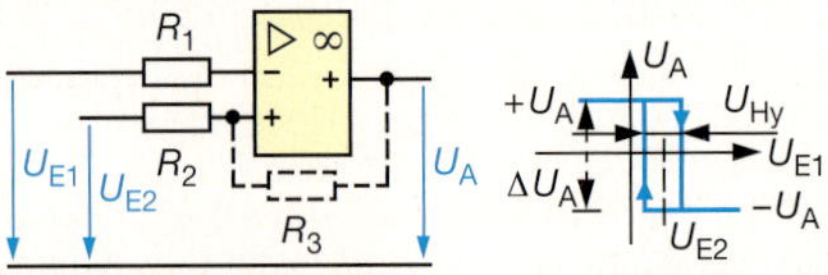

Summierverstärker

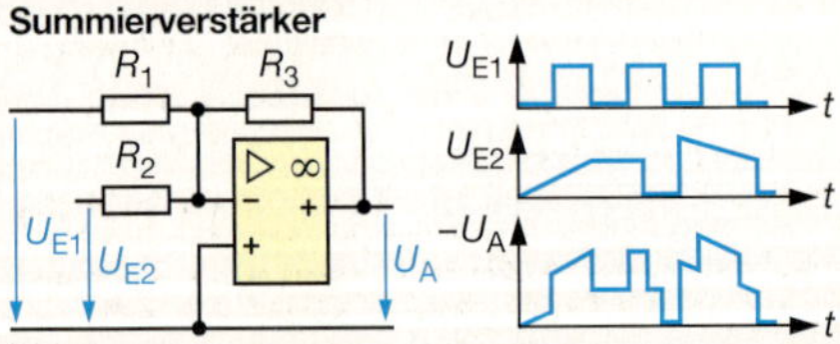

Bistabiler Multivibrator

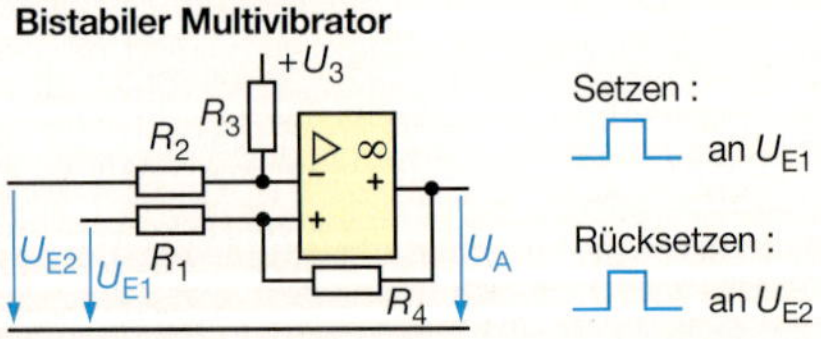

Setzen: ⎍ an U_{E1}

Rücksetzen: ⎍ an U_{E2}

Schalter – *Switches*

DIN EN 60617-7: 97-08

Bezeichnung	Schaltzeichen	Erklärung	Anwendung
Trennschalter (Trenner) Leerschalter		• Ein- und Ausschalten von Stromkreisen bei vernachlässigbaren kleinen Strömen • sichtbare Trennstrecke beim Ausschalten	• Spannungsfrei schalten von Geräten und Anlagenteilen
Erdungstrennschalter		• Erden und Kurzschließen ausgeschalteter Betriebsmittel und Anlagenteile	• Anbau an andere Schalter • Erden und Kurzschließen • Mittelspannungsanlagen
Sicherungstrennschalter		• Sicherungsschalter mit Sicherungseinsatz • bewegbares Schaltstück in der Strombahn	• Sonderausführung von Trennschaltern • Niederspannungsanlagen
Lastschalter		• schaltet Lastströme unter normalen Bedingungen • festgelegte Überlastbedingungen • kein Kurzschluss-Ausschaltvermögen	• Ein- und Ausschalten von Betriebsmitteln (nicht Motoren) und Anlagenteilen • Kombination mit Schmelzsicherungen • Niederspannungsanlagen
Lasttrennschalter		• Schaltung im belasteten Zustand • sichtbare Trennstrecke	• Schalten von Freileitungen, Kabelstrecken, Transformatoren, Ringleitungen • Mittelspannungsanlagen
Lasttrennschalter mit selbsttätiger Auslösung		• allpoliges Ausschalten bei Kurzschluss (z. B. bei Ausfall einer Sicherung)	• HH-Sicherungen mit Kurzschlussschutz • Mittelspannungsanlagen
Sicherungs-Lasttrennschalter		• Sicherungen im Schalter als Teile der Strombahn • gefahrloses Schalten unter Belastung	• Sonderausführung von Lasttrennschaltern • Niederspannungsanlagen
Leistungsschalter		• mit Strombegrenzung und kurzem Öffnungsverzug • Kurzverzögerung bei Auslösung • Schaltung unter allen Betriebsbedingungen	• Schalten von Motoren, Transformatoren • Schalter für Betriebsmittel und Anlagen
Leistungsselbstschalter	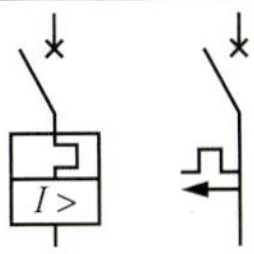	• einstellbarer thermischer Überstromauslöser • magnetischer Kurzschlussschnellauslöser	• Vorschaltgerät für Schütze • Hauptschalter mit Überlast- und Kurzschlussschutz • Leitungsschutz in Niederspannungsanlagen
Leistungstrennschalter		• sichtbare Trennstrecke beim Ausschalten • allpoliges Ausschalten bei Kurzschluss (z. B. bei Ausfall einer Sicherung)	• Anlagen mit höheren Kurzschlussleistungen in Verbindung mit Sicherungen • Mittelspannungsanlagen
Selektiver Hauptleitungs-Schutzschalter (SH-Schalter)	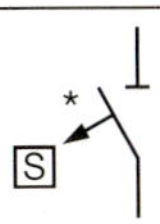	• Trennvorrichtung vor Zähl-, Mess- und Steuereinrichtungen (TAB 2000) zum einfacheren Abschalten bei Reparaturen	• SH-Schalter zum Einbau im unteren Anschlussbereich eines jeden Zählerfeldes mit Bemessungsstromstärke ≥ 63 A

Fehlersuche – *Fault locating*

Vorbereitung

- Informationen sammeln
  - vom Kunde,
  - aus Unterlagen.
- Arbeitsplatz zur Fehlersuche einrichten.

Zielsetzung

- Zeitaufwand gering halten.
- Möglichst wenig Prüf- und Messgeräte einsetzen.

Beginn

- Besichtigung im spannungslosen Zustand (Gesamteindruck über Zustand).
- Inbetriebnahme, Baugruppen genau beobachten.
- Bei Gefahr sofort Stromkreis unterbrechen.

Besichtigung

Optisch

- Verschmorte Baugruppen oder Bauelemente,
- verschmorte Leitungen,
- Rauchentwicklung,
- Funken oder Überschläge,
- zerstörte/beschädigte Baugruppen oder Bauelemente,
- Lageverschiebung von mechanischen oder elektrischen Baugruppen bzw. Bauelementen oder Leitungen,
- zerstörte/beschädigte Bedienelemente (Taster, Schalter, usw.).

Akustisch

- Geräusche bei mechanisch bewegten Teilen,
- Vibrationen bzw. Brummen (Netzfrequenz),
- Knistern bei Entladungen bzw. Überschläge.

Geruch

- Chemische Zersetzung durch Wärme von Isolationen,
- Öl (heißgelaufene Lager, Transformatoren).

Berührung

- Unzulässig hohes Spiel bei mechanischen Übertragungsgliedern (z.B. Kupplungen).
- Fehlerhafte Befestigung (z.B. Schraubverbindung).

Eingrenzung

- Schrittweise vorgehen:

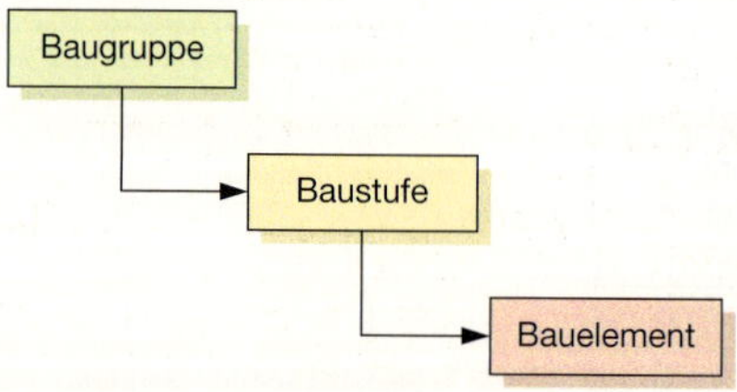

- Gezieltes Prüfen bzw. Messen.

Vorgehensweise

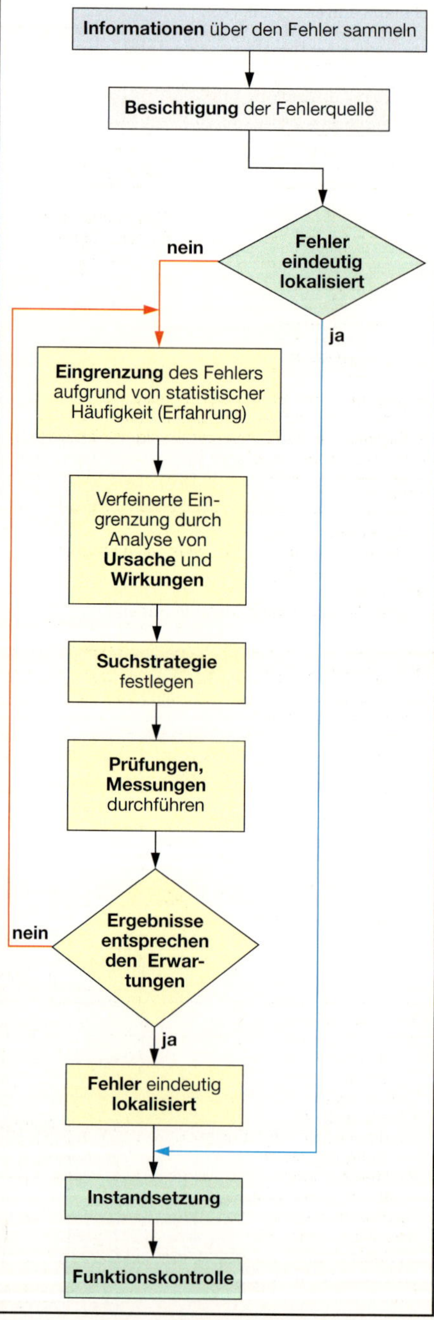

Dynamische Fehlersuche – *Dynamic fault locating*

Prinzip

Stufenweise Signalzuführung

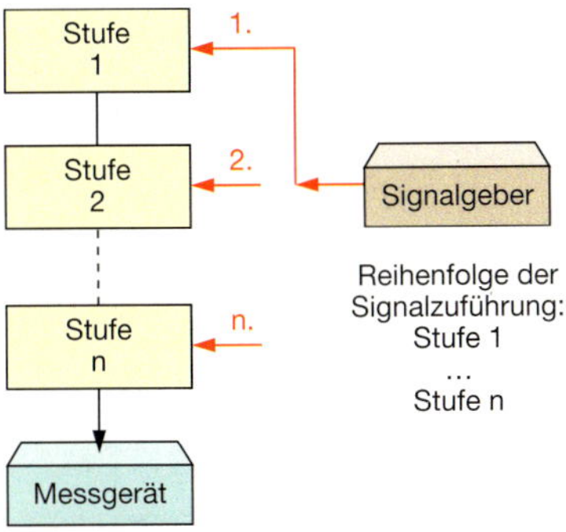

Reihenfolge der Signalzuführung:
Stufe 1
…
Stufe n

- Messgerät am Ende einer Signalkette.
- Signale werden den einzelnen Stufen zugeführt.
- Signalgeber darf keine unzulässige Belastung für die Stufen verursachen.

Stufenweise Signalmessung

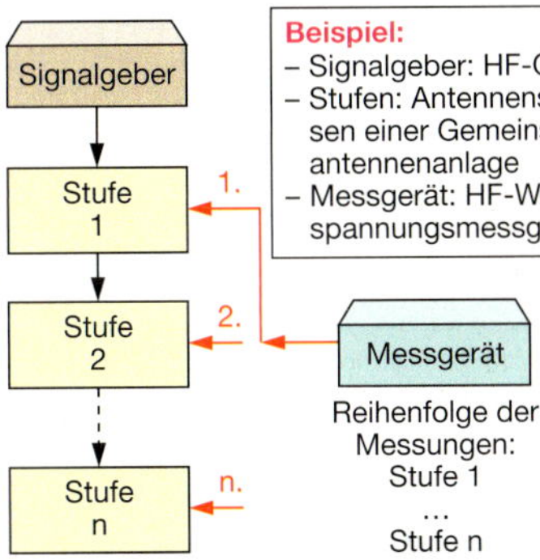

Reihenfolge der Messungen:
Stufe 1
…
Stufe n

Beispiel:
- Signalgeber: HF-Generator
- Stufen: Antennensteckdosen einer Gemeinschaftsantennenanlage
- Messgerät: HF-Wechselspannungsmessgerät

- Signal wird der Eingangsstufe zugeführt.
- Signalgeber muss so an die Eingangsstufe angepasst sein, dass keine Verfälschungen auftreten.
- Messsignal wird den einzelnen Stufen entnommen.

Merkmale

- Voraussetzungen:
  Gerät, Baugruppe, Stufe muss sich im Betriebszustand befinden.
- Anwendung:
  Signale durchlaufen mehrere Stufen.
- Signalgeber:
  Generatoren für Spannungen, Impulse, Logikpegelgeber, …
- Messgeräte:
  Spannungsmessgerät, Oszilloskop, Logikanalyser, …

Statische Fehlersuche – *Static fault locating*

Durchgangsprüfung

- Anwendung:
  Reihenschaltung von Widerständen, Leitungen usw.
- Messgeräte:
  Einfaches Widerstandsmessgerät oder Durchgangsprüfer
- Auswertung:
  Durchgang ① … ⑥ vorhanden, ja/nein.

Fehlerfall: R3 hat Unterbrechung
① … ⑥: Messpunkte

Fälle	Reihenfolge der Durchgangsmessung →			
A	① nein	② nein	③ nein	④ ja
B	⑥ ja	⑤ ja	④ ja	③ nein
C	③ ja	④ nein		

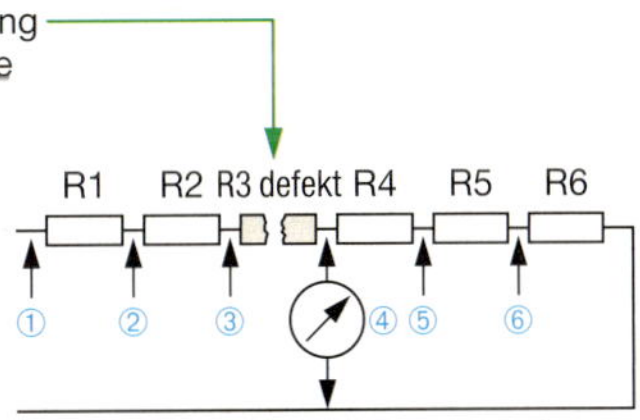

☐ Fehler gefunden

Schlussprüfung

- Anwendung:
  Parallelschaltung von Widerständen, Geräten, Anlagen usw.
- Messgeräte:
  Einfaches Widerstandsgerät, Durchgangsprüfer
- Unterbrechungen ① … vornehmen, Messgerät beobachten.
  Auswertung:
  Schluss vorhanden, ja/nein; Ausschlag ändert sich, wenn defektes Element abgetrennt wird.

Fehlerfall: R3 hat Schluss
① … ⑥: Unterbrechungen herstellen

Fälle	Reihenfolge der Schlussmessung →			
A	① ja	② ja	③ nein	
B	⑥ ja	⑤ ja	④ ja	③ nein
C	② ja	③ nein		

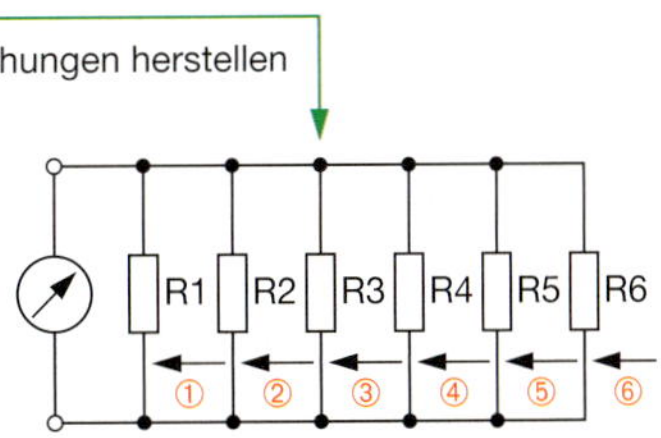

☐ Fehler gefunden

Grundbegriffe der Messtechnik – *Basic terms of measurement technique*

- **Messen**
  Experimenteller Vorgang zur Ermittlung eines speziellen Wertes einer physikalischen Größe als Vielfaches einer Einheit oder eines Bezugswertes.
- **Messgröße**
  Durch Messung erfasste physikalische Größe, z. B. Spannung.
- **Messwert**
  Speziell zu ermittelnder Wert der Messgröße in Zahlenwert und Einheit, z. B. 12 kWh.
- **Messprinzip**
  Nutzung einer charakteristischen physikalischen Erscheinung zur Messung, z. B. Drehmomentbildung beim elektrodynamischen Motorzähler zur Messung der elektrischen Arbeit.
- **Messverfahren**
  Praktische Anwendung und Auswertung eines Messprinzips.
- **Direktes Messverfahren**
  Messwertlieferung durch unmittelbaren Vergleich mit einem Bezugswert derselben Messgröße, z. B. Massenvergleich mit Gewichten.
- **Indirektes Messverfahren**
  Rückführung des gesuchten Messwertes auf andere physikalische Größen, z. B. drehzahlproportionale Arbeit beim Motorzähler.
- **Messeinrichtung** (Messanordnung)
  Besteht aus einem oder mehreren zusammenhängenden Messgeräten mit Zusatzeinrichtungen und Zubehör.
- **Analoges Messverfahren**
  Eindeutige punktweise stetige Darstellung der Messgröße, z. B. stetig verschiebbarer Zeiger.
- **Digitales Messverfahren**
  Zahlenmäßige Darstellung der Messgröße bei gegebenem kleinsten Messschritt.
- **Zählen**
  Ermittlung der Anzahl von gleichartigen Elementen oder Ereignissen, die bei der Untersuchung eines Vorganges auftreten.
- **Prüfen**
  Feststellung, ob Prüfgegenstand eine oder mehrere vereinbarte oder vorgeschriebene Bedingungen erfüllt.

Skalensymbole – *Scale symbols*

Beispiel:

Messwerke

- Drehspulmesswerk mit Dauermagnet, allgemein
- Eingebauter Zusatz:
  - Gleichrichter
  - nicht isolierter Thermoumformer
  - isolierter Thermoumformer
- Drehspul-Quotientenmesswerk
- Drehmagnetmesswerk
- Drehmagnet-Quotientenmesswerk
- Elektrodynamisches Messwerk, eisenlos
- Elektrodynamisches Messwerk, eisengeschlossen
- Elektrodynamisches Quotientenmesswerk, eisenlos
- Dreheisenmesswerk
- Dreheisen-Quotientenmesswerk
- Induktionsmesswerk
- Hitzdrahtmesswerk
- Bimetallmesswerk
- Elektrostatisches Messwerk
- Vibrationsmesswerk
- Magnetische Schirmung

Stromarten

- Gleichstrom
- Wechselstrom
- Gleich- und Wechselstrom
- Drehstrominstrument mit einem Messwerk
- mit zwei Messwerken
- mit drei Messwerken

Prüfspannungen

- Prüfspannung 500 V
- 2: Prüfspannung höher als 500 V, z. B. 2000 V
- 0: Keine Spannungsprüfung

Nennbedingungen

1,5 – Klassenzeichen für Anzeigefehler, z. B. ±1,5 %, bezogen auf den Messbereich-Endwert

Gebrauchslagen

- 60°: Schräge Gebrauchslage Neigungswinkel, z. B. 60°
- Waagerechte Gebrauchslage
- Senkrechte Gebrauchslage

Hinweise

- Getrennter Nebenwiderstand
- Getrennter Vorwiderstand
- Getrennter Scheinwiderstand

Besonderer Hinweis

- Achtung! Gebrauchsanweisung beachten

Genauigkeitsklasse[1]

z. B. Nennbedingung 25 °C,
25°C – Einflussbereich 15 bis 25 °C und 25 bis 35 °C

[1] Feinmessgeräte: Klassen 0,1; 0,2; 0,5 Betriebsmessgeräte: Klassen 1; 1,5; 2,5

Messen elektrischer Grundgrößen – *Measurement of electrical quantities*

Gleichspannung

Messschaltung

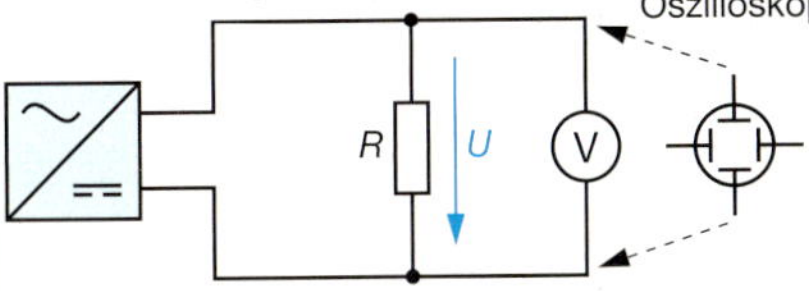

Form der Messspannung:

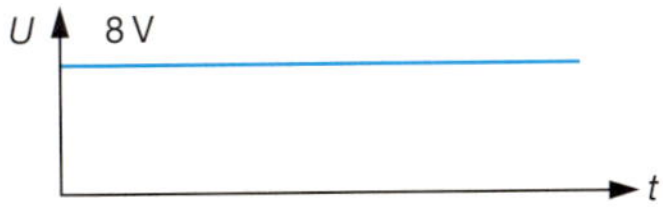

Messergebnisse:
Drehspulmessinstrument

Gleichspannungsbereich  $U = 8\,V$

Oszilloskop:

Stellung DC
$A_Y = 2\,V/cm$ $U = 8\,V$

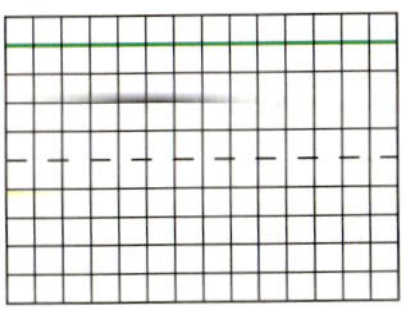

Stellung AC
$A_Y = 2\,V/cm$ $U = 0\,V$

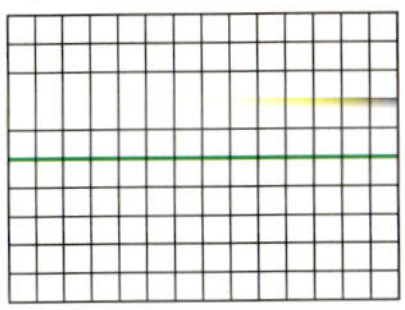

Wechselspannung

Messschaltung

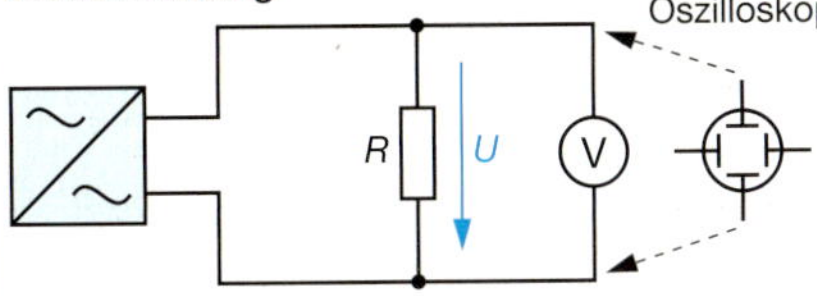

Form der Messspannung:

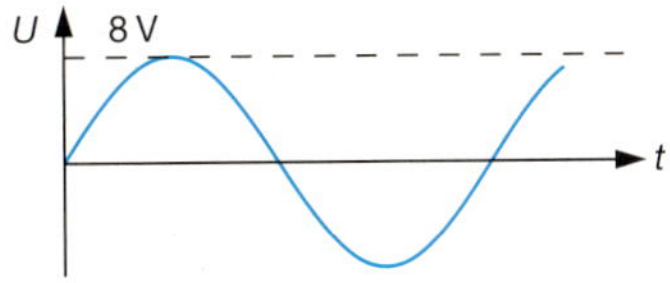

Messergebnisse:
Drehspulmessinstrument

Gleichspannungsbereich  $U = 0\,V$

Wechselspannungsbereich  $U = 5{,}7\,V$

Oszilloskop:

Stellung AC bzw. DC
$A_Y = 2\,V/cm$ $\hat{u} = 8\,V$

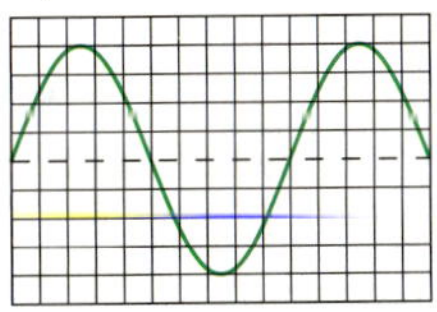

Stromstärke und Spannung

Das Stromstärkemessgerät wird in Reihe direkt in den Stromkreis geschaltet.

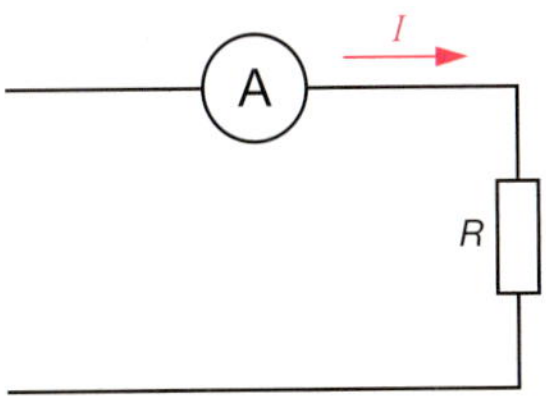

Das Spannungsmessgerät wird parallel geschaltet.

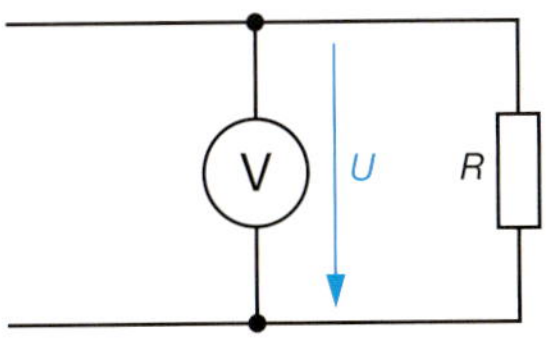

Leistung

Im Leistungsmessgerät werden Spannung und Stromstärke gleichzeitig gemessen, das Produkt gebildet und als Leistung angezeigt.
Es sind drei bzw. vier Anschlüsse vorhanden.

Beispiel:
Messung einer Geräteleistung (z. B. Monitor) im Wechselstromkreis.

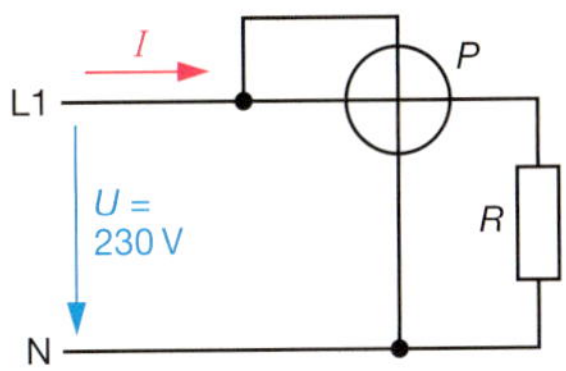

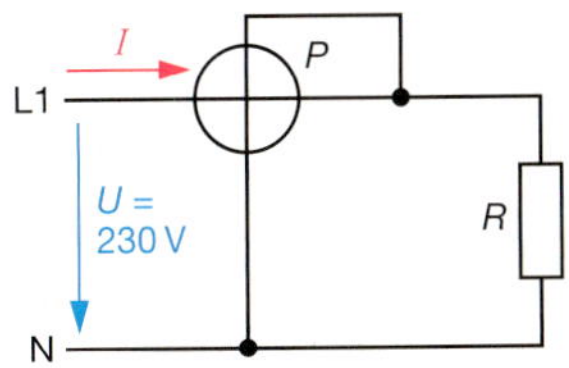

Messen elektrischer Widerstände – *Measurement of electrical resistors*

Stromstärken- und Spannungsmessung

Messschaltung		Messgrößen		Auswerteformel
Spannungsfehlerschaltung (für große Widerstände)	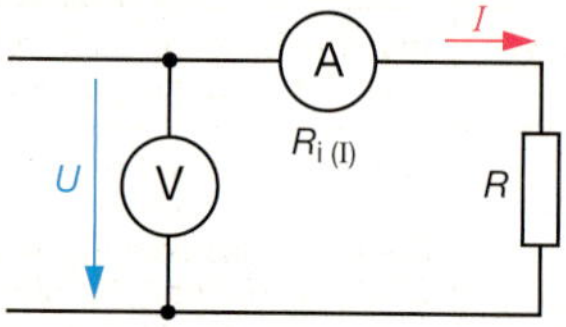	U: gemessene Spannung I: gemessene Stromstärke $R_{i(I)}$: Widerstand des Stromstärkemessgerätes	V A Ω	$R = \frac{U - I \cdot R_{i(I)}}{I}$
Stromfehlerschaltung (für kleine Widerstände)	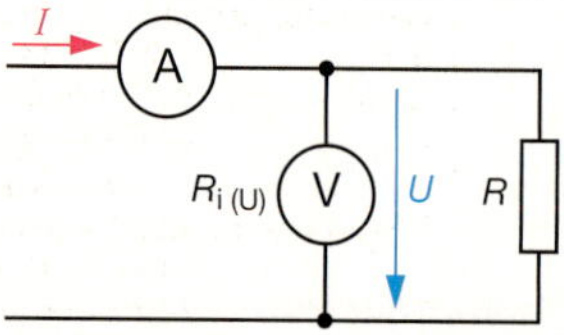	U: gemessene Spannung I: gemessene Stromstärke $R_{i(U)}$: Widerstand des Spannungsmessgerätes	V A Ω	$R = \frac{U}{I - \frac{U}{R_{i(U)}}}$

Direkte Widerstandsmessung (Strommessprinzip)

Arbeitsweise	Prinzipschaltung
• Die Stromstärke wird gemessen und angezeigt. • Auf der Skala sind entsprechend der Stromstärke die dazugehörigen Widerstände angegeben. • Die Anzeige 0 Ω erhält man bei Vollausschlag. • Aufgrund der Alterung der Spannungsquelle muss der Nullpunkt nachgestellt werden. 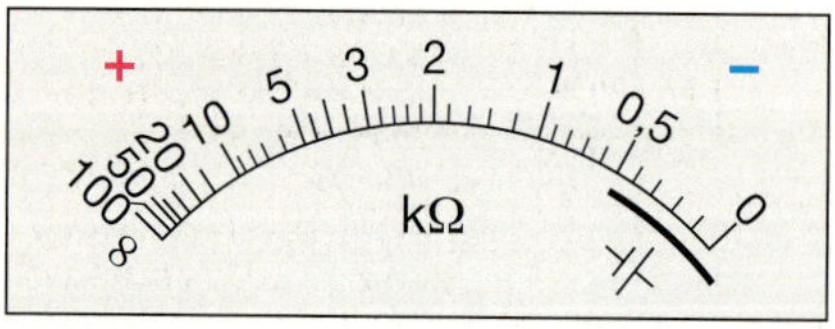	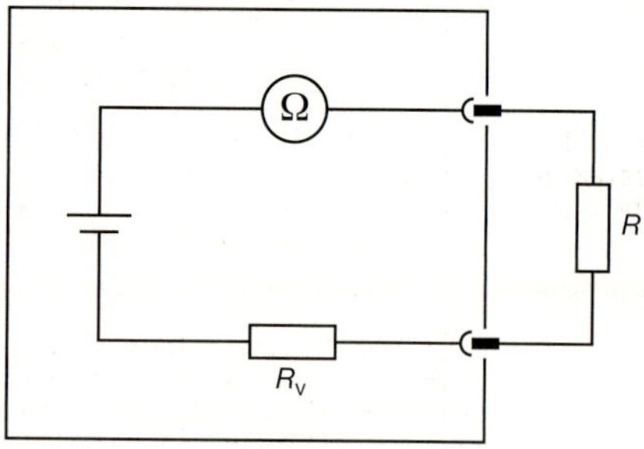

Messbrücken

	Eigenschaften	Anwendungen
Wheatstone-Messbrücke 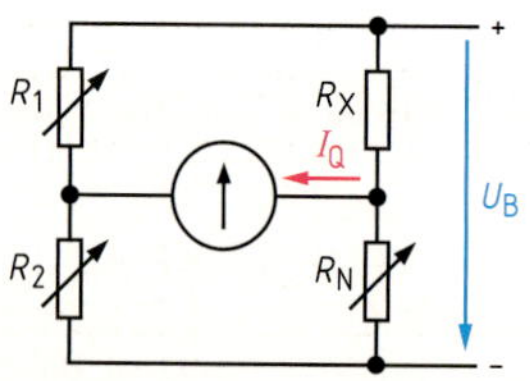	• Messbedingung $I_Q = 0$ A (abgeglichene Brücke): $R_X = R_N \cdot \frac{R_1}{R_2}$ • Messgenauigkeit hängt u. a. von der Messgeräteempfindlichkeit und Genauigkeit der Vergleichswiderstände ab.	• Durch Übergangs- und Leitungswiderstände Einsatz zur Widerstandsmessung für R_X = 1 Ω … 1 MΩ bis Messgenauigkeiten von 0,02 % • Ausschlagmessbrücken ($I_q \neq 0$ A) für Gleich- oder Wechselstrom zur Messung anderer physikalischer Größen
Wien-Messbrücke 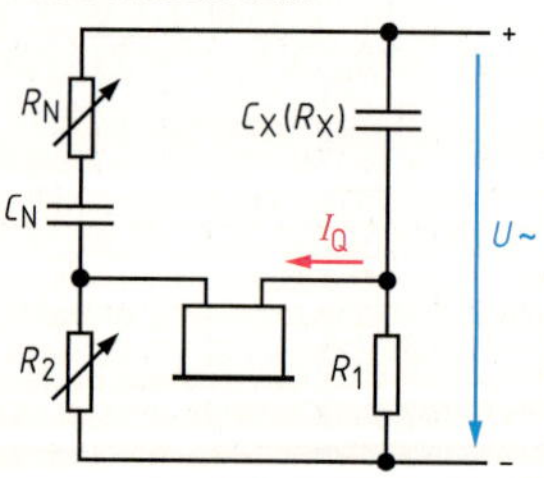	• Messbedingung $I_Q = 0$ A (Tonlosigkeit): $\tan \varphi_X = \tan \varphi_N$ $C_X = C_N \cdot \frac{R_1}{R_2}$ $\tan \delta_X = \omega \cdot C_N \cdot R_N$ $R_X = R_N \cdot \frac{R_2}{R_1}$ • Brückenabgleich durch R_N, der auch parallel zu C_N geschaltet werden kann.	• Kapazitätsmessungen für C_X = 1 nF … 100 µF bei NF und bei MF CX ≥ 100 pF mit Fehlergrenzen bis 0,1 % • Verlustfaktor (tan δ)-Messungen bis 1 % Messgenauigkeit • Wien-Maxwell-Messbrücke zur Messung größerer Kapazitäten bei kleiner Spannung

Messwandler – *Instrument transformer*

DIN VDE 0414-44-1: 03-12
DIN VDE 0414-44-2: 03-12

Messwandler: Transformator zur Speisung von Messgeräten, Elektrizitätszählern, Schutzrelais u. ä.

Begriffe	Stromwandler	Spannungswandler
U-/I-Wandler	Wandler, bei dem der Sekundärstrom dem Primärstrom proportional ist.	Wandler, bei dem die Sekundärspannung der Primärspannung proportional ist.
Bürde	Admittanz Y des Sekundärkreises in S	Impedanz Z des Sekundärkreises in Ω
Bemessungsgrößen, Normwerte (primär)	Bemessungsstromstärken in A **10** 12,5 **15** **20** 25 **30** 40 **50** 60 **75** sowie dezimale Teile oder Vielfache	Bemessungsspannungen bis 1 kV in V 230/400 277/480 400/690 1000 (gegen Neutralleiter/zwischen Außenleiter) Bemessungsspannungen über 1 kV in kV 3,6 7,2 12 (17,5) 24 36 40,5 (Spannung zwischen Außenleitern)
(sekundär)	1 2 **5** Bei im Dreieck geschalteten Sekundär-Wicklungen sind auch die durch $\sqrt{3}$ geteilten Werte genormt.	Europa: **100** 110 200 bei erweiterten Sekundärkreisen USA/Kanada: 120 Verteilungsnetze 115 Übertragungsnetze 230 bei erweiterten Sekundärkreisen
Bemessungsleistung	Wert der Scheinleistung in VA bei festem Leistungsfaktor, Bemessungsbürde und sekundärer Bemessungsstromstärke.	Wert der Scheinleistung in VA bei festem Leistungsfaktor, Bemessungsbürde und sekundärer Bemessungsspannung.
	Normwerte bei Leistungsfaktor 0,8 ind.: **10** 15 **25** 30 **50** 75 **100** 150 **200** 300 400 **500**	
Anschlussbezeichnungen (primär) (sekundär)	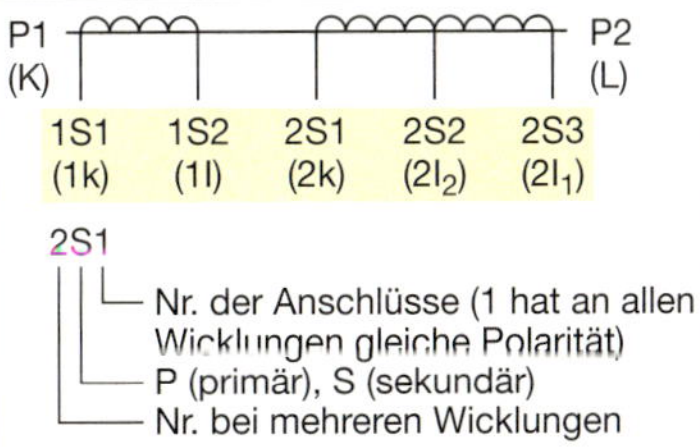 	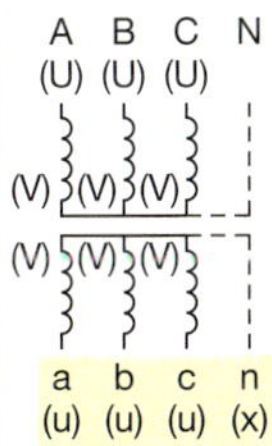 mehrere Sekundärwicklungen 1a, 2a, …, 1b, 2b, … Sekundärwicklung mit Anzapfungen a1, a2, …, b1, b2, … Anschluss zur Erdschlusserfassung (Dreieckschaltg.) da, dn

Messen von Mischspannungen und Mischströmen

Measuring of pulsating voltages and pulsating currents

Elektrische Spannungen und Ströme werden je nach Messwerk durch den arithmetischen Mittelwert (AV) oder durch den Effektivwert (RMS) charakterisiert.

Formfaktor: $F = \dfrac{I_{RMS}}{I_{AV}}$; $F = \dfrac{U_{RMS}}{U_{AV}}$

Der Formfaktor gibt das Verhältnis von Effektivwert zu arithmetischem Mittelwert an. Als Crest-Faktor (Scheitelfaktor) gilt das Verhältnis von Spitzenwert zu Effektivwert.

Scheitelfaktor: $F_{Crest} = \dfrac{\hat{\imath}}{I_{RMS}}$; $F_{Crest} = \dfrac{\hat{u}}{U_{RMS}}$

Spannungsform	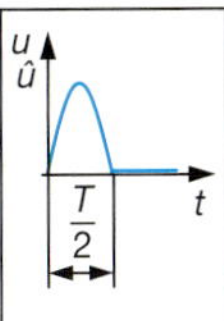	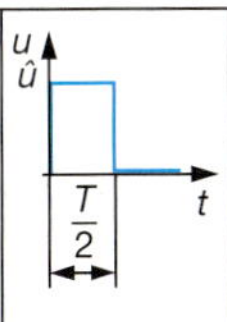	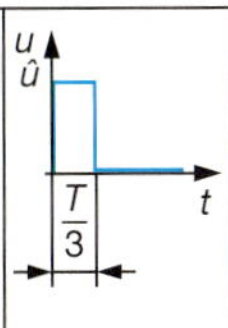	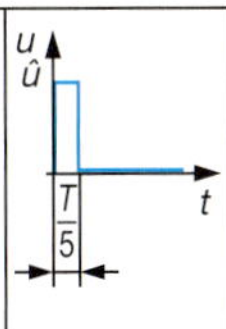	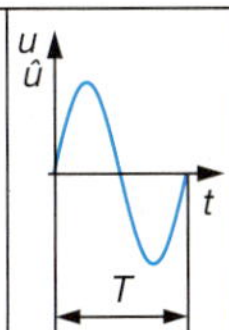	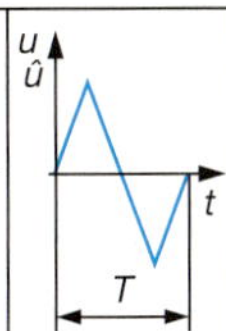	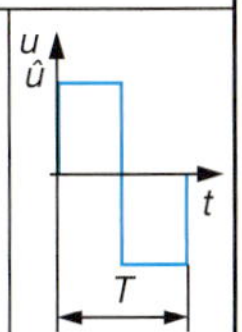
U_{AV}	$0{,}318 \cdot \hat{u}$	$0{,}5 \cdot \hat{u}$	$0{,}333 \cdot \hat{u}$	$0{,}167 \cdot \hat{u}$	[1] $0{,}636 \cdot \hat{u}$	[1] $0{,}5 \cdot \hat{u}$	[1] $1{,}0 \cdot \hat{u}$
U_{RMS}	$0{,}5 \cdot \hat{u}$	$0{,}707 \cdot \hat{u}$	$0{,}578 \cdot \hat{u}$	$0{,}408 \cdot \hat{u}$	$0{,}707 \cdot \hat{u}$	$0{,}578 \cdot \hat{u}$	$1{,}0 \cdot \hat{u}$
F	1,57	1,41	1,73	2,45	1,11	1,16	1,0
F_{Crest}	2,0	1,41	1,73	2,45	1,41	1,73	1,0

[1] Nach Gleichrichtung

Leistungs- und Leistungsfaktormessung – *power- and power factor measurement*

Schaltungsnummer für Leistungs- und Leistungsfaktormessgeräte

Kennzeichnungsbeispiel:

6 2 0 1

- 6 – Stromart
- 2 – Messgröße
- 0 – Messart
- 1 – Anschlussart

Ziffer	Stromart	Messgröße	Messart	Anschlussart
0		Stromstärke	alle Fälle, außer 1 … 6.	unmittelbar
1	Gleichstrom-Zweileiter	Spannung	L+ -Leiter in Stromspule	an Stromwandler
2	Gleichstrom-Dreileiter	Wirkleistung	L– -Leiter in Stromspule	an Strom- und Spannungswandler
3	Einphasen-Wechselstrom	Blindleistung	ohne angeschlossenen N-Leiter	an Nebenwiderstände
4	Dreileiter-Drehstrom symmetrische Belastung	Leistungsfaktor	mit angeschlossenem N-Leiter	
5	Dreileiter-Drehstrom beliebige Belastung		eingebauter Nullpunkt-Widerstand	
6	Vierleiter-Drehstrom beliebige Belastung		eingebaute Kunstschaltung	

Messschaltungen

Gleich-/Wechselstrom

Wirkleistung

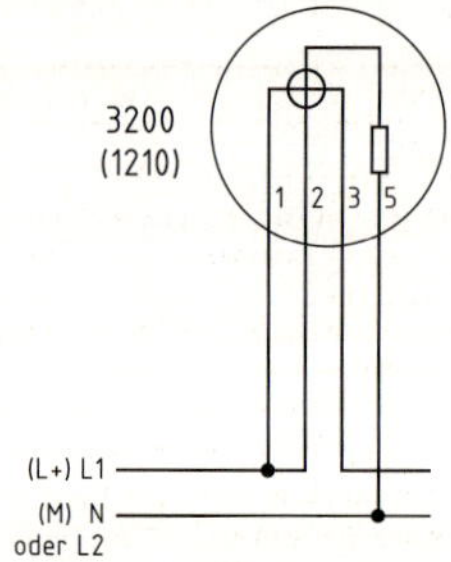

Blindleistung

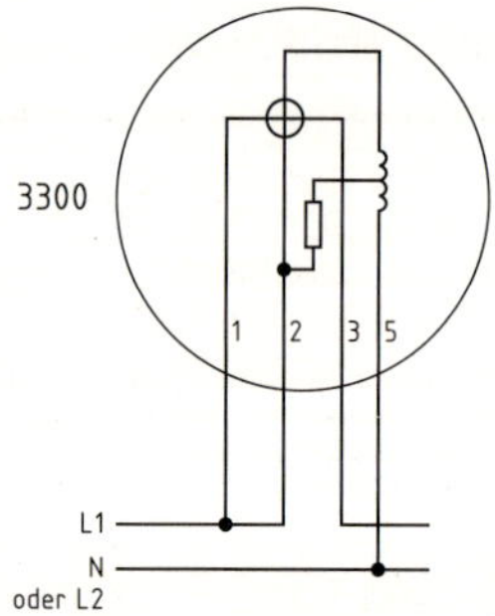

Leistungsfaktor

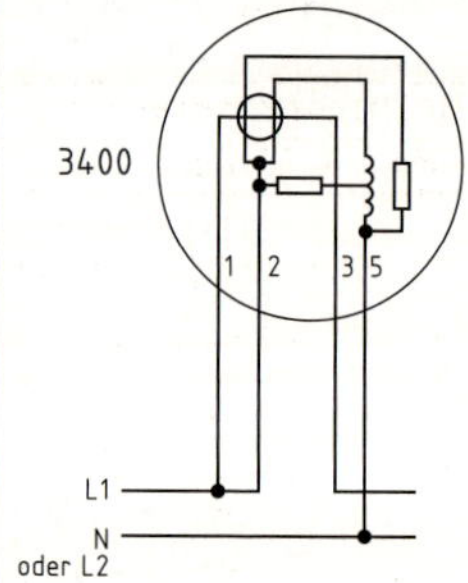

Drehstrom

Wirkleistung

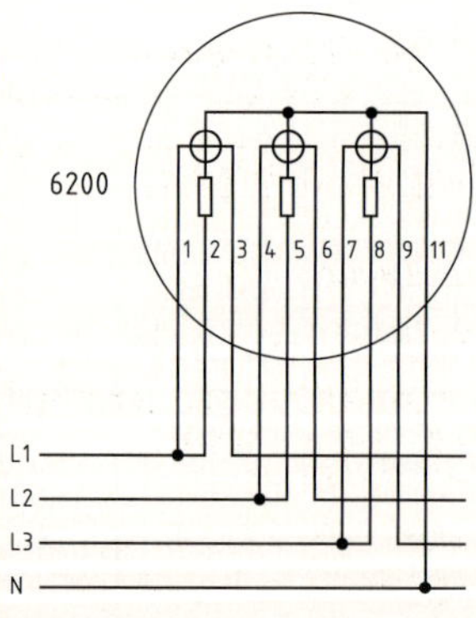

Blindleistung

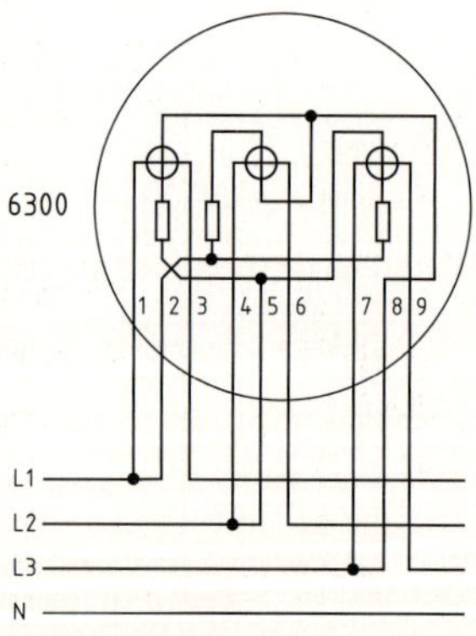

Leistungsfaktor

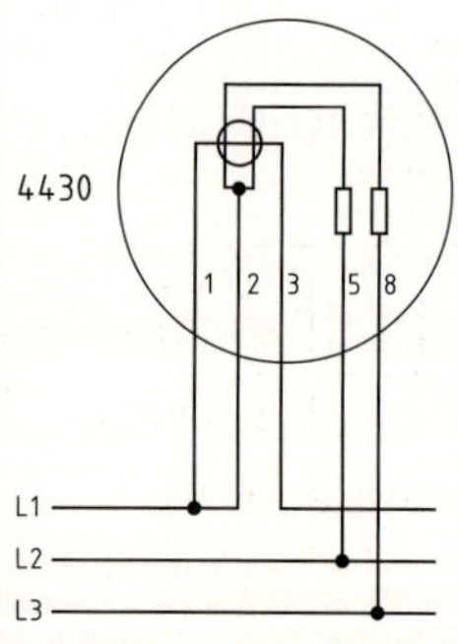

Elektrizitätszähler, Tarifschaltuhren – *Electricity meter, multi rate tarif switch*

Schaltungsnummern für Elektrizitätszähler, Tarifschaltuhren und Rundsteuerempfänger DIN 43 856: 89-09

Kennzeichnungsbeispiel: 4 1 2 2

- 4 – Zähler-Grundart
- 1 – Zusatzeinrichtung
- 2 – Anschluss
- 2 – Schaltung der Zusatzeinrichtung

Ziffer	Grundart	Zusatzeinrichtung	Anschluss	Schaltung d. Zusatzeinr.
		keine	direkt	kein äußerer Anschluss
1	Wirkverbrauchszähler: L/N (Klemmen: 1 … 6)	Zweitarif (Klemmen: 13, 15)	Stromwandler	einpoliger innerer Anschluss (Klemmen: 13 oder 14)
2	Wirkverbrauchszähler: L1/L2 (Klemmen: 1 … 6)	Maximum (Klemmen: 14, 16)	Strom- und Spannungswandler	äußerer Anschluss (Klemmen: 13, 15 oder 14, 16)
3	Wirkverbrauchszähler: L1/L2/L3 (Klemmen: 1 … 9)	Zweitarif und Maximum (Klemmen: 13 … 16)		innerer Anschluss: Maximumauslöser in Öffnungsschaltung
4	Wirkverbrauchszähler: L1/L2/L3/N (Klemmen: 1 … 12)	Maximum mit elektrischer Rückstellung (Klemmen: 13 … 16)		innerer Anschluss: Maximumauslöser in Kurzschließschaltung
5	Blindverbrauchszähler: L1/L2/L3 60° Abgleich (Klemmen: 1 … 9)	Zweitarif und Maximum mit elektrischer Rückstellung (Klemmen: 13 … 15, 18, 19)		äußerer Anschluss: Maximumauslöser in Öffnungsschaltung
6	Blindverbrauchszähler: L1/L2/L3 90° Abgleich (Klemmen: 1 … 9)			äußerer Anschluss: Maximumauslöser in Kurzschließschaltung
7	Blindverbrauchszähler: L1/L2/L3/N 90° Abgleich (Klemmen: 1 … 12)			

Zusätzliche Kennzeichen

Ziffern	Bedeutung
	Tarifschaltuhr mit
01	Tagesschalter
02	Maximumschalter
03	Tages- und Maximumschalter
04	Tages- und Wochenschalter
05	Maximum- und Wochenschalter
06	Tages- und Maximumschalter
07	Wochenschalter
	Rundsteuerempfänger mit
11	einem Umschalter
12	zwei Umschaltern
13	drei Umschaltern
14	vier Umschaltern

Symbol	Bedeutung
Z	Zweitarif-Auslöser für Zählwerke
d	Tagesschalter für Zweitarifauslöser
w	Wochenschalter
M	Maximum-Auslöser für Max.-Mitnehmer
ML	Maximum-Laufwerk
mo	Maximum-Schalter zum Betätigen der Maximum-Auslöser in Öffnungsschaltung
mk	Maximum-Schalter zum Betätigen der Maximum-Auslöser in Kurzschließschaltung
(M)	Antriebsmotor
[E]	Empfangsteil des Rundsteuerempfängers

Leistungsmessung mit Elektrizitätszähler

Hersteller — Zulassungszeichen

□	Drehstromzähler Fabriknummer	212 / 333
Typ	3 x 230/400 V	10 (60) A
	50 Hz	75 U/kWh
	Schaltg. 4000	1997

Beispiel: Zählerschild

$$P = \frac{n}{c_z} = \frac{\text{Umdrehungen in Messzeit}}{t_M \cdot c_z}$$

P: Wirkleistung in kW

c_z: Zählerkonstante in $\frac{1}{\text{kWh}}$

n: Umdrehungen der Zählerscheibe pro Stunde

$$n = \frac{\text{Umdrehungen in Messzeit}}{t_M}$$

t_M: Messzeit in h, üblich sind u. a. 2 min $= \frac{1}{30}$ h bzw. 3 min $= \frac{1}{20}$ h

Zählerschaltungen – *Electricity meter circuits*

Einpolige Wechselstrom-Wirkverbrauchzähler

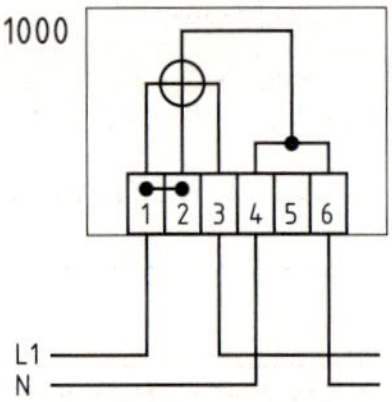

für unmittelbaren Anschluss

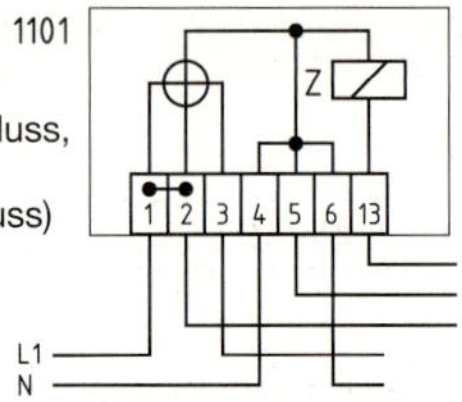

für unmittelbaren Anschluss, mit Zweitarifeinrichtung (einpolig innerer Anschluss)

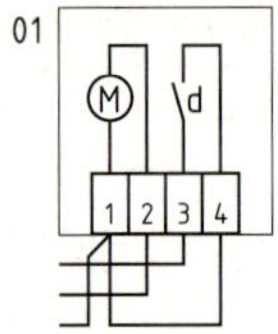

Tarifschaltuhr mit Tagesschalter

Dreileiter-Drehstrom-Wirkverbrauchzähler

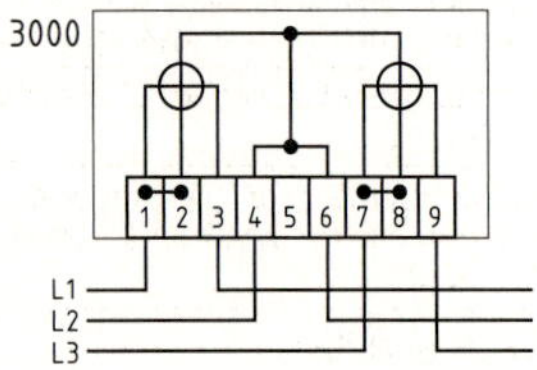

für unmittelbaren Anschluss

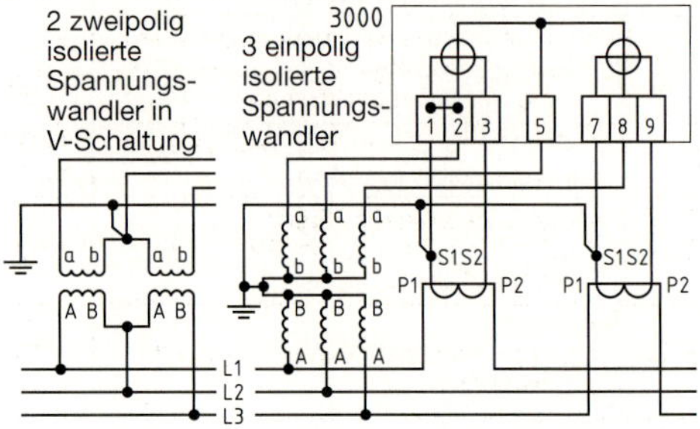

für Anschluss an Strom- und Spannungswandler 1)

Vierleiter-Drehstrom-Wirkverbrauchzähler

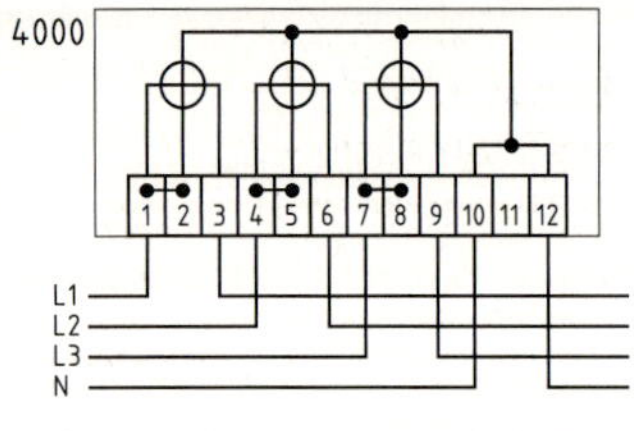

für unmittelbaren Anschluss

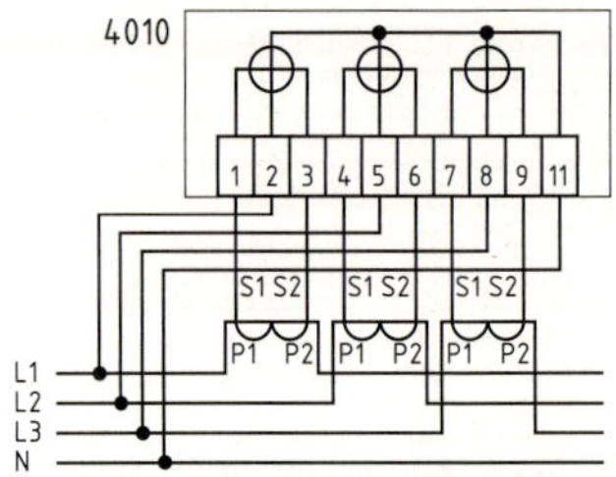

für Anschluss an Stromwandler 1)

Vierleiter-Drehstrom-Wirkverbrauchzähler

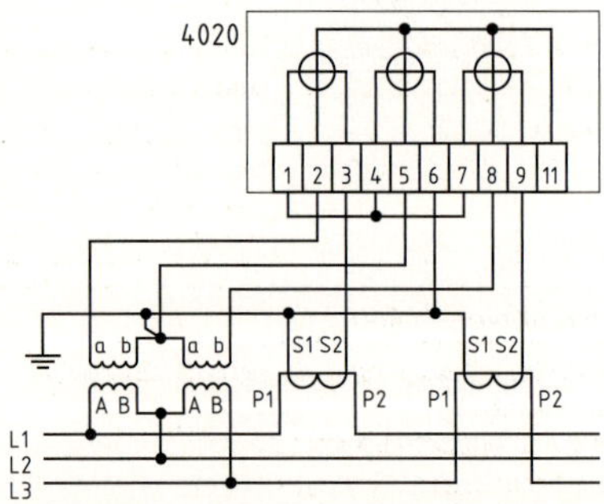

für Anschluss an Strom- und Spannungswandler 1)

Vierleiter-Drehstrom-Blindverbrauchzähler

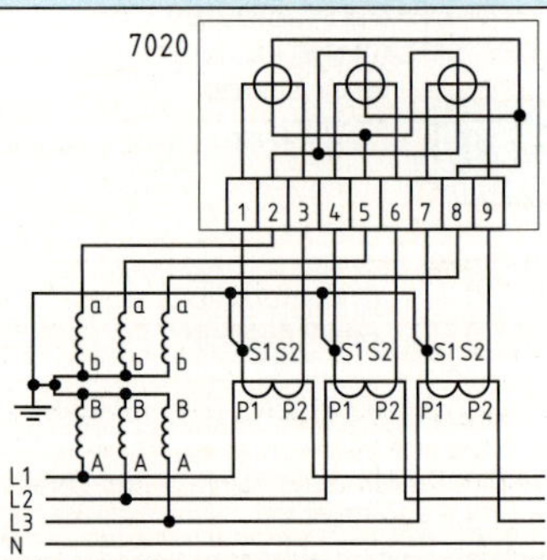

für Anschluss an Strom- und Spannungswandler 1)

1) Stromwandler in Niederspannungsnetzen müssen nicht geerdet sein

Digitale Messtechnik – *Digital measurement technique*

Anzeige	Fehlergrenzen
Zahlenmäßige Anzeige des Messwertes erfolgt bei Sieben-Segment-Anzeigen durch • **LED** (**l**ight **e**mitting **d**iode) • **LCD** (**l**iquid **c**ristal **d**isplay)	• Keine Angabe der Genauigkeitsklasse • Angabe der möglichen, prozentualen Abweichung vom Messwert sowie Abweichung der Anzeige in Digits.

Bezeichnung von Funktionstasten

Kenn-zeichnung	Bedeutung	Kenn-zeichnung	Bedeutung
HOLD	Messwert wird in Digitalanzeige gespeichert.	**dB**	Pegelmessung, dB-Werte absolut oder auf eingegebenen Wert bezogen.
EXTR	Minimal- und Maximalwert werden während der Messung gespeichert.	**TIME**	Messwertspeicherung in vorgegebenen Zeitintervallen. Neue Messwertübernahme wird akustisch gemeldet.
EXPAND, ZOOM	Lupenfunktion bei Hybridmultimetern (Analog- und Digitalanzeige, hier Dehnung des linearen Skalenbereichs)	**BEEP**	Ein- oder Ausschalter des Summers. Aktivierung wird mit ♪ angezeigt.
REL	Vorgegebener Wert dient als Referenzwert, Anzeige der Abweichung.	**AUT/ MAN**	Automatische oder manuelle Bereichsumschaltung
LIM	Grenzwertvorgabe, Grenzwertüberschreitungen werden optisch und akustisch gemeldet	**STO**	Speicherung mehrerer gleicher oder verschiedener Messwerte mit Einheit und Polarität
BLANK	Displayabschaltung von $4\frac{1}{2}$- auf $3\frac{1}{2}$-stellige Anzeige	♪ (Diodensymbol)	Durchgangsprüfung
		(Diodensymbol)	Halbleitermessung

Beispiel

Digitales Multimeter	Anzeige	Fehlerrechnung
	• 4stellige Anzeige • Messbereich: 2000 V (größtmögliche Anzeige – 1999,9 V) • Anzeigenumfang: 19999 Digits (20000 Messschritte á 0,1 V)	• Fehler: +/– 0,5 %, +/– 4 Digits[1] • Anzeige: 600,0 V • minimaler Messwert: $600\,V - 600\,V\,\frac{0{,}5}{100} - 0{,}4\,V = 596{,}6\,V$ • maximaler Messwert: $600\,V + 600\,V\,\frac{0{,}5}{100} + 0{,}4\,V = 603{,}4\,V$

[1] Digit: kleinster anzuzeigender Messschritt (im Beispiel 0,1 V)

PC-Messtechnik

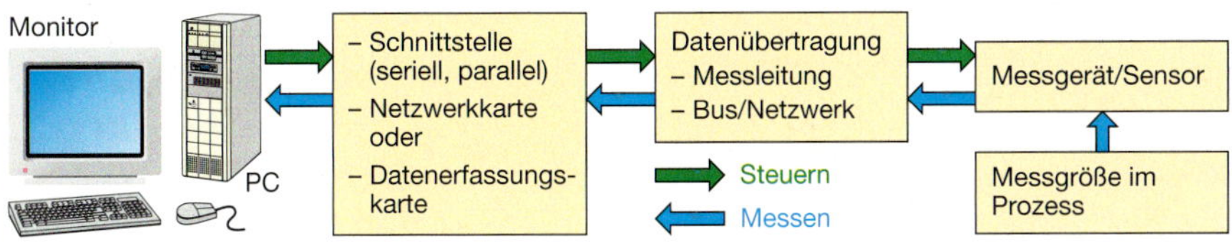

Bussysteme	Datenerfassungskarte
• PC wird an Bussystem angeschlossen. (z.B.: RS 232, IEEE/IEC 625, Ethernet, Firewire, LAN, …) • Mehrere Messgrößen können über einen Bus eingelesen werden. • Busfähige Sensoren/Messgeräte oder Buskoppler erforderlich • Erfassung weit entfernter Prozessgrößen möglich.	• Direkt im PC eingebaute Karte (z.B. über PCI-Steckplatz) • Hohe Datenübertragungsrate • Digitale/analoge Eingänge möglich • Geringe Entfernungen zum Prozess erforderlich.

Elektronenstrahl-Oszilloskop – *Cathode-ray oscilloscope*

Prinzip des Zweikanal-Oszilloskops

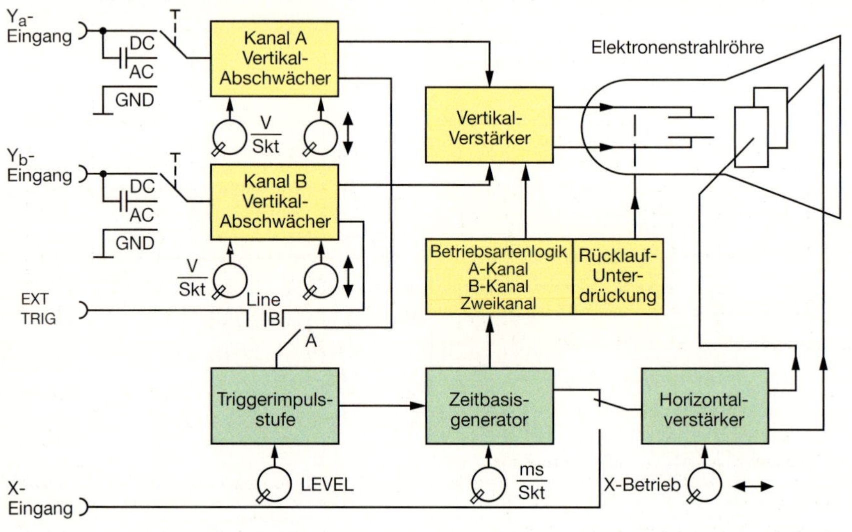

Beschriftung der Bedienungselemente

Beschriftung	Bedeutung
POWER	Netzschalter, Ein-Aus Rasterbeleuchtung
INTENS HELLIGK	Helligkeitssteuerung des Oszillogrammes
FOCUS	Schärfeeinstellung des Oszillogrammes
INPUT A (B)	Eingangsbuchse für Kanal A (Kanal B), oft Kanal 1 und 2
AC-DC-GND	Eingang: über Kondensator – direkt – auf Masse – geschaltet
CHOP –	Strahlumschaltung mit Festfrequenz von einem Vertikalkanal zum anderen
– ALT	Strahlumschaltung am Ende des Zeitablenkzyklus von einem Vertikalkanal zum anderen
INVERT CH.B	Messsignal auf Kanal B wird invertiert
ADD	Addition der Signale von Kanal A und B
POSITION ↕	Vertikale Bildverschiebung
↔	Horizontale Bildverschiebung

Beschriftung	Bedeutung
X-MAGN	Dehnung der Zeitablenkung
Triggerung: A; B EXT TRIG Line	Zeitablenkung wird getriggert durch – Signal von Kanal A (B) – externes Signal – Signal von der Netzspannung
LEVEL NIVEAU	Einstellung des Triggersignalpegels
AUTO	Endstellung der LEVEL-Einstellung. Automatische Triggerung der Zeitablenkung beim Spitzenpegel. Ohne Triggersignal ist die Zeitablenkung frei laufend.
+ / –	Triggerung auf positiver bzw. negativer Flanke des Triggersignals
TIME/DIV ZEIT/Skt	Zeitmaßstab in µs/DIV oder ms/SKT oder ms/cm
VOLTS/DIV V/SkT; V/cm	Vertikalabschwächer für Kanal A und B in mV/DIV oder mV/Skt oder V/cm
CAL	Eichpunkt für Maßstabsfaktoren bei Rechtsanschlag

Technische Daten	Beispiel	Zubehör
Eingangsempfindlichkeit	$10\ \frac{mV}{cm}\ \dots\ 20\ \frac{V}{cm}$	Tastteiler z. B. 1 : 1; 10 : 1; 100 : 1
Eingangsimpedanz	1 MΩ ‖ 25 pF	
Vertikalbandbreite	0 Hz … 20 MHz	Demodulatortaster z. B. 0 Hz … 15 kHz
Eingangskopplung	DC – AC – GD	
Anstiegszeit	< 20 ns	

Messen mit dem Elektronenstrahl-Oszilloskop

Measuring with the cathode-ray oszilloscope

Spannungs- und Strommessung mit dem Zweikanaloszilloskop

Beispiel:
Da beide Y-Ablenksysteme eine gemeinsame Masse besitzen, müssen die Messleitungen einen gemeinsamen Bezugspunkt (z. B. C) haben.

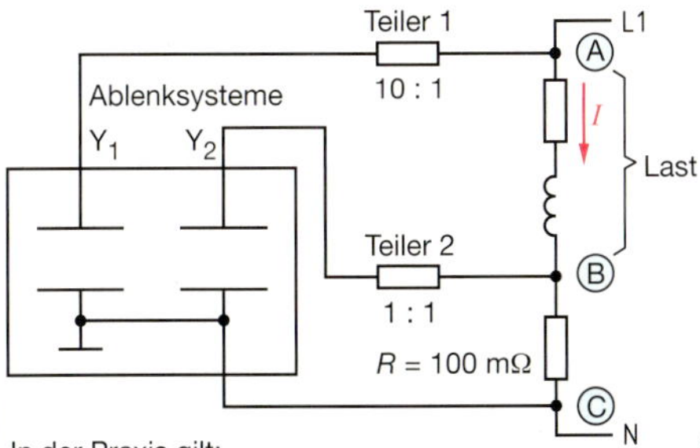

$k_x = 2\,\frac{ms}{SkT}$; $k_{Y1} = 10\,\frac{V}{SkT}$; $k_{Y2} = 0{,}2\,\frac{V}{SkT}$[1)]

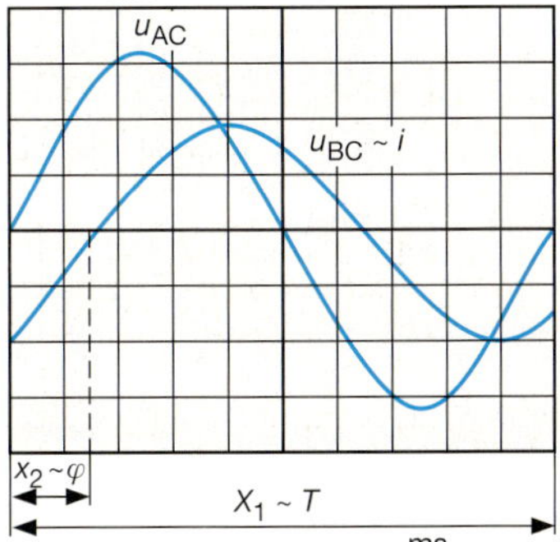

In der Praxis gilt:

$u_{AC} \gg u_{BC}$ und damit $u_{AB} \approx u_{AC}$

Die Spannung u_{AB} kann mit einem Zweikanaloszilloskop auch als Differenzspannung gemessen werden. Dabei ist

- für beide Kanäle der gleiche Vertikal-Maßstab einzustellen ($k_{Y1} = k_{Y2}$).
- ein Y-Eingangssignal zu invertieren.
- die Addition beider Y-Signale (Add) zu veranlassen.

Auswertung: $T = X_1 \cdot k_x = 10\ \text{Skt} \cdot 2\,\frac{ms}{SkT} = 20\ ms$

$$f = \frac{1}{T} = \frac{1}{20\ ms} = 50\ Hz$$

$$\hat{u}_{AC} = Y_1 \cdot k_{Y1} \cdot k_{T1} = 3{,}1\ \text{Skt} \cdot 10\,\frac{V}{SkT} \cdot \frac{10}{1} = 310\ V$$

$$\hat{u}_{BC} = Y_1 \cdot k_{Y2} \cdot k_{T2} = 2\ \text{Skt} \cdot 0{,}2\,\frac{V}{SkT} \cdot \frac{1}{1} = 400\ mV$$

$$\hat{\imath} = \frac{\hat{u}_{BC}}{R_{Mess}} = \frac{400\ mV}{100\ m\Omega} = 4\ A$$

$$\varphi = X_2 \cdot k_X \cdot \frac{360°}{20\ ms}$$

$$= 1{,}5\ \text{Skt} \cdot 2\,\frac{ms}{SkT} \cdot \frac{360°}{20\ ms} = 54°$$

Messung im Niederspannungsnetz

- In der Leistungselektronik werden Oszilloskope vorzugsweise über Trenntransformatoren versorgt. So kann jeder Punkt des geerdeten Niederspannungsnetzes mit der Masse des Oszilloskops verbunden werden.
- Die Abbildung zeigt, wie gefahrenreich die Messung ist. Die Massebuchsen der Frontplatte und ein metallisches Gehäuse nehmen Netzpotenzial an.
- Um die Berührungsgefahr zu beseitigen, ist das Oszilloskop mit isolierenden Materialien abzudecken oder die Messspannung über einen Trennverstärker (z. B. mit Optokoppler) zu führen.

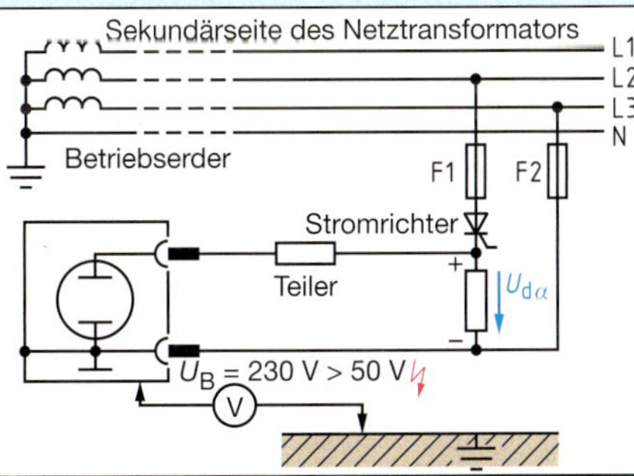

Kennliniendarstellung einer Diode

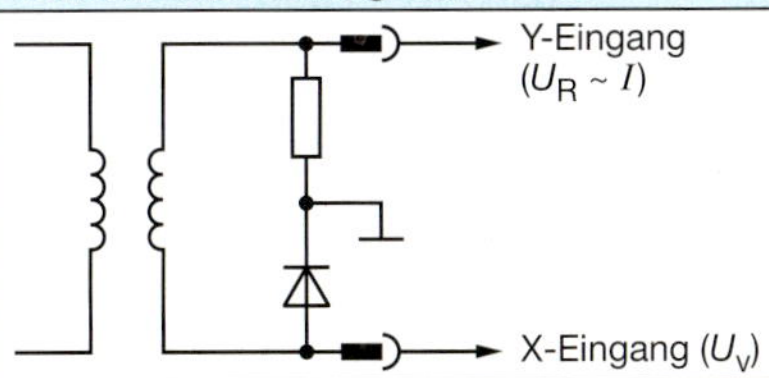

Beispiel:

Diodenkennlinie

$k_x = 0{,}5\,\frac{V}{SkT}$; $k_y \triangleq 5\,\frac{mA}{SkT}$[1)]

- Einstellung „X über Y" wählen.

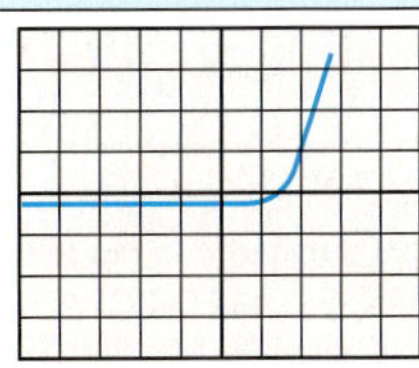

1) k_X Ablenkfaktor in X-Richtung; k_{Y1}; k_{Y2} Ablenkfaktor in Y-Richtung für Kanal 1; 2

Elektrische Messung nichtelektrischer Größen

Electrical measurement of non electrical quantities

Messverfahren	Eigenschaften	Anwendungen
Temperatur-Messung mit Thermoelement 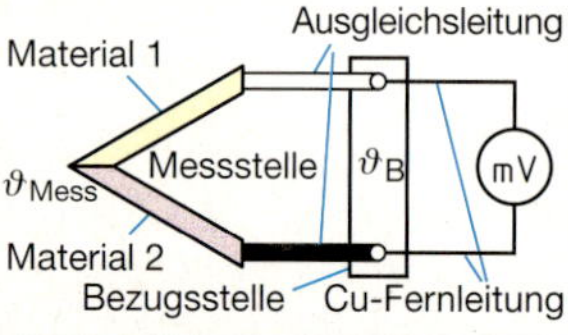	• Temperaturdifferenz zwischen Mess- und Bezugsstelle erzeugt proportionale Spannung • Ausgleichsleitungen sind aus gleichem Material wie Thermopaar • Bei schwankender Bezugstemperatur ϑ_B Kompensation erforderlich	• Bei kleinen, punktförmigen Messstellen • Großer Messbereich ϑ_{Mess} = −200 °C … +1600 °C • Gebräuchl. Thermopaare mit ϑ_{Mess}: Cu-Konst.: −200 °C … +600 °C Fe-Konst.: −200 °C … +900 °C NiCr-Ni: 0 °C … +1200 °C PtRh-Pt: 0 °C … +1600 °C
Temperatur-Messung mit temperaturabhängigem Widerstand 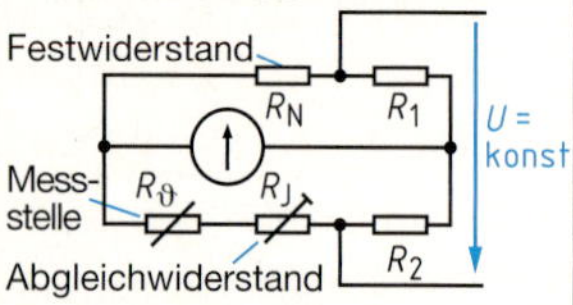	• Messwiderstand R_ϑ Bestandteil der Brückenschaltung • Messinstrument liegt in Brückendiagonale • Messbereichsanfang (Ausschlag Null) bei Brückenabgleich • Temperaturänderung verursacht proportionalen Brückenstrom	• Fernmessungen ohne zusätzliche Verstärker • Metallische Temperatur-Fühler: a) Platin (Korrosionsfest, hohe Schmelztemperatur) b) Nickel (hoher Temperatur-Koeffizient, Messtemperatur bis +150 °C)
Kraft-Messung mit Dehnungsmessstreifen (DMS) 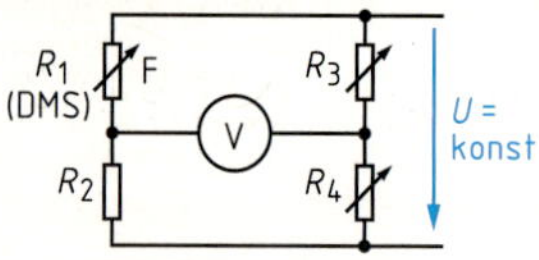	• Abgleich der Brücke durch R_3 und R_4 im unbelasteten Zustand • Bei Belastung ist Widerstandsänderung proportional Längen- bzw. Kraftänderung • DMS oft aus mäanderförmigem Konstantandraht in Kunststofffolie	• Versorgung mit Gleich- oder Wechselspannung • Messung von Zug-, Druck-, Biegungs- und Torsionskräften • Indirekte Füllstandsmessung durch Kraftmessdosen mit DMS • Druckmessung durch Membranverschiebung
Drehzahl-Messung mit induktivem Geber 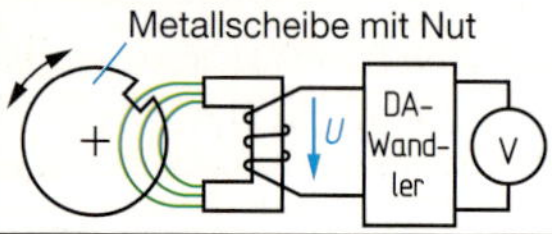	• Änderungen des magn. Leitwertes erzeugen im Tastkopf Spannungsimpulse • Digital-Analog-Wandler setzen Impulse pro Zeiteinheit in drehzahlproportionale Spannung um	• Berührungsloses Messen an beliebigen Stellen möglich • Drehzahlmessungen ohne Belastungen durch Tachogenerator • Drehzahlmessbereich von kleinen bis zu sehr hohen Drehzahlen
Weg-Messung mit induktivem Geber 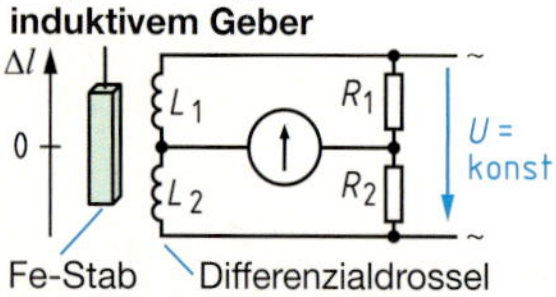	• Brückenabgleich in Mittelstellung des Fe-Stabes ($L_1 = L_2$) • Wegänderung Δl erzeugt proportionale Brückenspannung durch Induktivitätsänderung ($L_1 \neq L_2$) • Weitere Messverfahren mit Differenzialtransformator	• Wegmessung durch Verlagerung des Fe-Stabes, z. B. bei Flüssigkeiten durch Schwimmer • Druckmessung durch Rohrfedermesswerke
pH-Wert-Messung 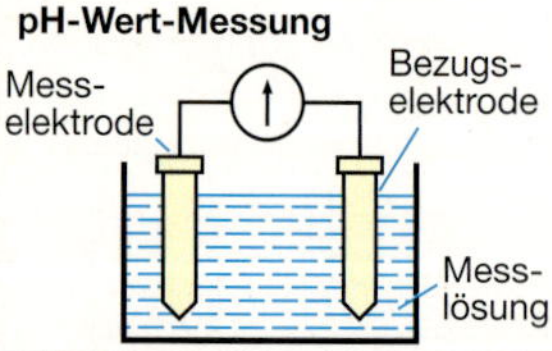	• pH-Wert ist Maß für Stärke einer Säure oder Base • Potenzial der Bezugselektrode ist pH-Wert-unabhängig • Potenzial der Messelektrode ist pH-Wert-abhängig • Zellenspannung ist Maß für pH-Wert der Messlösung	• Überwachung der Neutralität von Lösungen • Säure- und Basenmessungen • übliche pH-Wert-Geber: Antimonmesselektrode mit Silberchlorid-Bezugselektrode Glasmesselektrode mit Silberchlorid-Bezugselektrode
Lichtstärke-Messung mit Fotoelement 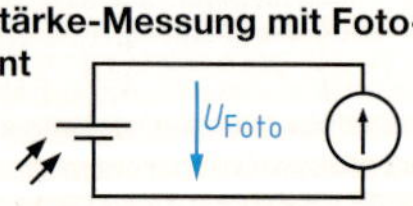	• Bei Belichtung entsteht proportionale Fotospannung U_{Foto}	• Beleuchtungsmesser (Luxmeter) • Belichtungsmesser • Reflexionsmesser • Trübungsmesser

Technische Dokumentation 3

Liniendiagramme – *Line diagrams*

Kartesisches Koordinatensystem

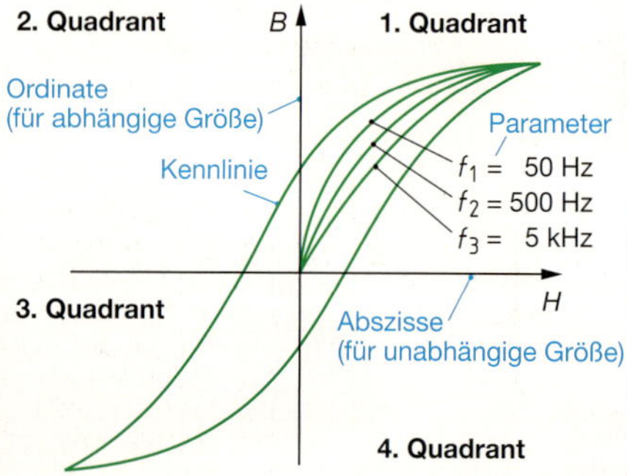

Achsenbeschriftungen

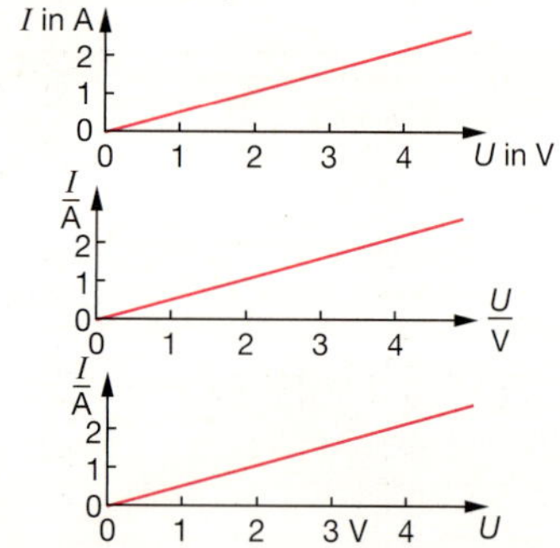

Normierte Achse

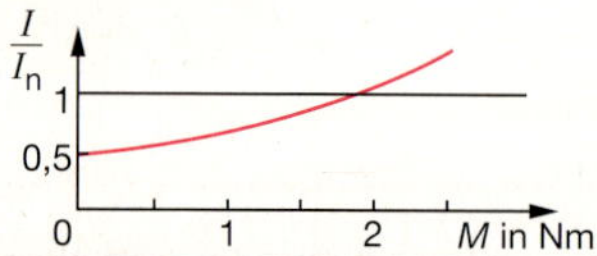

$\frac{I}{I_N}$:

Strom I bezogen auf Bemessungsstrom I_n

Linienbreiten

Kennlinie : Achse : Gitternetz =
1 : 0,5 : 0,25

z. B. 0,7 mm : 0,35 mm : 0,2 mm

Unterbrochene Achsen

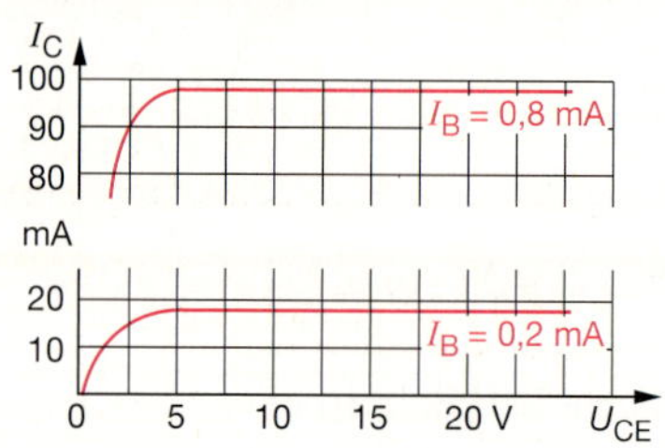

(dekadisch) logarithmische Teilung

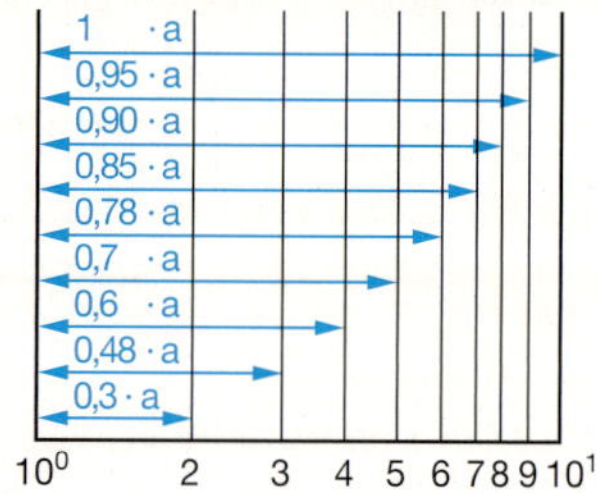

Polarkoordinaten

Darstellung von Größen in Abhängigkeit von Winkeln und Abstand vom Pol

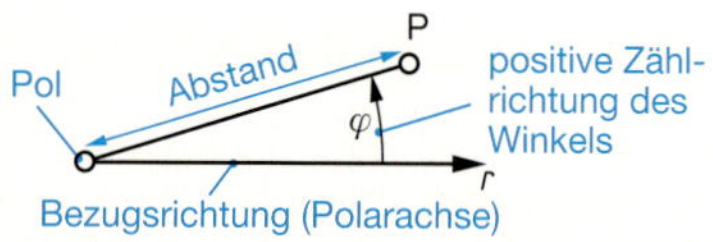

Anwendungen:
Richtcharakteristiken, Lichtstärkeverteilungskurven (LVK)

Beispiel: LVK einer Reflektorlampe 60 W/80°

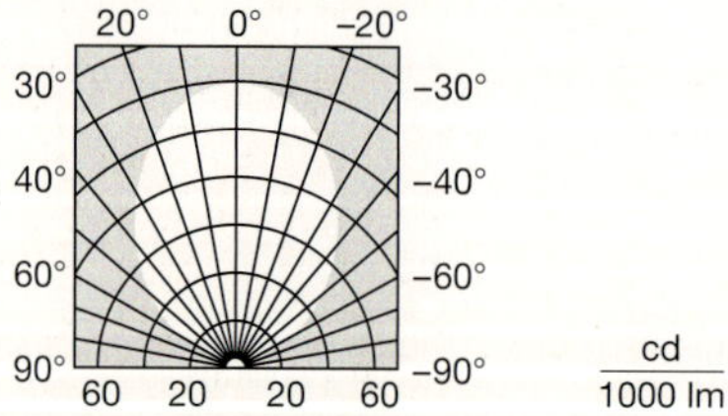

Netztafeln

Lösen von Aufgaben der Typen

- $y = \frac{x}{a}$ z. B. $I = \frac{U}{R}$
- $y = \frac{a}{x}$ z. B. $I = \frac{P}{U}$

Ablesebeispiele:

- $R = 500\ \Omega$; $U = 20\ V \Rightarrow I = 40\ mA$
- $P = 9\ W$; $U = 30\ V \Rightarrow I = 30\ mA$

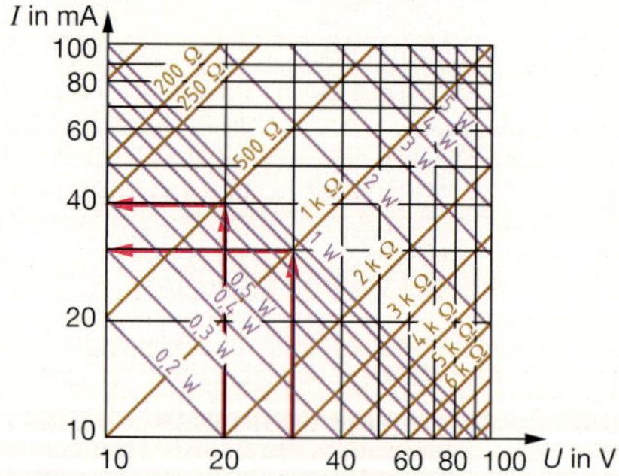

Bauzeichnungen – *Architect drawings*

Beispiel: Grundriss einer Wohnung

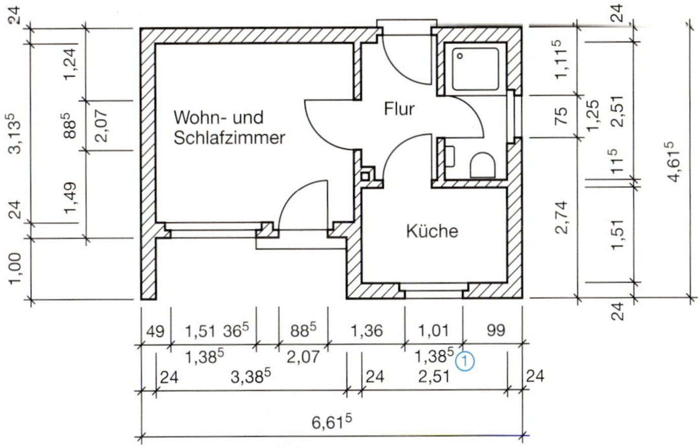

Hinweise:

- Maße werden üblicherweise in cm und m angegeben.
- Höhen von Fenstern und Türen werden direkt **unter** der Maßlinie angegeben ①.
- Öffnungsart von Fenstern wird im Grundriss nicht angegeben.
- Durchlässe können als Bruch bemaßt werden (Breite/Höhe).

Öffnungsarten

Flügelart	Türen im Grundriss	Türen und Fenster in der Ansicht	Flügelart	Türen im Grundriss	Türen und Fenster in der Ansicht
Drehflügel	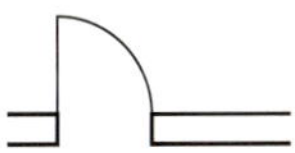	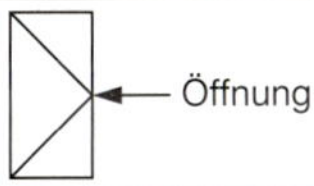	Schwingflügel		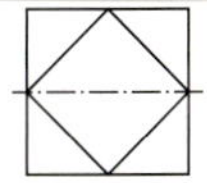
Kippflügel		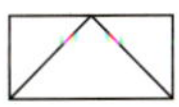	Schiebeflügel		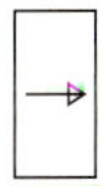
Klappflügel			Hebe-Schiebeflügel		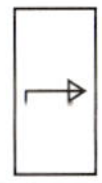
Dreh-Kipp-flügel			Drehtür	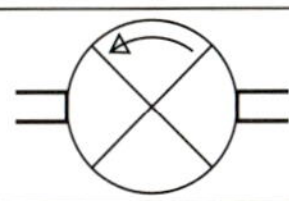	
Hebe-Dreh-flügel	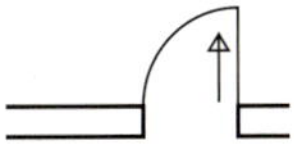		Falltür		

Treppen im Grundriss		Schächte im Grundriss	
Einläufige Treppe mit Zwischenpodest	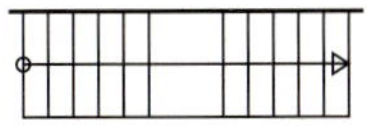	Schornsteine	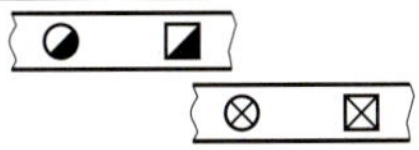
Zweiläufige Treppe	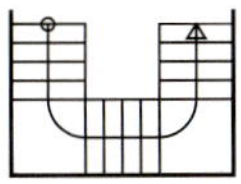	Aufzug	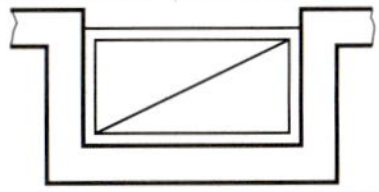
Treppenlauf horizontal geschnitten	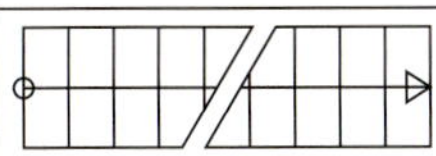	Lüftung	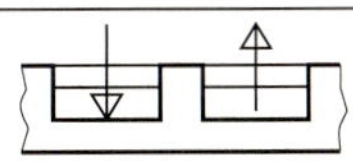

Dokumente der Elektrotechnik – *Documents of electrical engineering*

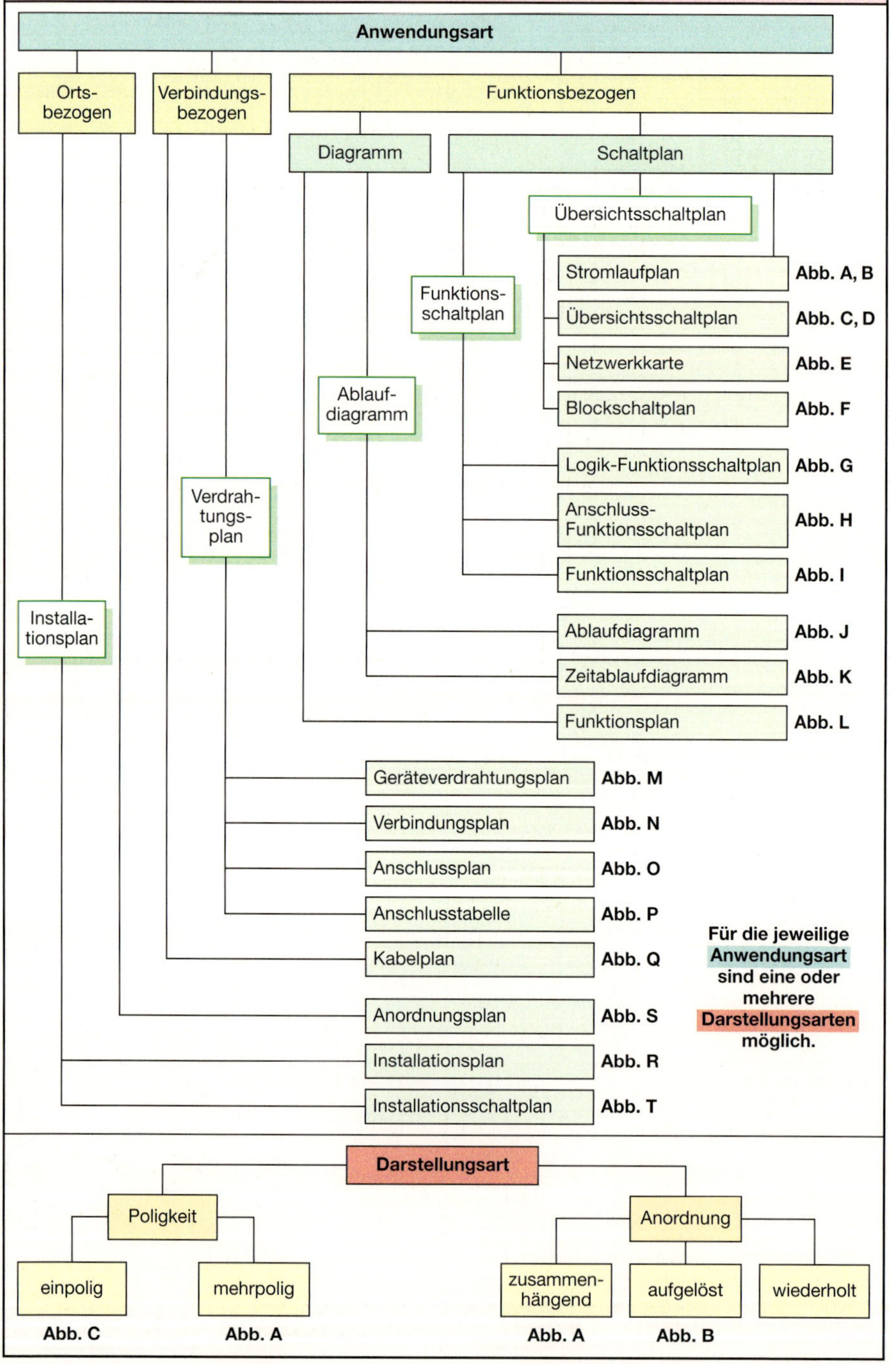

Stromlaufplan – *Circuit diagram*

Anwendungsart: funktionsbezogen

Alle Betriebsmittel und Leitungen sind mit allen Anschlüssen und Klemmen dargestellt.

Darstellungsart: mehrpolig

Alle Adern sind dargestellt

Zusammenhängende Darstellung (Abb. A)

Die Schaltzeichen werden als Einheit dargestellt.
z. B. Q1 ①

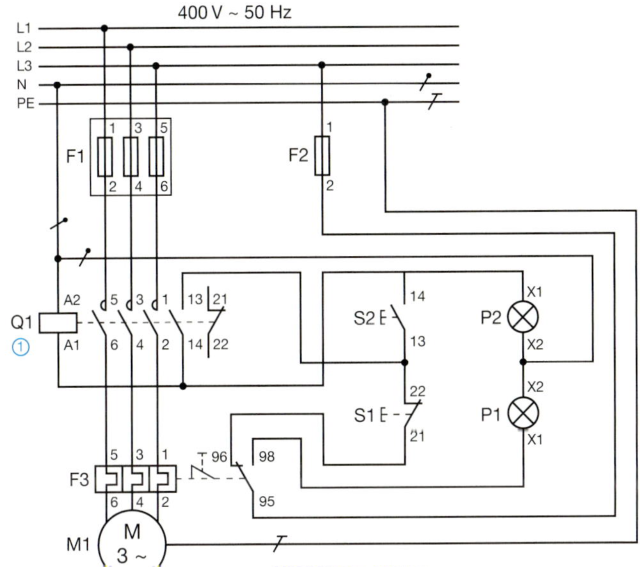

Drehstrom-Motor

Aufgelöste Darstellung (Abb. B)

Die Schaltzeichen werden in Teile aufgelöst dargestellt, um den Schaltplan übersichtlich zu gestalten.
z. B. Q1 ②③④

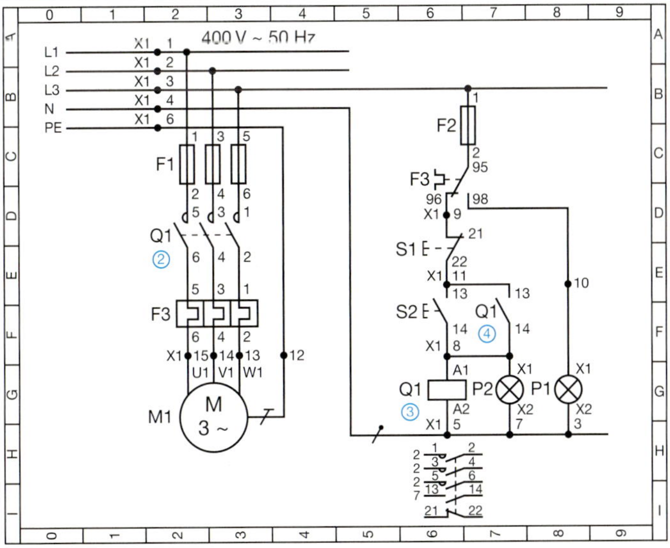

Drehstrom-Motor

Übersichtsschaltplan – *Block diagram*

Anwendungsart: funktionsbezogen **Darstellungsart:** einpolig zusammenhängend

Nur die wichtigsten Betriebsmittel und deren Verbindungen sind dargestellt.

Abb. C

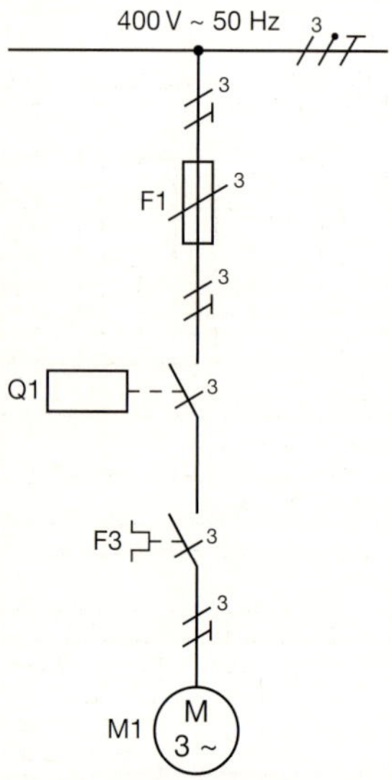

Drehstrom-Motor

Abb. D

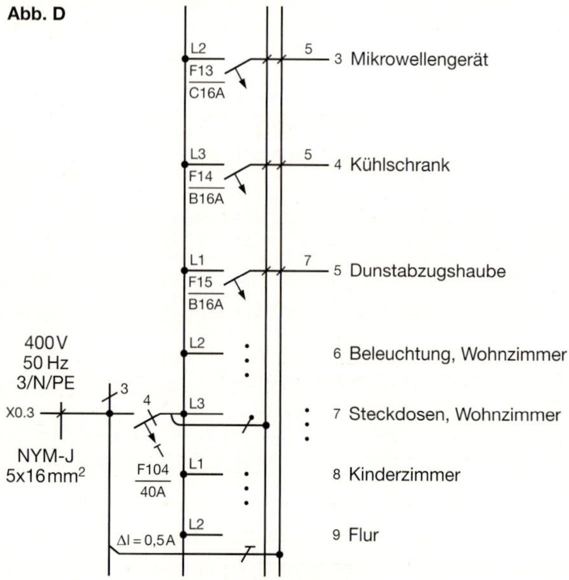

Stromkreisverteiler

Netzwerkkarte (Abb. E)

Die Gebäude und Leitungen sind in einer Karte lagerichtig dargestellt.

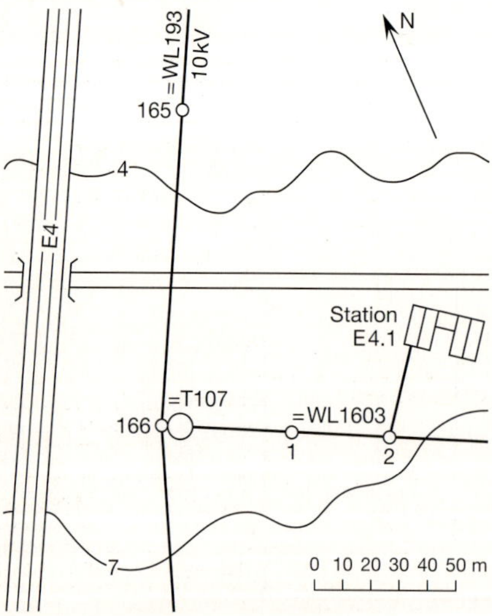

Hochspannungs-Freileitung

Blockschaltplan (Abb. F)

Die Funktionseinheiten der Betriebsmittel sind als Blocksymbole dargestellt.

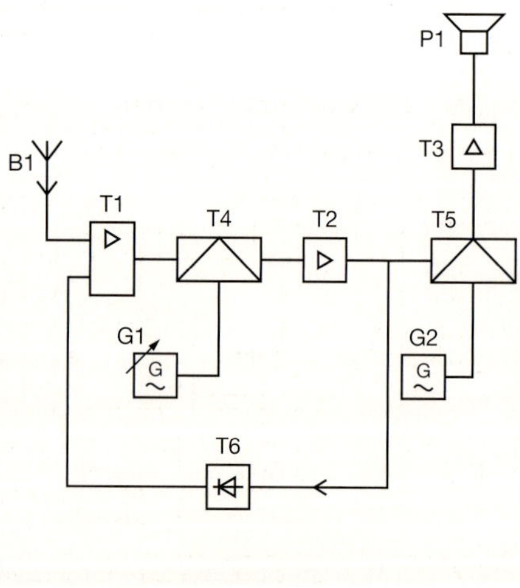

Funkempfänger

Funktionsschaltplan und Diagramm – *Functional diagram and diagram*

Logik-Funktionsschaltplan (Abb. G)

Das Verhalten von Steuerungs- und Regelsystemen ist beschrieben.

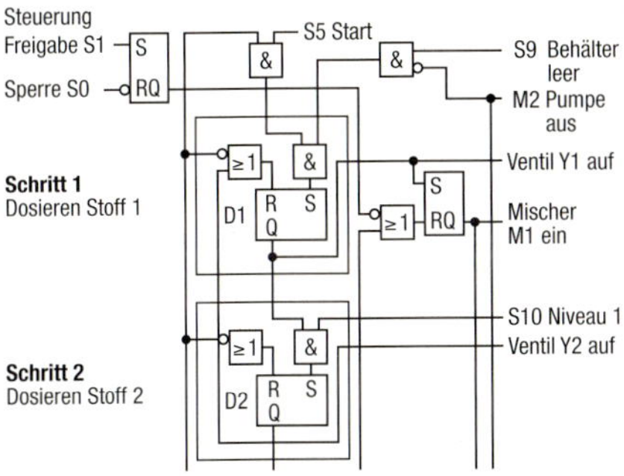

Mischanlage

Ablaufdiagramm (Abb. J)

Das Verhalten der Anlage ist in Abhängigkeit von Schritten beschrieben.

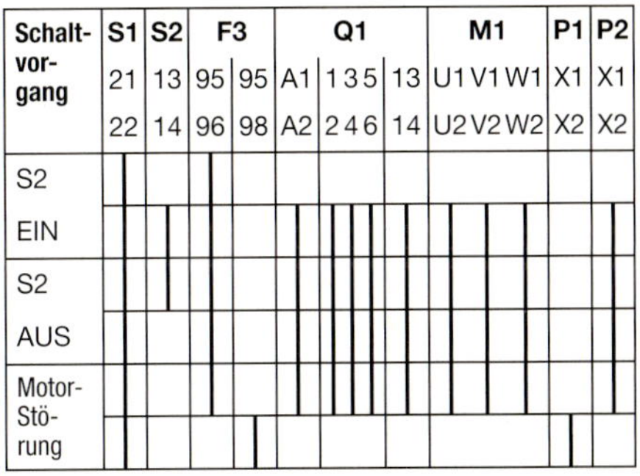

Drehstrom-Motor

Anschluss-Funktionsschaltplan (Abb. H)

Die Anschlusspunkte und die interne Funktion der Einheit sind dargestellt.

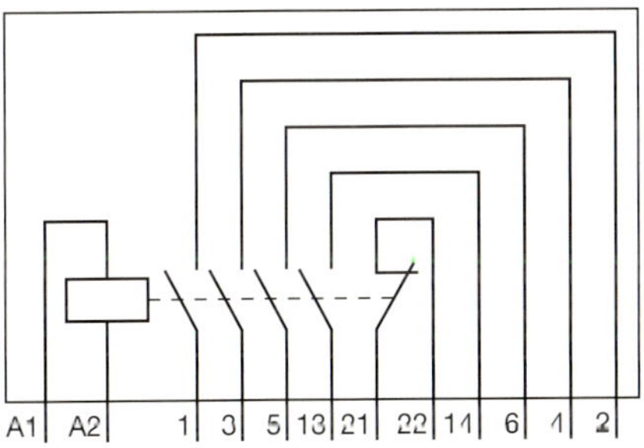

Hauptschütz Q1

Zeitablaufdiagramm (Abb. K)

Das Verhalten der Anlage ist in Abhängigkeit von der Zeit dargestellt.

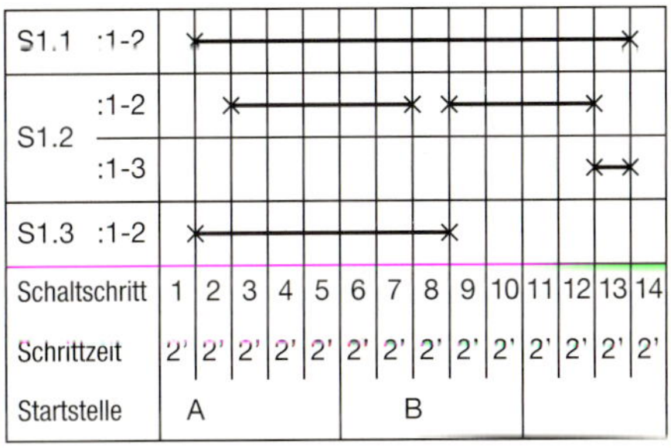

Schaltwerk einer Waschmaschine

Funktionsschaltplan (Abb. I)

Die Arbeitsweise der Anlage wird mit Hilfe von informationstechnischen Symbolen erläutert ohne Angabe der technischen Realisierung.

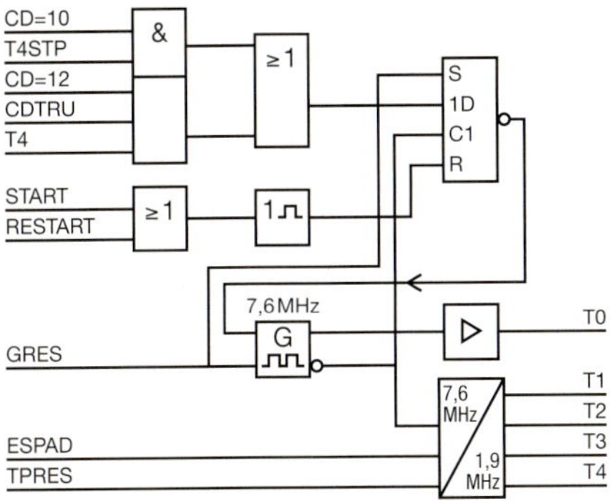

Taktgeber

Funktionsplan (Abb. L)

Das Verhalten von Steuerungs- bzw. Regelsystemen ist mit Hilfe von Schritten beschrieben ohne Angabe der technischen Realisierung.

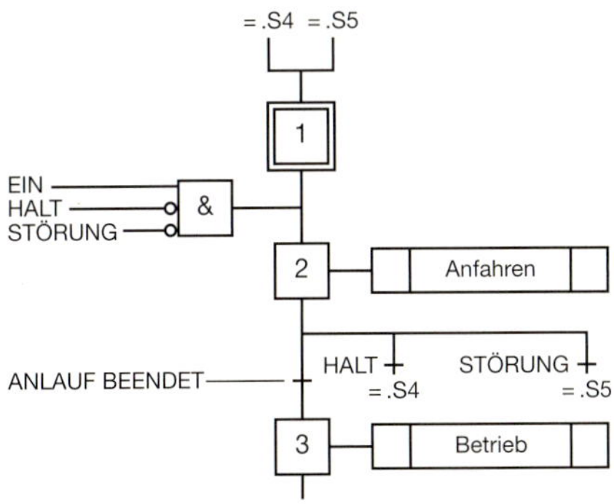

Motorsteuerung

Verdrahtungsplan – *Wiring plan*

Anwendungsart: verbindungsbezogen

Darstellungsart: mehrpolig

Geräteverdrahtungsplan (Abb. M)

Die Verdrahtung in einem Gerät ist mit allen Betriebsmitteln und deren Klemmen dargestellt.

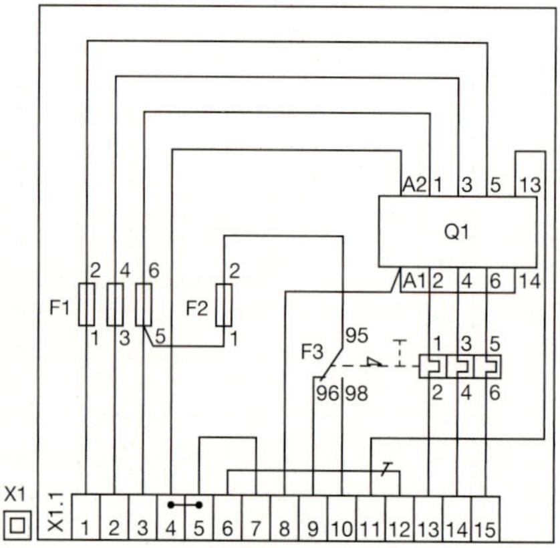

Schaltschrank X1
(hierzu auch Abbildung A)

Anschlussplan (Abb. O)

Die Verbindungen der Klemmen von der Baueinheit nach innen und außen sind dargestellt.

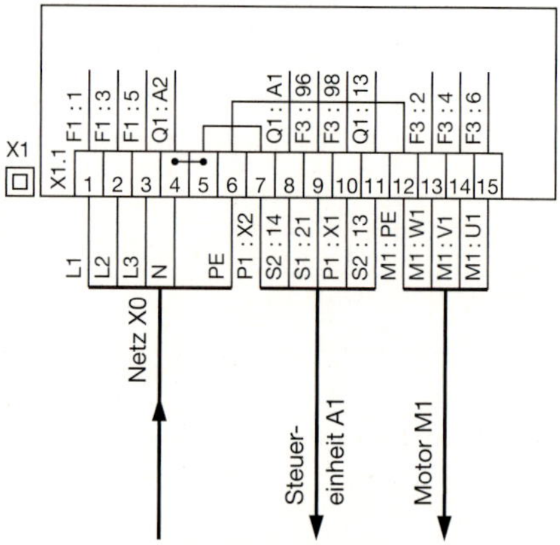

Schaltschrank X1
(hierzu auch Abbildung A)

Verbindungsplan (Abb. N)

Die Verbindungen zwischen den Klemmen der Baueinheiten sind dargestellt.

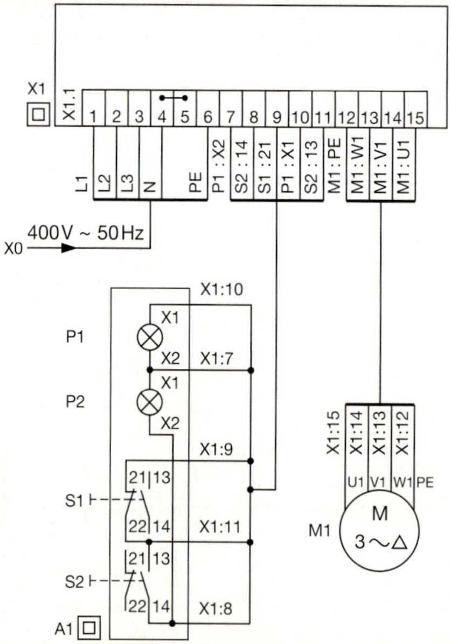

Schaltschrank X1
(hierzu auch Abbildung A)

Anschlusstabelle (Abb. P)

Die Verbindungen der Klemmen einer Baueinheit nach innen und außen sind dargestellt.

Klemmleiste: X1.1

Kabel		Ziel				Ziel		Kabel	
Nr.	Ader	Klemme	Betriebsmittel	Lasche	**Klemme**	Betriebsmittel	Klemme	Nr.	Ader
		1	F1		**1**	X0	L1	1	1
		3	F1		**2**	X0	L2	1	2
		5	F1		**3**	X0	L3	1	3
		A2	Q1		**4**	X0	N	1	4
		7	X1.1		**5**				
		12	X1.1		**6**	X0	PE	1	5
		5	X1.1		**7**	P1	2	1	6
		A1	Q1		**8**	S2	14	1	7
		96	F3		**9**	S1	21	1	8
		98	F3		**10**	P1	1	1	9
		13	Q1		**11**	S2	13	1	10
		6	X1.1		**12**	M1	PE	2	gnge
		2	F3		**13**	M1	W1	2	1
		4	F3		**14**	M1	V1	2	2
		6	F3		**15**	M1	U1	2	3

Schaltschrank X1
(hierzu auch Abbildung A)

Installationsplan – *Installation plan*

Kabelplan (Abb. Q)

Anwendungsart: verbindungsbezogen
Darstellungsart: einpolig

Die Kabelführungen sind mit den Aderbelegungen dargestellt.

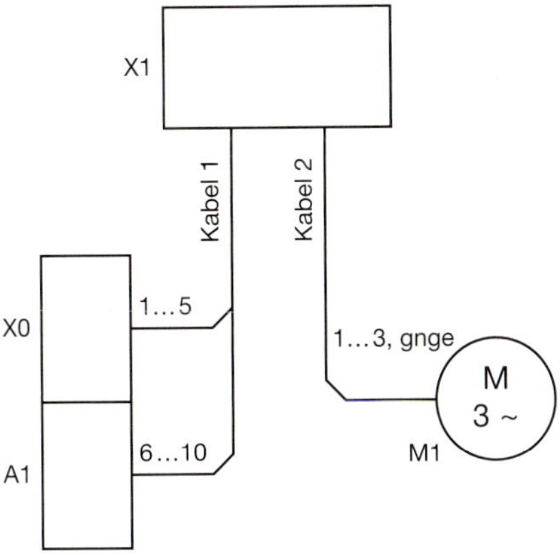

Drehstrom-Motor
(hierzu auch Abbildung A)

Anordnungsplan (Abb. S)

Anwendungsart: ortsbezogen
Darstellungsart: zusammenhängend

Die Betriebsmittel sind als geometrische Figuren lagerichtig dargestellt.

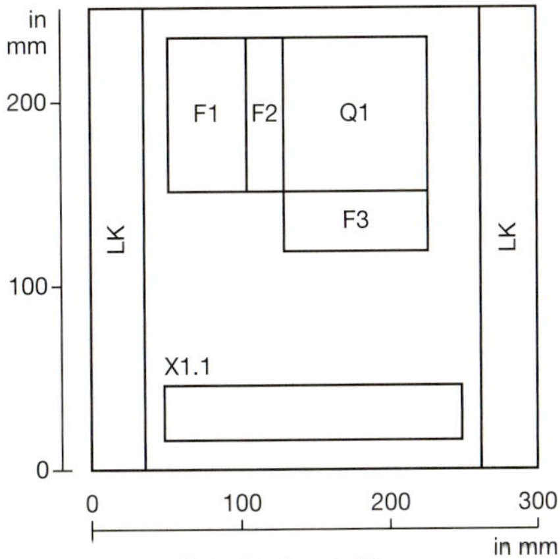

Schaltschrank X1
(hierzu auch Abbildung A)

Anwendungsart: ortsbezogen

Darstellungsart: einpolig zusammenhängend

Installationsplan (Abb. R)

Die Betriebsmittel sind in Grundrissen lagerichtig dargestellt, dabei werden die betreffenden Stromkreise ① angegeben.

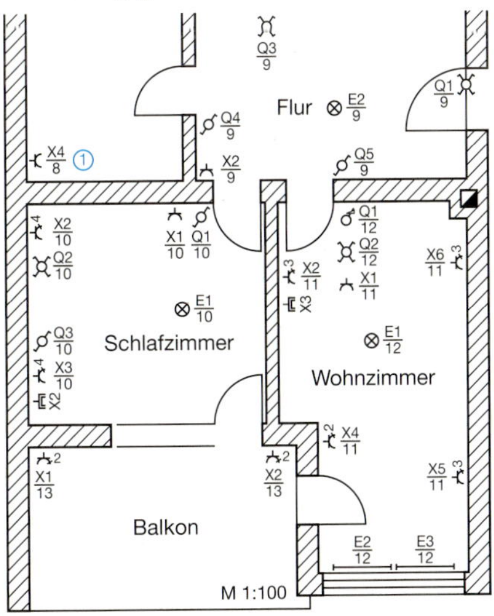

Wohnungsinstallation

Installationsschaltplan (Abb. T)

Die Leitungsführung zwischen Betriebsmitteln ist zusätzlich dargestellt.

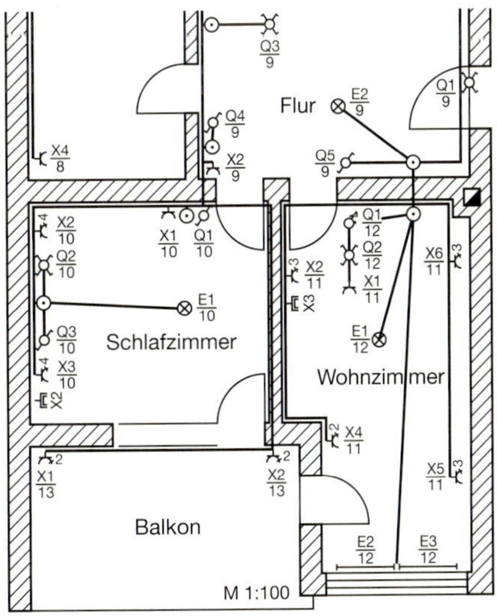

Wohnungsinstallation

Informationsverarbeitung – *Information processing*

Kontaktplan (KOP)

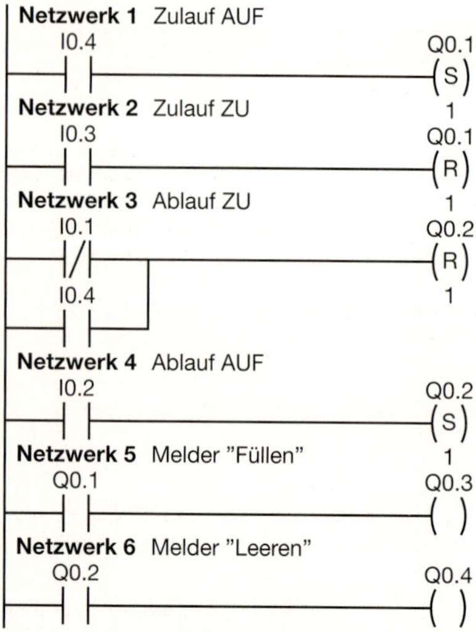

Behältersteuerung

Funktionsbaustein (FBS)

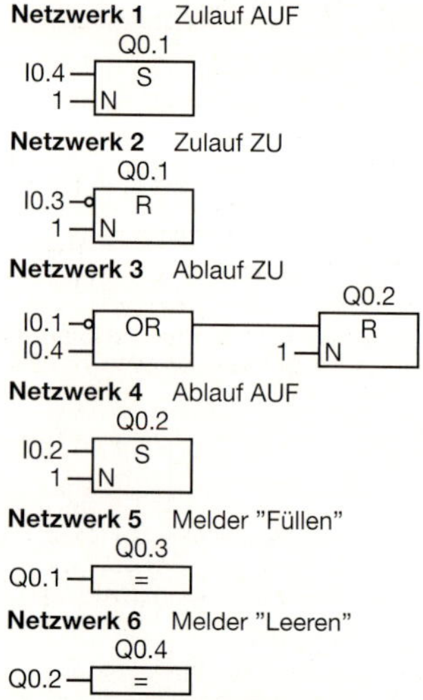

Behältersteuerung

Flussdiagramm

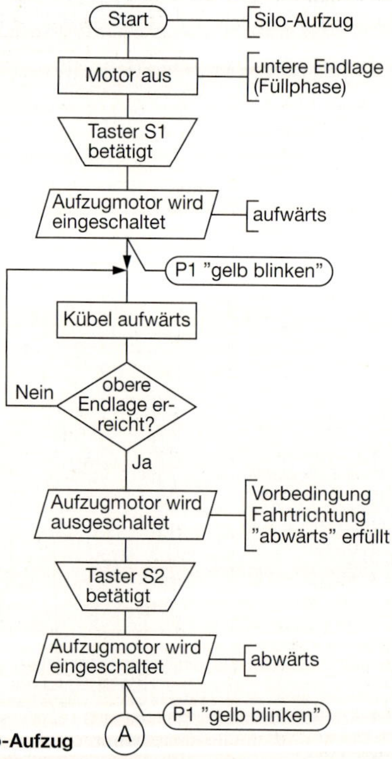

Silo-Aufzug

Bildzeichen für Flussdiagramme

	Optische oder akustische Anzeige eines Zustandes, z. B. „P1 blinken"
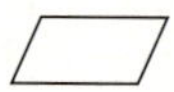	Eingabe oder Ausgabe z. B. „Motor 2 wird eingeschaltet"
	Operation, Anzeige eines Zustandes, z. B. „Motor 2 läuft"
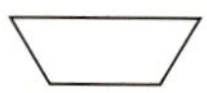	Operation von Hand, z. B. „Taster 1 betätigt"
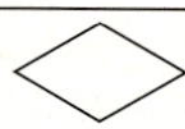	Bedingung (Verzweigung), z. B. „obere Endlage erreicht?"
	Kommentar (Bemerkung), z. B. „untere Endlage"
	Übergangsstelle oder Abbruch als Hilfe, z. B. um Linienkreuzungen zu vermeiden
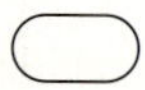	Grenzstelle, z. B. „Start"
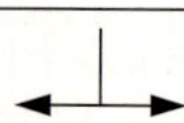	Ablauflinienverzweigung
	Ablauflinienzusammenführung

Kennzeichnung von elektrischen Betriebsmitteln

Designation of electrical equipment DIN EN 61346-2: 00-12

Kennzeichnungsstruktur

Funktionsbezogene Struktur	Beschreibt den Zweck oder die Aufgabe von Objekten (Trennzeichen: **=**).	=NE2=QA1: Leistungsschütz, AC 400/230 V Verteilung
Produktionsbezogene Struktur	Dient zur Identifizierung von Objekten (Trennzeichen: **–**).	–NE2–P1: Zählerschrank, AC 400/230 V Verteilung
Ortsbezogene Struktur	Beschreibt die örtliche Lage von Objekten (Trennzeichen: **+**).	+J1+N1: Batterieraum, 20 kV Gebäude

Bei der nachfolgend beschriebenen **funktionsbezogenen Klassifizierung** wird jedes Objekt (Betriebsmittel) als Teil eines Prozesses mit einem Ein- bzw. Ausgang betrachtet.

Beispiel: Elektroheizung

elektrische Energie

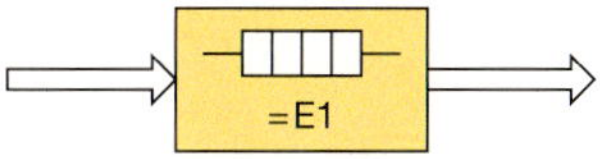

Wärmeenergie

Bei der Kennzeichnung eines Objektes sind folgende Punkte zu beachten:

- Das Betriebsmittel wird nach seiner **Aufgabe** und nicht nach seiner Wirkungsweise gekennzeichnet.

Beispiel:
Ein Tauchsieder wird mit E (Erzeugen von Wärme) bezeichnet, nicht mit R (Begrenzen elektrischer Energie).

- Das Betriebsmittel wird nach seinem **Hauptzweck** und nicht nach Teilaufgaben gekennzeichnet.

Beispiel:
Ein Prüfgerät für Schutzmaßnahmen mit Speicherfunktion wird mit P (Darstellen von Information) bezeichnet, nicht mit C (Speichern).

Klassen für infrastrukturelle Objekte

Objekte	Kennbuchstabe	Beschreibung	Beispiele
… für gemeinsame Aufgaben	A	Objekte, die mehreren Infrastrukturklassen zugeordnet werden.	Fernwirkanlage, zentrale Leittechnikanlage
… für Hauptprozesseinrichtungen	B … U	Die Buchstaben B bis U sind in der nebenstehenden Tabelle ausgeführt.	400/230 V Energieverteilung
… die nicht dem Hauptprozess zuzuordnen sind.	V	Objekte für die Lagerung von Materialien.	Fertigwarenlager, Müll-lager, Rohmateriallager
	W	Objekte mit administrativen oder sozialen Aufgaben.	Büro, Garage, Kantine
	X	Objekte mit Hilfsaufgaben neben dem Hauptprozess.	Alarmanlage, Brandschutzanlage, Beleuchtungseinrichtung, Elektroenergieverteilung, Gasversorgung, Klimaanlage, Wasserversorgung
	Y	Objekte mit Informations- oder Kommunikationsaufgaben.	Antennenanlage, Computernetzwerk, Lautsprecheranlage, Telefonanlage
	Z	Objekte zur Unterbringung technischer Anlagen.	Fabrikgelände, Gebäude, Straße, Wand

Energieverteilstation	
Buchstabe	**Spannungswerte**
B	> 420 kV
C	380 … ≤ 420 kV
D	220 … < 380 kV
E	110 … < 220 kV
F	60 … < 110 kV
G	45 … < 60 kV
H	30 … < 45 kV
J	20 … < 30 kV
K	10 … < 20 kV
L	6 … < 10 kV
M	1 … < 6 kV
N	< 1 kV
P	Potenzialausgleich
T	Anlagen zum Umspannen

Kennzeichnung von elektrischen Betriebsmitteln

Designation of electrical equipment DIN EN 61346-2: 00-12

Kennbuchstaben zur Objektklassifizierung

Kennbuchstabe	Hauptaufgabe/-zweck	Beispiele
A	Hauptaufgabe lässt sich nicht eindeutig bestimmen.	Schaltschrank, Sensorbildschirm
B	Umwandeln einer physikalischen Größe in Signal zur Weiterverarbeitung	Bewegungsmelder, Fotozelle, Fühler, Messrelais, Messwiderstand, Rauchmelder
C	Speichern von Energie bzw. Information	Festplatte, Kondensator, Pufferbatterie, RAM, Speicher
E	Kühlen, Heizen, Beleuchten, Strahlen	Boiler, Heizung, Lampe, Laser, Leuchte, Mikrowellengerät
F	Direktes Schützen von Personen oder Einrichtungen	Leitungsschutz-Schalter, Überspannungsableiter, RCD, Sicherung, SH-Schalter
G	Erzeugen von Energie, Materialfluss oder Signalen	Batterie, Brennstoffzelle, Dynamo, Generator, Lüfter, Solarzelle, Ventil
K	Verarbeiten von Signalen oder Informationen	Binärbaustein, Frequenzfilter, Hilfsschütz, Regler, Schaltrelais, Transistor, Zeitrelais
M	Bereitstellen von mechanischer Energie zu Antriebszwecken	Elektromotor, Stellantrieb
P	Darstellen von Information	Ampere- bzw. Voltmeter, Drucker, Klingel, Lautsprecher, LED, Uhr, Zähler
Q	Schalten und Variieren von Energie, Signal- und Materialfluss	Leistungsschalter, Motoranlasser, Leistungstransistor, Schütz, Stromstoßschalter, Thyristor, Trennschalter
R	Begrenzen oder Stabilisieren von Energie-, Informations- oder Materialfluss	Begrenzer, Diode, Drosselspule, Widerstand
S	Umwandeln manueller Betätigung in Signale	Steuerschalter, Tastschalter, Tastatur, Wahlschalter
T	Umwandeln von Energie bzw. Signalen unter Beibehaltung von Energieart bzw. Informationsgehalt	Antenne, Gleichrichter, Ladegerät, Modulator, Netzgerät, Transformator, Verstärker, Wandler, Wechselrichter
U	Halten von Objekten in einer definierten Lage	Isolator, Kabelpritsche, Mast, Montageschiene
V	Verarbeiten oder Behandeln von Material oder Produkten	Abscheider, Filter
W	Leiten oder Führen von Energie oder Signalen	Bussystem, Kabel, Leiter, Lichtwellenleiter, Sammelschiene
X	Verbinden	Klemme, Klemmleiste, Steckdose, Stecker, Verbinder

Unterklassen

Zur eindeutigen Beschreibung können weiterhin **Unterklassen** gebildet werden, die ebenfalls durch Kennbuchstaben gekennzeichnet werden.

Die Unterklassen müssen von Anwendern festgelegt und dokumentiert werden, wobei die Buchstaben I und O wegen der Verwechslungsgefahr mit den Ziffern 1 und 0 nicht benutzt werden sollen.

Beispiel:

Ist für einen Leistungstransformator die Klassenbezeichnung T nicht ausreichend, kann zusätzlich die Unterklasse A (Leistung transformieren) eingeführt werden.

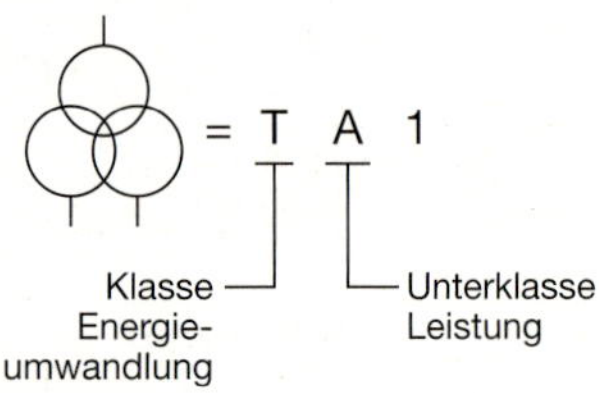

Die nachfolgende Tabelle zeigt beispielhaft die Unterklassen für die Klasse T (Umwandeln):

Buchstaben	Aufgabe
TA	Leistung transformieren
TB	Leistung umformen (AC/DC)
TC … TG	Frei
TH	Signale umformen
TJ	Signale verstärken
TK	Signale modulieren
TL	Frei
TM	Kombinierte Aufgabe (TG … TL)
TN … TT	Für Objekte, die mechanischer bzw. thermischer Energie zugeordnet werden.
TU … TY	Für Objekte, die einem Materialfluss zugeordnet werden.
TZ	Kombinierte Aufgabe (TA … TY)

Symbolelemente und Kennzeichen

Symbol elements and marks

DIN EN 60617-02: 97-08

Symbolelemente

Symbol		Bedeutung
	Form 1	Betriebsmittel, Komponente, Funktionseinheit, Funktion
	Form 2	
	Form 3	
	Form 1	Hülle, Gehäuse, Kolben, Kessel
	Form 2	
		Begrenzungslinie einer Gruppe zusammengehöriger Objekte
		Schirm, Abschirmung

Arten von Strömen und Spannungen

Symbol	Bedeutung
	Gleichstrom
~ 50 Hz	Wechselstrom, 50 Hz
3N ~ 400/230 V 50 Hz	Dreiphasen-Vierleitersystem
	Wechselstrom
	Niedrige Frequenzen
	Mittlere Frequenzen
	Hohe Frequenzen
	Gleichgerichteter Strom mit Wechselstromanteil

Erde, Masse, Äquipotenzial

Symbol	Bedeutung
	Erde
	Schutzerde
	Masse Gehäuse

Kennzeichen

Wirkungen von Abhängigkeiten

Symbol	Bedeutung
	Thermische Wirkung
	Elektromagnetische Wirkung
	Verzögerung

Wirkungsrichtung

Symbol	Bedeutung
	Übertragung, Energiefluss, Signalfluss, in einer Richtung (simplex)

Veränderbarkeit

Symbol	Bedeutung
	allgemein, nicht inhärent
	nicht inhärent, nicht linear
	inhärent
	trimmbar
5	nicht inhärent, 5stufig

Mechanische Stellteile

Symbol	Bedeutung
Form 1 Form 2	Wirkverbindung, allgemein. Mechanische, pneumatische und hydraulische Wirkverbindung
	Verzögerte Wirkung
	Selbsttätiger Rückgang
	Raste, Nichtselbsttätiger Rückgang
	Raste, eingerastet
	Sperre, nicht verklinkt
	Getriebe

Symbol	Bedeutung
	Blockiereinrichtung
	Kupplung, gelöst
M	Elektromotor mit eingel. Bremse

Antriebsarten

Symbol	Bedeutung
	Schaltschloss, Auslöseeinrichtung
	Betätigung durch Pedal
	Handantrieb, allgemein
	Betätigung durch Ziehen
	Betätigung durch Drehen
	Betätigung durch Drücken
	Betätigung durch Annähern
	Betätigung durch Berühren
	Notschalter
	Betätigung durch Kurbel
	Betätigung durch Schlüssel
	Betätigung durch Rolle
	Betätigung durch Nocken
	Betätigung durch elektromagnetischen Antrieb
M	Betätigung durch Motor
	Kraftantrieb, allgemein

Strahlungen

Symbol	Bedeutung
	nicht ionisierend, elektromagnetisch

Passive Bauelemente – *Passive components*

DIN EN 60617-04: 97-08

- Widerstand, allgemein Dämpfungsglied
- Heizelement
- Widerstand mit Anzapfungen
- Nebenschluss-widerstand, Shunt
- Widerstand, veränderbar, allgemein
- Widerstand, spannungsab-hängig, Varistor (U)
- Widerstand mit Schleifkontakt, Potentiometer
- Widerstand, einstellbar, mit Schleifkontakt
- Kondensator, allgemein
- Kondensator, gepolt, Elektrolyt-Kondensator
- Kondensator mit Voreinstellung
- Kondensator, veränderbar
- Kondensator, gepolt, spannungsabhängig, Halbleiter-Kondensator (U)
- Induktivität, Spule, Wicklung, Drossel
  - bevorzugte Form
  - frühere Form
- Induktivität mit Magnetkern
- Induktivität mit Luftspalt im Magnetkern
- Induktivität mit festen Anzapfungen
- Induktivität mit bewegbarem Kontakt, stufig veränderbar
- Koaxiale Drossel mit Magnetkern
- Magnetkern
- Magnetkern mit einer Wicklung
- Piezoelektrischer Kristall mit zwei Elektroden

Halbleiter – *Semiconductors*

DIN EN 60617-05: 97-08

Halbleiterdioden

- Halbleiterdiode, allgemein
- Leuchtdiode, allgemein
- Kapazitätsdiode, Varactor
- Durchbruch-Diode, Z-Diode

Transistoren

- PNP-Transistor
- NPN-Transistor
- NPN-Transistor mit zwei Basisanschlüssen
- Sperrschicht-Feldeffekt-Transistor (JFET) mit N-Kanal
- Sperrschicht-Feldeffekt-Transistor (JFET) mit P-Kanal
- Isolierschicht-Feldeffekt-Transistor (IGFET), Anreicherungstyp
- Isolierschicht-Feldeffekt-Transistor (IGFET), Anreicherungstyp, Substratanschluss herausgeführt
- Isolierschicht-Feldeffekt-Transistor (IGFET), Substrat intern mit Source verbunden
- Isolierschicht-Feldeffekt-Transistor (IGFET), Verarmungstyp
- Insulated Gate Bipolar Transistor (IGBT)

Thyristoren

- Thyristordiode rückwärts sperrend
- Thyristordiode, rückwärts leitend
- Thyristordiode, bidirektional, Diac
- Thyristortriode, Thyristor
- Thyristortriode, rückwärts sperrend, Anode gesteuert (N-Gate)
- Thyristortriode, rückwärts sperrend, Kathode gesteuert (P-Gate)
- Abschalt-Thyristortriode
- Abschalt-Thyristortriode, Anode gesteuert (N-Gate)
- Thyristortetrode, rückwärts sperrend
- Thyristortriode, bidirektional, Triac
- Thyristortriode, rückwärts leitend
- Thyristortriode, rückwärts leitend, Anode gesteuert (N-Gate)

Sensoren

- Diode, lichtempfindlich, Photodiode
- Widerstand, lichtempfindlich Photowiderstand
- Photoelement, Photozelle
- Optokoppler, Leuchtdiode und Phototransistor
- Hall-Generator

Leitungen und Verbinder – *Cables and connectors*

DIN EN 60617-03: 97-08

Leiter

	Leiter, Gruppe von Leitern, Leitung, Kabel, Stromweg, Übertragungsweg (z.B. für Mikrowellen)
Form 1 3 Form 2	Einpolige Darstellung, drei Leiter, Anzahl der Leiter durch kleine Striche oder durch einen Strich mit einer Zahl angezeigt
110 V 2 × 120 mm² Al	Oberhalb der Linie: Stromart, Netzart, Frequenz und Spannung.
3N ~ 50 Hz 400 V 3 × 120 mm² + 1 × 50 mm²	Unterhalb der Linie: Anzahl der Leiter, Multiplikationskreuz, Querschnitt der einzelnen Leiter und Leitermaterial durch sein chemisches Zeichen angeben
	Leiter, bewegbar
	Leiter, geschirmt
	Leiter, verdrillt, zwei Leiter dargestellt
	Leiter in einem Kabel, drei Leiter dargestellt
	Leiter, koaxial
	Koaxiale Leitung auf Anschlussstellen geführt
	Leiter, koaxial, geschirmt
	Lichtwellenleiter (LWL), allgemein Lichtwellenleiterkabel, allgemein

Bus, Datenleitung

	Bus, unidirektional, Signalflussrichtung von links nach rechts
	Bus, Signalfluss in beiden Richtungen

Kennzeichen für Leiter

	Neutralleiter (N) Mittelleiter (M)
	Schutzleiter (PE)
	Neutralleiter mit Schutzfunktion (PEN)
	Drei Leiter, ein Neutralleiter, ein Schutzleiter
	Leiter auf Putz
	im Putz
	unter Putz

Leitungen, Kabel

	Leiter im Erdreich, Erdkabel
	Leiter im Gewässer Seekabel
	Leiter, oberirdisch Freileitung
	Kabelkanal Trasse Elektro-Installationsrohr
	Erdkabel mit Verbindungsstelle
	Abschottung in einem gas- oder ölisolierten Kabel

Verbinder

	Buchse Pol einer Steckdose
	Stecker, Pol eines Steckers
	Buchse und Stecker, Steckverbindung
	Steckverbinder, mit Kennzeichnung des Schutzleiteranschlusses

Verbinder

	Steckverbindung, vielpolig allpolige Darstellung
3	einpolige Darstellung
	Steckverbinder, festes Teil
	Steckverbinder, bewegliches Teil
	Steckverbindung, zwei Buchsen durch einen Stecker verbunden.
	Steckverbindung mit Adapter
Form 1 Form 2	Trennstelle, Lasche, geschlossen
	Trennstelle, Lasche, offen

Anschlüsse und Leiterverbindungen

	Verbindung von Leitern
	Anschluss (z. B. Klemme)
	Klemmenleiste
1 2 3 4 5 6	Reihenklemmen, mit Anschlussbezeichnung und Funktion
Form 1 Form 2	Abzweig von Leitern
Form 1 Form 2	Doppelabzweig von Leitern
	Leiter-Verbindungsstück-Spleiß

Kontakte – *Contacts*

DIN EN 60617-07: 97-08

Kennzeichen

◖	Schütz-Funktion
×	Leistungsschalter-Funktion
—	Trennschalter-Funktion
ō	Lasttrennschalter-Funktion
■	Selbsttätige Ausschaltung
▽	Endschalter-Funktion
◁	Funktion „selbsttätiger Rückgang“
○	Funktion „nicht-selbsttätiger Rückgang“

Symbolelemente

Form 1 Form 2	Schließer, Schaltfunktion, allgemein Schalter		Wischer mit Kontaktgabe bei Betätigung
			Voreilender Schließer
	Öffner		Nacheilender Schließer
	Wechsler mit Unterbrechung		Nacheilender Öffner
	Wechsler mit Mittelstellung „Aus“		Schließer, Anzugverzögert
Form 1 Form 2	Wechsler ohne Unterbrechung Folgeumschaltglied		Abfallverzögert
			Öffner, Anzugverzögert
	Zwillingsschließer		Abfallverzögert

Elektroinstallation – *Electrical installations*

DIN EN 60617-11: 97-08

Schalter

	Schalter, allgemein
	Schalter mit Kontrollleuchte
	Ausschalter, einpolig
	Zeitschalter, einpolig
	Ausschalter, zweipolig,
	Serienschalter, einpolig
	Wechselschalter, einpolig
	Kreuzschalter, Zwischenschalter
	Dimmer
	Schalter mit Zugschnur
◎	Taster
⊗	Taster mit Leuchte

t	Zeitrelais
	Stromstoßschalter
	Stromstoßrelais
	Schaltuhr
	Schlüsselschalter Wächtermelder
L×<	Dämmerungsschalter

Geräte für Installation

	Leitung, nach oben führend
○	Dose, allgemein Leerdose, allgemein
⊙	Anschlussdose Verbindungsdose
	Hausanschlusskasten, allgemein dargestellt mit Leitung
	Verteiler, dargestellt mit fünf Anschlüssen

Steckdosen

3 Form 1 Form 2	Mehrfachsteckdose, dargestellt als Dreifachsteckdose
	Schutzkontaktsteckdose
	Steckdose mit Abdeckung
	Steckdose mit verriegeltem Schalter
	Steckdose mit Trenntrafo, z. B. für Rasier-Apparat
3/N/PE	Schutzkontaktsteckdose, dargestellt für Drehstrom, 5polig
TP	Fernmeldesteckdose, allgemein TP = Telephon M = Mikrophon = Lautsprecher FM = UKW-Rundfunk TV = Fernsehen TX = Telex

Elektroinstallation – *Electrical installations*

DIN EN 60617-10, -11: 97-08

Leuchten

Symbol	Bedeutung
	Leuchte, allgemein
	Leuchtenauslass, dargestellt mit Leitung
	Leuchtenauslass auf Putz
	Leuchte für Leuchtstofflampe,
	Leuchte mit drei Leuchtstofflampen,
5	Leuchte mit fünf Leuchtstofflampen
	Leuchte mit Schalter
	Sicherheitsleuchte Notleuchte mit getrenntem Stromkreis Rettungszeichenleuchte
	Scheinwerfer, allgemein
	Punktleuchte
	Flutlichtleuchte
	Leuchte für Entladungslampe
	Vorschaltgerät für Entladungslampen

Verschiedenes

Symbol	Bedeutung
	Heißwassergerät, dargestellt mit Leitung
	Ventilator, dargestellt mit Leitung
	Zeiterfassungsgerät
	Türöffner
	Wechselsprechstelle Haus- oder Torsprechstelle Gegensprechstelle

Elektro-Haushaltsgeräte

Symbol	Bedeutung
	Heißwasserspeicher
	Durchlauferhitzer
	Infrarotgrill
	Futterdämpfer
	Waschmaschine
	Wäschetrockner
	Geschirrspülmaschine
	Händetrockner Haartrockner
	Speicherheizgerät
	Infrarotstrahler
*	Klimagerät
***	Kühlgerät Tiefkühlgerät
* ***	Gefriergerät
E	Elektrogerät, allgemein
	Küchenmaschine
	Elektroherd, allgemein
	Mikrowellengerät
	Backofen
	Wärmeplatte
	Fritteuse

Ton- und Fernseh-Rundfunk

Symbol	Bedeutung
	Abzweigdose, allgemein
	Stichdose
	Durchschleifdose
	Antenne, allgemein
	Antenne, Polarisation zirkular
	Antenne, Azimut variabel
H	Richtantenne, Azimut fest. Polarisation vertikal, horizontales Strahlungsdiagramm
	Dipolantenne
	Faltdipolantenne Schleifendipolantenne
	Funkstelle, allgemein
	Parabolantenne, dargestellt mit Rechteck-Hohlleiterzuleitung

Aufzeichnungs- und Wiedergabegeräte

Symbol	Bedeutung
	Hörer, allgemein
	Mikrophon, allgemein
4	Handapparat
	Lautsprecher, allgemein
	Lautsprecher/ Mikrophon

Technische Dokumentation

Melde- und Signaleinrichtungen

Alarm- and signalling devices DIN EN 60617-08: 97-08

Gefahrenmelde-, Melde-Signaleinrichtungen

	Kennzeichen: Hilferuf (z. B. an Polizei)
	Differenzialprinzip
	Uhr, allgemein Nebenuhr
	Passierschloss für Schaltwege in Sicherheitsanlagen
	Lichtsender Gleichlichtsender
	Lichtempfänger mit Hell-Schaltung und Kontaktausgang
	Lichtschranke • Lichtsender mit Wechsellicht • Lichtempfänger in Dunkelschaltung mit Kontaktausgang

	Leuchtmelder mit Glimmlampe
	Melder mit Fühleinrichtung, z. B. für Blinde
	Temperaturmelder
	Rauchmelder, selbsttätig, lichtabhängiges Prinzip
	Erschütterungsmelder, Tresorpendel
	Ruhestromschleife, als Brandfühler
	Polizeimelder, mit Sperrung und mit Fernsprecher
	Brandmelder
	Bandmelder, Polizeimelder, Laufwerk mit Sperrung Polizeimelder mit Sperrung

	Leuchte, allgemein Leuchtmelder, allgemein

Neben dem Schaltzeichen darf die Farbe nach DIN IEC 757 angegeben werden:

RD	rot	BU	blau
YE	gelb	WH	weiß
GN	grün		

	Leuchtmelder, blinkend
	Sichtmelder, elektromechanisch, Schauzeichen, Fallklappe
	Horn, Hupe
	Wecker, Klingel
	Gong, Einschlagwecker
	Sirene
	Schnarre, Summer

Fernsprecher

	Fernsprecher, allgemein

Grafische Symbole für EIB – *Graphical symbols in building system engineering*

Basis und Systemkomponenten

	Busankoppler BA		Datenschnittstelle, Schnittstelle RS232
	Linienkoppler LK		Externe Schnittstelle, Gateway, GAT
	Bereichskoppler BK		Verbinder

Aktoren

	Aktor, allgemein		Schaltaktor, potenzialfrei
	Aktor, allgemein m. Zeitverzögerung		Jalousieaktor, Jalousieschalter
	Anzeigetableau, Anzeigeeinheit		Dimmaktor, Schalt-/Dimmaktor

Sensoren

	Analogsensor, Analogeingang		Binärsensor, Binäreingang, Binäreingabe(gerät)
	Tastsensor, Taster		IR-Sender
	Dimmsensor, Dimmtaster		IR-Decoder
	Steuertastsensor, Steuertaster		Zeitwertschalter, Zeitschaltuhr
	Temperatursensor		Bewegungsmelder PIR: Passiv Infra Rot
	Zeitsensor, Uhr		Helligkeitssensor

Schaltgeräte und Schutzeinrichtungen

Switching devices and protection equipments

DIN EN 60617-07: 97-08

Technische Dokumentation

Schalter – Schaltgeräte	
	Schließer mit selbsttätigem Rückgang
	Schließer mit nicht selbsttätigem Rückgang
	Öffner mit selbsttätigem Rückgang
	Grenzschalter Endschalter (Schließer)
	Grenzschalter, Endschalter, mechanische Betätigung in beiden Richtungen
	Öffner mit selbsttätiger thermischer Betätigung (Thermokontakt, z. B. Bimetall)
	Gasentladungsröhre mit Thermokontakt, Startor für Leuchtstofflampe
	Schütz mit selbsttätiger Auslösung
	Schütz (Öffner)
	Leistungsschalter
	Trennschalter Leerschalter
	Lasttrennschalter
	Laststrennschalter mit selbstätiger Auslösung
	Erdungsschalter, allgemein

	Quecksilberschalter mit drei Anschlüssen
	Handbetätigter Schalter
	Druckschalter, Taster
	Berührungsempfindlicher Schalter
	Näherungsempfindlicher Schalter
	Motorschutzschalter, dreipolig, mit thermischer und magnetischer Auslösung
	Fehlerstrom-Schutzschalter, vierpolig
	Leitungsschutz-Schalter
	Schließer betätigt dargestellt
	Pilz-Notdrucktaster mit zwangsläufiger Betätigung und Selbsthaltung des Öffners
	Tastschalter mit Schließer, handbetätigt (**Ausschalter**)
	Stellschalter mit Schließer, handbetätigt (**Ausschalter**)
	Stellschalter mit drei Schaltstellungen, Zweiwegschließer, handbetätigt, (**Gruppenschalter**)

Elektromagnetische Antriebe	
Form 1 Form 2	Elektromechanischer Antrieb, Relaisspule
	Elektromechanischer Antrieb mit Rückfallverzögerung
	Elektromechanischer Antrieb mit Ansprechverzögerung
	Elektromechanischer Antrieb mit Ansprech- und Rückfallverzögerung
	Elektromechanischer Antrieb eines Stützrelais
	Elektromechanischer Antrieb eines polarisierten Relais
	Elektromechanischer Antrieb eines Thermorelais
	Fortschaltrelais Stromstoßrelais
	Antrieb eines elektronischen Relais
	Tonfrequenz-Rundsteuerrelais
	Stellschalter mit zwei Betätigungsstücken, handbetätigt (**Serienschalter**)
	Stellschalter mit zwei Schaltstellungen, Umschaltglied, Wechsler, handbetätigt (**Wechselschalter**)
	Kreuzschalter

Mess- und Schutzeinrichtungen

Measuring and protection equipments

DIN EN 60617-07, -08: 97-08

Schutzeinrichtungen

Symbol	Benennung
	Sicherung, allgemein
	Sicherung. Die breite Seite kennzeichnet den netzseitigen Anschluss.
	Sicherung mit mechanischer Auslösemeldung (Schlagbolzensicherung)
	Sicherung mit Meldekontakt und drei Anschlüssen
	Sicherungsschalter
	Dreipoliger Schalter mit selbsttätiger Auslösung durch den Schlagbolzen jeder einzelnen Sicherung
	Sicherungstrennschalter
	Sicherungs-Lasttrennschalter
D II / 10 A	Schraubsicherung, dargestellt 10 A, Typ D II, dreipolig
00 / 25 A	Niederspannungs-Hochleistungs-Sicherung (NH), dargestellt 25 A, Größe 00
* S	Selektiver Hauptleitungsschutz-Schalter
	Blitzstromableiter
	Funkenstrecke
	Überspannungsableiter
	Überspannungsableiter in einer Gasentladungsröhre

Aufzeichnende Messgeräte

Symbol	Benennung
*	Messgerät, anzeigend, allgemein
V	Spannungsmessgerät
A	Amperemeter, Strommessgerät
W	Wattmeter, Leistungsmessgerät
var	Blindleistungsmessgerät
$\cos\varphi$	Leistungsfaktormessgerät
Hz	Frequenzmessgerät
n	Drehzahlmessgerät
	Galvanometer
	Synchronoskop
φ	Phasenwinkelmessgerät
	Oszilloskop
V U_d	Differenzial-spannungs-, Gleichspannungsmessgerät
A $I\sin\varphi$	Blindstrommessgerät
Ω	Widerstandsmessgerät
Θ	Thermometer, Pyrometer
	Messwerk mit Spannungspfad
	Messwerk mit einem Strompfad
	Messwerk zur Summen- oder Differenzbildung
	Messwerk zur Produktbildung
	Messwerk zur Quotientenbildung
	Kreuzzeigerinstrument

Zähler

Symbol	Benennung
h	Betriebsstundenzähler
Ah	Amperestundenzähler
Wh	Wattstundenzähler, Elektrizitätszähler
Wh	Mehrtarif-Wattstundenzähler, Zweitarifzähler dargestellt
Wh $P>$	Wattstundenzähler, der nur zählt, wenn ein vorgegebener Wert überschritten wird
Wh	Wattstundenzähler mit Übertragungseinrichtung
varh	Blindverbrauchszähler
0	Impulszähler mit elektrischer Rückstellung auf Null

Messrelais

Symbol	Benennung
$m<3$	Phasenausfallrelais in einem Dreiphasensystem
$U=0$	Nullspannungsrelais
$I>$	Überstromrelais, verzögert
	Näherungsempfindliche Einrichtung, kapazitiv, reagiert auf Näherung eines Festkörpers

Erzeugung und Umwandlung elektrischer Energie

Generation and conversion of electrical energy

DIN EN 60617-06: 97-08

Symbol	Benennung
	Gleichstrom-Umrichter
	Gleichrichter
	Gleichrichter in Brückenschaltung
	Wechselrichter
	Gleichrichter/Wechselrichter (umschaltbar)
	Wechselstrom-umrichter
U const	Spannungs-konstanthalter
	Primärzelle Primärelement Akkumulator
G	Generator, allgemein
	Heizquelle, allgemein
	Verbrennungs-Heizquelle
G	Fotoelektrischer Generator

Signalumformer

Symbol	Benennung
	Signalumformer, allgemein
∩ #	Analog/Digital-Umsetzer
	Wechsel-Gleich-Spannungs-Umformer
	Gleichspannung-Pulsspannung-Umformer

Steller- und Regelgeräte

Symbol	Benennung
*	Regler (Asteriskus * muss durch Buchstaben bzw. Grafik ersetzt werden)
P	P-Regler
	Regler, der entsprechend der Kurve regelt
	Dreipunktregler mit schaltendem Ausgang
PD	Zweipunktregler mit schaltendem Ausgang
PID	PID-Regler mit steigendem Ausgangssignal bei steigendem Eingangssignal
PI	PI-Regler mit fallendem Ausgangssignal bei steigendem Eingangssignal
*	Steller (hat nur einen Eingang)
U	Spannungs-steller

Übertragungseinrichtungen

Symbol	Benennung
G 500 Hz	Sinusgenerator, 500 Hz
G 500 Hz	Sägezahn-generator, 500 Hz
G	Pulsgenerator
f_1 f_2	Frequenz-umsetzer, Umsetzung von f_1 nach f_2
f $\frac{f}{n}$	Frequenzteiler
Form 1 Form 2	Verstärker, allgemein
	Filter, allgemein
	Tiefpass
	Hochpass
	Bandpass
	Bandsperre
	Vorverzerrer Preemphase
	Entzerrer, allgemein
	Zerhacker, elektronisch
	Begrenzer
	Modulator, allgemein Demodululator, allgemein Diskriminator, allgemein

Sensoren

Symbol	Benennung
Δl	Dehnungs-messstreifen
ϑ	Widerstands-thermometer, Bolometer
ϑ I	Messumformer Temperatur in elektrischen Strom
n	Drehzahlgeber

Thermoelemente

Symbol	Benennung
– + Form 1 Form 2	Thermoelement

Ventile und magnetische Geräte

Symbol	Benennung
	Absperrorgan, offen
	geschlossen

Technische Dokumentation

Erzeugung und Umwandlung elektrischer Energie

Generation and conversion of electrical energy

DIN EN 60617-06: 97-08

Kennzeichnung der Schaltungsart

|	Eine Wicklung
|||	Drei getrennte Wicklungen
|||3~	Drei getrennte Wicklungen, Dreiphasen-System
△	Dreieckschaltung
Y	Sternschaltung
	Sternschaltung, Neutralleiter herausgeführt

Maschinenarten

	Maschine, allgemein. An die Stelle des Sterns (*) muss eines der folgenden Kennzeichen eingetragen werden: C Umformer G Generator GS Synchrongenerator M Motor MG Als Generator oder als Motor nutzbare Maschine MS Synchronmotor
	Wechselstrom-Reihenschlussmotor, einphasig
	Linearmotor
	Schrittmotor
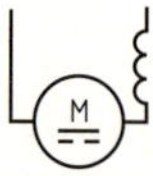	Gleichstrom-Reihenschlussmotor
	Gleichstrom-Nebenschlussmotor
	Gleichstrom-Doppelschlussgenerator, mit Anschlüssen und Bürsten
	Drehstrom-Reihenschlussmotor
	Synchronmotor, einphasig
	Drehstrom-Synchrongenerator, Sternschaltung, Neutralleiter herausgeführt
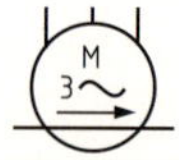	Drehstrom-Linearmotor, Bewegung in nur einer Richtung
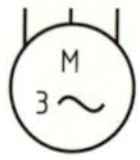	Drehstrom-Asynchronmotor mit Käfigläufer
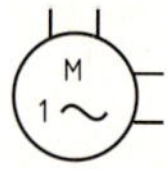	Asynchronmotor, einphasig, mit Käfigläufer, Enden für eine Anlaufwicklung herausgeführt
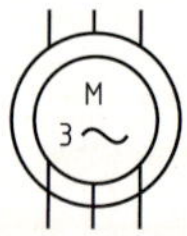	Drehstrom-Asynchronmotor mit Schleifringläufer

Transformatoren und Drosseln

Form 1	Form 2	
		Transformator mit zwei Wicklungen, Spannungswandler Kennzeichnung gleicher Phasenlagen, gleichzeitig eintretende Ströme erzeugen Magnetflüsse in gleicher Richtung
		Transformator mit drei Wicklungen
		Spartransformator
		Spartransformator, einphasig
		Drossel

Form 1	Form 2	
	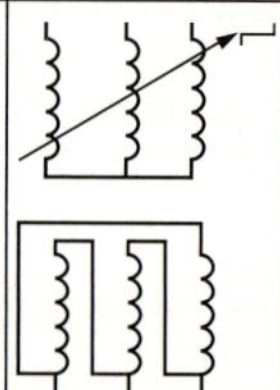	Drehstromtransformator mit Last-Stufenschalter, Stern/Dreieckschaltung
	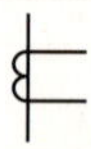	Stromwandler, Impulstransformator
		Einphasentransformator mit zwei Wicklungen und Schirm
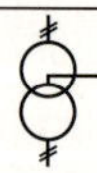		Transformator mit Mittenanzapfung an einer Wicklung
		Transformator mit veränderbarer Kopplung

Binäre Elemente – *Binary logic elements*

DIN EN 60617-12: 99-04

Symbolaufbau

Bevorzugte Stelle für das allgemeine Funktionskennzeichen

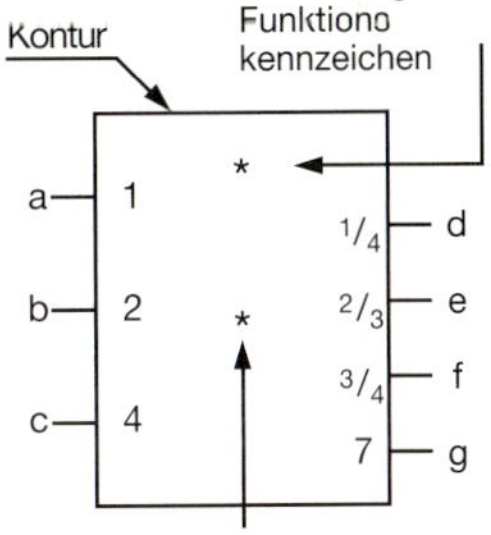

Alternative Stelle für das allgemeine Funktionskennzeichen

Konturen

	Element-Kontur als Quadrat dargestellt
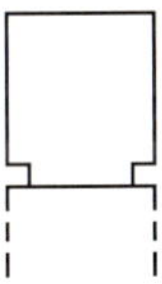	Steuerblock-Kontur
	Ausgangsblock-Kontur

Anordnung mehrerer Elemente

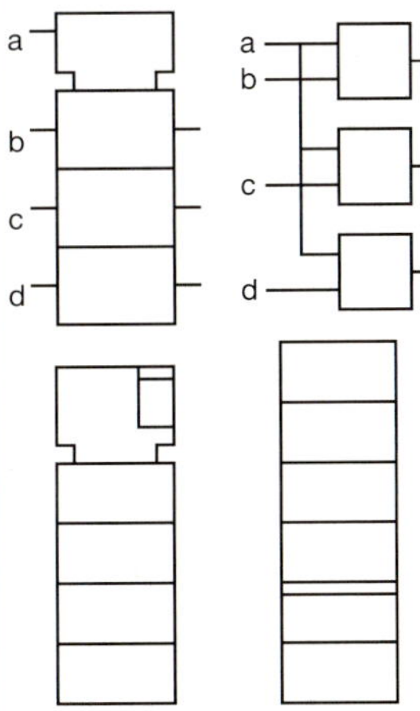

Kennzeichen an Eingängen, Ausgängen und anderen Verbindungen

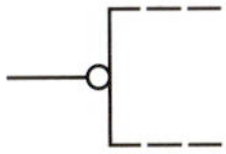	Negation Eingang
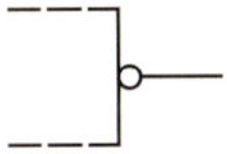	Ausgang
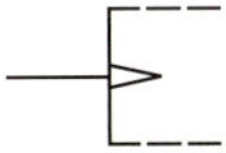	Dynamischer Eingang
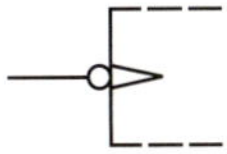	Dynamischer Eingang mit Negation
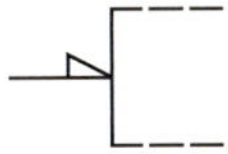	Polaritätsindikator, Eingang
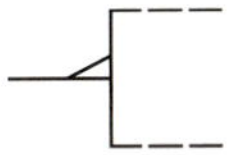	Polaritätsindikator, Ausgang Signalflussrichtung von rechts nach links
Beispiel: 	vom externen 1-Zustand zum externen 0-Zustand

Kennzeichen innerhalb der Kontur

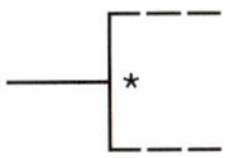	Eingang
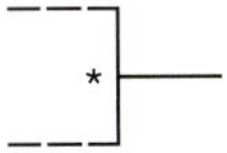	Ausgang

* muss ersetzt werden durch nachfolgende Schaltzeichen

	Retardiert
	Schwellwert Hysterese
	Analoger Eingang
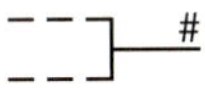	Digitaler Ausgang

Kombinatorische Elemente

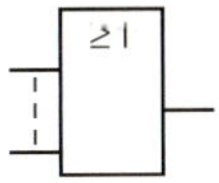	ODER-Element, allgemein
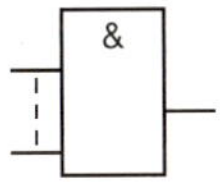	UND-Element, allgemein
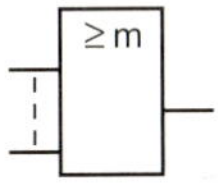	Schwellwert-Element, allgemein
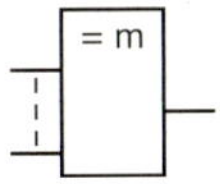	(m aus n)-Element, allgemein
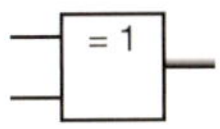	Exklusiv-ODER-Element, Antivalenz-Element, allgemein
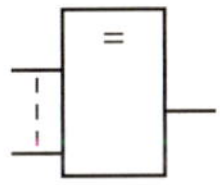	Äquivalenz-Element, allgemein
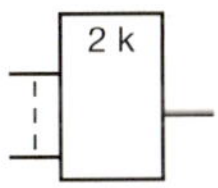	GERADE-Element, PARITÄTS-Element, allgemein
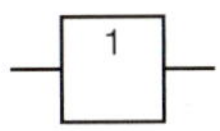	Buffer ohne besondere Verstärkung am Ausgang, allgemein
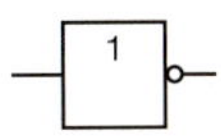	NICHT-Element, Inverter (in einem Schaltplan mit einheitlicher Logik-Vereinbarung)
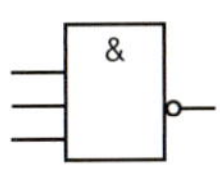	UND mit negiertem Ausgang, NAND
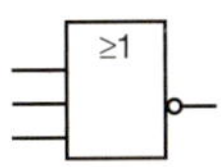	ODER mit negiertem Ausgang, NOR

Binäre Elemente – *Binary logic elements*

DIN EN 60617-12: 99-04
DIN EN 60617-13: 94-01

Bistabile Elemente

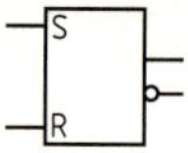

RS-Flipflop

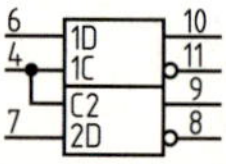

D-Flipflop, einzustandsgesteuert, zweifach

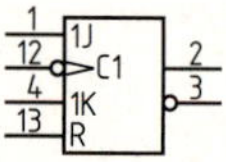

JK-Flipflop, einflankengesteuert

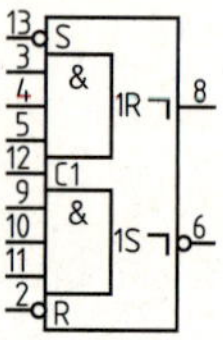

RS-Flipflop, zweizustandsgesteuert

Spezielle Schalteigenschaften bistabiler Elemente

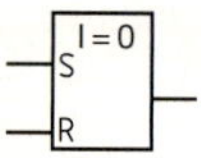

RS-bistabiles-Element mit dem Anfangszustand 0

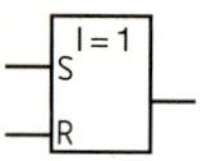

RS-bistabiles-Element mit dem Anfangszustand 1

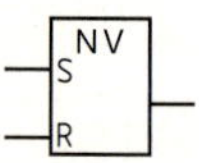

RS-bistabiles-Element, nullspannungsgesichert

Monostabile Elemente

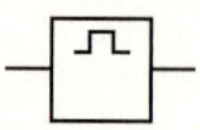
Monostabiles Element, nachtriggerbar

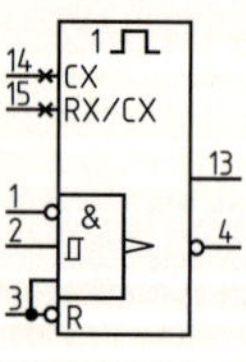

Monostabiles Element, nicht nachtriggerbar

Astabile Elemente

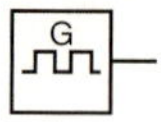

Astabiles Element, z. B. Taktgenerator

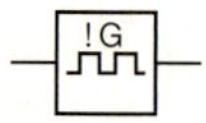

Gesteuertes astabiles Element, synchron gestartet

Elemente mit Hysterese

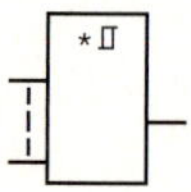

Element mit Hysterese, allgemein

Codierer, Code-Umsetzer

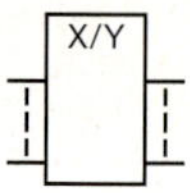

Codierer, Code-Umsetzer, allgemein

Speicher

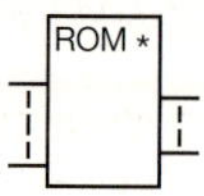

Nur-Lese-Speicher, allgemein

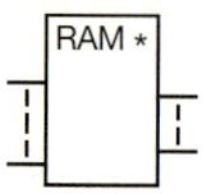

Schreib-Lese-Speicher, allgemein

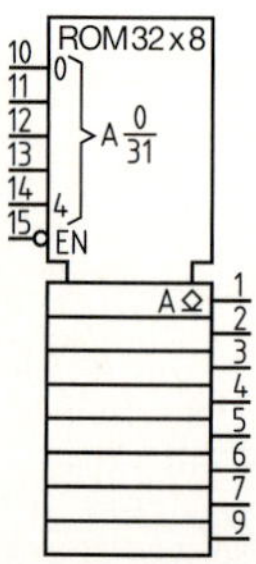

Nur-Lese-Speicher, 32 x 8 Bit

Digitale Verzögerungselemente

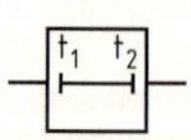

Verzögerungselement mit Angabe der Verzögerungszeiten

Schieberegister und Zähler

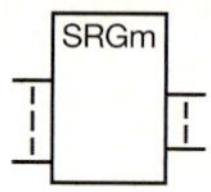

Schieberegister, allgemein

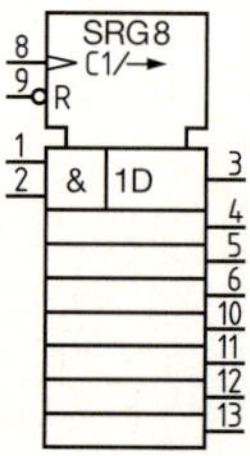

Schieberegister, 8 Bit, mit paralleler Ausgabe

Arithmetische Elemente

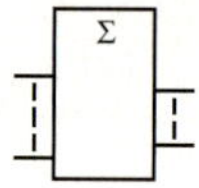

Addierer, allgemein

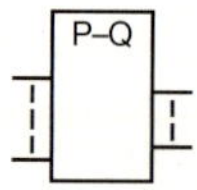

Subtrahierer, allgemein

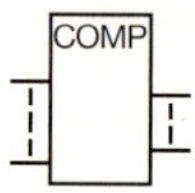

Zahlenkomparator, allgemein

Verstärker

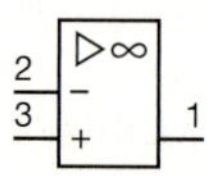

Operationsverstärker (z. B. Teil von LM324)

Vergleicher (Komparator)

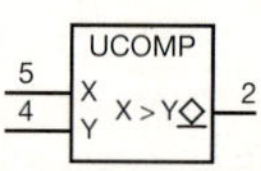

Spannungsvergleicher (z. B. Teil von LM339)

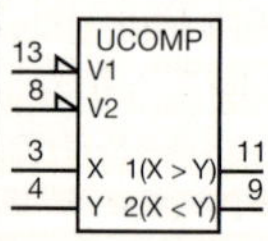

Spannungsvergleicher (z. B. LM361)

Informationstechnische Systeme 4

PC-Schnittstellen und -Anschlüsse – *PC-interfaces and connectors*

Chipsatz Intel 975x

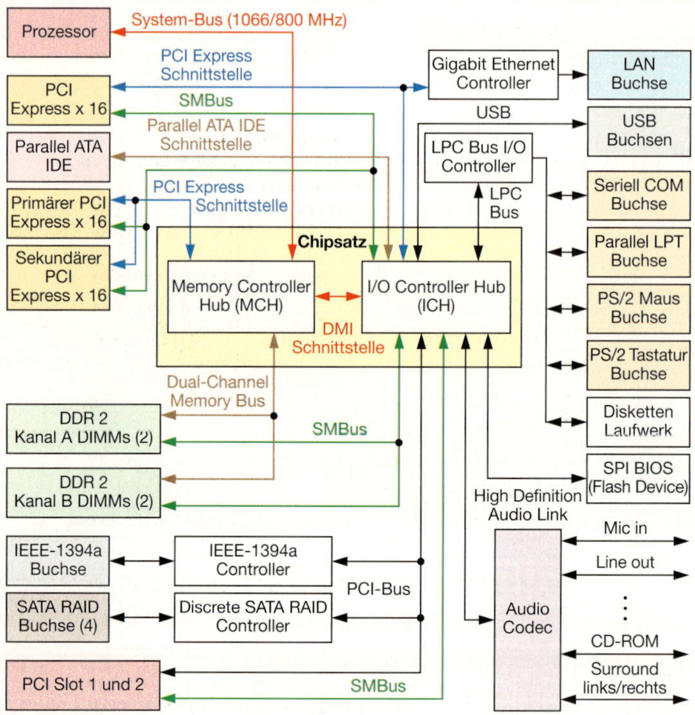

DMI:
Desktop Management Interface (Schnittstelle)

LPC:
Legacy Port Controller, entspricht dem seriellen ISA-Bus mit geringerer Leitungszahl, „alte" PC-Schnittstellen

PCI:
Peripheral Component Interconnect

SMBus:
System Management Bus, Steuerbus der dem I²C-Bus entspricht

Systembus:
Zentraler Bus, der Zentraleinheit mit Hauptspeicher u. Cache verbindet (Datenbus, Steuerbus, Adressbus)

Abkürzungen

- **AGP**: **A**ccelerated **G**raphic **P**ort; Hochgeschwindigkeitsverbindung zwischen Grafikkarte und Prozessor unter Umgehung des PCI-Busses.
- **COM**: **Com**munication; serielle Schnittstelle zum Anschluss von Peripheriegeräten mit geringem Datentransfer (z. B. Maus, Tastatur, Modem).
- **Controller**: Aufseher, Leiter; elektronische Schaltung zwischen Prozessor und Peripherie (Soft- und Hardware) zur Anpassung.
- **EIDE**, **E-IDE**: **E**nhanced **IDE**-Schnittstelle; erweiterte IDE-Schnittstelle (schnellerer Datentransfer als bei IDE), 40polig.
- **IDE**: **I**ntegrated **D**evice **E**lectronics; Schnittstelle für Geräte mit integriertem Controller (z. B. Festplatte, CD-ROM), 40polig, 16 Bit Datenbusbreite.
- **SATA**: **S**erial **ATA**; serielle Schnittstelle für Festplatten.
- **LPT**: **L**ine **Print**er; parallele Schnittstelle zum Anschluss von Peripheriegeräten (z. B. Scanner, Drucker)
- **PCI**: **P**eripheral **C**omponent **I**nterface; für die Interne Erweiterung durch Steckkarten.
- **USB**: **U**niversal **S**erial **B**us; serieller Bus-Anschluss zum vereinfachten Anschalten von Peripheriegeräten (Geräte während des Betriebs einsteckbar), bis zu 127 Geräte.

Buchsen

① Maus
② Tastatur
③ LPT (Parallele Schnittstelle)
④ COM (Serielle Schnittstelle)
⑤ IEEE 1394 (Fire Wire)
⑥ Video
⑦ USB-Schnittstelle
⑧ LAN-Netzwerk
⑨ Audio, Ein- und Ausgänge

Monitor – *Monitor*

Bildröhre

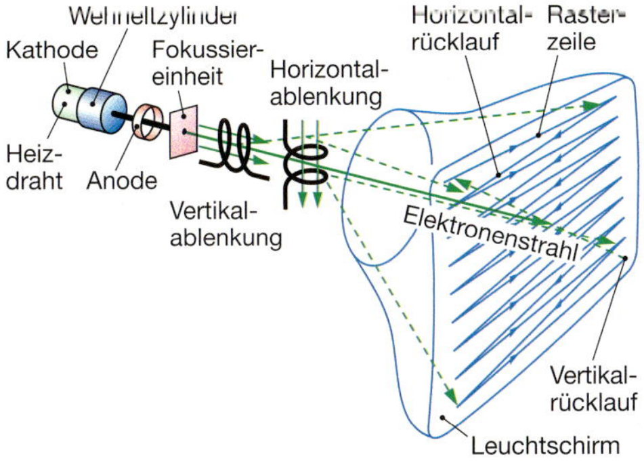

Kenndaten

- **CRT**: **C**athode **R**ay **T**ube
- **Bildwiederholfrequenz**:
  Anzahl der Bilder pro Sekunde in Hz, je höher, um so ruhiger das Bild, ab etwa 72 Hz kein Flimmern mehr wahrnehmbar.
- **Zeilenfrequenz**:
  Zeilen pro Sekunde in kHz.
- **Auflösung**:
  Anzahl der waagerechten und senkrechten Bildpunkte (Pixel), Angabe z. B. 1024 x 768 (Breite x Höhe).
- **Lochmaskenabstand (DOT-Pitch)**:
  Abstand zwischen zwei Öffnungen der Lochmaske (0,32 bis 0,25 mm), je geringer der Abstand, um so höher die Auflösung.

Masken

Lochmaske

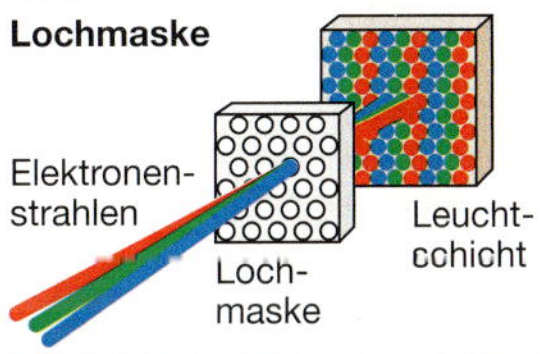

Streifenmaske

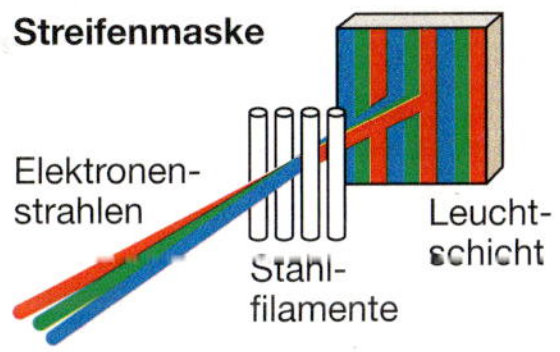

Schlitzmaske

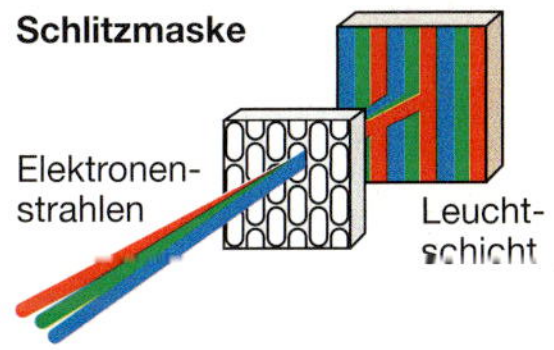

Flachbildschirme

LCD (**L**iquid **C**rystal-**D**isplay)

Aufbau und Arbeitsweise

- Zwei planparallele Glasplatten, zwischen denen sich Flüssigkristalle befinden.
- Durch eine elektrische Spannung werden die Moleküle ausgerichtet, die Lichtdurchlässigkeit verändert sich.
- **TFT**: **T**hin **F**ilm **T**ransistor
  Transistoren in Dünnfilmtechnik auf der Glasplatte, Tripel aus drei Transistoren (RGB), über die jedes Pixel angesteuert werden kann.
- Hintergrundbeleuchtung zur Bilderzeugung erforderlich.

Vergleich CRT mit LCD

Merkmal	LCD	CRT
Flächenausnutzung	100 %	85 % bis 90 %
Größe	geringere Tiefe, 15 bis 20 cm mit Fuß	Tiefe > 40 cm, steigt mit Monitorgröße
Masse	5 – 7 kg (15 Zoll)	> 20 kg
Leistung	z. B. 30 W	z. B. 120 W
Strahlung	keine	reduziert
Abbildungseigenschaft	keine Verzerrungen	hängt von der Qualität der Fokussierung ab (Rand)
Winkelabhängigkeit	vorhanden, Kontrast und Farben	unabhängig
Nachleuchten	gering, hängt von der Qualität ab	vernachlässigbar

PLD (**Pl**asma-**D**isplay)

Aufbau und Arbeitsweise

- Die Lichtpunkte entstehen durch Gasentladungen in den einzelnen Zellen. Für jede Farbe gibt es eine Zelle.
- Zeilen- und Spaltenelektroden sind um 90° versetzt.
- Keine zeilenweise Bildentstehung, sondern Vollbilddarstellung, ⇒ kein Zeilenflimmern.
- Ansteuerung:
  1. Zeilenweise Adressierung
  2. Displayphase (Haltephase):
     Durch angelegte Spannung entsteht Plasma (geladene Ionen), Strom fließt, Licht wird emittiert.
  3. Löschphase

PLD-Zelle

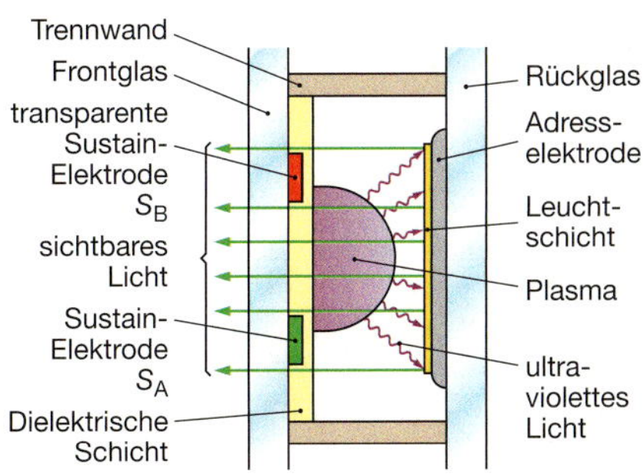

Monitor – *Monitor*

Monitorarten

Röhrenmonitor CRT
(engl. **C**athode **R**ay **T**ube)
Bilderzeugung über einen Elektronenstrahl in einer Vakuumröhre.

Flachbildschirm TFT
(engl. **T**hin **F**ilm **T**ransistor)
Bildpunkte sind in einer Matrix angeordnet und werden getrennt angesteuert.

Daten:

- Bildschirmdiagonale: z. B. 17", 19", 21" (CRT) – z. B. 19", 21", 22", 24", 26" (TFT)

CRT: Bildwiederholfrequenz:
- horizontal (z. B. 30 kHz bis 125 kHz)
- vertikal (z. B. 50 Hz bis 160 Hz)

TFT: Kontrast: 1000 : 1
Helligkeit: 500 cd/m^2

- Schnittstellen:

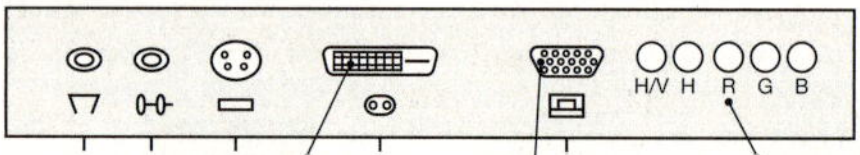

DVI
Digital **V**isual **I**nterface

VGA
Video **G**raphic **A**rray

BNC
Bayonet-**N**eill-**C**oncelman

- Leistung (z. B. 130 W)
- Prüfsiegel (z. B. TCO 03)

Bildschirmauflösung in Pixel

Abkürzung Bezeichnung	**VGA** Video Graphics Array	**SVGA** Super VGA	**XGA** Extended Graphics Array	**SXGA** Super XGA	**UXGA** Ultra XGA	**HDTV** High-Definition TV	**QXGA** Quad XGA
Auflösung	640x480	800x600	1024x768	1280x1024	1600x1200	1920x1080	2048x1536

Projektoren – *Projectors*

Leistungsdaten:

- Bildformat (z. B. 0,64 – 13 m diagonal)
- Lichtstrom (z. B. 2500 ANSI-Lumen[1])
- Bildwiederholfrequenz
  - horizontal (z. B. 15 kHz bis 150 kHz)
  - vertikal (z. B. 50 Hz bis 190 Hz)
- Schnittstellen:
  RBG Ein-/Ausgang ①,
  Audio Ein-/Ausgang ②,
  Videoeingang z. B. für Videorecorder ③,
  S-Video z. B. für DVD-Player ④,
  PS2 zur Steuerung über den PC ⑤
- max. Bildschirmauflösung (z. B. 1400 x 1050)
- Leistung (z. B. 350 W)

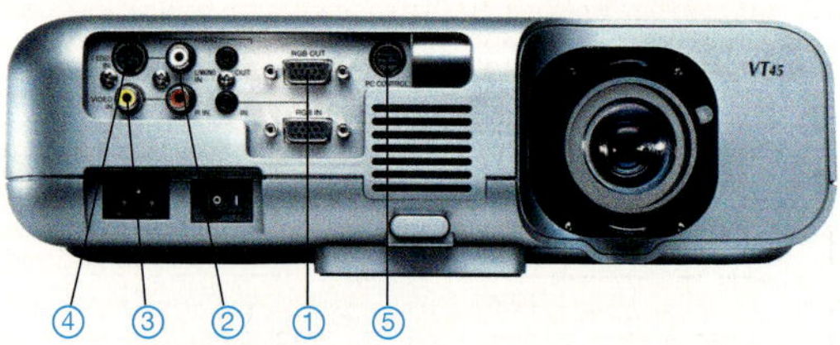

Erforderliche Wartungsarbeiten:

- Reinigung der im Beamer eingebauten Gerätefilter in regelmäßigen Abständen
- Kontrolle der Lebensdauer der Projektionslampe (Lampenwechsel z. B. nach 4000 Betriebsstunden)

Betriebshinweise:

- Verwendung eines Projektors auf einer ebenen waagerechten Unterlage (Tisch, Wagen) oder Montage an der Decke (Montagevorrichtung).
- Helles Raumlicht oder direktes Sonnenlicht auf der Projektionsfläche vermeiden.
- Bildschirmdiagonale wird um so größer, je größer die Entfernung zur Projektionsfläche ist.
- Projektor rechtwinklig zur Projektionsfläche ausrichten.
- **Achtung**: Projektor erst vom Netz trennen, nachdem das Kühlgerät ausgeschaltet wurde.

[1] ANSI-Lumen: Messverfahren zur Bestimmung der Helligkeit auf einer Projektionsfläche

Mikroprozessor – *Microprocessor*

Aufbau und Arbeitsweise (grundsätzlich)

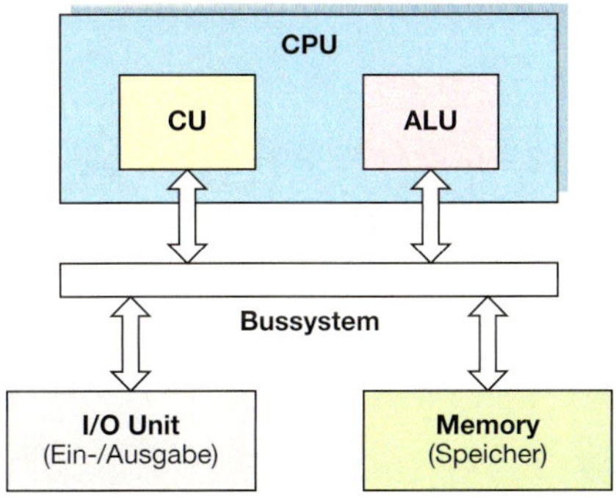

Grundsätzliche Arbeitsweise:
Nacheinander (sequenziell) werden die aus dem Speicher stammenden Befehle und Daten innerhalb einer bestimmten Zeit (Taktzyklus) verarbeitet.

- **CPU**: **C**entral **P**rocessing **U**nit, Prozessor
- **CU**: **C**ontrol **U**nit, Steuerwerk (Leitwerk), Steuerung von Prozessen und Abläufen im Innern und Kommunikation mit der „Außenwelt".
- **ALU**: **A**rithmetical **L**ogical **U**nit, Arithmetisch Logische Einheit (Rechenwerk) zur Durchführung arithmetischer und logischer Verknüpfungen.
- **I/O Unit**: Ein- und Ausgabeeinheit für Daten.
- **Memory**: Speicher für Daten und Befehle.
- **Bussystem**: Leitungen über die der Austausch der Adressen und Daten erfolgt.

Erweiterungen

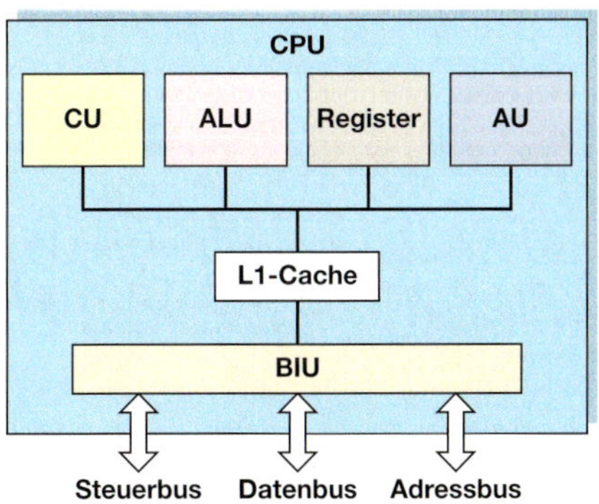

- **Register**: Speicherbereich für diverse Parameter, Adressen, Operanden oder Zwischenergebnisse (schneller Zugriff ohne Wartezyklus).
- **AU**: **A**dress **U**nit, Berechnung der Adressen.
- **L1-Cache**: Level 1 Speicher, Zwischenspeicher für die am häufigsten benötigten Daten (Data-Cache) und Instruktionen (Code-Cache, z. B. 8 kB, 16 kB).
- **BIU**: **B**us **I**nterface **U**nit, Busschnittstelle zur Entkopplung und Verbindung zwischen internen und externen Bussen.
- **Pipeline-Prinzip**: Parallele und überlappende Bearbeitung.

Begriffe

- **Prozessortakt**:
  Taktfrequenz, mit der der Prozessor intern arbeitet (z. B. f = 1,8 GHz).
- **Systemtakt**:
  Taktfrequenz, mit der der Prozessor auf den Arbeitsspeicher extern zugreift. Sie wird von der Hauptplatine bestimmt (FSB, z. B. 100 MHz, 133 MHz, 400 MHz).
- **Bustakt**:
  Taktfrequenz des Systembusses. Er ist mit dem Systemtakt gekoppelt.
- **FPU**: **F**loating-**P**oint-**U**nit (Gleitkomma-Einheit). Gleitkommazahlen sind Zahlen mit Nachkommastellen (z. B. 33,3). Sie werden in speziellen Einheiten bearbeitet.
- **MMX-Befehle** (**M**ulti**m**edia E**x**tension):
  Befehlssätze für die beschleunigte Multimedia-Bearbeitung (Bild und Audio).
- **L2-Cache (Second-Level-Cache, 2nd-Level-Cache)**:
  Interner (PentiumPro) oder separater Zwischenspeicher (Pentium II, …) mit z. B. 256 kB, 512 kB zur beschleunigten Verarbeitung. Er wird bei separater Anordnung mit dem halben Prozessortakt betrieben.
- **ZIF-Sockel** (**Z**ero-**I**nsertion-**F**orce-Sockel):
  Die CPU wird durch das Umlegen eines Hebels am Sockel arretiert.

Kenndaten

Prozessor	**Pentium III**	**Pentium 4**	**Athlon XP**
Transistoren	28 Mio.	48 Mio.	37,5 Mio.
Pipeline-Stufen	10	20	11
L1-Datencache	16 kB	8 kB	64 kB
L1-Befehlscache	16 kB	12 kB	64 kB
L2-Cache	256 kB	256 kB	256 kB
L2-Busbreite	256 Bit	256 Bit	64 Bit
L2-Datenrate	20 GB/s	64 GB/s	9,6 GB/s
FSB-Datenrate	1064 MB/s	3,2 GB/s	2,1 GB/s
Leistung	33 W	60 W	66 W

Pentium III

Pentium 4

AMD Athlon

Dateneingabegeräte/-ausgabegeräte – *Data input/-output devices*

Übersicht

Eingabegeräte

PC-Rückseite

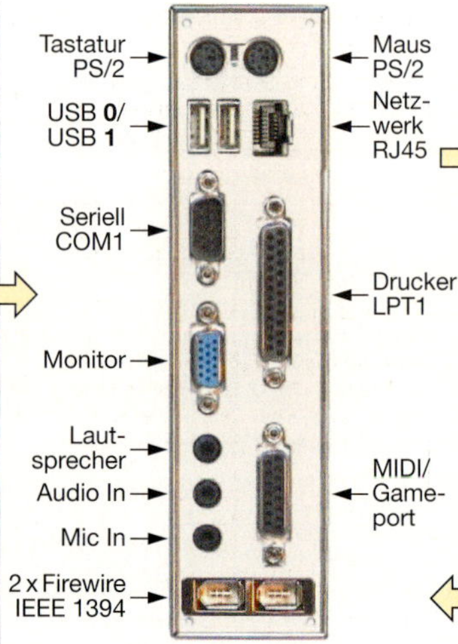

Ausgabegeräte

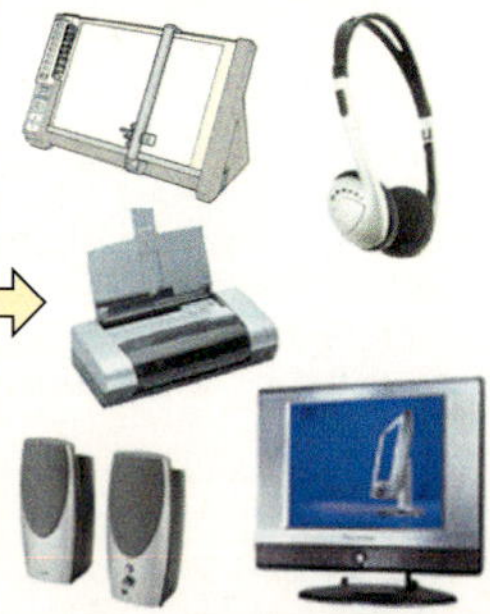

Ein-/Ausgabegeräte

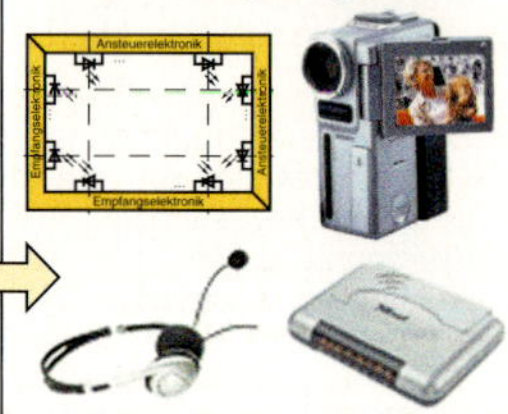

Gerät	Aufbau, Funktion	Eigenschaften
Mechanische Maus 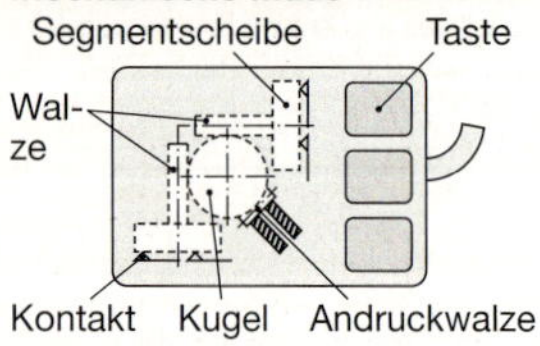	• Die Bewegung der **mechanischen Maus** auf einer Unterlage wird über eine Kugel auf Walzen übertragen, die mit Segmentscheiben verbunden sind. Deren optische Abtastung wird in elektrische Impulse umgesetzt. • Die **Wheelmaus** besitzt ein Tastenrad zum Scrollen des Bildes.	• Schnelle Steuerung des Cursors auf dem Bildschirm • Umsetzung der Mausbewegung in Cursorbewegung kann über Softwareeinstellung variiert werden. • Mit bis zu fünf Tasten lassen sich Cursor und Bildlauf beeinflussen.
Optische Maus ② **Trackball** ① 	• Die **optische Maus** erzeugt mittels Lichtsender und -empfänger Bilder von der Oberfläche, auf der sie bewegt wird und wertet die Bilder der Reihe nach aus, um Geschwindigkeit und Richtung zu bestimmen. • Über Leitungen oder Funk werden die Werte an den Computer übertragen.	• Keine mechanisch bewegten Teile, wenig anfällig gegen Störungen • Funkmaus (Sendeteil und Empfängerteil) bietet mehr Bewegungsfreiheit, Entfernung bis zu ca. 2 m. • Beim Trackball ruht der Körper, der Cursor wird mit einer Kugel bewegt.
Tastatur 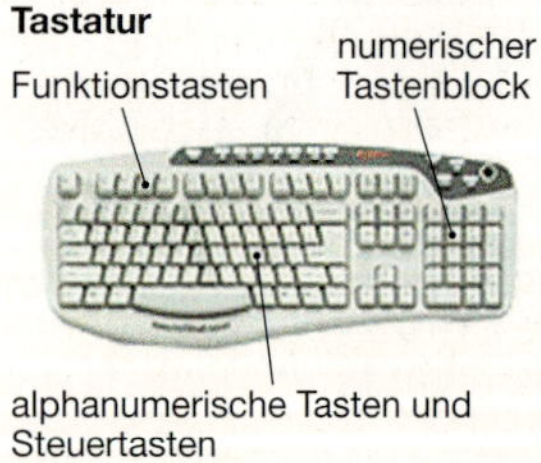	• **Alphanumerisches Tastenfeld** ähnlich der Schreibmaschinentastatur • **Funktionstasten** können mit Kurzbefehlen belegt werden. • **Numerische Tastaturen** zur Eingabe von Zahlenkolonnen • **Tastenprinzipien**: Kontakte, Folie, Membran, Leitgummi, Piezoeffekt	• Eingabe von alphanumerischen Kommandos oder Texten • Tastenabfrage durch internen Tastaturprozessor über Matrixsteuerung • Ermittelte Tastencodes werden über Kabel oder Funk zum PC übertragen.

Dateneingabegeräte/-ausgabegeräte – *Data input/-output devices*

Gerät	Aufbau, Funktion	Eigenschaften
Digitalisiertablett 	• Engmaschiges **Gitternetz** mit Leiterbahnabständen von 0,025 mm • Damit ist eine Auflösung von 40 Linien/mm möglich. • Abtastung der Koordinaten erfolgt induktiv über Koppelstift oder über Fadenkreuzlupe.	• Umsetzen von Weg- oder Positionsinformationen in digitale Daten **Betriebsarten** • **Punkt**: Übergabe eines einzelnen Koordinatenpunktes • **Strom**: Fortlaufende Übertragung der Koordinaten, solange Taste am Abtaster eingeschaltet ist.
Plotter 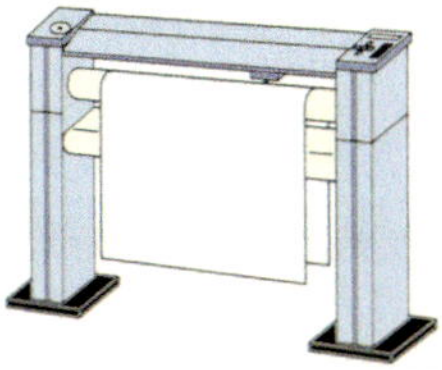	• **Flachbettplotter**: Papier wird auf Schreibunterlage elektrostatisch fixiert. **Zeichenstifte** bewegen sich in X- und Y-Richtung. • **Trommel- oder Walzenplotter**: Papier wird über Zeichentrommel in X-Richtung transportiert. Stifte bewegen sich in Y-Richtung.	• X-Y-Schreiber zur Ausgabe von Vektorgrafiken (auch Zeichen und Symbole) • Flachbett- und Trommelplotter geeignet bis Papierformat A0 • Stifte in verschiedenen Farben und Strichstärken • Automatisches Zentrieren des Papiers, eigene Programmiersprache zur Ansteuerung
Nadeldrucker 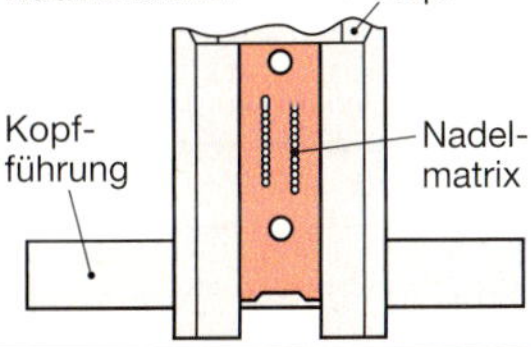	• Druckkopf besteht aus elektromagnetisch bewegten Nadeln. • Je Kopf 9, 18 oder 24 Nadeln • Nadelstärke 0,2 … 0,3 mm • Bezeichnung auch als **SIDM**-Drucker (**S**eriell **I**mpact **D**ot **M**atrix: Seriell anschlagender Matrix-Drucker)	• Zeichen werden aus einzelnen Punkten zusammengesetzt. • Matrixanordnungen: 9x9, 9x18, 12x24, 24x36 Zeichenpunkte • **Druckqualitäten**: **Draft** (Entwurf), **NLQ** (**N**ear **L**etter **Q**uality: Annähernd Briefqualität), **LQ** (**L**etter **Q**uality: Briefqualität)
Thermotransferdrucker 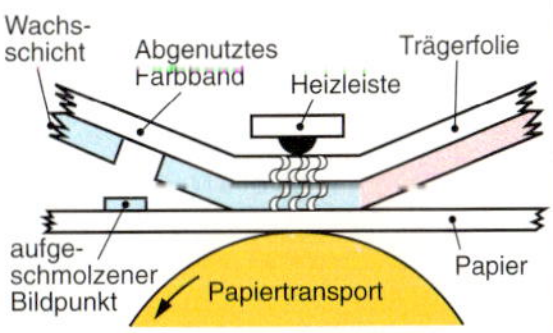	• **Farbdrucker** mit vierfarbigem Farbband auf Wachsbasis • Jede Farbe entspricht im Format der zu druckenden Seitengröße. • Heizleiste dient zum Abschmelzen der jeweiligen Punkte. • Anzahl der Elemente in der Heizleiste bestimmt die Auflösung.	• Auf dem **vierfarbigen Farbband** sind die Farben hintereinander angeordnet. • Die Elemente der Heizleiste werden entsprechend der Zeileninformation aufgeheizt und schmelzen die Wachsschicht ab. • Der Vorgang wird für jede Farbe nacheinander wiederholt.
Touchscreen 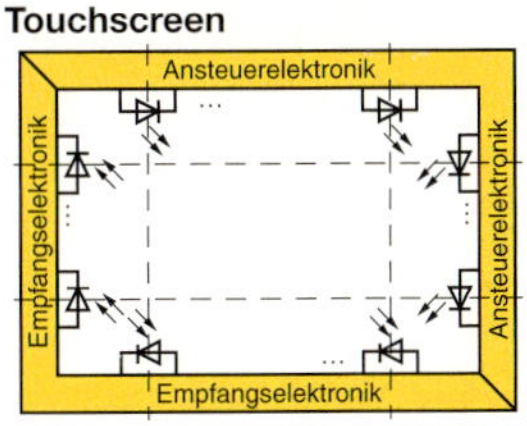	• Ein-/Ausgabegeräte mit vorgebauter berührungssensibler Oberfläche • Einfache Versionen besitzen Leuchtdioden und gegenüberliegende Empfänger. • Über das Matrixfeld werden durch Berührung mit Fingern oder Stiften die zugeordneten Funktionen aktiviert.	• Aktivieren von Programmfunktionen, die als Menüpunkte den Matrixfeldern zugeordnet sind. • Steuerung und Abfrage der LED-Sender bzw. Empfänger muss vom jeweiligen Anwenderprogramm übernommen werden.
Camcorder 	• Vom **analogen Camcorder** gesendete Bild- und Tonsignale werden im PC mittels Codec (Codierer/Decodierer) digitalisiert und komprimiert, dann auf Festplatte gespeichert. • Bei Wiedergabe vom PC erfolgt die Umwandlung im Codec in analoge Signale. • Beim **digitalen Camcorder** entfällt jeweils die Umcodierung.	• **Analoge** Aufzeichnung: Wiedergabe vom Camcorder und Komprimierung verursachen Bildqualitätsverluste. • Codec-Karte mit S-VHS- oder Composite-Anschlüssen im PC erforderlich • Mit **digitalem** Camcorder treten Verluste nur durch Komprimierung auf. Die Verbindung über IEEE 1394 (Firewire) ist üblich.

Speicher und Speichermodule – *Memory and memory modules*

Speicherbausteine

- **RAM**: **R**andom **A**ccess **M**emory
  Speicher mit wahlfreiem Zugriff, kann beliebig gelesen und beschrieben werden.
- **DRAM**: **D**ynamic RAM
  Speicherinhalt muss nach kurzer Zeit wieder aufgefrischt werden (Refresh).
- **EDO-RAM**: **E**xtended **D**ata **O**utput RAM (erweiterte Datenausgabe).
  Kein Refresh erforderlich, Daten werden zwischengespeichert, bevor die CPU die Daten abruft.
  Vorteil: Prozessor kann die nächste Speicherzelle bereits adressieren (Geschwindigkeitsvorteil beim Lesen). 66 MHz Taktfrequenz.
- **SDRAM**: **S**ynchronous DRAM
  Der Speicher verfügt über einen Taktgeber, der mit dem Systemtakt synchronisiert ist (Taktfrequenzen: 66, 100, 133 MHz). Dadurch entstehen geringe Zugriffszeiten, Betriebsspannung 2,5 V.
- **RDRAM**: **R**ambus DRAM
  Speicher der Fa. Rambus mit hoher Datenrate, 10mal schneller als bei SDRAM. Daten werden auf der ansteigenden und abfallenden Flanke gelesen (doppete Datenrate). Taktfrequenz bis 400 MHz, Betriebsspannung 2,5 V.
- **DDR-RAM** (1, 2 u. 3): **D**ouble **D**ate **R**ate RAM
  Daten werden auf der ansteigenden und abfallenden Flanke gelesen (doppelte Datenrate), Betriebsspannung 1,5 V; 1,8 V; 2,5 V.

Kennzeichnungen

- Speicherkapazität (z. B. 64, 128, 256, 512 MB)
- Taktfrequenz (z. B. 100, 133, 400 MHz)
- Maximale Datentransferrate (z. B. 1,6 GB/s)

Module mit SDRAMs

Beispiele:
- PC 100 (= 100 MHz Taktfrequenz),
- PC 133 (= 133 MHz Taktfrequenz)

Module mit DDR-RAMs

Beispiele:
- PC 1600 (= 1600 MB/s max. Datentransferrate),
- PC 2100, PC 2700, PC 3200 oder höher

Berechnung des Zahlenwertes für 2100:
133 MHz Takt x 2 Flanken x 8 Byte = 2128

Module mit RDRAMs

Beispiele:
- PC 800 (2 x 400 MHz, 800 MB/s Datentransferrate),
- PC 1066 (2 x 533 MHz, 1066 MB/s Datentransferrate)

Module mit Speicherbausteinen

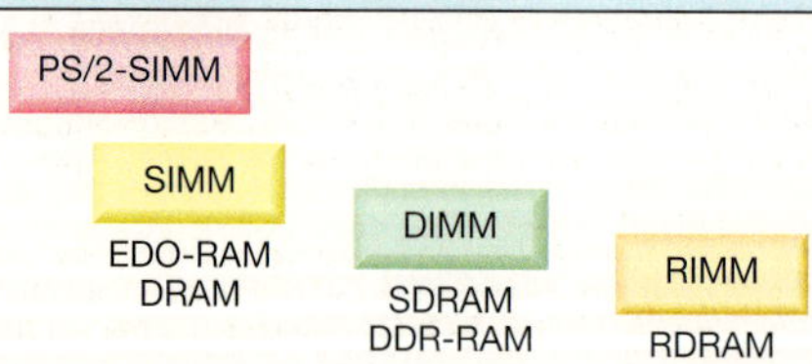

DIMM

DIMM: **D**ual **I**n-line **M**emory **M**odul
64 Bit breiter Datenbus

- **DIMM** mit **SDRAM** (PC 100, PC 133)
  - 168 Kontakte auf beiden Seiten der Platine,
  - zwei Kerben

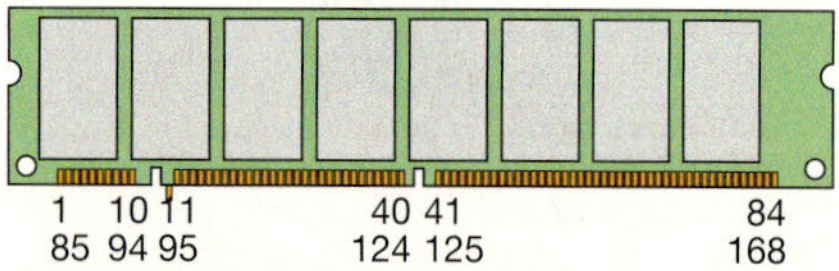

- **DIMM** mit **DDR-RAM** (PC 1600, PC 2100, ...)
  - 184 Kontakte auf beiden Seiten der Platine, eine Kerbe
  - 2,5 V bis 2,7 V

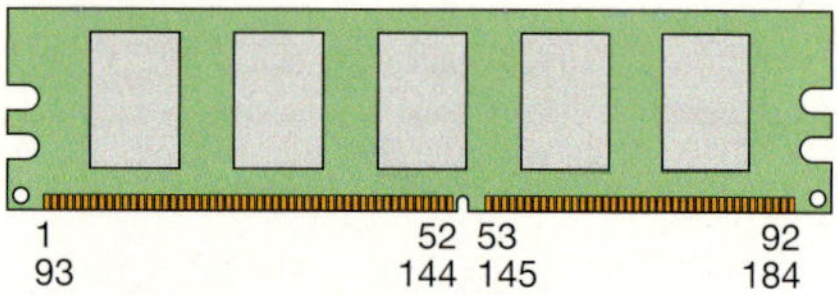

- **SO-DIMM**: **S**mall **O**utline DIMM
  - Kleine kompakte Module für Notebooks
  - 72 Kontakte, Datenbreite 32 Bit
  - 144 Kontakte, Datenbreite 64 Bit

RIMM

RIMM: **R**ambus **I**n-line **M**emory **M**odul
- Busbreite 16 Bit, hohe Taktfrequenz, bis 800 MHz
- 184 Kontakte auf beiden Seiten der Platine
- 2,5 V

- **RIMM** mit **RDRAM** (PC 800, PC 1066)

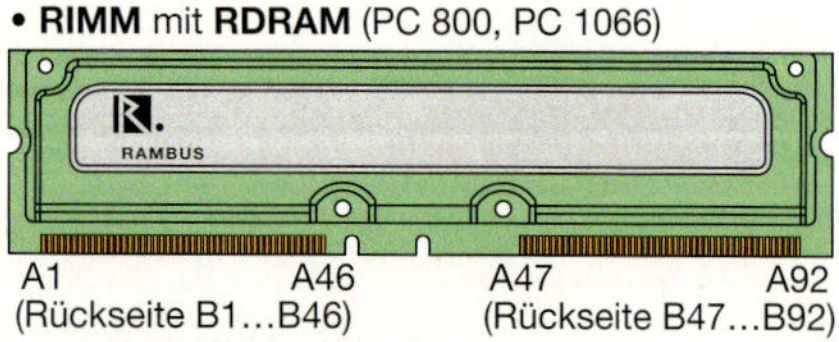

- **SO-RIMM**: **S**mall **O**utline RIMM
  - Kleine kompakte Module für Notebooks
  - 160 Kontakte

SIMM

SIMM: **S**ingle **I**n-line **M**emory **M**odul
- 30 Kontakte, 8 Datenbits, in der Regel auf zwei Speicherbänken aufgeteilt (einreihig)
- 72 Kontakte, 32 Bit Datenbreite
- Seitliche Einbuchtung
- Bestückung mit EDO-RAM bzw. DRAM

PS/2-SIMM

PS/2SIMM: **P**ersonal **S**ystem/**2** SIMM
(IBM-Bezeichnung, PC-Nachfolger)
- Kerbe in der Mitte (einreihig)
- 72 Kontakte, 32 Bit Datenbreite

Disketten und Diskettenlaufwerke – *Floppy-disks and floppy-disk drives*

3,5-Zoll-Diskette

Mechanische Eigenschaften

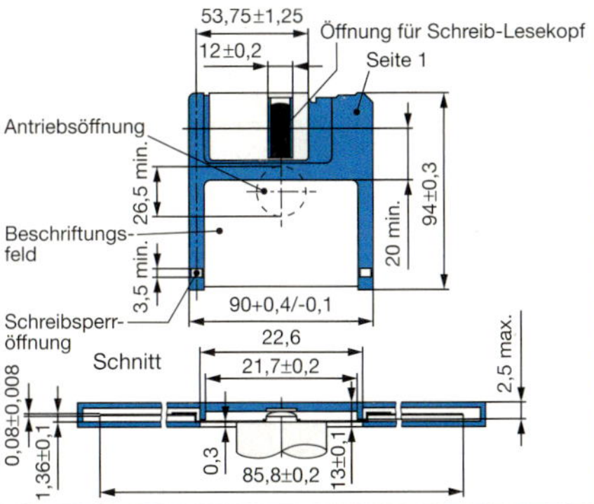

Merkmale

- Magnetische Abtastung (zweiseitig)
- Aufteilung in Sektoren (9-36) und Spuren (80)
- Spurbreite 0,33 mm (360 kB) und 0,115 mm (1,44 MB)
- Drehzahl: 300 1/min
- Datentransferrate: 500 kB/s (HD), 250 kB (DD)

Anschluss

Energie (Spannungsversorgung):
+5 V (1, Rot); GND (2, 3, Schwarz); +12 V (Gelb)

Datentransfer:
Controlleranschluss auf der Hauptplatine (33polig).

Steckverbinder am 3,5-Zoll-Laufwerk

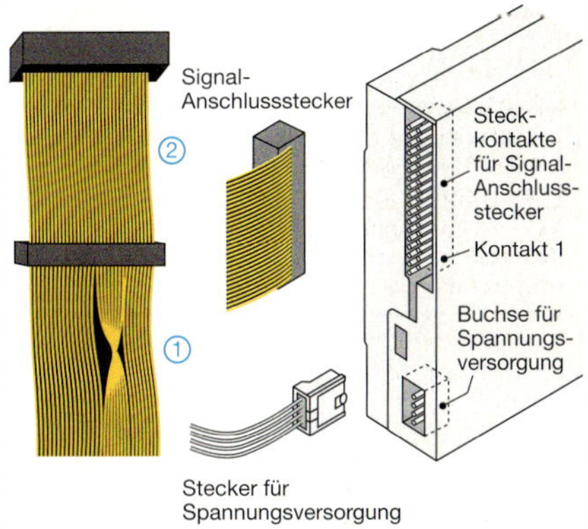

Diskettentypen

Typ	Sektoren	Horizontale Dichte	Kapazität
DS/DD	9	135 TPI	720 kB
DS/HD	18	135 TPI	1,44 MB
DS/HD	36	96 TPI	2,88 MB

TPI: **T**racks **P**er **I**nch (Spuren pro Zoll)

DS: **D**ouble **S**ided

DD: **D**ouble **D**ensity

HD: **H**igh **D**ensity

Festplatten – *Hard disks*

Aufbau

- Die Scheiben einer Festplatte sind über eine Zentralverankerung miteinander verbunden.
- Oberhalb und unterhalb jeder Scheibe befindet sich mindestens ein Arm mit einem Schreib- und Lesekopf.
- Der Arm kann an jeder beliebigen Stelle der Platte positioniert werden.

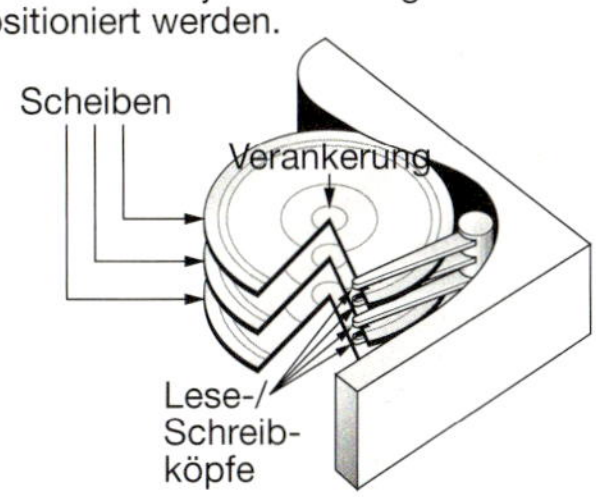

Spuren: Konzentrische Kreispfade auf jeder Scheibenseite.

Zylinder: Spurensatz, der auf allen Seiten der Platten im gleichen Abstand von der Mitte angelegt wird.

Sektoren: Ausschnitte der Spuren.

Partitionen

Eine Festplatte kann in einzelne in sich zusammenhängende Bereiche (Partitionen) aufgeteilt werden. Sie wirken wie separate Laufwerke und werden deshalb durch fortlaufende eigene Buchstaben gekennzeichnet.

Vorteile:
- Bessere Organisation der Dateien
- Schnellerer Zugriff
- Datensicherung durch Verlagerung
- Effizientere Nutzung der Festplattenkapazität

Primärpartitionen:
Gespeichert sind:
- Betriebssystem
- Anwendungsprogramme, Dateien, usw.

Der PC wird von einer Primärpartition (C:) aus gebootet. Auf der Festplatte können mehrere Primärpartitionen für verschiedene Betriebssysteme eingerichtet sein. Es kann aber nur eine aktiv (sichtbar) sein und nur deren Daten können genutzt werden.

Erweiterte Partitionen:
Es handelt sich dabei um weitere physikalische Unterteilungen der Festplatte, für die eine logische Formatierung (logische Laufwerke) vorgenommen wird.

Optische Datenspeicher – *Optical data storage*

CD-ROM

Leseverfahren

Konstante Übertragungsrate
CLV: **C**onstant **L**inear **V**elocity
Die Daten auf der CD sind in einer Spirale mit gleichbleibender Dichte angeordnet. Der Laser tastet zu jedem Zeitpunkt gleiche Strecken ab. Die Rotationsgeschwindigkeit muss demzufolge angepasst werden (Anwendung auch bei der Audio-CD).
Single-Speed:
Innenbereich ca. 500 · 1/min
Außenbereich ca. 200 · 1/min

Konstante Umdrehungsgeschwindigkeit
CAV: **C**onstant **A**ngular **V**elocity
Die Übertragungsrate ist nicht konstant. Sie hängt vom Ort des Lasers auf der Scheibe ab. (Anwendung auch bei Festplatten).

Partial CAV
Kombination aus CLV und CAV (Bezeichnungsbeispiel: 12-20x)

Übertragungsrate

Single Speed:
Jeder Sektor enthält 2 kB Daten, Anzahl 75/s ⇒ Übertragungsrate 150 kB/s;
Zugriffszeit 600 ms

Die Übertragungsrate wird zur Kennzeichnung von Laufwerken benutzt (**x-Faktor**, **Klasse**).
4x bedeutet: 4 mal so große Übertragungsrate wie ein Single-Speed-Laufwerk, 4x150 kB/s = 600 kB/s

Anschlüsse (Rückseite)

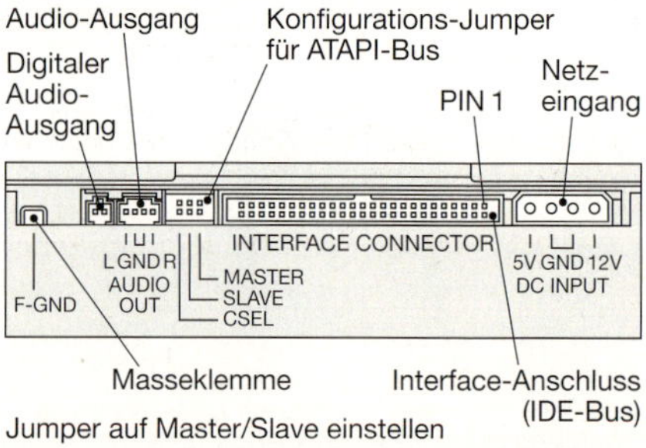

Jumper auf Master/Slave einstellen

Mögliche IDE-Konfiguration

Wenn kein anderes Laufwerk angeschlossen ist:
CD-ROM-Laufwerk mit primärem IDE-Anschluss verbinden ① und Jumper auf „SLAVE" oder mit sekundärem IDE-Anschluss verbinden ② und Jumper auf „MASTER".

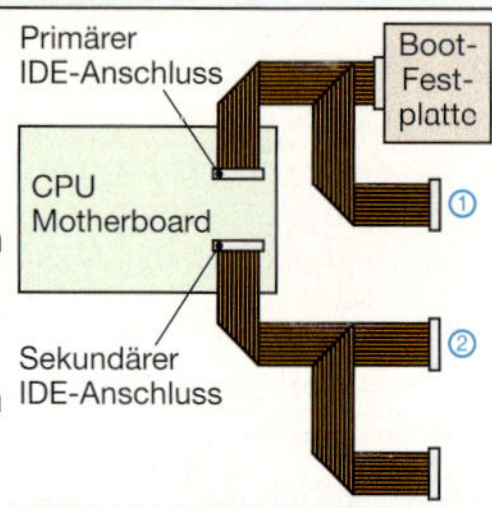

DVD

Vergleich DVD mit CD

DVD: **D**igital **V**ersatile **D**isc

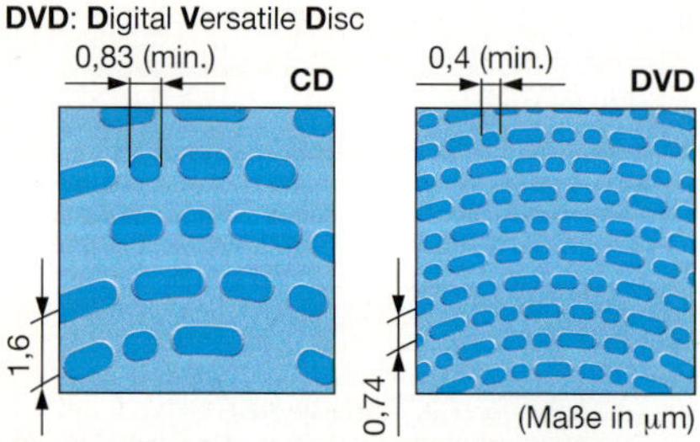

Kenndaten

Durchmesser	120 mm (wie CD)
Dicke	1,2 mm (wie CD)
Spurweite	0,74 µm
Laser	635 nm, 650 nm (Rot)
Kapazität (Daten)	4,7 GB; 8,5 GB; 9,4 GB und 17 GB
Fehlerkorrektur	RS-PC (Reed Solomon Product Code)
Datentransferrate	1 bis 10 MB/s (Mittelwert für Audio/Video)
Bildkompression	MPEG-2
Dateisystem	Micro UDF (M-UDF) und/oder ISO 9660

DVD-5, einseitig und einschichtig (4,7 GB)

Eine Aufzeichnungsebene.
Ca. 2,2 Stunden Videoaufzeichnung möglich.

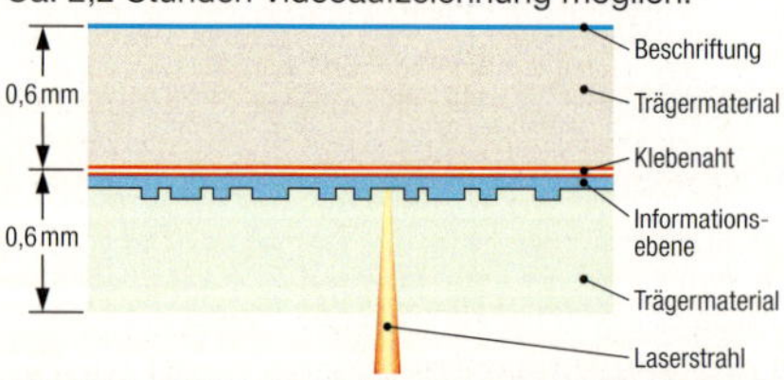

DVD-9, einseitig und zweischichtig (8,5 GB)

Zwei Aufzeichnungsebenen.
Ca. 4,4 Stunden Videoaufzeichnung möglich.

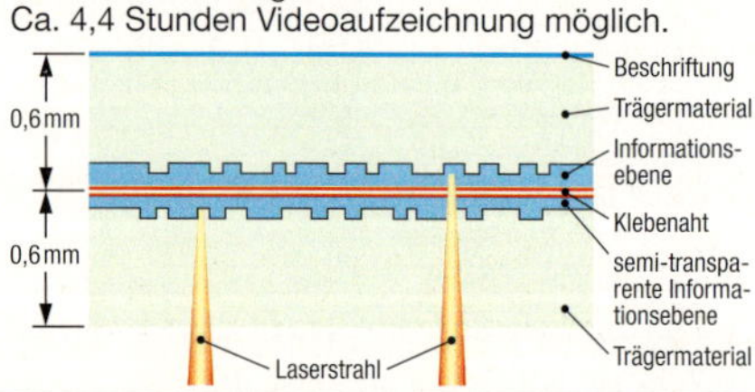

DVD-10, beidseitig und einschichtig (9,4 GB)

Im Prinzip zwei zusammengeklebte einschichtige DVDs. Ca. 4 Stunden Videoaufzeichnung möglich.

DVD-18, beidseitig und zweischichtig (17 GB)

Im Prinzip zwei zusammengeklebte zweischichtige DVDs. Ca. 8 Stunden Videoaufzeichnung möglich.

Betriebssysteme – *Operating systems*

Aufgaben

Grundsätzlich:
Verwaltung der technischen Komponenten eines Computers sowie Steuerung und Überwachung des Einsatzes der Software (Programme).

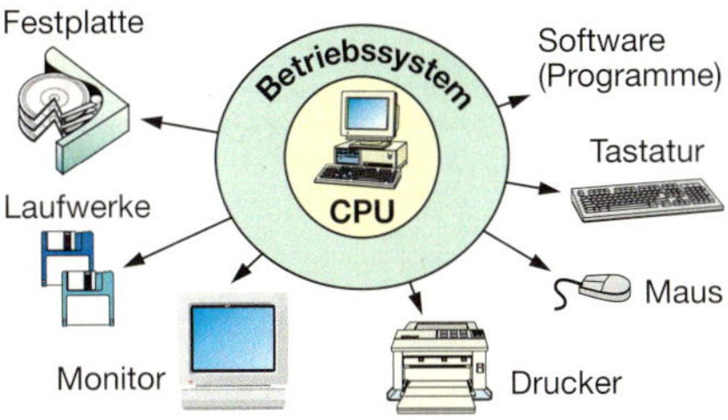

Wichtige Einzelaufgaben:
- Starten und Beenden des Computers.
- Organisation und Verwalten der Arbeitsspeicher.
- Verwalten der Dateien in den Katalogen.
- Steuern der Hardwarekomponenten (Soundkarte, Drucker, usw.).
- Organisierung und Verwaltung der mobilen Speicher (z. B. Festplatten, CD-ROM).
- Laden und Kontrollieren der Anwenderprogramme (z. B. Weitergabe von Benutzereingaben, Verwalten von Benutzerrechten).
- Verwaltung und Bedienung mehrerer Nutzer (z. B. Zugriffsrechte, Nutzungsprofil).
- Bereitstellen von Dienstprogrammen (z. B. Datensicherung, Datenfernübertragung).

Startvorgang (BOOT-Vorgang)

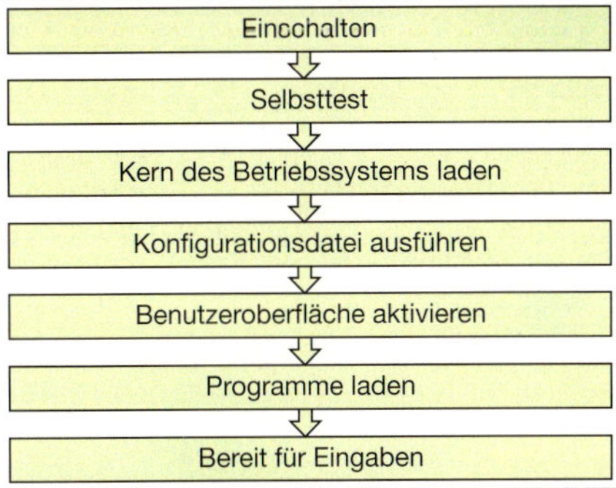

BIOS

BIOS: **B**asic **I**nput **O**utput **S**ystem
(Basis-Eingangs-Ausgangs-System)

Das BIOS ist ein grundlegendes Systemprogramm im PC, das nach dem Einschalten zur Verfügung steht. Es ist im Festwertspeicher (ROM) vom Hersteller abgelegt und ist dem Betriebssystem vorgelagert.

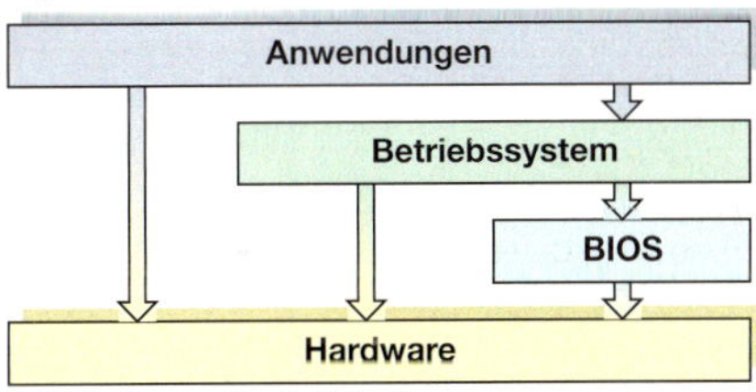

POST: **P**ower **O**n **S**elf **T**est
Beim Booten führt das BIOS einen Selbsttest durch. Es sucht ein Betriebssystem und ruft dieses auf. Grundlegende Treiber (Laufwerk, Grafikkarte und Schnittstellen).

Unterscheidungen

Singleuser:
Einzelplatzsystem, ein Anwender.
Multiuser:
Mehrplatzsystem, mehrere Anwender.
Singletask:
Nur eine Anwendung möglich.
Multitask:
Verschiedene Anwendungen zeitlich parallel möglich.

Beispiele für Betriebssysteme

Windows

- **Windows 3.11; 95; 98, Me**
  Grafische Benutzeroberfläche mit Multitaskingeigenschaften, basierend auf MS-DOS (Disc Operating System).
- **Windows NT, Windows 2000**
  Grafische Benutzeroberfläche mit 32-Bit-Multitas-kingeigenschaften, symmetrisches Multiprozessing, Multithreading (parallele Verarbeitung einzelner Teile) mit Netzwerk- und Sicherheitsfunktionen.
- **Windows XP** (**Exp**erience)
  Zusammenführung von Windows Me mit Windows 2000.
- **Vista**
  Nachfolger von Windows XP mit vektorbasierter Benutzeroberfläche (Aero), sechs Versionen in 32 Bit oder 64 Bit Technik.
- **Windows CE** (**C**ompact **E**dition)
  Betriebssystem zur Anpassung von Windows für Handheld PCs. Vereinfachte Anwenderprogramme (z. B. Pocket Outlook, Pocket Word).

UNIX

- **Uni**ple**x**ed Information and Computing System
- Multitask- und Multiuser-Betriebssystem, das aus drei verschiedenen „Programmschichten" aufgebaut ist und netzwerkfähig ist.
  1. Hardwareschicht (Kernel)
  2. Dateisystem
  3. Benutzeroberfläche (Shell)
- Einsetzbar für alle Rechnerklassen. Verschiedenen Programmen wird (nacheinander) in etwa die gleiche Rechenzeit eingeräumt, so dass diese quasi parallel arbeiten (Timesharing).

LINUX

- **Linus** Torvalds UNI**X** (Finnischer Entwickler)
- Frei verfügbares, sehr stabiles, kostenloses und netzwerkfähiges 32 Bit Betriebssystem auf der Basis von UNIX. Das Betriebssystem wird ständig von verschiedensten Personen weiterentwickelt.

Software

- **Software**
  - System-software (Betriebs-systeme)
  - Programmier-sprachen
  - Anwendungs-software (Anwendungs-programme)

Unter Software versteht man Programme (Anweisungen in Form von Daten), die den Computer zur Ausführung von Aktionen veranlassen.

Dateiformate

Die innerhalb der Anwendersoftware erstellten Dateien werden am Ende des Dateinamens durch einen Punkt und das Dateiformat gekennzeichnet:

Beispiel: **Dateiname.Dateiformat**
Brief.doc

Anwendungssoftware zur Bürokommunikation

- **Textverarbeitungsprogramme**
  z. B. Word (.doc, **Doc**ument: Dokument)
- **Kalkulationsprogramme**
  z. B. Excel (.xls, **Ex**cel **S**heet: Arbeitsblatt in Excel)
- **Datenbankprogramme**
  Erstellung relationaler Datenbanken, z. B. Access (Zugang). Dateiformate: .mdb; .adp; .ade
- **Organisationsprogramme**
  z. B. Outlook (Ausblick) besteht aus Terminplaner, Adressverwaltung, Aufgabenliste (zu erledigende Aufgaben, Termine usw.), Journal (Dokumentation von Aktivitäten und Ereignissen), E-Mail-Programm.
- **Präsentationsprogramme**
  Programm zur Erstellung von Folien- und Bildschirmpräsentationen, z. B. PowerPoint.
  .ppt für PowerPoint-Präsentationen;
  .pot für Präsentationsvorlagen;
  .pps für Pack-and-go-Präsentationen (selbstlaufend);
  .ppa für Zusatzmodule
- **Office-Programme (Office Pakete)**
  Zusammenfassung verschiedener Programme zur Bürokommunikation, z. B. Access, Excel, Outlook, Word und PowerPoint.

Desktop-Publishing-Programme

DTP: **D**esk**t**op-**P**ublishing (Publizieren vom Schreibtisch)
Software zur Herstellung von Druckvorlagen. Eingebunden sind Texte, Grafiken, Formeln und Tabellen zu einem gemeinsamen Layout, z. B. Publisher, Quark Xpress, Corel Ventura, Page-Maker.

CAD

CAD: **C**omputer-**A**ided **D**esign (Computergestütztes Zeichnen bzw. Konstruieren)
- Grafikprogramm (Vektorgrafik) für die Erstellung technischer Zeichnungen in professioneller Qualität.
- Mit Layertechnik (Schichten) können verschiedene Zeichnungsebenen unabhängig voneinander erstellt und kombiniert werden.
- Umfangreiche Programmbibliotheken (Zeichenvorlagen) erleichtern die Erstellung der Zeichnungen.
- Z.B. AutoCad

Grafiksoftware

Rastergrafiken, Pixel-Grafiken

- Bilder in Pixel-Formaten werden auch als Bitmaps bezeichnet.
- Die Speicherung erfolgt wie bei einem Mosaik. Jedes Pixel (Bildpunkt) wird mit Informationen über Lage (x-y-Achse) und Farbe gespeichert.
- Pixel-Grafiken verlieren beim Skalieren (vergrößern) stark an Qualität, da die Pixel vergrößert werden. Stufungen sind mitunter erkennbar.
- Anwendung: Wiedergabe von Fotos mit feinen Abstufungen.
- Z. B. Photoshop, Photodraw

Beispiele für Dateiformate: .BMP (**B**it**m**a**p**); **.JPEG** (**J**oint **P**hotographic **E**xperts **G**roup); **.PDF** (**P**ortable **D**ocument **F**ormat); **.TIF** (**T**aged **I**mage **F**ormat)

Vektor-Grafiken

- Bei Vektor-Grafiken werden geometrische Formen (z. B. Kreise, Rechtecke) gespeichert. Ein Rechteck besitzt z. B. einen Ursprungspunkt und eine Ausdehnung in Form von Längen- und Breitenangaben.
- Vektorgrafiken können deshalb ohne Qualitätsverlust frei gedreht und vergrößert werden (Skalierbarkeit).
- Anwendung im Konstruktionsbereich (CAD).
- Z. B. CorelDraw, Adobe Illustrator

Beispiele für Dateiformate: .AI (Adobe Illustrator); **.CDR** (Corel Draw); **.EPS** (**E**ncapsulated **P**ost**s**cript)

Programmiersprachen

- **Algol** (**Alg**a**o**rithmic **L**anguage)
  Algorithmische Formelsprache zur strukturierten Programmierung.
- **Basic** (**B**eginners **A**ll Purpose **S**ymbolic **I**nstruction **C**ode)
  Leicht erlernbare problemorientierte Programmiersprache in naturwissenschaftlichen und technischen Bereichen.
- **C** (entwickelt aus Basic Combined Programming Language)
  Maschinennahe Programmierung mit kompaktem Code für strukturierte Programmierung.
- **C++**
  Objektorientierte Variante von C.
- **Cobol** (**Co**mmon **B**usiness **O**riented **L**anguage)
  Problemorientierte Programmiersprache für kaufmännische und administrative Bereiche, Programmcode ist lesbar wie englischer Text.
- **Fortran** (**For**mula **Tran**slation)
  Geeignet für die Programmierung mathematischer Formeln.
- **JAVA**
  Plattformunabhängige Programmiersprache, lässt sich mit Browsern ausführen, Anwendung im Internet.
- **Pascal** (benannt nach Blaise Pascal)
  Ursprünglich als Universalsprache gedacht, gute Strukturierung möglich, leichte Dokumentation, wenige Grundbefehle.
- **PL/1** (**P**rogramming **L**anguage No. **1**)
  Problemorientierte Programmiersprache von IBM. Anwendung auf Großrechnern, enthält Elemente von Fortran und Cobol.

Schnittstellen – *Interfaces*

Parallele Schnittstelle (IEEE–1284)

- Gleichzeitige Übertragung von 8 Datenbits
  ⇒ Maximal 2 MBit/s
- Aderanzahl der Leitungsverbindung: 19 oder 25
- Für kurze Übertragungswege
- Gerätebeispiel: Drucker, Plotter
- Mögliche Kommunikationsmodi:
  - Nibble-Mode (Kompatibilität zu alten Schnittstellenkarten)
  - SPP-Mode (Standard Printer Port)
  - Byte-Mode (Druckerport mit bidirektionalen Datenleitungen)
  - EPP-Mode (Enhanced Parallel Port)
  - ECP-Mode (Extended Capability Port)

25poliger Subminiatur D Stecker

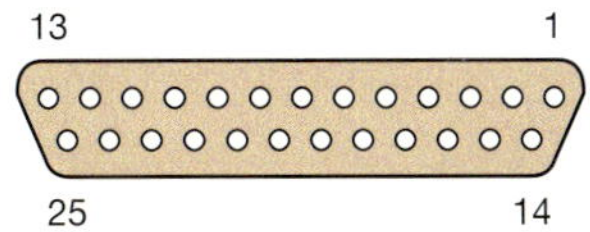

36poliger AMP-Stecker

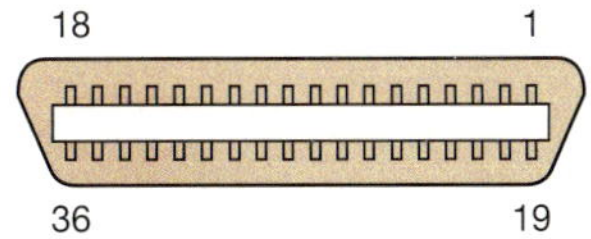

Serielle Schnittstelle (RS 232)

- Übertragung der Datenbits nacheinander (seriell)
  ⇒ Maximal 57,6 KBit/s
- Es werden wenige Adern benötigt (mindestens drei).
- Kabellängen bis 30 m möglich
- Bidirektionale Kommunikation zwischen den Geräten
- Gerätebeispiele: Modem, Messgeräte, Maus
- Infrarotschnittstelle (IrDA) als spezielle Form der seriellen Schnittstelle.

9 bzw. 25poliger Subminiatur-D-Stecker

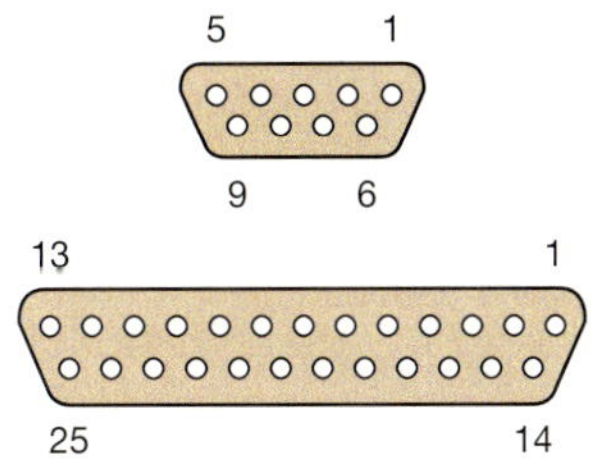

USB (Universal Series Bus)

- Bussystem in Sterntopologie zur Anschaltung von bis zu 127 Peripheriegeräten an den PC.
- Geräte können während des Betriebes hinzugefügt werden (Hot-Plugging).
- Datenübertragungsraten von 12 MBit/s (USB 1.1) bis 480 MBit/s (USB 2.0).
- Spannungsversorgung ($U = +5$ V) der angeschlossenen Geräte ist bis zu einer Stromstärke von 100…500 mA über den Bus möglich.
- Leitungen mit vier Adern; zwei Adern zur Datenübertragung und zwei Adern zur Spannungsversorgung.

Steckertyp A (upstream)

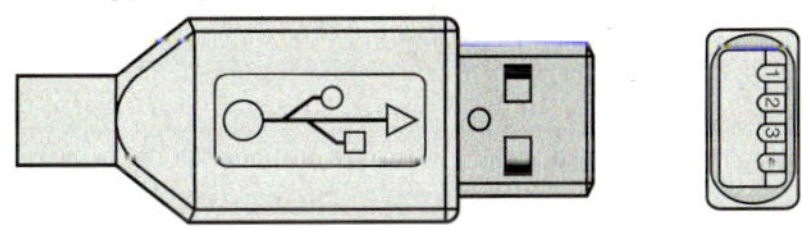

Steckertyp B (downstream)

Fire Wire (i-Link, IEEE-1394)

- Serielles Bussystem
- Datenübertragungsraten:
  100 MBit/s, 200 MBit/s, 400 MBit/s und 1,6 GBit/s
- Geräte können während des Betriebes hinzugefügt werden (Hot-Plugging).
- Maximal 63 Knoten (Teilnehmer) in einer verzweigten Baumstruktur.
- Geräte können direkt miteinander Informationen austauschen.
- Leitungen mit sechs Adern; vier zur Datenübertragung und zwei zur Spannungsversorgung.
- Maximale Kabellänge: 4,7 m

Stecker

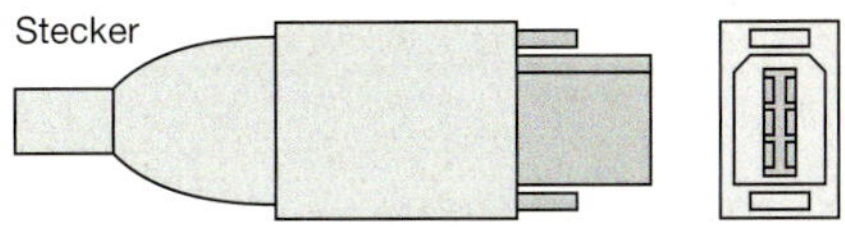

Buchse

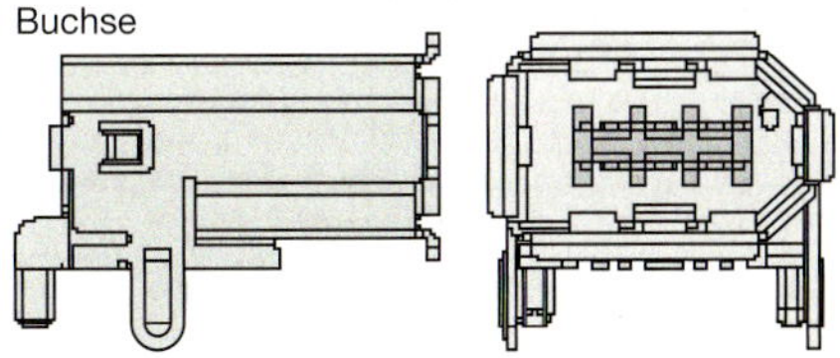

Branchensoftware – *Business software*

- **Branchensoftware**
  - **Angebotserstellung**
    - Ausschreibung einlesen
    - Stammdaten eingeben (Projekt, Auftraggeber)
    - Artikeldaten, Preise der Lieferanten einbinden
    - Preisanfragen an Lieferanten
    - Projektkalkulation/-kostenermittlung
  - **Auftragsabwicklung**
    - Materialbedarfslisten erstellen und Materialfluss überwachen
    - Bestellung der benötigten Materialien
    - Arbeitsvorbereitung, Personaleinsatz, Zeitmanagement
    - Pläne und Aufmaßlisten ausgeben
    - **Projektierungssoftware**
  - **Abrechnung/Nachkalkulation**
    - Warenlieferung, Lagerwirtschaft
    - Erfassen von Aufmaß, Arbeitszeit und sonstigen Kosten
    - Projektabrechnung erstellen
    - Projektdokumentation
    - Projektbewertung (z. B. Bilanz)

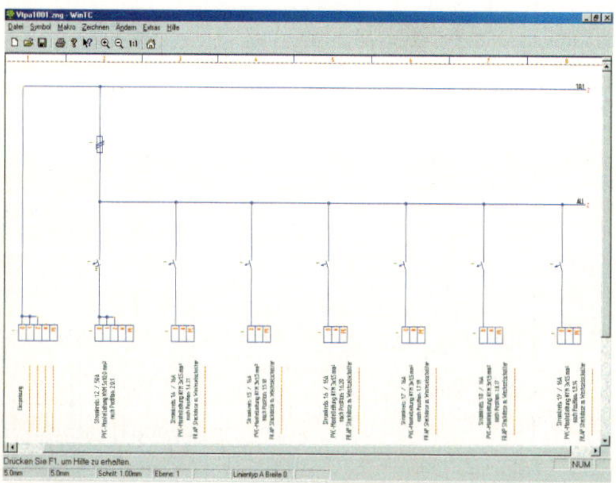

Funktionen:

- Baupläne in ein CAD-System einlesen.
- Betriebsmittel und Leitungswege planen und einzeichnen.
- Bauteile aus der Lieferantendatenbank einbinden.
- Kontrolle der verwendeten Leitungsquerschnitte und Betriebsmittelkenndaten (Bemessungsstromstärke usw.).
- Materialbedarf berechnen
- Installations-, Kabel-, Schalt-, Klemmen- und Verteilungsplan sowie Stück-, Artikel- und Bestellliste ausdrucken.
- Übertragung der Daten zur Vergabe externer Teilaufträge (z. B. Bau eines Schaltschrankes)
- Material online beim Lieferanten bestellen.

Vorteile:

- Ständige Kostenkontrolle
- Waren-/Materialflusskontrolle
- Vereinfachung der Personalplanung und -überwachung
- Projektdokumentation und -abrechnung
- Pläne können bei Veränderungen schnell aktualisiert werden.
- Erstellung von Aufmaßlisten
- Ausgabe aktueller statistischer Auswertungen

PC-Netze – *PC-networks*

Bus

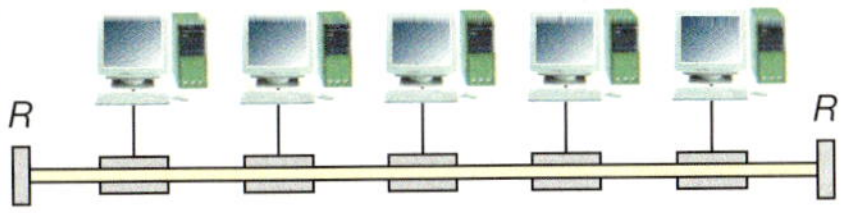

Busleitung muss durch einen Widerstand abgeschlossen sein, damit es zu keiner Signalreflexion kommt.

Vorteile:	Nachteile:
– Geringer Leitungsaufwand, – einfache Netzstruktur, – leicht erweiterbar.	– Leitungsunterbrechung führt zum Ausfall von einer bzw. mehreren Stationen. – Fehler sind schwer zu lokalisieren.

Ring

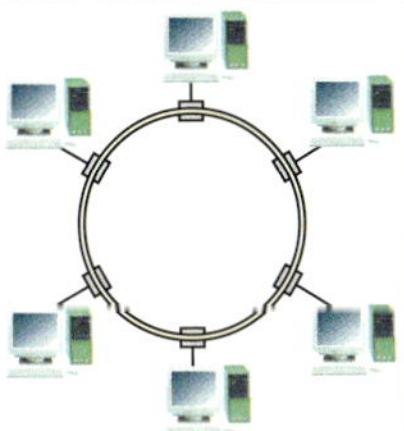

PCs wirken wie Repeater (Verstärker), indem sie die Signale verstärkt weiterleiten.

Vorteile:

- Gleicher Zugriff für alle PCs,
- gleichmäßiger Datentransfer trotz hoher Teilnehmerzahl.

Nachteile:

- Unterbrechung des Netzes bei Erweiterung,
- bei Ausfall eines PCs ist das Netzwerk beeinträchtigt,
- Probleme sind schwer lokalisierbar.

Stern

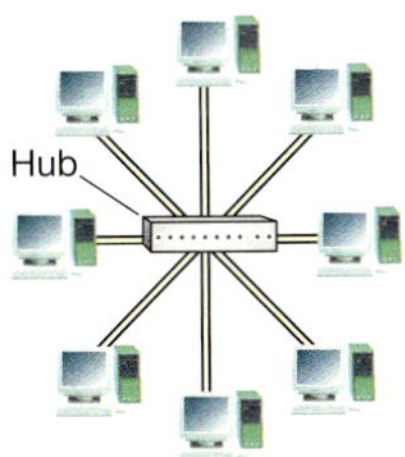

Vorteile:

- Leicht erweiterbar, zentralisierte Überwachung und Verwaltung durch Hub,
- der Ausfall eines PCs führt zu keiner Beeinträchtigung des Netzes.

Nachteile:

- Größerer Leitungsaufwand,
- das gesamte Netz fällt aus, wenn der Hub ausfällt.

Netzwerkkarten

NIC: **N**etwork **I**nterface **C**ard
Sie sind das Bindeglied zwischen dem Netzwerk und dem PC.
Datenraten: 10 Mbit/s; 100 Mbit/s; 1000 Mbit/s

Dialog beim Senden und Empfangen:

- Größe der gesendeten Datenpakete,
- Umfang der gesendeten Daten, bevor Bestätigung erfolgt,
- Zeitlicher Abstand zwischen den Datenblöcken,
- Wartezeit, bevor die Bestätigung gesendet wird,
- Menge der Daten, die eine Netzwerkkarte aufnehmen kann, bevor Überlauf eintritt,
- Geschwindigkeit der Datenübertragung.

Leitungen

Thinnet (biegsames Koaxialkabel, 50 Ω)

RG-58/U	Innenleiter massiv aus Cu
RG-58 A/U	Litzenförmiger Innenleiter aus Cu

Twisted-Pair-Kabel

Verdrillte Kupferleiter
UTP: **U**nshielded **T**wisted **P**air Cable (ungeschirmt)

Kategorie	
1	Telefonleitung, nur für Sprache
2	4 verdrillte Adern, 4 Mbit/s
3	4 verdrillte Adern, 9 Wdg./m, 10 Mbit/s
4	Datenübertragung bis 16 Mbit/s
5	Datenübertragung bis 100 Mbit/s

S/STP: **S**hielded **T**wisted **P**air Cable (geschirmt)

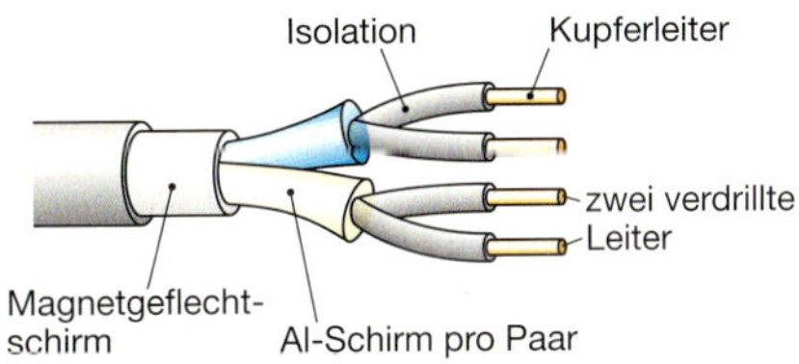

Netzwerk-Adressierung

- Jeder PC bzw. jedes Gerät in einem Netz muss eindeutig durch eine Adresse gekennzeichnet sein (**IP-Adresse**).
  IP: **I**nternet-**P**rotokoll
- IP-Adressen bestehen aus 4 Byte = 32 Bit (2^{32} = 4.294.967.296 mögliche Adressen).
- Die Bytes werden in Dezimalzahlen umgewandelt und durch Punkte voneinander getrennt.

Beispiel:

1. Byte: 00001101 = 13_D
2. Byte: 00101010 = 42_D
3. Byte: 01011000 = 88_D
4. Byte: 11111111 = 256_D

Dezimalschreibweise: 13.42.88.256

Steckverbinder

Koaxialkabel

BNC-Stecker (Elemente)
(**B**ayonet **N**ut **C**oupling)

Twisted-Pair

Western-Steckverbinder
RJ 45
(**R**egistered **J**ack)

Messen in Datennetzen – *Measurements in data networks*

Messprinzip

- Die Messanordnung besteht aus dem Messgerät ① (Senden, Empfangen, Auswerten) und der Remote-Einheit ②.
- Die Messergebnisse werden mit Normwerten verglichen und als erfüllt (pass) oder nicht erfüllt (fail) gekennzeichnet.

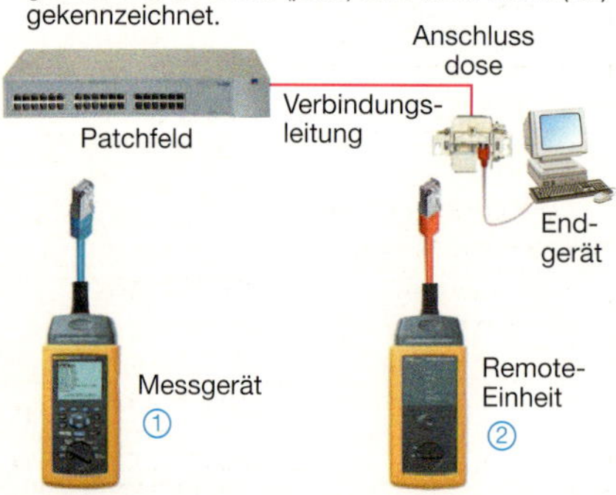

Dämpfung

- **Leitungsdämpfung**
  - Logarithmisches Maß in dB
  - Abhängigkeit von Länge, Frequenz, Wirkwiderstand, induktivem und kapazitivem Belag der Leitung
- **Rückflussdämpfung** (return loss)
  - Leitung wird mit einem Widerstand abgeschlossen.
  - Die Dämpfung der Übertragungsstrecke ändert sich z. B. durch Klemmen oder Anschlüsse von Dosen; Signale werden teilweise reflektiert.

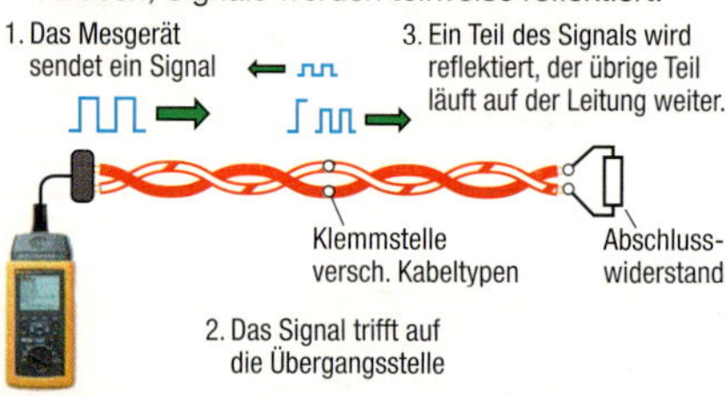

Laufzeit und Länge

- Offener Ausgang
- Über die Signallaufzeit wird die Länge der einzelnen Adernpaare ermittelt und angezeigt.

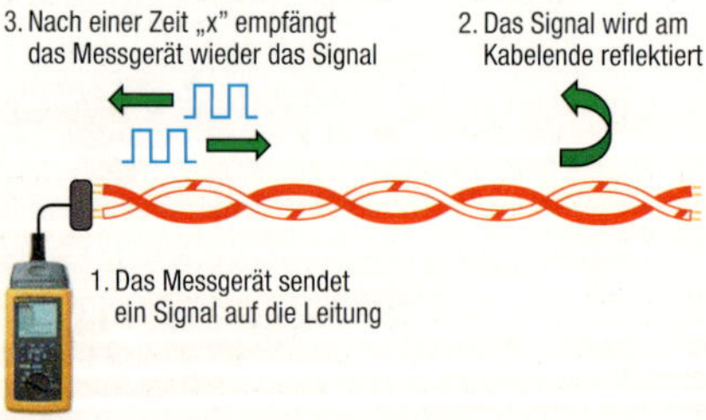

Nebensprechen

- **Nebensprechen** (crosstalk)
  - Das sendende Signal (Leitung 1) induziert eine Spannung in die Leitungspaare 2, 3 und 4.
  - Durch die Kabeldämpfung wird das Nebensprechen mit zunehmender Leitungslänge geringer.

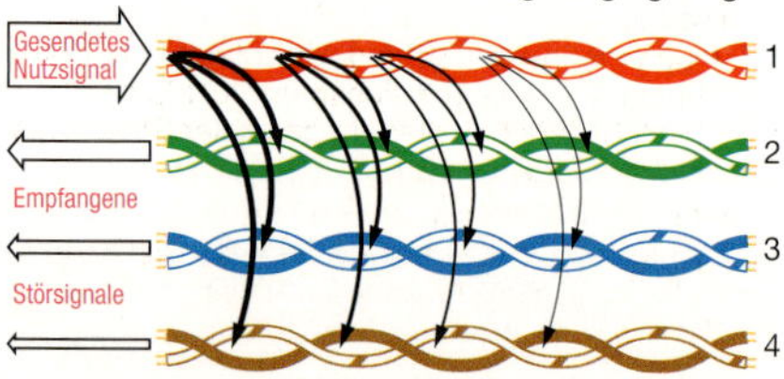

- **Nahes Nebensprechen** (NEXT, near end crosstalk)
  - Es entsteht zwischen anliegenden Leitungspaaren, z. B. Leitungspaar 1 und 2.
  - NEXT ist frequenzunabhängig und verursacht die häufigsten Fehler in Datennetzen.
- **Fernes Nebensprechen** (FEXT, far end crosstalk)
  - FEXT wird am fernen Ende gemessen und entspricht dem Nahen Nebensprechen (NEXT).

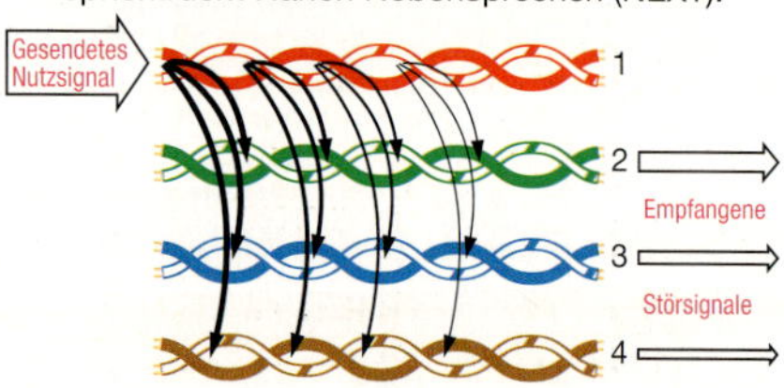

- **Längenabhängiges Nebensprechen am fernen Ende** (ELFEXT, equal level far end crosstalk)
  - Den ELFEXT-Wert erhält man, wenn man die Differenz zwischen FEXT und Dämpfung bildet.
  - Er ist längenunabhängig und kann mit verschieden langen Leitungen vergleichen.

Rausch-Signal-Abstand (ACR, attenuation to crosstalk ratio)

- Differenz aus dem NEXT-Wert ① und der Dämpfung ② (ACR = NEXT – Dämpfung)
- Abstand zwischen Nutzsignal und Störsignal
- Je größer der ACR-Wert, desto besser kann das Nutzsignal erkannt werden.
- Der ACR-Wert ist ein Maßstab für die Qualität der gesamten Verbindung.

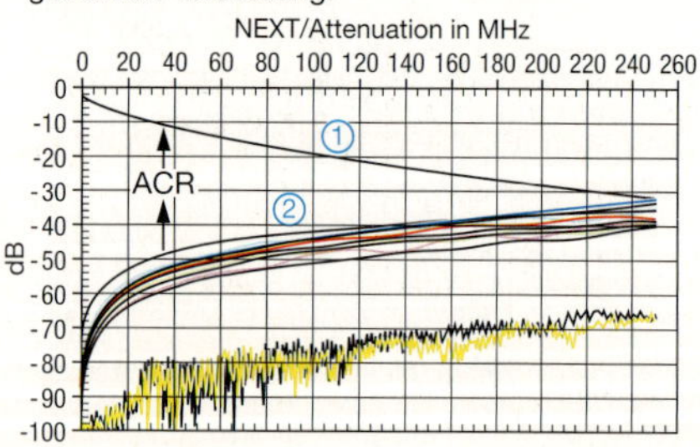

EDV-gerechte Energieversorgung – *EDP-compatible power supply*

Ausgleichsströme im TN-C-System

- **Problem**
  Bei vernetzten EDV-Geräten in TN-C-Systemen (z. B. über mehrere Stockwerke ①) kann es zu Ausgleichsströmen über die Abschirmungen kommen.
- **Ursache**
  Ein Spannungsunterschied ΔU entsteht auf dem für beide Systeme gemeinsamen PEN-Leiter ② ③. Es besteht zum N-Leiter ein paralleler Strompfad über den PE-Leiter.
- **Folgen**
  - Induktive Einspeisung von Störimpulsen in die Datenleitung (Störungen, Datenverlust)
  - Brandgefahr (große Stromstärke über Abschirmung)
  - Zerstörung elektronischer Bauteile
- **Abhilfe**
  Aufbau eines TN-S-Systems ④ mit getrennten PE- und N-Leitern. Für die Spannung gibt es nur einen zentralen Erdungspunkt.

TN-C-System ① **TN-S-System** ④

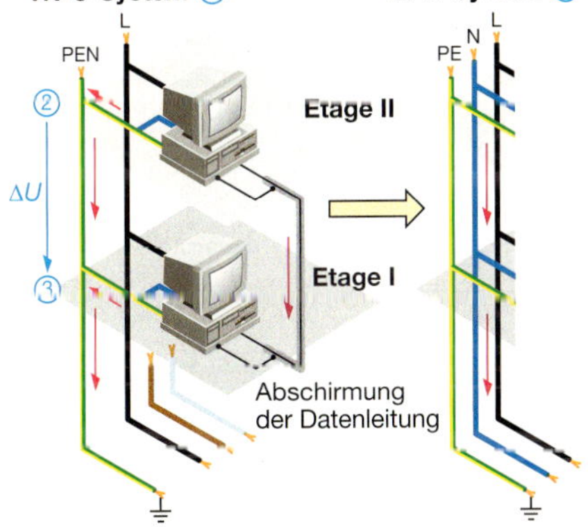

Hausübergabepunkt im TN-S-System

- Ab der Einspeisungsstelle werden N- und PE-Leiter getrennt geführt.
- In der gesamten nachfolgenden Installation darf zwischen N- und PE-Leiter keine Verbindung bestehen (keine PEN-Brücken).

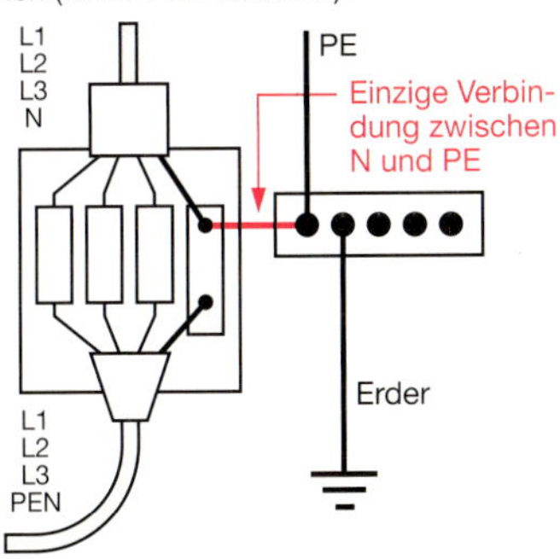

Transformatorübergabepunkt im TN-S-System

- Nicht geerdeter Sternpunkt

Transformator, Sekundärseite

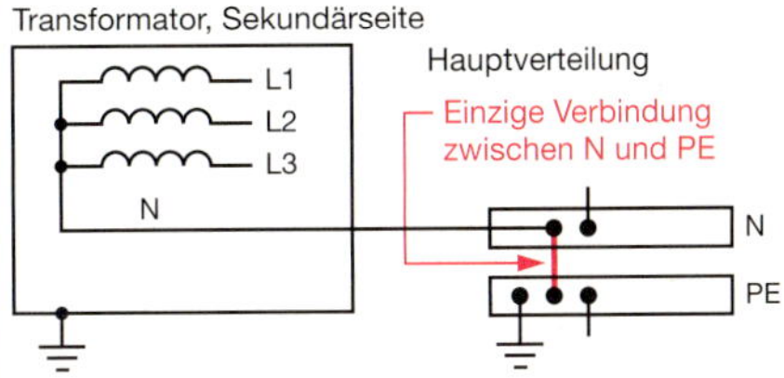

- Geerdeter Sternpunkt

Transformator, Sekundärseite

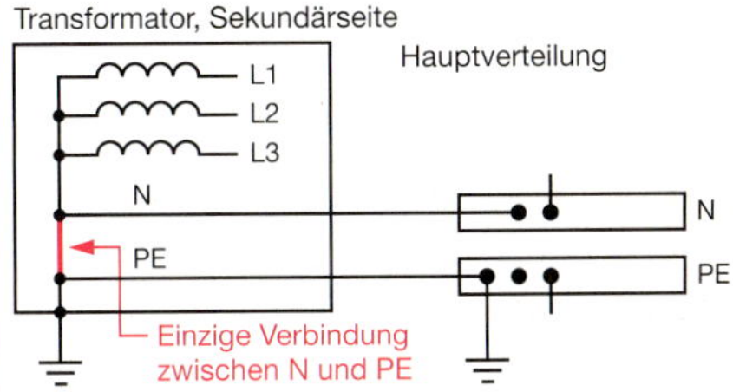

Oberschwingungen

- **Problem**
  Weil nichtlineare Geräte (Energiesparlampen, Schaltnetzteile, Drucker, PCs, ...) nicht kontinuierlich, sondern impulsartig Energie aus dem Netz beziehen, verursachen sie Oberschwingungen.
- **Folge**
  Im N-Leiter addieren sich die Ströme der Oberschwingungen ⑤, so dass die Stromstärke im N-Leiter erheblich größer werden kann als die Stromstärken in L1 ⑥, L2 ⑦ und L3 ⑧ (Überlastung ⇒ Brandgefahr).

Beispiel: 3. Oberschwingung 150 Hz

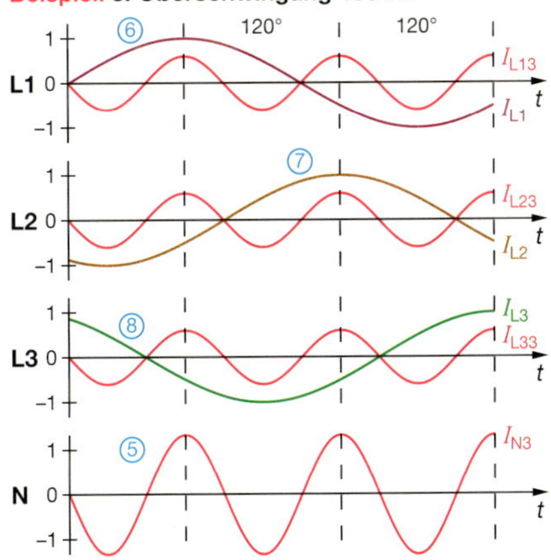

- **Abhilfe**
  Filter zum Sperren bzw. Ableiten der Oberschwingungen einbauen. Im einfachsten Fall eine Drossel in den Stromweg des störenden Gerätes schalten.

Strukturierte Verkabelung – *Structured cabling*

DIN EN 50173: 05-12

Verkabelungsstruktur

Dreistufige strukturierte Gebäudeverkabelung

Primärbereich
Sekundärbereich
Tertiärbereich

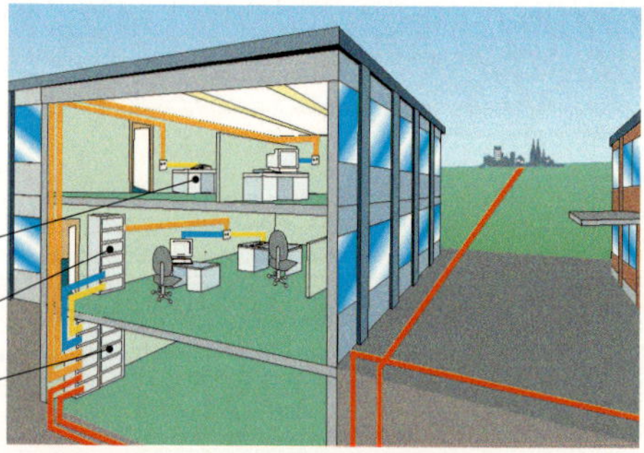

Bereich	Kabelverbindung	max. Kabellänge	Kabeltypen
Primär	Zwischen einzelnen Gebäudebereichen	1500 m	LWL
Sekundär	Vom Gebäudeverteiler (GV) zu den Etagenverteilern (EV)	500 m	LWL, bestehend aus mindestens zwölf Fasern
Tertiär	Vom Etagenverteiler zur Anschlussdose des Endgerätes (TA). Die Verbindung zwischen TA und Endgerät beträgt max. 5 m.	90 m	LWL, Kupferkabel oder Hybrid-Kabelsystem (LWL mit integriertem Kupferkabel)

Aufbau eines Kupferkabels

UTP (ohne Schirmung)

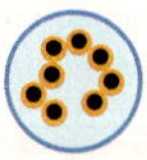

STP (mit Einzelschirm)

S/UTP (mit Gesamtschirm)

S/STP (mit Einzel- und Gesamtschirm)

Leiteraufbau: massiv oder 7drähtig

Paarverseilung: zwei Adern formen ein symmetrisches Paar (Twisted Pair)

Farbcode:
weiß blau/blau
weiß orange/orange
weiß grün/grün
weiß braun/braun

Leiter
Isolation
Einzelschirm
Gesamtschirm

Kategorie	Klasse	Frequenz	Übertragungsraten
Cat. 3	B	16 MHz	10 MBit/s Ethernet
Cat. 4	C	20 MHz	10 MBit/s Ethernet
Cat. 5	D	100 MHz	100 MBit/s Ethernet
Cat. 6	E	250 MHz	155 MBit-ATM
Cat. 7	F	600 MHz	622 MBit Gigabit-Ethernet

Leiterquerschnitt (angegeben in AWG)
Massiver Leiter: 24/1 bis 23/1 (0,5 bis 0,6 mm^2)
7drähtiger Leiter: 27/7 bis 24/7 (0,08 bis 0,22 mm^2)
AWG = **A**merican **W**ire **G**auge

Steckverbinder

Installation einer RJ45 Anschlussdose:

1. Leitung ablängen und isolieren.
2. Adernpaare in die Richtung der Anschlussklemmen biegen.
3. Einzeladern in die farbig markierten Schneidklemmen legen und mit Anlegewerkzeug anschließen. Darauf achten, dass der Twist der Paare so wenig wie möglich aufgedrillt wird.
4. Optische Kontrolle der Adernenden auf Kontaktstellen zwischen den Leitern und/oder dem Gehäuse.

Belegung RJ45:

Pin 1: weiß orange	Pin 2: orange
Pin 3: weiß grün	Pin 4: blau
Pin 5: weiß blau	Pin 6: grün
Pin 7: weiß braun	Pin 8: braun

Tera

Weitere Steckersysteme:

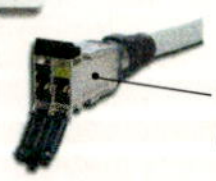

GG45/GP45 (abwärtskompatibel zu RJ45)

Lichtwellenleiter (LWL) – *Fibre optic cables*

Aufbau

Anwendung	Beispiel
• Verbindung zwischen Endverteilern und/oder Endgeräten • kurze Übertragungswege • direkte Steckermontage möglich (häufig vorkonfektioniert)	Duplex-Patchkabel (innen) 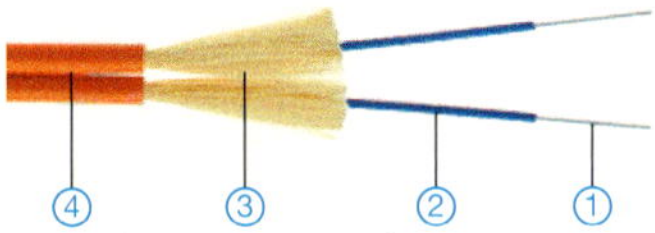
• Verbindung zwischen Haupt- und Nebenverteiler • direkte Steckermontage je Faser möglich • aufspleissbar für Kabelendverteiler	Breakout-Innenkabel mit Kompaktadern 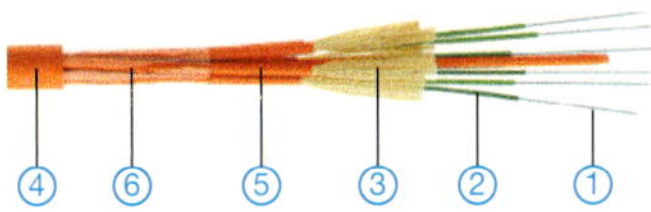
• Telekommunikations-/Kabelfernsehanwendung • Computernetzwerke • große Entfernungen/Datenmengen	Zentral-Bündeladerkabel (außen) 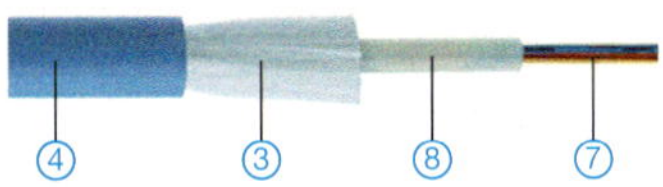

Aufbau

① LWL-Faser mit Primärcoating (Primärbeschichtung)
② Sekundärcoating
③ Zugentlastung (Aramid- oder Glasfaser)
④ Außenmantel (ggf. mit Nagetierschutz)
⑤ nummerierter Mantel
⑥ Polyesterfolie
⑦ LWL-Faserbündel mit Primärcoating
⑧ mit Gel gefüllte Zentralbündelader

Kurzbezeichnung

Beispiel: A – D F – (ZN)2Y – 4x6 – G50/125 – 3,5 B 800

- A: Kabelart
- D: Faserschutz
- (leer): Zentralelement *)
- F: Kabelfüllung *)
- (ZN)2Y: Außenmaterial
- (leer): Bewehrung *)
- 4x6: Faseranzahl
- G: Faserart
- 50: Faserkern
- 125: Fasermantel
- 3,5: Dämpfung
- B: Wellenlänge
- 800: Dispersion
- (leer): Sonderarten *)

*) kann je nach Kabeltyp entfallen

Kabelart

A	Außenkabel
AT	Breakoutkabel
I	Innenkabel

Faserschutz

B	Bündelfaser (trocken)
D	Bündelfaser (Gelfüllung)
F	Faser mit 250 µm Buffer
H	Hohlader (trocken)
V	Vollader
W	Hohlader (Gelfüllung)

Zentralelement

S	Seele aus Metall

Kabelfüllung

F	Hohlräume der Verseilung mit Gelfüllung

Außenmaterial

2Y PE	Polyethylen
4Y	Polyamid
11Y	Polyurethan
(D)2Y PE	" mit Kunststoffsperrschicht
(L)2Y PE	Schichtenmantel
H	halogenfrei
Y PVC	
(ZN)2Y PE	mit metallfreier Zugentlastung

Bewehrung

B	allgemein Bewehrung
BY	zusätzliche PVC-Hülle
B2Y	zusätzliche PE-Hülle
Q	Quellfliesumwicklung

Faseranzahl

a	Anzahl der Volladern
a x b	Anzahl der Bündeladern x Faserzahl

Faserart

E	Singlemode
G	Gradientenindex
K	Stufenindex (Glas/Plastik)
P	Plastikfaser
S	Stufenindex (Glas(Glas)

Faserkern

Faserdurchmesser in µm

Fasermantel

Manteldurchmesser in µm

Dämpfung

in dB/km

Wellenlänge

B	850 nm
F	1300 nm (Monomode), 1310 nm (Singlemode)
H	1550 nm (Singlemode)

Dispersion – Sonderarten

LG	Lagenverseilung
SZ	SZ-Verseilung

Informationstechnische Systeme

Lichtwellenleiter-Montage – *Mounting of fibre optic cables*

Spleißen

Herstellen einer nicht lösbaren Verbindung von Lichtwellenleitern durch Schmelzspleiß

Vorbereitung des LWL → **Faser schneiden** → **Schmelzspleiß erstellen** → **Spleiß schützen**

Vorbereitung des LWL

1. Ablängen mit Spezialschere für Kevlarfasern
2. Bewehrung/Mantel entfernen ①
3. Füllelemente z. B. Röhrchen entfernen

Faser schneiden

1. Faserbeschichtung (Coating) mit Spezialwerkzeug ② entfernen
2. Faser mit Alkohol reinigen
3. Faser in Cleaver (Schneidgerät) einlegen
4. Faser einritzen und brechen

Schmelzspleiß erstellen

1. Spleißmaschine verwenden ③
2. Fasern einlegen und ausrichten
3. Fasern erhitzen und fügen
4. automatischer Schweißablauf

Spleiß schützen

- erhitzte Fasern sind spröde
- Sicherung z. B. durch
  - Klebemasse in Aluprofil
  - Schrumpfschlauch mit Draht und Kleber
  - Spleißkassette für mehrere Fasern ④

Werkzeuge

①

einstellbares Abmantelungswerkzeug für simplex und duplex LWL

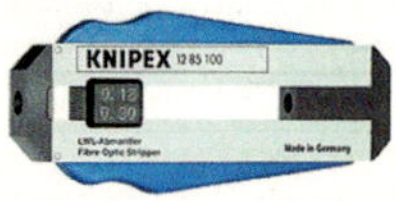

②

Absetzwerkzeug zum Entfernen des Primärcoating

③

automatisches Spleißgerät

④

Spleißkassette zum Schutz der Spleißstelle vor mechanischer Beschädigung

Steckverbinder montieren

Vorbereitung des LWL → **Vorbereitung der Stecker** → **Steckermontage** → **Faserbehandlung**

Vorbereitung des LWL

1. Ablängen mit Spezialschere für Kevlarfasern
2. Mantel entfernen ①
3. Primärcoating entfernen ②
4. Faser reinigen

Vorbereitung der Stecker

1. Knickschutz ⑤ über LWL ziehen
2. Crimphülse ⑥ über LWL ziehen

Steckermontage

1. Faser einführen
2. Zweikomponenten-Kleber mischen und Faser fixieren
3. Knickschutz und Crimphülse überziehen
4. Crimpen

Faserbehandlung

1. überstehende Faser anritzen und abbrechen
2. grob schleifen (Körnung …)
3. Schleifstelle reinigen
4. fein schleifen (Körnung …)

Steckverbinder

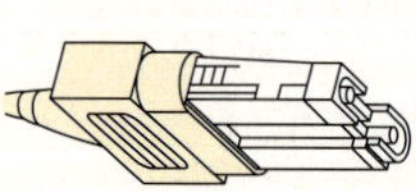

FDDI-Steckverbinder für Duplexverbindung (zwei Fasern/Übertragungsrichtungen je Steckverbinder)

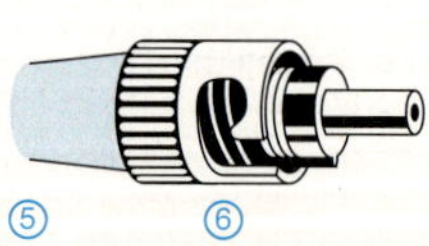

ST-Steckverbinder für Simplexverbindung (eine Faser je Steckverbinder)

Datensicherheit, Datenschutz – *Data security, data protection*

Allgemeine Prinzipien des Datenschutzes

Vertraulichkeit
Daten nur für Befugte!

Integrität
Keine Verfälschungen!

Revisionsfähigkeit
Wer hat wann welche Daten in welcher Weise verändert?

Verfügbarkeit
Zeitgerecht für eine ordnungsgemäße Verarbeitung!

Authentizität
Jederzeit ist eine Zuordnung zum Ursprung möglich!

Transparenz
Verfahrensweisen vollständig und aktuell dokumentiert (nachvollziehbar)!

Rechtsgrundlage: Bundesdatenschutzgesetz (BDSG)

Recht der Betroffenen auf …

Benachrichtigung § 33

des Betroffenen über:
Speicherung, Datenart, Zweckbestimmung der Erhebung, Verarbeitung, Nutzung. Identität der verantwortlichen Stelle.
Ausnahme:
Wenn Rechtsvorschriften bzw. Gesetze dafür bestehen.

Auskunft § 34

über
- gespeicherte Daten,
- ihre Herkunft,
- Zweck der Speicherung

Auskunft, § 35

wenn
die Daten unrichtig sind.

Löschung, § 35

wenn die
- Speicherung unzulässig ist,
- Richtigkeit von der verantwortlichen Stelle nicht bewiesen werden kann,
- Speicherung nicht mehr erforderlich ist.

Sperrung, § 35

wenn die
- Daten unrichtig sind,
- schutzwürdige Interessen beeinträchtigt würden,
- Richtigkeit von dem Betroffenen bestritten wird,
- Löschung zu aufwändig wäre.

Technisch-organisatorischer Datenschutz (Anlage zu § 9 BDSG)

Kontrollmaßnahmen	Technische Realisierung	Kontrollmaßnahmen	Technische Realisierung
Zutritt Unbefugten wird der Zutritt zur Datenverarbeitungsanlage verwehrt.	Gebäude- bzw. Raumsicherung, Zutrittsvermerk, Schlüsselregelung, …	**Eingabe** Es muss nachträglich feststellbar sein, ob und von wem Daten eingegeben, verändert oder entfernt worden sind.	Dokumentation: Bevollmächtigter, Zeit, Änderungen, …
Zugang Es wird verhindert, dass Unbefugte Daten nutzen.	Identifikation durch Passwort, Protokollierung der Zugänge, …	**Auftrag** Es ist zu gewährleisten, dass die Daten nur entsprechend den Weisungen des Auftraggebers bearbeitet werden.	Auftragsbeschreibung, Lasten- und Pflichtenheft, …
Zugriff Es wird gewährleistet, dass nur auf die der Zugriffsberechtigung unterliegenden Daten zugegriffen werden kann.	Festlegung und Prüfung der Zugriffsberechtigten, Protokollierung von Zugriffen, zeitliche Verschlüsselung, …	**Verfügbarkeit** Die Daten sind gegen zufällige Zerstörung oder Verlust zu schützen.	Gebäudeschutz, Diebstahlschutz, Datensicherung, …
Weitergabe Es wird gewährleistet, dass bei der Weitergabe Daten nicht unbefugt gelesen, kopiert oder verändert werden können.	Festlegung der Transportwege, Quittierung, Verschlüsselung, …	**Organisation** Die zu unterschiedlichen Zwecken erhobenen Daten müssen getrennt verarbeitet werden können.	Aufgabenteilung, Funktionstrennung, Richtlinien für Verfahren und Dokumentation, …

Datensicherung – *Data security*

Prinzip

Ordnungsgemäßer Betrieb einer Datenverarbeitung durch Sicherung der

- **Hardware**
- **Software**
- **Daten**

gegen

- **Verlust**
- **Beschädigung**
- **Missbrauch**

Schädigende Einflüsse

- **Wanzen**:
  Fehler in der Software (auch ohne Absicht), keine selbstständige Ausbreitung.
- **Manipulationen**:
  Absichtliche Verfälschungen in der Software.
- **Hacker**:
  Personen, die in spielerischer, amateurhafter Weise Schwachstellen aufdecken.
- **Cracker**:
  Personen, die professionell Schwachstellen aufdecken, um Schäden anzurichten.
- **Würmer**:
  Übertragen sich selbstständig von Rechner zu Rechner über Netze, z. B. als Anlage einer E-Mail.
- **Trojaner**:
  Programme (z. B. als Bildschirmschoner oder Tools) zum Einschmuggeln von getarnten Viren. Der Virus wird gesondert aktiviert.
- **Viren**:
  Eigenständiges Programmelement in einem Wirtsprogramm. Er besitzt die Fähigkeit sich selbst zu kopieren und dadurch in ein zuvor nicht infiziertes Programm einzudringen.
  - **Bootsektorviren** setzen sich im Bootbereich fest und nehmen damit einen festen Platz in der Konfiguration des Betriebssystems ein.
  - **Makroviren** sind direkt im Dokument gespeichert.
- **Backdoor**:
  „Hintertür" in einem Anwenderprogramm für eine später erfolgende Manipulation.

Sicherheitsmaßnahmen

Virenschutz durch
- Virenscanner (im Server, beim Client, im Netz)
- Laufwerke sperren
- Organisatorische Maßnahmen

Kryptographie durch
- Verschlüsselung
- Asymmetrische Verfahren (Public key: Öffentlicher Schlüssel, Private key: Privater Schlüssel)
- Signatur (Authentizität, Integrität)

Datensicherung
- Kontinuierlich (Spiegelfestplatten (RAID), Spiegelserver)
- Periodisch (Voll-/Komplettsicherung, Differenzsicherung)

Schutz vor Computerviren aus dem Internet

Einstellungen am PC

- Sicherheitsfunktionen aktivieren.
- Aktuelles Virenschutz-Programm einsetzen, das im Hintergrund läuft.
- Anzeige aller Dateitypen aktivieren.
- Makro-Virenschutz von Anwenderprogrammen aktivieren.
- Sicherheitseinstellungen am Browser auf gewünschte Stufe einstellen (z. B. Deaktivieren von aktiven Inhalten (ActiveX, Java, JaveScript) und Skript-Sprachen (z.B. Visual Basic)).

Verhalten beim Empfang von E-Mails

- Nicht sinnvolle E-Mails von unbekannten Absendern löschen (SPAM).
- Prüfen, ob der Text der Nachricht auch zum Absender passt.
- E-Mails mit gleichlautendem „Betreff" prüfen.
- Ausführbare Programme (*.COM, *.EXE), Skript-Sprachen (*.VBS, *.BAT) oder Bildschirmschonern (*.SCR) nicht durch „Doppelklick" öffnen.
- Vorsicht bei Dateien im HTML-Format.
- Datei-Anhänge nur von vertrauenswürdigen Absendern öffnen.

Verhalten beim Versenden von E-Mails

- Öfter prüfen, ob sich E-Mails im Postausgang befinden, die nicht vom Benutzer verfasst sind.
- Der Aufforderung zur Weiterleitung von Warnungen, Mails oder Anhänge an Freunde usw. nicht nachkommen.

Verhalten bei Downloads aus dem Internet

- Programme nur von vertrauenswürdigen Seiten laden.
- Angabe über die Größe der Datei mit der tatsächlichen Größe der Datei nach dem Download überprüfen.
- Vor der Installation Dateien mit aktuellem Viren-Schutzprogramm überprüfen.
- Gepackte Dateien erst entpacken und dann auf Viren überprüfen.

Firewall

Schutzmaßnahme (Filter), die einen unerlaubten Zugriff von außen auf ein privates Netzwerk verhindert.
- **Paketfilterung** (Packet Filter):
  Inhalte der Datenpakete werden nach festgelegten Regeln überprüft.
- **Application Gateway** (in Verbindung auch mit Proxy-Servern):
  PC oder Software, die die Verbindung zwischen zwei Netzen herstellt und Sicherheitsüberprüfungen vornimmt.

Elektrische Installation 5

Einteilung der Werkstoffe – *Classification of materials*

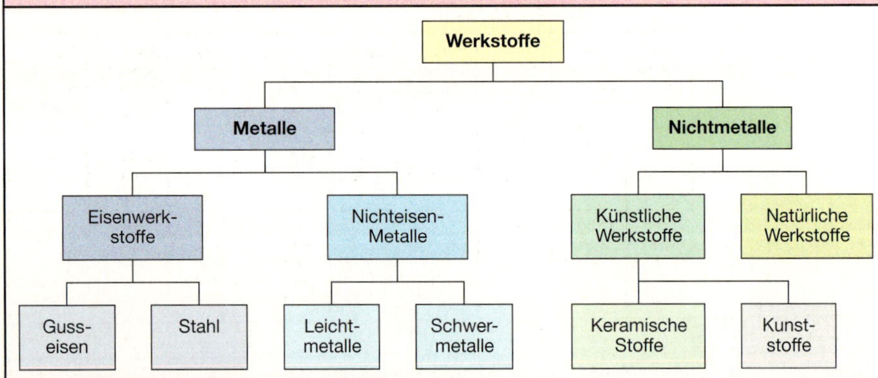

Werkstoffverwendung in der Elektrotechnik

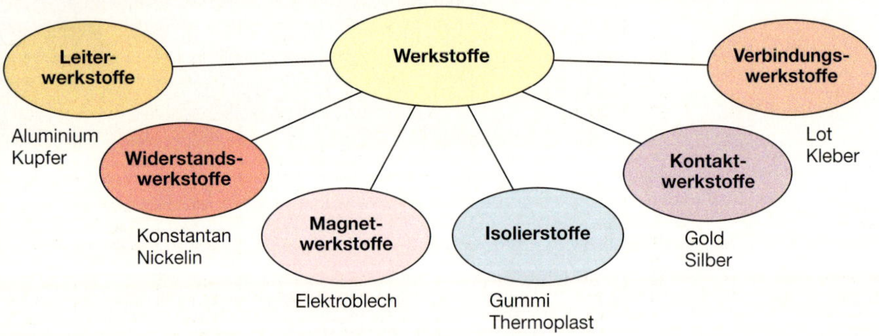

Werkstoffnummern – *Material numbers*

Beispiel: Stahl

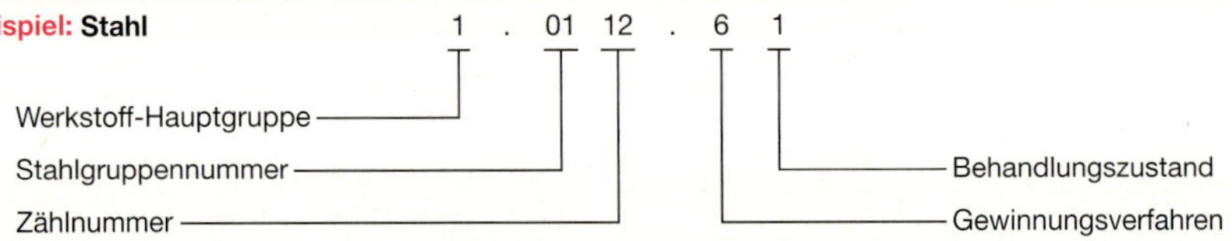

Werkstoff-Hauptgruppen						
Kennzahl	0	1	2	3	4 … 8	9
Bedeutung	Roheisen Gusseisen	Stahl Stahlguss	Schwermetalle	Leichtmetalle	Nichtmetalle	Interne Benutzung

Stahl-Gruppen		Schwermetalle		Leichtmetalle	
00 … 90 bis 07 … 97	Unlegierter Qualitätsstahl	2.00 … 2.17	Kupfer	3.00 … 3.49	Aluminium
		2.20 … 2.24	Zink, Cadmium	3.50 … 3.59	Magnesium
08 … 98 09 … 99	Legierter Qualitätsstahl	2.30 … 2.34	Blei	3.70 … 3.79	Titan
10 … 18	Unlegierter Edelstahl	2.35 … 2.39	Zinn		
		2.40 … 2.49	Nickel, Kobalt		
22 … 89	Legierter Edelstahl	2.50 … 2.59	Edelmetalle		

Stoffwerte von chemisch reinen Elementen (20 °C und 1,013 · 10^5 Pa)

Physical characteristics of pure chemical elements

Name	Kurzzeichen	Ordnungszahl	Elektrische Leitfähigkeit $\varkappa$ in $\frac{MS}{m}$	Temperaturkoeffizient α_{20} in $\frac{10^{-3}}{K}$	Spez. Wärmekapazität c in $\frac{kJ}{kg \cdot K}$	Dichte ϱ in $\frac{kg}{dm^3}$ Gas: $\frac{mg}{cm^3}$	Schmelzpunkt ϑ_{Fl} in °C	Siedepunkt ϑ_G in °C	Spez. Schmelzwärme q in $\frac{kJ}{kg}$	Längen-Ausdehnungskoeffizient α in $\frac{10^{-6}}{K}$
Aluminium	Al	13	37,8*)	4,7*)	0,899	2,7	660	2270	398	23,9
Antimon	Sb	51	2,59	5,4	0,210	6,69	630,5	1640	163	10,8
Argon	Ar	18	–	–	–	1,78	–189	–186	–	–
Arsen	As	33	–	4,7	0,350	5,73	sublimiert	618	–	10,8
Barium	Ba	56	2,78	6,5	0,277	3,8	710	1696	–	19
Beryllium	Be	4	31,2	9,0	1,885	1,85	1283	2870	–	12,3
Bismut (Wismut)	Vi	83	0,91	4,5	0,126	9,8	271	1560	54	13,5
Blei	Pb	82	4,77	4,2	0,130	11,34	327	1750	25	29
Bor (bei 0 °C)	B	5	0,91	–	0,960	1,7...2,3	2300	2500	–	8
Brom (bei 18 °C)	Br	35	–	–	–	3,19	–7,3	59	–	1150
Cadmium	Cd	48	13,7	4,2	0,230	8,64	321	767	54	29,4
Calcium	Ca	20	–	–	0,630	1,55	850	1439	329	–
Chlor	Cl	17	–	–	–	1,557	–	–34,1	–	–
Chrom	Cr	24	6,76	5,9	0,460	7,1	1900	2300	314	8,5
Eisen	Fe	26	10	4,6	0,466	7,87	1535	2880	268	11
Fluor	F	9	–	–	–	1,69	–218	–188	–	–
Gallium	Ga	31	2,5	4,0	–	5,91	29,75	2400	–	18
Germanium	Ge	32	0,0011	1,4	0,310	5,32	938	2700	409	6
Gold	Au	79	47,6	4,0	0,130	19,3	1063	2700	63	14,3
Helium	He	2	–	–	5,230	0,18	–272	–268,9	–	–
Indium	In	49	–	–	–	7,3	155	2000	238	44
Iridium	Ir	77	20,4	4,1	–	22,4	2454	>4800	–	–
Jod	J	53	–	–	0,220	4,94	113,7	184,5	62	–
Kalium	K	19	15,9	5,7	0,750	0,86	63,5	776	58	84
Kobalt	Co	27	17,8	5,9	0,437	8,9	1490	3200	243	15
Kohlenstoff	C	6	–	–	0,500	3,51	–	–	–	–
Krypton	Kr	36	–	–	–	3,74	–157,2	–152,9	–	–
Kupfer	Cu	29	58*)	4,3*)	0,390	8,93	1083	2390	205	16,8
Lithium	Li	3	11,7	4,9	–	0,53	180	1340	669,9	58
Magnesium	Mg	12	23,3	4,1	0,924	1,74	650	1097	373	26
Mangan	Mn	25	2,56	5,3	0,504	7,43	1244	2152	264	15
Molybdän	Mo	42	20	4,7	0,270	10,2	2620	5550	273	5
Natrium	Na	11	23,3	5,4	1,260	0,97	97,7	883	113	72
Neon	Ne	10	–	–	–	0,899	–248	–240	–	–
Nickel	Ni	28	14,5	6,7	0,441	8,9	1452	3075	301	13
Osmium	Os	76	10,5	4,2	–	22,7	2500	4400	–	5
Palladium	Pd	46	10,2	3,7	–	12	1554	3387	–	10,6
Phosphor (b. 0 °C)	P	15	–	–	0,755	1,83	44,1	280	21	–
Platin	Pt	78	10,2	3,9	0,134	21,4	1769	3800	100	9
Quecksilber	Hg	80	1,063	0,99	0,138	13,96	–38,9	357	11,3	182
Radium	Ra	88	–	–	–	5	700	1140	–	–
Radon	Rn	86	–	–	–	–	–71	–61,9	–	–
Sauerstoff	O	8	–	–	0,920	1,43	–219	–183	13	–
Schwefel (bei 0 °C)	S	16	–	–	0,710	2,07	112,8	444,6	38	90
Selen	Se	34	–	–	0,330	4,8	220	688	83	–
Silber	Ag	47	67,1	4,1	0,230	10,5	960,8	1980	105	19,7
Silicium	Si	14	0,001	–	0,075	2,35	141,4	2630	142	7
Stickstoff	N	7	–	–	1,050	1,25	–210	–196	–	–
Strontium	Sr	38	3,25	3,8	0,075	2,54	757	1366	136	–
Tantal	Ta	73	7,14	3,5	0,138	16,6	2990	4100	172	6,5
Tellur	Te	52	0,0016	–	0,200	6,24	453	1390	140	17,2
Thallium	Tl	81	6,25	5,2	0,134	11,85	303	1457	–	2,9
Titan	Ti	22	2,38	5,4	0,630	4,5	1660	3535	88	8,2
Uran	U	92	4,76	2,8	0,120	18,7	1130	3500	365	–
Vanadium	V	23	–	3,9	0,504	6,1	1900	3000	343	8,3
Wasserstoff	H	1	–	–	14,240	0,09	–257	–252	–	–
Wolfram	W	74	18,2	4,8	0,143	19,3	3380	4727	193	4,5
Xenon	Xe	54	–	–	–	–	–112	–108	–	–
Zink	Zn	30	17,6	4,2	0,395	7,13	419,5	906	100	29
Zinn	Sn	50	8,7	4,6	0,228	7,29	232	2360	59	27

*) **Leitungsmaterial:** Aluminium $\varkappa > 35\ \frac{MS}{m} \Rightarrow \varrho < 0{,}02857\ \mu\Omega m$ $\quad \alpha_{20} = 0{,}0036\ K^{-1}$ Kupfer $\varkappa > 56\ \frac{MS}{m} \Rightarrow \varrho < 0{,}01786\ \mu\Omega m$ $\quad \alpha_{20} = 0{,}0039\ K^{-1}$

Eigenschaften von Werkstoffen – *Characteristics of materials*

Bezeichnung	Formelzeichen	Einheit	Erklärung	Formel
Dichte	ϱ	$\frac{\text{kg}}{\text{dm}^3}$	Masse bezogen auf Volumen	$\varrho = \frac{m}{V}$
Elastizität	–	–	Verformung durch Krafteinwirkung und Rückgang der Verformung nach Kraftzurücknahme.	–
Plastizität	–	–	Verformung durch Krafteinwirkung ohne Rückgang der Verformung nach Kraftzurücknahme.	–
Zähigkeit	–	–	Zerbrechen durch Krafteinwirkung mit Formveränderung.	–
Sprödigkeit	–	–	Zerbrechen durch Krafteinwirkung ohne Formveränderung.	–
Härte	 HB HV HRC	 – – –	Widerstand gegen Eindringen in ein Material Prüfverfahren: • **Brinell** (Stahlkugel in Material gedrückt) • **Vickers** (Diamantpyramide in Material gedrückt) • **Rockwell** (Diamantkugel in zwei Stufen in Material gedrückt)	$H = \frac{F_B}{A} \cdot 0{,}102$ $HRC = 100 - \frac{t_b}{0{,}002}$ F_B: Belastungskraft A: Eindruckoberfläche t_b: bleibende Eindringtiefe
Festigkeit			Widerstand gegen Bruch 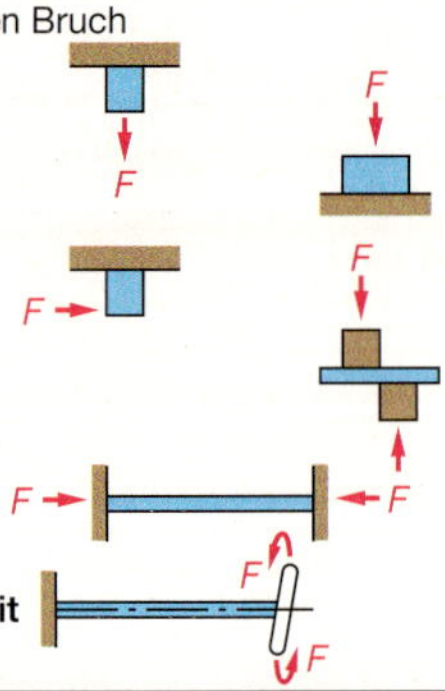 	
	R_m	$\frac{\text{N}}{\text{mm}^2}$	**Zugfestigkeit**	$R_m = \frac{F_m}{S_o}$ F_m: Kraft bei Bruch S_o: ursprünglicher Querschnitt
	$\sigma_{d,B}$	$\frac{\text{N}}{\text{mm}^2}$	**Druckfestigkeit**	
	$\sigma_{d,B}$	$\frac{\text{N}}{\text{mm}^2}$	**Biegefestigkeit**	
	τ_B	$\frac{\text{N}}{\text{mm}^2}$	**Scherfestigkeit** (Schubfestigkeit)	
	$\sigma_{k,B}$	$\frac{\text{N}}{\text{mm}^2}$	**Knickfestigkeit**	
	$\tau_{t,B}$	$\frac{\text{N}}{\text{mm}^2}$	**Verdrehfestigkeit**	
Streckgrenze	R_e	$\frac{\text{N}}{\text{mm}^2}$	Zugfestigkeits-Grenze (auch: Fließgrenze), bei der die elastische Verformung in eine plastische Verformung übergeht. 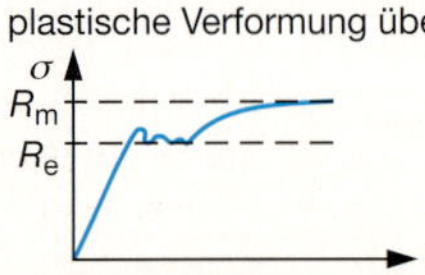 Spannungs-Dehnungs-Diagramm für weichen Stahl	
Dehnung **Bruchdehnung**	ε A	1 1	Längenveränderung bei Krafteinwirkung 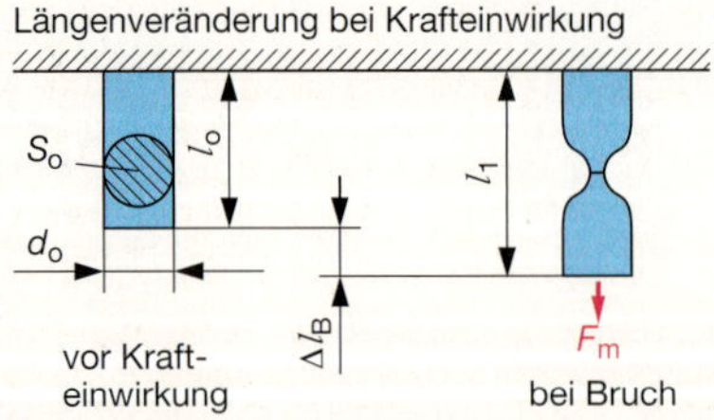 	$A = \frac{\Delta l_B}{l_o} \cdot 100\ \%$ A_5: Zugstablänge $l_o = 5 \cdot d_o$ A_{10}: Zugstablänge $l_o = 10 \cdot d_o$ Δl_B: Längenänderung bei Bruch l_o: ursprüngliche Länge

Eigenschaften von Werkstoffen – *Characteristics of materials*

Bezeichnung	Formelzeichen	Einheit	Erklärung	Formel
Warmfestigkeit	–	–	Widerstand gegen Zerstörung durch hohe Temperaturen	–
Warmstandfestigkeit	–	–	Einsatzfähigkeit von Werkzeugen bei hohen Temperaturen	–
Wärmeleitfähigkeit	λ	$\frac{\mathrm{W}}{\mathrm{m} \cdot \mathrm{K}}$	**Wärmeleitung:** Durchdringen von Wärmemengen durch ein Werkstück. **Wärmeleitfähigkeit:** Wärmeleitung bezogen auf Werkstückmaße und Temperaturunterschied. Werte sind bei Gasen und Flüssigkeiten stark temperaturabhängig!	$\lambda = \frac{Q \cdot s}{\Delta\vartheta \cdot A \cdot t}$ s: Dicke A: Fläche
spezifische Wärmekapazität	c	$\frac{\mathrm{kJ}}{\mathrm{kg} \cdot \mathrm{K}}$	Zum Erwärmen notwendige Wärmemenge bezogen auf Masse und Temperaturunterschied	$c = \frac{Q}{m \cdot \Delta\vartheta}$
spezifische Schmelzwärme	q	$\frac{\mathrm{kJ}}{\mathrm{kg}}$	Wärmemenge zum Schmelzen von 1 kg eines Stoffes bei Schmelztemperatur	–
spezifische Verdampfungswärme	r	$\frac{\mathrm{kJ}}{\mathrm{kg}}$	Wärmemenge zum Verdampfen von 1 kg eines Stoffes bei Siedetemperatur	–
Volumenausdehnungs-Koeffizient	γ	$\frac{1}{\mathrm{K}}$ K^{-1}	**Wärmeausdehnung:** Volumenveränderung eines Körpers bei Temperaturänderung. **Volumenausdehnungs-Koeffizient:** Volumenänderung bezogen auf ursprüngliches Volumen und Temperaturänderung.	$\gamma = \frac{\Delta V}{V_o \cdot \Delta\vartheta}$ Gase: $\gamma = \frac{1}{273\ \mathrm{K}}$
Längenausdehnungs-Koeffizient	α	$\frac{1}{\mathrm{K}}$ K^{-1}	Längenänderung bezogen auf ursprüngliche Länge und Temperaturänderung Feste Körper: $\gamma \approx 3 \cdot \alpha$	$\alpha = \frac{\Delta l}{l_0 \cdot \Delta\vartheta}$
spezifischer Heizwert **spezifischer Brennwert**	H_u H_o	$\frac{\mathrm{kJ}}{\mathrm{kg}}$ $\frac{\mathrm{kJ}}{\mathrm{kg}}$	Bei Verbrennung von Stoffen entsteht Wärme. Unterer Heizwert: Abgase enthalten Wassergas Oberer Heizwert: Abgase enthalten Wasserdampf	–
spezifischer elektrischer Widerstand	ϱ	$\mu\Omega \cdot \mathrm{m}$ $\frac{\Omega \cdot \mathrm{mm}^2}{\mathrm{m}}$	Elektrischer Widerstand eines Stoffes von 1 m Länge und 1 mm^2 Querschnitt	$\varrho = \frac{R \cdot q}{l}$
elektrische Leitfähigkeit	$\varkappa$	$\frac{\mathrm{MS}}{\mathrm{m}}$ $\frac{\mathrm{m}}{\Omega \cdot \mathrm{mm}^2}$	Kehrwert des spezifischen elektrischen Widerstandes	$\varkappa = \frac{l}{R \cdot q}$
Temperatur-Koeffizient	α β	$\frac{1}{\mathrm{K}}$; K^{-1} K^{-2}	Änderung des elektrischen Widerstandes bei Temperaturänderung < 200 °C: α_{20} Temperatur-Koeffizient bei 20 °C > 200 °C: β	$\alpha = \frac{\Delta R}{R_{20} \cdot \Delta\vartheta}$ $\beta = \frac{\alpha^2}{2}$ $\Downarrow$ $\Delta R \approx R_{20} \cdot (\alpha \cdot \Delta\vartheta + \beta \cdot \Delta\vartheta^2)$

Kunststoffe – *Plastics*

	Kunststoff	Kurzzeichen	Eigenschaften	Verwendungen	Handelsnamen (Beispiele)
Thermoplaste	**P**oly**v**inyl- **c**hlorid	**PVC** hart	beständig gegen viele Chemikalien, alterungsbeständig	Apparatebau, Bauindustrie, Folien, Rohre, Flaschen	Hostalit Vinoflex Trividur
Thermoplaste	**P**oly**v**inyl- **c**hlorid	**PVC** weich	geringere chemische Beständigkeit	Fußbodenbelag, Tapeten, Kunstleder, Drahtisolation	Mipolam Acella Vestolit
Thermoplaste	**P**oly**s**tyrol	**PS**	hart, spröde, Oberflächenglanz, sehr gute elektrische Eigenschaften	Verpackung, Spulenkörper	Styroflex Trolitul Hostyren
Thermoplaste	**S**tyrol-**B**utadien	**SB**	höhere Zähigkeit als PS, empfindlich gegen UV-Licht	Gehäuse, Installationsmaterial	Styron Hostyren
Thermoplaste	**S**tyrol- **A**cryl**n**itril	**SAN**	beständig gegen Küchenflüssigkeiten, kratzfest	Haushaltsgeräte	Vestoran Tyril
Thermoplaste	**A**crylmitril- **B**utadien-**S**tyrol	**ABS**	Oberflächenglanz, Schlagzähigkeit, kratzfest	Gehäuse, Geräteteile, Batteriekästen	Novodur Perluran
Thermoplaste	**P**oly**e**thylen Weich-PE Hart-PE	**PE** LDPE HDPE	wenig witterungsbeständig. Steigende Dichte ergibt steigende Härte und Wärmeformbeständigkeit, aber sinkende Transparenz.	Kabelisolierung, Folien, Flaschen	Hostalen Lupolen Corothene
Thermoplaste	**P**oly**p**ropylen	**PP**	chemische Beständigkeit, harte Oberfläche	Batteriekästen, Haushaltsgeräte	Novolen Trolen P
Thermoplaste	**P**oly**a**mid 12	**PA 12**	geringe Wasseraufnahme, sehr gute chemische Beständigkeit	Lebensmittelfolien, Präzisionsteile der Elektrotechnik	Rilsan A Durethan Ultramid
Thermoplaste	**P**oly**o**xy- **m**ethylen (Acetalharz)	**POM**	zäh, wärmeformbeständig, maßhaltig, abriebfest, nicht säurefest	Zahnräder, Gleitlager, Armaturen, Schaltrelais, Beschläge	Hostaform Delrin Sustain
Thermoplaste	**P**oly**m**ethyl- **m**eth**a**crylat	**PMMA**	glasklar, spröde, chemisch beständig, alterungs- und witterungsbeständig	Lichtkuppeln, Leuchtenabdeckung, optische Linsen	Plexiglas Degalan Vedril
Thermoplaste	**C**ellulose**a**cetat **C**ellulose- **A**ceto**b**utyrat	**CA** **CAB**	zäh, transparent, nicht lebensmittelecht, kraftstoffbeständig	Brillengestelle, Filme, Gehäuse für elektrische Geräte	Cellidor Tenite Cellon
Thermoplaste	**P**oly**e**thylen- **P**oly**b**utylen- en**t**ere**p**hthalat	**PETP** **PBTP**	hart, kristallin, abriebfest, geringe Wasseraufnahme, niedrige Ausdehnung	Zahnräder, Aderisolierung, Gehäuse, Rohre	Vestodur A, B Ultradur Crastin
Thermoplaste	**P**oly**c**arbonat	**PC**	hart, steif, zäh, maßhaltig, alterungsbeständig	Gehäuse, Steckerleisten, Helme	Makrolon Lexan
Duroplaste	**P**olyester **u**ngesättigt	**UP**	maßhaltig, licht- und farbecht, sehr fest	Sturzhelme, Schalter, Karosserieteile	Hostaphan Vestopal
Duroplaste	**Ep**oxid	**EP**	chemisch beständig, sehr leicht fließend, geringe Steifigkeit bei Wärme	Präzisionsteile, Zwei-Komponenten-Kleber, Metalleinbettungen	Araldit Terokal Skotch-Weld
Duroplaste	**P**henol- **F**ormaldehyd	**PF**	bräunlich, dunkelt nach, spröde, nicht lebensmittelecht, chemisch beständig	Topfgriffe, Spulenträger, Sockelplatten, Gleitlager	Bakelite Resinol Trolitan

Erkennen von Kunststoffen – *Recognize of plastics*

Unfallverhütungsvorschriften beachten!

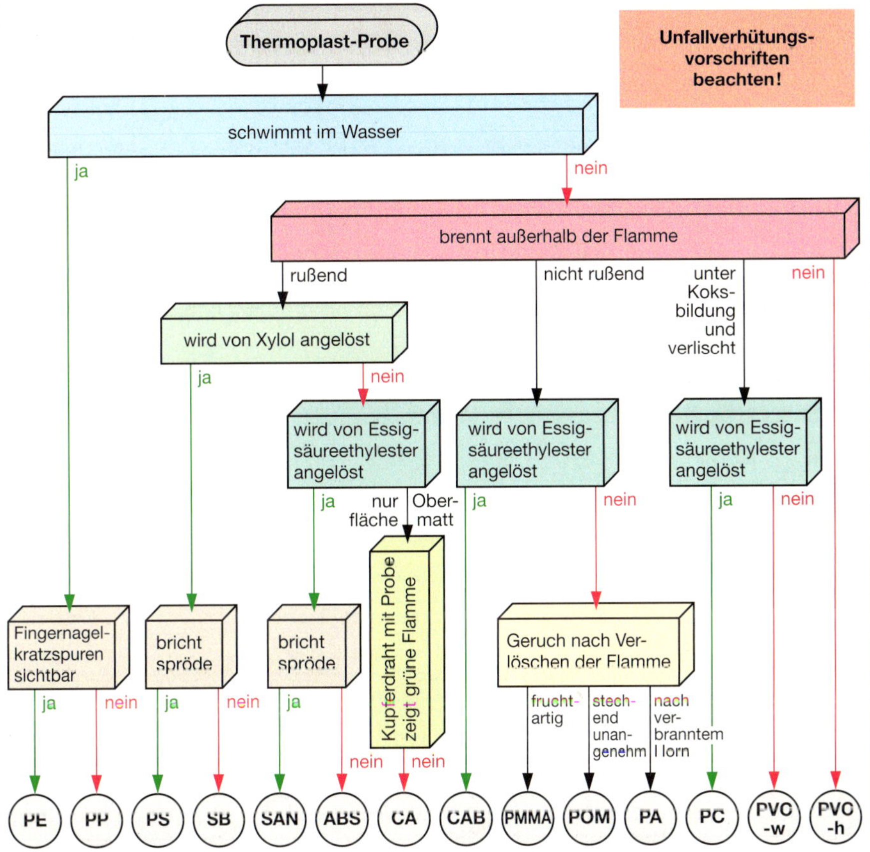

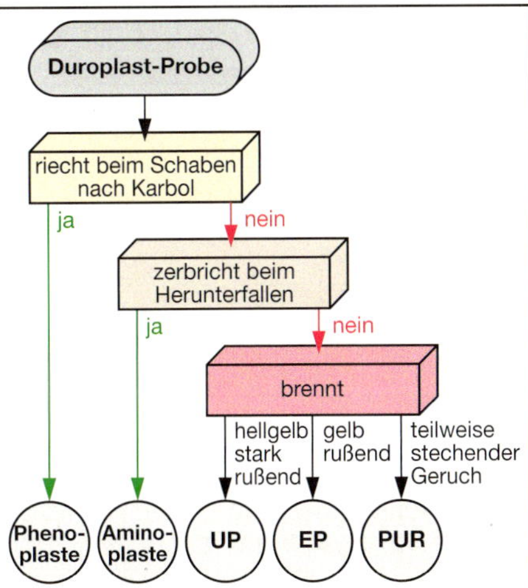

Weitere typische Merkmale

Kunststoff	Merkmal
Aminoplast	brennt nicht
Phenoplast, Phenolharz	brennt nicht, nur Füllstoffe brennen
PE-w, PVC-w, PP, PUR	elastisch, unzerbrechlich
ABS	entwickelt **Blausäure** beim Verbrennen!! Hinterlässt harte, schwarze Asche
PMMA, Acrylglas, Acrylharz	verbrennt vollständig
PUR, vernetzt (Duroplast)	brauner Rückstand nach Verbrennung
PUR, linear (Thermoplast)	kein brauner Rückstand nach Verbrennung
PVC	entwickelt **Salzsäure** beim Verbrennen!!

Isolierstoffklassen – *Insulation classes*

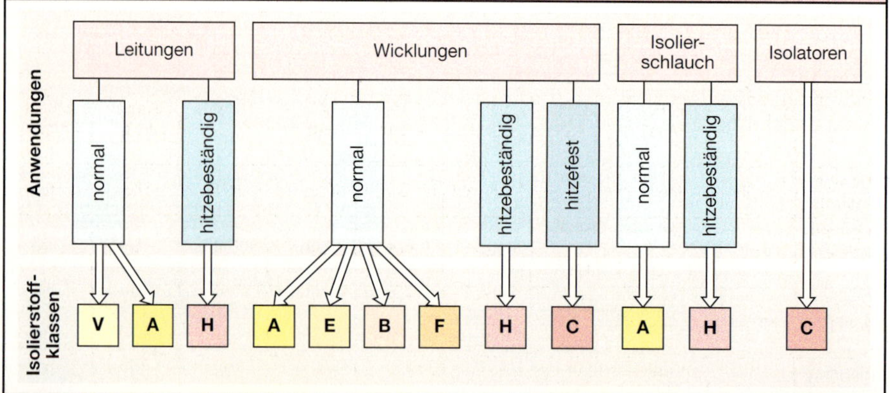

Klasse	V	A	E	B	F	H	C
Grenztemperatur	90 °C	105 °C	120 °C	130 °C	155 °C	180 °C	>180 °C
Beispiele für Werkstoffe	Holz, Baumwolle, Seide, Papier PA, PE, PVC, PS, Anilin-Formaldehyd-Kunstharz, Harnstoff	Holz, Baumwolle, Seide, PA Textilien, Papier geschichtetes Holz CA, vernetzte PE-Harze	PC-, PTA-Folie, vernetzte PE-Harze, Drahtlacke Verbundstoffe, Pressteile mit Cellulose-Füllkörper Ethylen-Vinylacetat-Copolymer	Glasfaser, Asbest Glimmer Drahtlacke, Gewebe und Folien auf PE-Glykolterephthalat-Basis mineralische Füllstoffe	Glasfaser, Asbest, Glimmer, cellulosefreie Verbundstoffe Drahtlacke, (Basis: IPE, EI, Polyterephthalat) Folien auf Polymonochlortrifluorethylen-Basis	Glasfaser, Asbest Glasfasertextilien Glimmer Fasern (PA-Basis) Folien (PI-Basis), Drahtlacke (PI-Basis)	Glimmer, Porzellan, Glas, Quarz Glasfasertextilien, Asbest Polytetrafluorethylen

Isolierstoffe aus Keramik bzw. Glas

Ceramic or glass insulating materials

DIN VDE 0335-1: 96-02

Keramische Isolierstoffe

- C 100 Alkalialuminiumsilicate
- C 200 Magnesiumsilicate
- C 300 Titanate
- C 400 Erdalkalialuminiumsilicate
- C 500 Aluminiumsilicate, porös
- C 600 Multikeramik (niedriger Alkaligehalt)
- C 700 Hoch Al_2O_3-haltige Keramik
- C 800 Oxidkeramikwerkstoffe
- C 900 Nichtoxidische Keramikisolierstoffe

Glasisolierstoffe

- G 100 Alkalikalksilicate
- G 200 Borosilicate
- G 400 Aluminiumkalksilicate
- G 500 Bleialkalisilicate
- G 600 Bariumalkalisilicate
- G 700 Kieselgläser

Glaskeramische Werkstoffe

- GC 100

Isolierstoffe aus glasgebundenen Glimmern

- GM 100

Bohren – *Drilling*

	Holz	Kunststoff		Metall				Stein	
	Holz	**Thermoplast**	**Duroplast**	**Stahl … 900 N/mm²**	**Gusseisen**	**Aluminium**	**Kupfer**	**Ziegel u. ä.**	**Beton Fliesen**
Bohrer-Material	HSS	HSS	HSS HM	HSS HM	HSS HM	HSS HM	HSS	HM	HM
Spitzenwinkel	180°	80° … 110°	100° … 120°	130°	118°	140°	140°	140°	140°
Spiralwinkel	ca. 20°	10° … 13°	16° … 30°	16° … 30°	16° … 30°	35° … 40°	20° … 40°	16° … 30°	16° … 30°
Schnittgeschwindigkeit in m/min	ca. 100	30 … 80	30 … 40 100 … 120	15 … 20 40 … 70	12 … 40 25 … 80	50 … 200 2000 … 400	35 … 70	25 … 50	20 … 40
Vorschub in mm/Umdrehung	1	0,1 … 0,5	0,04 … 0,6	0,03 … 0,35 0,02 … 0,12	0,05 … 1,3 0,1 … 0,3	0,15 … 0,6 0,05 … 0,25	0,15 … 0,5	0,1 … 0,4	0,1 … 0,3
Hinweise	Bohrer haben Zentrierspitze				Kühlmittel benutzen				

HSS: Bohrer aus Hochleistungs-Schnellarbeitsstahl HM: Bohrer mit Hartmetallschneide

Bezeichnungen am Wendelbohrer

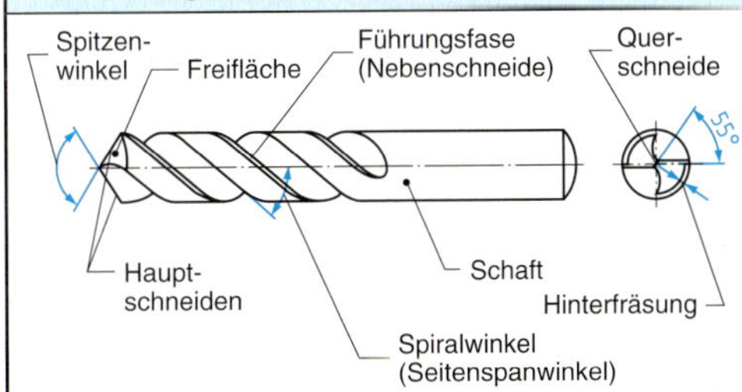

Drehzahl

Ermittlung der ungefähren Drehzahl n in Abhängigkeit von der Schnittgeschwindigkeit v

v: Schnittgeschwindigkeit in m/min
x: Faktor in m^{-1}

$$n = v \cdot \frac{1000}{d \cdot \pi} \Rightarrow \boldsymbol{n = v \cdot x}$$

d in mm	1	5	10	15	20	25
x in m^{-1}	≈ 300	≈ 60	≈ 30	≈ 20	≈ 15	≈ 13

Bohrerarten

Holz

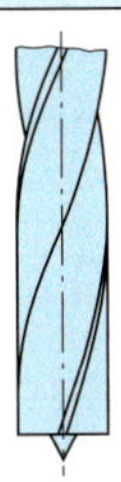

Kunststoffe Typ H

Aluminium und Kupfer Typ W

Stahl und Stein Typ N

Gewindeschneiden – *Thread cutting*

Arbeitsschritte

Innengewinde

Bohren ⇒ **Ansetzen** ⇒ **Vorschneiden** ⇒ **Schneiden** ⇒ **Fertigschneiden**

Bohren: $d_B = 0{,}8 \cdot d_G$ oder nach folgender Tabelle

d_B = Bohrerdurchmesser

d_G = Gewindedurchmesser

Ansetzen: Gewindeschneider setzt besser an

Vorschneiden: 1 Ring

Schneiden: 2 Ringe

Fertigschneiden: 3 Ringe oder keine

Gewindeschneider ganz durchdrehen

Bohrerdurchmesser *d* in mm

$d_{Gewinde}$	1	2	3	4	5	6	7	8	9	10	11	12	14	16	18	20
Weiche Werkstoffe	0,7	1,55	2,45	3,2	4,1	4,9	5,9	6,6	7,6	8,2	9,2	9,9	11,5	13,5	15	17
Harte/zähe Werkstoffe	0,75	1,6	2,5	3,3	4,2	5	6	6,7	7,7	8,4	9,4	10	11,75	13,75	15,25	17,25

Außengewinde

Anfasen ⇒ **Aufsetzen** ⇒ **Schneiden**

- **Anfasen:** Sorgt für guten Anschnitt
- **Aufsetzen:** Auf geraden Sitz achten
- **Schneiden:** Nur leichten Druck ausüben

Hinweise:

- Schmiermittel (Schneidöl) verwenden
- Gewindeschneider mehrfach zurück drehen (Brechen der Späne)
- Nach Schneiden Gewinde reinigen

Gewindearten

Gewinde

Metrisches Gewinde	**Whitworth-Rohrgewinde**	**Panzergewinde**	**Elektrogewinde**
Außendurchmesser in mm	Außendurchmesser in Zoll	Rohr-Nennweite in mm	Außendurchmesser in mm
z. B. **M10**	z. B. **R1/2"**	z. B. **Pg13,5**	z. B. **E27**
Schrauben	**Wasserrohre**	**Stahlpanzerrohre**	**Lampenfassungen**

Schrauben und Muttern – *Screws and nuts*

Arten

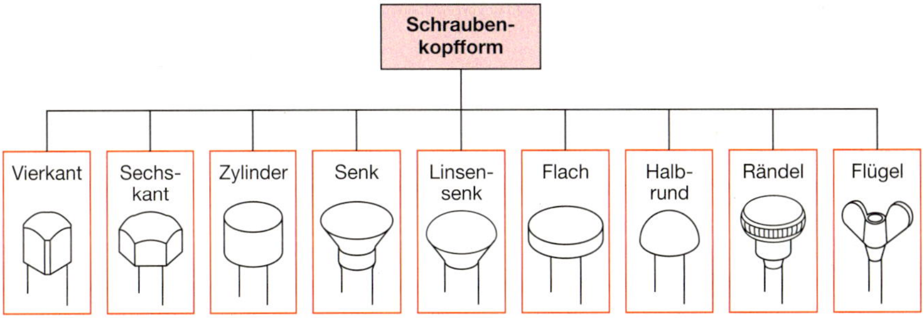

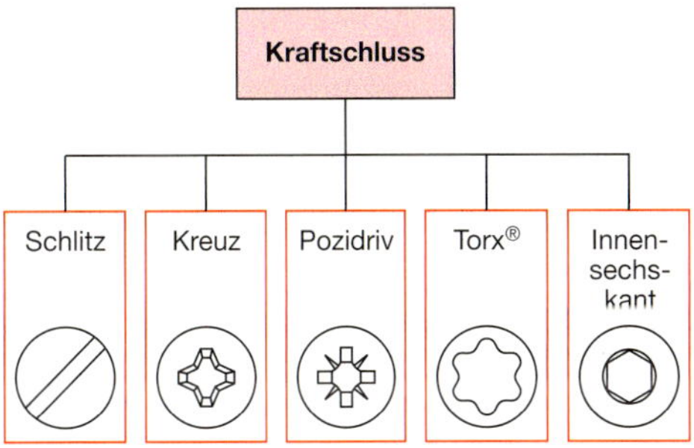

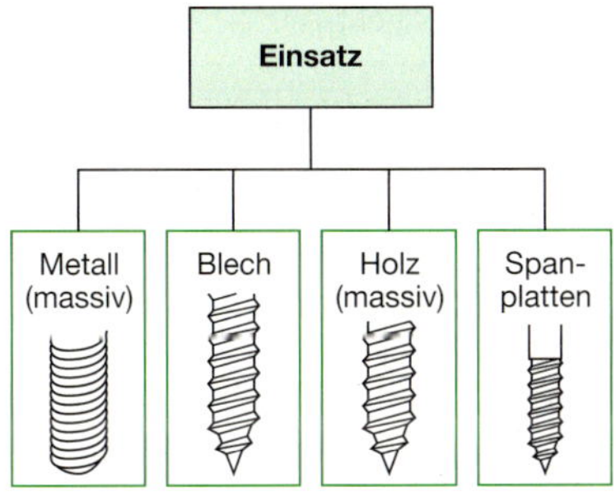

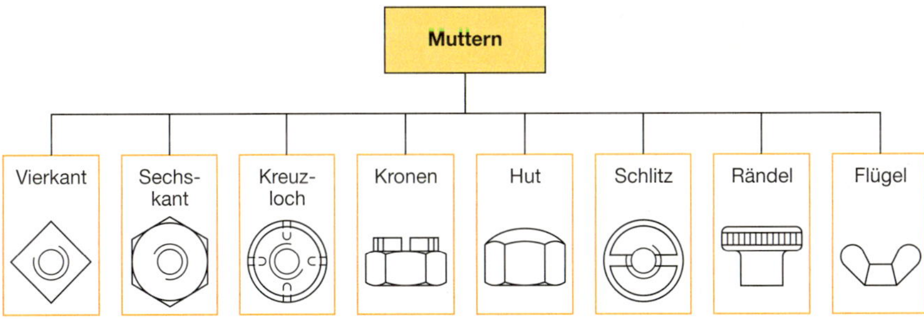

Bezeichnungen

Beispiele:

Sechskantschraube ISO 4016-M 16x60-4.6 C

- Gewindeart: M
- Außendurchmesser in mm: 16
- Schraubenlänge ohne Kopf in mm: 60
- Zugfestigkeit (4x100 N/mm²): 4
- Streckgrenze (4x6x100 N/mm²): 6
- Produktklasse: C

Sechskantmutter DIN 555-M16-4 C

- Zugfestigkeit (4x100 N/mm²): 4
- Produktklasse: C

Hinweise:

- Produktklasse gibt Oberflächengüte und Toleranz an
- Schrauben und Muttern sollen die gleiche Mindest-Zugfestigkeit haben

Dübel – *Plugs*

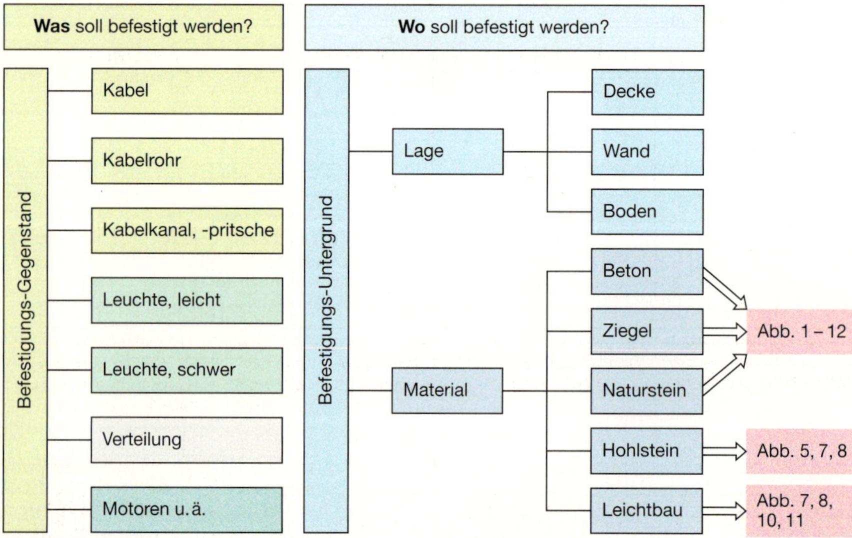

Vorgehensweise

- Nach dieser Übersicht kann auf bestimmte Dübelart geschlossen werden.
- Unter Umständen müssen Datenblätter verwendet werden.

Datenblätter-Angaben

Einsatzbereich, Umgebung, Lage, Material, Drucklast, Zuglast, Querlast, Biegemoment, gegebenenfalls Feuerwiderstand, bauaufsichtliche Zulassung

Leitungsbefestigung

Material: • flammwidriger Kunststoff (DIN VDE 04711/DIN IEC 695 T 2-1) • beständig von – 20 °C bis + 80 °C

Steckdübel	Steckschelle	Klemmschlaufe	Steckbügel
1 	2 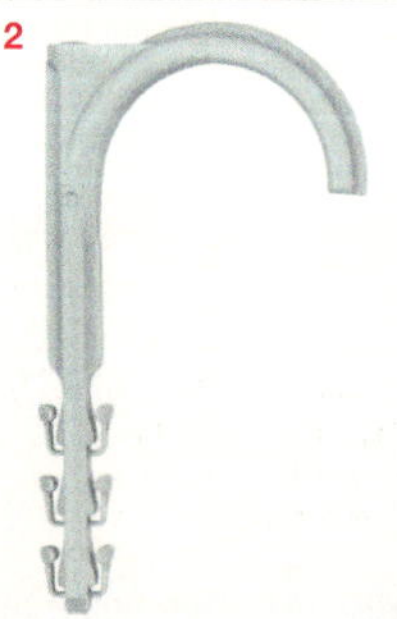	3 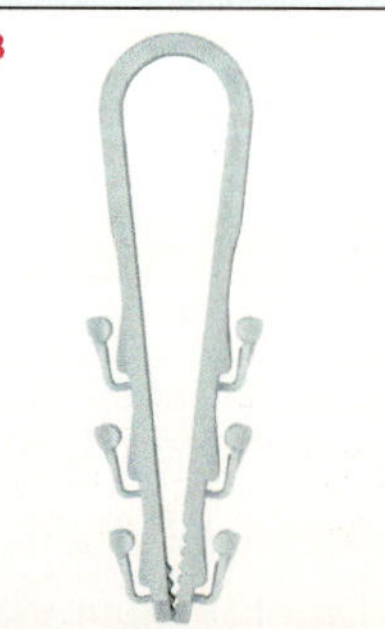	4 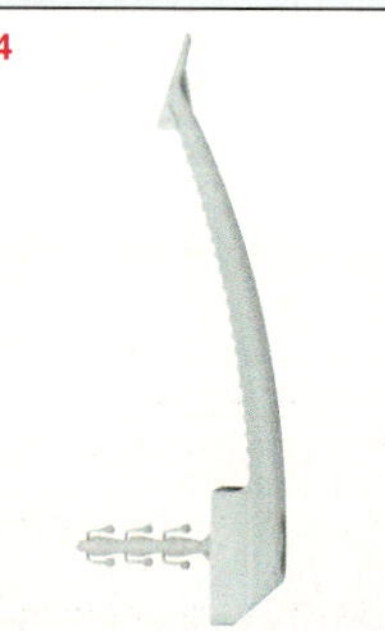
	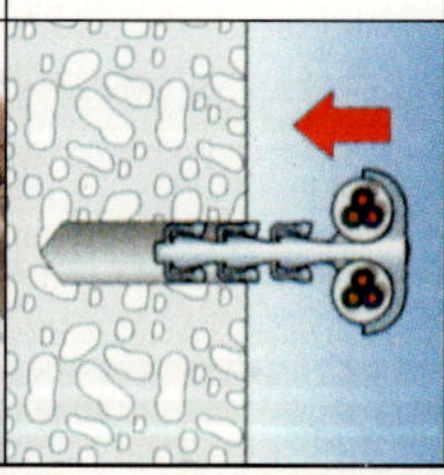	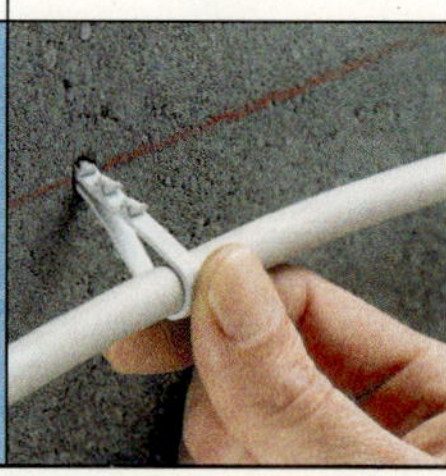	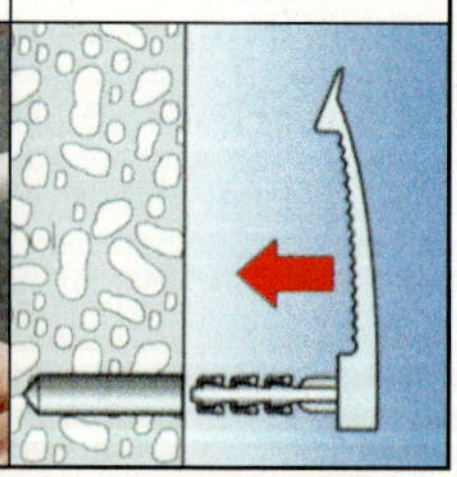

Dübelarten – *Plug types*

Betriebsmittel-Befestigung

Spreizdübel	Spreizdübel (geteilt)	Knotendübel	Knickdübel
5 	6 	7 	8 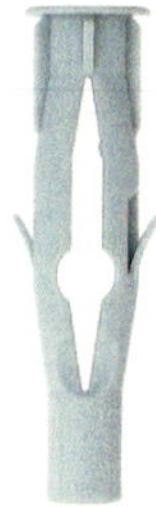
Bei Hohlkammerwerkstoff nicht schlagbohren.	Spreizrichtung parallel zum Werkstückrand.	Bei weichen Werkstoffen nicht schlagbohren.	Für Knickung müssen Haken u. ä. einen Bund haben.
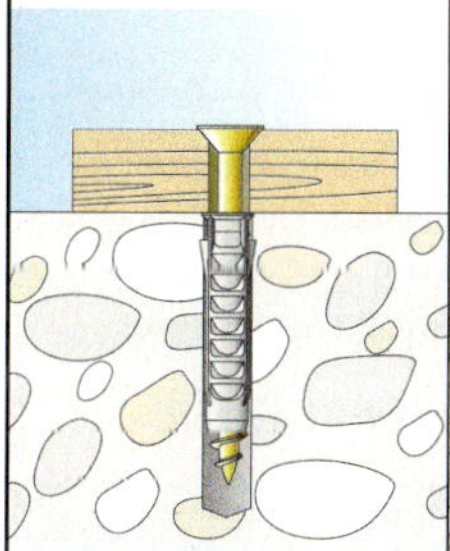	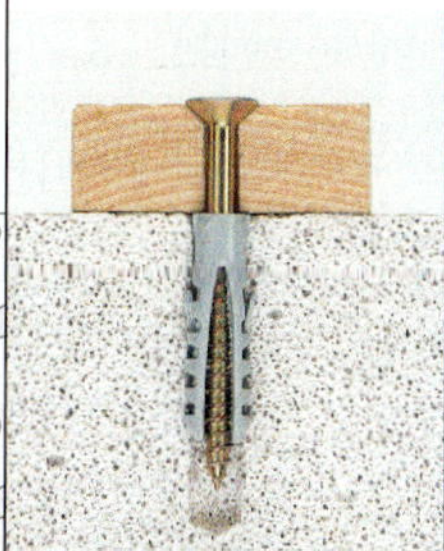	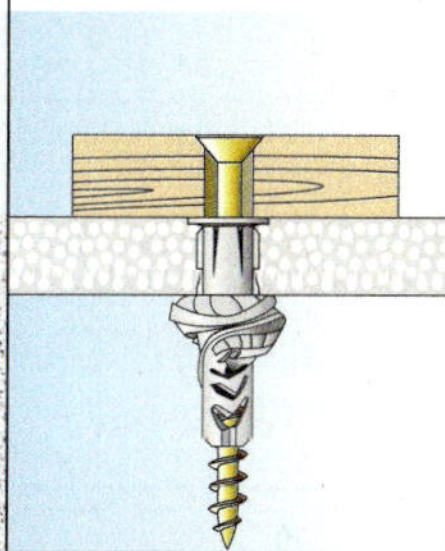	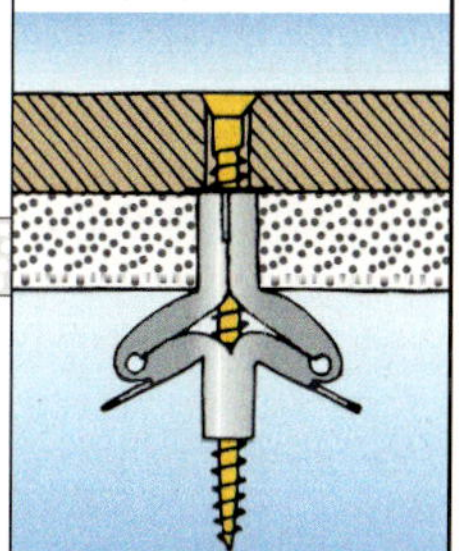
Nageldübel	**Kippdübel (Polyamid)**	**Klappdübel**	**Ankerbolzen**
9 	10 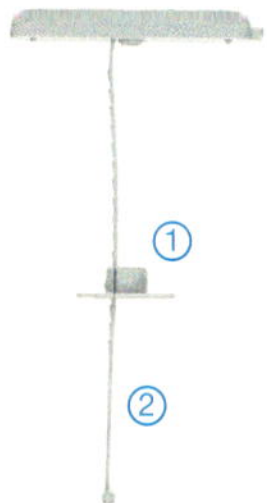	11 	12 
Nagel mit Gewinde ist im Dübel und wird mit Hammer eingeschlagen.	Nach Schieben der Hülse ① wird der Nylonfaden ② abgeschnitten.	Die Spreizteile klappen durch Federkraft selbstständig auf.	Beim Anziehen der Schraube spreizt der Clip am Bolzenkopf auf.
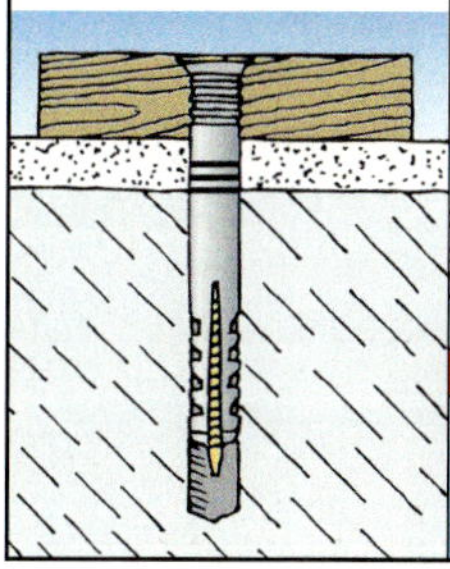	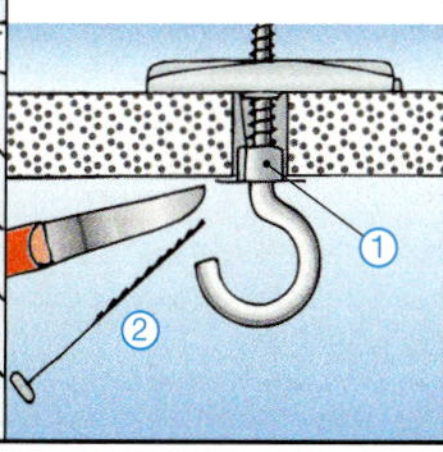	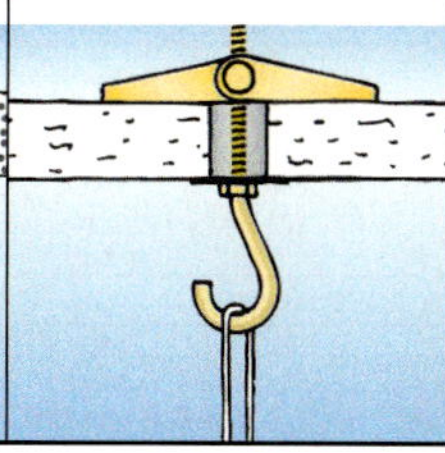	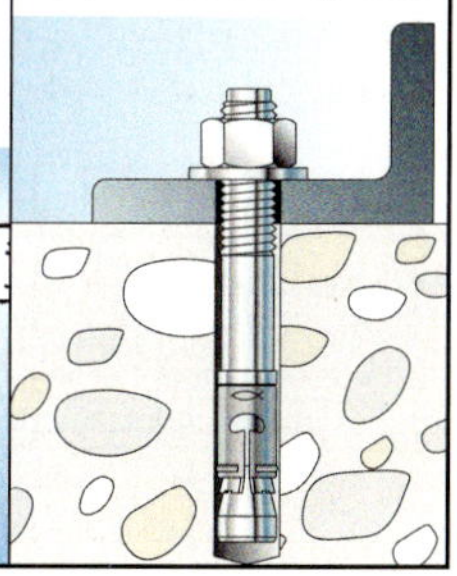

Schweißen – *Welding*

Metall

Lichtbogenschweißen

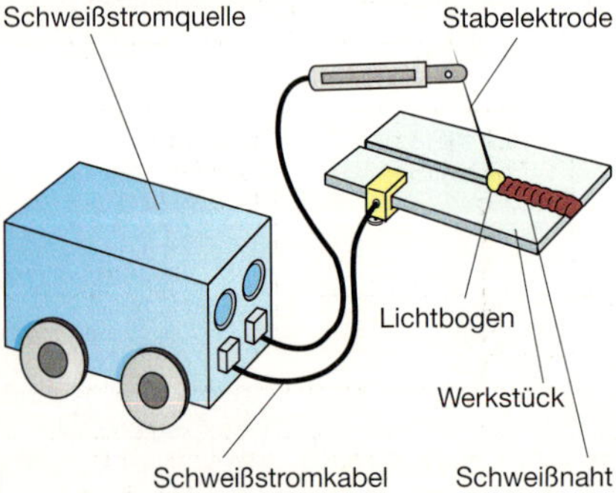

U = 15 bis 80 V/I = bis 1 kA
Lichtbogen-Temperatur ≈ 4000 °C

Arbeitsschritte:
1. Werkstück mit Masse verbinden
2. Elektrode auf Werkstück ⇒ Antippen (Kurzschließen)
3. Elektrode etwas anheben ⇒ Zünden
4. Elektrode entlang ziehen ⇒ Schmelzen
5. Elektrode weit abheben ⇒ Beenden
6. Schlacke entfernen

Autogenschweißen

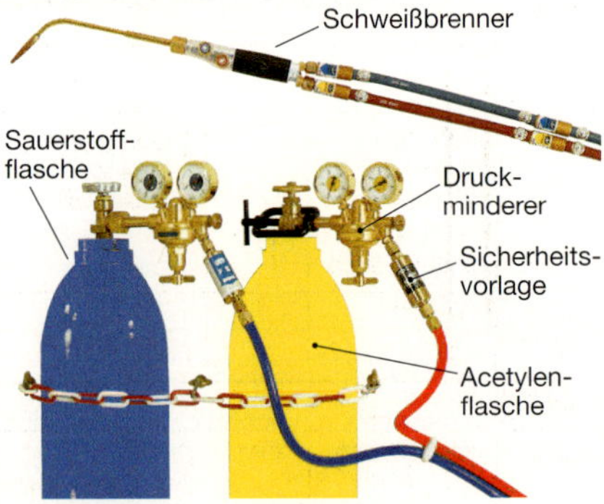

Arbeitsschritte:
1. Sauerstoffflasche: erst Hauptventil dann Druckminderventil öffnen
2. Acetylenflasche: wie bei 1., dann Sauerstoff am Brenner
3. Gemisch zünden
4. Flamme einstellen
5. Mit Flamme und Schweißdraht auf Werkstoff entlang gleiten
6. Erst Acetylen- und dann Sauerstoffventile schließen

Kunststoff

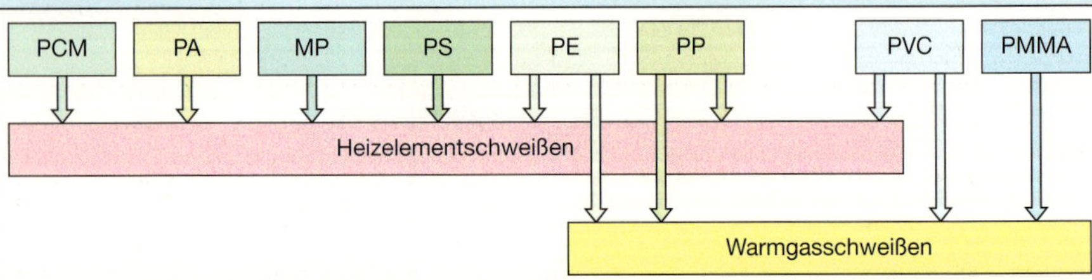

Heizelementschweißen

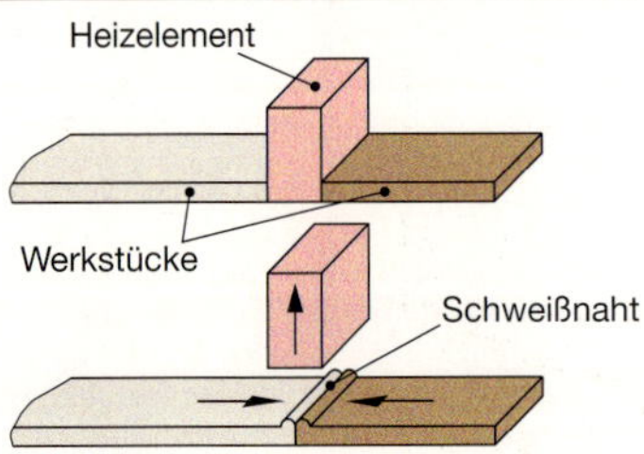

Arbeitsschritte:
1. Schweißflächen mit Heizelement erwärmen
2. Heizelement entfernen
3. Schweißflächen zusammen pressen

$\vartheta_{Schmelz}$ = 190 °C bis 250 °C

Warmgasschweißen

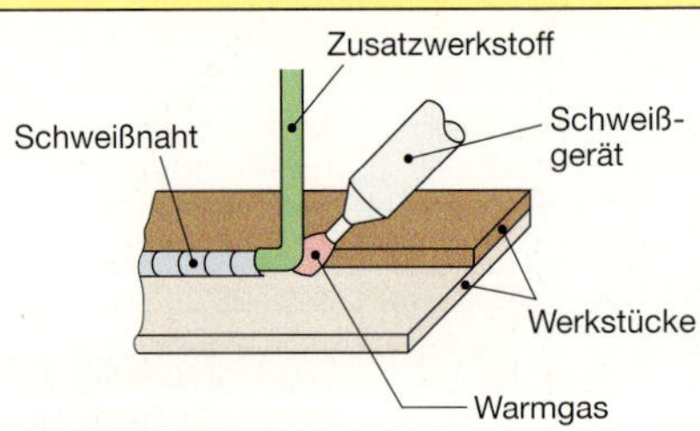

Arbeitsschritte:
1. Schweißgerät in Position bringen
2. Erhitztes Gas einschalten
3. Schweißflächen und Zusatzwerkstoff gleichzeitig erwärmen

$\vartheta_{Schmelz}$ = 310 °C bis 380 °C

Löten – *Soldering*

Weichlöten

Anwendungen	**Leitungsdraht** ⇩	**Motorwicklung** ⇩	**Bleimantel** ⇩	**Aluminium** ⇩
Weichlot	L-Sn 90 L-Sn 60 L-Sn 50 L-Sn 40 L-Sn50PbSb	L-SnAg5 L-PbAg3 L-SnPbCd18	L-PbSn35(Sb) L-PbSn33(Sb)	L-ZnAl15 L-ZnSn L-Zn60Zn
Flussmittel	F-SW21 … 24	F-SW26	F-SW23	F-LW1

Hartlöten

Anwendungen	**Kupfer und Legierungen** ⇩	**Neusilber** ⇩	**Edelmetalle** ⇩	**Aluminium** ⇩
Hartlot	L-Ms48, 54, 85 L-CuSn46 L-CuP8 L-Ag15P L-Ag12Cd L-Ag25Cd L-Ag30Cd12 L-Ag40Cd L-Ag72	L-CuSn42	L-Ag50Cd L-Ag60Cd L-Ag67Cd L-Ag 45 L-Ag 60 L-Ag 67 L-Ag 75	L-AlSi7,5 L-AlSi10 L-AlSi12
Flussmittel	F-SH1	F-SH1,2	F-SH4	F-SH2

Lötkolben-Arten

Drähte ⇩	**Elektronik** ⇩	**Gedruckte Schaltungen** ⇩	**Mikroelektronik** ⇩
Standard-Lötkolben	**Lötpistole**	**Schnell-Lötgerät**	**Lötnadel**
	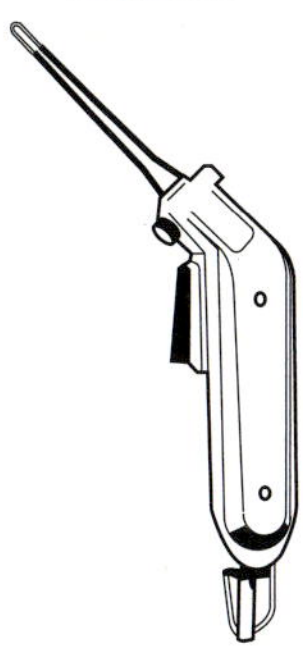	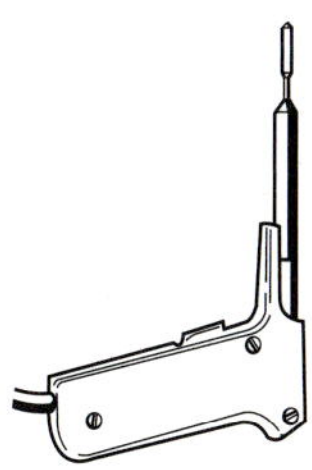	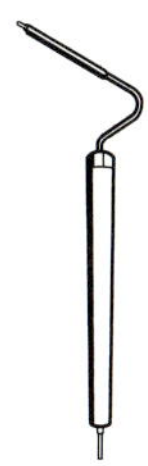
bis 150 W $t_{Aufheiz} < 3$ min	bis 100 W $t_{Aufheiz} < 10$ s	bis 20 W $t_{Aufheiz} < 10$ s **kein** Dauerbetrieb!	≈ 5 W $t_{Aufheiz} \approx 15$ min

Leitungsauswahl – *Cable selection*

Einflussgrößen zur Auswahl einer Leitung

- **Leitungsart**
  - Aderart und -aufbau
    - flexible Leiter
    - feste Leiter
  - Isoliermaterial — DIN VDE 0281-1, DIN VDE 0282-1

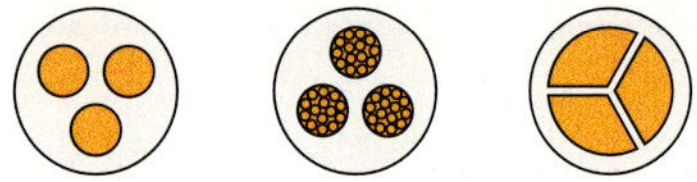

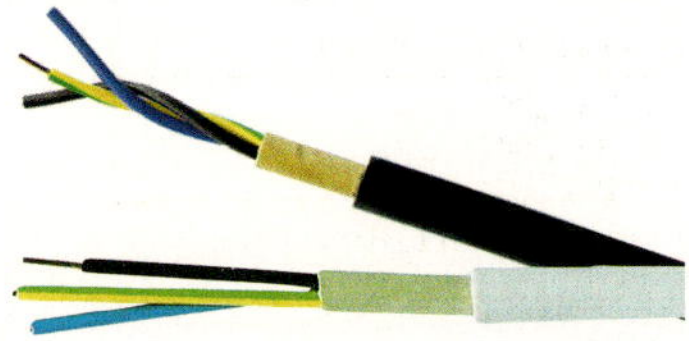

- **Leitungsverlegung** — DIN 18015-3, DIN VDE 0100-520
  - Leitungsweg
  - zulässige Verlegeart — DIN VDE 0298-4
  - Leitungsverbindung — DIN VDE 0606, DIN VDE 0609, DIN VDE 0611
  - Biegeradius — DIN VDE 0298

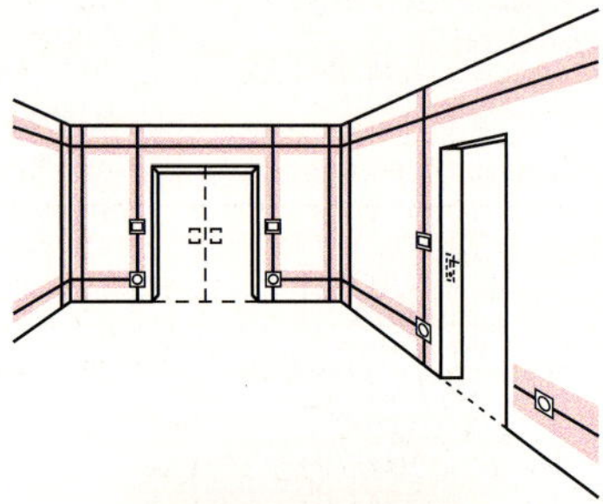

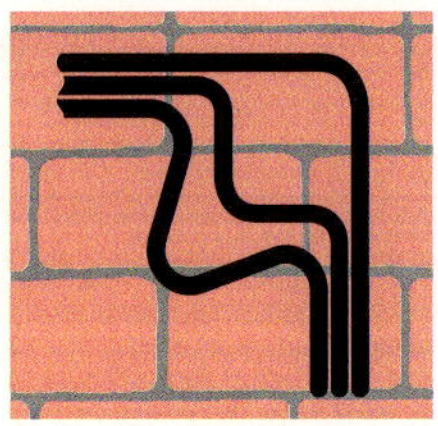

- **Leiterquerschnitt**
  - Strombelastbarkeit — DIN VDE 0298-4
    - Verlegeart
    - belastete Adern
    - Leitungshäufung
    - Umgebungstemperatur
    - Oberschwingungen
  - Spannungsfall — DIN VDE 0100-520, DIN 18013
  - Abschaltbedingungen — DIN VDE 0100-430

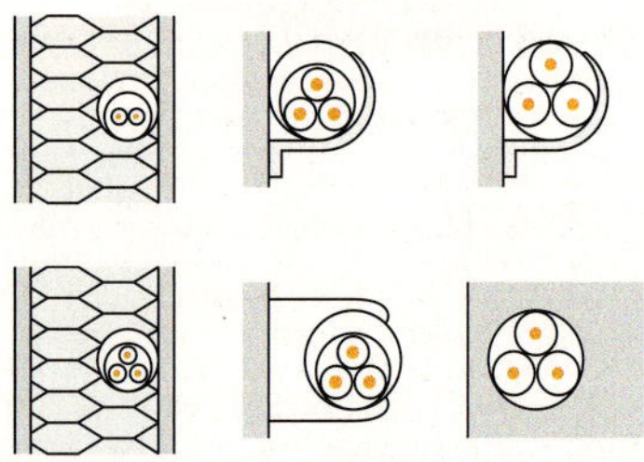

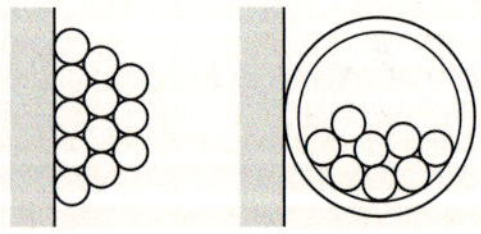

Leitungen für feste Verlegung – *Cables for fixed installation*

Isolierte Leitungen für feste Verlegung

Typenkurzzeichen

Beispiel: H 03 VV – F 3 G 0,5

H – Kennzeichnung der Bestimmung
H: Harmonisierter Typ
A: Anerkannter nationaler Typ

03 – Bemessungsspannung
03: 300/300 V
05: 300/500 V
07: 450/750 V

VV – Isolier- und Mantelwerkstoff
B: Etylen-Propylen-Kautschuk
V: PVC
R: Natur- und synthetischer Kautschuk
N: Chloropren-Kautschuk
S: Silikon-Kautschuk
J: Glasfasergeflecht
T: Textilgewebe
Q: Polyurethan
V2: PVC, wärmebeständig

(Leerstelle) – Aufbauart
H: flache, aufteilbare Leitung; H2: nicht aufteilbare Leitung

F – Leiterart
U: eindrähtig
R: mehrdrähtig
K: feindrähtig; Leitungen fest verlegt
F: feindrähtig; Leitungen flexibel
H: feinstdrähtig
Y: Lahnlitzenleiter

3 – Aderzahl

G – Schutzleiter
X: ohne gnge Schutzleiter
G: mit gnge Schutzleiter

0,5 – Leiterquerschnitt in mm²

Verwendung	Beispiele	Kurzzeichen	Aderzahl
• Leitung für innere Verdrahtung von Geräten • geschützte Verlegung in und an Leuchten • Verdrahtungsleitung in Schalt- und Verteilungsanlagen • Signal- und Steuerstromkreise	PVC-Einzeladern 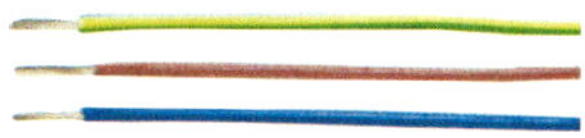	H05V-U/K H07V-U/K	1 1
• Verbindungsleitung in Versorgungsanlagen, Schaltschränken, Motoren und Transformatoren bei hohen Umgebungstemperaturen, z.B. Lackier- und Trocknungsanlagen • Feste Verlegung in oder auf Leuchten	Wärmebeständige PVC-Einzeladern 	H05V2-K	1
• Installationsleitung für trockene Räume in und unter Putz, Ausnahme: nicht auf brennbaren Baustoffen und nicht auf oder unter Drahtgeflechten • Verlegung in Hohlräumen, die nicht aus brennbaren Baustoffen bestehen	Stegleitung 	NYIF[1]	3…5
• Installationsleitung zur Verwendung auch im Freien bei Schutz vor dir. Sonnenbestrahlung • in trockenen, feuchten und nassen Räumen • Verlegung auf, in und unter Putz, in Mauern, in Beton außer für direktes Verlegen in Schüttel-, Rüttel- oder Stampfbeton.	PVC-Mantelleitung 	NYM[1]	1…7
• Installationsleitung für Industrieanlagen, Hotels, Flughäfen, U-Bahnen, Krankenhäuser, Schulen, Hochhäuser (Entstehen von korrosiven Brandgasen wird verhindert.) • Anwendung wie bei PVC-Mantelleitung	Halogenfreie Mantelleitung 	NHXMH[1]	1…7
• Installationsleitung mit selbsttragender Aufhängung für den Anschluss von Straßenbeleuchtung • Hausanschlussleitung über Dachständer (Zugbeanspruchung bei Mindestdurchhang je nach Spannweite, auf Herstellerangaben achten.)	PVC-Mantelleitung mit Tragseil 	NYMT[1]	3…4

[1] Bezeichnungen sind nicht harmonisiert

Leitungen für flexible Verlegung – *Cables for flexible installation*

Isolierte, flexible Leitungen

Verwendung	Beispiele	Kurz-zeichen	Ader-zahl
• Anschlussleitung bei mittlerer mechanischer Beanspruchung für Elektrowerkzeuge, transportable Motoren, Maschinen in der Landwirtschaft und auf Baustellen • Einsatz in trockenen, feuchten und nassen Räumen	Spiralleitung 	H05BQ-F H07BQ-F	2, 3
• Anschlussleitung bei leichter mechanischer Beanspruchung für kleine Elektrogeräte im Haushalt, für Tischleuchten, Büromaschinen • Nicht zugelassen für Heiz-/Wärmegeräte und Einsatz im Freien und gewerblichen Betrieben	Leichte PVC-Schlauchleitung 	H03VV-F	2…7
• Anschlussleitung bei mittlerer mechanischer Beanspruchung für Elektrogeräte • Zugelassen für Koch- und Wärmegeräte • Feste Verlegung in Möbeln, Stellwänden und Hohlräumen von Fertigbauteilen • Nicht zugelassen im Freien und zum Anschluss von gewerblich genutzten Elektrowerkzeugen	Mittlere PVC-Schlauchleitung 	H05VV-F	2…7
• Anschlussleitung bei leichten mechanischen Beanspruchungen für Elektrogeräte auch für Heiz- und Wärmegeräte und Elektroherde • Feste Verlegung wie bei PVC-Schlauchleitung • Zugelassen für kurzzeitigen Einsatz im Freien und Anschluss von Elektrowerkzeugen • Typ H05RN-F zugelassen im Freien und in explosionsgefährdeten Bereichen	Leichte Gummischlauchleitung 	H05RR-F H05RN-F	2…5
• Anschlussleitung bei mittleren mechanischen Beanspruchungen für größere Elektrogeräte • Verlegung in trockenen, feuchten, nassen Räumen und im Freien, auch für feste Verlegung auf Putz, bei gechützter Verlegung in Rohren • Anschlussleitung für Motoren • Zugelassen für explosionsgefährdete Bereiche	Schwere Gummischlauchleitung 	H07RN-F	1…7

Leitungen und Kabel für Klingel-, Signal- und Fernmeldeanlagen

Verwendung	Beispiele	Kurzzeichen
• Installationsleitung für Klingelanlagen • Feste Verlegung in trockenen und feuchten Räumen auf und unter Putz	Kunststoffmantelleitung 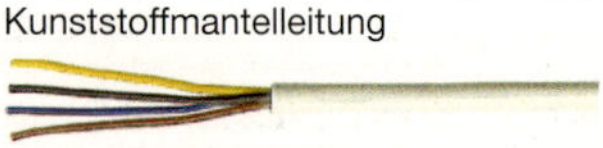	YR
• Schaltlitze zum Anschluss von Geräten in Kommunikationsanlagen, in elektrischen Baugruppen, Geräten und Schränken für Temperaturen bis +70 °C	PVC-Schaltlitze 	LiY
• Steuer- und Signalleitung in Rechneranlagen zur störfreien Daten- u. Signalübertragung, geschirmt mit Kupferdrahtgeflecht (C) • Verlegung in trockenen, feuchten und nassen Räumen	PVC-Datenleitung 	LiY-CY
• Ungeschirmtes (U) LAN-Kabel für lokales Netzwerk mit paarweiser Verdrillung (TP: twisted pair) der Adern • Verlegung getrennt von Energiekabeln • Geschirmte (S) Netzwerkkabel für Computervernetzung	LAN-Kabel 	UTP/STP 4x2x AWG[1]

[1] AWG: American Wire Gauge, eine Standard-Maßangabe der Leiterabmessung

Kennfarben von Leitern – *Code colours of cors and cables*

DIN VDE 0281-1: 03-09
DIN VDE 0293-308: 03-01

Isolierte und blanke Leiter

Leiterbezeichnung		Zeichen	Farbe
Wechselstrom	Außenleiter	L1; L2; L3	1)
	Neutralleiter	N	bl
Gleichstrom	positiv	L+	1)
	negativ	L–	1)
	Mittelleiter	M	bl

Leiterbezeichnung	Zeichen	Bildzeichen	Farbe
Schutzleiter	PE	⏚	gnge
PEN-Leiter (Neutrall. mit Schutzfunktion)	PEN	⏚	gnge
Erde	E	⏚	1)

1) Farbe nicht festgelegt

Adern bei isolierten Leitungen und Kabeln

	für feste Verlegung										für ortsveränderliche Verbraucher									
Aderzahl	Leitungen mit Schutzleiter					Leitungen ohne Schutzleiter					Leitungen mit Schutzleiter					Leitungen ohne Schutzleiter				
2	–	–				bl	br				–	–				bl	br			
3	gnge	bl	br			–	br	sw	gr		gnge	bl	br			–	br	sw	gr	
4	gnge	–	br	sw	gr	bl	br	sw	gr		gnge	–	br	sw	gr	bl	br	sw	gr	
5	gnge	bl	br	sw	gr	bl	br	sw	gr	sw	gnge	bl	br	sw	gr	bl	br	sw	gr	sw

Farbkurzzeichen (DIN 47002):
Schwarz BK (sw); Braun BN (br); Blau BU (bl); Grau GR (gr); Gelb YE (ge); Grün GN (gn)

Anwendungen

Aderkennzeichnung bei Leitungen und Kabel für feste Verlegung und flexible Leitungen in

- Installationen elektrischer Anlagen,
- Verteilungssystemen,
- Energieversorgung von fest installierten und ortsveränderlichen Betriebsmitteln,
- Anschlussleitungen bei transportierbaren Betriebsmitteln.

Keine Gültigkeit der DIN VDE 0293-308 für

- Leitungen, Kabel und isolierte Leiter zur inneren Verdrahtung elektrischer Betriebsmittel und fabrikfertiger Schaltkombinationen,
- Leitungen und Kabel in Gleichstromanlagen,
- Leitungen und Kabel, die mehr Adern besitzen als in der Tabelle aufgeführt,
- umhüllte Freileitungen und isolierte Freileitungsseile.

Farbe der Isolierung bei einadrigen Leitungen		
Schutzleiter	Neutralleiter	Außenleiter
grün/gelb	blau	braun, schwarz, grau

Elektrische Installation

Spannungsfall und Verlustleistung – *Voltage drop and power loss*

Kenngröße	Art des Netzes		
	Gleichstrom	Wechselstrom	Drehstrom
Spannungsfall in V, unverzweigtes Netz	$\Delta U = \frac{2 \cdot l \cdot I}{\varkappa \cdot q}$	$\Delta U = \frac{2 \cdot l \cdot I \cdot \cos\varphi}{\varkappa \cdot q}$	$\Delta U = \frac{\sqrt{3} \cdot l \cdot I \cdot \cos\varphi}{\varkappa \cdot q}$
Spannungsfall in V, verzweigtes Netz	$\Delta U = \frac{2}{\varkappa \cdot q} \cdot \Sigma\,(I \cdot l)$	$\Delta U = \frac{2 \cdot \cos\varphi_m}{\varkappa \cdot q} \cdot \Sigma\,(I \cdot l)$	$\Delta U = \frac{\sqrt{3} \cdot \cos\varphi_m}{\varkappa \cdot q} \cdot \Sigma\,(I \cdot l)$
Verlustleistung in W	$P_V = \frac{2 \cdot l \cdot I^2}{\varkappa \cdot q}$	$P_V = \frac{2 \cdot l \cdot I^2}{\varkappa \cdot q}$	$P_V = \frac{3 \cdot l \cdot I^2}{\varkappa \cdot q}$
maximale Leitungslänge in m	$l = \frac{\Delta u \cdot U \cdot q \cdot \varkappa}{2 \cdot 100\,\% \cdot I}$	$l = \frac{\Delta u \cdot U \cdot q \cdot \varkappa}{2 \cdot 100\,\% \cdot I \cdot \cos\varphi}$	$l = \frac{\Delta u \cdot U \cdot q \cdot \varkappa}{\sqrt{3} \cdot 100\,\% \cdot I \cdot \cos\varphi}$

Spannungsfall in % $\quad \Delta u = \frac{\Delta U}{U_N} \cdot 100\,\%$

Verlustleistung in % $\quad P_{V\%} = \frac{P_V}{P} \cdot 100\,\%$

Elektrische Installation

Kabel – *Cables*

Bezeichnungen

Kurzzeichen	Erklärung	Kurzzeichen	Erklärung	Kurzzeichen	Erklärung
N	Genormte Ausführung	 **C** **CW** **S** **(F)**	**Konzentrischer Leiter, Schirm:** Kupfer Kupfer, wellenförmig Kupferschirm längswasserdichter Schirm	 **A** **K** **KL** **Y** **2Y**	**Mantel:** Faserstoffe Bleimantel Aluminiummantel PVC-Isolierung PE-Isolierung
 A –	**Leiterart:** Aluminium kein Zeichen für Kupfer				
 Y **2X**	**Isolierwerkstoff:** PVC vernetztes PE (VPE)	 **B** **F** **G** **R**	**Bewehrung:** Stahlband Flachdraht verzinkt Gegenwendel aus verzinktem Stahlband Runddraht verzinkt	 **–J** **–O**	**Schutzleiter:** mit Schutzleiter ohne Schutzleiter

Arten

Niederspannungskabel bis U_0/U = 0,6/1 kV

Verwendung	Beispiele
• Energiekabel für Industrie, Kraftwerke, Hausanschlüsse, Erdkabel • Steuerkabel zur Übertragung von Messwerten • Verlegung in Erde, Wasser, im Freien, in Kabelkanälen und in Beton	**NYCY** mit Rundleiter 
• Energiekabel für Industrie, Schaltanlagen und Ortsnetze, Erdkabel • Verlegung wie NYCY	**NYY** mit Rund- oder Sektorleiter 
• Energie-/Kunststoffkabel mit VPE-Isolierung für Industrie und Ortsnetze • Verwendung des konzentrischen Leiters als N- und PE-Leiter • Verlegung wie NYCY	**NA2XY** mit Sektorleiter, eindrähtig 
• Energiekabel für Industrie, Ortsnetze, Kraftwerke u. Schaltanlagen, Erdkabel • Steuerkabel zur Messwertübertragung • Verlegung bei mechanischem Schutz • Konzentr. Leiter als N- und PE-Leiter	**NYCWY** mit Sektorleiter 
• Energiekabel für Anlagen mit Lagerung von Treibstoffen, Öl und Benzin • Verwendung in chemischer Industrie, Raffinerien und Tankstellen • Nicht zugelassen die Verwendung des Bleimantels als N-Leiter	**NYKY** mit Bleimantel 

Mittelspannungskabel U_0/U = 6/10 kV; U_0/U = 12/20 kV; U_0/U = 18/30 kV

Verwendung	Beispiele
• Kabel (1-adrig, geschirmt) mit VPE-Isolierung für Industrie, Kraftwerke und Schaltanlagen • Verlegung bei starker mechanischer Beanspruchung in Erde, Wasser und Kabelkanälen	**NA2XS2Y** mehrdrähtig 
• Kabel (1-adrig, geschirmt) mit PVC-Mantel für Industrie, Kraftwerke und Schaltanlagen • Verlegung wie vorher und bei schwieriger Trassenführung	**N2XSY** mehrdrähtig 

Aufbau und Leiterform

Abbildung	Kurzz.	Erklärung
	SM	sektorförmiger Leiter, mehrdrähtig
	SE	sektorförmiger Leiter, eindrähtig
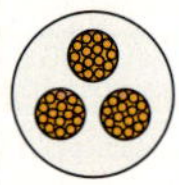	RM	runder Leiter, mehrdrähtig
	RE	runder Leiter, eindrähtig bei 10 mm²

Zuordnung[1] des Schutz- oder PEN-Leiters (S) zum Außenleiter (A)

Querschnitt in mm²			
A	S	A	S
1,5	1,5	35	16
2,5	2,5	50	25
4	4	70	35
6	6	95	50
10	10	120	70
16	16	150	70
25	16	185	95

[1] Zuordnung gilt für isolierte Energieleitungen und 0,6/1-kV-Kabel mit 4 Leitern.

Kabel – *Cables*

DIN VDE 0271: 07-01
DIN VDE 0293-1: 06-10

Kenngrößen

- Auswahl nach:
  Vorgegebenen Betriebsbedingungen wie z. B.
  - Netzspannung,
  - Schutzvorkehrungen,
  - Art der Verlegung,
  - Häufung von Kabel und Leitungen.

  Äußeren Einflüssen wie z. B.
  - Umgebungstemperatur,
  - Luftfeuchtigkeit oder Ansammlung von Wasser,
  - Anwesenheit von korrosiven oder chemischen Stoffen,
  - mechanische Beanspruchungen (z. B. Nagetiere, Schimmelpilze),
  - Strahlung (z. B. Sonnenlicht).
- Bemessungsspannung:
  Festgelegt durch U_0 bzw. U,
  U_0 ist U_{eff} zwischen Außenleiter und Erde,
  U ist U_{eff} zwischen zwei Außenleitern.
- Strombelastbarkeit:
  Wahl des Bemessungsquerschnitts nach max. Dauerstromstärke unter Normalbedingungen.
- Thermische Einflüsse:
  Wahl der Verlegung ohne die Stromwärmeabgabe zu behindern.
- Mechanische Beanspruchung:
  Berücksichtigung bei der Verlegung, um mechanische Beschädigungen zu vermeiden.
- Biegeradien:
  Kleinstzulässige Radien für Energieleitungen nach DIN VDE 0298-3 bei 0,6/1 kV
  - Feste Verlegung:
    4 x Außendurchmesser (D)
  - Flexible Leitungen:
    3 x Außendurchmesser bis D = 8 mm
- Zugbeanspruchung:
  Herstellerangaben beachten,
  Montage für feste Verlegung z. B. 50 N/mm^2,
  statische Zugbeanspruchung bei flexiblen Leitungen z. B. 15 N/mm^2,
  Zugentlastungselemente einsetzen.
- Druckbeanspruchung bei Leitungen vermeiden.
- Torsionsbeanspruchung bei flexiblen Leitungen vermeiden (Herstellerangaben beachten).
- Aderfarben für mehradrige Kabel und Leitungen (U < 1 kV) nach DIN VDE 0293-308

Hinweis der Hersteller:
Kabel und Leitungen mit schwarzer Umhüllung gewährleisten einen hohen Schutz vor äußeren Umwelteinflüssen.

Anwendungen	Außenhülle
bis 1 kV	schwarz
über 1 kV	rot
Mantelleitungen	hellgrau
in Bergwerken und unter Tage	gelb
Leuchtröhrenleitung	gelb
Sicherheitskabel	orange
Brandmeldekabel	rot

Kabelarten	Erklärung
Papierisolierte Kabel für Niederspannung	Aderisolierung aus: • Papier mit Massetränkung (Massekabel)
Kunststoffisolierte Kabel für Nieder- und Mittelspannung	Aderisolierung aus: • PVC, PE oder VPE • Gummi mit Gummimantel

Freileitungen – *Overhead lines*

Freileitungswerkstoffe

Werkstoff	Cu	Al	Aldrey[1]	BzI	StI	StII
q in mm^2	10	16	16	10	16	16
zul. Höchstzugspannung in N/mm^2	190	80	120	240	160	280
Längenausdehnungszahl α in $10^{-5}\,K^{-1}$	1,7	2,3	2,3	1,7	1,1	1,1
Leitfähigkeit $\varkappa$ in $\frac{Ms}{m}$	56	35,4	30,5	48	8	6,7

Beispiel:

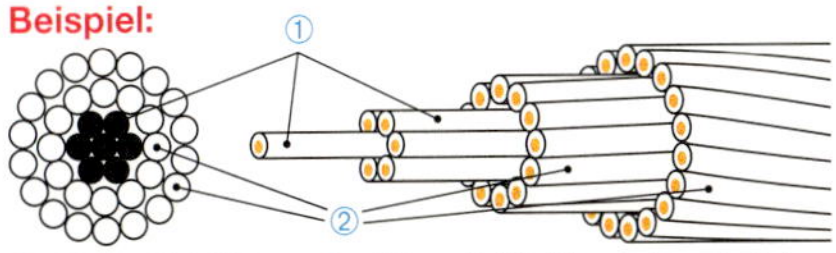

①: 7 Stahldrähte ②: 12 und 18 Aluminiumdrähte
- Alle Drähte mit gleichem Durchmesser,
- verzinkte Stahldrähte für hohe Zugbeanspruchung.

Freileitungen bei gleich hohen Aufhängepunkten

Zulässige Spannweiten in m

Bemessungsquerschnitt in mm^2	außerhalb von Kreuzungsfeldern (Ausnahmen: Wasserstraßen, Fernmeldeleitungen)			innerhalb von Kreuzungsfeldern bei Bahnen, Seilbahnen		
	Cu	Al	Aldrey	Cu	Al	Aldrey
25	280	75	200	115	35	100
35	430	110	285	170	50	140
50	530	165	420	280	70	200
70	610	235	590	470	100	275
95	705	380	900	600	145	395
120	770	530	1080	650	185	505
	Al/St.6/1			Al/St.6/1		
25/4	180			80		
35/6	275			120		
50/8	430			170		

[1] Aldrey: Korrosionbeständiger Legierungswerkstoff mit höherer Zugfestigkeit als Aluminium (99 % Al, 0,5 % Mg, 0,5 % Si)

Installieren von Leitungen – *Installation of cables*

DIN 18015-1: 07-09
DIN VDE 0606-1: 05-10

Hinweise zur Leitungsführung:

- Planung des Leitungsweges unter Berücksichtigung anderer Installationen (z.B. Wasser, Heizung).
- Waagerechte und senkrechte Leitungsführung bei verdeckter Verlegung z. B. im oder unter Putz (Installationszonen beachten).
- Damit verdeckt liegende Leitungen nicht beschädigt werden, vor Nachinstallationen die Montagefläche mit Leitungssuchgerät prüfen.
- Schutz vor mechanischen Beschädigungen bei Leitungsverlegung unter Putz durch Installationsrohre.

Art der Verlegung	Anwendungen
im Putz 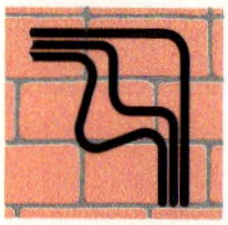	• Stegleitung NYIF (nur in trockenen Räumen) • Verlegung auf der Mauer, Putzschicht 4 mm über der Leitung. **Befestigung**: – NYIF durch Stahlnägel mit Isolierstoffscheibe, Gipspflaster oder Ankleben mit speziellem Kontaktkleber; Abstand max. 200 mm I
unter Putz 	• Feuchte und trockene Räume NYM; PVC-Aderleitung H07V-U im flexiblen Isolierrohr, Stegleitung NYIF nur in trockenen Räumen. **Ausfräsen**: – Aussparungen für Verbindungs- und Gerätedosen mit Dosenfräser, – Schlitze für Leitung mit Mauernutfräse, bündiger Abschluss der Leitung mit Mauer. U
auf Putz 	• Feuchte und nasse Räume NYM. • Kennzeichnung des Leitungsweges mit Hilfe von Wasserwaage und Schnur (Schnurschlag). • Einhalten des Mindestbiegeradius (4facher Leitungsdurchmesser). A
in Hohlwand 	• Brennbare Baustoffe in Fertighäusern aus Leichtbauwänden, Wohnwagen und Schiffen, z. B. NYM oder H07V-U in biegsamem, flammwidrigem Isolierrohr. • Temperaturbeständige Verbindungs-, Geräte und Leuchtenanschlussdosen (DIN VDE 0606-1). H
in Beton 	• Leitungsverlegung in Beton z.B. NYY (direkt in Beton) oder Ader- und Mantelleitungen in druckfesten Schutzrohren (DIN EN 50086-2-4). • Dichte Verbindung der Dosen mit Rohren für die Zuleitung, um Eindringen von Beton und Flüssigkeiten zu verhindern. B
im Kanal 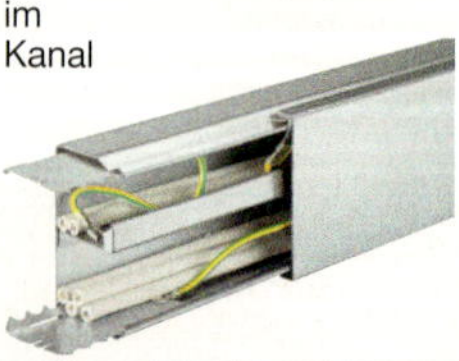	• Leitungsverl. in Installationskanälen aus Kunststoff oder Metall, z.B. NYM. • Unterflurinstallationen mit Kanälen aus verzinktem Stahlblech. **Verlegung**: – leitende Verbindung der metallischen Kanäle mit Schutzleiteranschluss – bei Verbindungsstellen und Steckvorrichtungen im Metallkanal Einbeziehen in die Schutzmaßnahme erforderlich, Anschluss an PE-Leiter – Trennung der Antennen- und Energieleitungen durch Abstand (10 mm) oder Trennsteg K
Stromschienensystem	• Energieversorgung (Hauptleitung) z. B. in Hochhäusern oder Schienenverteilern bei ortsveränderlichen Betriebsmitteln • Energieversorgung von Leuchten z.B. Niedervoltsysteme

Isolierrohre

DIN EN 50086-2-4: 01-12

Rohrarten

- Glatte Rohre: Glattes Profil im Längsschnitt
- Gewellte Rohre: Gewelltes Profil im Längsschnitt
- Starre Rohre: Rohre nur mit mechanischen Hilfsmitteln biegbar
- Biegsame Rohre: Rohre mit der Hand biegbar
- Flexible Rohre: Rohre mit der Hand häufiger biegbar
- Sich selbst zurückbildende Rohre: Verformbare Rohre, die nach kurzer Zeit wieder die Ausgangsform annehmen.

Mechanische Eigenschaften

Klassen: ① sehr leicht ② leicht ③ mittel ④ schwer ⑤ sehr schwer bei

- Widerstand gegen Belastung durch Druck
- Widerstand gegen Beanspruchung durch Schlag
- Zugfestigkeit
- Fähigkeit zur Aufnahme einer Hängelast

Klassen: ① starr ② biegsam ③ biegsam und zurückbiegend ④ flexibel bei

- Widerstand bei Beanspruchung durch Biegung

Weitere Klassifizierung nach Temperatur, elektrischen Eigenschaften und anderen äußeren Einflüssen laut o.g. DIN.

Leitungsbearbeitung – *Cable handling*

Leitungsbearbeitung
- Schneiden
- Abmanteln
- Abisolieren
- Crimpen

Schneiden

Anwendung	Einadrige Leitungen mit Cu- oder Al-Leiter	Ein- und mehradrige Leitungen bzw. Kabel mit Cu- oder Al-Leiter		
Werkzeuge	Seitenschneider	Kabelscheren	Kabelschneider	Schneider
Eigenschaften	• Hohe Schneidenhärte • Ergonomisch gebaute Griffe ①, großes Übersetzungsverhältnis ⇓ geringer Kraftaufwand	• Klemmschutz, • Doppelschneide ② ⇓ Vor- und Nachschnitt ⇓ kein Verformen der Leiter • Große Schneidkraft durch Hebelübersetzung, z. B. Drahtseile, Rundstahl	• Spezielle Bauweise ③ ⇓ Einhandbetätigung • Ratschenprinzip ⇓ kein Verformen der Leiter	• Gratfreies Schneiden, z. B. Kunststoffrohre für Elektroinstallation ④ • Anschlagwinkel zum rechtwinkligen Schneiden, z. B. Flachbandkabel
Beispiele	 ①	 ②	 ③	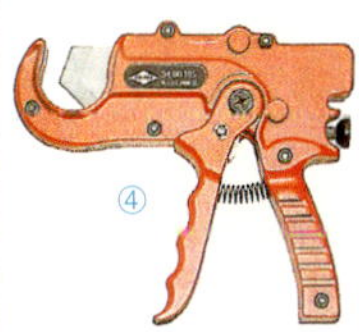 ④
Hinweise	• Bearbeitung verschiedener Leitermaterialien möglich		• Maximale Durchmesser- u. Querschnittsangaben nach Herstellerangaben	

Abmanteln

Anwendung	Rund- und Feuchtraumleitungen bis $d \approx 13$ mm	Leitungen mit Isolierungen aus PVC, Gummi oder Silikon
Werkzeuge	Universal-Abmantelungswerkzeuge	Abmantelungswerkzeuge
Eigenschaften	• Hakenklinge, Schutzkappe und Sicherheitsgriff ⑤ • Zweischaliges, aufklappbares Werkzeug mit Öffnungsfeder und Sperrklinke • Einsatz in Abzweig- und Verteilerdosen ⑥	• Selbstspannender Festhaltebügel • Selbstdrehendes Messer für Umfangs- und Längsschnitt, variable Schnitttiefeneinstellung • Spiralschnitt für längere Abmantelungen ⑦ • Rundkabel ab $d = 25$ mm • Einstellbare Schnitttiefe von 0 bis 5 mm • Verwendung für Längs- und Kreisschnitt ⑧ • Jokarimesser
Beispiele	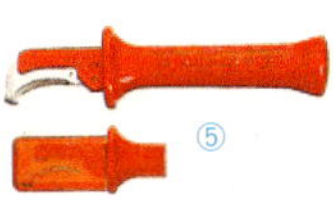 ⑤  ⑥	 ⑦ Stellrad 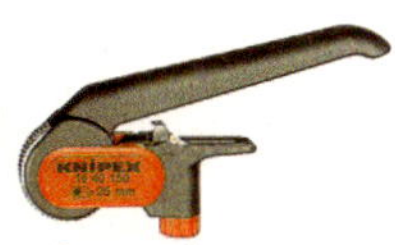 ⑧

Leitungsbearbeitung – *Cable handling*

Abisolieren

Anwendung	Ein-, mehr- und feindrähtige Leitungen			
Werkzeuge	Abisolier-Seitenschneider	Abisolierzangen		
		mit Stellschraube	automatisch	selbsteinstellend
Eigenschaften	• Abisolierlöcher für ein- und mehrdrähtige Leiter (1,5 und 2,5 mm²)	• Einstellen des Leiterdurchmessers mit Rändelschraube (Hinweis: Ader nicht einschneiden!)	• Festhalten des Drahtes durch Klemmbacken • Gleiche Abisolierlängen durch Längenanschlag • Automatische Rückstellung in Ausgangsposition	• Selbsttätiges Anpassen an verschiedene Isolationsdicken
Beispiele	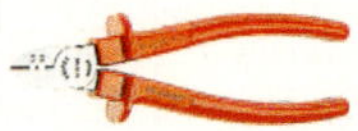	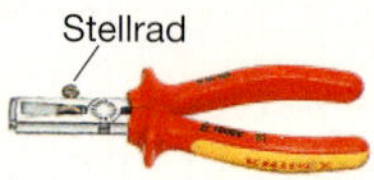	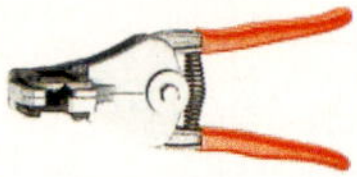	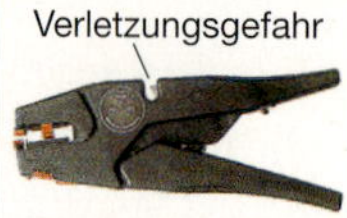
Hinweise	• Maximale Durchmesser- und Querschnittsangaben des Herstellers beachten. • Mantelstärke der Leitung einstellen.			

Crimpen

Arbeitsvorgang:
- Handzangen mit Crimpprofilen je nach Leiterquerschnitt.
- Mechanisches Zusammendrücken einer Hülse um einen Leiter.
- Herstellen einer elektrischen und mechanischen Verbindung zwischen Verbinder und Leiter.

Anforderungen an Crimpverbindungen:
- Gleiche Abmessungen von Leiter und Verbinder.
- Abstimmung von Abisolierlänge und Positionierung des Leiters im Verbinder.
- Crimpzangen sind auf definierten Crimpdruck eingestellt, um Crimpdruck gleichmäßig auszuüben.
- Prüfen des Crimpkontaktes (DIN 60352-5)

Anwendung	Aderendhülsen	isolierte Kabelschuhe	unisolierte Stoßverbinder	unisolierte Steckverbinder
Beispiele				
Werkzeuge in Funktion	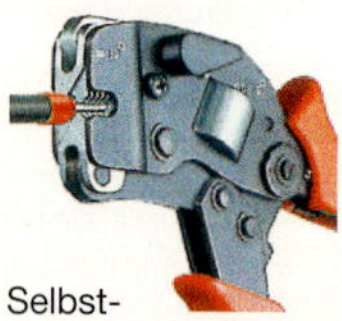 Selbsteinstellende Crimpzange	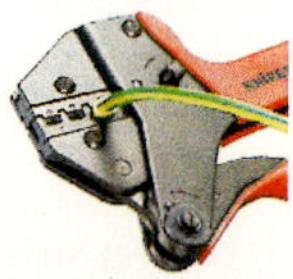 Crimp-Systemzange mit Einsätzen für verschiedene Crimpprofile, z. B. isolierter Kabelschuhe und unisolierter Stoßverbinder		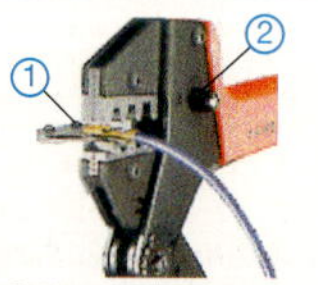 Crimp-Hebelzange mit Positionierhilfe ① und Einstellschraube für Crimpdruck ②

Arbeitshinweise:
- Kabelschuhe, die aus einem Blech gerollt werden:
  ⇒ Lage der Stoßkante ③ beider Blechseiten beachten, sie muss in der Mitte liegen.

- Steckverbinder und Kabelschuhe:
  ⇒ abisolierte Leiter außerhalb der Kontaktzone ④
  ⇒ Isolationsende außerhalb des Crimps ⑤

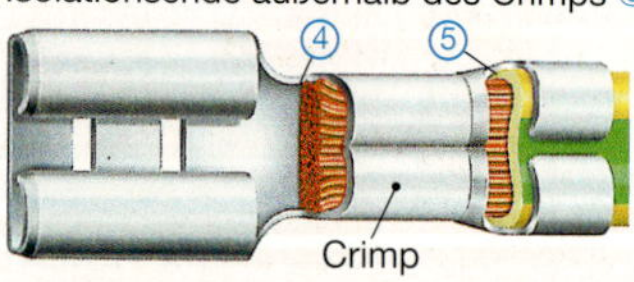

Leitungsanschlüsse – *Cable connections*

Verbindungen durch

- Schrauben
- Schraubklemmen
- Federklemmen
  - Steckklemmen
  - Schneidklemmen

Schrauben	Schraubklemmen	Steckklemmen	Schneidklemmen
Kontakt durch Schraubdruck auf Unterlegscheibe und Federring	Kontakt durch Schraubdruck auf den Leiter	Kontakt durch Federdruck auf abisoliertem Leiter	Kontakt nach Durchschneiden der Leiterisolation durch die Feder
Eigenschaften			
Sicherung durch Federringe und Zahnscheiben gegen selbsttätiges Lösen	Sicherung durch festes Anziehen der Schraube	Große Rüttelfestigkeit, einfaches Lösen der Verbindung möglich	Große Rüttelfestigkeit, nach Lösen der Verbindung, Kürzung des Leiters bis Einschnitt
Beispiele			
Schraubverbindung am Klemmbrett eines Motors 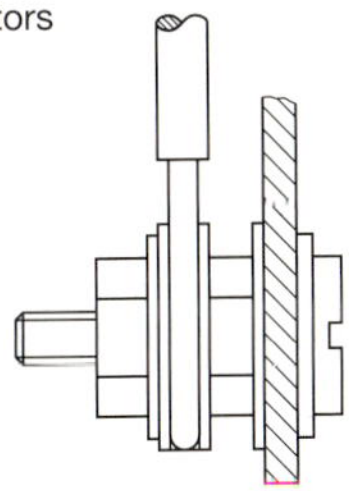	Abzweigklemmen 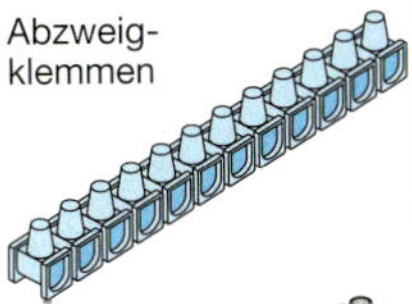 Reihenlüsterklemmen 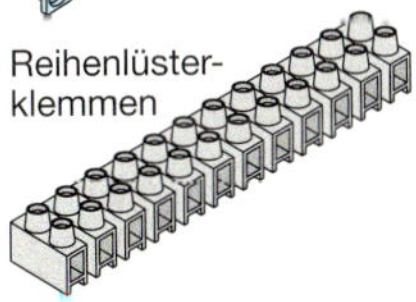	Schraubenlose Dosenklemmen  Schraubenlose Leuchtenklemmen 	Schneidklemme in Schnellanschlusstechnik 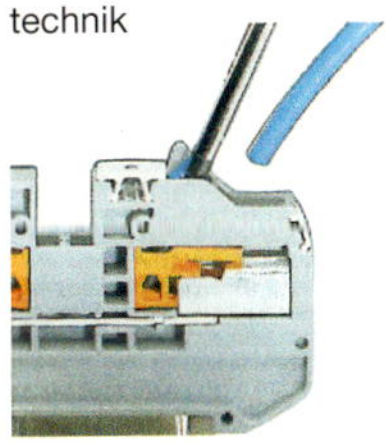
Hinweise			
• Gleiche Biegerichtung der Öse und Drehrichtung der Schraube oder Mutter ⇓ Öse wird beim Anziehen nicht aufgebogen.	• Anziehen mit Schraubendreher • Nicht zu starker Druck, da sonst Leiterbeschädigung ⇓ Mechanisch und elektrisch feste Verbindung	• Kein Werkzeug erforderlich • Öffnung für Spannungsprüfer • Anklemmen verschiedener Leiterdurchmesser ⇓ Schnelle und sichere Montage, geringer Platzbedarf	• Anschlussleiter ablängen und direkt anschließen ⇓ Kein Spezialwerkzeug und große Zeitersparnis

Leitungsverbindungen

Regeln nach DIN VDE 0100-520:

- Anschlussklemmen:
  Anschluss nur eines Leiters
- Verbindungsklemmen:
  Anschluss mehrerer Leiter
- Anschlussstellen mit mechanischen Erschütterungen:
  Keine Löt- oder Schweißverbindungen
- Verbindungen bei Ein- und Mehraderleitungen in Installationsrohren:
  Kästen, Dosen, Muffen
- Mehr- und feindrähtige Leitungen:
  Schutz vor Abspleißen und Abquetschen durch Aderendhülsen oder Kabelschuhe
- Anschluss- und Verbindungsstellen:
  Auswahl nach Anzahl und Querschnitt der Leiter

Installationsdosen nach DIN VDE 0606:

- Verbindungsdosen:
  Verbindung und Abzweigung von Leitern
- Gerätedosen:
  Einbau von Steckdosen und Schaltern
- Deckenleuchten-Verbindungsdosen:
  Anschluss von Leuchten und Einbau von Verbindungsklemmen
- Deckenleuchten-Anschlussdosen:
  Anschluss von Leuchten
- Geräteanschlussdosen:
  Fester Anschluss eines Gerätes über eine flexible Leitung
- Verbindungsmuffen:
  Verbindung von zwei Leitungen

Leitungsverlegung – *Cable installation*

DIN VDE 0298-4: 03-08

In wärmegedämmten Wänden und im Elektro-Installationsrohr/-kanal	
A1	• Aderleitungen im Elektro-Installationsrohr oder in Formleisten oder Formteilen • Ein- oder mehradrige Kabel oder Mantelleitung in Türfüllungen oder Fensterrahmen
A2	• Mehradrige Kabel oder mehradrige Mantelleitung: – im Elektro-Installationsrohr – direkt in wärmegedämmter Wand
Auf Wänden im Elektro-Installationsrohr/-kanal	
B1	• Aderleitungen im Elektro-Installationsrohr im belüfteten Kabelkanal im Fußboden • Ein- oder mehradrige Kabel oder Mantelleitung im offenen oder belüfteten Kabelkanal • Aderleitungen, einadrige Kabel oder Mantelleitung
B2	• Mehradrige Kabel oder Mantelleitung Verlegung für beide Arten: – direkt auf einer Wand oder im Abstand $a < 0{,}3 \cdot d$ (d = Außendurchmesser des Elektro-Installationsrohres) – in abgehängtem Elektro-Installationskanal – im Fußbodenleistenkanal – Unterflurverlegung im Kanal – im Elektro-Installationsrohr im Mauerwerk/Beton bei spez. Wärmewiderstand 2 K · m/W
Auf einer Wand	
C	• Ein- oder mehradrige Kabel oder Mantelleitung: – auf einer Wand oder im Abstand $a < 0{,}3 \cdot d$ (d = Außendurchmesser des Kabels/der Leitung) – unter der Decke oder mit Abstand von der Decke – auf nicht gelochter Kabelwanne – direkt im Mauerwerk oder Beton bei spez. Wärmewiderstand 2 K · m/W ohne/mit zusätzlichem mechanischen Schutz – Stegleitung im und unter Putz
In der Erde	
D	• Ein- oder mehradrige Kabel oder Mantelleitung im Elektro-Installationsrohr oder Kabelschacht im Erdboden • Ein- oder mehradrige Kabel ohne/mit zusätzlichem mechanischen Schutz direkt im Erdboden: – höhere Strombelastbarkeit möglich (Stromwerte aus Tabelle mal Faktor 1,17)
Frei in der Luft	
E	• Ein- oder mehradrige Kabel oder Mantelleitung: – auf einer Wand oder im Abstand $a > 0{,}3 \cdot d$ (d = Außendurchmesser des Kabels/der Leitung) – auf gelochter Kabelwanne, Kabelkonsolen, Kabelpritschen oder abgehängt an einem Tragseil
F	• Einadrige Kabel mit Berührung im Abstand zur Wand $a \geq 1 \cdot d$ (d = Außendurchmesser des Kabels)
G	• Einadrige Kabel ohne Berührung im Abstand zueinander und zur Wand $a \geq 1 \cdot d$

Leitungsschutz – *Cable protection*

DIN VDE 0100-430: 91-11

Kenngrößen

- **Betriebsstromstärke I_b** in der Leitung (3 adrig)
- **Bemessungsstromstärke I_n** des Schutzorgans
  $I_n \geq I_b$
- Auswahl des **Leiterquerschnitts**
- **Strombelastbarkeit I_z**
  $I_z \geq I_n$
  – Bedingung 1:
  $I_b \leq I_n \leq I_z$
  $I_a \leq I_f$
  – Bedingung 2:
  $I_a \leq 1{,}45 \cdot I_z$
- **Auslösung** des Schutzorgans bei Überlast

Beispiel:

$I_b = 24$ A

⇓

$I_n = 25$ A (Verlegeart B1)

⇓

$q = 4\ \text{mm}^2$

$I_z = 30$ A

24 A ≤ 25 A ≤ 30 A

$I_2 \leq 43{,}5$ A

großer Prüfstrom:

$I_f = 1{,}45 \cdot 30$ A

$I_f = 43{,}5$ A

Koordinierung der Kenngrößen

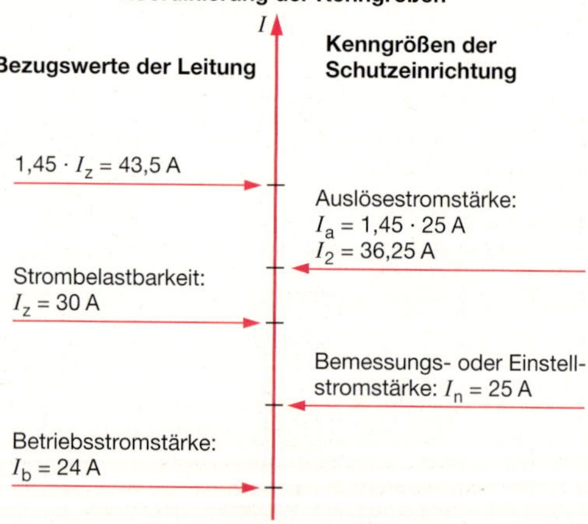

Zuordnung von Überstrom-Schutzorganen

Assignment of over-current protective devices

DIN VDE 0298-4: 03-08

Verlegearten und Strombelastbarkeit von Kabeln und Leitungen für feste Verlegung in Gebäuden
(Umgebungstemperatur 25 °C; zulässige Betriebstemperatur am Leiter 70 °C)

Referenz Verlegeart	A1	A2	B1	B2	C	E	F	G
	in wärmegedämmten Wänden im Elektro-Installationsrohr		im Elektro-Installationsrohr auf Wand		Verlegung auf und in Wand		Verlegung in Luft	
	Aderleitungen	Mehradrige Kabel und Mantelleitung	Aderleitungen	Mehradrige Kabel und Mantelleitung	Kabel und Mantelleitung Abstand zur Wand: ≤ 0,3 · d	Mehradrige Kabel und Mantelleitung Abstand zur Wand: ≥ 0,3 · d	Einadrige Kabel und Mantelleitung Abstand zur Wand: ≥ 1 · d mit Berührung	mit Abstand d
Verlegung	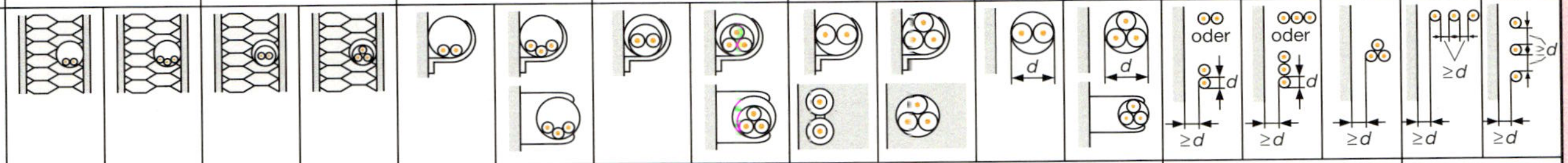							
Leitungsbeisp.	H07V-U/-R/-K, H07V3-U/-R/-K	NYM, NYMZ, NYMT, NYBUY, NYY, N05VV-U/-R	H07V-U/-R/-K, H07V3-U/-R/-K	NYM, NYMZ, NYMT, NYBUY, NYY, N05VV-U/-R	NYM, NYMZ, NYMT, NYIF, NYIFY, NYBUY, NHDY, NYY, N05VV-U/-R		NYY	NYY blanke Leiter

Zulässige Strombelastbarkeit I_r[1] der Leitung – Bemessungsstromstärke I_n der zugehörigen Überstrom-Schutzorgane in A

q_n in mm² (Cu)	A1 Aderzahl 2		3		A2 Aderzahl 2		3		B1 Aderzahl 2		3		B2 Aderzahl 2		3		C Aderzahl 2		3		E Aderzahl 2		3		F Aderzahl 2		3		3		G Aderzahl 3		3	
	I_r	I_n	I_r	I_n	I_r	I_n	I_r	I_n	I_r	I_n	I_r	I_n	I_r	I_n	I_r	I_n	I_r	I_n	I_r	I_n	I_r	I_n	I_r	I_n	I_r	I_n	I_r	I_n	I_r	I_n	I_r	I_n	I_r	I_n
1,5	16,5	16	14,5	13	16,5	16	14,0	13	18,5	16	16,5	16	17,5	16	16	16	21	20	13,5	16	23	20	19,5	20	–	–	–	–	–	–	–	–	–	–
2,5	21	20	19,0	16	19,5	16	18,5	16	25	25	22	20	24	20	21	20	29	25	25	25	32	32	27	25	–	–	–	–	–	–	–	–	–	–
4	28	25	25	25	27	25	24	20	34	32	30	25	32	32	29	25	38	32	34	32	42	40	36	35	–	–	–	–	–	–	–	–	–	–
4	–	–	–	–	–	–	–	–	–	–	–	–	–	–	–	–	–	–	35[2]	35	–	–	–	–	–	–	–	–	–	–	–	–	–	–
6	36	35	33	32	34	32	31	25	43	40	38	35	40	40	36	35	49	40	43	40	54	50	46	40	–	–	–	–	–	–	–	–	–	–
10	49	40	45	40	46	40	41	40	60	50	53	50	55	50	49	40	67	63	60	50	74	63	64	63	–	–	–	–	–	–	–	–	–	–
10	–	–	–	–	–	–	–	–	–	–	–	–	–	–	50[2]	50	–	–	63[2]	63	–	–	–	–	–	–	–	–	–	–	–	–	–	–
16	65	63	59	50	60	50	55	50	81	80	72	63	73	63	66	63	90	80	81	80	100	100	85	80	–	–	–	–	–	–	–	–	–	–
25	85	80	77	63	80	80	72	63	107	100	94	80	95	80	85	80	119	100	102	100	126	125	107	100	139	125	121	100	117	100	155	125	138	125
35	105	100	94	80	98	80	88	80	133	125	117	100	118	130	105	100	146	125	126	125	157	125	134	125	172	160	152	125	145	125	192	160	172	160
50	126	125	114	100	117	100	105	100	160	160	142	125	141	125	125	125	178	160	153	125	191	160	162	160	208	200	184	160	177	160	232	200	209	200
70	160	160	144	125	147	125	133	125	204	200	181	160	178	160	158	125	226	200	195	160	246	200	208	200	266	250	239	200	229	200	298	250	269	250

[1] Anstatt I_r wird I_z gesetzt, wenn weitere Einflussfaktoren berücksichtigt wurden (vgl. nächste Seite). [2] Nicht für die Verlegung auf einer Holzwand

Zuordnung von Überstrom-Schutzorganen

Assignment of over-current protective devices

DIN VDE 0298-4: 03-08

Einflussfaktoren f_1, f_2, f_3, f_4

Zur Bestimmung der Bemessungsstromstärke eines Überstrom-Schutzorgans einer Leitung sind neben der Verlegeart noch folgende Faktoren ausschlaggebend:

- erhöhte Umgebungstemperatur f_1
- gehäufte Leitungsverlegung f_2
- Vielzahl belasteter Adern f_3
- Auswirkung von Oberschwingungen f_4

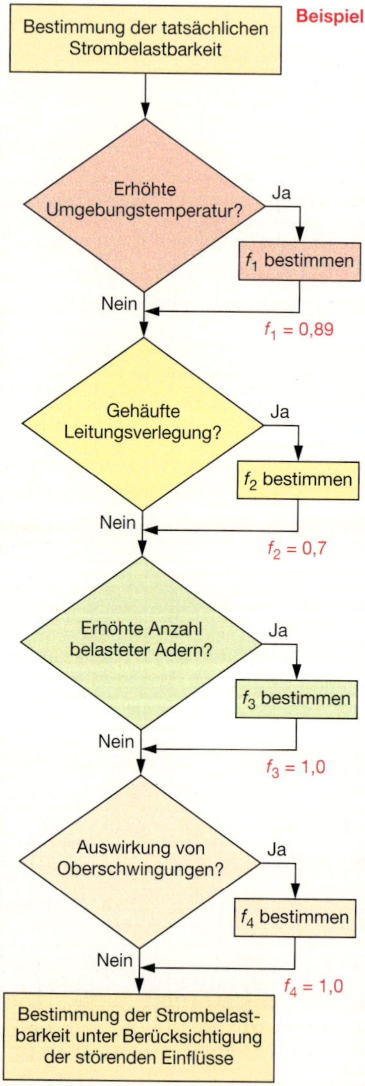

$$I_Z = f_1 \cdot f_2 \cdot f_3 \cdot f_4 \cdot I_r$$
$$I_Z = 0{,}89 \cdot 0{,}7 \cdot 1{,}0 \cdot 1{,}0 \cdot 19{,}5\ \text{A}$$
$$I_Z = 12{,}15\ \text{A}$$

Beispiel: Verlegung von drei Mantelleitungen NYM 3 x 2,5 mm² in einer wärmegedämmten Wand (Verlegeart A2) bei einer Umgebungstemperatur von 35 °C.

$$I_Z = f_1 \cdot f_2 \cdot f_3 \cdot f_4 \cdot I_r$$

Erhöhte Umgebungstemperatur (Faktor f_1)

ϑ in °C	10	15	20	25	30	35
f_1	1,15	1,1	1,06	1,0	0,94	0,89
ϑ in °C	40	45	50	55	60	65
f_1	0,82	0,75	0,67	0,58	0,47	0,33

Gehäufte Leitungsverlegung (Faktor f_2)

Verlegung	Anzahl der mehradrigen Leitungen					
	1	2	3	4	6	9
gebündelt im Elektroinstallationsrohr/-kanal	1,0	0,8	0,7	0,65	0,57	0,5
Einlagig direkt auf der Wand oder dem Fußboden	1,0	0,85	0,79	0,75	0,72	0,7
in gelochter Kabelwanne	1,0	0,88	0,82	0,79	0,76	0,73
auf einer Kabelpritsche	1,0	0,87	0,82	0,8	0,79	0,78

Verlegung vieladrig belasteter Leitungen (Faktor f_3)

belastete Adern	2	3	5	7	10	14	19	24
f_3	1,0	1,0	0,75	0,65	0,55	0,5	0,45	0,4

Auswirkung von Oberschwingungen (Faktor f_4)

Wirkleistungsanteil der Geräte mit Oberschwingungen zur Gesamtwirkleistung in Prozent	0 % … 10 %	11 % … 22 %	23 % … 30 %	31 % … 34 %	35 % … 38 %	39 % … 41 %
f_4	1,00	0,86	0,70	0,67	0,61	0,56

Elektrische Installation

Belastbarkeit von Leitungen – *Load carrying capacity of cables*

Elektrische Anlagen

Trockene Räume	Feuchte und nasse Räume, im Freien	Feuergefährdete Betriebsstätten	Explosionsgefährdete Betriebsstätten
⇓	⇓	⇓	⇓
Ab q = 1,5 mm² auch in nichtmetallischem Rohr auf und unter Putz	Nicht zulässig in Räumen mit Badewanne oder Dusche außerhalb der Bereiche 0, 1 und 2	In Kunststoffrohren auf und unter Putz	Nur in Schalt- und Verteileranlagen
Im und unter Putz	Nicht zulässig	Nicht zulässig	Nicht zulässig
Über, auf, im und unter Putz Im Mauerwerk Im Freien bei geschützter Verlegung In Kabelkanälen			Unter Berücksichtigung der chemischen und thermischen Bedingungen
wie vorher In Innenräumen In Beton Im Erdreich, hier gelten andere Belastungswerte			

Kenngrößen

Leitung	Maße			max. Belastung		max. Leitungslänge in m bei Δu (U_v)		
	q in mm²	Aderzahl	$d_{Außen}$ in mm	I in A	P in kW	Wechselstrom 4,0 %	Drehstrom 0,5 %	Drehstrom 4,0 %
H07V-U (NYA)	1,5	1	3,3	16[1]	3,68	24,1	–	–
	1,5	1	3,3	3 · 16[1]	11,07	–	–	48,5
	2,5	1	3,9	25[1]	5,75	25,7	–	–
	2,5	1	3,9	3 · 20[1]	13,84	–	–	64,8
	4	1	4,4	3 · 25[1]	17,3	–	–	82,9
	6	1	4,9	3 · 35[1]	24,22	–	–	88,8
	10	1	6,4	3 · 50[1]	34,6	–	12,9	103,6
H07V-R (NYA)	16	1	7,3	3 · 63[1]	43,6	–	16,4	131,6
	25	1	9,8	3 · 80[1]	55,36	–	20,2	161,9
NYIF	1,5	3	4,4 · 19	16	3,68	24,1	–	–
	1,5	4	4,4 · 26	3 · 16	11,07	–	–	48,5
	2,5	3	5,2 · 21,5	25	5,75	25,7	–	–
	2,5	4	5,2 · 29,5	3 · 25	17,3	–	–	51,7
NYM	1,5	3	10,5	16	3,68	24,1	–	–
	1,5	4	11,0	3 · 16	11,07	–	–	48,5
	2,5	3	11,5	25	5,75	25,7	–	–
	2,5	4	12,5	3 · 25	17,3	–	–	51,7
	4	4	14,5	3 · 35	24,22	–	–	59,2
	6	4	16,5	3 · 40	27,68	–	–	77,7
	10	4	19,5	3 · 63	43,6	–	10,3	82,3
	16	4	23,5	3 · 80	55,36	–	12,9	103,6
NYY	1,5	3	14,0	16	3,68	24,1	–	–
	1,5	4	16,0	3 · 16	11,07	–	–	48,5
	2,5	3	15,0	25	5,75	25,7	–	–
	2,5	4	17,0	3 · 25	17,3	–	–	51,7
	4	4	19,0	3 · 35	24,22	–	–	59,2
	6	4	20,0	3 · 40	27,68	–	–	77,7
	10	4	22,0	3 · 63	43,6	–	10,3	82,3
	16	4	25,0	3 · 80	55,36	–	12,9	103,6

[1] Zuordnung der Überstrom-Schutzeinrichtungen nach B1, alle anderen Werte nach C bei Umgebungstemperatur 25 °C

Niederspannungsschaltanlagen

Low-voltage switchgear and controlgear assemblies DIN VDE 0660-500: 05-01

Bauformen

Schaltgerätekombinationen

Äußere Bauform
- offen
- Tafelbauform
- geschlossen
  - Schrank
  - Pult
  - Kasten
  - Schienenverteiler

Aufstellung

Ort
- innen
- außen

Art
- fest
- veränderbar

Schutzmaßnahme gegen
- Direktes Berühren
  - Isolieren
  - Abdecken
  - Hindernisse
- Indirektes Berühren
  - Abschaltung
  - Schutzisolieren

Schutzart
- IP00
- IP2X
- IP3X
- IP4X
- IP5X

Umhüllung
- Metall
- Isolierstoff

Prüfung
- TSK
- PTSK

Einbauten
- fest
- herausnehmbar

Typgeprüfte Schaltgerätekombinationen (TSK)

- Höchstbelastete Kombination wird geprüft (Kurzschlussfestigkeit, Erwärmung, Schutzmaßnahmen, Schutzart)
- modulare Bauform
- standardisierte Module
- Nach Montage von Einzelkomponenten erfolgt eine Stückprüfung

Partiell typgeprüfte Schaltgerätekombination (PTSK)

- Aus der Typprüfung aller Einzelkomponenten wird **rechnerisch** eine Gesamtprüfung **abgeleitet**.
- Anwendung bei kleinen Stückzahlen/Einzelfertigung
- Kurzschlussfestigkeit wird aus der Sammelschienen-Typprüfung abgeleitet
- Erwärmungsbetrachtung erfolgt durch Summierung

Baugruppen und Komponenten

- Sammelschienen
- Verteilschienen
- elektrische, mechanische Verbindungen
- Schaltgeräte für Einspeisung, Verteilung, Kupplung und Verbraucherabgänge
- Einbauräume, Einschübe und Tragbleche
- Kapselungen je nach Schutzart

Bemessungsgrößen

- Betriebsspannung, Isolationsspannung, Stoßspannung
- Betriebsstrom
- Kurzzeitstrom (I_{CW}) mit Einwirkungsdauer
- Stoßstromfestigkeit
- Frequenz

Beispiele:

Wand-/Standschrankverteilung

- kleine Leistungen z. B. Haus-/Lichtverteilung in Bürogebäuden

Isolierstoffkastensystem

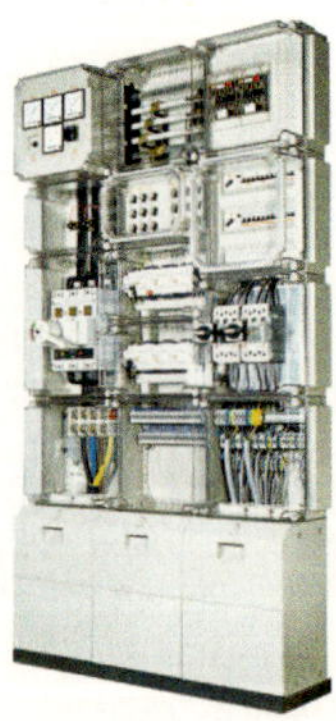

- mittlere Leistungen z. B. Industrieanlagen

Schrank-Anreihsystem

- hohe Leistungen z. B. Industrieanlagen
- modularer Aufbau ermöglicht Umbauarbeiten im Betrieb

Verteilungen – *Distribution boards* DIN 43870-1: 91-02

Beispiel: Hausanschluss bis Messeinrichtungen

Leitungsbemessung zwischen Messeinrichtung und Stromkreisverteilern bei folgenden Abständen:

- bis 42 m ⇒ 10 mm²
- bis 66 m ⇒ 16 mm²
- bis 104 m ⇒ 15 mm²

z. B. NYM

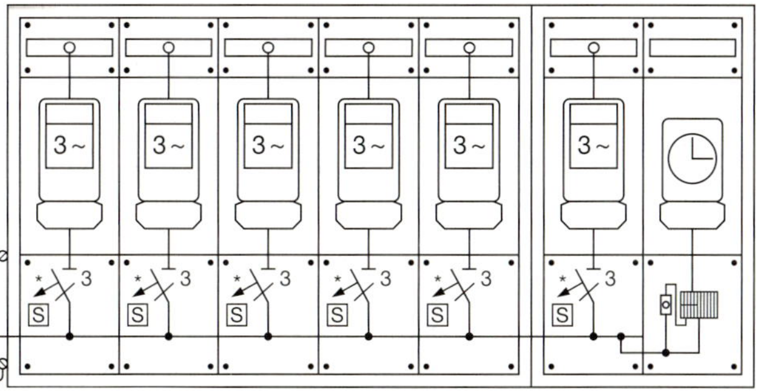

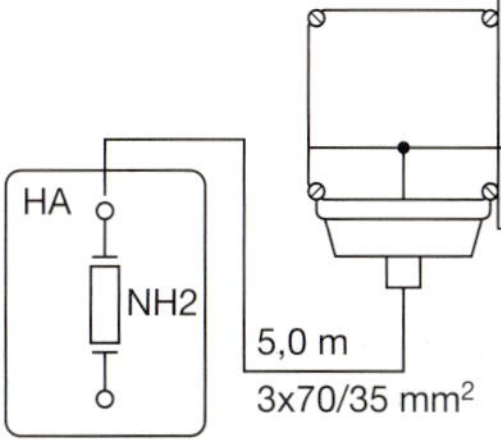

HA 400/250 A

S: Selektiver Hauptleitungs-Schutzschalter (SH-Schalter)

Hausanschluss

Kabel-Hausanschlusskasten – 3 x KH 00-A

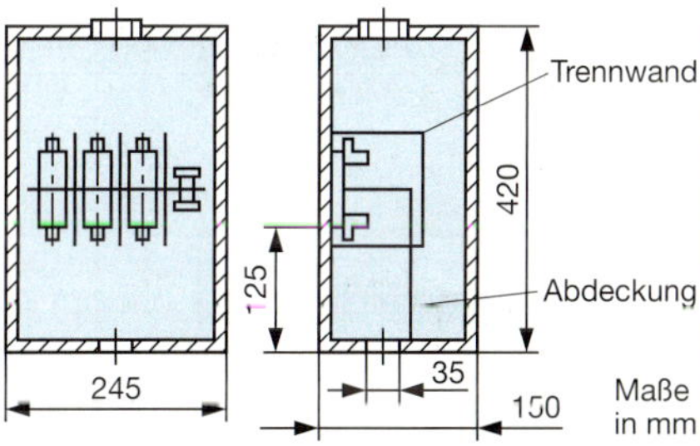

Kurzzeichen	NH-Sicherungen	Anschluss: q_{max} in mm² Zugang	Abgang
KH 00-A	3 x Größe 00 + PEN/N	4 x 50	4 x 50
KH 1-B	3 x Größe 1 + PEN/N	4 x 150	4 x 120

Zulässiger maximaler Spannungsfall

0,5 % in den Leitungen vom Hausanschluss bis zu den Messeinrichtungen bei $S \leq 100$ kVA[1)]

3,0 % zwischen Messeinrichtung und den Verbrauchsmitteln

1) Siehe Angaben der Technischen Anschlussbedingungen (TAB)

Hauptleitungsquerschnitte

Bemessung von Hauptleitungen für Wohnungen ohne Elektroheizung:

- Laut Diagramm in DIN 18 015-1
- **Mindestabsicherung** von 63 A bis 5 Wohneinheiten; Selektivität der Schmelzsicherungen gewährleistet
- **Mindestleiterquerschnitte** 10 mm² für Cu-Leitungen

Zählerplatz nach Rastersystem

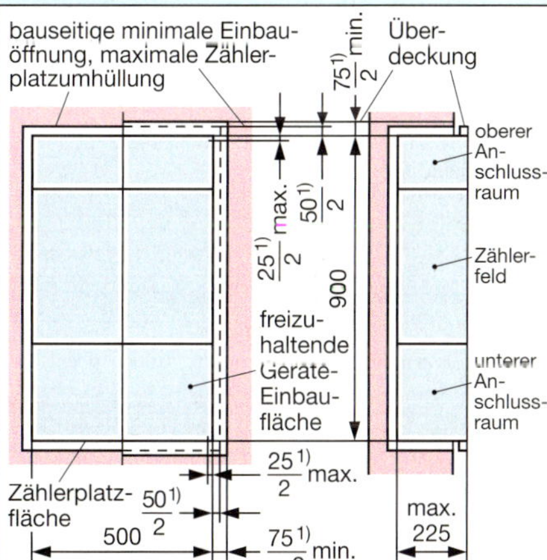

1) Gesamtmaß für beide Seiten Maße in mm

Beispiel: Zentrale Zähleranordnung

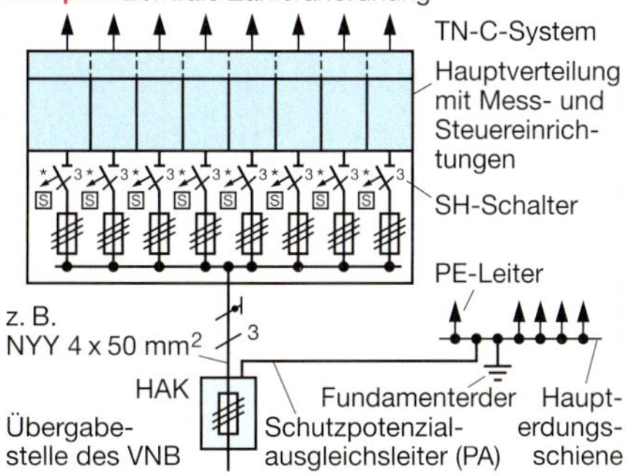

Verteilungen – *Distribution boards*

DIN 18015-1: 07-09; -2: 04-08

Verteilersysteme

Kleinverteiler	Wandverteiler	Standverteiler	Baustromverteiler
• Unterputz • Aufputz • Hohlwand	• doppelt isoliert oder geerdet • Flachverteiler	• Schränke mit doppelter Isolierung oder geerdet	• Anschlussschränke • Verteilerschränke • Hauptverteilerschränke • Kleinbaustromverteiler • Steckdosenverteiler

Installation für Kleinverteiler

Ort:
- Einfamilienhäuser:
  Stromkreisverteiler und Zähler in gemeinsamem Schrank
- Mehrfamilienhäuser:
  Stromkreisverteiler in jeder Wohnung

Ablauf:
- Montage nach Maurer- und Putzarbeiten
- Verteiler auf Fundamentschienen und Traggerüste setzen. (Herstellerangaben beachten.)

Leitungsanschluss:
- Schnellmontage durch eingedrückte Dichtungsmembranen (Schutzart IP65) ①
- Zug- und druckentlasteter Anschluss der Leiter
- Schnellmontage durch einrastbare PE- und N-Klemmen ②
- Platz für 14 Teilungseinheiten je Reihe ③
- Ausreichender Schienenabstand z. B. 150 mm für übersichtliche Installation ④
- Übersichtliche Zuordnung der eingeführten Leiter zu den Stromkreisen mit Kennzeichnung
- Zubehör wie Anbaustutzen, Abdeckstreifen, Beschriftungsleisten und Kabelblenden
- Übernahme der Kennzeichnung in Schaltungsunterlagen, z. B. Ablage in der Innenseite der Tür des Verteilers.
- Leitungsöffnungen wegen der Schutzart verschließen.

Beispiel:

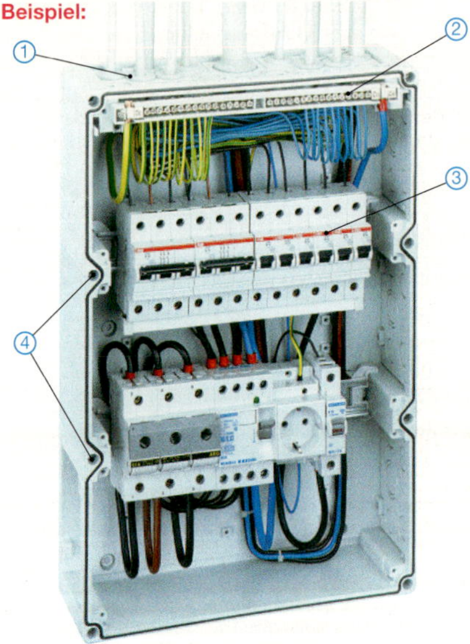

Installationszonen

Küchen, Hausarbeitsräume

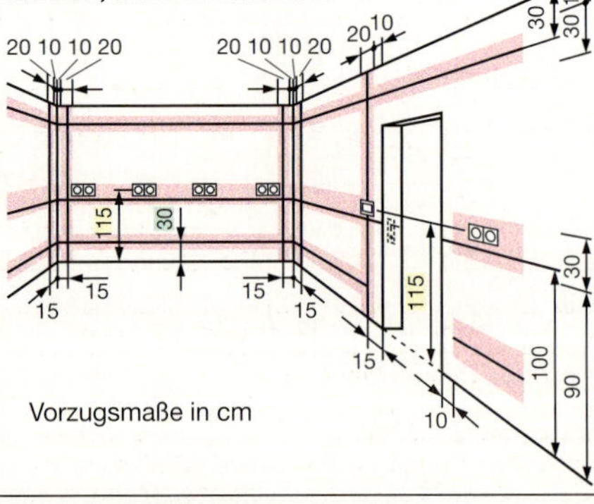

Vorzugsmaße in cm

Wohnräume

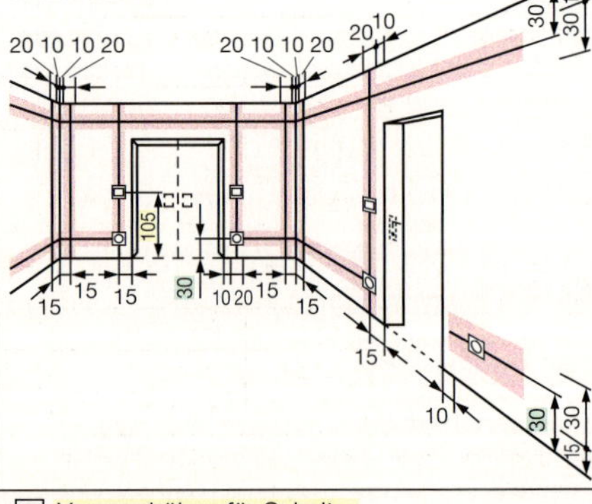

▭ Installationszonen
—— Vorzugsmaße für elektrische Leitungen
☐ Vorzugshöhen für Schalter
◯ Vorzugshöhen für Steckdosen

Erder – *Earth electrode*

DIN 18 014: 07-09
DIN VDE 0100-410: 07-06; -540: 07-06

Arten

Erder können sein:
- Stab- oder Rohrerder
- Band- oder Seilerder
- Fundamenterder
- Plattenerder
- Metallbewehrung von Beton in der Erde
- unterirdische metallische Konstruktionsteile

Bauformen von Erdern
- Strahlenerder
- Ringerder
- Maschenerder

Beispiel: Verlegung an der Erdoberfläche (Oberflächenerder) in einer Tiefe von 0,5 bis 1,0 m je nach Bodenverhältnissen.

Ausführung des Fundamenterders

in unbewehrtem Fundament

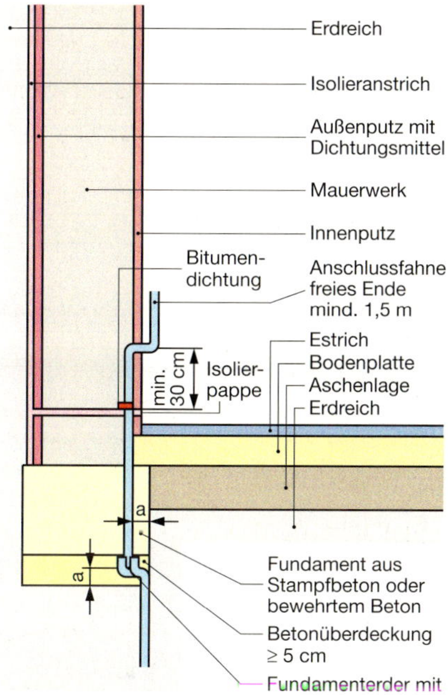

Abstand $a \geq 5$ cm

Durchschnittswerte von Erdern

Art des Bodens	spezifischer Erdwiderstand in Ω · m	Ausbreitungswiderstand R_A in Ω bei Banderder (Länge 20 m)
Moorboden	30	3
Lehm-, Ton-, Ackerboden	100	10
Sand (feucht)	200	20
Kies (feucht)	500	50
Sand und Kies (trocken)	1000	100
Beton (Zement/Kies: 1/5)	400	40

Mindestabmessungen und einzuhaltende Bedingungen für Erder

Werkstoff	Erderform	Mindestquerschnitt in mm²	Mindestdicke in mm	Sonstige Mindestabmessungen bzw. einzuhaltende Bedingungen
Stahl bei Verlegung im Erdreich, feuerverzinkt mit einer Mindestzinkauflage von 70 µm	Band	90	3	
	Runddraht Runddraht	78 ≙ 10 mm Ø 201 ≙ 16 mm Ø		als Oberflächenerder als Tiefenerder, mit mindestens 70 µm Zinkauflage
	Rohr	491 ≙ 25 mm Ø		Mindestwandstärke: 2 mm 55 µm Zinkauflage
	Profilstäbe	90	3	
Stahl mit Kupferauflage	Rundstab: • mit Kupfermantel	177 ≙ 15 mm Ø		Beschichtung: als Tiefenerder mit 2000 µm Kupferauflage
	• verkupfert	154 ≙ 14 mm Ø		als Tiefenerder mit 90 µm Kupferauflage
Kupfer	Band	50	2	
	Seil	25		Mindestdrahtdurchmesser: 1,8 mm
	Runddraht	25		Oberflächenerder
	Rohr	314 ≙ 20 mm Ø		Mindestwandstärke: 2 mm

Bei ausgedehnten Erdern aus blankem Kupfer oder Stahl mit Kupferauflage ist darauf zu achten, dass sie von unterirdischen Anlagen aus Stahl, z. B. Rohrleitungen und Behältern, möglichst metallen getrennt gehalten werden. Andernfalls können die Stahlteile einer erhöhten Korrosionsgefahr ausgesetzt sein.

Schutzpotenzialausgleich
Protective equipotential bonding

DIN 18 012: 08-05
DIN VDE 0100-410: 07-06; -540: 07-06

Hausanschlussraum mit Schutzpotenzialausgleich

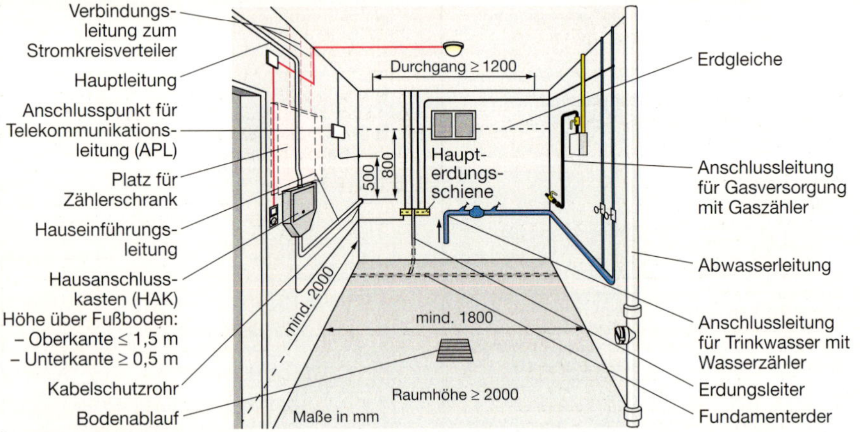

Haupterdungsschiene

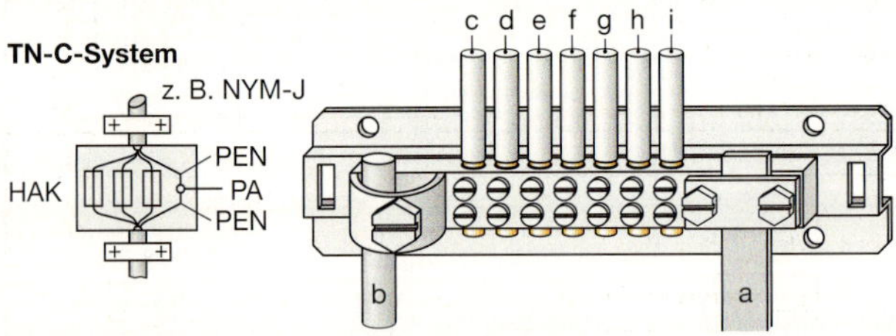

- a Fundamenterder
- b Blitzschutzanlage
- c Heizungsanlage
- d PE-Leiter zum HAK
- e PE-Leiter zur Haupterdungsschiene
- f Telekommunikationsanlage
- g Antennenanlage
- h Gasversorgungsanlage
- i Wasserversorgungsanlage

Zusätzlicher Schutzpotenzialausgleich bei leitender Standfläche nach DIN VDE 0100

Darstellung	Erklärung	Anwendung
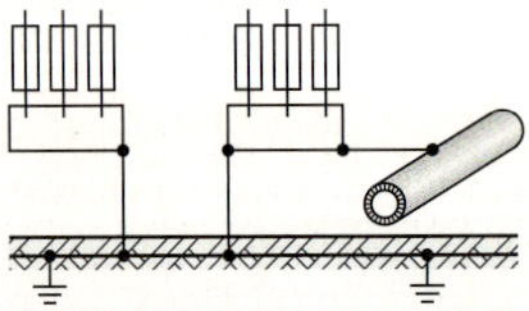	Schutzpotenzialausgleichsleiter zwischen Körpern und leitfähigen Teilen, die innerhalb des Handbereichs liegen	Schutzleitermaßnahmen (-410) Baderäume (-701) Schwimmbäder (-702) landwirtschaftl. Betr. (-705) feuergefährdete Betr. (-482) mobile Ersatzstromversorgungsanlagen (-551)

Leiterquerschnitte für Schutzpotenzialausgleichsleiter

Verbindung mit der Haupterdungsschiene		Verbindung für zusätzlichen Schutzpotenzialausgleich
Material	Mindestquerschnitt in mm^2	Zwischen zwei Körpern von elektrischen Betriebsmitteln: $q_{PE1} \leq q_{PE2} \Rightarrow q_P \geq q_{PE1}$ q_{PE}: Querschnitt des jeweiligen Schutzleiters q_P: Querschnitt des Schutzpotenzialausgleichsleiters
Kupfer	6	
Aluminium	16	Zwischen Körper eines elektrischen Betriebsmittels und einem metallenen Konstruktionsteil: $q_P \geq 2{,}5\ mm^2$ bei mechanischem Schutz des Leiters, z.B. durch Elektroinstallationsrohr $q_P \geq 4\ mm^2$ bei Leitern ohne mechanischen Schutz
Stahl	50	

Leitungsschutz-Schalter – *Circuit breaker*

DIN VDE 0641-12: 07-03

Auslösecharakteristiken, Anwendungen

Z Verwendung für
- Überstromschutz von Leitungen
- Steuerstromkreise ohne Stromspitzen
- Messstromkreise mit Wandlern
- Halbleiterschutz

B und
C Verwendung u. a. in Hausinstallationen
- direkte Zuordnung der LS-Schalter nach I_z der Leitungen möglich;
- 2. Bedingung $I_2 = 1{,}45 \cdot I_z$ ist erfüllt.

K Verwendung für
- Stromkreise mit hohen Stromspitzen durch Motoren, Transformatoren, Kondensatoren.
- Vorteil: Elektromagnetischer Auslöser hält hohe Einschaltstromspitzen aus.

Auslösebedingungen

Bei LS-Schaltern laut DIN VDE 0100-430:
Bedingungen:
1. $I_b \leq I_n \leq I_z$
2. $I_2 \leq 1{,}45 \cdot I_n$

Nach der 2. Bedingung ist I_2 der Strom, bei dem spätestens nach einer Stunde der LS-Schalter abschalten muss. Er darf maximal das 1,45-fache der maximalen Strombelastbarkeit der Leitung bzw. des Kabels betragen.

Auslöseverhalten

Typ	Überstrom-schutz – thermisch –	Zeit	Kurzschluss-schutz – el.mag. –	Zeit
Z[1]	$1{,}05 I_n$ - $1{,}2 I_n$	< 2 h	$2 I_n$ - $3 I_n$	< 0,2 s
B[2]	$1{,}13 I_n$ - $1{,}45 I_n$	< 1 h	$3 I_n$ - $5 I_n$	< 0,1 s
C[2]	$1{,}13 I_n$ - $1{,}45 I_n$	< 1 h	$5 I_n$ - $10 I_n$	< 0,1 s
K[3] K[4]	$1{,}05 I_n$ - $1{,}2 I_n$ $1{,}05 I_n$ - $1{,}5 I_n$	< 2 h < 2 min	$8 I_n$ - $12 I_n$ $10 I_n$ - $14 I_n$	< 0,2 s < 0,2 s

Gültig für Baureihen: [1] 0,5 – 63 A; [2] 6 – 40 A; [3] 0,2 – 8 A; [4] 10 – 63 A;

Auslösekennlinien

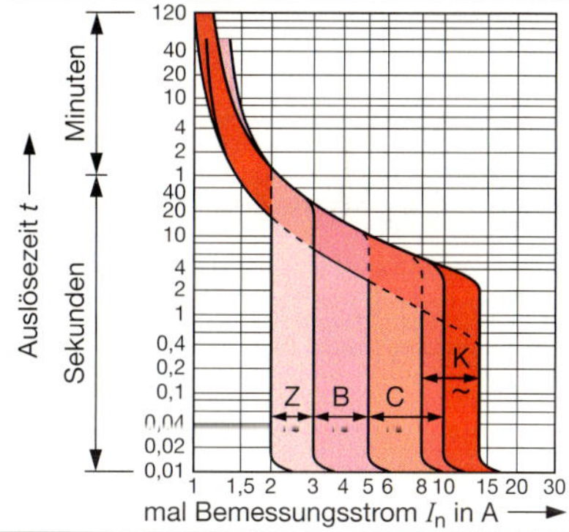

Abmessungen der LS-Schalter

ohne Hilfsschalter (1- bis 4polig)

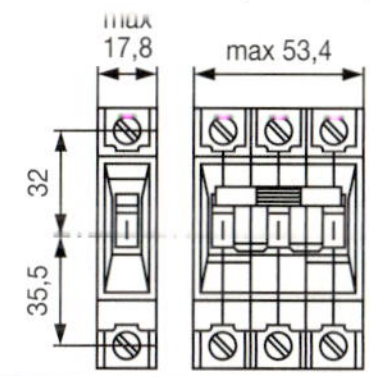

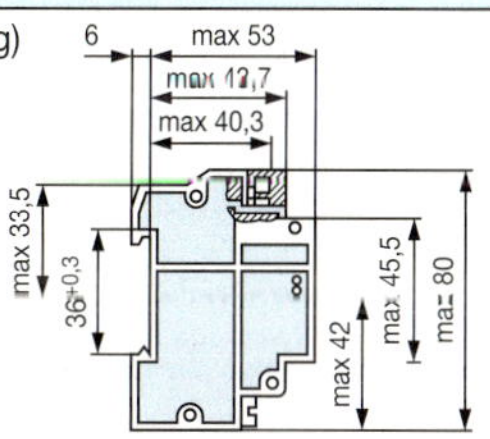

mit Hilfsschalter (1- bis 4polig)

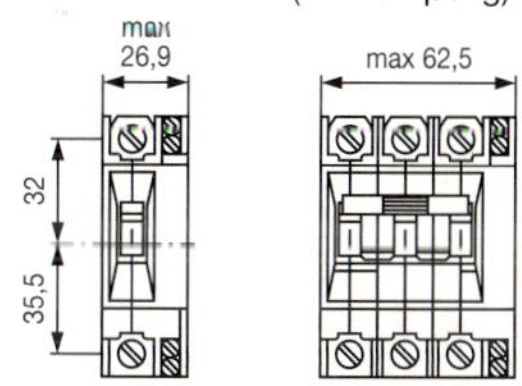

RCD – *Residual-current protective device*

DIN VDE 0664-101: 03-10

Funktion der RCD

Abschaltung bei gefährlichen Berührungsspannungen durch Isolationsfehler innerhalb von 0,2 s.

Abmessungen der RCDs

Bemessungsspannung U_n in V:
230 400 500 660 690

Bemessungsstromstärke I_n in A:
10 13 16 20 25 32 40 63
80 100 125 160 200 225 250

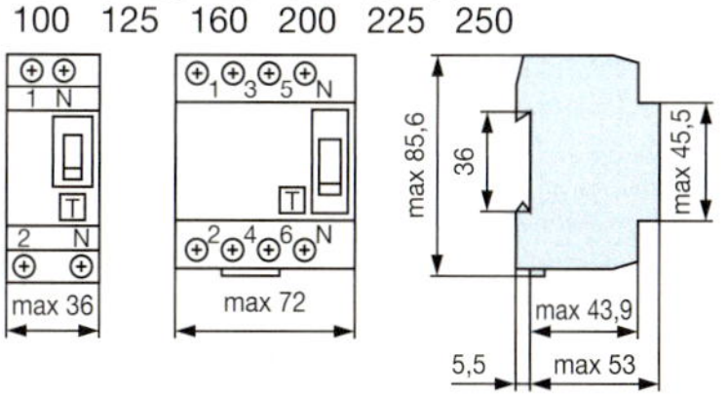

Baugrößen und maximaler Erdungswiderstand

$I_{\Delta n}$	R_A in Ω bei max. Berührungsspannung 50 V	25 V
10 mA	5000	2500
30 mA	1666	833
100 mA	500	250
300 mA	166	83
500 mA	100	50

RCD mit Kurzschlussvorsicherung

I_n in A	16	25	40	63	100	125	160	224
I_k in kA	1,5	1,5	1,5	2	3,5	2	4	4
Maximale Kurzschlussvorsicherung in A								
NH (gG)	63	80	80	100	125	125	160	224
Neozed	63	80	80	100	–	–	–	–
Diazed (gG)	50	63	63	80	100	–	–	–

Elektrische Installation

Schmelzsicherungen – *Fuses*

DIN VDE 0636-2: 08-03; -3: 08-03

Niederspannungs-Sicherungen

Bezeichnung	Bereiche	Darstellung	Einzelteile
Diazed-Sicherungs-system (D-System)	**AC und DC:** bis 100 A und 500 V	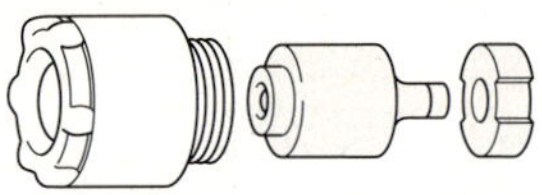	• Sicherungsunterteile, • Sicherungseinsätze (mit Schmelzleiter in geschlossenem Schutzraum), • Sicherungseinsatzhalter (z. B. Schraubkappe), • Unverwechselbarkeitseinrichtung (z. B. Passeinsatz).
Neozed-Sicherungs-system (DO-System)	**AC:** bis 100 A und 400 V **DC:** bis 100 A und 250 V	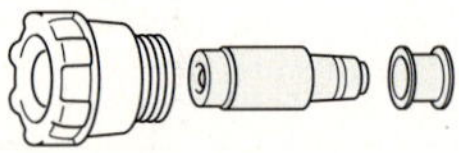	
NH-Sicherungs-system	**AC:** bis 1250 A und 400 V, 500 V bzw. 690 V **DC:** bis 1250 A und 250 V bzw. 440 V	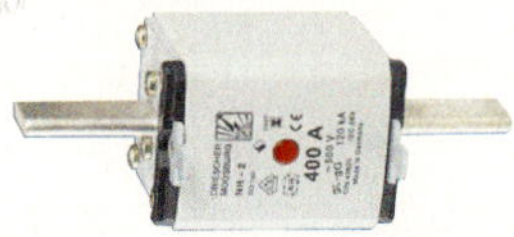	

D- und DO-Sicherungssystem

Sicherung und Passeinsatz: Bemessungsstromstärke in A	Sicherung und Passeinsatz: Kennfarbe	Sockel Bemessungsstromstärke in A	Gewindegröße der Schraubkappe: Diazed	Gewindegröße der Schraubkappe: Neozed
2 4 6 10 13 16 20 25	rosa braun grün rot schwarz grau blau gelb	25	D II (E 27)	DO 1 (E 14) (2…16) DO 2 (E 18) (20…63)
32/35/40 50 63	schwarz weiß kupfer	63	D III (E 33)	
80 100	silber rot	100	D IV (R 1/4")	DO 3 (M 30 x 2)

Anwendungsbereiche von Sicherungen

Funktionsklassen

g: Ganzbereichssicherungen können
- Bemessungsstromstärke dauernd führen und
- Ströme vom kleinsten Schmelzstrom bis zum Bemessungsausschaltstrom schalten.

a: Teilbereichssicherungen können
- Bemessungsstromstärke dauernd führen und
- Ströme oberhalb eines bestimmten Vielfachen ihrer Bemessungsstromstärke bis zum Bemessungsausschaltstrom schalten.

Schutzobjekte

B: Bergbau- und Anlagenschutz
G: Schutz für allgem. Zwecke
M: Motorenschutz
R: Halbleiterschutz
Tr: Transformatorenschutz

Betriebsklassen

gG: Ganzbereichs-Kabel- und Leitungsschutz
aM: Teilbereichs-Schaltgeräteschutz in Motorenstromkreisen
aR: Teilbereichs-Halbleiterschutz
gR: Ganzbereichs-Halbleiterschutz
gB: Ganzbereichs-Bergbauanlagenschutz

NH-Sicherungen

Baugröße	Unterteile Bemessungsstromstärke in A	Einsätze Bemessungsstromstärke in A	Gesamtlänge in mm	maximale Bemessungsleistungsabgabe P_n in W: gG AC 400 V	gG AC 500 V	gG AC 690 V	aM AC 500 V	aM AC 690 V
00	160	6 … 160	78	12	12	12	7,5/12	12
0	160	6 … 160	125	12	16	25	16	25
1	250	80 … 250	135	18	23	32	23	32
2	400	125 … 400	150	28	34	45	34	45
3	630	315 … 630	150	40	48	60	48	60
4	1000	500 … 1000	200	–	90	90	90	90
4a	1250	500 … 1250	200	90	110	110	110	110

Elektrische Anlagen in Wohngebäuden

Electrical installations in residential buildings

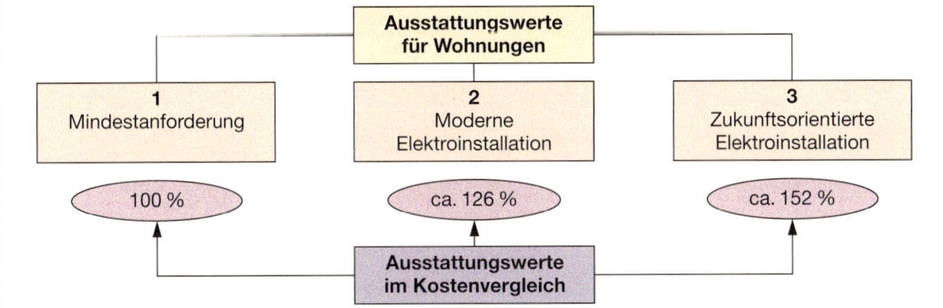

Stromkreise

Beleuchtung und Steckdosen in Wohnungen

Werte \ Fläche in m^2	bis 50	51 bis 75	76 bis 100	101 bis 125	über 125
1	2	3	4	5	6
2	3	4	6	7	8
3	4	5	7	8	9

Geräte

- Ausstattungswert 1: Elektroherd, Geschirrspülmaschine, Waschmaschine, Wäschetrockner, Heisswassergerät ⇒ 5 getrennte Stromkreise
- Ausstattungswert 2: wie bei 1 und Backofen ⇒ 6 getrennte Stromkreise
- Ausstatungswert 3: wie bei 2 und Reservestromkreis ⇒ 7 getrennte Stromkreise

Hinweis: Empfohlene Ausstattungswerte nach RAL[1)]

Vergleich der Ausstattungswerte

Ausstattungswert	1		2		3	
Räume	Steckdosen	Lichtauslässe	Steckdosen	Lichtauslässe	Steckdosen	Lichtauslässe
Wohnzimmer	3 – 5	1 – 2	7 – 9	2 – 3	9 – 11	3 – 4
Essplatz/ -raum	1	1	1	1	1	1
Abstellraum, Keller/Bodenraum	1	1	2	1	2	1
Küche	5 – 7	2	7 – 9	3	8 – 11	3
Hausarbeitsraum/Büro	4	1	7	2	9	3
Schlafraum, Kind	3 – 4	1	5 – 7	2	7 – 9	3
Schlafraum, Eltern	5	2	9	3	9 – 11	4
Bad	3	2	4	3	5	3
WC	1	1	2	1	2	2
Flur/Diele	1	1	2	2	3	3
Terrasse, Balkon	1	1	2	1	3	2
Hobbyraum	3	1	5	2	7	2

Ausstattungswert	1		2		3	
Anschlüsse	Telefon	Antenne	Telefon	Antenne	Telefon	Antenne
Wohnzimmer	1		1	2	1	2
Essplatz/ -raum						1
Küche						1
Hausarbeitsraum/Büro					1	1
Schlafraum, Kind		1		1	1	1
Schlafraum, Eltern		1		1	1	1
Flur/Diele			1		1	

1) RAL (**R**eichs-**A**usschuss für **L**ieferbedingungen, gegr. 1925) = Deutsches Institut für Gütesicherung u. Kennzeichnung e.V.

Installationsbereiche – *Installation areas*

Bezeichnung/ Erklärung	Beispiele	Schutzmaßnahmen
Elektrische Betriebsstätten DIN VDE 0105-100: 05-06 Räume bzw. Orte mit elektrischen Anlagen	Schalträume, Verteilungsanlagen in abgetrennten Räumen, Maschinenräume in Kraftwerken	Basisschutz (Schutz gegen direktes Berühren) blanker, aktiver Teile durch Schutzleisten, Abdeckungen oder Geländer. Betreten nur durch unterwiesene Personen. Prüfungen durch Besichtigen, Messen und/oder Erproben.
Trockene Räume DIN VDE 0100-731: 86-02 Räume ohne hohe Luftfeuchtigkeit	Wohnräume, Geschäftsräume, Büros	Leitungsarten: NYIF, NYM, H07V-U, H07V-K
Feuchte und nasse Bereiche DIN VDE 0100-737: 02-01 Räume mit Kondenswasser	**Feuchte Räume**: Großküchen, Backräume, Kühlräume, unbeheizte und unbelüftete Kellerräume **Nasse Räume**: Nasswerkstätten, Weinkeller, Duschecken und Räume, in denen Fußböden und Wände mit Wasser abgespritzt werden.	Betriebsmittel mit Schutzart IPX1 Betriebsmittel mit Schutzart IPX4; IPX5, wenn Reinigung mit Strahlwasser erfolgt. • RCD: $I_{\Delta n} \leq 30$ mA • Leitungen für feste Verlegung: NYM, NYY • Bewegliche Leitung: H07RN-F
Anlagen im Freien DIN VDE 0100-737: 02-01 Orte mit und ohne Überdachungen	Geschützte Anlagen mit Installationen wie in feuchten Räumen (Tankstellen) bzw. ungeschützte Anlagen mit Installationen wie in nassen Räumen (Garten).	Betriebsmittel mit IPX1 in geschützten Anlagen bzw. IPX3 in ungeschützten Anlagen • RCD: $I_{\Delta n} \leq 30$ mA
Feuergefährdete Betriebsstätten und Lagerräume DIN VDE 0100-482: 03-06 Orte in Räumen oder im Freien	Räume, wo brennbare Stoffe verwendet oder gelagert werden. Öllager- und Lackierräume, Werkstätten der Holzbearbeitung	Betriebsmittel mindestens mit IP4X bzw. IP5X bei Staubansammlung, Leitungsverlegung in nicht brennbaren Materialien (Putz, Beton) • RCD: $I_{\Delta n} \leq 30$ mA bei Brandgefahr (Heizelemente) • RCD: $I_{\Delta n} \leq 300$ mA in TN- und TT-Systemen, • Aufteilung des PEN in N- u. PE-Leiter erforderlich.
Anlagen in Möbeln DIN VDE 0100-724: 80-06 Orte in Möbeln und ähnlichen Einrichtungsgegenständen	Leuchten in Hohlräumen abschaltbar durch Schalter bei Schließen des Hohlraumes.	Leiterquerschnitt 1,5 mm² oder 0,75 mm² Cu, wenn Leitungslänge $l \leq 10$ m ist und keine Steckvorrichtungen vorhanden sind. Leitungsverlegung fest oder lose durch Hohlräume nur mit Zugentlastung • bei fester Verlegung: NYM, H07V-U, • bei fester u. bewegl. Verlegung: H05RR-F, H05VV-F.
Baustellen DIN VDE 0100-704: 07-10 Orte auf Tief-, Hoch- und Stahlbaustellen	Energieversorgung über einen Baustromverteiler	Schalt- und Verteileranlagen mindestens nach IP43, Schalter und Steckdosen nach IPX1. Flexible Leitungen: H07RN-F, NSSHÖU, NYMT. • RCD: $I_{\Delta n} \leq 30$ mA für fest angeschlossene Betriebsmittel und für Steckvorrichtungen $I_n \leq 32$ A.

Beispiel:

1. Messeinrichtung
2. Hauptsicherungen
   - Sicherungs-Lasttrennschalter 63 A
   - Niederspannungs-Hochleistungssicherung (NH) 50 A; Größe 00
3. • Steckdosenstromkreise bis 32 A RCD: $I_{\Delta n} \leq 30$ mA
   - Steckdosenstromkreise ab 32 A RCD: $I_{\Delta n} \leq 0{,}5$ A
4. Überstrom-Schutzorgane
   - Schmelzsicherungen
   - Leitungsschutz-Schalter mit C-Auslösecharakteristik
5. CEE- und Schutzkontakt-Steckdosen
6. Betriebserder

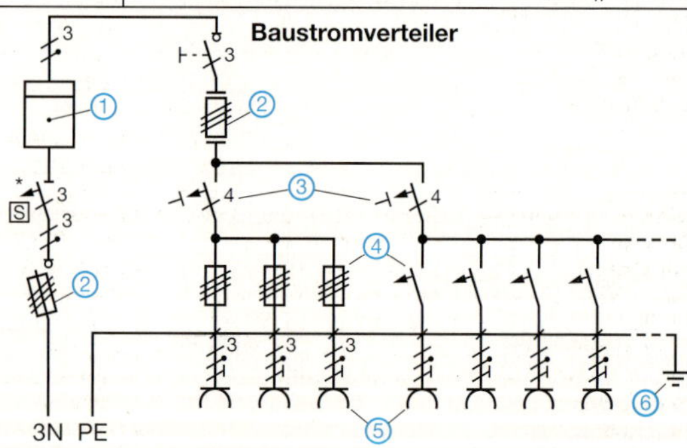

Elektrische Installation

Installationsbereiche – *Installation areas*

Bezeichnung/ Erklärung	Beispiele	Schutzmaßnahmen
Explosionsgefährdete Bereiche DIN VDE 0166: 81-05 Bereiche mit einer explosionsfähigen Atmosphäre	Orte, an denen sich aufgrund eines Gemisches aus brennbaren Gasen, Dämpfen oder Stäuben explosionsfähige Atmosphäre bilden kann.	• Auswahl der elektrischen Betriebsmittel entsprechend – den Zonen 0, 1 und 2 (für Gase, Dämpfe und Luft), – den Zonen 20, 21 und 22 (für brennbare Stäube), – Temperaturklassen T1 bis T6 (Zündtemperatur). • Basisschutz und Fehlerschutz, Schutzpotenzialausgleich, • Schutz- und Überwachungseinrichtungen mit allpoligem Abschalten und nicht selbsttätigem Wiedereinschalten, Auswahl der Kabel und Leitungen je nach mechanischen, chemischen und thermischen Beanspruchungen.
Landwirtschaftliche und gartenbauliche Betriebsstätten DIN VDE 0100-705: 07-10 Räume und Orte in landwirtschaftlichen Betrieben	Stallungen, Heuboden, Brut- und Aufzuchträume, Getreide- und Düngemittelspeicher	Abdeckungen und Umhüllungen mindestens nach IP2X. • RCD: $I_{\Delta n} \leq 300$ mA für andere Stromkreise • Zusätzlicher Schutzpotenzialausgleich für fremde leitfähige Teile im Fußboden des Standbereichs der Tiere, z.B. Liege- und Melkbereich sowie Spaltenböden. • SELV- und PELV-Stromkreise mit Basisschutz, z.B. durch Abdeckung oder Umhüllung. **Thermische Einflüsse**: • Brandschutz durch RCD: $I_{\Delta n} \leq 300$ mA • Heizgeräte im Abstand zu Tieren und brennbarem Material: $a \geq 0{,}5$ m. Feste Verlegung bei Leitungen wie NYM Mantelleitungen für selbsttragende Aufhängung wie NYMT mit einer Verlegehöhe von $h \geq 5$ m.
Medizinisch genutzte Bereiche DIN VDE 0100-710: 04-06 Bereiche in Krankenhäusern	Räume, die medizinisch genutzt werden Anwendergruppe 0: Betten- und Praxisräume Anwendergruppe 1: Therapie- und Massageräume Anwendergruppe 2: Operationsräume und Intensivstation	• Basisschutz in Räumen der Gruppen 1 und 2 bei Verwendung der Betriebsspannungen AC $U < 25$ V und DC $U < 60$ V. • Fehlerschutz in Räumen der Gruppen 0, 1 und 2 mit entsprechenden Schutzmaßnahmen nach DIN VDE 0100-410, IT-System für Räume der Gruppe 2. Zusätzlicher Schutzpotenzialausgleich in Räumen der Gruppen 1 und 2. • Sicherheitsstromversorgung – mit selbständiger Umschaltung in $t \leq 0{,}5$ s für Operationsleuchten und – Umschaltung in $t \leq 15$ s für die Sicherheitsbeleuchtung von Rettungswegen und Räumen der Gruppen 1 und 2.
Unterrichtsräume und Experimentiereinrichtungen DIN VDE 0100-723: 05-06 Räume in Ausbildungsstätten	Schulen, Praktikumsräume, Vorlesungsräume	Not-Aus-Schaltung für alle Stromkreise an Experimentiereinrichtungen. Schaltgerät muss gegen unbefugtes Wiedereinschalten gesichert sein. • Schutz durch Sicherheitskleinspannung (SELV oder PELV) an Experimentiereinrichtungen. • RCD: $I_{\Delta n} \leq 30$ mA, wenn Wechselspannungen erforderlich. • Einpolige Anschlussstellen: Berührungssichere Steckbuchsen.
Niederspannungs-Stromerzeugungsanlagen DIN VDE 0100-551: 97-08 Netzunabhängige Stromversorgung elektrischer Betriebsmittel	Stromversorgung dauerhaft oder zeitweilig errichteter Anlagen und ortsveränderliche Betriebsmittel durch Verbrennungsmotoren oder Akkumulatoren	• Basisschutz und Fehlerschutz durch Stromversorgung nach SELV, PELV oder Schutztrennung. • Fehlerschutz durch automatische Abschaltung der Versorgungsanlage; Zusatzanforderung für umschaltbare Versorgungsanlagen zum öffentlichen Netz: – getrennter Erder für die Ersatzstromversorgungsanlage • RCD: $I_{\Delta n} \leq 30$ mA in TN-, TT- und IT-Systemen.

Installationsbereiche – *Installation areas*

Bezeichnung/ Erklärung	Beispiele	Schutzmaßnahmen
Überdachte Schwimmbäder und Schwimmbäder im Freien DIN VDE 0100-702: 03-11 Feuchte Bereiche mit Spritz- und Strahlwasser	Schwimmhallen, Orte mit Schwimmbecken, See- u. Strandbäder, Schwimmbecken in Wohnhäusern und Hotels	Schutzbereiche am Schwimmbecken: 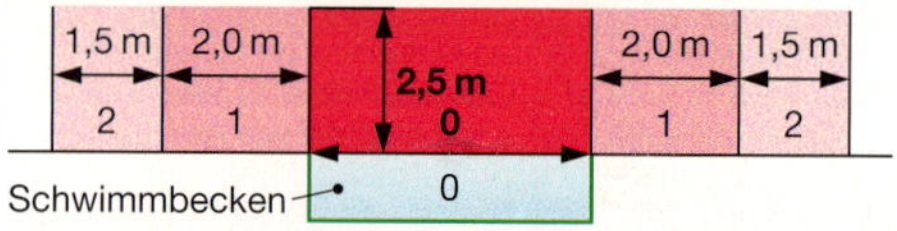 • Sicherheitskleinspannung (SELV) $U \leq 12$ V in Bereichen 0 und 1 mit Spannungsquelle außerhalb der Bereiche 0, 1 bzw. 2 • Zusätzl. Schutzpotenzialausgleich in allen Bereichen
Räume mit Sauna-Heizgeräten DIN VDE 0100-703: 06-02 Räume mit hohen Lufttemperaturen	Saunakabinen und Räume mit Saunaheizungen und Sauna-Heizgeräten	• Heißluftsaunen gehören zu trockenen Räumen, da Luftfeuchtigkeit nur kurz ansteigt (Wasseraufguss). • Dampfsaunen gehören zu feuchten u. nassen Räumen. • RCD: $I_{\Delta n} \leq 30$ mA; Ausnahme: Versorgung mit Saunaheizungen Schutzart: IPX8 – IPX5 – IPX2 Bereich: 0 – 1 – 2
Räume mit Badewanne und Dusche DIN VDE 0100-701: 08-10 Bereiche mit fest installierten Bade- und Duscheinrichtungen	Bäder, Duschen Ausnahme: Notduschen in Laboratorien	Zusätzlicher Schutzpotenzialausgleich zwischen Metallteilen bzw. -rohren: • Erforderlich in Gebäuden, in denen kein Schutzpotenzialausgleich über der Haupterdungsschiene vorliegt. • Schutzleiterquerschnitt: – bei geschützter Verlegung $\geq 2{,}5$ mm² Cu – bei ungeschützter Verlegung ≥ 4 mm² Cu • Wandstärke mind. 6 cm, wenn auf der Rückseite elektrische Installationen vorhanden sind, die an die Bereiche 1 und 2 grenzen. • Leitungsart: NYY, NYM, H07V-U • RCD: $I_{\Delta n} \leq 30$ mA

Bereiche:

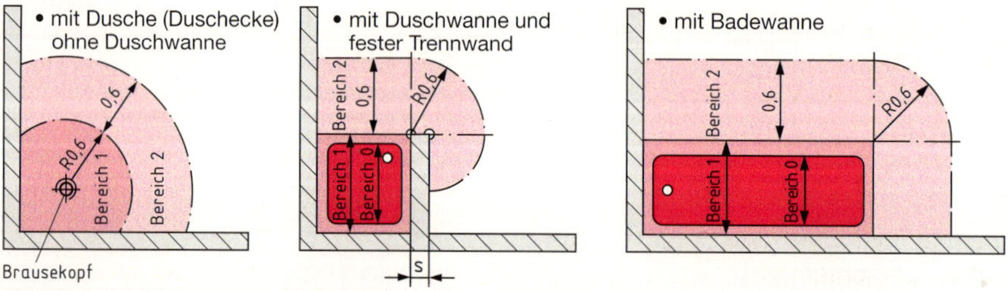

Bereich	Kabel und Leitungen (bis 6 cm unter Putz)	Schalter und Steckdosen	Elektrische Betriebsmittel
0	–	–	+ 4)
1	+ 1)	+ 3)	+ 4)
2	+ 1)	+ 2) 3)	+ 4)

Unter folgenden Bedingungen:

1) Senkrechte und waagerechte Leitungsführung zu den Betriebsmitteln, Leitungseinführung für die Energieversorgung von der Rückseite der Betriebsmittel

2) Alle Installationsgeräte, nur Steckdosen für Betriebsmittel der Signal- und Kommunikationstechnik (SELV, PELV)

3) Schalter in Verbrauchern, Steckdosen für die Energieversorgung außerhalb der Bereiche mit Schutz durch RCD: $I_{\Delta n} \leq 30$ mA

4) **Bereich 0**:
– Schutzart IP X7, Kleinspannung (≤ 12 V AC, 25 V DC), ortsfester Anschluss

Bereich 1:
– Schutzart IP X4, Kleinspannung (≤ 25 V AC, 60 V DC), ortsfester Anschluss, Whirlpooleinrichtungen, Duschpumpen, Geräte zur Lüftung, Handtuchtrockner und Wassererwärmer

Bereich 2:
– Schutzart IP X4, Gerät der Signal- und Kommunikationstechnik (SELV, PELV)

Elektrische Installation

Energieversorgung und Sicherheit 6

Energieerzeugung von Kraftwerken – *Energy generation in power plants*

Kraftwerke

Wärmekraftwerke	Wasserkraftwerke	Windkraftanlagen	Solarkraftwerke
Steinkohle, Braunkohle, Kernenergie, Erdgas, Heizöl, Müll, Biomasse	Laufwasser, Speicherwasser, Pumpspeicher, Gezeiten	Wind in Windkraftanlage	Sonne in Fotovoltaikanlage

Energieträger: (siehe Zeile unter den Kraftwerksarten)

Einsatz von Kraftwerken

Grundlast	**Mittellast**	**Spitzenlast**
Gleichbleibender Energiebedarf während eines Tages	Wechselnder Energiebedarf zu verschiedenen Tageszeiten	Zusätzlicher Energiebedarf bei Belastungsspitzen z. B. mittags
⇓	⇓	⇓
Laufwasser-, Kernkraft- und Braunkohlekraftwerke	Steinkohlekraftwerke	Pumpspeicher-, Gas- und Ölkraftwerke

Beispiele:

Braunkohlekraftwerk Niederaußem	Steinkohlekraftwerk Ibbenbühren	Pumpspeicherkraftwerk Herdecke
P_{Ges} = 2700 MW	P_{Ges} = 770 MW	P_{Ges} = 160 MW
U_{Gen} = 10,5 kV und 21 kV	U_{Gen} = 21 kV	U_{Gen} = 11,25 kV
U_{Tr} = 230 kV und 400 kV	U_{Tr} = 110 kV und 230 kV	U_{Tr} = 110 kV und 230 kV
Kernkraftwerk Grohnde	Kraftwerk Werne (Kohlekombiblock)	Gersteinwerk/Emsland (Gaskombiblöcke)
P_{Ges} = 3850 MW	P_{Ges} = 770 MW	P_{Ges} = 427 MW
U_{Gen} = 27 kV	U_{Gen} = 21 kV/10 kV	U_{Gen} = 21 kV/10 kV
U_{Tr} = 420 kV	U_{Tr} = 380 kV/110 kV	U_{Tr} = 230 kV/110 kV

Funktionsablauf im Wärmekraftwerk

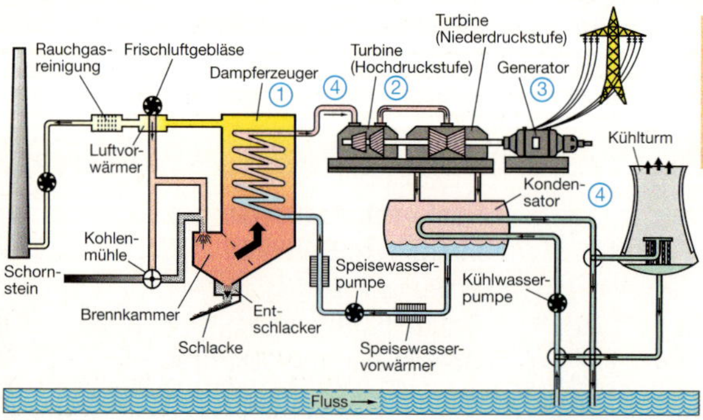

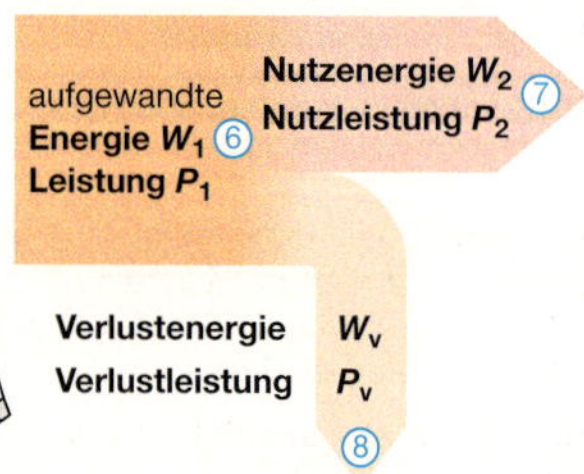

$$W_v = W_1 - W_2$$

$$P_v = P_1 - P_2$$

① ⑥ Chemische Energie ⇒ Wärme, Dampf

② Dampfenergie (Dampfdruck) ⇒ Bewegungsenergie

③ ⑦ Bewegungsenergie (Rotationsenergie) ⇒ elektrische Energie

④ ⑧ z. B. Prozessablauf zwischen Kessel und Turbine ⇒ Verlustenergie

Wirkungsgrad

$$\eta = \frac{W_2}{W_1} \qquad \eta = \frac{P_2}{P_1} \qquad \eta_{ges} = \eta_K \cdot \eta_T \cdot \eta_G$$

η_{ges}: Gesamtwirkungsgrad

η_K, η_T, η_G: Teilwirkungsgrade von Kessel, Transformator und Generator

Kraft-Wärme-Kopplung – *Combined heat and power*

Energieumwandlung

Prinzip:
Bei Kraft-Wärme-Kopplung können gleichzeitig elektrische Energie, Wärme, Druckluft und Kälte erzeugt werden.

Vorteile:
- Nutzung der Abwärme des Motors ⇒ hoher Wirkungsgrad und Umweltfreundlichkeit.

Energiefluss:

Verbrennungskraftmaschine

→ **Mechanische Energie**
- Strom – Netz
- Kälte – Kühlanlagen

→ **Abgas**
- Prozessdampf – Industrie – Dampfturbine/Strom
- Warmwasser – Heizung
- Abgas – Verluste

Zugeführte Energien
- Kohle, Öl, Gas, Biomasse, Müll

↓

Zielenergien
- mechan. Energie ⇒ elektrische Energie ① und Kälte ②
- Wärme ⇒ Dampf für Industrieanlagen ③
- Warmwasser ⇒ Raumheizung ④

Ablauf:
Strom- und Dampf-/Wärmeversorgung aus Systemen mit Verbrennungskraftmaschinen, wo der größte Teil der zugeführten Energie als Abwärme anfällt.

Beispiel: Gasturbine

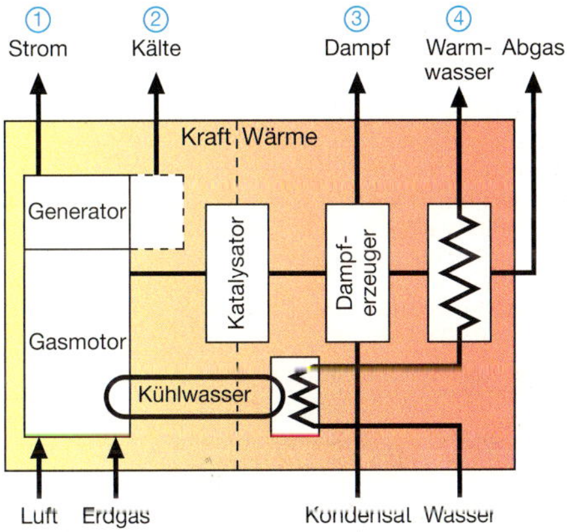

Kraftwerke im Vergleich

Beispiele:

Kondensationskraftwerk ⑤
- Erzeugt nur elektrische Energie,
- Verluste durch Kühlung und Abgase,
- Wirkungsgrad ca. 38 %.

Blockheizkraftwerk (BHKW) mit Kraft-Wärme-Kopplung ⑥
- erzeugt elektrische Energie und Wärme,
- geringer Verlust durch Kühlung und Abgase,
- Wirkungsgrad ca. 80 %,
- Einsatz zur Fernwärmeversorgung.

Beispiel: Anlage der BEWAG Berlin
- Wärmeversorgung durch Heizkraftwerke und BHKW,
- Wärmeanschlussleistung ca. 5.200 MW,
- Wärme pro Jahr ca. 9.000 bis 10.000 GWh,
- Heizölersparnis ca. 500.000 t pro Jahr,
- CO_2-Reduzierung ca. 2.000.000 t pro Jahr,
- Streckenlänge der gesamten Anlage ca. 1.250 km.

Energieumsatz und Brennstoffausnutzung

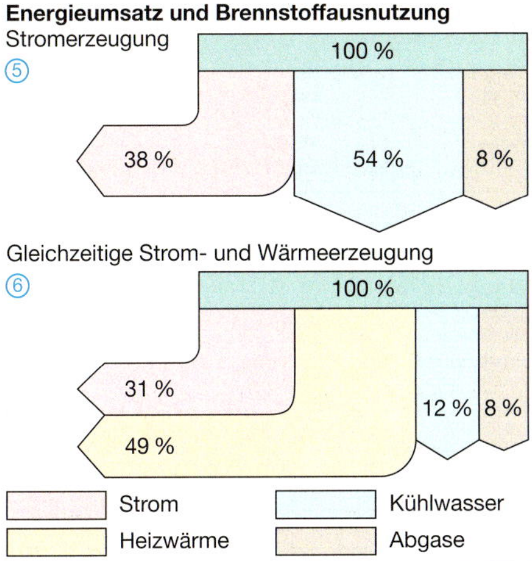

Brennstoffzelle – *Fuel cell*

Brennstoffzellen

Niedertemperaturzellen bis 200 °C

- **AFC** (**A**lkaline **F**uel **C**ell) – alkalische Brennstoffzelle
- **PAFC** (**P**hosphoric **A**cid **F**uel **C**ell) – phosphorsaure Brennstoffzelle
- **PEMFC** (**P**roton **E**xchange **M**embrane **F**uel **C**ell) – polymerelektrolyte-Membran-Brennstoffzelle
- **DMFC** (**D**irect **M**ethanol **F**uel **C**ell) – Methanol-Brennstoffzelle Bauweise als **SFC** (**S**mart **F**uel **C**ell)

Hochtemperaturzellen von 650 °C bis 1000 °C

- **MCFC** (**M**olton **C**arbonate **F**uel **C**ell) – Schmelzkarbonat-Brennstoffzelle
- **SOFC** (**S**olid **O**xide **F**uel **C**ell) – festoxidkeramische Brennstoffzelle

Hinweis:
Verwendete Elektrolyte ergeben sich aus den Bezeichnungen.

SFC-Brennstoffzelle

Funktion

- Direkte Energieumwandlung beim Zusammentreffen von Sauerstoff der Luft mit Methanol, wobei positiv geladene Wasserstoffionen zur Katode wandern.
  ⇓
  Ladungstrennung, d. h. Aufbau einer elektrischen Spannung.
- Flüssiges Methanol in Tankpatrone ist der Energiespeicher ①.
- Elektrolyt in der Brennstoffzelle:
  - zur Trennung zwischen Anode und Katode ② und
  - für kontrollierte elektrochemische Reaktion von Sauerstoff und Wasserstoff

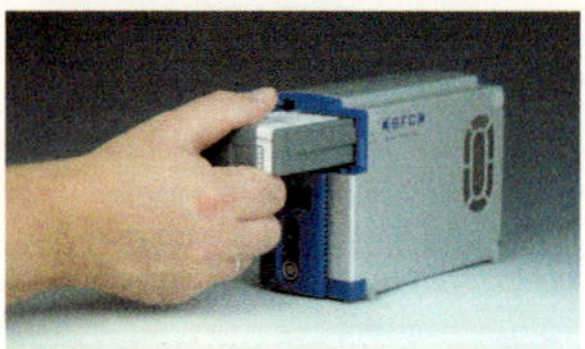

③

Prinzip

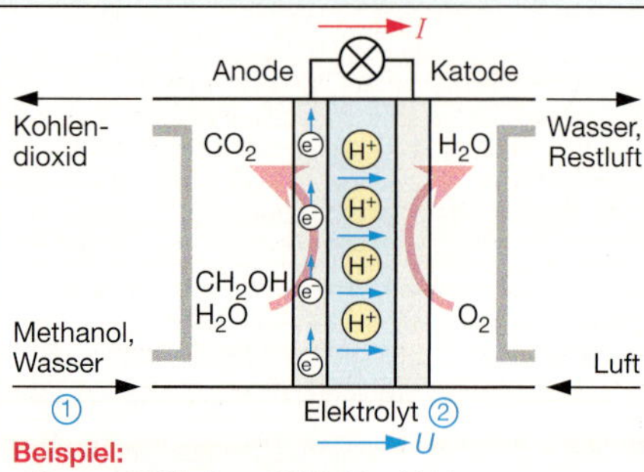

Beispiel:

P_{max} = 80 W; P_n = 25 W; U = 12 V
$t_{Betrieb}$ = 100 h bei 25 W
V_{Tank} = 2,5 l; m = 10 kg

Anwendungen

- Spannungsquelle ③ für mobile Geräte wie z. B. Laptops, Mobiltelefone und elektronische Geräte,
- keine Ersatzakkus und Ladegeräte erforderlich,
- eine Tankpatrone/Arbeitstag für einen Laptop.

Systemvergleich verschiedener Spannungsquellen

Kenngrößen/ Arten	SFC-Brennstoffzelle	Wasserstoff-Brennstoffzelle	Lithium-Ionen-Akkumulator	Nickel-Cadmium Akkumulator
Kapazität	sehr hoch min. 20 Ah	mittel ca. 20 Ah	mittel 4 bis 6 Ah	gering 2 bis 3 Ah
Energiedichte	niedrig min. 320 Wh/kg	hoch 100 Wh/kg	mittel 120 Wh/kg	hoch 50 Wh/kg
Aufladezeit in h	0	0	2,5 bis 3	1,5
Anzahl der Ersatzakkus	0	0	2 bis 6	2 bis 10
Memory Effekt	nein	nein	gering	hoch
Selbstentladung	gering	nein	gering	mittel
Lebensdauer in h	min. 3000	min. 3000	2000	1200
Umweltbelastung	keine	keine	mittel	hoch

Windenergieanlagen – *Wind power plants*

Aufbau

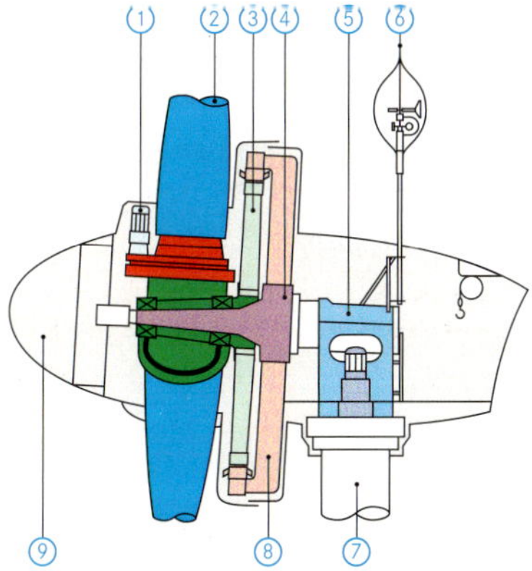

1. Blattverstellmotor
2. Rotorblatt
3. Generator/Rotor
4. Achszapfen
5. Maschinenträger
6. Windmesser
7. Turm
8. Generator/Stator
9. Spinner

Merkmale

Beispiel:

- Einschaltwindgeschwindigkeit: 2,5 m/s
- Bemessungswindgeschwindigkeit: 13,0 m/s
- Drehzahl: 18 min^{-1} bis 38 min^{-1} durch Rotorverstellung
- Bemessungsleistung: 600 kW
- Energiefluss:
  direktgetriebener Ringkerngenerator
  – Gleichspannungs-Zwischenkreis
  – Wechselrichter
  – Drehstromtransformator
  – VNB-Netz
- Wirkungsgrad im gesamten Arbeitsbereich: 94 %
- Leistungsfaktor:
  $\cos \varphi = 1$; Verstellung auf 0,95 (induktiv) oder 0,9 (kapazitiv) möglich.
- Blitzschutz:
  Blitzableitung über durchgängige Verbindung von Rotorblattspitze bis zur Fundamentgründung.
- Steuerung:
  Überwachung der Anlagenkomponenten u. a. der Windrichtung und Windgeschwindigkeit durch Mikroprozessorsystem („Windnachführung").

Arten

Bemessungsleistung in kW	30	280	1000	1800
Rotordurchmesser in m	12	26	58	60
Nabenhöhe in m	24 – 30	36 – 50	ab 70	65 – 98
Blattlänge in m	5,75	12	27	32
Drehzahl in min^{-1}	30 – 90	16 – 48	10 – 23	10 – 22
Einschaltgeschw. in m/s	3,0	2,5	2,5	2,0
Bemessungswindgeschw. in m/s	11,0	12,0	12	13,0

Regelung

Leistungsregelung

- Drehzahlregelung des Rotors
  - Pitchregelung ①
    ⇓
    - Rotorblätter drehen sich je nach Windgeschwindigkeit aus der Windrichtung.
    ⇓
    - Reduzierung der auf die Windenergieanlage (WEA) wirkenden Last
    ⇓
    - Konstante Leistungsabgabe des Rotors bei Bemessungswindgeschwindigkeit
  - Stallregelung ②
    ⇓
    - Starre Verbindung der Rotorblätter mit der Rotornabe
    ⇓
    - Bei hoher Windgeschwindigkeit Abriss der Strömung am Blattprofil oberhalb der Bemessungsleistung
    ⇓
    - Starke Leistungsschwankungen und große Schubbelastungen auf WEA
- Elektronische Regelung bei Energieeinspeisung

Leistungskennlinien

Pitchgeregelte WEA ①

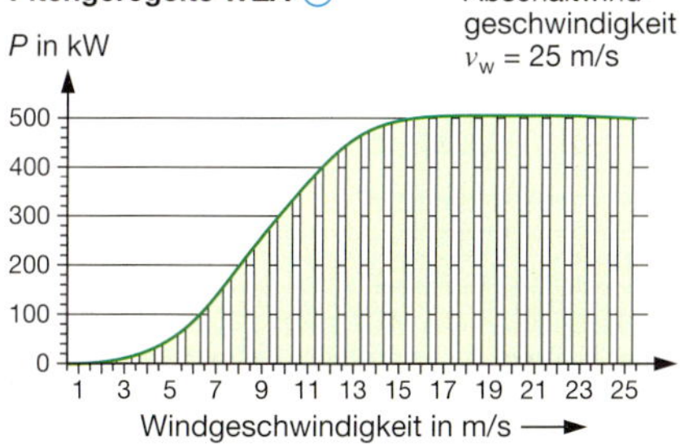

Stallgeregelte WEA ②

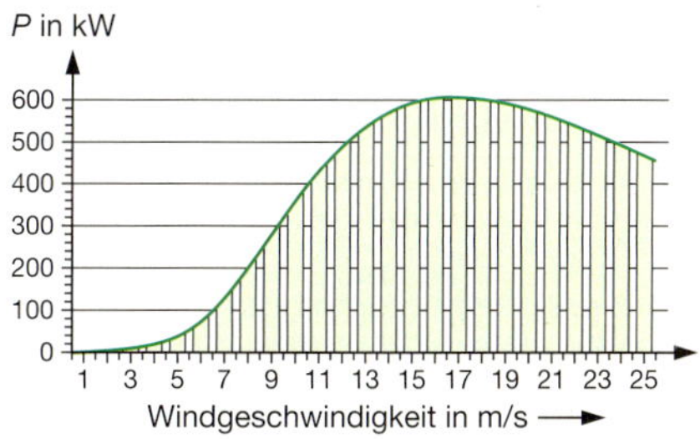

Fotovoltaik – *Photovoltaic*

Prinzip einer Solarzelle

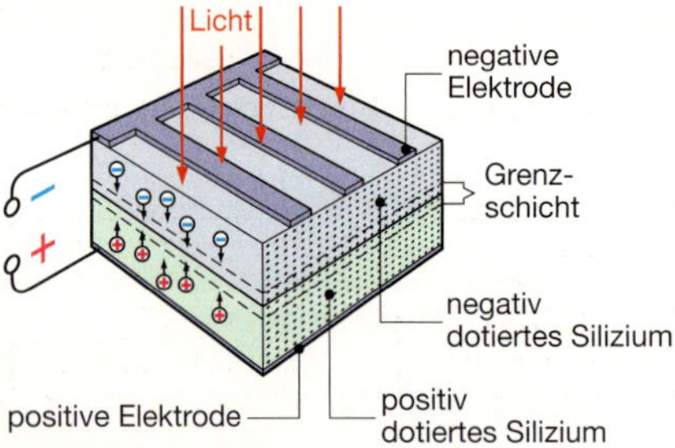

Spannungserzeugung

1. Lichtstrahlen dringen in Halbleitergrenzschicht
2. Ladungstrennung

Kennwerte:

- Leerlaufspannung von ca. 550 mV je Solarzelle,
- Kurzschlussstromstärke ca. 60 mA je Solarzelle,
- Größe des Solarstroms je nach Einstrahlungsenergie,
- Wirkungsgrad (bei direktem Sonnenlicht) ca. 11 bis 15 %.

Netzunabhängige Energieversorgung mit Solarmodulen

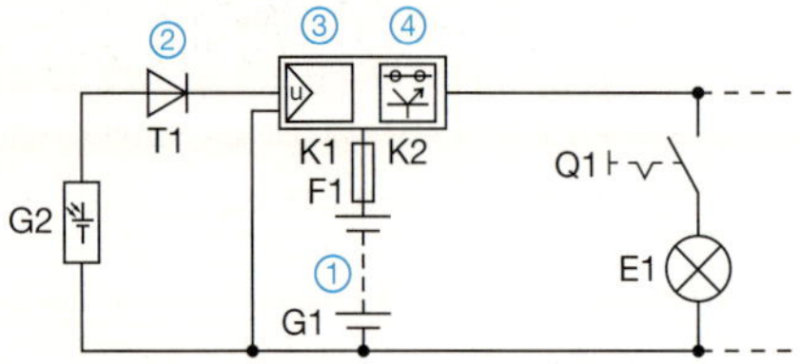

Akkumulator (Batterie) ①:

- Energiespeicherung für Dunkelphasen

Sperrdiode ②:

- Batterieentladung über Solarzelle wird während der Dunkelphase verhindert (Entladeschutz).

Spannungsregler ③:

- Spannungsbegrenzung, wenn Maximalspannung an der Batterie erreicht ist.

Regler zum Tiefentladeschutz ④:

Zeitbegrenzte Ladespannung über die Batteriegasungsspannung hinaus.

⇓

Automatische Zurückschaltung, bis niedrigere Erhaltungsladespannung erreicht wird.

⇓

Erreichen der niedrigeren Spannung durch Entladen (Tiefentladung).

⇓

Erneute Ladung bis zur maximalen Ladespannung.

Kennlinien von Solarzellen

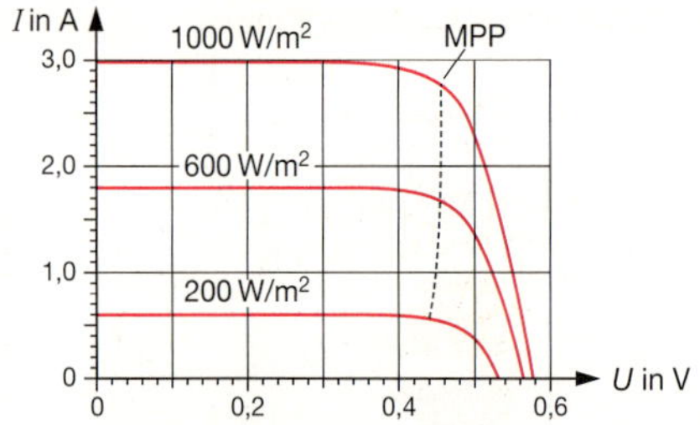

Außentemperatur:
$\vartheta = 25\,°C$ = konstant

MPP: **M**aximum **P**ower **P**oint
Arbeitspunkt bei maximaler Leistungsabgabe

Kombinierte Energieversorgung mit Anschluss an VNB

Schaltungen:

- **in Reihe**, um eine höhere Spannung zu erreichen, z.B. U_o = 80 Zellen x 0,55 V/Zelle = 44 V und/oder
- **parallel**, um eine höhere Stromstärke zu erreichen, z.B. I_k = 80 Zellen x 0,06 A/Zelle = 4,8 A.

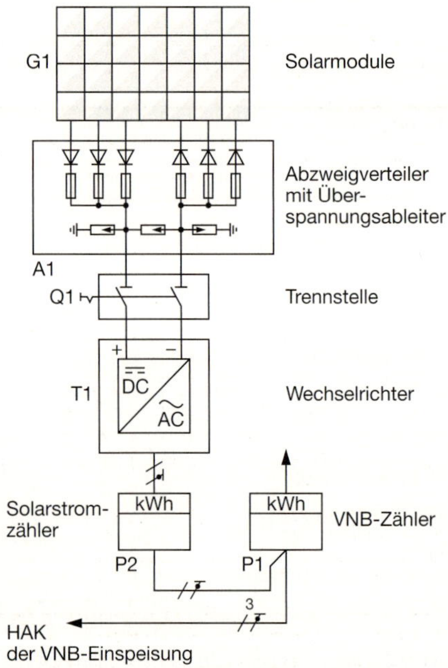

Anwendungen

- Direkter Betrieb kleiner Ventilatoren und Bewässerungspumpen durch Solarmodule.
- Betrieb von 12 V-Netzen in Wohnmobilen und Segeljachten über Akkumulatoren.

Errichten

- Fotovoltaikanlagen sind Eigenerzeugungsanlagen.
- Planer, Errichter, Anschlussnehmer und Betreiber müssen die Ausführung des Anschlusses und den Betrieb mit dem VNB abstimmen (TAB 2007).

Fotovoltaik – *Photovoltaic*

Solaranlage

Gebäude mit Blitzschutzanlage

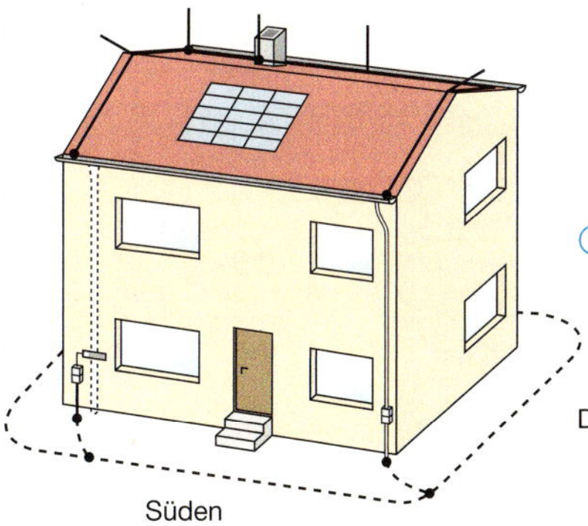

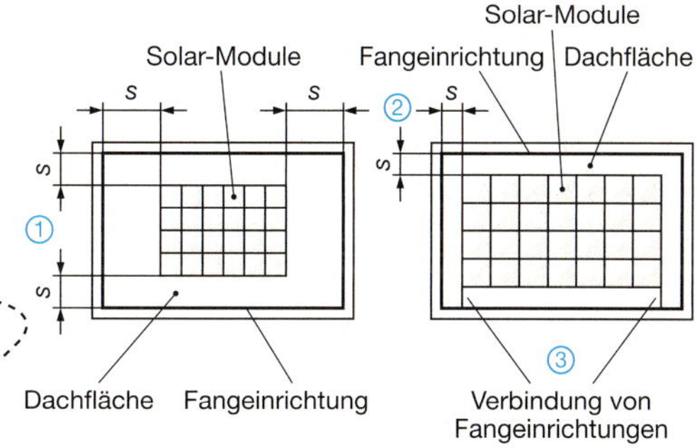

Installation:

- **Anordnung der Solarmodule** bei vorhandener Blitzschutzanlage, so dass ein direkter Blitzeinschlag nicht möglich ist.

  ⇓

  Sicherheitsabstand der Fangeinrichtungen zum Solarmodul beachten.

  ⇓

  Zusätzlicher Blitzstromableiter am Hausanschluss und Überspannungsableiter am Fotovoltaiksystem erforderlich.

- **Sicherheitsabstand** zwischen Fangeinrichtung und Metallrahmen des Solarmoduls.

$s > 0{,}5$ m ①	$s < 0{,}5$ m ②
⇓	⇓
kein Schutzpotenzialausgleich erforderlich ④	Schutzpotenzialausgleich erforderlich
	⇓
	Installation einer leitenden Verbindung ③

Überspannungsschutz

TN-System

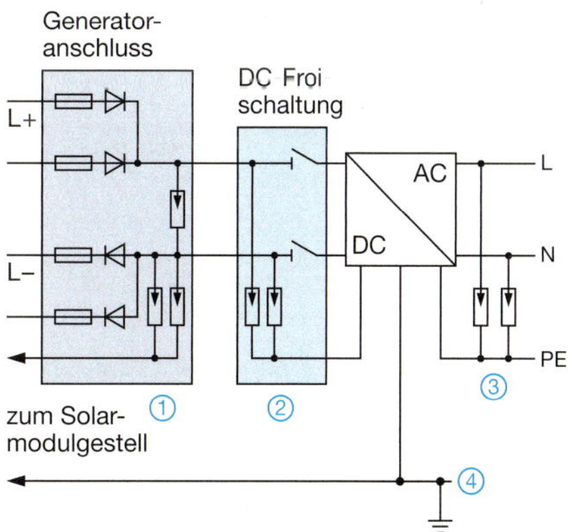

TT-System

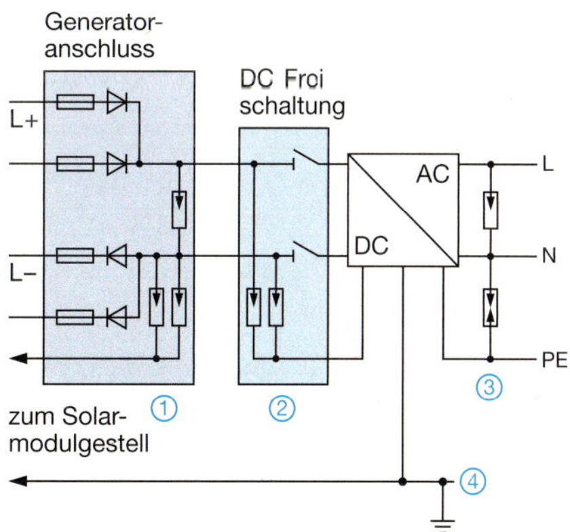

Auswahl des Überspannungsableiters:

- Größe der Generator-Leerlaufspannung (Gesamtspannung, die in den Solarmodulen erzeugt wird.)

  ⇓

  Bemessungsspannung des Überspannungsableiters nach Herstellerangaben.

Installation der Überspannungsableiter:

- im Anschlusskasten der Solarmodule ①
- an der DC-Freischaltstelle ②
- am Ausgang des Wechselrichters ③
  - bei TN-System zwischen L und PE sowie N und PE
  - bei TT-System zwischen L und N sowie N und PE

Bleiakkumulatoren – *Lead-acid accumulators*

Begriffe

- **Bemessungskapazität** CA (Herstellerbezeichnung) oder C_5 bezeichnet die Kapazität in mAh oder Ah. Sie gibt an, welche Stromstärke bei einer fünfstündigen Entladung möglich ist.
- **Lade- und Entladestromstärken** werden als Vielfaches von C_n mit CA in A angegeben.
  Beispiel: C_n = 4 Ah; 0,1 CA ⇒ 0,4 A
- **Bemessungsladestromstärke** ist der Strom (I_L = 0,1 CA), der erforderlich ist, um eine entladene Zelle in 14 bis 16 Stunden zu laden.
- **Dauerladestromstärke** fließt zur Beibehaltung der Vollladung einer Zelle und beträgt z. B. I_L = 0,03 CA.
- **Bemessungsentladestromstärke** ist der fünfstündige Entladestrom von z. B. I_E = 0,2 CA. Bei diesem Strom wird der Akkumulator innerhalb von fünf Stunden entladen.
- **Ah-Wirkungsgrad** η_{Ah} ist das Verhältnis der effektiv entnehmbaren zu der eingeladenen Energie. η_{Ah} ist abhängig vom Zellentyp, dem Lade-/Entladestrom und der Zellentemperatur. Unter Bemessungsbedingungen beträgt $\eta_{Ah} \approx$ 80 %.

Kenndaten

- **Ladezustand:**
  Säuredichte ortsfester Akkumulatoren,
  – entladen bei der Dichte 1,14 g/cm³;
  – geladen bei der Dichte 1,2 g/cm³.
- **Spannungswerte:**
  Kleinste Entladespannung 1,8 V/Zelle,
  Gasungsspannung 2,4 V/Zelle,
  Ladeschlussspannung 2,65 V/Zelle,
  größte Ladespannung 2,4 V/Zelle.
- **Laden:**
  Polarität: + an + und – an –
  Ladespannung: Zellenspannung in V x 2,75
  Belüftung des Laderaumes, Nachfüllen von destilliertem Wasser zu Beginn des Gasens.

Ladung von Starterbatterien

Stromstärke:	$I_L = \frac{0{,}5}{h} \cdot C_{20}$
Ende der Ladung:	Ladespannung und Säuredichte steigen nach 3 Ablesungen pro Stunde nicht mehr an.
Säuretemperatur:	15 °C bis 55 °C
Bemessungssäuredichte:	1,28 ± 0,01 kg/l bei 27 °C

Kennzeichen von Akkumulatoren

Kurzzeichen	Bedeutung	Kurzzeichen	Bedeutung
E	Engeinbau	O	ortsfeste Zelle
F	Fahrzeug	Pz	Panzerplatte
Gi	Gitterplatte	Q	querliegende Platte
Gro	Großoberflächenplatte	S	Standardausführung
	Plattenverbinder		
v	vergossen		
b	verschraubt		
s	verschweißt		

Ladespannung und Ladestromstärke

Beispiel: Zelle des Typs 5 GiS 250

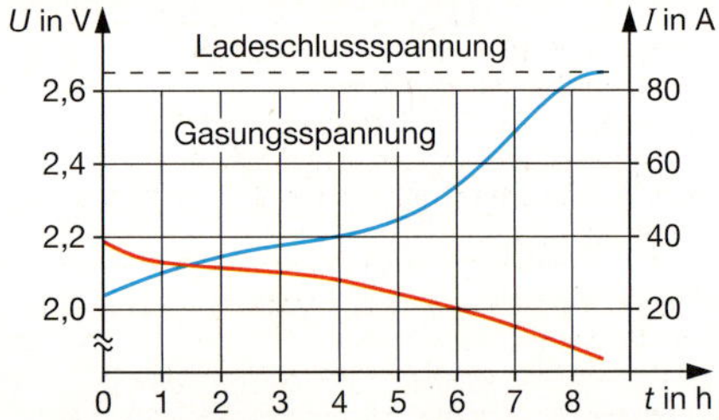

Ladestromhöchstwerte

Batteriearten	Bemessungskapazität	Ladestromstärke in A für je 100 Ah 1)	2)	3)
Starter-Batterie	C_{20}	10	12/6	2
Gro (Fahrzeug-Batt.)	C_5	10	14/7	3
Gro (ortsfeste Batt.)	C_{10}	8,5	12/6	3
OPzS	C_{10}	5	7/3,5	2
GiS, PzS	C_5	5	8/4	2

1) Laden mit I = konst., Abschaltung bei Vollladung
2) Laden mit fallendem Strom und Abschalten bei Vollladung, Gasungsbeginn bei 2,4 V/Zelle; Ladeschlussstrom bei 2,65 V/Zelle
3) Ladeschlussstrom nach 72 h Ladedauer

Schaltungen von Akkumulatoren

- **Reihenschaltung** von 2 Batterien:

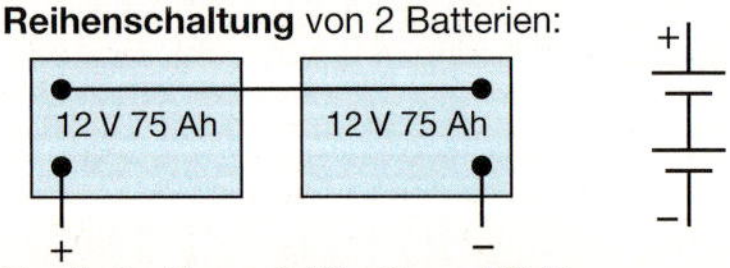

Ergebnis: U_{ges} = 24 V; C_{ges} = 75 Ah

- **Parallelschaltung** von 2 Batterien:

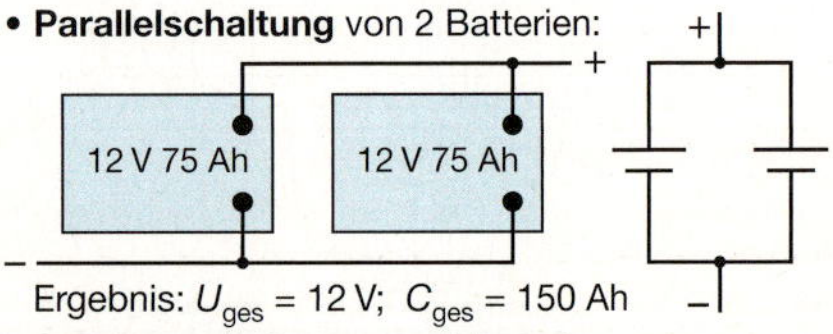

Ergebnis: U_{ges} = 12 V; C_{ges} = 150 Ah

- **Gruppenschaltung** von 4 Batterien:

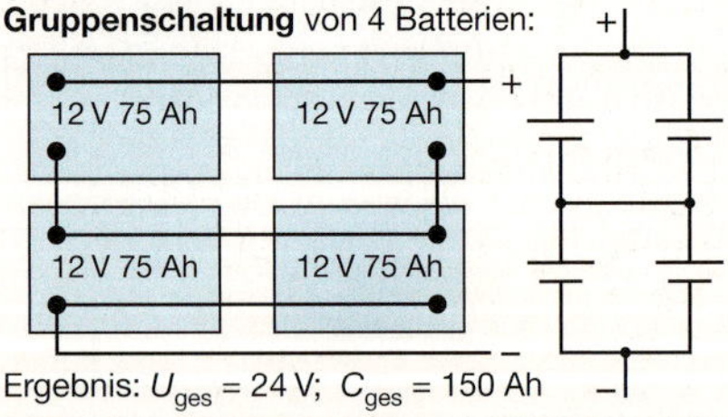

Ergebnis: U_{ges} = 24 V; C_{ges} = 150 Ah

Primärbatterien – *Primary (galvanic) batteries*

Begriffe

- **Primärbatterien** (Einwegbatterien): Einmalige Entladung, geringe Selbstentladung.
- **Sekundärbatterien** (Akkumulatoren): Wiederaufladung möglich.
- **Energiedichte** einer Batterie oder Zelle: Gespeicherte Energie in Wh/Masse oder Wh/Vol., in Primärbatterien größer als in Sekundärbatterien.
  Beispiel: Primärbatterien für Fernbedienungen
- **Belastbarkeit** bei Sekundärbatterien größer als bei Primärbatterien.
  Beispiel: Tragbare CD-Spieler, Camcorder
- **Selbstentladung** bei Sekundärbatterien: Ca. 20 %/Mon., bei Primärbatterien ca. 2 %/Jahr.
- **Lagertemperatur** für Batterien 0 °C bis 10 °C in wasserdampfdichter Verpackung im Kühlschrank. Vor Gebrauch auf Raumtemperatur angleichen.
- **Gerätebatterie** zur Energieversorgung netzunabhängiger Geräte als Primär- und Sekundärbatterie.
- **Zelle**: Kleinste elektrochemische Einheit einer Batterie; auch Einzelzellen werden als Batterie bezeichnet.
- **IEC-Kennbuchstaben**
  A: Zink-Luft-Element (saurer Elektrolyt)
  M, N: Quecksilberoxid-Element
  L: Alkali-Mangan-Element
  P: Zink-Luft-Element (KOH-Elektrolyt)
  S: Silberoxid-Element
- **Kennbuchstaben**
  R: Rundzelle (zylindrische Bauform)
  F: Flachbatterie (Reihenschaltung von Rundzellen)
- **Bemessungsspannungen** (Systemspannung)
  1,35 V: Quecksilber-Zink-Element
  1,4 V: Zink-Luft-Element
  1,5 V: Alkali-Mangan-Element
  1,55 V: Silberoxid-Zink-Element
  3 V: Lithium-Mangan-Element
- **Entsorgung**: Kennzeichnung als Sondermüll bzw. Recycling.

Batteriegrößen

Internat. Bezeichn.	Handelsbezeichn.	Bezeichn. Alkaline	C_n in mAh	Bemessungsspannung
AA	Mignon	LR 6	2600	1,5 V
AAA	Micro	LR 03	1100	1,5 V
C	Baby	LR 14	7800	1,5 V
D	Mono	LR 20	16500	1,5 V
9 V	E-Block	6 LR 61	550	6x1,5V=9V
4,5 V	Normal/Flach	3 LR 12	6300	3x1,5V=4,5V

Temperaturverhalten

Temperatur	Erklärung
$\vartheta \leq -20°C$	keine Entladung
$-10°C < \vartheta < 0°C$	schlechter Wirkungsgrad
$10°C < \vartheta < 20°C$	normale Betriebsbedingung
$30°C < \vartheta < 40°C$	Verluste an Kapazität
$\vartheta > 50°C$	große Selbstentladung, Erweichung der Vergussmasse

Nicht aufladbare Batterien

Anwendung	Batterietyp	Merkmale
Tragbare Audiogeräte, Fotoapparate, Fernbedienungen, Spielzeug	Alkali-Mangan-Element (Alkaline) als Rundzelle ① und Knopfzelle ②	Eignung für Betrieb mit hohem Stromverbrauch, Dauerbetrieb, umweltverträglich
Uhren, Fotoapparate, Taschenrechner	Silberoxid-Zink-Element als Knopfzelle und Knopfzellenbatterie ③	Konstante Spannung, geringe Selbstentladung, geringe Umweltbelastung
Hörgeräte, Personenrufgeräte	Zink-Luft-Element als Knopfzelle	Hohe Kapazität, geringe Selbstentladung, umweltverträglich
Elektronische Datenspeicher, Uhren, Taschenrechner, Fernbedienungen	Lithium-Mangan-Element als Rundzelle ④ und Rundzellenbatterie	Extrem niedrige Selbstentladung, umweltverträglich

①

LR 14
1,5 V/7,8 Ah

②

LR 9
1,5 V/200 mAh

③

4 SR 44
6,2 V/145 mAh

④

CR 17335
3 V/135 mAh

Wiederaufladbare Batterien – *Rechargeable batteries*

Begriffe

- **Standardzellen** geeignet für gleichmäßige Belastungen bis 6 CA (≙ dem 6fachen der Bemessungskapzität in A)
  Zyklenbetrieb: Personenrufanlagen,
  Dauerbetrieb: Signal- und Warnanlagen.
- **Hochstromzellen** für gleichmäßige Belastungen bis 10 CA,
  Zyklenbetrieb: Mobiltelefone.
- **Hochkapazitätszellen** mit optimierter Volumenkapazität,
  Zyklenbetrieb: Laptop,
  Dauerladebetrieb: Notstromanlagen.
- **Hochtemperaturzellen** einsetzbar bis ca. +65 °C,
  Dauerladebetrieb: Kfz-Bord-Computer.
- **Schnellladbare Zellen** mit Strömen bis 2 CA,
  Zyklenbetrieb: Elektrowerkzeuge.
- **Selbstentladung**, von Umgebungstemperatur abhängig, ca. 80 % Kapazitätsverlust/3 Monate.

Ladung/Entladung

Beispiel: Hochkapazitätszelle mit C_n = 5 Ah

I_{En}: Entladestromstärke innerhalb 5 h
⇒ I_{En} = 0,2 · CA = 1 A

I_{Ln}: Ladestromstärke, Vollladung einer Zelle in 14 h bis 16 h ⇒ I_{Ln} = 0,1 · CA = 0,5A

Vergleich von Batterien

Austauschbarkeit von Batterien
- Ersatz von Primärbatterien (1,5 V)
  ⇒ Ni-Cd-Akkus (1,2 V) und Ni-MH-Akkus (1,2 V)
- Ersatz von Ni-Cd-Akkus
  ⇒ Ni-MH-Akkus

Vergleich von Ni-MH- mit Ni-Cd-Akkus
- Energiespeicher bei Ni-MH-Akkus
  ⇒ 100 % höher als bei Ni-Cd-Akkus
- Weniger häufiges Laden bei Ni-MH-Akkus
  ⇒ höhere Lebensdauer und kein Memory-Effekt

Vorteile von Ni-Cd-Akkus
- Höhere Stromstärke für leistungsstarke Verbraucher durch kleineren Innenwiderstand.
- Ah-Wirkungsgrad bei niedrigen Temperaturen größer ⇒ entnehmbare Kapazität größer.
- Preisgünstiger

Wartung von Ni-Cd-Akkus
- Vor jedem Laden vollständig entladen bzw. regelmäßiges „Zyklen" (Mehrmals hintereinander entladen und dann wieder laden.)
  ⇒ Vermeiden des Memory-Effektes,
  ⇒ Verlängerung der Haltbarkeit.

Vorteile von Lithium-Ion-Akkus
- Hohe Energiedichte ⇒ große Leistung bei niedrigem Gewicht und kleinem Volumen.
- Kurze Ladezeit und geringer Memory-Effekt.

Entladespannung von Hochkapazitätszellen

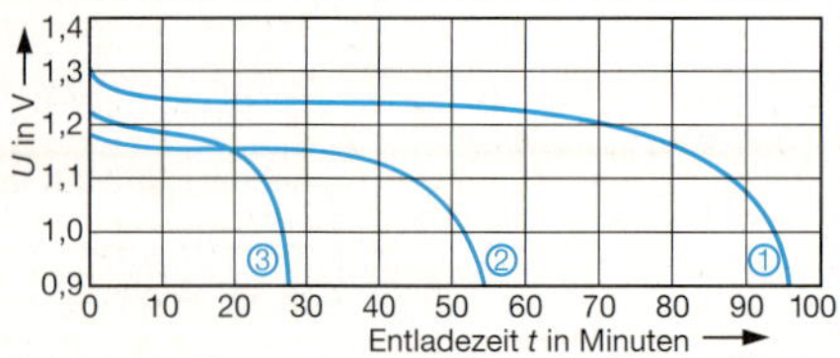

Belastung bei Raumtemperatur: ① 0,6 · CA; ② 1 · CA; ③ 2 · CA

Entladespannung bei Ni-Cd- und Ni-MH-Zellen

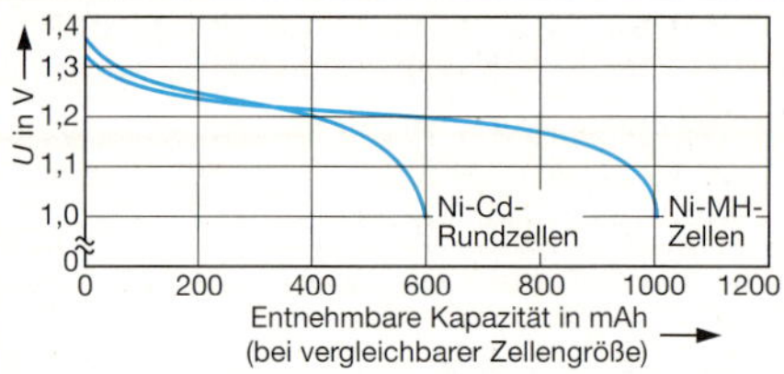

Batterieauswahl

Anwendung	Batterietyp	Merkmale
Video-Leuchten, Blitzgeräte, schnurlose Telefone, Akku-Werkzeuge	Nickel-Cadmium-Element (Ni-Cd), als Rundzellen ④ und Power-Packs ⑤	Geeignet bei niedrigen Temperaturen, Geräte mit hoher Stromstärke, geringe Kapazität, hohe Umweltbelastung (Cadmium).
Camcorder, Handy, Kassettenabspielgerät, schnurlose Telefone, Videokameras	Nickel-Hydrid-Element (Ni-MH), als Rundzellen ⑥, Knopfzellen ⑦ und Power-Packs	Hohe Kapazität, gutes Preis-/Leistungsverhältnis, geringe Umweltbelastung.
Camcorder, Handy, Notebooks	Lithium-Ion-Element (Li-Ion) als Knopfzellen ⑧	Hohe Energiedichte, spezielles Ladegerät erforderlich, geringe Umweltbelastung.

Beispiele:

④

1,2 V/2200 mAh

⑤

3,6 V/680 mAh

⑥

1,2 V/1100 mAh

⑦

1,2 V/300 mAh

⑧

3 V/90 mAh

Laden gasdichter Akkumulatoren – *Charging of sealed accumulators*

Arten

Normalladen
- konstanter Ladebemessungsstrom: 0,1 · CA
- Ladezeit: 14 bis 16 h
- 24 h-Ladung mit Ladebemessungsstrom zum Wiederherstellen der vollen Kapazität

Beschleunigtes Laden
- Ladestrom: 0,2 bis 0,3 · CA
- Ladezeit: 7 bis 8 h

Schnellladen

Spannungsüberwachung
- Vollständiges Entladen vor Ladebeginn
- Ladebemessungsstrom: 0,5 · CA
- Ladungsunterbrechung nach 3 h erforderlich

Temperaturüberwachung
- Ladebemessungsstrom bis 0,2 · CA
- Ladeüberwachung durch NTC-Widerstand
- Ladungsunterbrechung bei 50 °C Zellentemperatur

Dauerladen

Erhaltungsladen
- Laden bei gasdichten Zellen
- Dauerladestrom: 0,05 · CA

Intervallladen
- Laden je nach Belastung
- Vollladung bei z. B. 6 bis 7 h: 0,2 · CA
- Dauerladung in Intervallen von ca. 1 min/h: 0,2 · CA

Regeln

Voraussetzungen
- Ladezustand:
  Akkumulator eventuell nachladen,
  Ni-Cd-Akkumulatoren erst ganz entladen und neu laden.
- Akkumulator-Pflege:
  Ni-Cd-Akkumulator vor Nachladen immer entladen.
  Verlängerung der Haltbarkeit von Ni-Cd-Akkumulatoren durch gelegentliches Zyklen.
- Lagerung:
  Ladezustand von Ni-Cd- und Ni-MH-Akkumulator bei Kurzlagerung (6 Monate) unverändert, sonst vor Lagerung voll aufladen.
  Lithium-Ion Akkumulator vor Lagern voll aufladen, spätestens nach 12 Monaten nachladen, sonst Zerstörung des Akkumulators.
- Auswahl von Ladegeräten:
  Eignung von Ladegeräten prüfen, Herstellerangaben beachten.
- Einsatz von Ladegeräten:
  Gleicher Typ für Ni-Cd- und Ni-MH-Akkumulatoren.

Vorgang
- Umgebungstemperatur: 15 °C bis 30 °C
- Elektronisch gesteuerte Ladegeräte
  ⇒ Abschaltung bei Vollladung und Umstellung auf geringe Erhaltungsstromstärke.
- Ladegerät erkennt Temperaturanstieg und schaltet ab.
  Akkumulator für Handys mit Thermoswitch, der Ladefunktion bei 70 °C unterbricht.

Ladegeräte

Direkte Aufladung
- Keine Berücksichtigung des Entladezustandes
  ⇒ Reduzierung der Lebensdauer und Kapazität des Akkumulators.

Entlade-Lade-Technik
- Berücksichtigung des Entladezustandes
  ⇒ Erst vollständige Entladung, Vermeiden von Überladung, Erhaltung der Kapazität z. B. Ni-Cd-Akkumulatoren.

Gerätetypen
- Lader mit **automatischer Zeitschaltung**
  Anschluss: 230 V/50 Hz
  Zellengröße:
  Micro, Mignon und 9-V-Block
  Schonende Ladung von Ni-Cd- und Ni-MH-Akkumulatoren, keine Überladung.

- Lader mit **Microprozessor**
  Anschluss: 230 V/50 Hz
  Zellengröße:
  Micro, Mignon, Baby, Mono und 9-V-Block
  Elektronisch gesteuerte Polaritätskontrolle.
  Keine Überladung, eingebaute Entladungsfunktion
  ⇒ Verhinderung des Memory-Effektes.
  Gerätetyp für alle Baugrößen von Ni-Cd- und Ni-MH-Akkus.

Batterien in Ersatzstromanlagen

Verwendung
Industrie, Krankenhäuser, Kommunikationsanlagen: Energieversorgung bei Netzstörungen oder -ausfall

Bemessung des Akkumulators
Für Umgebungstemperatur von 5 °C und dreimaliger Start mit 10 s Dauer und 5 s Pause. (Herstellerangaben beachten.)

Ladeverlauf nach U-I-Kennlinie
Akkumulator muss in 10 h auf 90 % von C_n gebracht werden.

Auswahl des Ladegeräts
- Ladespannung pro Zelle:
  2,4 V (Bleiakkumulator); 1,55 V (Ni-Cd-Akkumul.)
- Dauerladespannung pro Zelle:
  2,23 V (Bleiakkumulator); 1,4 V (Ni-Cd-Akkumul.).

Unterbrechungsfreie Stromversorgung (USV)

Uninteruptable power supply (UPS) DIN VDE 0558-530: 02-02

Anwendungen:

- Verbesserung der Spannungsqualität für ausgewählte Verbraucher (z. B. Computer, sicherheitsrelevante Anlagen)
- Versorgung der Verbraucher auch bei Spannungsausfall

Beispiel: VFI SS 111
Stufe: 1 2 3

Stufe	Bedeutung
1	Abhängigkeit der Ausgangsspannung von der Eingangsspannung
2	Kurvenform der Ausgangsspannung
3	Ausgangsverhalten bei Lastsprüngen

Stufe 1

Bezeichnung	Eigenschaften	Beispiel	Beherrschte Phänomene
VFD (**v**oltage and **f**requency **d**ependent)	Alle Eingangsgrößen sind gleich den Ausgangsgrößen	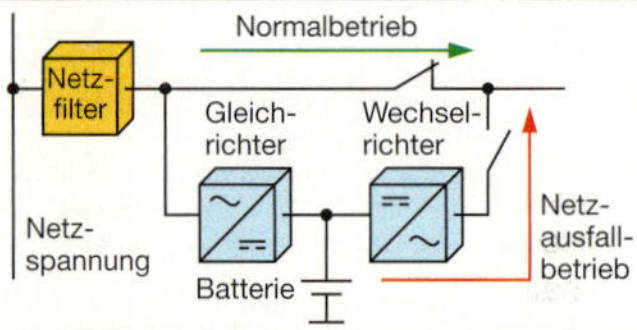	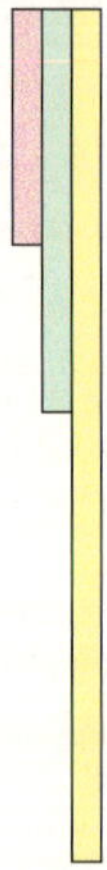 1. Netzausfall 2. Spannungsschwankung 3. Spannungsspitzen 4. Unterspannungen 5. Überspannungen* 6. Blitzeinwirkungen* Spannungsgröße 7. Frequenzschwankungen 8. Spannungsverzerrung (Burst) 9. Spannungsoberschwingung *zusätzlicher Überspannungsschutz erforderlich
VI (**v**oltage **i**ndependent)	Ausgangsspannung synchron zur Eingangsspannung (Kurvenform und Frequenz)	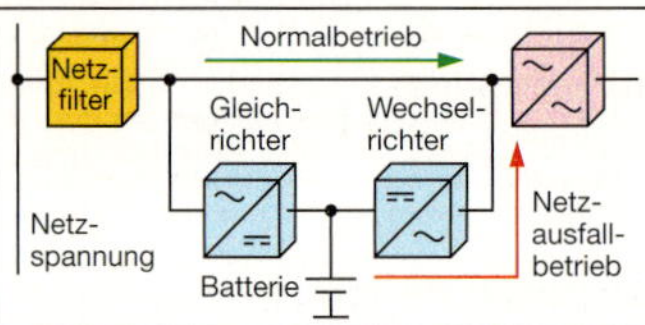	
VFI (**v**oltage and **f**requency **i**ndependent)	Ausgangsspannung/-frequenz sind unabhängig von Schwankungen der Spannung/Frequenz am Eingang	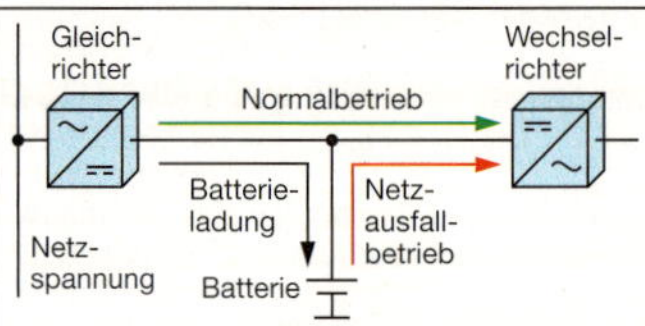	

Stufe 2

1. Kennbuchstabe: Netzbetrieb
2. Kennbuchstabe: Batteriebetrieb

S	Sinusform mit Verzerrung $D < 8$ % bei Referenzlast
X	bei linearer Last Güte nach Form „S", sonst $D > 8$ % zulässig
Y	Form der Ausgangsspannung weicht von Vorgaben ab.
D	Verzerrung als Maß für Abweichung von der Sinusform.

Stufe 3

1. Ziffer: Netz-/Batterie-/Bypassbetrieb
2. Ziffer: Lastsprung (lineare Last)
3. Ziffer: Lastsprung (nichtlineare Last)

1	sehr gute Eigenschaften, Ausgangsspannungsabweichung max. +/– 30 %; nach 0,1 s max. +/– 10 %
2	nach 1 ms max. +100 %; nach 10 ms max. +20 %/–100 %; nach 0,1 s max. +/–10 %
3	nach 1 ms max. +100 %; nach 10 ms max. +20 %/–100 %; nach 0,1 s max. +/–10 %/–20 %
4	Genaue Eigenschaften sind beim Hersteller zu erfragen.

Auswahlkriterien für USV-Anlagen

- Maximal benötigte Leistung (mögliche zukünftige Lasterhöhung berücksichtigen)
- Überlastfähigkeit/-dauer (Motoranläufe, Auslöseenergie für Sicherungen/Sicherungsautomaten, ...)
- Klassifizierung
- Netzwerkanbindung für automatischen Shutdown angeschlossener Computer bei Ende der Autonomiezeit
- Rückwirkungen auf das speisende Netz (Stromoberschwingungen)
- Redundanz mehrerer Systeme
- Autonomiezeit (Batteriekapazität)
- Ein-/Ausgangsspannung (1- oder 3-phasig)
- 19"-Einbauvariante/Standgerät
- Umgebungstemperatur (Lebensdauer der Batterien)

Not-Aus – *Emergency stop*

DIN ISO 1385: 07-03

Anwendungen

- Pumpeneinrichtungen für brennbare Flüssigkeiten
- Lüftungsanlagen
- Große Gebäude (Produktionsgebäude, Warenhäuser, ...)
- Elektrische Prüf- und Forschungseinrichtungen
- Räume für Ausbildungszwecke, Laboratorien
- Heizungs- und Kesselanlagen
- Großküchen
- Elektrische Maschinen

Aufgaben/Ziele

Gefahren entstehen z. B. durch Fehlfunktion einer Anlage, fehlerhaftes zu bearbeitendes Material, Fehlerbedienung, usw.

- Aufkommende/Bestehende Gefahren für Personen, Maschinen oder Arbeitsgut abwenden/mindern.
- Nach Betätigen der Not-Aus-Einrichtung muss die Gefahr automatisch und in bestmöglicher Weise abgewendet werden.

Elektrische Maschinen

- Bei elektrischen Maschinen wird statt Not-Aus der Begriff „Stillsetzen im Notfall" verwendet.
- Nach einer Gefährdungsanalyse wird eine Stopp-Kategorie für das Stillsetzen im Notfall bestimmt.

Stopp-Kategorie	Bedeutung
0	• unverzögertes Ausschalten der Versorgungsspannung • Stillsetzung durch natürliche Gegenmomente, Auslösen ungesteuerter Bremsen (elektrisch/mechanisch)
1	• Einsatz bei Gefahr: Anlage wird ungesteuert stillgesetzt. • Anlage bleibt unter Spannung bis der Stillstand eingetreten ist. • Mit Energieeinsatz Gefährdung abwenden (z. B. Gegenstrombremsen, Anheben von Walzen, ...)
2	• Die Anlage wird gesteuert stillgesetzt. • Die Energiezufuhr wird nicht abgeschaltet. • Nur für betriebsmäßiges Stillsetzen, nicht für Handlungen im Notfall zugelassen.

Anforderungen

- Not-Aus-Einrichtung muss jederzeit verfügbar sein.
- Einmalige Betätigung muss zu unverzögertem, nicht verhinderbarem Abschalten/Stillsetzen führen.
- Rückstellung der Not-Aus-Betätigung darf keinen Wiederanlauf verursachen.
- Stromkreise ausschliessen, deren Abschaltung eine zusätzliche Gefährdung verursacht (z. B. Licht).
- Eine einzige Handlung durch eine Person muss Not-Aus ermöglichen.
- Not-Aus-Einrichtung darf ausreichende Schutzmaßnahmen sowie automatische Sicherheitseinrichtungen nicht ersetzen.
- Bedienelemente sind Taster (Pilz- oder Palmenkopf), Zugschalter, Trittschalter.
- Eindeutige Kennzeichnung (vorzugsweise rot); bei Maschinen rot mit gelbem Hintergrund.
- Schaltgerät muss nach Betätigng verklinken oder verrasten. Ausnahme: Geräte für Not-Aus-Betätigung und Wiedereinschaltung unter Aufsicht einer Person.
- Bedienelemente an den Gefahrenstellen und leicht zugänglich anordnen; ggf. auch an entfernten Stellen (z. B. Ausgang).

Beispiel

Anordnung in Kfz-Werkstatt:

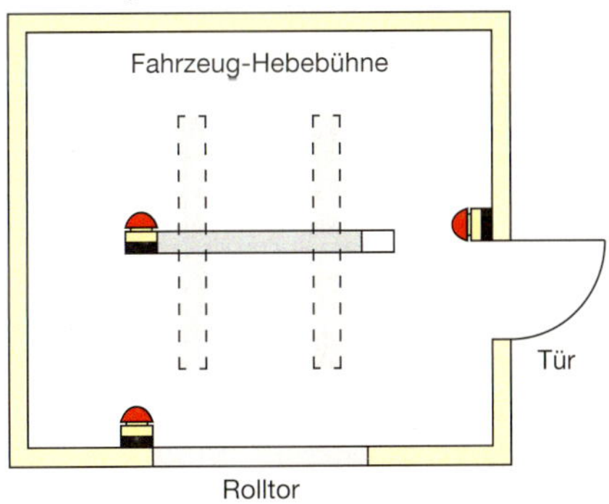

Bedienelement:

Energieübertragung – *Power transmission*

Netzaufbau

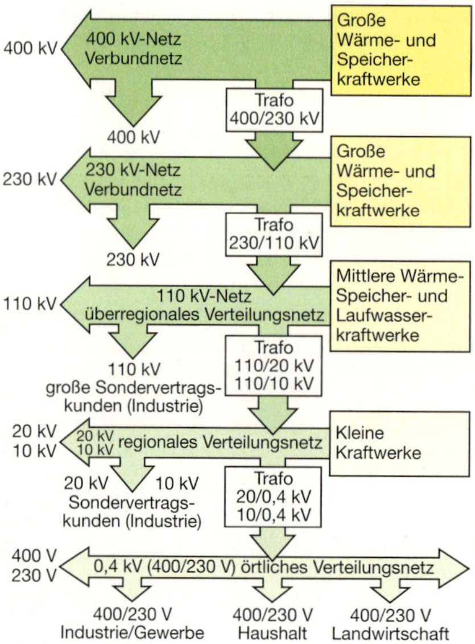

Anwendungen	Bezeichnung	Bemessungsspannung in kV
Überregionaler und internationaler Bereich (Verbundnetz)	Höchstspannungsnetz	230 … 400
Großindustrien, Großstädte	Hochspannungsnetz	60 … 110
Industriebetriebe, Hochhäuser, Ortsnetzstationen	Mittelspannungsnetz	10 … 30
Wohnhäuser, Gewerbebetrieb, landw. Betriebe	Niederspannungsnetz	0,4

Bemessungsspannungen von Netzen

Bezeichnungen		Bemessungsgrößen			
Gleichstrom-Bahnnetze	in kV	0,75	1,5	3	–
Einphasen-Wechselstrom-Bahnnetze	in kV	15	25	–	–
	in Hz	$16^2/_3$	50, 60	–	–
Drehstrom-4- oder 3-Leiter-Netze	in V	230/400	277/480	400/690	1000
	in Hz	50	50	50	50

Stahlgittermast

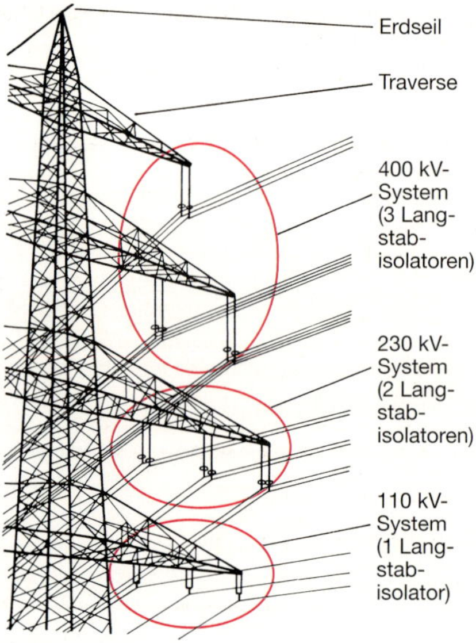

Masttypen

Nieder- und Mittelspannungsleitung
mit Stütz- und Hängeisolatoren

Holzmast: 0,4 kV, $h \approx 12$ m, Eingrabtiefe 1/6 der Mastlänge ≥ 1,60 m

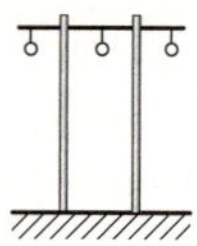

Betonmast: 20 kV, $h \approx 14$ m, Fundament aus Beton

Hochspannungsleitung
mit Stütz- und Hängeisolatoren

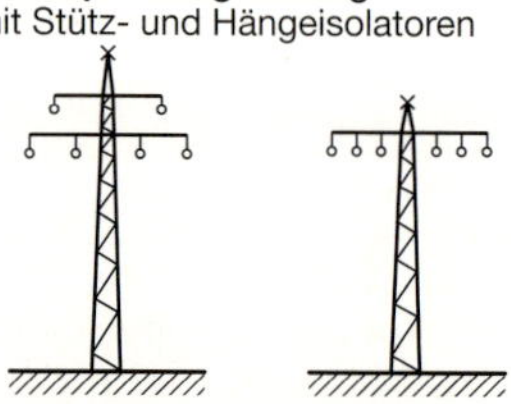

Stahlgittermasten: 110 kV, 2 Systeme, $h \approx 27$ m

Höchstspannungsleitung
mit Hängeisolatoren und Erdseilen

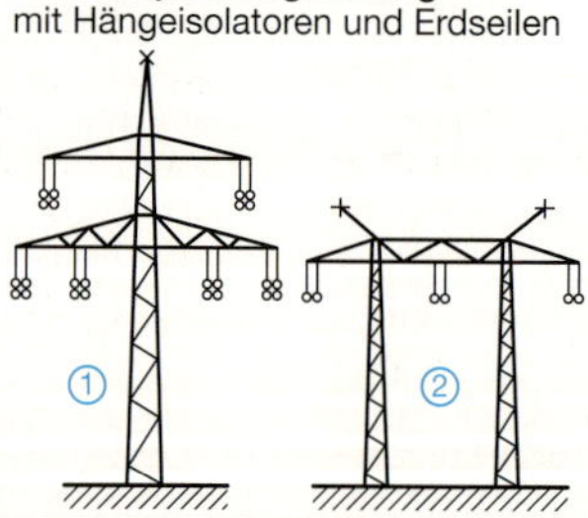

Stahlgittermasten: 400 kV, 2 Systeme ①, $h \approx 47$ m bzw. 1 System ②, $h \approx 36$ m

Niederspannungsnetz – *Low-voltage system*

Ortsnetzstation und Leitungsführung

- **Lasttrennschalter Q1, Q2**
  Trennen unter Last, nicht bei Kurzschluss
- **Lasttrennschalter Q3**
  mit Hochspannungs-Hochleistungssicherung (HH)
- **Ortsnetztransformator T1**
  Transformation von Mittel- in Niederspannung
- **Leistungsschalter Q4**
  Schalten unter Last, mit Überlast- und Kurzschlussschutz
- **Stromwandler B1**
  Umwandlung großer Ströme in Messströme
- **Sicherungs-Lasttrennschalter Q11 – Q14**
  Schalten Verbraucherstromkreise unter Last

Übersichtsschaltplan

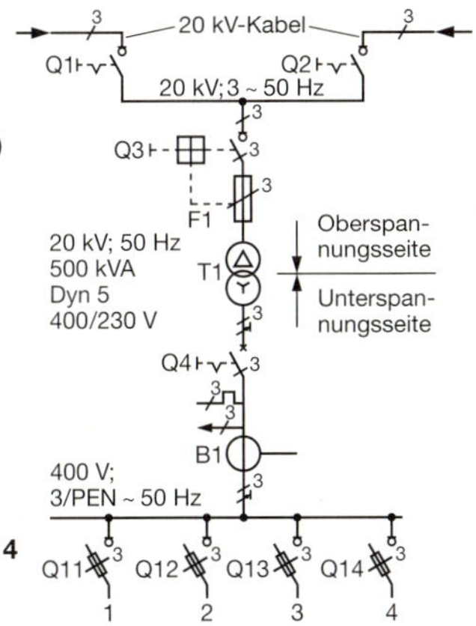

Leitungsverlegung

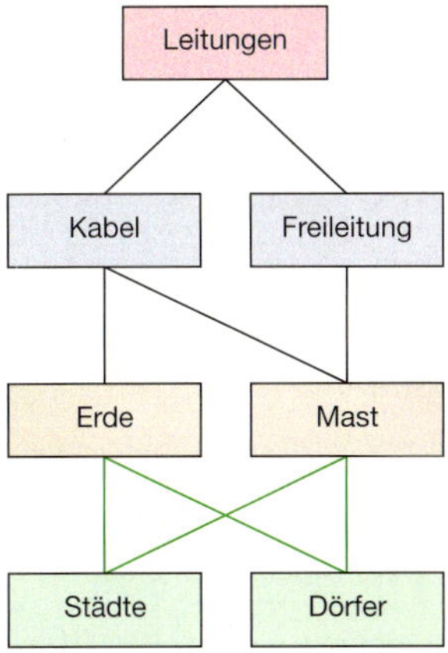

Energietransport in Ortsnetzen

Freileitungen:
- Leitungen ohne Isolation, blanke Leiter,
- VPE-isolierte Leitungen aus Aluminium (VPE: **V**ernetztes **P**oly**e**thylen).

Energieeinspeisung:
- vom Dachständer,
- vom Abspannmast über 4-adrige selbsttragende PVC-Mantelleitung (NYMT-J),
- Hauseinführung über Dachständerrohr durch feste Wand bzw. Dach, nicht durch explosionsgefährdete Räume.

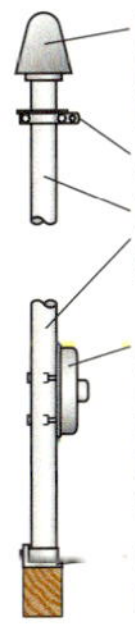

Kabel:
- PVC-isolierte Kabel mit PVC-Mantel, z. B. NYY-J, NAYY-J,
- VPE-isolierte Kabel mit Al-Leiter, z. B. NA2XY-J, A2XY-J.

Verlegung:
- mindestens in 60 cm Tiefe in Sandschicht und steinfreiem Erdreich,
- Formsteine zur Kabelabdeckung oder 10 cm dicke Sandschicht bei Ziegelsteinabdeckung,
- Kabelschutzrohre bei feuchtem Boden,
- Sicherheitsband 30 cm über dem Kabel.

Netzarten

Energieversorgung

Strahlennetz

Strahlenförmig von einer Ortsnetzstation

Eigenschaften:
- einfacher, kostengünstiger Netzaufbau
- Abschaltung eines ganzen Leitungsstranges bei Fehler
- keine Versorgung im Fehlerfall

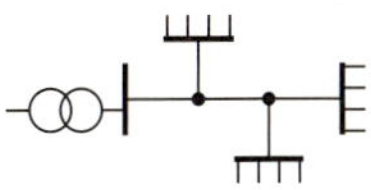

Ringnetz

Ringförmig von zwei Ortsnetzstationen

- Abschaltung nur des fehlerhaften Leitungsstranges
- weitere Energieeinspeisung bei einem Fehler, z. B. Leitungsbruch, möglich

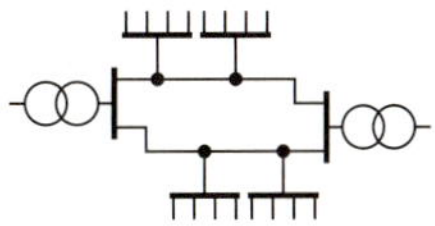

Maschennetz

Maschenförmige Verknüpfung mehrerer Netzknotenpunkte

- Versorgung bei einer Störung
- Heraustrennen des fehlerhaften Leitungsstückes
- große Kurzschlussströme wegen kurzer Zuleitungen

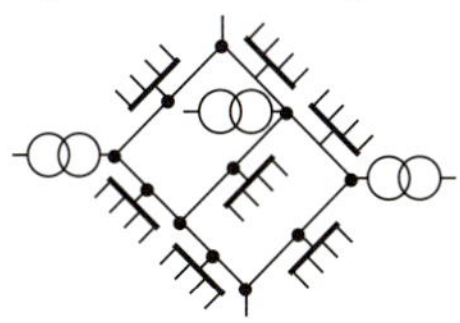

Verteilungssysteme – *Distribution systems*

Beispiel:

T N – C – S – System

1. Buchstabe: Beschreibung der Erdungen beim VNB
2. Buchstabe: Beschreibung der Erdungen in der Anlage des Verbrauchers
3. Buchstabe: Beschreibung der N- und PE-Leiter-Verlegung in der VNB-Anlage
4. Buchstabe: Beschreibung der N- und PE-Leiter-Verlegung in der Verbraucheranlage

Systemarten

TN-C-System	TN-S-System	TN-C-S-System	TT-System	IT-System
Kennzeichen:	⇓	⇓	⇓	⇓
Neutral- und Schutzleiter	Neutral- und Schutzleiter	Kombin. des TN-C- und TN-S-Systems	Gehäuse in der Anlage geerdet	Aktive Leiter gegen Erde isoliert
⇓	⇓	⇓	⇓	⇓
N- und PE-Leiter zusammen als PEN-Leiter	Getrennte Führung von N- und PE-Leiter	Getrennte Führung von N- u. PE-Leiter ab Hauptverteilung	Keine Leiterverbindung vom Anlagen- zum Betriebserder	Erdung aller Gehäuse nur in der Anlage

Kurzzeichen:

I: Trennung aller aktiven Teile von Erde; Sternpunkt isoliert (oder) über Impedanz mit der Erde verbunden.

T: Direkte Erdung des Netz-Sternpunktes ① bzw. der Gerätegehäuse ②.

N: Komponenten sind direkt mit Sternpunkt des Versorgungssystems verbunden.

C: PEN-Leiter hat Neutralleiter (N)- und Schutzleiter (PE)-Funktion.

S: PE-Leiter ist vom N-Leiter getrennt.

Bedeutung: **I**: Isolation (isoliert); **T**: Terre (Erde); **C**: Combined (kombiniert); **S**: Separated (getrennt)

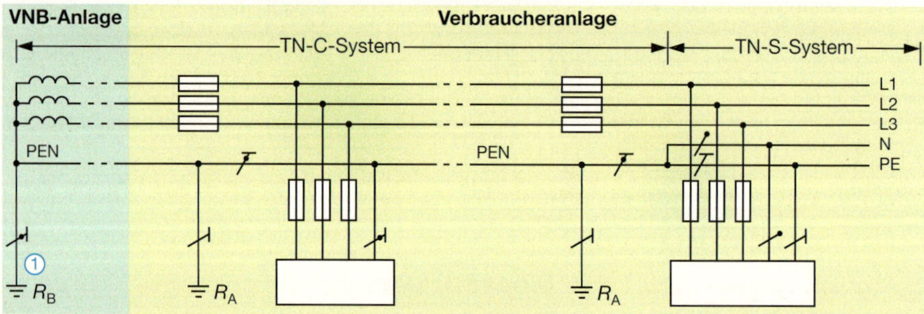

TT-System

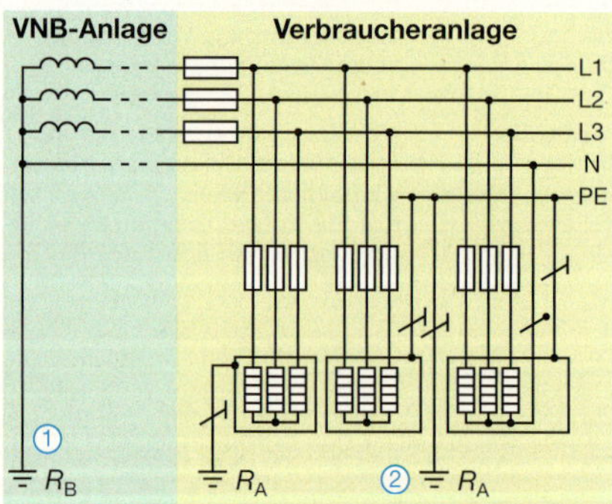

IT-System

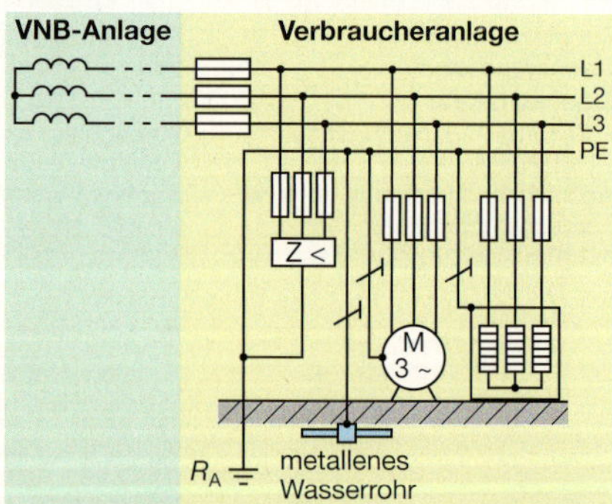

Transformatoren – *Transformer*

Arten

- **Transformatoren**
  - **Einphasentransformatoren**
    - Kleintransformatoren
      - Sicherheitstransformatoren
      - Netzanschlusstransformatoren
      - Zündtransformatoren
    - Schweißtransformatoren
    - Messwandler
    - Stelltransformatoren
  - **Drehstromtransformatoren**
    - Block- oder Maschinentransformatoren
    - Netztransformatoren
    - Verteilungs- oder Ortsnetztransformatoren

Sicherheitstransformatoren

- Trenntransformatoren 
- Steuertransformatoren 
- Spielzeugtransformatoren 
- Klingeltransformatoren 
- Handleuchtentransformatoren 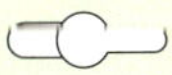
- Transformatoren für medizinische Geräte 

Netzanschlusstransformatoren

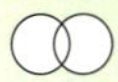

Verwendung: Verstärkeranlagen, Gleichrichteranlagen, Elektrozaun-Geräte

Zündtransformatoren

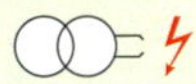

Verwendung: Zünden von Gas- und Ölfeuerungsanlagen

Betriebszustände

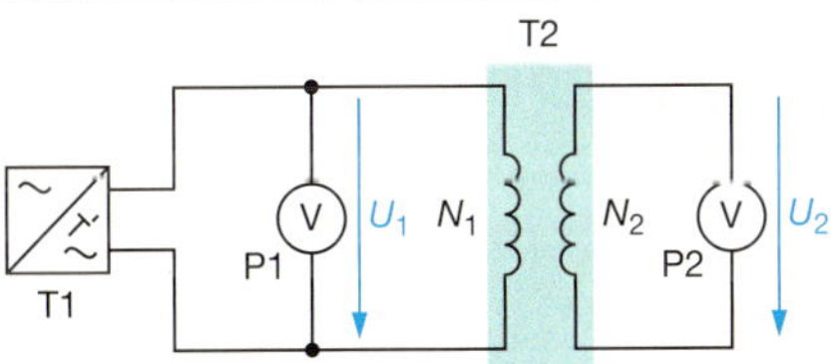

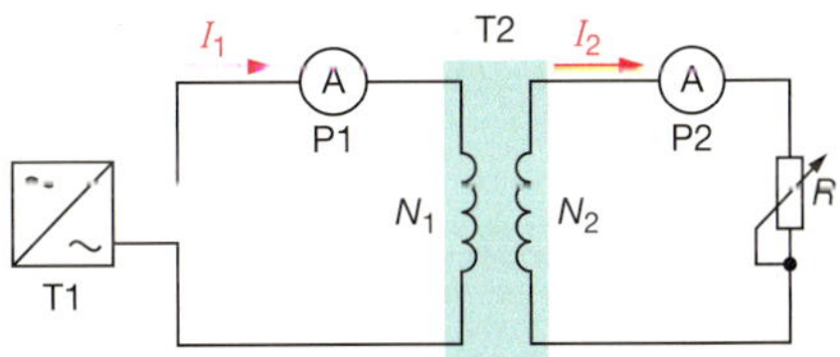

Spannungsübersetzung

$$\frac{U_1}{U_2} = \frac{N_1}{N_2}$$

Übersetzungsverhältnis

$$ü = \frac{U_1}{U_2}; \ \frac{N_1}{N_2} = ü; \ ü = \frac{I_2}{I_1}$$

Stromübersetzung

$$\frac{I_2}{I_1} = \frac{N_1}{N_2}$$

Widerstandsübersetzung

$$ü^2 = \frac{Z_1}{Z_2}$$

Energieumwandlung

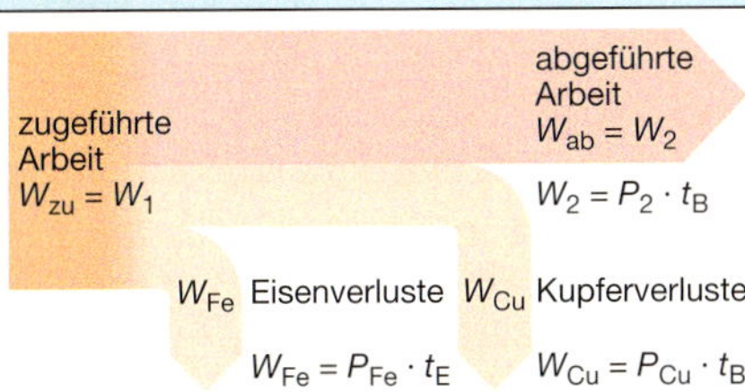

Leerlauf und Belastung ⇒ Eisenverluste
Belastung ⇒ Kupferverluste (Leerlauf: $W_{vCu} \approx 0$)

Ströme

Leerlaufstrom I_0

- **Wirkstrom I_w**: verursacht die Wirbelströme im Eisenkern (Eisenverluststrom) und Kupferverluste
- **Blindstrom I_m**: bewirkt die Ummagnetisierung des Eisenkerns (Magnetisierungsstrom)

Drehstromtransformatoren – *Three phase transformers*

DIN EN 60076

Begriffe

- **Bemessungsübersetzung**: $\ddot{u} = \frac{U_{OS}}{U_{US}}$
- **Bemessungsleistung**: $S_n = U \cdot I \cdot \sqrt{3}$
- **Oberspannungswicklung** (OS-Wicklung): Wicklung mit der höchsten Bemessungsspannung
- **Unterspannungswicklung** (US-Wicklung): Wicklung mit der niedrigen Bemessungsspannung
- **Wirkungsgrad**

$$\eta = \frac{P_{ab}}{P_{ab} + P_{vFe} + P_{vCu}}$$

- **Jahreswirkungsgrad**

$$\eta_a = \frac{W_{ab}}{W_{ab} + W_{Fe} + W_{vCu}}$$

- **Leerlaufverluste** (Eisenverluste P_{vFe}) bei Leerlauf aufgenommene Wirkleistung
- **Kurzschlussverluste** (Bemessungswicklungsverluste P_{vCu}) werden beim Kurzschlussversuch gemessen.
- **Schaltgruppe** gibt die Schaltung der OS-Wicklung (großer Buchstabe) und die Schaltung der US-Wicklung (kleiner Buchstabe) und die Phasenverschiebung zwischen Ober- und Unterspannung an.

Dreieckschaltung:	D oder d
Sternschaltung:	Y oder y
Zick-Zack-Schaltung:	z
herausgeführter Sternpunkt:	N oder n

- **Kennzahl** x 30° gleich Phasenverschiebungswinkel zwischen Ober- und Unterspannung

Kennzahlen

Beispiele:

Oberspannungsseite: **Dreieckschaltung** | Unterspannungsseite: **Sternschaltung**

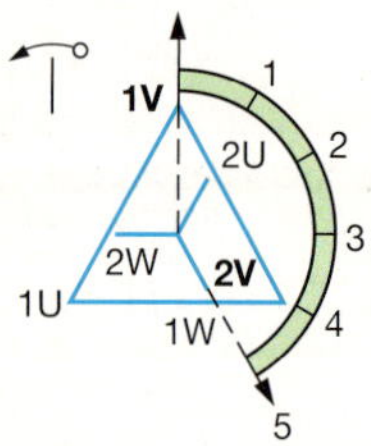

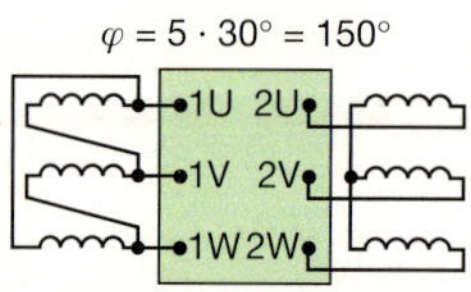

Schaltgruppe Dy5

Oberspannungsseite: **Sternschaltung** | Unterspannungsseite: **Zick-Zack-Schaltung**

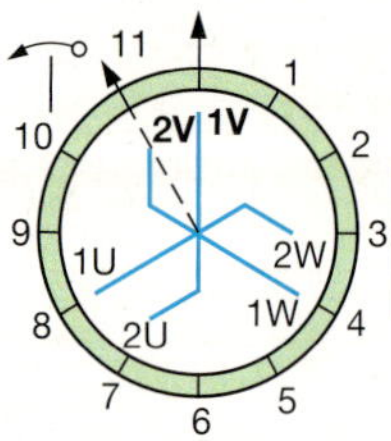

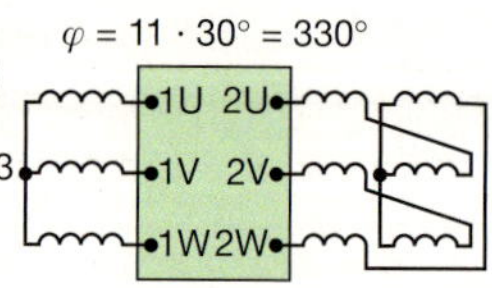

Schaltgruppe Yz11

Schaltgruppen für unsymmetrische Belastung (Beispiele)

Schaltgruppe	Zeigerbild Primär	Zeigerbild Sekundär	Schaltungsbild Primär	Schaltungsbild Sekundär	Übersetzung $\ddot{u} = \frac{U_1}{U_2}$	Einsatz
Yyn 0	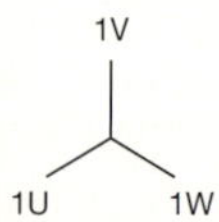	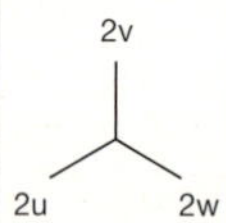	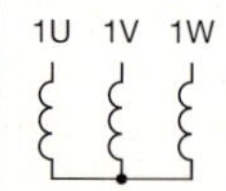	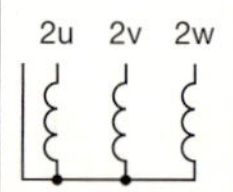	$\frac{N_1}{N_2}$	Verteilungs-Transformator mit kleinerer Leistung, Sternpunkt bis 10 % belastbar.
Dyn 5	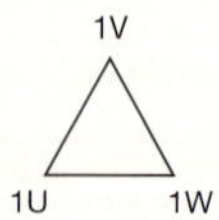	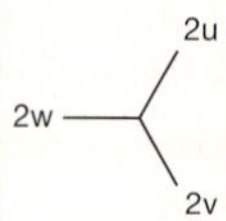	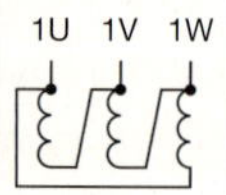	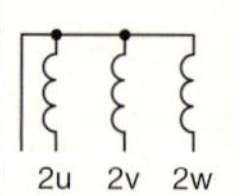	$\frac{N_1}{\sqrt{3} \cdot N_2}$	Verteilungs-Transformator mit voll belastbarem Sternpunkt
Yzn 5	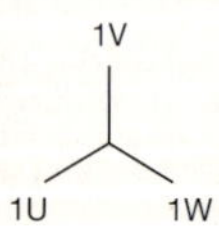	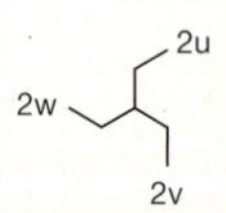	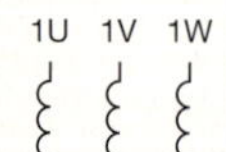	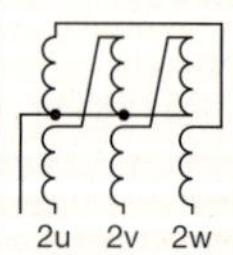	$\frac{2 \cdot N_1}{\sqrt{3} \cdot N_2}$	Verteilungs-Transformator mit kleinerer Leistung und voll belastbarem Sternpunkt

Energieversorgung und Sicherheit

Sondertransformatoren – *Special transformers* DIN EN 61558

Anwendungen	Bezeichnung/ Bildzeichen	Verwendung/ Kennzeichnung	Eigenschaften
Schutzmaßnahme Schutztrennung	**Trenntransformator**[1]	allgemein	$U_{1n} \le 1000$ V $S_n \le 25$ kVA (einphasig) $U_{2n} \le 500$ V $S_n \le 40$ kVA (mehrphasig) $U_{2n} \le 708$ V (gleichgerichtet) $f_n \le 500$ Hz Galvanische Trennung auch bei Defekt
Bade- und Duschräume	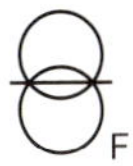	für Rasiersteckdose 	$U_{1n} \le 250$ V 20 VA < $S_n \le 50$ VA $U_{2n} \le 250$ V Schutzart mindestens IPX1 Bedingt oder unbedingt kurzschlussfest
Schutzmaßnahme Sicherheitskleinspannung	**Sicherheitstransformator** 	allgemein	$U_{1n} \le 1000$ V $S_n \le 10$ kVA (einphasig) $U_{2n} \le 50$ V $S_n \le 16$ kVA (mehrphasig) $U_{2n} \le 120$ V (gleichgerichtet) $f_n \le 500$ Hz Galvanische Trennung auch bei Defekt
Kinderspielzeug	Fail-Safe-Sicherheitstransformator[2] 	für Spielzeug 	$U_{1n} \le 250$ V $S_n \le 200$ VA $I_{2n} \le 10$ A $U_{2n} \le 24$ V $f_n = 50/60$ Hz $U_{2n} \le 33$ V (gleichgerichtet) Schutzklasse II Selbsttätig zurückstellender Überlastauslöser
Haussignalanlagen	nicht kurzschlussfest	für Klingelanlagen 	$U_{1n} \le 250$ V $S_n \le 100$ VA $U_{2n} \le 33$ V (8 V, 10 V, 12 V, 16 V, 24 V) $U_{2n} \le 46$ V (gleichgerichtet)
Beleuchtung in besonderen Räumen	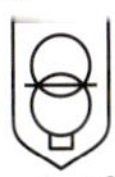 kurzschlussfest[3]	für Handleuchten 	$U_{2n} \le 50$ V (6 V, 12 V, 24 V) Schutzklasse III
Elektronische Geräte	**Geräte- oder Netztransformator**[1]	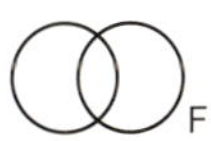	$U_{1n} \le 1000$ V $S_n \le 10$ kVA (einphasig) $U_{2n} \le 1000$ V $S_n \le 10$ kVA (mehrphasig) $U_{2n} \le 1415$ V (gleichgerichtet) $f_n \le 1$ MHz
Meldung Steuerungen Verriegelung	**Steuertransformator**[1]	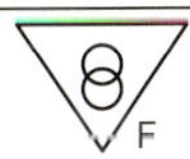	$U_{1n} \le 1000$ V $f_n \le 500$ Hz $U_{2n} \le 1000$ V $U_{2n} \le 1415$ V (gleichgerichtet)
Medizinische Geräte	**Transformator für med. Zwecke**	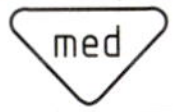	$U_{2n} \le 24$ V, in Sonderfällen 6 V Schutzklasse II
Gas- und Ölfeuerungsanlagen	**Zündtransformator**	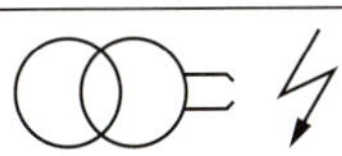	U_2 = 5; 7; 10; 14 kV Primär- und Sekundärwicklung galvanisch getrennt
Elektroschweißen	**Schweißtransformator**		$U_2 \le 70$ V, $U_2 \le 42$ V in engen Metallbehältern I_2 steuerbar
Wenn $U_1 \approx U_2$	**Spartransformator**	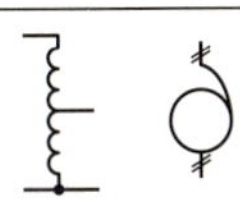	Keine galvanische Trennung $S_D = U_2 \cdot I_2$ $S_B = S_D\left(1 - \frac{U_2}{U_1}\right)$ $S_B = S_D\left(1 - \frac{U_1}{U_2}\right)$
Anlassen von Drehstrommotoren		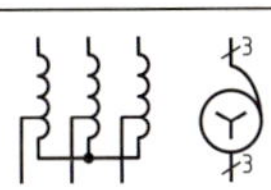	$U_1 > U_2$ $U_2 > U_1$

[1] Können als Fail-Safe-Transformator, nicht kurzschlussfeste oder kurzschlussfeste (bedingt oder unbedingt kurzschlussfest) Transformatoren gebaut sein.

[2] Fail-Safe-Transformatoren fallen im Fehlerfall dauerhaft aus und stellen dabei keine Gefahr für Anwender und Umgebung dar.

[3] Bedingt kurzschlussfeste Transformatoren schalten den Eingangs- oder den Ausgangsstromkreis des Transformators bei Überlast oder Kurzschluss mit eigener Schutzeinrichtung aus.

Kabelgarnituren – *Cable fittings*

DIN VDE 0289-6: 93-03

Eigenschaften von Kabelgarnituren

- Spannung
  - Niederspannung
  - Mittelspannung
  - Hochspannung
- Verbindungsart
  - Schraubverbindung
  - Crimpverbindung
- Isolierung
  - Giessharz
  - Schrumpfschlauch
- Einsatzart
  - Endverschluss
  - Verbindungsmuffe
  - …
- Sonstige
  - Schirmung (ja/nein)
  - innen/außen

Verwendung	Beispiel	Beschreibung
Kabel-Endverschluss	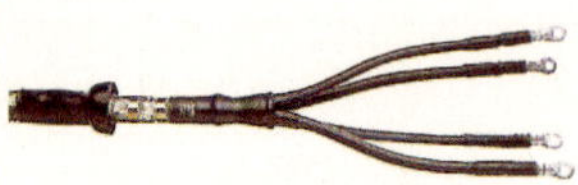	• Schutz des abgeschnittenen Kabels vor eindringender Feuchtigkeit • Anschluss der Schirmung mit gleichmäßiger Feldsteuerung zwischen Schirm und Anschlusspunkt
Verbindungsmuffe		• Verbindung zwischen gleichartigen Kabeln • Leiterverbindung gecrimpt oder geschraubt • Isolierung durch Schrumpfschlauch oder Vergussmasse
Übergangsmuffe		• Verbindung von papier- mit kunststoffisolierten Kabeln • Papierisoliertes Kabel wird mit Aufteilkappe abgedichtet. • Potenzialausgleich zwischen Bleimantel und Stahlbandbewehrung
Abzweigmuffe	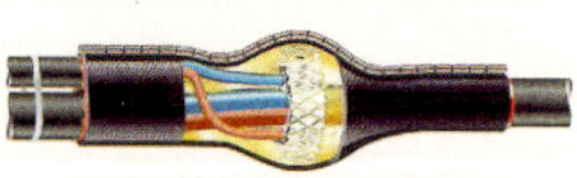	• Abzweig von durchgehendem Kabel • Anbindung gleichartiger oder unterschiedlicher Kabeltypen (je nach Muffentyp)
Endmuffe		• Spannungsfester Abschluss an kunststoff- oder papierisolierten Kabeln • Schutz des Kabelendes vor eindringender Feuchtigkeit

Schrumpfmuffenmontage

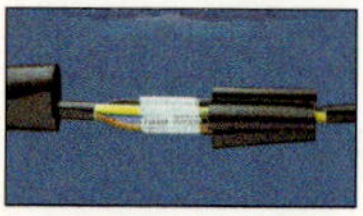

1. Kabelenden absetzen (Abstände gemäß Herstellerangaben).
2. Innenmuffe über Adern und Außenmuffe über Kabel ziehen.
3. Crimpverbindung herstellen.

4. Innenmuffe über Verbiegestelle schieben.
5. Durch Wärmeeinwirkung Muffe aufschrumpfen.

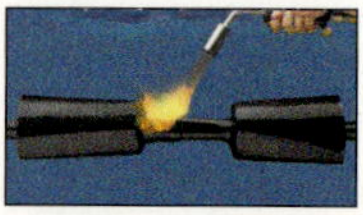

6. Außenmuffe positionieren.
7. Durch Wärmeeinwirkung Muffe aufschrumpfen.

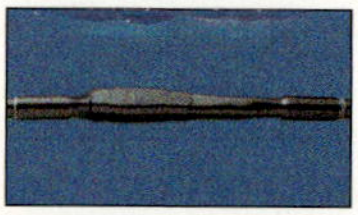

8. Überprüfung der Spannungsfestigkeit.
9. Muffe ist einsatzbereit.

Brandschutz – *Fire prevention*

- Brandschutz
  - Tragfähigkeit von Gebäuden sichern.
    - Feuerentstehung vermeiden → Leitungen und Leitungsschutz richtig dimensionieren.
    - Feuerausweitung verhindern → Anlagen, Wanddurchführungen abschotten, Brandlast verringern.
  - Mögliches Verlassen brennender Gebäude und Zugang für Rettungsmannschaften ermöglichen.
    - Rauchentwicklung vermeiden → Anlagen, Wanddurchführungen abschotten, Brandlast verringern.
    - Notwendige Funktionen erhalten → Maßnahmen zum Funktionserhalt

Begriffe

Brandabschnitt	Abschnitt eines Gebäudekomplexes, der durch Brandwände abgegrenzt ist.	Feuerwiderstandsklasse	Mindestdauer, die ein Bauteil genormter Anforderungen bei definiertem Brandversuch widersteht.
Brandwand	Wand zwischen Brandabschnitten mit dem Ziel, die Ausbreitung von Feuer und Rauch zu verhindern.	Kurzzeichen: F T S E I	**Beispiel:** F 90 – Dauer in Min. Brandwände Türen, Tore, Klappen Kabelabschottungen Funktionserhalt elektr. Leitungen Installationsschächte/ -kanäle
Brandlast	Energiemenge von Baustoffen, die bei Verbrennung freigesetzt wird.		

Durchführung durch Brandwände

Brandschutzrahmen	Brandschutzmörtel/ -spachtel	Brandschutzkissen
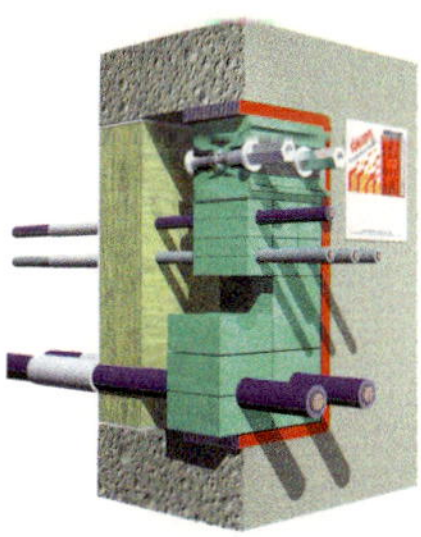		
Rahmen kann geöffnet und wieder verschlossen werden. Einfache Nachinstallation möglich.	Dauerhafte Schottung, nur durch Zerstören zu öffnen.	• einzelne Kissen werden um die Kabel gelegt, • einfache Nachinstallation möglich, • Kissen quellen im Brandfall auf und verschließen die Durchführung.
Installationen müssen von Fachfirmen durchgeführt und mit Firmenname, Funktionserhaltungsklasse, Prüfzeugnisnummer und Herstellungsjahr gekennzeichnet sein.		

Brandlast verringern

Kabel geringer Brandlast	Abschottung
– sind schwer entflammbar, – setzen wenig toxische und korrosive Gase frei, – hemmen Brandfortleitung.	Anlage wird durch schwer entflammbare Materialien umbaut. Brände können Leitungen nicht entflammen. Unterbau (Wand, Decke) muss massiver Beton sein.

Funktionserhalt – *Functional endurance*

DIN VDE 0108
MLAR: 05-01

- Aufrechterhaltung der Stromversorgung im Brandfall
- Funktion muss bei Brand definierte Zeit erhalten bleiben.
- Forderung für Gebäude mit erhöhtem Sicherheitsrisiko (Versammlungsstätten, Krankenhäuser, Hotels, Industrieanlagen, Rechenzentren)
- **MLAR** (**M**uster **L**eitungs **A**nlagen **R**ichtlinie) durch deutsches Institut für Baurecht veröffentlicht.
- MLAR ist Basis für Umsetzung in bundeslandspezifisches Baurecht.

Dauer des Funktionserhalts

E30 (30 min. für Evakuierung)	E90 (90 min. für Brandbekämpfung)
• Sicherheitsbeleuchtungsanlagen • Brandmeldeanlagen • Alarmierungs-/Lautsprecheranlagen (ELA) • Lüftungs-, Rauchabzugsanlagen	• Feuerwehraufzüge • Bettenaufzüge in Krankenhäusern • maschinelle Rauchabzugsanlagen • Wasserdruckerhöhungsanlagen • Sprinkleranlagen

Installationsanforderungen

- Leitungsanlagen inkl. Verteiler, zentraler Notlicht-/ELA-Anlagen in Funktionserhalt installieren.
- Sicherheitsbeleuchtungsanlagen, die ausschließlich zur Versorgung des betroffenen Brandabschnittes dienen, sind von den Anforderungen ausgenommen.
- Bei Leitungsdimensionierung ist für die längste Brandabschnittsdurchquerung eine erhöhte Leitertemperatur/ -widerstand zu berücksichtigen (im Beispiel Leitung durch Brandabschnitt 2).

Beispiel:

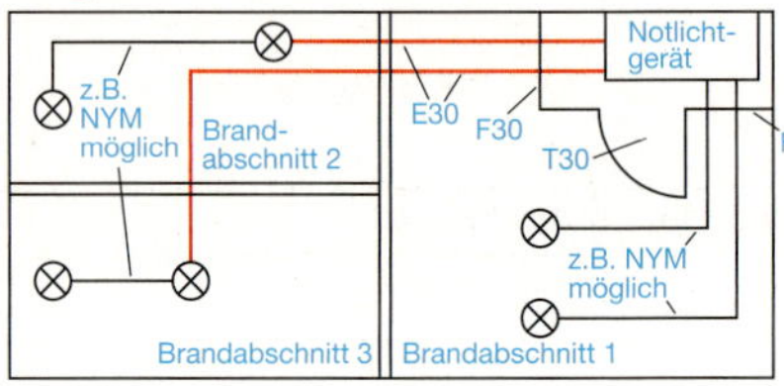

Installation

Integrierter Funktionserhalt

- Leitungsanlage kann direkt einem Brand ausgesetzt werden.
- Verwendung feuerbeständiger, geprüfter Leitungen

Beispiele:

- Installation nur mit geprüften und zugelassenen Trage- und Befestigungseinheiten

Beispiel:

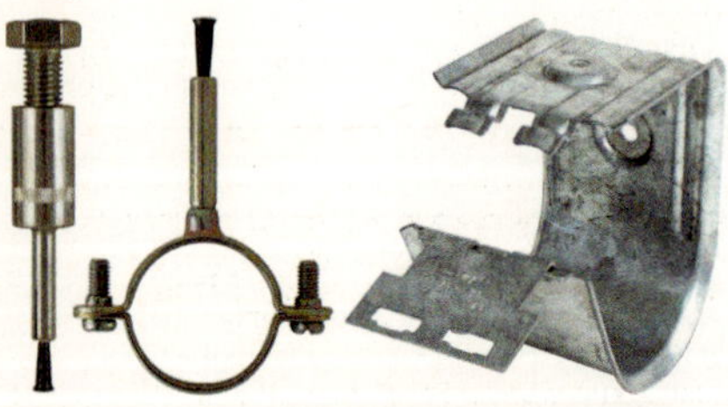

zugelassene Metalldübel und Metallschellen

Abschottung

- Leitungsanlage wird durch feuerwiderstandsfähiges Material umbaut.
- Installation nur mit geprüften und zugelassenen Trageeinheiten.
- Es können Standardleitungen verwendet werden.

Beispiel:

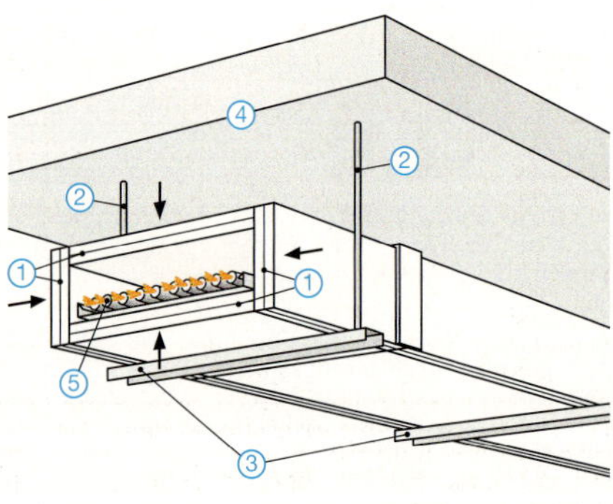

① feuerbeständige Platten
② Gewindestab
③ U-Profil
④ Decke
⑤ konventionelle Leitungen

Blindstrom-Kompensationsschaltungen – *Circuits for reactive-current compensation*

Einzelkompensation

Beispiel: Leuchtstofflampen (Duo-Schaltung)

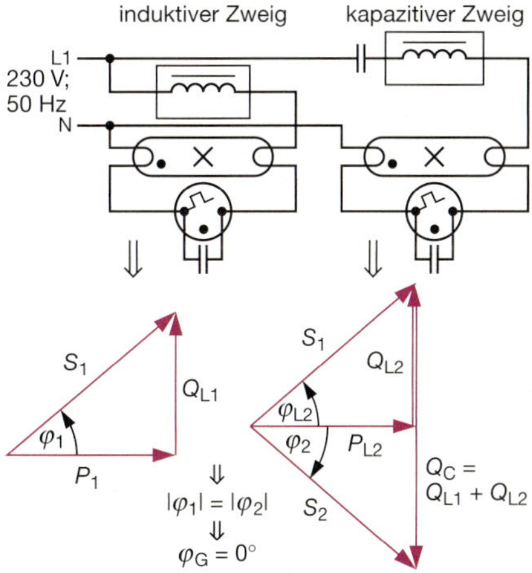

Beispiel: Drehstrommotor

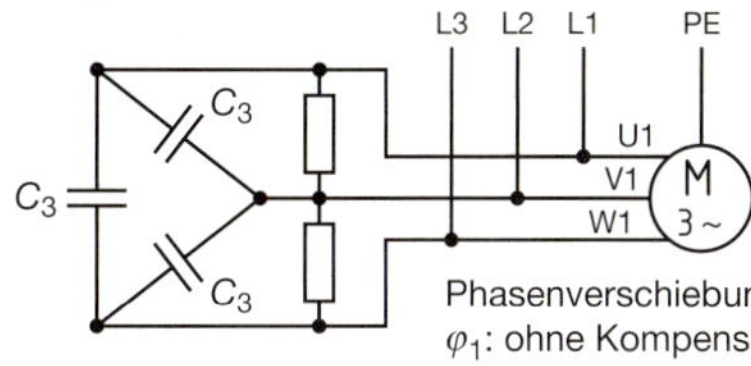

Phasenverschiebung:
φ_1: ohne Kompensation
φ_2: mit Kompensation

Laut TAB 2007 §10.2.1: $\cos\varphi = 0{,}9$ ind … 0,9 kap

$$Q_C = P \cdot (\tan\varphi_1 - \tan\varphi_2)$$

$$C = \frac{Q_C}{\omega \cdot U^2}$$

Näherungsformeln für 50 Hz:
C_1, C_3 in µF

230 V $\quad C_1 \approx 60 \cdot \dfrac{Q_C}{\text{kvar}}$

400 V $\quad C_3 \approx 20 \cdot \dfrac{Q_C}{\text{kvar}}$

Gruppenkompensation

3/N/PE~50 Hz/TN-S

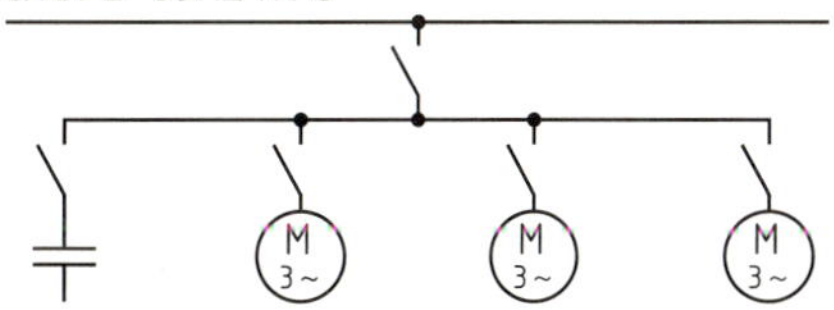

- Blindleistungsverbraucher mit einer parallel geschalteten Kondensatoreinheit
- Installation in kleineren elektrischen Anlagen mit Motoren oder Leuchtstofflampen

Zentralkompensation

3/N/PE~50 Hz/TN-S

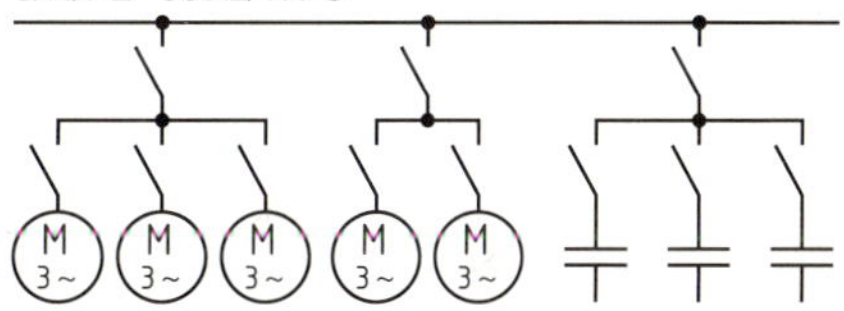

- Blindleistungsverbraucher mit zentraler Kondensatorregeleinheit (Herstellerangaben beachten)
- Installation in Gewerbe- und Produktionsbetrieben, Bürohäusern und Werkstätten

Einzelkompensation von Motoren

Bemessungsleistung P des Motors in kW	Bemessungsleistung Q_C des Kondensators in kvar
1,0 … 3,9	ca. 55 % von P
4,0 … 4,9	2
5,0 … 5,9	3
6,0 … 7,9	3
8,0 … 10,9	4
11,0 … 13,9	5
14,0 … 17,9	6
18,0 … 21,9	7,5
22,0 … 29,9	10
ab 30,0	ca. 40 % von P

Zuordnung der Kondensatoren zu Transformatoren

Trafo-Bemessungsleistung S in kVA	Kondensatorleistung Q_C in kvar bei Trafo-Primärspannungen 5 … 10 kV	15 … 20 kV	25 … 30 kV
25	2	3	3
50	4	5	6
75	5	6	7,5
100	6	7,5	10
160	10	10	15
250	15	15	20
315	15	20	25
400	20	20	30
630	30	30	40

Berechnung der Kompensationsleistung

Stromrechnung des VNB für einen Großverbraucher weist auf:
- Verbrauch für Wirkarbeit in kWh
- Verbrauch für Blindarbeit in kvarh

Ist der Betrag für Blindarbeit größer als die kostenlose Freimenge von 50 % der Wirkarbeit, dann muss die darüber hinaus verbrauchte Blindarbeit bezahlt werden.

Beispiel:
- Verbrauch an Wirkarbeit: 9 200 kWh/Monat
- Verbrauch an Blindarbeit: 11 200 kvarh/Monat
- kostenl. Freimenge an Blindarbeit: 4 600 kvarh/Monat
- berechn. Verbrauch an Blindarbeit: 6 600 kvarh/Monat

Stromtarife – *Electricity tariffs*

Tarifbestandteile:

Preisarten

- **Arbeitspreis**: Entgelt für genutzte elektrische Energie (kWh)
- **Leistungspreis**: Entgelt für Bereitstellung von elektrischer Leistung (kW)
- **Verrechnungspreis**: Entgelt für Kosten der Verrechnung und der vom Kunden zusätzlich veranlassten Mess- und Steuereinrichtungen

- Arbeitspreise enthalten die Stromsteuer laut Stromsteuergesetz (z. B. 2,05 Cent/kWh).
- Bei Änderungen innerhalb des Abrechnungszeitraumes erfolgt eine zeitanteilige Verrechnung der Arbeits- und Leistungspreise.
- Regelungen zur Verbrauchsfeststellung, Rechnungsausstellung und Bezahlung erfolgt laut AVBEltV (Verordnung über Allgemeine Bedingungen für die Elektrizitätsversorgung von Tarifkunden).

Tarifvergleich

Beispiel: Tarifstromrechner nach www.verivox.de — Stand: 01.10.2006

Eingabe folgender Daten zum Stromverbrauch:

1. Gesamtverbrauch: 4000 kWh/a
2. Nebenzeit (in % von 1.): 0
3. Standort (PLZ): 26122
4. Kundengruppe: privat

Anzeige folgender Anbieter und Preise (Auswahl): (Ohne Gewähr)

Anbieter/ Tarif	**Arbeitspreis** in Cent/kWh	**Grundgebühr** in EUR	**Kosten/a** [1] in EUR	**Differenz** in EUR	**Kommentar** gültig seit
M EWE AG	16,31	4,17	702,40	–	02/2005
NaturWatt Strom EWE NaturWatt GmbH	16,31	6,25	727,40	+25,00	01/2005
Yellow Strom Yello	15,57	10,51	748,92	+46,52	09/2006
EWE M Schwach EWE AG	HT: 17,26 NT: 9,87	6,15	764,16	+61,76	02/2005

[1] Preise inkl. Abgaben und Steuern.

Hinweise

Wie finden Sie den günstigsten Stromanbieter?

Zur Berechnung des Tarifs nach dem Tarifstromrechner müssen u. a. der Jahresverbrauch in Kilowattstunden (kWh) und die Postleitzahl eingegeben werden.

Es gelten folgende Richtwerte:

Singles: 1.500 kWh/a
Paare: 2.800 kWh/a
Kleinfamilien: 4.000 kWh/a
Familien: 6.000 kWh/a

Was kostet Ökostrom?

Zur Anzeige wird der **Ökostrom Tarifrechner** aufgerufen. Es müssen wie im Beispiel die vier Daten und die Art des Ökostroms angegeben werden. (Tarifangabe nach Onlineanmeldung)

- ☐ Solar
- ☐ Wasser
- ☐ Ökostrom-Mix
- ☐ Kraft-Wärme-Kopplung
- ☐ Biomasse

Worauf muss beim Wechsel des Stromanbieters geachtet werden?

- Preisgarantien von Stromanbietern für bestimmte Laufzeiten
- Laufzeiten und Kündigungsfristen
- Empfehlungen:
  - Laufzeiten nicht länger als 12 Monate
  - Kündigungsfrist nicht länger als drei Monate
- Vertrag mit Sonderkündigungsrecht im Fall von Preissteigerungen

Was versteht man unter der Durchleitungsgebühr?

Diese Gebühr für Stromanbieter enthält Kosten für

- Netzaufbau
- Erhaltung, Wartung und Reparatur des Netzes
- Erneuerung und Umspannungen zwischen den verschiedenen Spannungsebenen
- Anteilige Übertragungsverluste
- Dienstleistungen

Überspannungsschutz – *Over-voltage protection* DIN VDE 0185

Störursachen

Blitzentladung

Ferneinschlag in Freileitung	Naheinschlag in Daten-/Versorgungsleitung	Direkteinschlag in Gebäude	Atmosphärische Spannungsentladung	Schalthandlung in Versorgungsnetzen
⇓	⇓	⇓	⇓	⇓
Überschreiten der Spannungsfestigkeit	Einkopplung des Blitzstromes in Anlage	Potenzialanhebung metallener Teile	Übertragungsfehler in Bereichen der EDV, Mess-, Steuer- und Regelungstechnik	

Schutzgeräte

Installationsort	Schutzmaßnahme	Funktion der Schutzmaßnahme	Schutzgerät/Anforderungsklasse	Überspannungsbegrenzung	Abb.
Hauptverteilung – zwischen HAK und Zähler	Blitzschutz, Schutzpotenzialausgleich	Schutz gegen Eindringen von Blitzströmen	Blitzstromableiter, Typ 1 (Grobschutz)	$U \leq 6$ kV	①
Unterverteilung – vor RCD	Überspannungsschutz in Verteileranlage	Schutz gegen Überspg. zwischen L und PE sowie N und PE	Überspannungsschutzgerät, Typ 2 (Mittelschutz)	$U \leq 4$ kV	②
Steckdose, Geräteanschluss	Überspannungsschutz am Endgerät	Geräteschutz	Überspannungsschutzgerät, Typ 3 (Feinschutz)	$U \leq 1{,}5$ kV	③

Blitzstromableiter ①	Überspannungsschutzgerät ②	Geräteschutzadapter ③
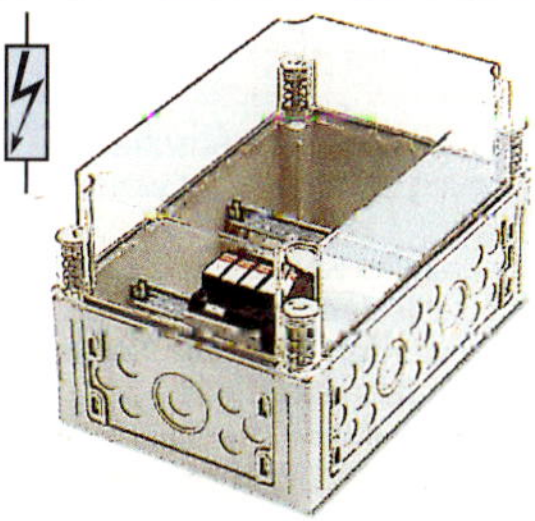	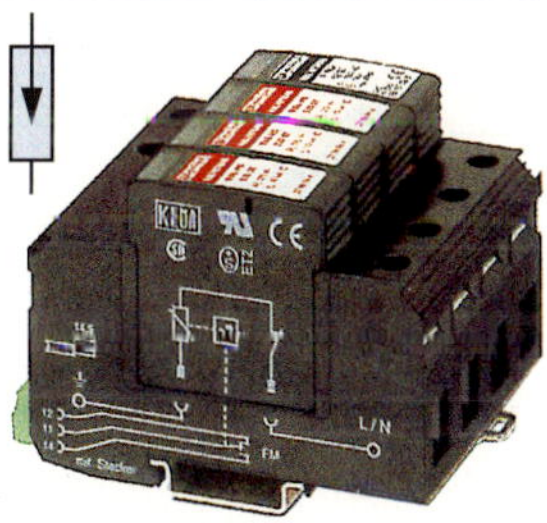	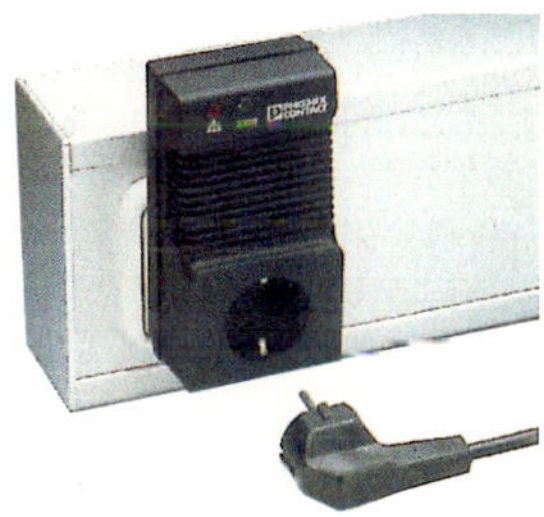
Einbau in Schaltanlage nicht möglich ⇒ Blitzstromableiter in separatem Gehäuse installieren. (Bedienungsanleitung beachten!)	Signal bei Auslösung der Vorsicherung ⇒ Überspannungsschutzgerät mit Meldekontakten (Wechsler) einsetzen.	Schutz gegen Über- und Störspannungen ⇒ Adapter mit Schutzschaltung einbauen.

Schutzgeräte vor Endgeräten

Einbau im TN-System

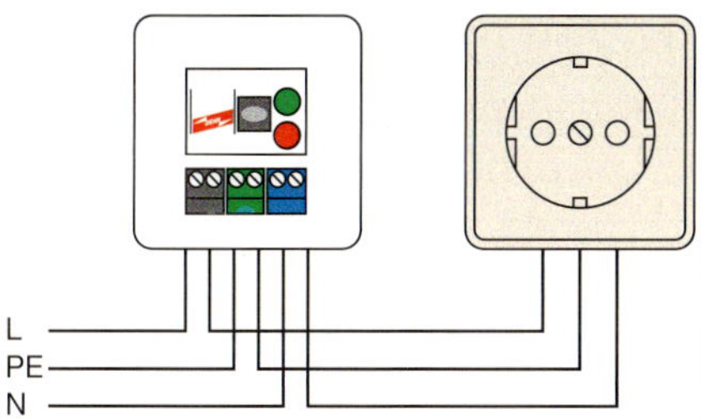

Einbau im TT-System

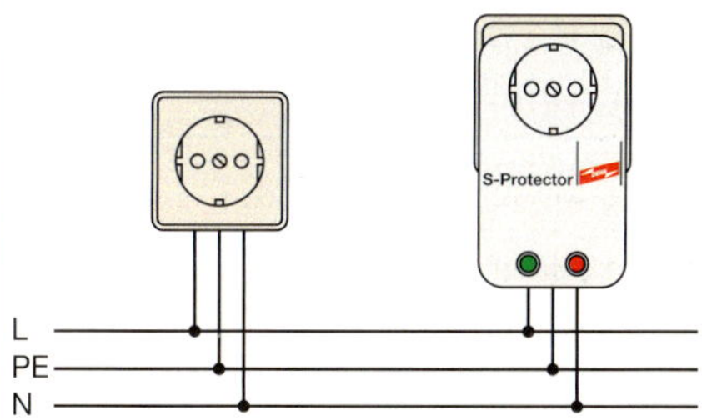

Energieversorgung und Sicherheit

Überspannungsschutz – *Over-voltage protection*

Übersicht

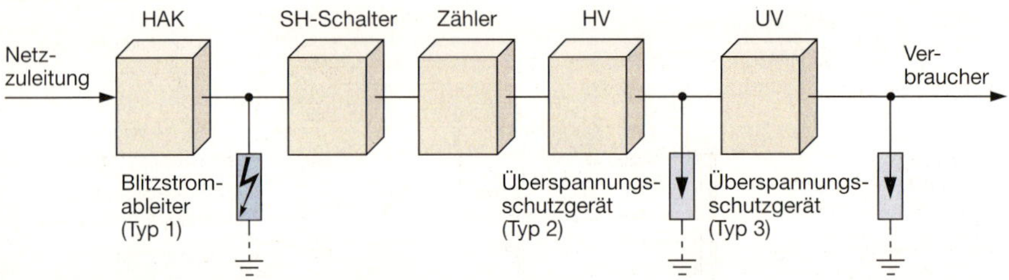

Blitzstromableiter in Verbindung mit HAK

TN-C-S-System
Schaltbild

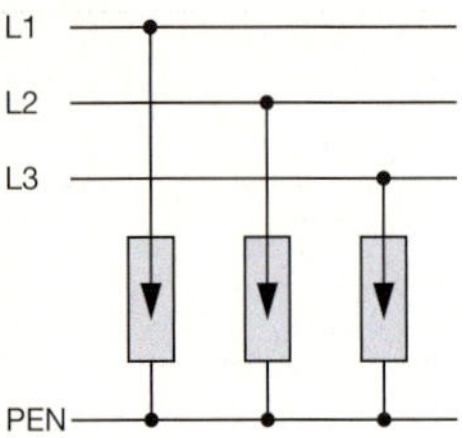

Verdrahtungsplan

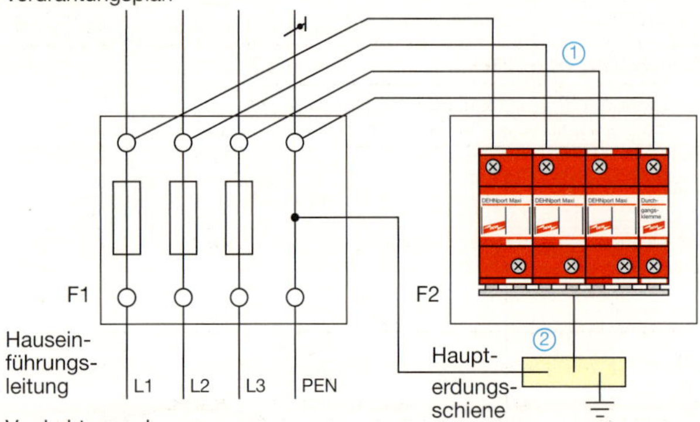

TT-System
Schaltbild

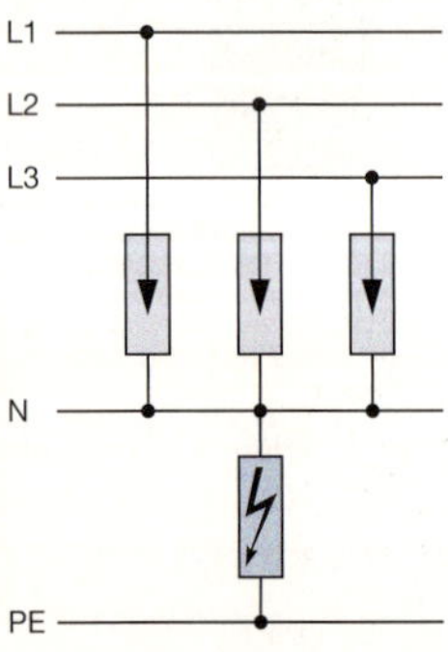

Verdrahtungsplan

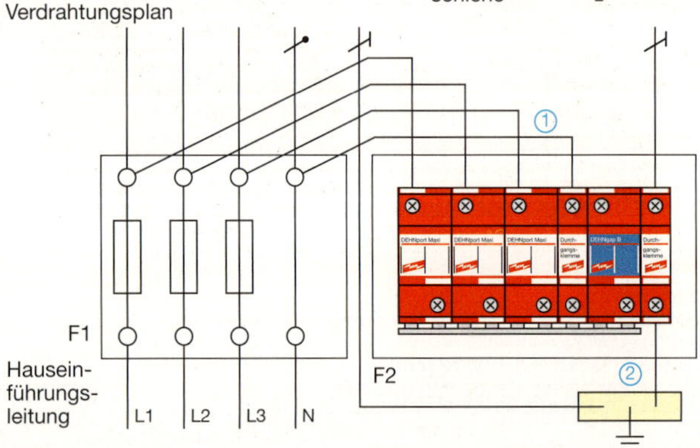

Bemessungsstromstärke der Hausanschlusssicherungen (Typ: gG) $I_n \leq 315$ A (Datenblatt beachten!)
⇒ keine eigenen Vorsicherungen vor Blitzstromableiter (1) und Überspannungsschutzgerät (2)

Bemessung der Verbindungsleitungen												
Bemessungsstromstärke der Hausanschlusssicherung I_n in A	25	35	40	50	63	80	100	125	160	200	250	315
Leiterquerschnitt der Versorgungsleitungen ① q_1 in mm²	6				10		16		25	35		50
Leiterquerschnitt der Schutzpotenzialausgleichsleitungen ② q_2 in mm²	16								25	35		50

Blitzschutzanlagen – *Lightning protection systems*

ABB; DIN VDE 0185

Bauteile der Anlage

- **Fangeinrichtungen**
  Maschenförmig auf den Dächern verlegte Fangleitungen und Fangstangen.
- **Ableitungen**
  Verbindungsleitungen, z. B. aus nichtrostendem Stahl, zwischen den Fangeinrichtungen und der Erdungsanlage.
- **Erdungen**
  Z. B. der Fundamenterder.

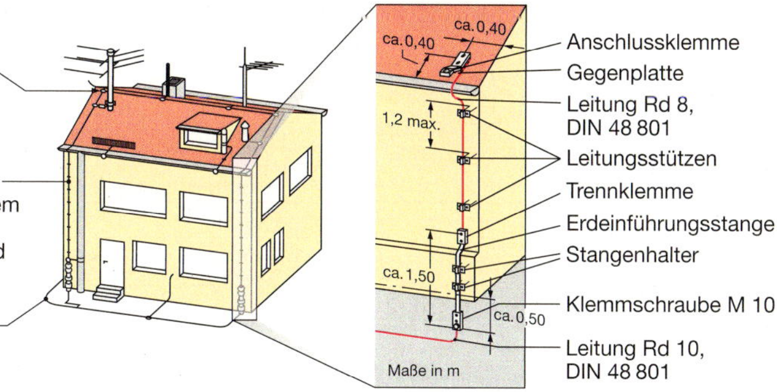

Hauptableitungen (HA)

Gebäudemaße in m Länge	Breite	Flachdach – Höhenunterschied: vom First zur Traufkante ≤ 1 m 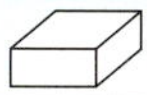	Satteldach – Höhenunterschied: vom First zur Traufkante ≥ 1 m 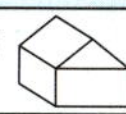
bis 20	bis 20	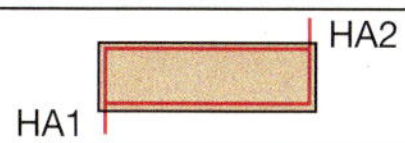	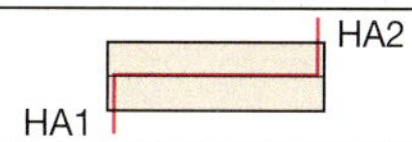
bis 20	12 bis 20	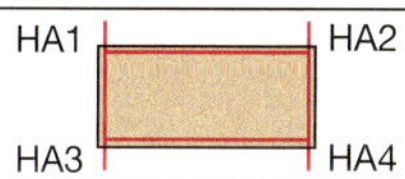	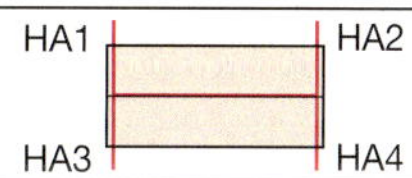
20 bis 40	bis 12	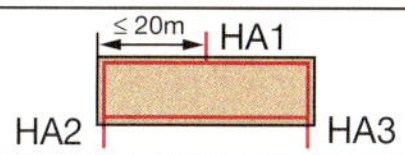	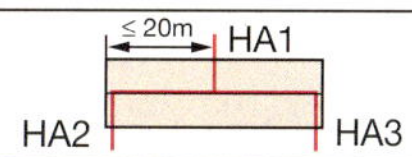
20 bis 40	20 bis 40	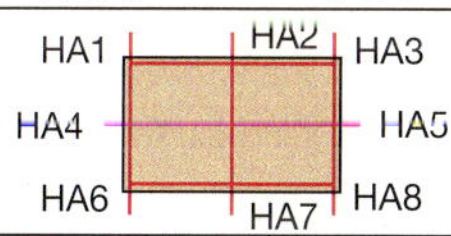	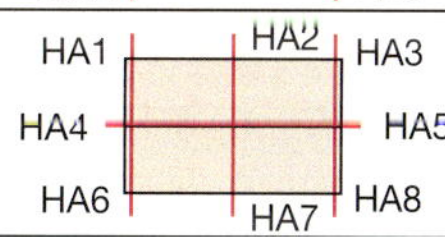

Werkstoffe und Abmessungen

Hauptableitungen		Erder		
Werkstoff	Abmessung	Werkstoff	Abmessung	
Rundstahl, stark verzinkt, Bandstahl, stark verzinkt, rost- und säurebeständige Stähle	Ø 8 mm Ø 10 mm 20 mm · 2,5 mm Ø 12 mm 30 mm · 3,5 mm	Rundstahl, Bandstahl, Profilstahl, stark verzinkt für Staberder rost- und säurebeständige Stähle	Ø 10 mm 30 mm · 3,5 mm Rohrerder Ø 1 mm Kreuzprofilerder 50 mm · 3 mm Rundstahl Ø 20 mm Ø 12 mm 30 mm · 3,5 mm	
Rundkupfer Bandkupfer Kupferseil	Ø 8 mm 20 mm · 2,5 mm 7 mal Ø 3 mm	Rundkupfer Bandkupfer	Ø 8 mm 20 mm · 2,5 mm	nur in Sonderfällen
		Kupferseil	unzulässig	
Kupferleiter mit Bleimantel, Bleimanteldicke mindestens 1 mm	Draht Ø 8 mm Seil 7 mal Ø 3 mm	Kupferleiter mit Bleimantel, Bleimantel mindestens 1 mm dick	Draht Ø 8 mm Seil 7 mal Ø 3 mm	
Stahldraht	Ø 8 mm mit 30 % Kupferauflage			
Rundaluminium[1] Bandaluminium[1]	Ø 10 mm 20 mm · 4 mm	Stahldraht	Ø 8 mm mit 30 % Kupferauflage	nur in Sonderfällen

[1] Verlegung **nicht zulässig**: • unter, auf oder im Putz • in Mörtel oder Beton • im Erdreich

Energieversorgung und Sicherheit

Schutzmaßnahmen – *Protective measures*

DIN VDE 0100-200: 06-06
DIN VDE 0100-410: 07-06

Wirkung des elektrischen Stromes auf den menschlichen Körper

Wechselstrom (50/60 Hz)

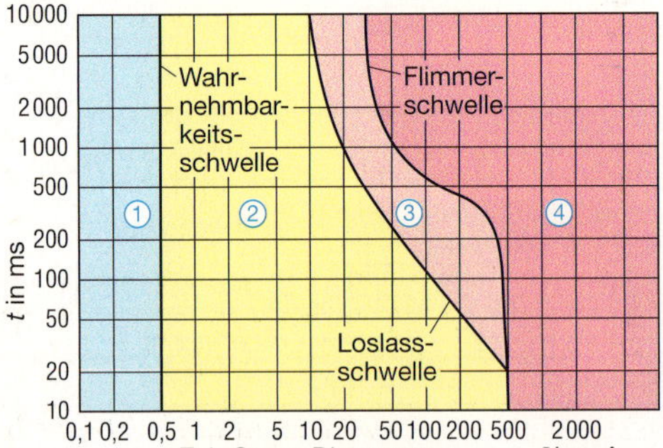

Zeit-Strom-Diagramm

Gefährdungsbereiche für erwachsene Personen und Stromweg »linke Hand zu beiden Füßen«

① keine Reaktion
② keine physiologisch gefährliche Wirkung
③ bei $t > 10$ s oberhalb der Loslassschwelle Muskelverkrampfungen
④ Herzkammerflimmern, Herzstillstand

Gleichstrom

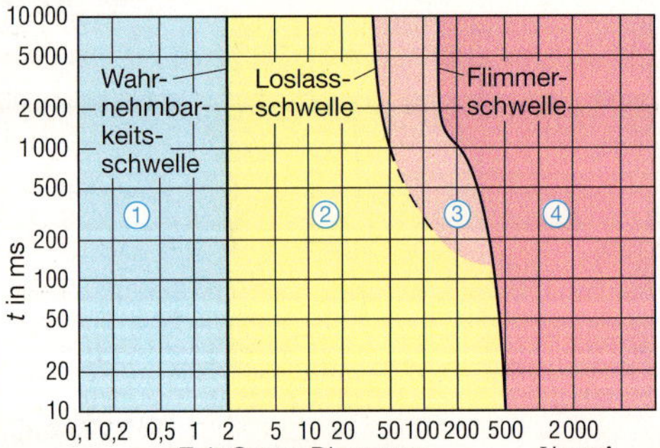

Zeit-Strom-Diagramm

Gefährdungsbereiche für erwachsene Personen und Stromweg »linke Hand zu beiden Füßen«

① keine Wahrnehmung
② keine physiologisch gefährliche Wirkung
③ mögliche Störungen durch Impulse im Herzen
④ Herzkammerflimmern, Verbrennungen

Elektrischer Widerstand des menschlichen Körpers

Ersatzschaltbild	Erklärung
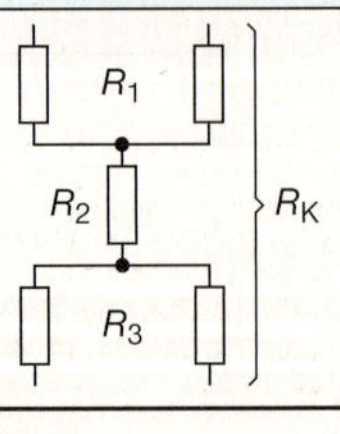	Teilwiderstände R_1: Hände/Arme R_2: Körperrumpf R_3: Beine/Füße R_K: innerer Körperwiderstand mit Durchschnittswerten • bei 25 V mit 3250 Ω • bei 50 V mit 2625 Ω • bei 230 V mit 1350 Ω

Begriffe

L1 L2 L3	**Außenleiter**: Leiter, die Stromquellen mit Verbrauchsmitteln verbinden.
N	**Neutralleiter**: Leiter, der mit dem Mittel- oder Sternpunkt verbunden ist.
PE	**Schutzleiter**: Leiter, der Körper von Betriebsmitteln, leitfähige Teile, Haupterdungsklemme und Erde verbindet.
PEN	**PEN-Leiter**: Leiter, der die Funktionen von Neutral- und Schutzleiter vereinigt.
U_o	**Wechselspannung** (Effektivwert) z. B. zwischen Außenleiter und N-Leiter bzw. Erde
U_B	**Berührungsspannung**
U_L	**höchstzulässige Berührungsspannung** Menschen: 50 V~, 120 V⎓ Nutztiere: 25 V~, 60 V⎓
U_F	**Fehlerspannung**: Spannung, die im Fehlerfall zwischen Körpern oder zwischen Körpern und der Bezugserde auftritt.
I_F	**Fehlerstrom**: Strom, der aufgrund eines Isolationsfehlers fließt.
I_K	**Kurzschlussstrom**: Strom, der bei direkter Verbindung von zwei Außenleitern oder zwischen Außenleiter und Neutralleiter fließt. **Erdschluss**: Leitende Verbindung eines Außenleiters mit der Erde (auch einpoliger Kurzschluss).
I_b	**Betriebsstromstärke** eines Stromkreises
I_n	**Bemessungsstromstärke** (Nennstrom) eines Verbrauchsmittels oder Überstrom-Schutzorgans
$I_{\Delta n}$	**Bemessungsnennfehlerstromstärke** der RCD
t_a	Abschaltzeiten der Überstrom-Schutzorgane in **Endstromkreisen** bei **Betriebsstromstärke $I_b \leq 32$ A** **TN-Systeme**: • $t_a \leq 0{,}4$ s für $120\,V < U_0 \leq 230\,V$ • $t_a \leq 0{,}2$ s für $230\,V < U_0 \leq 400\,V$ • $t_a \leq 0{,}1$ s für $U_0 > 400\,V$ **TT-Systeme**: • $t_a \leq 0{,}2$ s für $120\,V < U_0 \leq 230\,V$ • $t_a \leq 0{,}07$ s für $230\,V < U_0 \leq 400\,V$ • $t_a \leq 0{,}04$ s für $U_0 > 400\,V$ **IT-Systeme**: • Körper mit PE-Leiter verbunden und gemeinsame Erdungsanlage ⇒ Abschaltzeiten wie im TN-System • Körper in Gruppen od. einzeln geerdet ⇒ Abschaltzeiten wie im TT-System

Schutz gegen elektrischen Schlag

Protection against electric shock

DIN VDE 0100-410: 07-06
DIN VDE 0100-739: 89-06

Basisschutz und Fehlerschutz

Sicherheitskleinspannung SELV[1]

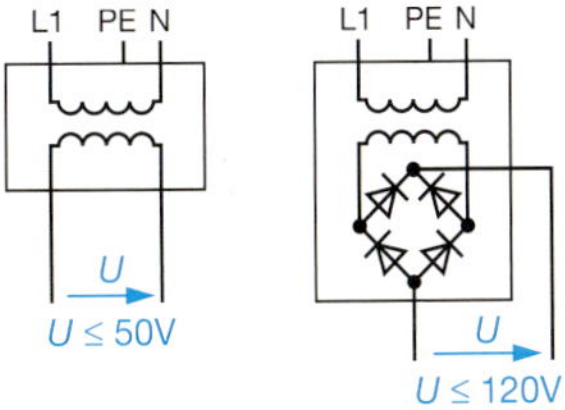

Keine Verbindung mit Erde, Schutzleiter oder aktiven Teilen anderer Stromkreise, **sichere Trennung**

[1] = **S**afety **E**xtra **L**ow **V**oltage

Funktionskleinspannung PELV[2] bzw. FELV[3]

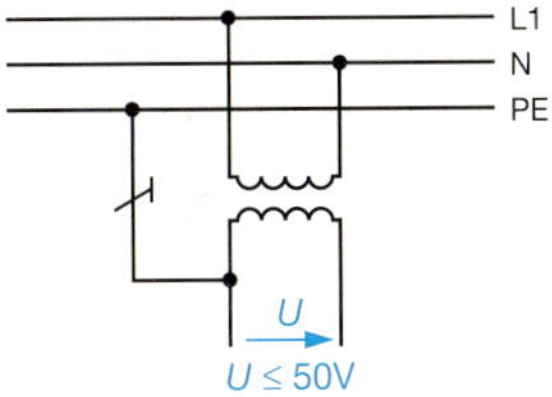

Hinweis:
Bei FELV ist wie bei PELV aus Funktionsgründen Kleinspannung erforderlich, jedoch werden im Unterschied zu PELV nicht alle Bedingungen bei der Isolierung angeschlossener Betriebsmittel erfüllt.

Erdung und Verbindung mit Schutzleiter anderer Stromkreise zulässig, PELV: **sichere Trennung**; FELV: **ohne sichere Trennung**, FELV als eigenständige Schutzmaßnahme nicht anerkannt (DIN VDE 0100-470).

[2] = **P**rotective **E**xtra **L**ow **V**oltage [3] = **F**unctional **E**xtra **L**ow **V**oltage

Basisschutz (Schutz gegen direktes Berühren)

Basisisolierung aktiver Teile

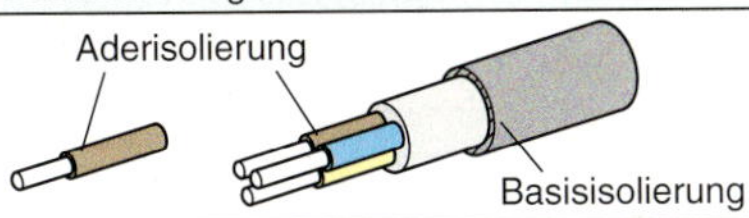

Abdeckungen oder Umhüllungen

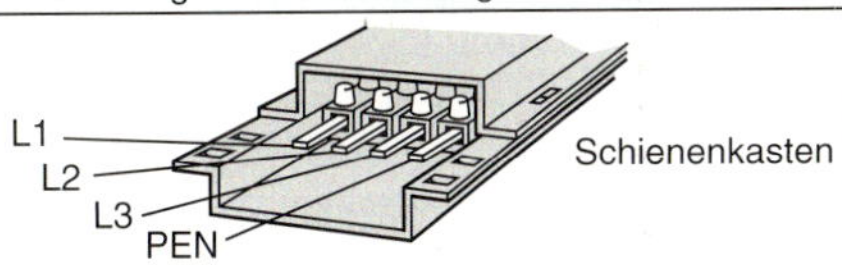

Hindernisse

z. B. Barrieren, Schranken

Anordnung außerhalb des Handbereichs

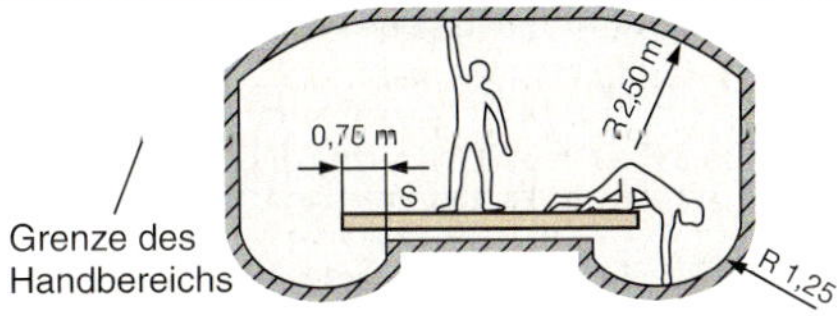

Zusätzlicher Schutz durch RCD ($I_{\Delta n} \leq 30$ mA)

Fehlerschutz (Schutz bei indirektem Berühren)

Schutzpotenzialausgleich

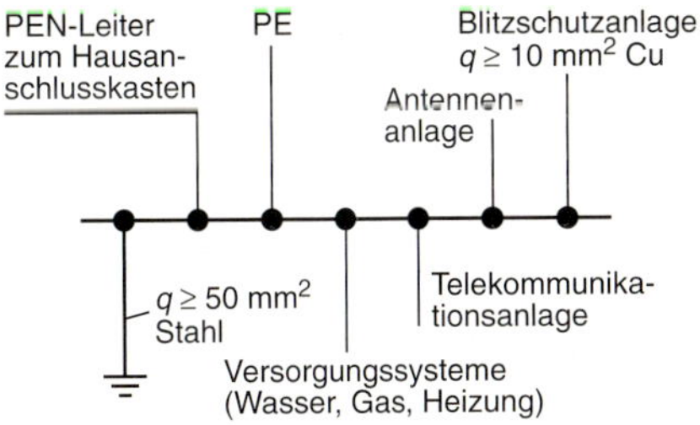

Nicht leitende Umgebung

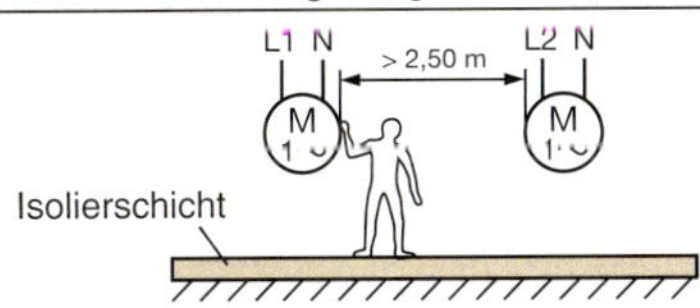

Doppelte oder verstärkte Isolierung

- Vollisolierung
- Isolierungsumkleidung
- Isolierauskleidung
- Zwischenisolierung

Schutztrennung

$U_{1n} \leq 1000$V $U_{2n} \leq 500$V

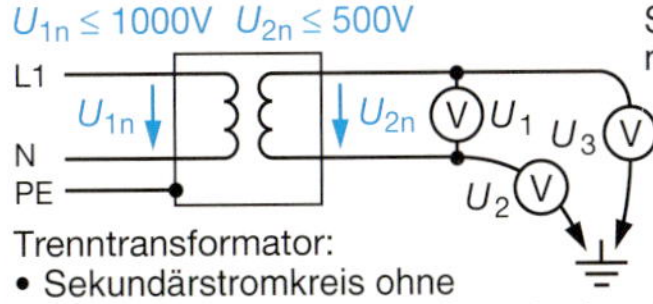

Spannungsmessungen:
$U_1 = 250$ V
$U_2 = 0$ V
$U_3 = 0$ V

Trenntransformator:
- Sekundärstromkreis ohne Verbindung zu anderem Stromkreis oder Erde
- $l_{2\,max} \leq 500$ m; $U_{2n} \cdot l_2 \leq 100\,000$ Vm

Schutz elektrischer Betriebsmittel

Schutzklassen

I	II	III
Schutzmaßnahme mit Schutzleiter • Gerät mit Metallgehäuse z. B. Motor	Doppelte oder verstärkte Isolierung (Schutzisolierung) • Geräte mit Kunststoffgehäuse z. B. Handbohrmaschine	Kleinspannung (SELV, PELV) • Geräte mit Bemessungsspannungen bis 25 V AC bzw. 50 V AC und 60 V DC bzw. 120 V DC z. B. Elektrische Handleuchten

Fehlerschutz – *Fault protection*

DIN VDE 0100-410: 07-06

Fehlerschutz (Schutz bei indirektem Berühren)

TN-C-S-System

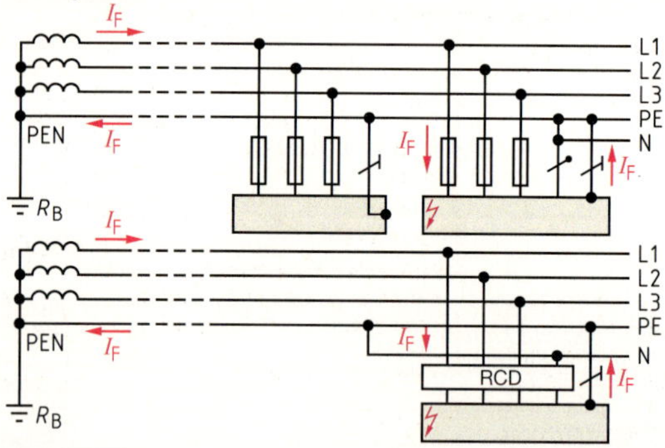

Schutzeinrichtungen:
- Schmelzsicherungen
- Leitungsschutz-Schalter
- RCD

Prinzip:
Fehlerstrom I_F wird zum Kurzschlussstrom und fließt über PE- und PEN-Leiter zur Quelle.

Abschaltung:
innerhalb der für I_a angegebenen Zeiten

Abschaltbedingung:
$Z_S \cdot I_a \leq U_o$

RCD:
$I_a = I_{\Delta n}$, Abschaltzeit $t_a \leq 0{,}2$ s; bei selektivem RCD-Schutz $t_a \leq 0{,}5$ s

TT-System

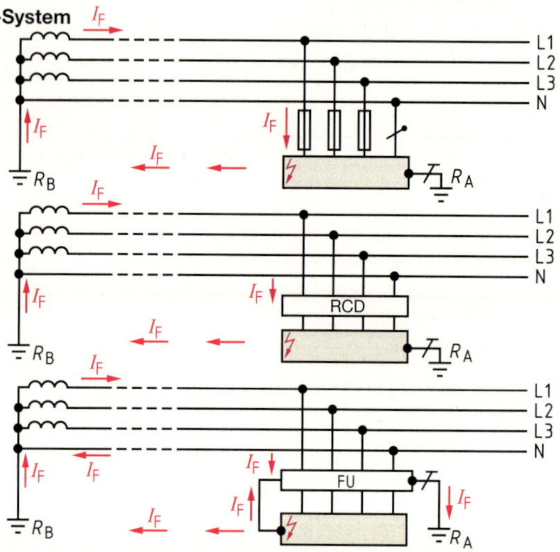

Schutzeinrichtungen:
- Schmelzsicherungen
- Leitungsschutz-Schalter
- RCD
- FU-Schutzschalter

Prinzip:
Fehlerstrom I_F wird zum Erdschlussstrom und fließt über Erder (Erde) zur Quelle.

Abschaltung:
gewährleistet bei RCD, da Fehlerstrom niedrig.

Abschaltbedingung:
$R_A \cdot I_a \leq U_L$

RCD:
$I_a = I_{\Delta n}$ wie oben

Fehlerspannungs-Schutzeinrichtung (FU):
bei $R_A \geq 200\ \Omega$ beträgt Abschaltzeit $\leq 0{,}2$ s.

IT-System

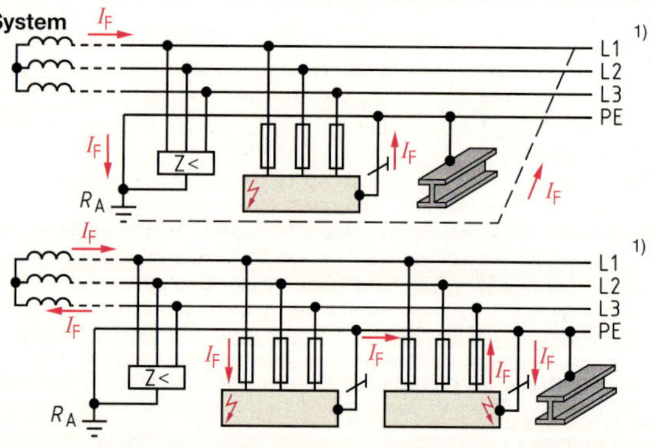

Schutzeinrichtungen:
- Schmelzsicherungen
- Leitungsschutz-Schalter
- Isolationsüberwachungseinrichtung
- RCD

Prinzip der Isolationsüberwachung:
- Einfachfehler: Fehleranzeige durch Meldung, I_d ($\triangleq I_F$) ist Fehlerstrom (Ableitstrom).
- Doppelfehler: Abschaltung durch Überstrom-Schutzorgane innerhalb 0,2 bzw. 5 s

Abschaltbedingung:
$R_A \cdot I_d \leq U_L$

1) Auch mit Neutralleiter möglich

Prüfung von Schutzmaßnahmen

Checking of protective measures

DIN VDE 0100-600: 08-06
DIN VDE 0100-410: 07-06

Isolationswiderstand

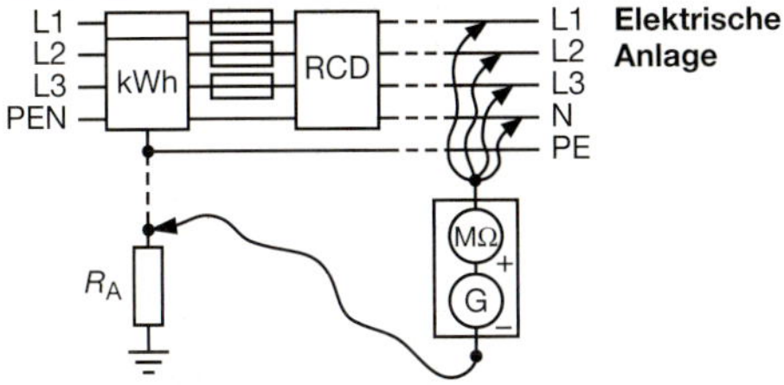

Messung des Isolationswiderstandes:

- Anlage vom Netz trennen und Außenleiter überbrücken.
- Messung von R_{iso} zwischen Außenleiter und Neutralleiter sowie Neutralleiter und PE-Leiter.
- Messung zwischen 2 Außenleitern nicht erforderlich.
- Werte für R_{iso} ohne angeschlossene Verbraucher bei folgenden Nennspannungen:
  - SELV, PELV $\Rightarrow R_{iso} \geq 0{,}5\ \text{M}\Omega$
  - $U_0 \leq 500\ \text{V} \Rightarrow R_{iso} \geq 1{,}0\ \text{M}\Omega$
  - $U_0 > 500\ \text{V} \Rightarrow R_{iso} \geq 1{,}0\ \text{M}\Omega$

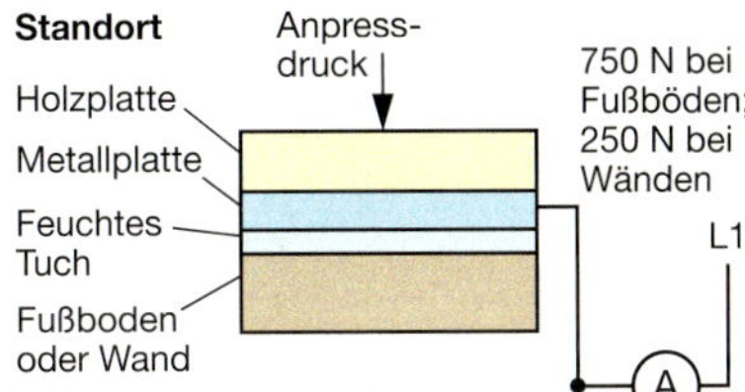

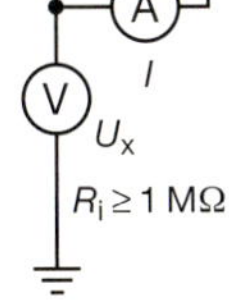

Fußbodenimpedanz Z_x:

- Messung von I und U_x an mindestens drei Stellen des Fußbodens
- Berechnung von Z_x

$$Z_x = \frac{U_x}{I}$$

Mindestwerte für Z_x (R_{iso}) in Wechselspannungsanlagen

- 50 kΩ bis AC 500 V
- 100 kΩ ab AC 500 V

Erdungswiderstand

Messarten

- **Zweileitermessung**: Der Widerstand zwischen dem zu messenden Erder R_E und einem bekannten Erder R_{PEN} des TN-Systems wird gemessen und vom bekannten Widerstand R_{PEN} subtrahiert.
  Anwendung: In dicht bebauten Gebieten, wo keine Sonden oder Hilfserder gesetzt werden können.
- **Dreileitermessung**: Aus Messstrom und Spannungsfall zwischen Hilfserder und Sonde (Verwendung von Erdspießen) ergibt sich der Erdungswiderstand. Direkte Anzeige auf dem Display.
  Anwendung: Fundamenterder, Baustellenerder, Blitzschutzerder
- **Messung mit zwei Stromzangen**: Mit einer Stromzange wird ein Messstrom in die Erdschleife induziert, mit einer zweiten Zange wird in einem Abstand von $a > 0{,}25$ m die Stromstärke durch den Erder gemessen.
  Anwendung: Praxisgerechte Messung in Erdungsanlagen mit untereinander verbundenen Erdern, z. B. der Blitzschutzanlage.
  (Aufbau der Schaltungen nach Angaben der Messgerätehersteller.)

Spannungstrichter eines Staberders

U_0: Erderspannung

U_s: Schrittspannung

I: Stromstärke

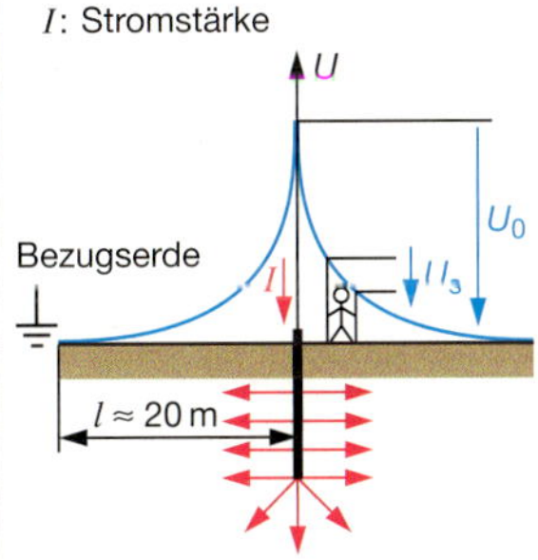

Schleifenimpedanz („Schleifenwiderstand")

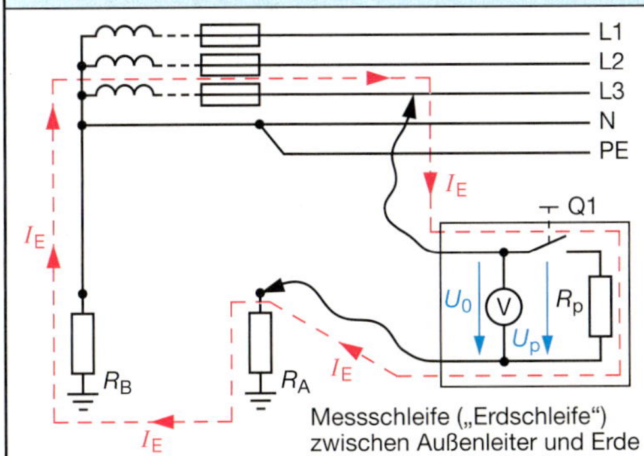

Messschleife („Erdschleife") zwischen Außenleiter und Erde

Messung der Schleifenimpedanz:

- Anzeige von Z_s mit Messgerät nach DIN EN 61 557-3.
- Messung der Netzspannung U_0 bei geöffnetem Schalter Q1.
- Messung der Spannung U_p bei eingeschaltetem Lastwiderstand R_p.
- Bestimmung von Z_s nach $\Delta U = U_0 - U_p$ und $\Delta U = Z_s \cdot I_E$

$$I_E = \frac{U_0}{R_p + Z_s} \qquad (Z_s \ll R_p)$$

$$I_E \approx \frac{U_0}{R_p} \Rightarrow Z_s \approx \frac{\Delta U \cdot R_p}{U_0}$$

Energieversorgung und Sicherheit

Schutz durch RCD – *Protection by RCD*

DIN VDE 0664-101: 03-10

RCD[1]-Prüfung

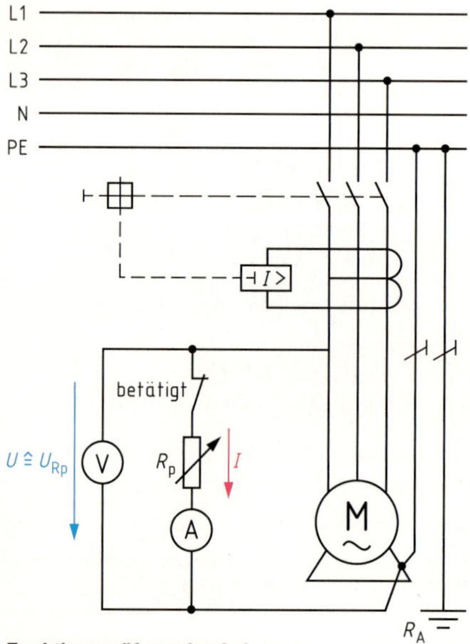

Funktionsprüfung der Anlage:

- Messung der Fehlerspannung beim Auslösen durch künstlichen Fehler, U_F = 50 V~ bzw. 25 V~
- Messung des Erdungswiderstandes und Vergleich mit

$$R_A \leq \frac{50\,V}{I_{\Delta n}} \text{ bzw.} \leq \frac{25\,V}{I_{\Delta n}}$$

[1] **RCD** = **R**esidual **C**urrent protective **D**evice

Schutz durch RCD bei pulsierenden Gleichfehlerströmen

Wirksamkeit des Schutzes

Schutz in Drehstromnetzen:
- Abschaltung je nach $I_{\Delta n}$

Schutz in Drehstromnetzen mit auftretenden Gleichstromkomponenten:
- pulsierende Gleichfehlerströme (siehe Diagramme) bei Anwendung von
  - Einpuls-Mittelpunktschaltung (Abb. 1)
  - Zweipuls-Mittelpunktschaltung mit Glättung (Abb. 2)
  - Phasenanschnittsteuerung symmetrisch (Abb. 3)
  - Schwingungspaketsteuerung (Abb. 4)
- Auslösung durch RCD bei pulsierenden Gleichfehlerströmen, die innerhalb einer Periode der Netzfrequenz Null oder nahezu Null werden.
- Kennzeichnung:

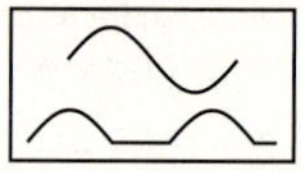

Betriebsstrom I_b — Fehlerstrom I_F

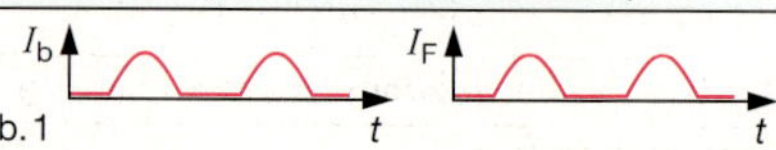

Abb. 1

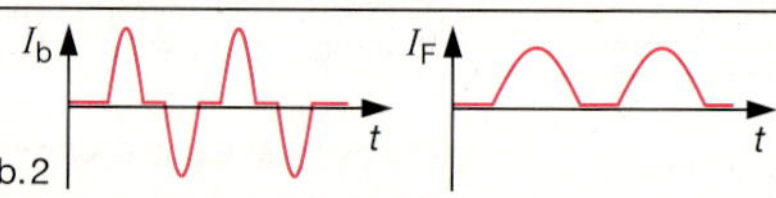

Abb. 2

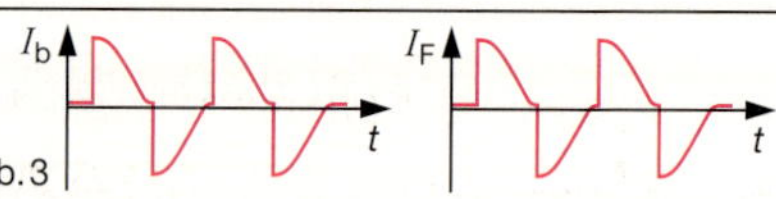

Abb. 3

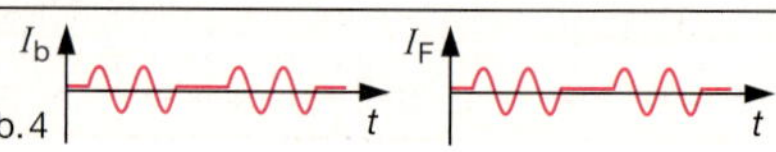

Abb. 4

Allgemeine Bedingungen für Tarifkunden

General conditions for tariff customers

Kundenanlage § 12

- Anschlussnehmer ist verantwortlich für die ordnungsgemäße Errichtung, Erweiterung, Änderung und Unterhaltung der elektrischen Anlage hinter der Hausanschlusssicherung.
  Ausnahme: Messeinrichtung des VNB (Verteilungsnetzbetreiber)
- Ausführung von Arbeiten in der elektrischen Anlage darf nur durch den VNB und einen in dem Installateurverzeichnis des VNB eingetragenen Installateur vorgenommen werden.

Inbetriebsetzung der Kundenanlage § 13

- Inbetriebsetzung der elektrischen Anlage bis zu den Haupt- oder Verteilungssicherungen erfolgt durch den VNB oder einen Beauftragten. Den elektrischen Anlagenteil hinter diesen Sicherungen setzt der Installateur in Betrieb.
- Inbetriebsetzung der elektrischen Anlage ist über den Installateur beim VNB zu beantragen.

Überprüfung der Kundenanlage § 14

- VNB ist berechtigt, die Anlage vor Inbetriebnahme zu überprüfen.
- Festgestellte Sicherheitsmängel müssen beseitigt werden.

Betrieb, Erweiterung und Änderung von Anlagen und Verbrauchsgeräten § 15

- Erweiterungen und Änderungen in Anlagen (P > 4,4 kW mit Ausnahme von Elektroherden) sind dem VNB mitzuteilen.

Technische Anschlussbedingungen (TAB) § 17

- Festlegung technischer Anforderungen an den Hausanschluss und andere Anlagenteile sowie Betrieb von Anlagen erfolgt durch die TAB der VNB.

Prüfungen in Anlagen mit Fehlerstrom-Schutzeinrichtung

Tests in installations with RCD DIN VDE 0664

Klassifikation und Bemessungswerte

Fehlerstrom-Schutzeinrichtungen werden nach folgenden Kriterien unterteilt:

- Bemessungsstromstärke I_n: 16 A; 25 A; 40 A; 63 A; 100 A; 125 A; 160 A; 200 A
- Bemessungs-Fehlerstromstärke $I_{\Delta n}$: 0,01 A; 0,03 A; 0,1 A; 0,3 A; 0,5 A; 1 A
- Bemessungs-Kurzschlussfestigkeit: 3000 A; 6000 A; 10000 A; 20000 A; 50000 A
- Polzahl (zwei-, drei- bzw. vierpolig)
- IP-Schutzart
- Fehlerstromarten: sinusförmige Wechselfehlerströme ∿
  pulsierende Gleichfehlerströme
  glatte Gleichfehlerströme ⎓
- Selektive Abschaltung [S] (zeitliche Auslöseverzögerung)
- Kurzzeitverzögerung [K] (verhindert unerwünschtes Auslösen durch kurzzeitige hohe Ableitströme)

Prüfung der Fehlerstrom-Schutzeinrichtung

1. Besichtigung	Kontrolle der leichten Zugänglichkeit zur Bedienung und Wartung Prüfung der korrekt gewählten Auswahlkriterien der eingebauten RCD
↓ 2. Erprobung	Prüfung der elektromechanischen Funktionsfähigkeit der RCD mit Hilfe der Prüftaste T ①.
↓ 3. Messung	Die RCD muss mindestens vor Erreichen des Bemessungs-Fehlerstromes auslösen ($I_\Delta \leq I_{\Delta n}$). Messverfahren: Messung mit ansteigendem Prüfstrom Impulsmessung Die für die Anlage vereinbarte dauernd zulässige Berührungsspannung U_L (25 V bzw. 50 V) darf nicht überschritten werden ($U_B \leq U_L$). Messverfahren: Messung mit ansteigendem Prüfstrom Impulsmessung Messung der Berührungsspannung U_B Messverfahren: Messung mit bzw. ohne Sonde Messung mit Neutralleiter als Sonde

Fehlerursache bei der Prüfung

Fehler	Ursache
RCD löst bei der Prüfung nicht aus.	• Berührungsspannung $U_B > U_L$ ⇒ Erdungswiderstand R_A zu hoch ⇒ niedrigere Bemessungs-Fehlerstromstärke der RCD wählen. • Fehlerstrom $I_F > I_{\Delta n}$ ⇒ Schluss zwischen Neutral- und Schutzleiter ⇒ RCD defekt
RCD löst ungewollt bei der Prüfung aus.	• Falsche Messbereichseinstellung am Messgerät ($I_{\Delta n}$ zu groß gewählt) • Vorbelastung des Schutzleiters durch Ableitströme bereits vor der Prüfung

Auswirkung von Fehlern in der elektr. Anlage

Fehler	Folge
Verbindung zwischen N- und PE-Leiter	• RCD löst aus, da das Summenstromprinzip der RCD gestört ist. • RCD löst nicht aus, da ein Teil des Fehlerstromes über den N-Leiter abfließt.
Verbindung zwischen N-Leitern verschiedener RCD's	• RCD kann ungewollt und unkontrolliert auslösen (z. B. RCD mit dem kleinsten $I_{\Delta n}$).
N- und PE-Leiter vertauscht	• RCD löst bei angeschlossenem Verbraucher sofort aus (bei $I > I_{\Delta n}$).

Schutzarten durch Gehäuse

Degrees of protection provided by enclosures

DIN VDE 0470-1: 69-03

Kennzeichnung

IP 2 3 C H

- Kennbuchstaben (**I**nternational **P**rotection) → IP
- 1. Kennziffer (Schutz geg. Eindringen von Fremdkörpern u. Staub) → 2
- 2. Kennziffer (Schutz gegen Eindringen von Wasser) → 3
- Ergänzender Buchstabe → C
- Zusätzlicher Buchstabe (Schutz gegen Zugang zu gefährlichen Teilen) → H

Wird eine Kennziffer nicht angegeben, so ist sie durch ein X zu ersetzen.

Ergänzender/zusätzlicher Buchstabe kann entfallen. Mehrere Buchstaben sind in alphabetischer Reihenfolge zu nennen.

1. Kennziffer	Bildzeichen[1]	Beschreibung	2. Kennziffer	Bildzeichen[1]	Beschreibung
0		Kein Schutz	0		Kein Schutz
1		Schutz gegen Eindringen großer Fremdkörper ($d > 50$ mm)	1		Schutz gegen senkrecht fallendes Wasser (Tropfwasser)
2		Schutz gegen Eindringen mittelgroßer Fremdkörper ($d > 12$ mm)	2		Schutz gegen schräg fallendes Wasser (Tropfwasser) bis zu 15° Neigung
3		Schutz gegen Eindringen kleiner Fremdkörper ($d > 2{,}5$ mm)	3		Schutz gegen Sprühwasser mit max. 60° zur Senkrechten
4		Schutz gegen Eindringen kornförmiger Fremdkörper ($d > 1$ mm)	4		Schutz gegen Spritzwasser aus allen Richtungen
5		Schutz gegen Staubablagerungen (staubgeschützt) und vollständiger Berührungsschutz	5		Schutz gegen Wasserstrahl aus allen Richtungen
6		Schutz gegen Eindringen von Staub (staubdicht), vollständiger Berührungsschutz	6		Schutz gegen starken Wasserstrahl aus allen Richtungen
			7		Schutz bei zeitweiligem Untertauchen
			8		Schutz bei dauerndem Untertauchen
			–	…atü	Schutz gegen Eindringen von Wasser unter Druck (druckwasserdicht)

ergänzender Buchstabe	Beschreibung	zusätzlicher Buchstabe	Beschreibung
A	Schutz gegen Zugang mit Handrücken	**H**	Hochspannungs-Betriebsmittel
B	Schutz gegen Zugang mit Finger	**M**	Schutz gegen Wasser geprüft bei bewegten Teilen
C	Schutz gegen Zugang mit Werkzeug	**S**	Schutz gegen Wasser geprüft bei stillstehenden, beweglichen Teilen
D	Schutz gegen Zugang mit Draht	**W**	Schutz vor festgelegten Wetterbedingungen, mit zusätzlichen Schutzmaßnahmen

[1] Übliche Kennzeichnung bei Leuchten

Explosionsschutz – *Explosion protection*

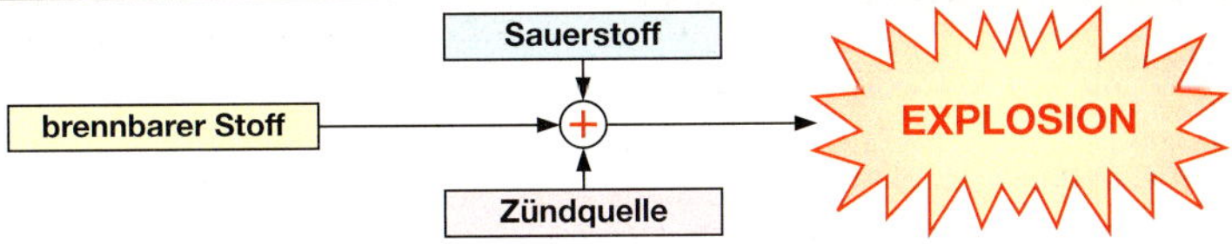

Integrierter Explosionsschutz	Sekundärer Explosionsschutz
1. Bildung explosionsfähiger Atmosphäre verhindern – Vermeidung brennbarer Stoffe – Inertisierung (Unterbindung der Zündfähigkeit durch Zugabe von Stickstoff, Kohlendioxid) – Konzentration begrenzen – natürliche oder technische Belüftung 2. Zündung explosionsfähiger Atmosphäre verhindern 3. Auswirkungen einer Explosion auf ein unbedenkliches Maß beschränken.	Anwendung wenn kein ausreichender integrierter Explosionsschutz möglich ist. – Zündung explosionsfähiger Atmosphäre verhindern – EX-Zonen geben Wahrscheinlichkeit für vorhandene explosionsfähige Atmosphäre an – für Zonenanforderung zugelassene Betriebsmittel einsetzen

Zoneneinteilung, Gerätegruppen

Gerätegruppe I		Gerätegruppe II				
für den Einsatz unter Tage		Häufigkeit vorhandener explosionsfähiger Atmosphäre	brennbare Gase, Dämpfe und Nebel	Gerätekategorie	brennbare Stäube	Gerätekategorie
M1	Betrieb bei EX-Atmosphäre	ständig, langzeitig	Zone 0	II 1G	Zone 20	II 1D
M2	Abschaltung beim Auftreten explosionsfähiger Atmosphäre	gelegentlich	Zone 1	II 2G	Zone 21	II 2D
		selten, kurzzeitig	Zone 2	II 3G	Zone 22	II 3D

Zündschutzarten

e: erhöhte Sicherheit

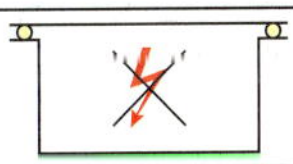

Vermeidung von
– unzulässig hohen Temperaturen
– Funken-/Lichtbogenbildung

d: druckfeste Kapselung

Explosion wird auf Geräteinnenraum begrenzt, geringe Druckabgabe nach außen.

p: Überdruckkapselung

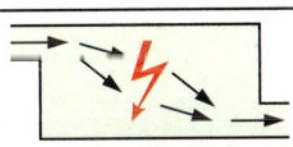

Zündschutzgas mit Überdruck verhindert Bildung explosionsfähiger Atmosphäre.

i: Eigensicherheit

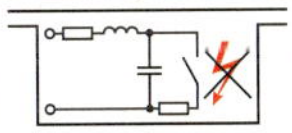

geringe Energien, kein Funke/thermischer Effekt möglich

o: Ölkapselung

aktive Teile in Schutzflüssigkeit

q: Sandkapselung

Sandfüllung vermeidet Ausbreitung von Explosionen.

m: Vergusskapselung

aktive Teile vergossen, keine Zündung möglich

n: Zündschutzmethode

„n"

keine Zündung umgebender Atmosphäre möglich; Kombination mehrerer Zündschutzarten

Kennzeichnung explosionsgeschützter Betriebsmittel

Beispiel:

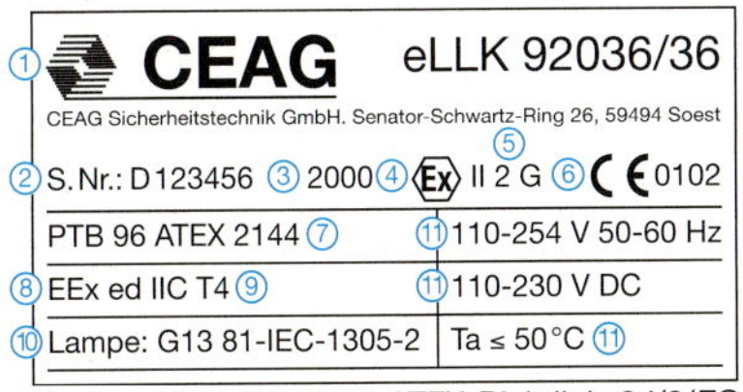

Typenschild nach neuer ATEX-Richtlinie 94/9/EG

① Herstellername, -anschrift (ggf. Internetadresse) u. Logo
② Seriennummer
③ Baujahr
④ Kennzeichnung für explosionsgeschützte Geräte in Verbindung mit ⑤
⑤ Gerätegruppe
⑥ CE-Zeichen mit Nr. der Prüfstelle
⑦ Prüfnummer
⑧ Europäische Kennzeichnung
⑨ Zündschutzart, Temperaturklasse
⑩ Betriebsmittelkennzeichnung
⑪ Betriebsparameter

Regeln für das Arbeiten an elektrischen Anlagen

Rules for working on electrical installations

DIN VDE 0105-100: 05-06

Freigabe der Anlage zur Arbeit
durch die verantwortliche Aufsichtsperson
- nach Aufstellen des Sicherheitsschildes und
- Befolgen der Sicherheitsregeln.

5 Sicherheitsregeln

1. **Freischalten**
   Das Anlagenteil muss allpolig und allseitig abgeschaltet werden.

2. **Gegen Wiedereinschalten sichern**
   Nur die an der Anlage tätigen Personen dürfen das betreffende Anlagenteil wieder in Betrieb nehmen.

3. **Spannungsfreiheit feststellen**
   Durch Messung mit Messgerät oder zweipoligem Spannungsprüfer vergewissern, dass keine Spannung gegen Erde am betreffenden Anlagenteil vorhanden ist.

4. **Erden und Kurzschließen** [1]
   Von der Erdungsklemme ausgehend alle Leiter untereinander verbinden.

5. **Benachbarte, unter Spannung stehende Teile abdecken und abschranken**
   Durch Abdecken, Abschranken oder Isolieren von spannungsführenden Anlagenteilen soll verhindert werden, dass diese Teile berührt werden können.

[1] In Anlagen mit Bemessungsspannungen bis 1 kV darf unter bestimmten Umständen hiervon abgewichen werden (vgl. DIN VDE 0105-100, Punkt 6.2.4.2)

Verhalten bei Unfällen durch Strom
- Schnelle Hilfe für den Verunglückten, da lebensbedrohende Folgen bei längerer Stromeinwirkung auf den Körper.

Erste Hilfe je nach Notfallsituation

Spannung abschalten.

Verunglückten aus dem Gefahrenbereich bringen.

Arzt oder Rettungsdienst rufen.

Verletzung feststellen.

Bei Atmung Verunglückten in stabile Seitenlage bringen.

Bei Atem- oder Kreislaufstillstand Atemspende oder Herzmassage veranlassen.

Bei Schock Verunglückten in Schocklage bringen.

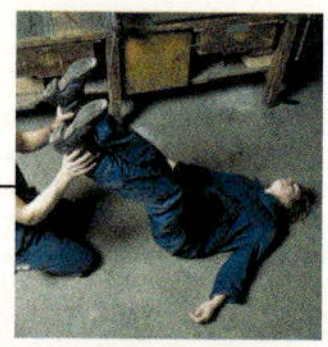

Maßnahmen vor dem Wiedereinschalten nach beendeter Arbeit

1. Werkzeug und Hilfsmittel entfernen.
2. Gefahrenbereich verlassen.
3. Kurzschließung und Erdung zuerst an der Arbeitsstelle, dann an den übrigen Stellen aufheben ①.
4. Anlagenteile und Leitungen ohne Erdungsseil dürfen nicht berührt werden.
5. Entfernte Schutzverkleidungen und Sicherheitsschilder wieder anbringen ②.
6. Schutzmaßnahmen an den Schaltstellen erst nach Freimeldung von den Arbeitsstellen aufheben.

①

②

Steuern und Regeln 7

Sensoren – *Sensors*

Sensorart	Eigenschaften	Anwendungen
Drucksensor 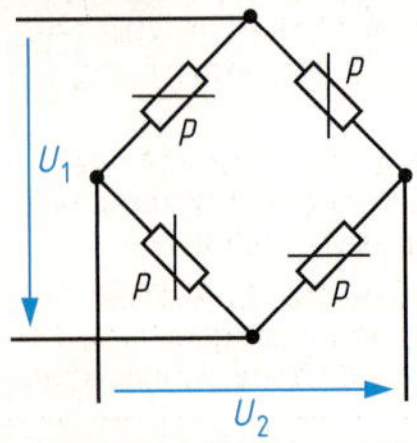	• Druckabhängige Widerstände werden durch piezoresistive Bahnen gebildet. • Brückenschaltung bewirkt Reduzierung von Störgrößen • Nutzsignal bei U_1 = 5 V und Maximaldruck (z. B. 100 kPa) U_2 = 70 mV. • Bei hohen Temperaturschwankungen Kompensation erforderlich.	• Medizinische Technik • Elektronische Personenwaagen • Verpackungs- und Getränkeabfüllmaschinen • Klär-, Kühl- und Klimatechnik • Niederdruckbereich 2…10 kPa • Mitteldruckbereich 25…1000 kPa • Hochdruckbereich 6…40 MPa
Magnetfeldsensor[1] 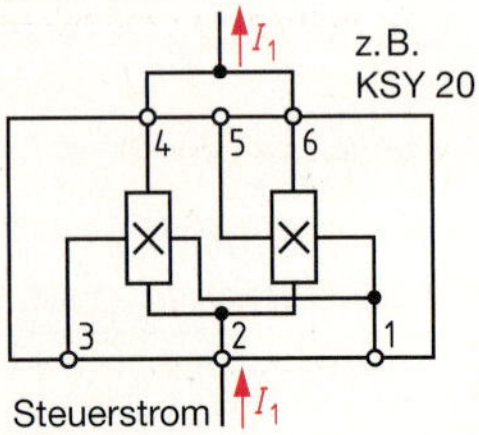 I_1 Steuerstrom U_{35} Hallspannung	• Antiparallelschaltung zweier Hallgeneratoren bewirkt differenzierende Wirkung und besonders deutliche Registrierung von örtlichen Magnetfeldänderungen. • Bei Verbindung mit einem Permanentmagneten ändert sich die Hallspannung bei Annäherung eines weichmagnetischen Körpers.	• Positionsmessungen bei Werkzeugmaschinen. • Drehlzahlmessungen in der Antriebstechnik. • Messung von Tangentialfeldern bei zerstörungsfreier Werkstoffprüfung. • Abtastung magnetisierter Folien in Sortieranlagen.
Wegsensor (magnetisch) 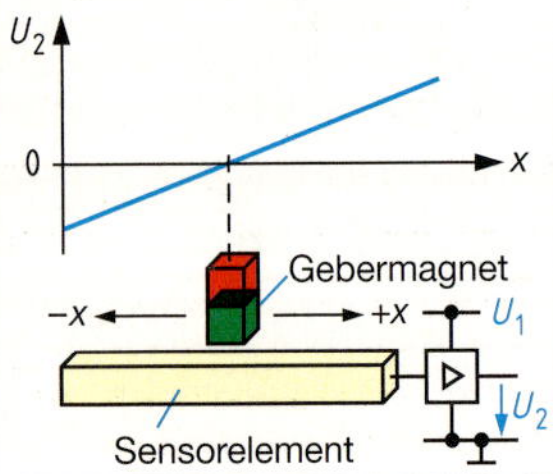	• Zur Wegmessung wird die Verstimmung eines magnetischen Kreises genutzt. • Diese ergibt sich aus der relativen Position des Gebermagneten zur Sensorspule. • Elektronische Signalaufbereitung liefert lineare Umsetzung des Weges in Spannung.	• Ausgangssignal U_2 ist nur von der Höhe, nicht aber von der Änderungsgeschwindigkeit des Magnetfeldes abhängig. • Messung der Nadelstellung im Diesel-Einspritzventil. • Erschütterungsunempfindlicher Einsatz bei Fahrzeugen, Handhabungsautomaten und Werkzeugmaschinen.
Näherungsschalter (induktiv) z. B. TCA 305 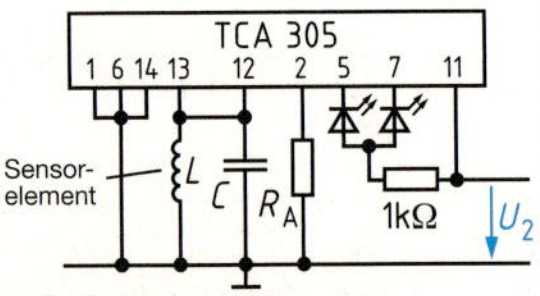 LC-Schwingkreis, R_A Abstandswiderstand	• Schaltfunktion wird ausgelöst durch Schwingkreisverstimmung bei Annäherung eines ferromagnetischen Metallteiles an die Oszillatorspule. • Schwankung des Schaltabstandes von ±10 % im Temperaturbereich von −25 °C bis +70 °C zulässig (nach CENELEC).	• Programmierbare Steuerungen • Handhabungsautomaten (Roboter) • Steuerung von Förderanlagen und Aufzugseinrichtungen • U_2 = 12 V schaltet z. B. angeschlossenen Schaltverstärker
Pyroelektrischer Sensor 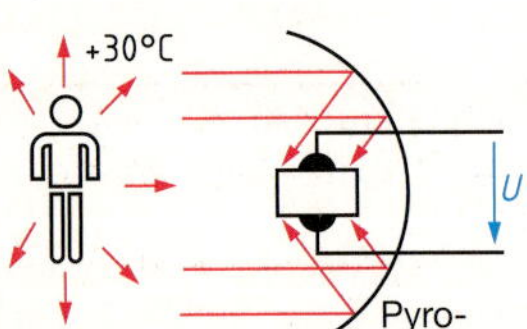	• Pyroelektrische Kunststofffolie verändert bei Bestrahlung durch Infrarotstrahlen elektrisches Dipolmoment der Moleküle. • Dadurch ändert sich die Oberflächenladung und damit die Spannung an den Folienelektroden. • Spannungsänderung wird als Schaltsignal weiterverarbeitet.	• Automatisches Einschalten von Licht in Treppenhäusern, Gängen und Kellern • Schalten von Händetrocknern und sanitären Spülungen • Öffnen von Türen • Objektsicherung • Fertigungsüberwachung von z. B. warmen Spritzteilen

[1] Magnetfeldabhängige Bauelemente

Steuern und Regeln

Feldbussysteme – *Field-bus systems*

VDI/VDE 3687: 99-11

Merkmale von Feldbussystemen

- Feldbussysteme haben die Automatisierung technischer Prozesse erheblich ausgeweitet und ansteigen lassen.
- Gebiet der industriellen Kommunikation ist durch hierarchische Struktur mit drei Anforderungsebenen gekennzeichnet.
- Serielle Bussysteme verbinden Feldgeräte (z. B. Sensoren, Aktoren, Stromrichter, SPS-Steuerungen) untereinander und mit übergeordneten Systemen.
- Informationsaustausch geschieht mittels Telegrammen (Datenpakete). Festlegung des Telegrammaufbaues durch herstellerunabhängige Systemprotokolle.
- Ein System enthält mindestens eine Master- und eine Slaveeinheit. Bei mehreren Mastereinheiten erhält nur eine die höchste Priorität.
- Typische Systeme des Feldbusbereiches: Steuerungen, Bedien- und Anzeigegeräte, Antriebssysteme, Mess- und Überwachungsgeräte.

Anforderungsebenen der industriellen Kommunikation

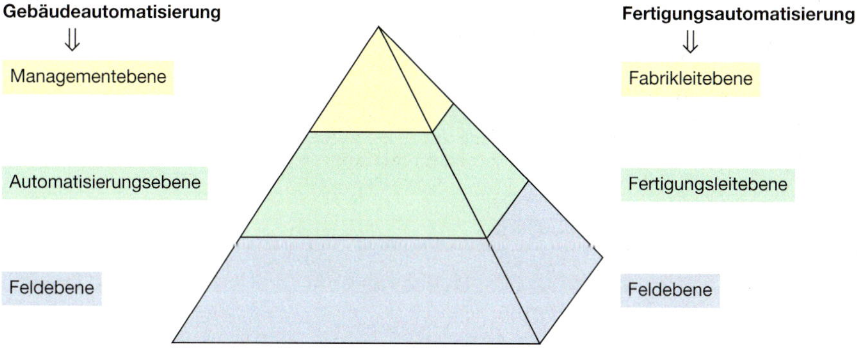

Feldbussysteme

System	Eigenschaften	Anwendungen
Profi-Bus **P**rocess **F**ield **Bus**	Variante Profi-Bus • **FMS** (**F**ield **M**essage **S**pecification) als Systembus/Zellbus mit Linien-Netzwerkform	• Prozesstechnik, Fertigung, Gebäudeautomatisierung
	• **DP** (**D**ezentrale **P**eripherie) als objektnaher Systembus oder Sensor-Aktor-Bus mit Linien-Netzwerkform	• Prozesstechnik, Fertigung, Gebäudeautomation
	• **PA** (**P**rozess **A**utomation) u. a. als eigensicherer Sensor-Aktor-Bus	• Prozesstechnik in explosionsgefährdeten Bereichen
Inter-Bus	• Aktive Ringnetzwerkform • Maximale Leitungslänge: 10 m als Lokalbus 13 km als Fernbus mit Repeater • Busmedium: 5adrige Leitung Lichtwellenleiter, Infrarot • RS 485-Schnittstelle bei Fernbus	• Als Systembus, Zellbus, Sensor-Aktorbus im Maschinen- und Anlagenbau, Prozesstechnik, Gebäudeautomation, Fertigungstechnik • Maximale Teilnehmeranzahl: 1 Master und 512 Slaves
CAN **C**ontroller **A**rea **N**etwork	• Liniennetzwerkform • Maximale Leitungslänge: 40 m bei 1 Mbit/s 1 km bei 50 kbit/s • Busmedium: Twisted Pair, Lichtwellenleiter, Powerline • ISO 11898, ISO 11519-2 ISO DIS 11992	• Objektnaher Systembus für Fahrzeugbau, Industrie- und Gebäudeautomation, Medizintechnik • Maximale Teilnehmerzahl ist treiberabhängig • Variante CANopen für öffentlichen Nahverkehr, Offroad, Industrie und Medizin

Steuerungs- und Regelungstechnik – *Control engineering*

Steuern
- Eingangsgrößen beeinflussen Ausgangsgrößen.
- Dies geschieht nach den Gesetzmäßigkeiten, die das System besitzt ①.
- **Offener** Wirkungsweg (Steuerkette) ②

Regeln
- Fortlaufende Erfassung der zu regelnden Größe ③
- Vergleichen mit der Führungsgröße ④
- Angleichen an die Führungsgröße
- **Geschlossener** Wirkungsablauf (Regelkreis) ⑤

Elemente und Größen in der Steuerkette

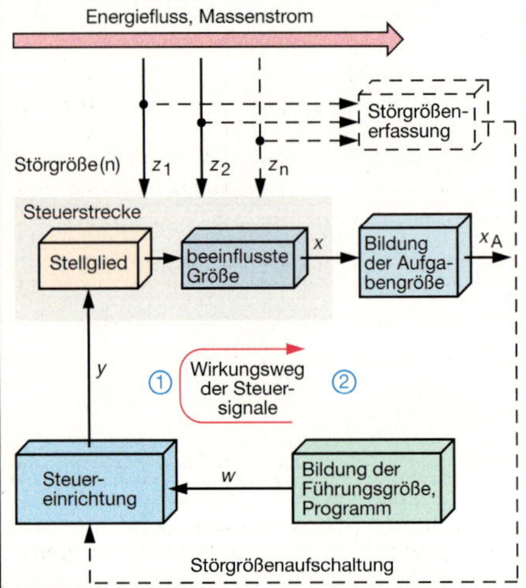

Elemente und Größen im Regelkreis

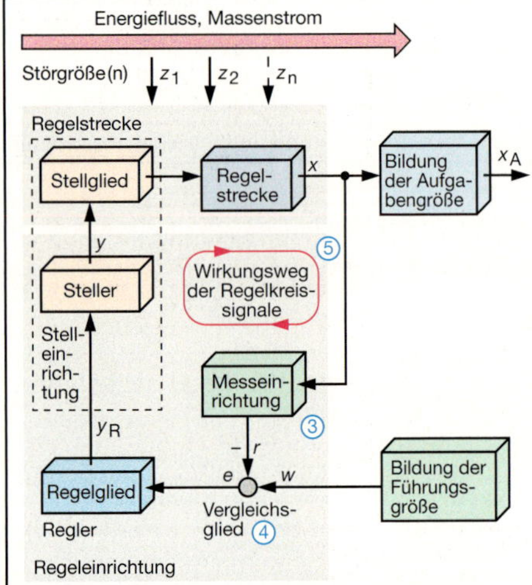

Größen

Formelzeichen	Größe	Erklärung
e	**Regeldifferenz**	Differenz zwischen der Führungsgröße w und der Rückführgröße r $e = w - r$
r	**Rückführgröße**	Aus der Messung der Regelgröße hervorgegangene und zum Vergleichsglied zurückgeführte Größe.
w	**Führungsgröße**	Von der Steuerung oder Regelung nicht beeinflusste Größe, der die Steuerung oder Regelung folgen soll. Sie wird dem Regelkreis von außen zugeführt.
w_h	**Führungsbereich**	Bereich, in dem die Führungsgröße einer Regelung oder Steuerung liegen kann.
x	**Regelgröße**	Größe der Regelstrecke, die zum Regeln erfasst und der Messeinrichtung zugeführt wird.
x_A	**Aufgabengröße**	Von der Steuerung oder Regelung zu beeinflussende Größe, die mit der Regelgröße verknüpft sein muss, aber nicht unbedingt zum Regelkreis gehört.

Formelzeichen	Größe	Erklärung
x_{Ah}	**Aufgabenbereich**	Bereich, in dem die Aufgabengröße bei voller Funktionsfähigkeit der Steuerung oder Regelung liegen kann.
x_h	**Regelbereich**	Einstellbarer Bereich, in dem die Regelgröße unter Berücksichtigung vereinbarter Werte der Störgrößen liegen kann, ohne dass die vereinbarte größte Sollwertabweichung überschritten wird.
y	**Stellgröße**	Ausgangsgröße der Steuer- oder Regeleinrichtung, zugleich Eingangsgröße der Strecke. Sie überträgt die steuernde Wirkung der Einrichtung auf die Strecke.
y_h	**Stellbereich**	Bereich, in dem die Stellgröße einstellbar ist.
z	**Störgröße**	Von außen wirkende Größe, die die beabsichtigte Beeinflussung in der Steuerung oder Regelung beeinträchtigt.
Z_h	**Störbereich**	Bereich, in dem die Störgröße liegen darf, ohne dass die vereinbarte größte Sollwertabweichung der Steuerung oder Regelung überschritten wird.

Zeitverhalten – *Time behaviour*

- Systemverhalten wird als Antwort auf definierte Eingangssignale beschrieben (Systemantwort).
- Typische Eingangssignale: Sprung, Impuls, linearer Anstieg, Sinus.

Regelstrecken

- Das Zeitverhalten von Regelstrecken wird meistens mit dem Sprungantwortverfahren ermittelt.
- Übertragungsfunktion lässt sich durch einen Versuch ermitteln.

P_0-Strecke

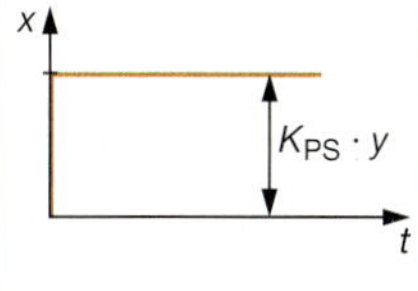

x folgt *y* unverzögert, proportional
Proportionalbeiwert $K_{PS} = x/y$

PT_1-Strecke

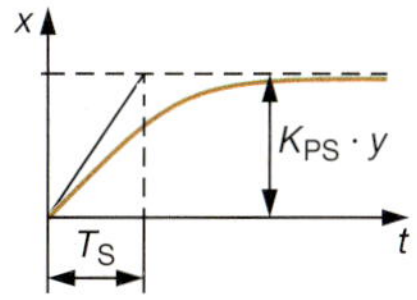

Verzögerung mit exponentiellem Ausgleich, Endwert proportional zu *x*.

PT_2-Strecke

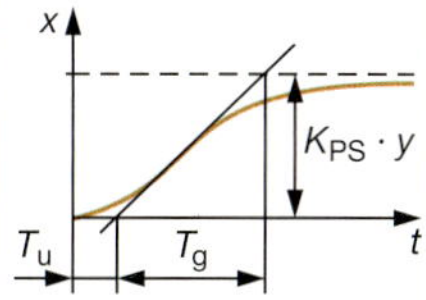

Verzögerung mit zweifachem exponentiellem Ausgleich, Endwert proportional zu *x*.

PT_t-Strecke

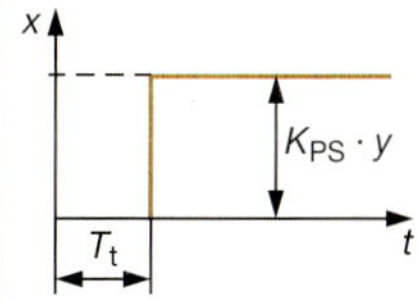

y folgt *x* um Totzeit T_t verzögert,
Endwert proportional zu *x*.

PT_t-T_1-Strecke

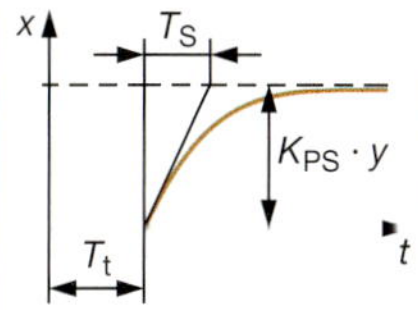

Ausgang spricht um T_t verzögert an, dann Ausgleichsverhalten wie bei PT_1-Strecke.

I_0-Strecke

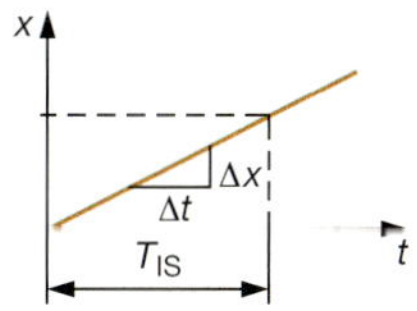

x ist das Zeitintegral ($\Delta t \cdot \Delta x$) der Eingangsgröße *y*.

IT_1-Strecke

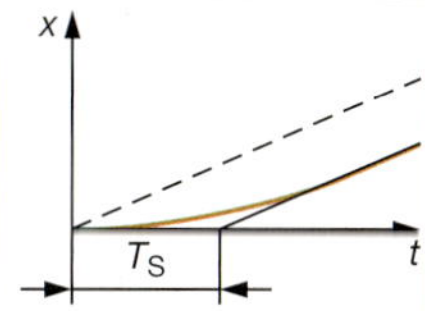

Das Zeitintegral von *x* wird um die Zeitkonstante T_S verzögert.

IT_t-Strecke

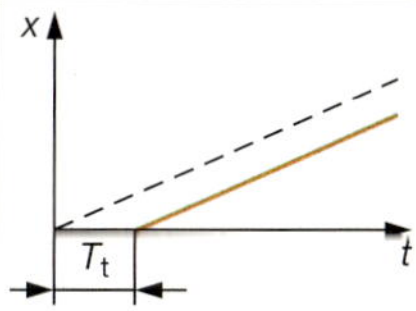

Das Zeitintegral von *x* wird um die Totzeit T_t verzögert.

Stetige Regeleinrichtungen

- Zeitverhalten von Reglern kann mit verschiedenen Eingangssignalen ermittelt werden.
- Je nach Reglertyp ist seine Funktion am einfachsten als Sprung- bzw. Anstiegsantwort zu erkennen.

P-Regler

Sprungantwort

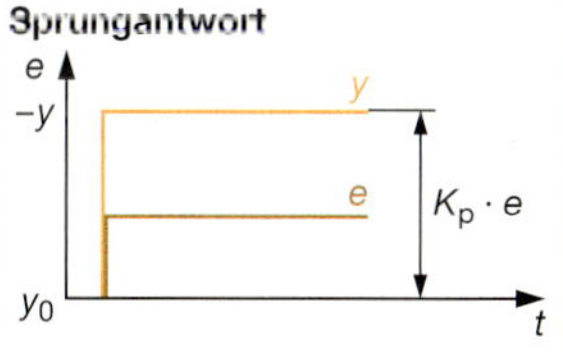

Regeldifferenz bewirkt eine proportionale Stellgröße.
K_P: Proportionalbeiwert

D-Regler

Anstiegsantwort

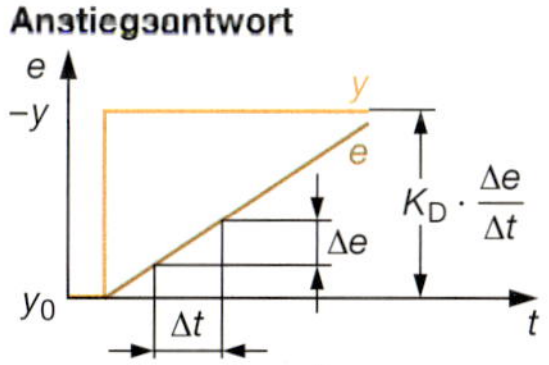

Stellgröße wird durch Änderungsgeschwindigkeit der Regeldifferenz bestimmt.

I-Regler

Sprungantwort

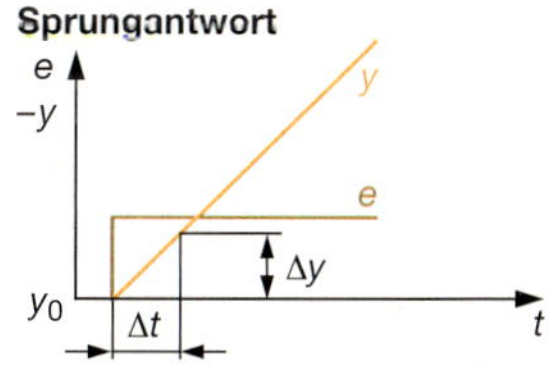

Die Regeldifferenz bestimmt die Änderungsgeschwindigkeit der Stellgröße.

PD-Regler

Anstiegsantwort

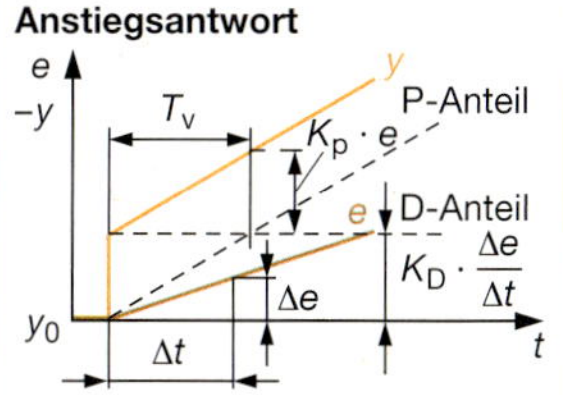

kombiniertes Verhalten von P- und D-Regler

PI-Regler

Sprungantwort

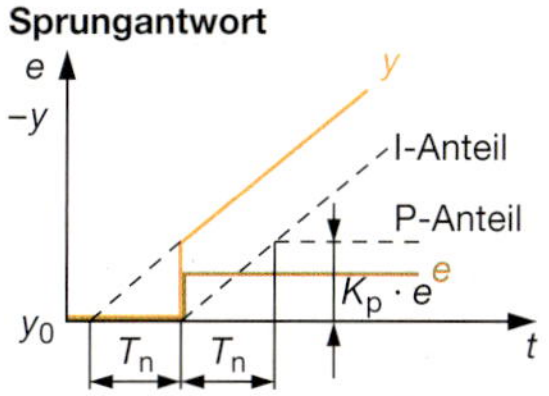

kombiniertes Verhalten von P- und I-Regler

PID-Regler

Sprungantwort

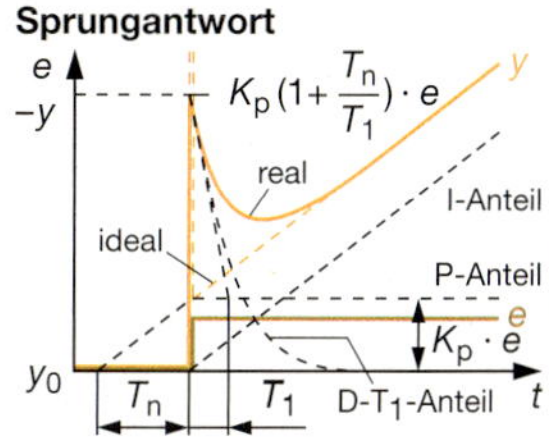

kombiniertes Verhalten von P-, I- und D-Regler

Regeleinrichtungen – *Control assemblies*

Zweipunkt-Regler	Dreipunkt-Regler
• Stellgröße kann nur zwei Zustände annehmen (EIN und AUS). • Sie sind nur geeignet, wenn die Regelstrecke zeitlich verzögert reagiert.	• Sie verfügen über drei Schaltzustände (Zustand I, AUS, Zustand II). • Sie sind nur geeignet, wenn die Regelstrecke zeitlich verzögert reagiert.

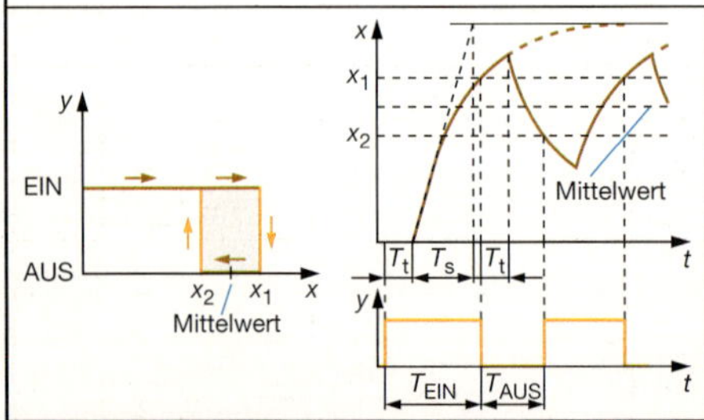

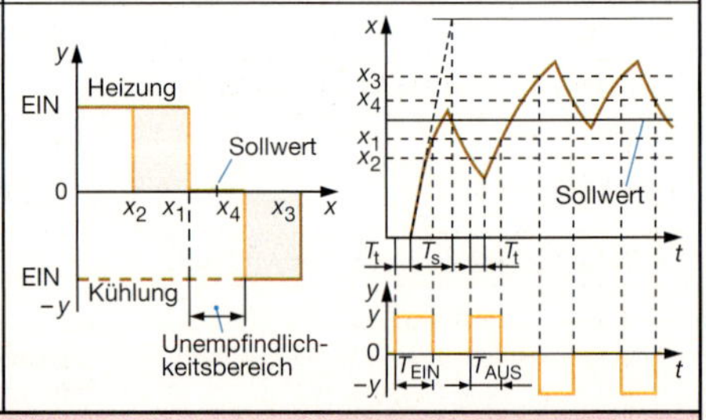

Digitale Regelung – *Digital closed loop control*

Regelkreis mit Digitalregler

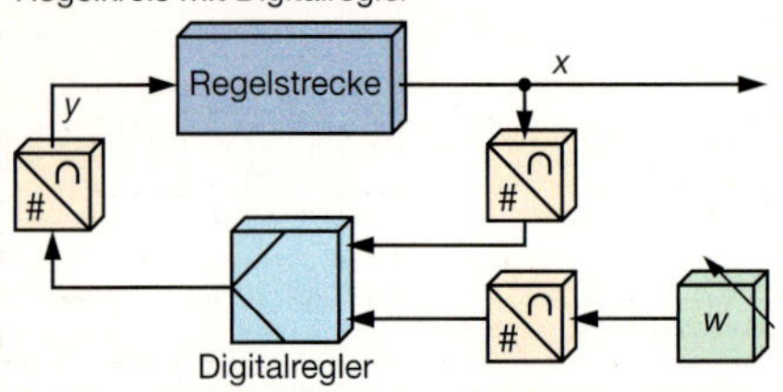

- Führungsgröße *w* und Regelgröße *x* in Form digital codierter Zahlenwerte erforderlich.
- Eventuell müssen diese Größen mittels Analog-/Digitalumsetzern erzeugt werden.
- Berechnung der Stellgröße benötigt eine endliche Zeit.
- Istwert wird in zeitlichen Abständen gemessen und gespeichert.
- Bei der Rechnerregelung sind der Regelalgorithmus und die Regelparameter in Form eines Programms im Speicher abgelegt.
- Errechnete Stellgröße *y* wird bis zum nächsten Schritt gespeichert und ggf. digital/analog umgesetzt.

Begriff	Erklärung
Abtastregelung, zyklisch (polling)	Messstelle wird in festen Zeitabständen T_A abgefragt.
Abtastregelung, azyklisch (interrupt)	Messstelle wird nur bei Bedarf abgefragt (Programmunterbrechung).
Adaptive Regelung	Regeleinrichtung passt sich veränderlichen Betriebsbedingungen (auch in Struktur- und Parameteränderungen in der Regelstrecke) selbsttätig an.
Algorithmus	Vollständig festgelegte endliche Folge von Vorschriften, nach denen aus zulässigen Eingangsgrößen eines Systems gewünschte Ausgangsgrößen erzeugt werden.
Parameter-identifizierung	Ermittlung von Systemparametern aus der Messung zeitveränderlicher Größen des Systems.

Reglerauswahl – *Choice of closed loop control*

	Strecke		Regler					
			P	I	PI	PD	PID	2-Punkt-Regler
P-Strecken	P_0		ungeeignet	geeignet	besonders geeignet	ungeeignet	ungeeignet	ungeeignet
	PT_1		geeignet	geeignet	geeignet	ungeeignet	ungeeignet	geeignet
	PT_2		ungeeignet	ungeeignet	geeignet	ungeeignet	besonders geeignet	geeignet
	PT_T		ungeeignet	geeignet	besonders geeignet	ungeeignet	ungeeignet	ungeeignet
	PT_tT_1	$\tau \gg T_t$	geeignet	ungeeignet	besonders geeignet	geeignet	geeignet	geeignet
		$\tau > T_t$	ungeeignet	ungeeignet	geeignet	ungeeignet	geeignet	ungeeignet
I-Strecken	I_0		geeignet	ungeeignet	geeignet	ungeeignet	ungeeignet	geeignet
	IT_1		ungeeignet	ungeeignet	geeignet	geeignet	besonders geeignet	geeignet
	IT_t		ungeeignet	ungeeignet	ungeeignet	geeignet	geeignet	ungeeignet

■ besonders geeignet ■ geeignet ■ ungeeignet

Schaltalgebra – *Boolean algebra*

Konjunktion (UND-Funktion)	**Disjunktion** (ODER-Funktion)	**Negation** (NICHT-Verknüpfung)
$x = a \wedge 0 = 0$	$x = a \vee 0 = a$	$x = \bar{a}$ $x = \bar{\bar{a}} = a$
$x = a \wedge 1 = a$	$x = a \vee 1 = 1$	
$x = a \wedge a = a$	$x = a \vee a = a$	
$x = a \wedge \bar{a} = 0$	$x = a \vee \bar{a} = 1$	$x = \bar{\bar{\bar{a}}} = \bar{a}$ $x = \bar{\bar{\bar{\bar{a}}}} = a$

Rechenregel	**Schaltungsbeispiel**

Vertauschungsregel (Kommutatives Gesetz)

$x = a \wedge b = b \wedge a$

$x = a \vee b = b \vee a$

Verbindungsregel (Assoziatives Gesetz)

$x = a \wedge \ b \wedge c \ = a \wedge (b \wedge c)$

$= b \wedge (a \wedge c) = c \wedge (a \wedge b)$

$x = a \vee \ b \vee c \ = a \vee (b \vee c)$

$= b \vee (a \vee c) = c \vee (a \vee b)$

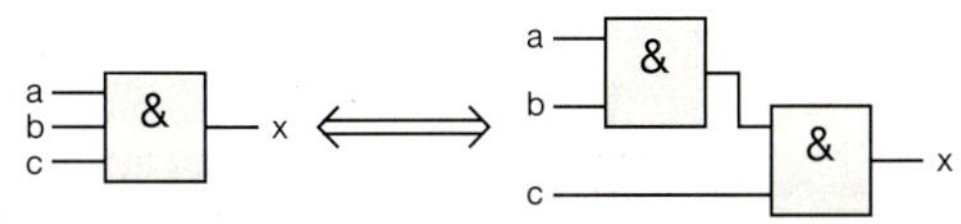

Verteilungsregel (Distributives Gesetz)

$x = \ a \wedge b \ \vee \ a \wedge c \ = a \wedge (b \vee c)$

UND-Funktion geht vor ODER-Funktion

$x = (a \vee b) \wedge (a \vee c) = a \vee (b \wedge c)$

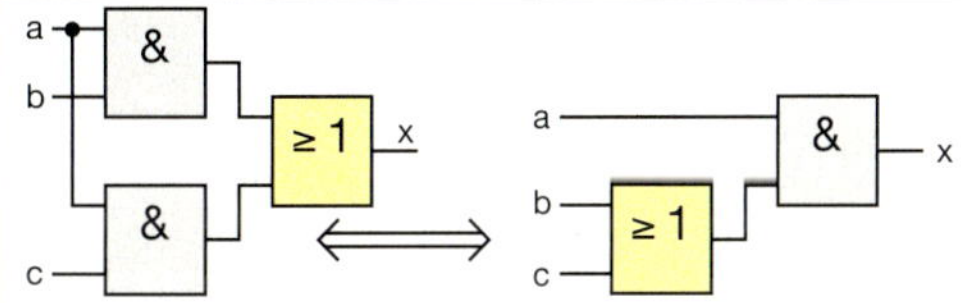

De Morgansches Gesetz

$x = a \wedge b = \overline{\bar{a} \vee \bar{b}}$

$x = a \vee b = \overline{\bar{a} \wedge \bar{b}}$

$x = \overline{a \wedge b} = \bar{a} \vee \bar{b}$

$x = \overline{a \vee b} = \bar{a} \wedge \bar{b}$

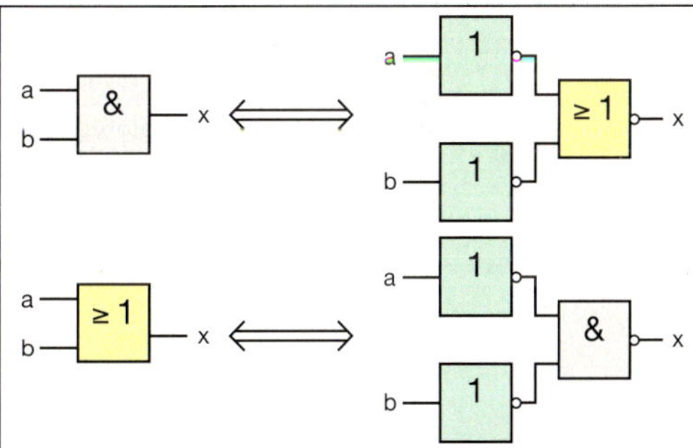

Vereinfachungen

$x = a \wedge (a \vee b) = a$

$x = a \vee \ a \wedge b \ = a$

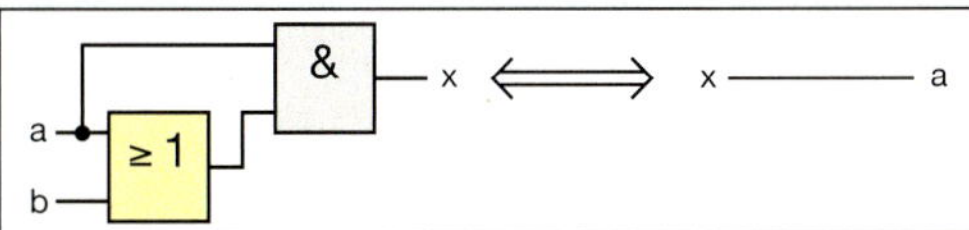

$x = a \wedge (\bar{a} \vee b) = a \wedge b$

$x = a \vee (\bar{a} \wedge b) = a \vee b$

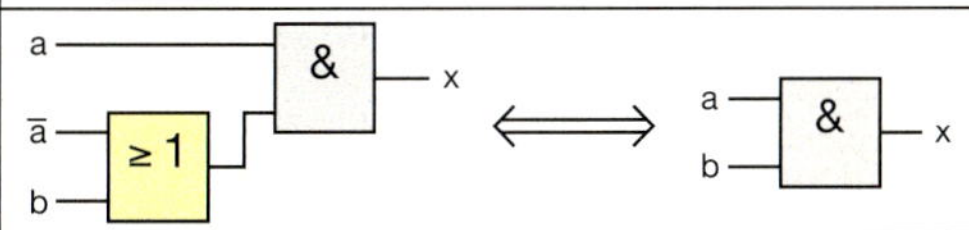

$x = a \vee \bar{a} \wedge \bar{b} = a \vee \bar{b}$

$x = \bar{a} \vee a \wedge b = \bar{a} \vee b$

$x = \bar{a} \vee a \wedge \bar{b} = \bar{a} \vee \bar{b}$

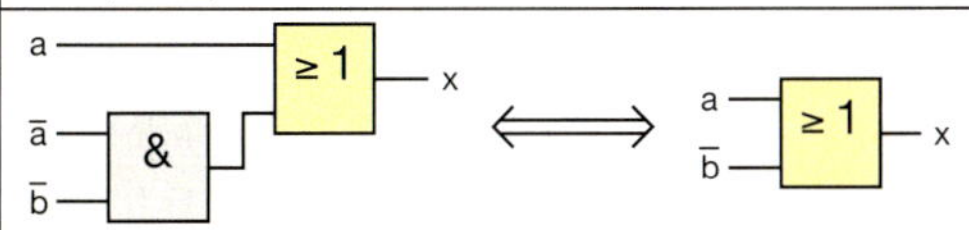

Digitale Schaltungen – *Digital circuits*

Logikverknüpfungen

Schaltzeichen	Schaltfunktion, Benennung	a	b	x	Schaltzeichen	Schaltfunktion, Benennung	a	b	x
a, b → [&] → x	$x = a \wedge b$	0	0	0	a, b → [≥1] o→ x	$x = \overline{a \vee b}$	0	0	1
	UND-Verknüpfung (Konjunktion)	0	1	0		**NOR-Verknüpfung**	0	1	0
		1	0	0			1	0	0
		1	1	1			1	1	0
a, b → [≥ 1] → x	$x = a \vee b$	0	0	0	a, b → [= 1] → x	$x = (a \wedge \bar{b}) \vee (\bar{a} \wedge b)$	0	0	0
	ODER-Verknüpfung (Disjunktion)	0	1	1		**Exklusiv-ODER** (Antivalenz)	0	1	1
		1	0	1			1	0	1
		1	1	1			1	1	0
a → [1] o→ x	$x = \bar{a}$	0	–	1	a, b → [=] → x	$x = (a \wedge b) \vee (\bar{a} \wedge \bar{b})$	0	0	1
	NICHT (Negation)	1	–	0		**Exklusiv-NOR** (Äquivalenz)	0	1	0
		–	–	–			1	0	0
		–	–	–			1	1	1
a, b → [&] o→ x	$x = \overline{a \wedge b}$	0	0	1	a o, b → [&] → x	$x = \bar{a} \wedge b$	0	0	0
	NAND-Verknüpfung	0	1	1		**Sperrgatter** (Inhibition)	0	1	1
		1	0	1			1	0	0
		1	1	0			1	1	0

- Schaltung zur Umsetzung der Schaltalgebra

Bauelemente auch mit mehr als zwei Eingängen möglich (außer NICHT)

Speicher-/Kippschaltungen (Flip-Flops)

- **Schwellwertschalter** – Schmitt-Trigger (Anwendung: Rechteckerzeugung aus Analogsignalen, Grenzwertschalter, Signalgenerierung, …)
- **Astabile Kippstufe** – kein stabiler Arbeitspunkt vorhanden, Zustand wechselt ständig mit bestimmter Frequenz (Anwendung: Takterzeugung)
- **Monostabile Kippstufe** – nur ein stabiler Arbeitspunkt vorhanden, zweiter Zustand nur nach Triggerung für bestimmte Haltezeit vorhanden (Anwendung: Impulserzeugung, Zeitschalter, Impulsdehnung)
- **Bistabile Kippstufe** – zwei stabile Arbeitspunkte vorhanden, Zustandswechsel durch Steuersignale (Anwendung: Speicher, Grundfunktion für Zähler, Schieberegister, usw.)
  - zustandsgesteuert – Zustand von statischen Eingangsgrößen abhängig – z.B. statisches RS-Flipflop
  - taktgesteuert – Zustandsänderung nur bei Taktsignal möglich
    - taktzustandsgesteuert – Zustandsänderung bei vorhandenem Taktsignal – z.B. RS- oder D-Flipflop
    - taktflankengesteuert – Zustandsänderung bei Taktflanke
      - einflankengesteuert – Zustandsänderung bei steigender oder fallender Taktflanke z.B. RS-, D-, T- oder J-K-Flipflop
      - zweiflankengesteuert – Zustandsänderung nach zweiter Taktflanke z.B. RS- oder J-K-Master-Slave-Flipflop

Taktzustandsgesteuertes RS-Flipflop

Bistabiler Multivibrator, Flipflop

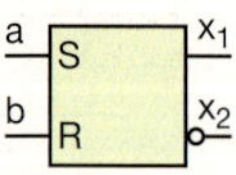

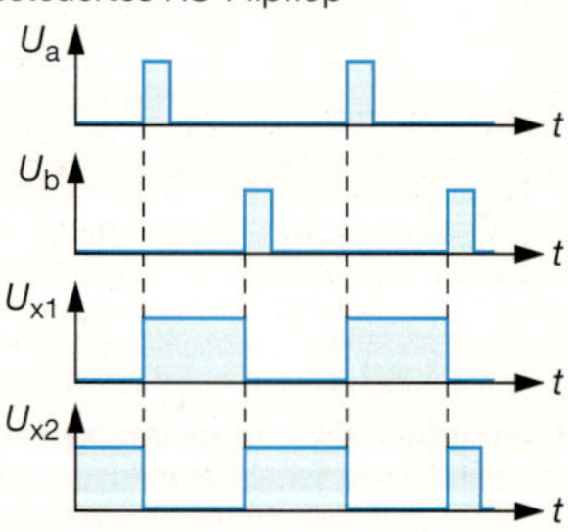

Zweiflankengesteuertes J-K-Master-Slave-Flipflop

J-K-Master-Slave-FF, zweiflankengesteuert

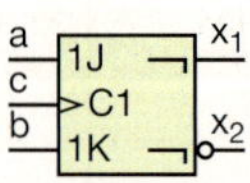

a	b	c	$x_{1,n+1}$	$x_{2,n+1}$
x	x	0	$x_{1,n}$	$x_{2,n}$
1	0	„Taktsymbol"	1	0
0	1	„Taktsymbol"	0	1
0	0	„Taktsymbol"	$x_{1,n}$	$x_{2,n}$
1	1	„Taktsymbol"	$x_{2,n}$	$x_{1,n}$

Zustand wechselt

$x_{1,n+1}$, $x_{2,n+1}$: Zustand vor Taktimpuls
$x_{1,n}$, $x_{2,n}$: Zustand nach Taktimpuls

Digitale Schaltungen – *Digital circuits*

Rechenschaltungen

- Addierer
  - Halbaddierer
  - Volladdierer
- Subtrahierer
  - Halbsubtrahierer
  - Vollsubtrahierer

- Ein Halbaddierer/-subtrahierer bewirkt die Addition/Subtraktion einer einzigen Binärstelle ohne Berücksichtigungen von vorausgehenden Überträgen.
- Volladdierer/-subtrahierer berücksichtigen Übertragsbit $Ü_E$.

Halbaddierer

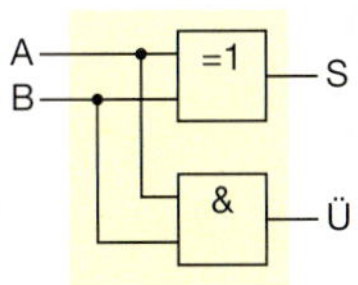

1-Bit-Volladdierer

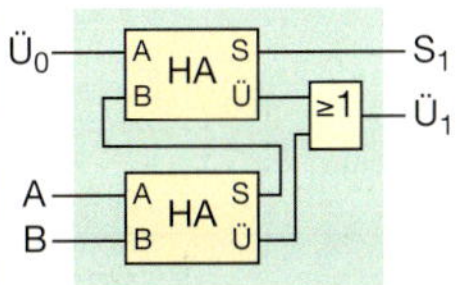

4-Bit-Volladdierer

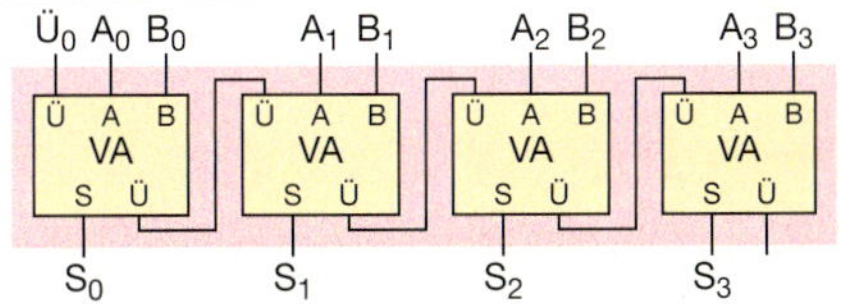

Multiplexer

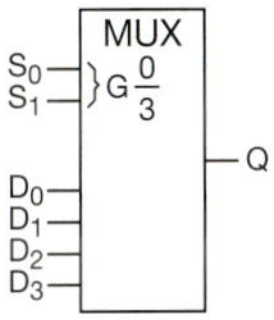

- S wählt binär codiert einen Eingang an.
- Je nach S wird Eingang D_0 D_0 auf Ausgang Q geschaltet.
- Multiplexer sind für analoge und digitale Signale verfügbar.

Demultiplexer

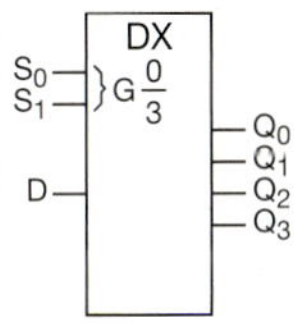

- S wählt binär codiert einen Ausgang an.
- Je nach S wird Eingang D auf Ausgang $Q_0 \ldots Q_3$ geschaltet.
- Demultiplexer sind für analoge und digitale Signale verfügbar.

Zähler

Binärzähler

- Codierung
  - dual
  - BCD
  - Aikencode
  - …
- Zählrichtung
  - vorwärts
  - rückwärts
  - umschaltbar
- Aufbau
  - synchron
  - asynchron
- Einstellung
  - Zählerwert voreinstellbar
  - Zählerwert rückstellbar

Schieberegister

Schieberegister

- Eingang
  - seriell
  - parallel
- Ausgang
  - seriell
  - parallel
- Aufbau
  - synchron
  - asynchron
- Richtung
  - rechts schiebend
  - linksschiebend
  - umschaltbar

Anwendung: z. B. als Seriell-Parallel-Wandler bzw. als Parallel-Seriell-Wandler

4-Bit-Binärzähler

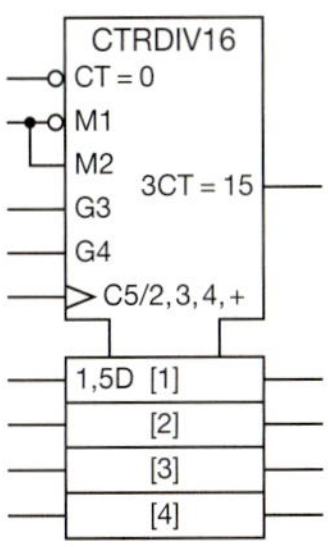

CT = 0	Zähler löschen
M1 = 0	Zähler mit Eingangsdaten laden
C5…	Takteingang
3CT…	Übertragsbit
G3, G4	Zählerfreigabe, wenn G3 = 1 und G4 = 1

8-Bit-Schieberegister

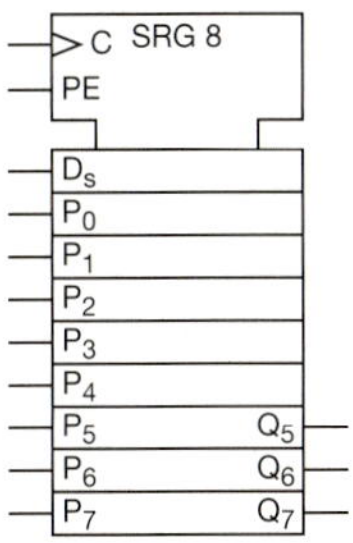

C:	Takteingang
PE:	Daten von parallelem Eingang laden
P_0:…P_7:	Paralleler Dateneingang
D_s:	serieller Dateneingang
Q5…Q7:	Paralleler Ausgang der letzten drei Bits

- Schaltungen in synchronem oder asynchronem Aufbau
- **asynchron**: Erstes Bit ändert sich mit Taktimpuls, Folgebits ändern sich nacheinander (begrenzte Taktfrequenz)
- **synchron**: Alle Ausgangsbits werden gleichzeitig durch einen Takt geändert

Steuern und Regeln

Farben für Drucktaster und Signalleuchten

Colors for push-buttons and signal lamps DIN EN 60 204-1: 98-11

Farbe	Bedeutung	Anwendungen: Drucktaster	Anwendungen: Signalleuchten	Beispiele
ROT	Gefahr	NOT-AUS	Gefahrbringender Zustand Sofort Ausschalten	
GELB	Achtung Anormal	Beseitigung von anormalen Bedingungen bzw. unerwünschten Änderungen	Beseitigung von anormalen Bedingungen bzw. unerwünschten Änderungen	
GRÜN	Normal	Vorbereiten/Bestätigen/ START/EIN Verboten: STOPP/AUS	Die physikalische Größe liegt im normalen Bereich	
BLAU	Zwingend	Vorbestimmte Maßnahme wird durchgeführt, z. B. Rückstellen	Vorbestimmte Maßnahmen durchführen, z. B. Werte eingeben	
WEISS	Keine bestimmte	Bevorzugt anwenden für **START/EIN STOPP/AUS**	Kontrolle, ob Umschaltung notwendig	
GRAU				
SCHWARZ				

Anschlussbezeichnungen von Schützen und Relais

Terminal markings of contactors and relays

DIN EN 50 005: 77-07
DIN EN 50 011: 78-05
DIN EN 50 012: 78-05

	Ziffern	Bedeutung	Beispiele
Hauptschaltglieder, Schutzeinrichtungen	1 2 3 4 5 6 7 8 9 0	Schaltglied 1 Schaltglied 2 Schaltglied 3 Schaltglied 4 Schaltglied 5	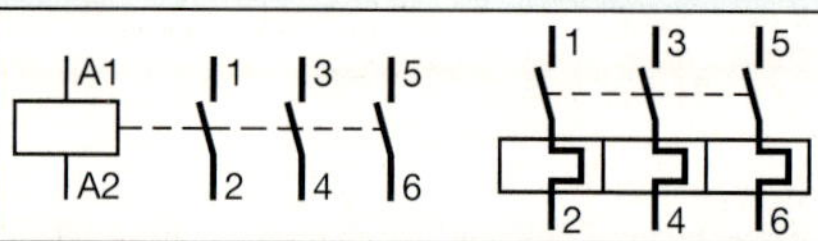
	Funktionsziffer	**Kontaktart**	**Beispiele**
Hilfsschaltglieder	1 2 3 4 5 6 7 8 1 2 4 5 6 8	Öffner ① Öffner, mit besonderer Funktion, z. B. verzögert Schließer ② Schließer, mit besonderer Funktion, z. B. blinkend Wechsler Wechsler ③, mit besonderer Funktion, z. B. Schutz	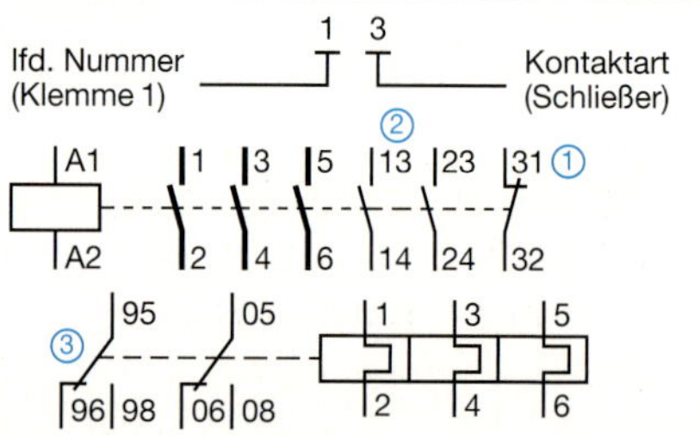
	Antrieb	**Anschlussart**	**Beispiele**
Antriebe und Auslöser	A Spule B 2. Spule ④ C Arbeitsstromauslöser D Unterspannungsauslöser ⑤ E Verriegelungsauslöser U Motoren ⑥ X Leuchtmelder ⑦	Spulenanfang: 1 Spulenende: 2 Anzapfungen: 3, 4, …	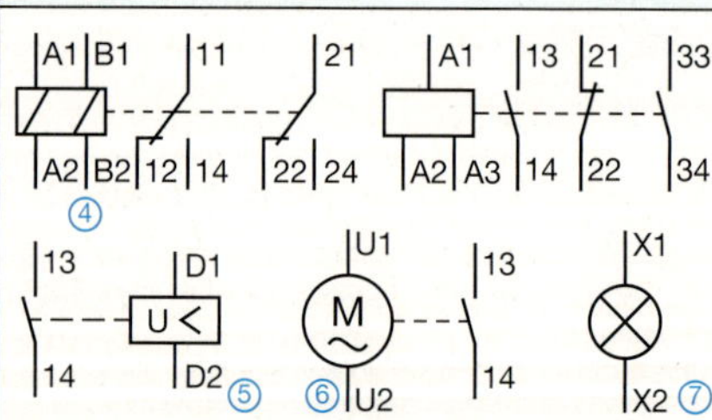

Schütze – *Contactors*

Aufbau und Funktion

- Schütze sind Schalter, die durch einen Elektromagneten betätigt werden. Bei Stromfluss (Gleich- oder Wechselstrom) durch eine Spule wird ein Eisenanker angezogen, Kontakte (**Schaltglieder**) werden geschlossen oder geöffnet.
- Bevorzugte Betriebsspannungen: 24 V, 48 V, 110 V, 230 V
- **Hauptschütze (Lastschütze)** werden für das direkte Schalten von elektrischen Maschinen oder elektrischen Geräten in Stromkreisen eingesetzt und besitzen dafür Hauptschaltglieder. Zusätzlich verfügen sie oft über Hilfsschaltglieder (in der Regel bis 10 A belastbar).
- **Hilfsschütze (Steuerschütze)** sind im Prinzip wie Hauptschütze aufgebaut. Mit den Schaltgliedern können Ströme bis 10 A bzw. 16 A geschaltet werden. Mit ihnen werden im Wesentlichen Steuerungsaufgaben realisiert.

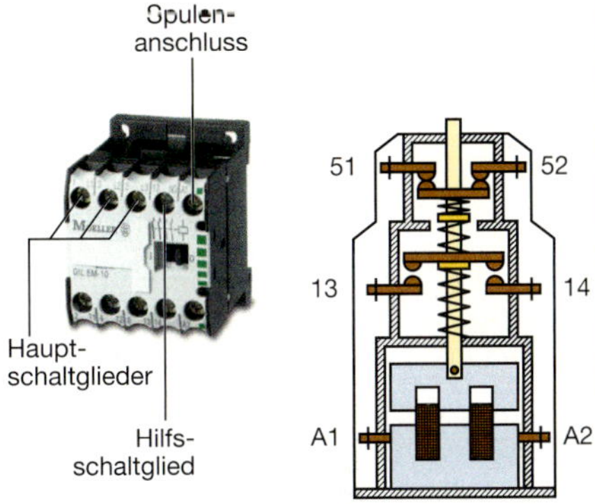

Anschlussbezeichnungen

- **Spule:** A1 und A2
- **Hauptschaltglieder:** eine Ziffer, z.B. 1 und 2, 3 und 4, …
- **Hilfsschaltglieder:** zwei Ziffern, z.B. für Öffner 21 und 22, für Schließer 13 und 14
  1. Ziffer: Ordnungsziffer (Klemmenreihenfolge von links nach rechts)
  2. Ziffer: Funktionsziffer (1 und 2 für Öffner, 3 und 4 für Schließer)

Beispiel:
Hauptschütz mit 3 Hauptschaltgliedern und 4 Hilfsschaltgliedern (2 Schließer und 2 Öffner)

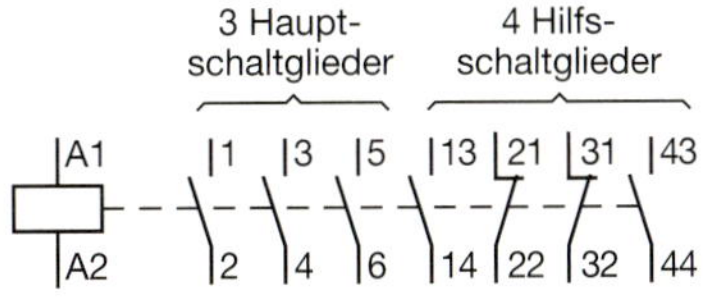

Kennzahl 22 (2 Schließer und 2 Öffner)

Beispiel:
Hilfsschütz mit zwei Etagen.
Untere Etage: 2 Schließer und ein Öffner
Obere Etage: 4 Schließer und ein Öffner

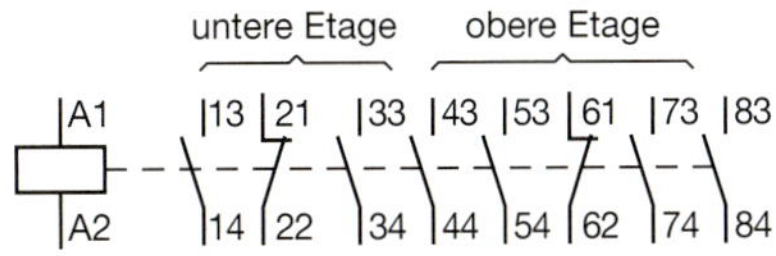

Kennzahl 62 (6 Schließer und 2 Öffner)

Schütze mit Zeitverhalten (Zeitrelais)

Ansprechverzögerung

Der Steuerbefehl wird erst nach Ablauf der voreingestellten Zeit *t* wirksam. Die Umschaltung bleibt bis zum Abschalten des Spulenstroms bestehen.

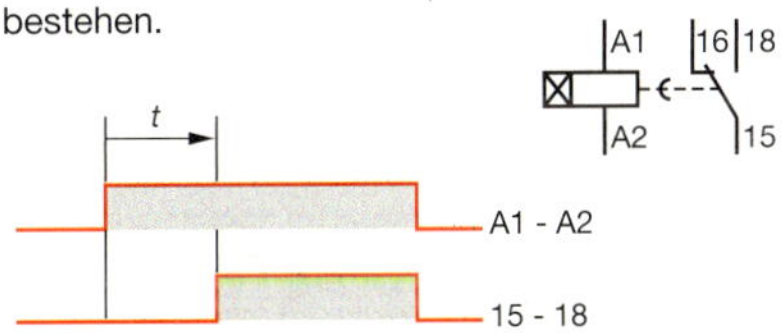

Abfallverzögerung

Das Zeitrelais wird ständig mit Spannung versorgt. Durch den potenzialfreien Schließer erfolgt die Umschaltung. Sie bleibt bis zum Ablauf der Zeit *t* bestehen.

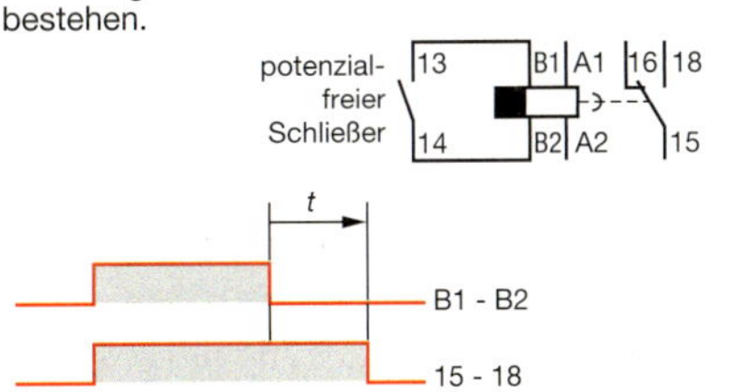

Blinkverhalten (Blinkrelais)

Nach Ablauf der eingestellten Blinkzeit *t* erfolgt das ständige Umschalten.

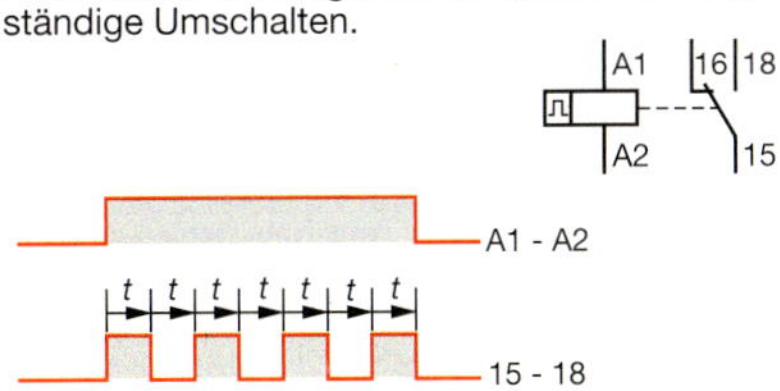

Elektromagnetische Relais – *Electromagnetic relays*

Ungepoltes Relais

Grundsätzlicher Aufbau

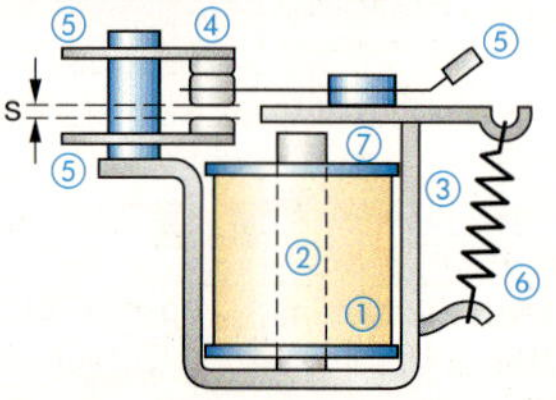

- Spule ①
- Ferromagnetischer Kern ②
- Joch ③
- Kontakte ④
- Zuführungen ⑤
- Rückstellfeder ⑥
- Beweglicher Anker ⑦

Relais in Kompaktbauweise

- Der Ankerluftspalt liegt in der Mitte der Spule.
- Das Innere der Spule ist die schutzgasgefüllte Kontaktkammer.

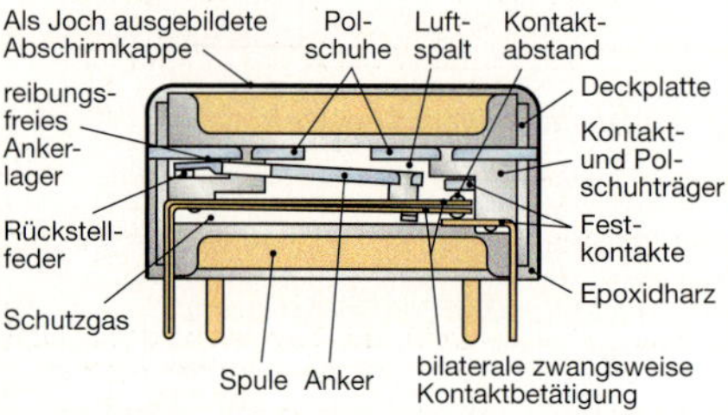

Reed-Relais

Grundsätzlicher Aufbau

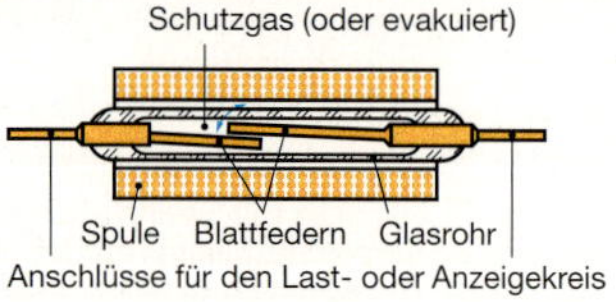

- Verschlossenes Gasröhrchen mit zwei eingeschmolzenen ferromagnetischen Kontaktzungen (engl.: reed).
- Erregerspule umschließt das Glasröhrchen.

Sicherheitsrelais

- Mindestens zwei voneinander unabhängige in Serie geschaltete Kontakte ①. Wenn einer der Kontakte verschweißt, so muss der in Serie liegende zweite Kontakt die Abschaltung übernehmen.
- Die Kontakte im Kontaktsatz sind miteinander zwangsgeführt ②.

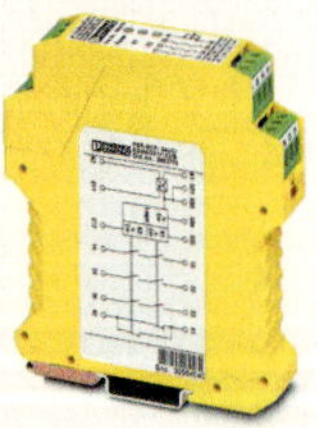

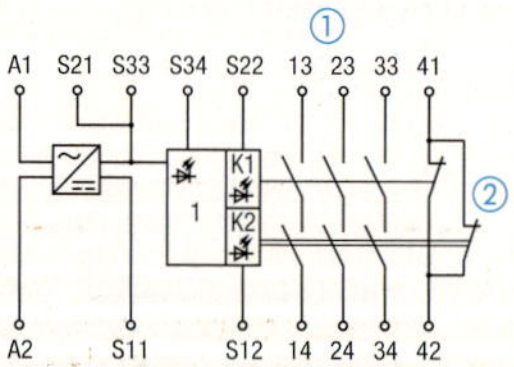

Schutzarten

- **RT 0** (Unenclosed relay)
  Offenes und somit ungeschütztes Relais
- **RT I** (Dust protection relay)
  Staubgeschützt mit Kapselung, bewegliche Teile sind geschützt
- **RT II** (Flux proof relay)
  Gegen Flussmittel geschützt (bei Lötarbeiten)
- **RT III** (Wash tight relay)
  Waschdicht, geeignet für Lötbadverarbeitung mit anschließendem Waschverfahren
- **RT IV** (Sealed relay)
  Das Relais ist so gekapselt, dass keine Umgebungsatmosphäre eindringen kann.
- **RT V** (Hermetically sealed relay)
  Hermetisch dichtes Relais, höchste Qualitätsstufe
  (EN 116000-3, IEC 61810-7)

Schutzbeschaltungen

Funktion:

- Belastung der Kontakte reduzieren
- Schutz der elektronischen Bauelemente vor hohen Induktionsspannungen (Stromänderung in der Spule)

Gleichstromschutzbeschaltung

- **Freilaufdiode**

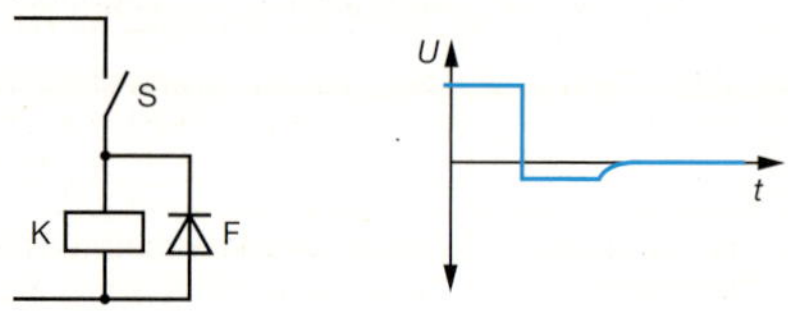

Abschaltspannung 0,7 V (Silizium-Diode), geringe Kosten, geringer Platzbedarf

Wechselstrom- u. Gleichstromschutzbeschaltung

- **RC**

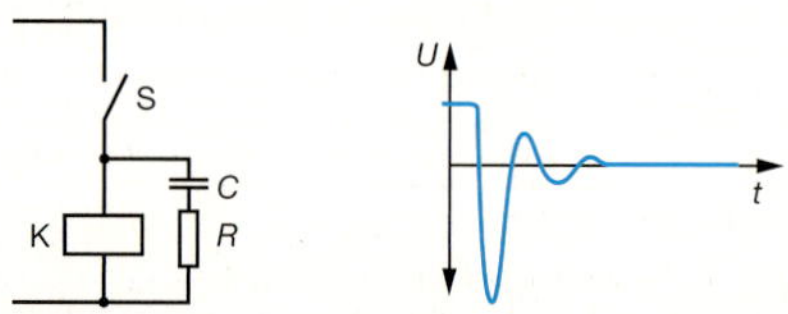

Hohe Stromspitze, großer Platzbedarf

- **Varistor**

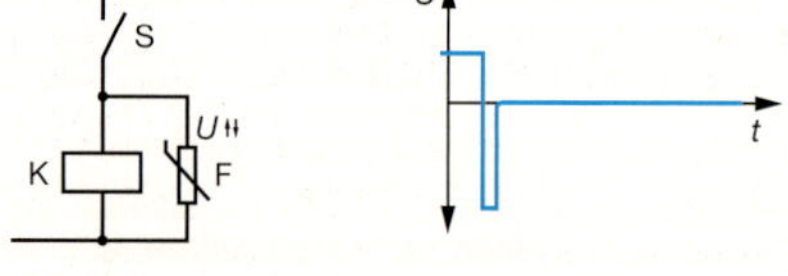

Große Überspannung, großer Platzbedarf

Sicherheitskategorien für Steuerungen – *Safety categories of control*

Sicherheitsnormen

- Sicherheitskategorien sind für jede Art von Steuerungen gültig (elektrisch, hydraulisch, pneumatisch, mechanisch) und legen das erforderliche Verhalten der sicherheitsbezogenen Teile einer Steuerung in Bezug auf deren Widerstandsfähigkeit gegen Fehler auf der Grundlage der Vorgehensweise bei der Gestaltung fest.
- Wenn eine Sicherheitsfunktion durch mehrere Teile ausgeführt wird (z. B. Sensoren, Überwachungsbausteine), können diese Teile einer und/oder mehreren Kategorien in Kombination angehören.

Grundnormen A-Normen	
EN 292	Allgemeine Gestaltungsleitsätze
EN 1050	Risikobeurteilung

Gruppennormen B-Normen	
EN 294	Sicherheitsabstände
EN 394	Mindestabstände
EN 418	Not-Aus-Einrichtungen
EN 574	Zweihandschaltung
EN 953	Trennende Schutzeinrichtungen (TSE)
EN 954-1	Sicherheitsrelevante Teile von Steuerungen
EN 1037	Energiezufuhr und Energieabbau
EN 1088	Verriegelungseinrichtungen
EN 60204	Elektrische Ausrüstung von Maschinen
EN 61496	Berührungslos wirkende Schutzeinrichtungen (BWS)

Produktnormen C-Normen

Sicherheitskategorien nach DIN EN 954-1

Kategorie B

Die sicherheitsbezogenen Teile müssen in Übereinstimmung mit den zutreffenden Normen so gestaltet, gebaut, ausgewählt und kombiniert werden, dass sie den zu erwartenden Einflüssen standhalten können. Die Anforderungen der Kategorie B sind Voraussetzung für die Kategorien 1 bis 4.

Kategorie 1 [1]	Kategorie 2 [2]	Kategorie 3 [2]	Kategorie 4 [2]
Anforderungen			
Bewährte Bauteile und die bewährten Sicherheitsprinzipien müssen angewendet werden.	Die Sicherheitsfunktion muss in geeigneten Zeitabständen durch die Maschinensteuerung geprüft werden.	Sicherheitsbezogene Teile müssen so gestaltet sein, dass 1. ein einzelner Fehler in jedem dieser Teile nicht zum Verlust der Sicherheitsfunktion führt und 2. wann immer in angemessener Weise durchführbar, der einzelne Fehler erkannt wird.	Sicherheitsbezogene Teile müssen so gestaltet sein, dass 1. ein einzelner Fehler in jedem dieser Teile nicht zum Verlust der Sicherheitsfunktion führt und 2. der Fehler bei oder vor der nächsten Anforderung an die Sicherheitsfunktion erkannt wird oder wenn dies nicht möglich ist, darf eine Anhäufung von Fehlern dann nicht zum Verlust der Sicherheitsfunktion führen.
⟶ **zunehmende Sicherheit**			
Systemverhalten			
Ein Fehler kann zum Verlust der Sicherheitsfunktion führen, aber die Wahrscheinlichkeit des Auftretens ist geringer als in Kategorie B.	Wenn ein Fehler zwischen den Prüfungen auftritt. kann dies zum Verlust der Sicherheitsfunktion führen. Ein Verlust der Sicherheitsfunktion wird durch die Prüfung erkannt.	Wenn ein einzelner Fehler auftritt, bleibt die Sicherheitsfunktion immer erhalten. Einige, aber nicht alle Fehler werden erkannt. Eine Anhäufung unerkannter Fehler kann zum Verlust der Sicherheitsfunktion führen.	Wenn Fehler auftreten, bleibt die Sicherheitsfunktion immer erhalten. Die Fehler werden rechtzeitig erkannt, um einen Verlust der Sicherheitsfunktion zu verhindern.

[1] Die Anforderungen von B müssen erfüllt sein.

[2] Die Anforderungen von B und die Verwendung bewährter Sicherheitsprinzipien müssen erfüllt sein.

Steuerungen mit Schützen – *Contactor controllers*

Direktes Schalten von Drehstrommotoren

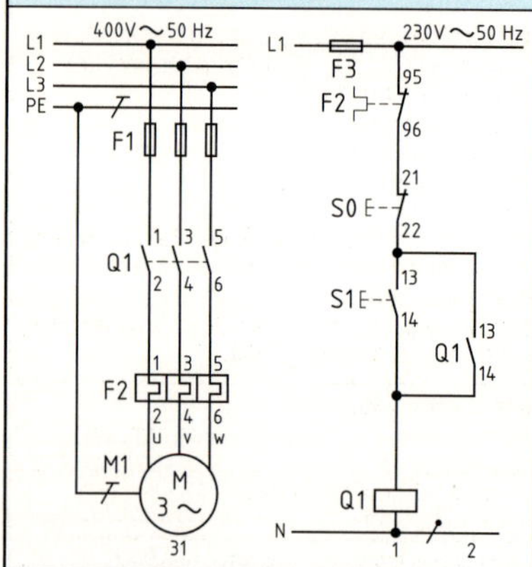

Umsteuern der Drehrichtung von Drehstrommotoren

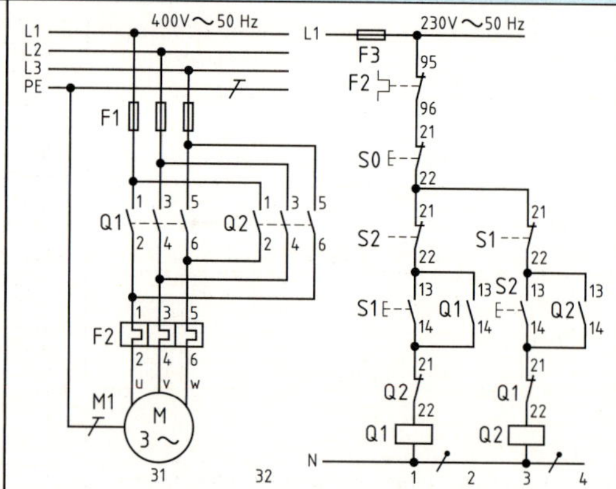

Stern-Dreieck-Anlassen

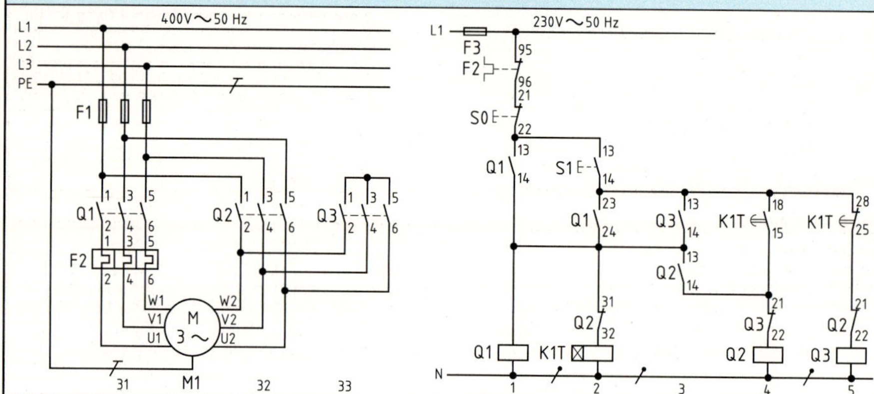

Polumschaltbarer Drehstrommotor mit 2 Drehzahlen, 1 Drehrichtung (Dahlander-Schaltung)

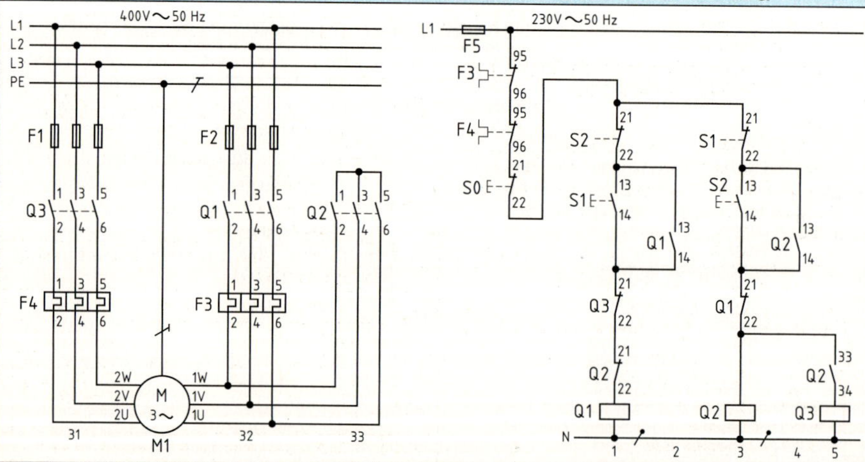

Schalteigenschaften von Schützen – *Switching behaviour of contactors* VDE 0660

Schaltzeiten

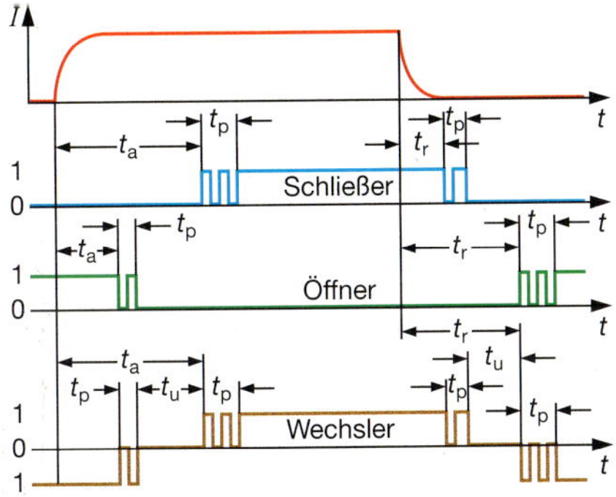

- **Ansprechzeit t_a**
  Zeit vom Einschalten der Spule bis zum ersten Öffnen/Schließen des Kontaktes.
- **Prellzeit t_p**
  Zeit von erster Zustandsänderung bis Eintritt des stationären Zustands.
- **Rückfallzeit t_r**
  Zeit vom Ausschalten der Spule bis zur ersten Änderung des Kontaktzustands.
- **Umschaltzeit t_u**
  Bei Wechselkontakt die Zeit zwischen Ende des Prellens (Öffner) bis zum ersten Schließen des Schließers.

Schaltbelastung

- Beim Ein-/Ausschalten entstehen Funken/Lichtbögen zwischen den Schaltkontakten.
- Die Lebensdauer von Schaltkontakten hängt von der elektrischen Belastung beim Schalten ab.

Besondere Schaltbelastungen:
- Überströme beim Einschalten (z. B. Motoranlauf)
- Phasenverschiebung beim Ausschalten (kapazitive/induktive Last)
- Hohe Schalthäufigkeit
- Je nach Anwendung sind folgende Gebrauchskategorien für Schütze festgelegt.

Beispiel:
Abschaltung induktiver Last. Lichtbogen erlöscht erst bei „natürlichem" Stromnulldurchgang.
⇒ Längere Lichtbogenbrenndauer und stärkere Kontaktabnutzung als bei ohmscher Last.

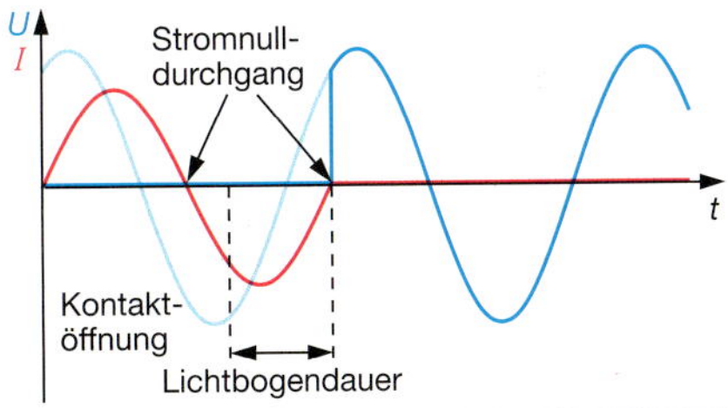

Schaltspannungen

- **Arbeitsbereich** (Betriebsspannungsbereich)
  Zulässige Toleranz der Betriebsspannung (abhängig von der Temperatur)
- **Ansprechspannung**
  Kleinster Wert an der Wicklung, bei dem ein Schütz sicher anspricht.
- **Haltespannung**
  Spannung an der Schützspule, bei der ein Relais noch im Arbeitszustand bleibt.
- **Rückfallspannung**
  Größte zulässige Spannung an der Wicklung, bei der ein Schütz sicher zurückfällt.

Gebrauchskategorien

DC	
DC-1	Nicht induktive oder schwach induktive Last, Widerstandsöfen
DC-2	Nebenschlussmotor: Anlassen, Ausschalten
DC-3	Nebenschlussmotor: Anlassen, Gegenstrombremsen, Widerstandsbremsen, Reversieren, Tippbetrieb
DC-4	Reihenschlussmotor: Anlassen, Ausschalten
DC-5	Reihenschlussmotor: Anlassen, Gegenstrombremsen, Widerstandsbremsen, Reversieren, Tippbetrieb
DC-6	Schalten von Glühlampen
DC-12	Steuerung von Widerstands- und Halbleiterlast mit Trennung durch Optokoppler
DC-13	Steuerung von Elektromagneten
DC-20	Schalten ohne Last
DC-21	Ohmsche Last (einschließlich geringer Überlast)
DC-22	Ohmsch-induktive Last (einschließlich geringer Überlast)
DC-23	Große induktive Lasten (z.B. Reihenschlussmotor)
AC	
AC-1	Nicht induktive oder schwach induktive Last, Widerstandsöfen
AC-2	Schleifringmotor: Anlassen, Ausschalten
AC-3	Käfigläufermotor: Anlassen, Ausschalten während des Laufens
AC-4	Käfigläufermotor: Gegenstrombremsen, Widerstandsbremsen, Reversieren, Tippbetrieb
AC-5a/b	Schalten von Gasentladungslampen (a) oder Glühlampen (b)
AC-6a/b	Schalten von Transformatoren (a), Kondensatorbänken (b)
AC-7a/b	Haushaltsgeräte mit schwach induktiver Last (a), mit Motorlast (b)
AC-15	Elektromagnetische Lasten
AC-20	Schalten ohne Last
AC-21	Ohmsche Last (einschließlich geringer Überlast)
AC-22	Ohmsch-induktive Last (einschließlich geringer Überlast)
AC-23	Motorlasten und andere große induktive Lasten

Speicherprogrammierbare Steuerungen (SPS)

Programmable logic controllers

DIN 61131-3: 03-12

Aufbau

Sensoren

- Schalter
- Lichtschranke
- Füllstandsanzeige
- Bewegungsmelder

Aktoren

- Schütz
- Magnetventil
- Motoransteuerung

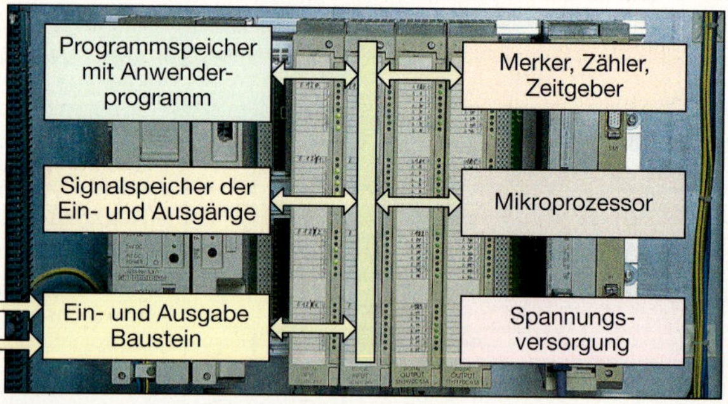

Programmiersprachen

Programmiersprachen

- Textsprachen
  - Anweisungsliste (**AWL**)
  - Strukturierter Text (**ST**)
- Grafische Sprachen
  - Kontaktplan (**KOP**)
  - Funktionsbaustein Sprache (**FBS**)
  - Ablaufsprache (**AS**)

Erstellung eines SPS-Projektes

Problemstellung

↓

Funktionsbeschreibung erstellen

↓

Betriebsmittel auswählen

↓

Zuordnungsliste erstellen

↓

Verdrahtung mit der SPS herstellen

↓

Anwendungsprogramm erstellen (FBS, KOP, AWL)

↓

Anwendungsprogramm zur SPS übertragen

Anschlussbeispiel

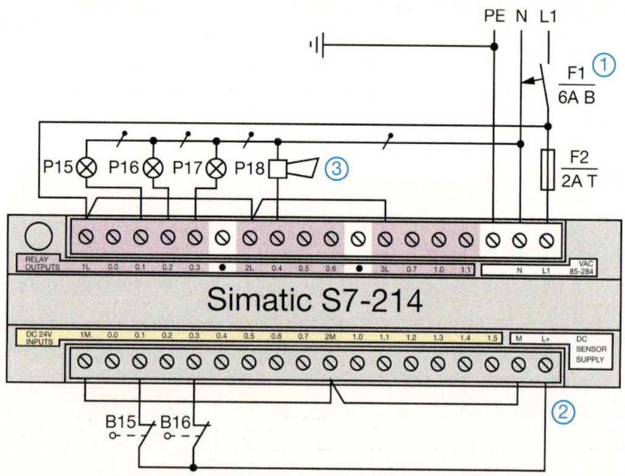

- Die SPS wird über eine Überstrom-Schutzeinrichtung an 230 V angeschlossen ①.
- Die Speisung der Steuerspannung ② (24 V DC) für die Sensoren erfolgt über einen kurzschlussfesten Ausgang an der SPS. 24 V am Eingang = 1-Signal; 0 V am Eingang = 0-Signal
- Die Aktoren werden über die Ausgänge Q0.0 bis Q1.1 angeschlossen (Strombelastbarkeit: I_n = 2 A). ③
- Der Leitungsschutz-Schalter F1 schützt gleichzeitig die Ausgänge.

Programmierung einer SPS – *Programming of PLC*

DIN 61131-3: 03-12

Beispiel:
Über einen Zugtaster oder einen Schlüsselschalter soll wahlweise ein Tor geöffnet werden. Der Fahrbereich des Tores wird über eine Lichtschranke überwacht.

Zuordnungsliste

Betriebsmittel	Adresse
Schlüsselschalter	I0.1
Zugtaster	I0.2
Lichtschranke	I0.3
Motor aufwärts	Q0.1

AWL – Programmierung

- Die Befehle der AWL werden von der SPS zyklisch der Reihe nach abgearbeitet.
- Die Befehle bestehen aus
  - einer Operation (Was wird getan?) und
  - den Operanden (Womit wird etwas getan?).

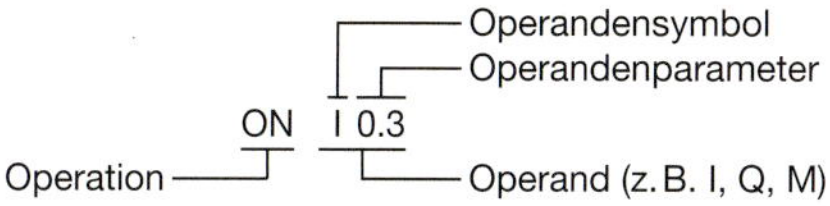

Beispiel: Programm Torsteuerung
Netzwerk 1

```
LD  I0.1  //Lade den Operand I0.1
O   I0.2  //ODER-Verknüpfung mit I0.2
AN  I0.3  //UND-NICHT-Verknüpfung mit I0.3
=   Q0.1  //Zuweisung des Ergebnisses an Q0.1
```

Operationen

Symbol	Bedeutung	Beispiel
LD	Laden eines Operanden	LD I0.1 (Lade den logischen Signalzustand am Eingang I0.1) LDN I0.1 (Lade den logischen Signalzustand am Eingang I0.1 und negiere ihn anschließend)
O	ODER-Verknüpfung	O I0.1 (ODER-Verknüpfung der vorangegangenen Anweisungen mit dem Operand I0.1)
A	UND-Verknüpfung	A I0.1 (UND-Verknüpfung der vorangegangenen Anweisungen mit dem Operand I0.1)
N	NICHT-Verknüpfung	ON I0.1 (ODER-Verknüpfung der vorangegangenen Anweisungen mit dem negierten Operand I0.1)
=	Zuweisung an einen Operanden	= Q0.1 (Zuweisung des logischen Signalzustandes einer Anweisungsfolge an den Ausgang Q0.1)

FBS und KOP – Programmierung

Programmsymbole

	KOP	FBS
Schließer	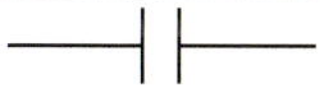	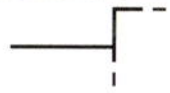
Öffner	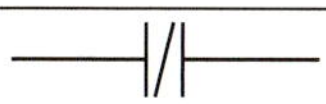	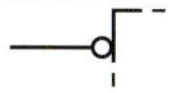
UND	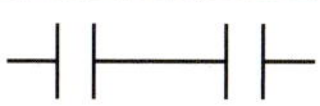	
ODER	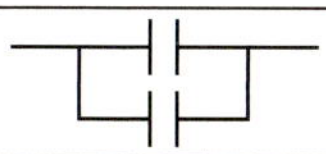	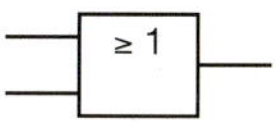
Spule allgemein	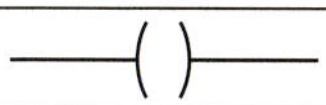	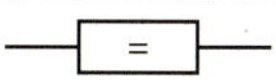
Spule negiert	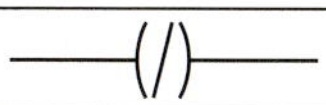	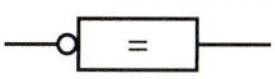
Spule gesetzt	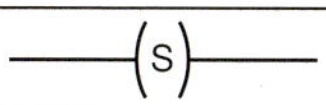	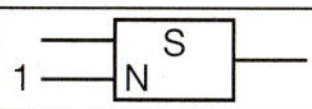
Spule rückgesetzt	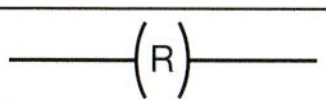	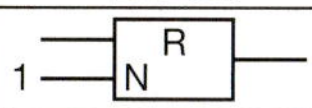
Spule gepuffert (Merker)	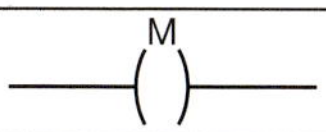	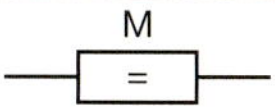

Programm Torsteuerung

KOP:

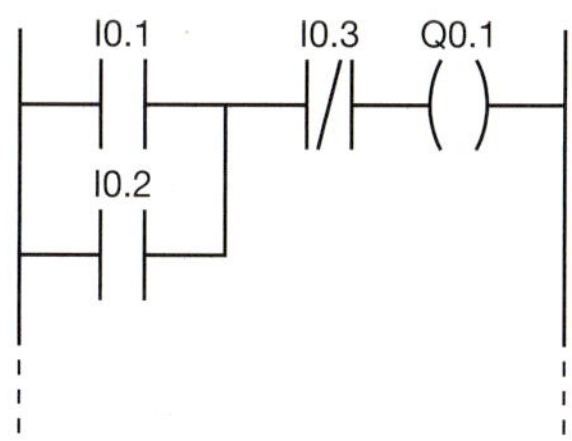

FBS:

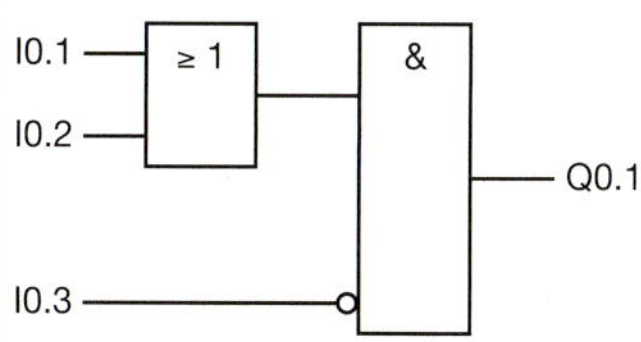

Steuern und Regeln

Steuerrelais – *Control relays*

Eigenschaften:

- Logikfunktionen (UND, ODER, …)
- Zeitfunktionen (ansprechverzögert bzw. rückfallverzögert, blinken)
- Zählfunktionen (vorwärts/rückwärts)
- Echtzeituhr (gepuffert)
- Komparatorfunktionen
- Programmeingabe über Bedienfeld am Gerät oder mit Hilfe einer Software über die PC-Schnittstelle
- Anbindung an EIB bzw. Profibus möglich

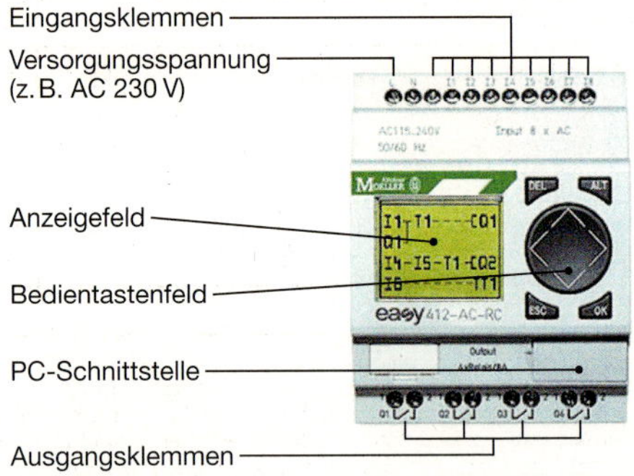

Installation und Inbetriebnahme

Montage des Steuerrelais

- auf einer Hutschiene
- mit Hilfe von Gerätefüßen

Baugröße: 4/6 TE
TE: Teileinheit bei Reiheneinbaugeräten

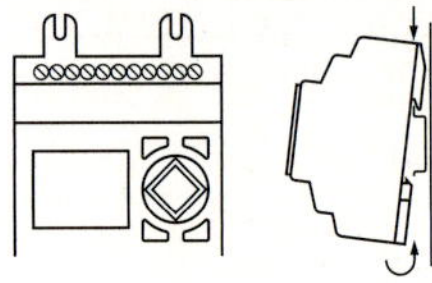

Verdrahten der Eingänge

- Sensoren an gleichen Außenleiter anschließen wie die Spannungsversorgung des Gerätes.
- Auf die Spannungsart (DC bzw. AC) und Spannungswerte achten.
- $I_{n\,max}$ am Eingang nicht überschreiten

8/12 Eingänge
Eingangsspannung
0…40 V (0 Pegel)
79 bis 264 V (1 Pegel)
typ. I_n = 0,5 mA

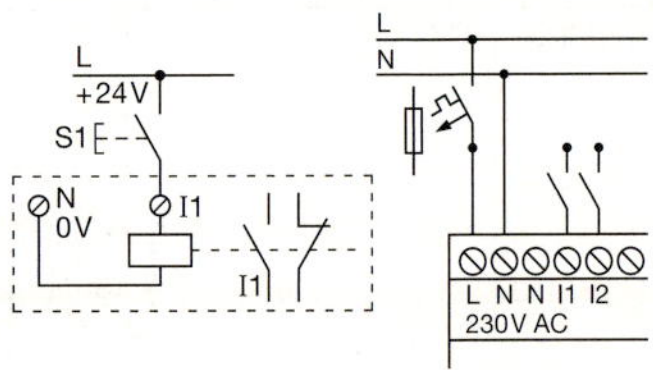

Verdrahten der Ausgänge

- $I_{n\,max}$ und maximale Schaltspannung beachten.
- Kontakte sind potenzialfrei und können mit unterschiedlichen Außenleitern beschaltet werden.

4/6 Relaisausgänge
potenzialfreie Kontakte
Dauerstromstärke max. 10 A
10.000.000 Schaltvorgänge
10 Hz Schaltfrequenz

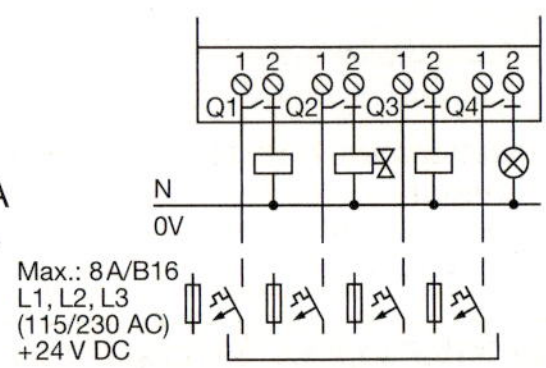

Spannungsversorgung anschließen

- Spannungswert und Polarität beachten. DC: L+ bzw. L– AC: L bzw. N
- Zuleitung mit einer Überstrom-Schutzeinrichtung installieren.

U_n = 97 V … 264 V AC
I_n = 20 mA
P_V = 3,5 W

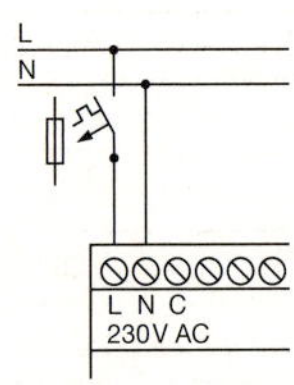

Programmierung der Steuerfunktion

- Direkte Eingabe über die Bedientasten und das Anzeigefeld am Gerät.
- Erstellung mit Hilfe einer Software am Computer und Übertragung.
- Speicherung des Programms für den Netzausfall über die Computersoftware oder eine Zusatzspeicherkarte.

- Schaltkontakte werden in die drei **Kontaktfelder** eingegeben.
- Das **Spulenfeld** kennzeichnet die angesteuerte Spulenfunktion/Relaisbezeichnung.
- Jede Zeile steht für einen **Strompfad**.

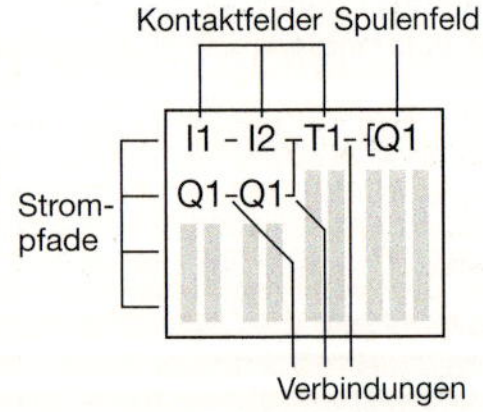

Gebäudesystemtechnik (EIB) – *Building system engineering* DIN EN 50090

Systemarten	Vorteile des EIB
• **E**uropäischer **I**nstallations**b**us (EIB) • Powernet EIB Powerline EIB • Funk-EIB	• Vereinfachte Planung u. geringere Montagezeiten • Reduzierung des Verdrahtungsaufwandes • Einfaches Nachrüsten und Erweitern des Systems • Flexible Funktionserweiterung • Senkung des Energiebedarfs durch Energiemanagement • Hoher Bedienkomfort

EIB

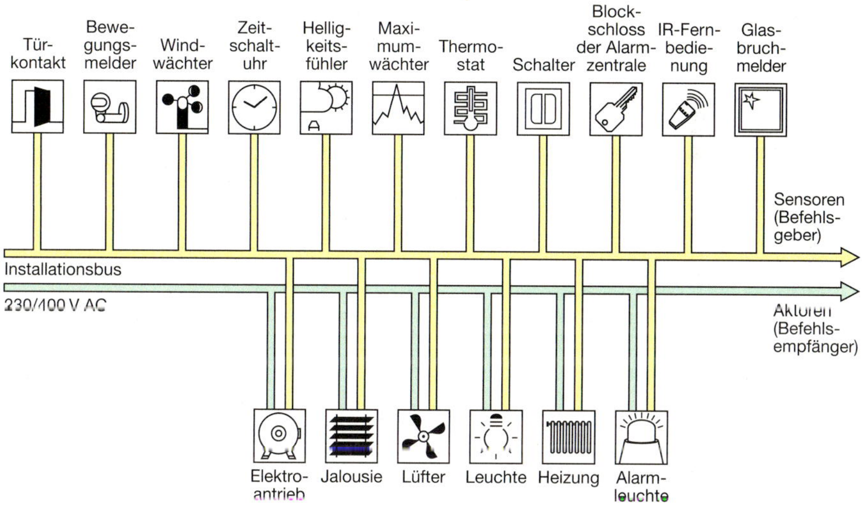

- Getrennte Leitungsnetze (Energienetz und Busnetz)
- Getrennte Übertragung von **Energie** und **Information**
- Alle Busteilnehmer sind über die Busleitung parallel miteinander verbunden.
- Die Aktoren sind über das Energienetz (AC 230/400 V) miteinander verbunden.
- Keine fest verdrahteten Zuordnungen zwischen den Sensoren und Aktoren.
- Die Zuordnung der Schaltfunktion zwischen den Busteilnehmern wird über ein Programm gesteuert.

Unterteilung der Busteilnehmer

Betriebsmittelarten	Funktion	Beispiel
Systemgeräte	Geräte zur Spannungsversorgung der Busteilnehmer und Programmierung bzw. Inbetriebnahme des EIB-Systems	Spannungsversorgung; Linien- und Bereichskoppler; PC-Schnittstelle; Drossel
Sensoren (Befehlsgeber)	Erfassung von Informationen (Binäre Meldungen und analoge Messwerte) und Senden des Datentelegramms	Taster; Schalter; Temperatur-, Helligkeits- und Bewegungsfühler; Binäreingang; Türkontakt
Aktoren (Befehlsempfänger)	Empfangen die Datentelegramme und führen in Abhängigkeit der Aufgabe eine Aktion aus	Schaltaktor; Dimmaktor; Jalousieaktor; Heizkörperstellventil
Controller	Bearbeitung von komplexen Steuer- und Regelfunktionen	Zeitschaltuhr
Anzeige- und Bediengeräte	Anzeigegeräte dienen der Visualisierung des aktuellen Systemzustandes; Bediengeräte vereinfachen die Eingabe der Schaltbefehle in das EIB-System.	Bedien- und Meldetableaus; Displays; Touch-Screen

Gebäudesystemtechnik (EIB) – *Building system engineering*

Netzstruktur

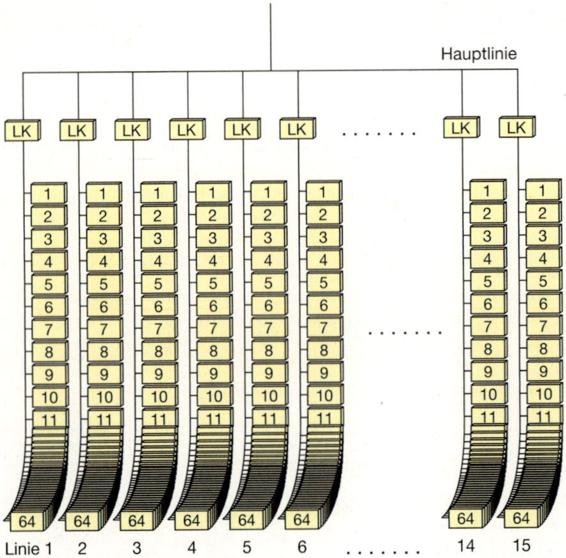

Geräteanzahl

- In jeder **Linie** können 64 Busteilnehmer angeschlossen werden.
- Jeweils 15 Linien werden zu einem **Bereich** zusammengefasst.
- Die einzelnen Linien in einem Bereich werden über Linienkoppler (LK) zu einer **Hauptlinie** verbunden.
- In dieser Hauptlinie können ebenfalls 64 Busteilnehmer angeschlossen werden.
- Mit Hilfe von Bereichskopplern (BK) können maximal 15 Bereiche miteinander verbunden werden.
- Die Linie oberhalb der Bereichskoppler wird als Bereichslinie (Backbone) bezeichnet.
- Die Bereichslinie kann wiederum 64 Busteilnehmer aufnehmen.

Maximale Anzahl n der Busteilnehmer:

$n = (((64 \cdot 15) + 64) \cdot 15) + 64$

$n = 15424$

Busleitungen und -klemmen

Funktionen der Busleitung:
- Einwandfreie Kommunikation,
- sichere Trennung zum Energienetz.

Leitungsart	Verlegung
YCYM 2x2x0,8	Feste Verlegung: Trockene, feuchte und nasse Räume; auf, in und unter Putz Im Freien, wenn vor Sonneneinstrahlung geschützt
J-Y(St)Y 2x2x0,8 (EIB-Ausführung)	Feste Verlegung: Trockene und feuchte Räume; auf bzw. unter Putz und in Rohren Im Freien: in und unter Putz

Die Busleitung ist nach DIN VDE 0100-510 mit einer dauerhaften Kennzeichnung versehen.

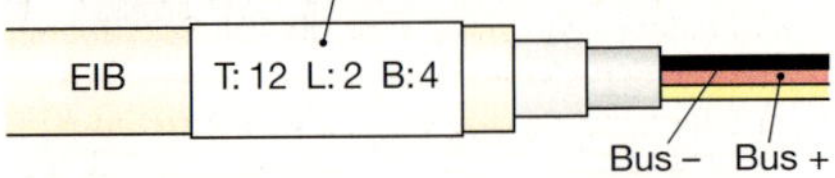

Notwendige Kennzeichnung:
- Bereich (B : 4)
- Linie (L : 2)
- Teilnehmer (T : 12)

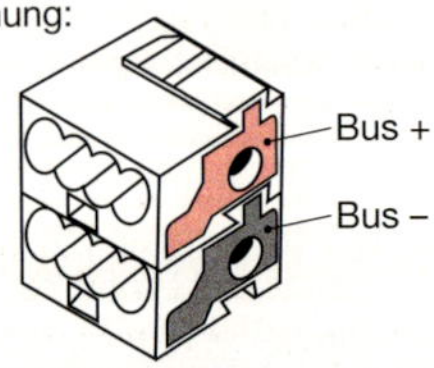

Busanschlussklemme:
Bus + auf „Rot"
Bus – auf „Schwarz"

Leitungslängen

Gesamte Leitungslänge aller Teilabschnitte ① + ② + ③ + ④ + … + ⑭	≤ 1000 m
Maximale Leitungslänge zwischen zwei Busteilnehmern	≤ 700 m
Maximale Leitungslänge zwischen der Spannungsversorgung und jedem Busteilnehmer	≤ 350 m
Maximale Leitungslänge zwischen zwei Spannungsversorgungen	≤ 200 m

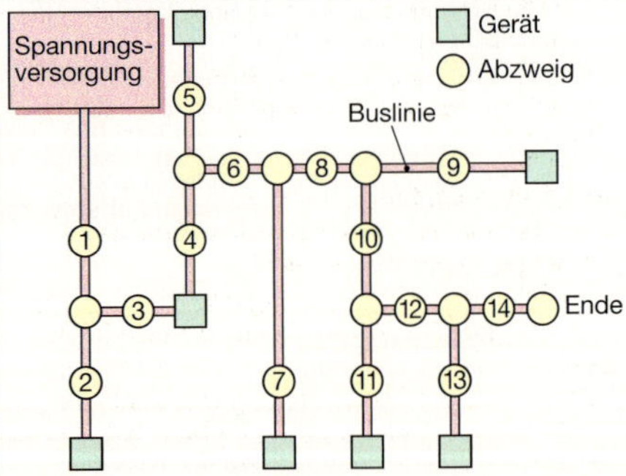

Gebäudesystemtechnik (EIB) – *Building system engineering*

Funktion der EIB Betriebsmittel

- **Spannungsversorgung SV** mit eingebauter **Drossel** in jeder Linie (Linien, Hauptlinien und Bereichslinien)
- Busteilnehmer werden mit Sicherheits-Kleinspannung (SELV) von maximal DC 32 V versorgt.
- Minimale Versorgungsspannung am Busteilnehmer DC 21 V
- **Linien- und Bereichskoppler** (LK und BK) sorgen für galvanische Trennung, um Störungen zu vermeiden.
- Koppler verhindern die Übertragung der Schaltbefehle über die jeweilige Linie hinaus.
- **Sensoren** erstellen ein Datentelegramm.
- **Aktoren** werten die Telegramme aus und erzeugen den entsprechenden Schaltbefehl.
- Schaltbefehle werden am Computer programmiert und über die Datenschnittstelle zu den Busteilnehmern übertragen.
- In jeder Linie Reserven für spätere Erweiterungen einplanen.

Übersicht EIB-Installation

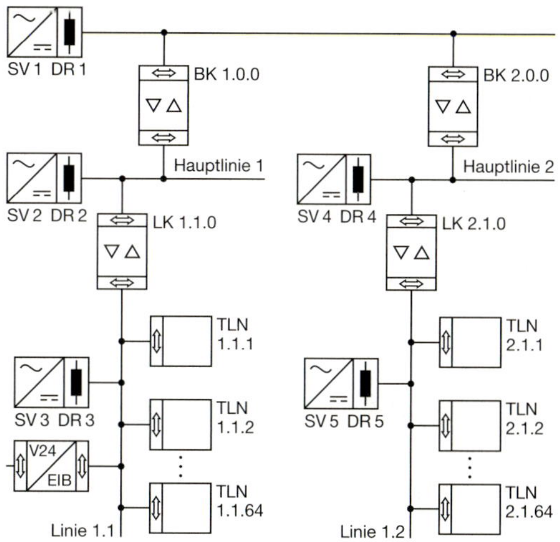

BK: Bereichskoppler
LK: Linienkoppler
DR: Drossel
TLN: Busteilnehmer
SV: Spannungsversorgung

Informationsübertragung (Beispiel)

Telegrammerzeugung:

- Der Sensor mit der physikalischen Adresse 1.1.2 wird betätigt und erstellt aus diesem Schaltbefehl ein Datentelegramm.
- Im Telegramm ist die physikalische Adresse des Sensors, die Empfängeradresse sowie der Schaltbefehl hinterlegt.
- Die Priorität des Schaltbefehls wird ebenfalls im Telegramm vermerkt.

Telegrammübermittlung:

- Das Telegramm wird über die Busleitung seriell übertragen (9600 bit/s).
- Die Koppler lassen nur die Telegramme durch, die für ein Gerät außerhalb der eigenen Linie bestimmt sind.
- Die Übertragungszeit für eine Schaltinformation liegt im Durchschnitt bei 25 ms.
- Störsignale, die auf beide Adern gleichzeitig wirken, beeinflussen die Informationsübertragung nicht.

Telegrammempfang:

- Die Aktoren mit der entsprechenden Adresse empfangen den Schaltbefehl.
- Das Signal gilt als korrekt übertragen, wenn alle Empfänger eine positive Quittung gesendet haben.
- Bei einer Übertragungsstörung wird der Fehler entweder anhand des Prüfbytes behoben oder ein neues Telegramm angefordert.

Physikalische Adresse

- Die physikalische Adresse kennzeichnet jeden Busteilnehmer im System eindeutig.
- Die Adresse besteht aus drei Zahlen:

z.B.: **1.1.12**

- 12 – Teilnehmer innerhalb der Linie
- 1 (zweite Zahl) – Liniennummer
- 1 (erste Zahl) – Bereichsnummer

- Die physikalische Adresse wird von der Programmier-Software erzeugt.
- Bei Inbetriebnahme werden die physikalischen Adressen gesendet und am jeweiligen Busteilnehmer per Hand quittiert.

Gruppenadresse

- Die Zuordnung der Steuerfunktionen zwischen Sensor und Aktor wird über die Gruppenadresse getroffen, z.B. 2/1/2.
- Die Gruppenadresse kennzeichnet dabei eine Funktion, z.B. Licht Hausflur EIN/AUS.
- Die Gruppenadresse ist in drei Bereiche untergliedert:

z.B.: **2/1/2**

- 2 (dritte Zahl) – Untergruppe (Licht EIN/AUS)
- 1 – Mittelgruppe (Hausflur)
- 2 (erste Zahl) – Hauptgruppe (Beleuchtung)

Gebäudesystemtechnik (EIB) – *Building system engineering*

Telegrammaufbau

- Die Übertragung im EIB ist ereignisorientiert, d.h. wenn nichts passiert, ist der Bus frei.
- Ein Telegramm besteht aus 7 Datenblöcken.

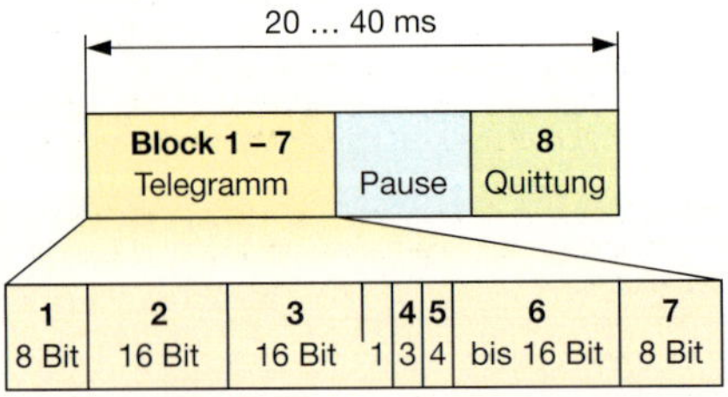

Block 1: **Kontrollfeld:** Legt die Nachrichtenpriorität fest.

Block 2: **Quelladresse:** Physikalische Adresse des Absenders.

Block 3: **Zieladresse:** Gruppenadresse oder physikalische Adresse des Empfängers.

Block 4: **Routing-Zähler:** Weiterleitung über Linien und Bereiche hinweg.

Block 5: **Längenfeld:** Länge der Nutzinformation

Block 6: **Nutzinformation:** Zu übertragende Befehle, z.B. Schaltaktor EIN.

Block 7: **Prüffeld:** Übertragungsstörungen im Datentelegramm bestimmen.

Buszugriffsverfahren

- Da alle Busteilnehmer parallel an die Busleitung angeschlossen sind, wird der Zugriff verwaltet.
- CSMA/CA-Zugriffsverfahren (**C**arrier **S**ense **M**ultiple **A**ccess with **C**ollision **A**voidance)
- Es gibt keine zentrale Steuerung.
- Zugriffsverfahren

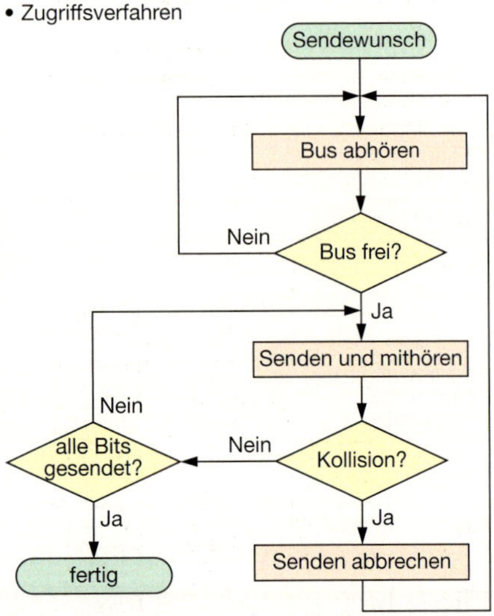

Programmierumgebung (ETS3)

- **Produktverwaltung**
  Einlesen der Produktdatenbank der Gerätehersteller
- **Projektierung** des EIB-Systems:
  - Erstellung der Gebäudeansicht
  - Vergabe der Gruppenadressen
  - Einfügen der Geräte
  - Programmierung der Funktionen (z.B. Verbindung der Wippe des Tasters im Erdgeschoss mit der Gruppenadresse Beleuchtung 1. OG ein/aus im Flur; Adresse 0/3/2)
  - Prüfen der Gerätezuordnung
- **Inbetriebnahme** des Systems
  - Zuweisung der physikalischen Adresse zu den Geräten
  - Test der Funktionen
- **Projektverwaltung**

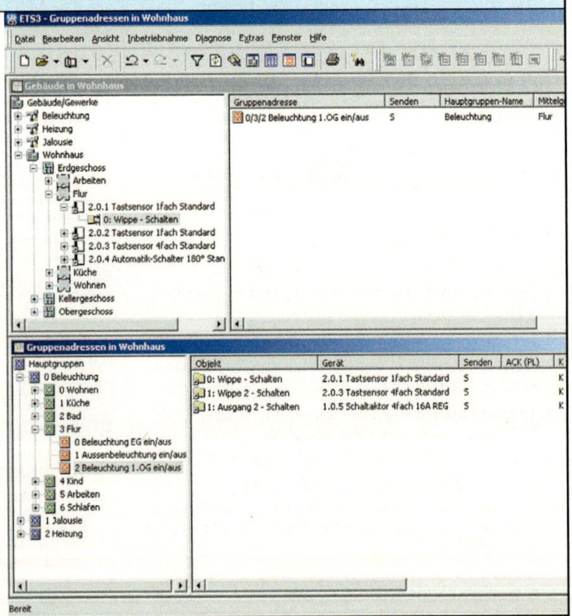

Powernet EIB

Aufbau

- Keine getrennte Busleitung zur Übertragung der Informationen.
- Die Übertragung der Daten erfolgt über das Energienetz.
- Die Netzstruktur ist mit EIB vergleichbar (Aufteilung in Linien und Bereiche).
- In einer Linie sind maximal 256 Busteilnehmer enthalten.
- 16 Linien bilden einen Powernet Bereich.
- Die Daten werden in Telegrammform der Netzspannung von 230 V überlagert.
- Die Telegramme werden mit 1 200 bit/s übertragen.
- Übertragungsstörungen werden korrigiert.

Einschränkungen

- Der Betrieb von Powernet EIB über eine Trafostation hinaus ist nicht möglich.
- Alle Geräte müssen vorschriftsmäßig entstört sein.
- Maximal 4096 EIB-Betriebsmittel pro Bereich.
- Die Leitungslänge zwischen zwei Busteilnehmern darf nicht größer als 500 m sein.
- Zur Datenübertragung ist erforderlich, dass Neutral- und Außenleiter in jeder Abzweigdose vorhanden sind.
- Um Störungen zu vermeiden, müssen die Netzschwankungen innerhalb eines Toleranzbereiches bleiben:

  Netzspannung: U = 230 V ± 10 %

  Netzfrequenz: f = 50 Hz ± 0,5 %

Systemübersicht

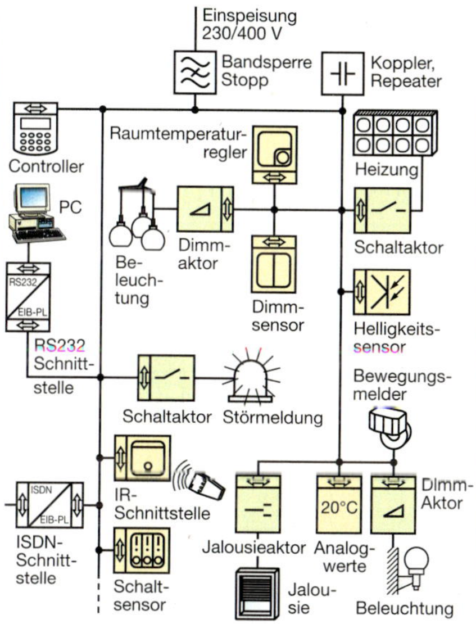

Übertragungsverfahren

- Datenübertragung: SFSK-Verfahren (**S**pread **F**requency **S**hift **K**eying)
- Übertragung in zwei getrennten Frequenzen 105,6 kHz und 115,2 kHz

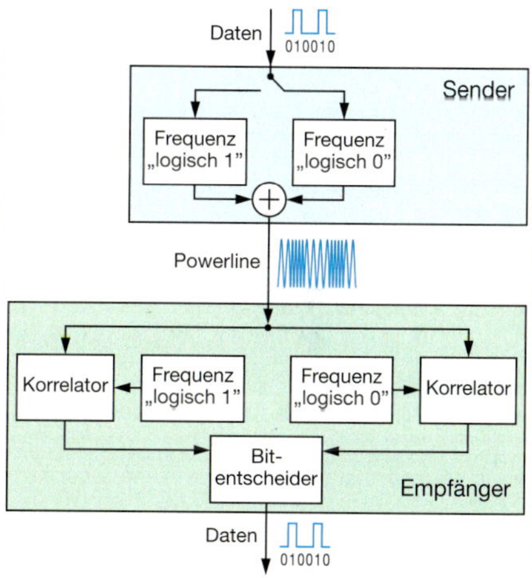

Funk EIB

- Datenübertragung per Funksignal (868 ... 870 MHz)
- Flexibler Einsatz auch bei schwierigen Installationssituationen.
- Kompatibel zu den bestehenden EIB-Systemen.
- Die Komponenten werden über das 230 V-Netz oder Batterie versorgt.
- 15 Bereiche mit jeweils 6 Linien und maximal 64 Teilnehmern in jeder Linie möglich.
- Die Reichweite beträgt bis zu 300 m (im Freiraum).
- Jeder Teilnehmer empfängt das Funksignal und sendet es wieder aus. Durch diese Retransmitter-Technik erhöht sich die Reichweite innerhab eines Gebäudes.
- Adressierung der Geräte über die physikalische Adresse bzw. Gruppenadresse.

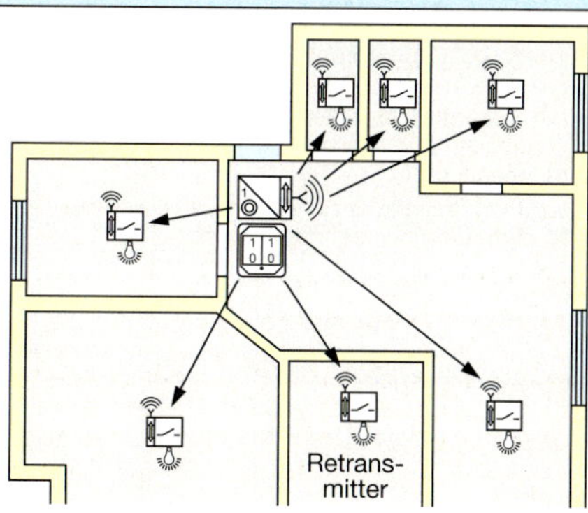

Local Operating Network (LON)

Merkmale:
- Aufbau weitverzweigter dezentraler Netze
- Ausführung des Datennetzes als Linien-, Ring- oder Sternnetz
- Knoten bilden kleine Funktionseinheiten mit eigener „Intelligenz".
- Maximal 127 Knoten bilden ein Teilnetz; mehrere Teilnetze werden zu einem Bereich zusammengefasst.
- Integration unterschiedlicher Gewerke (Subnet)
- Anbindung an das Internet/Intranet möglich
- Die LONWORKS-Technologie wird von einem Standardisierungsgremium (LONMARK®) überwacht.

Vorteile:
- Sensoren und Aktoren besitzen eigene „Intelligenz"
- Informationsverarbeitung findet vor Ort statt
- Minimaler Verdrahtungsaufwand
- Keine zentrale Verarbeitungseinheit erforderlich

LONWORKS-Bausteine:
Alle Geräte basieren auf speziellen Mikroprozessoren (Neuron-Chip), die über Transceiver an die unterschiedlichen Übertragungsmedien angeschlossen werden. Die Sprache innerhalb des LON heißt Lon-Talk®. Die Programmierung erfolgt über die Entwicklungswerkzeuge LonBuilder® oder NodeBuilder®.

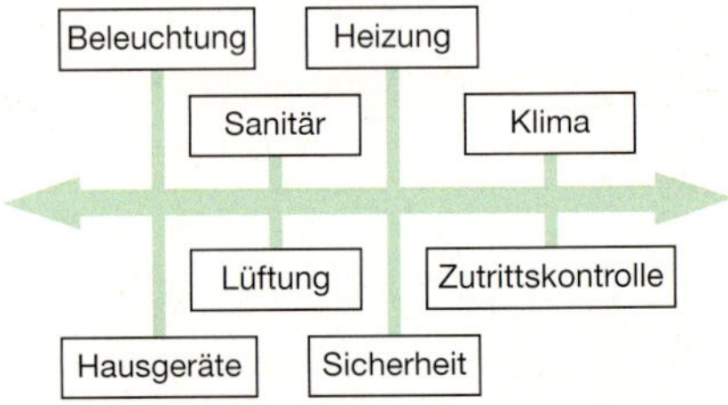

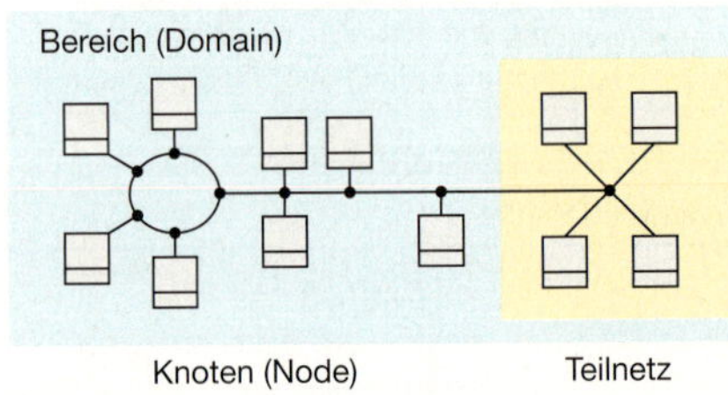

LON-Netzwerk		
deutsch	englisch	Zahlenbereich
Bereichs-Nr.	Domain-ID	$1 \ldots 2^{48}$
Teilnetz-Nr.	Subnet-ID	1 … 255
Konten-Nr.	Node-ID	1 … 127

Local Control Network (LCN)

Merkmale:
- LCN ist sowohl in Großobjekten als auch im Ein- oder Mehrfamilienhaus einsetzbar.
- Alle LCN-Module werden an 230 V angeschlossen.
- Es ist kein getrennt verlegtes Busnetz erforderlich.
- Die Kommunikation erfolgt über einen zusätzlichen Leiter, der zusammen mit der 230 V-Versorgungsleitung geführt werden darf.
- Die Ausbaugrenze liegt bei 30000 Modulen.

Vorteile:
- Kein separates Datennetz notwendig.
- Sensoren und Aktoren sind in einem Gerät vereint.
- Die LCN-Module stellen standardmäßig mehrere Funktionen zur Verfügung (z. B. schalten, regeln, dimmen).
- Kostengünstig in der Erstausrüstung und bei Nachrüstung bestehender Installationen.

Funktion:
Die Nachrichten werden über eine Ader und den N-Leiter zwischen den Geräten ausgetauscht. Alle LCN-Module verfügen über zwei Aus- und zwei bzw. drei Eingänge, Zeitgeber und Verknüpfungsbausteine. Maximal 250 Module können über eine Datenader zu einem Segment zusammengeschaltet werden.

LCN-Modul

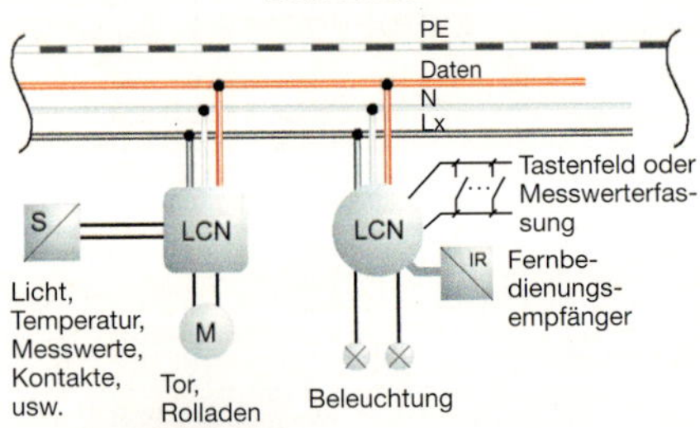

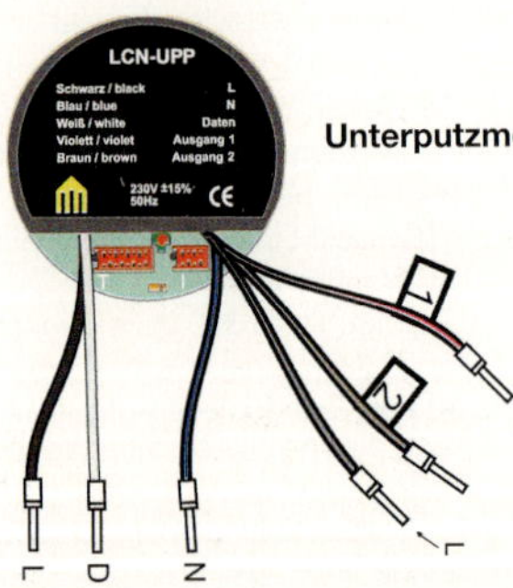

Unterputzmodul

Antriebssysteme 8

Motoren-Übersicht – *Motor overview*

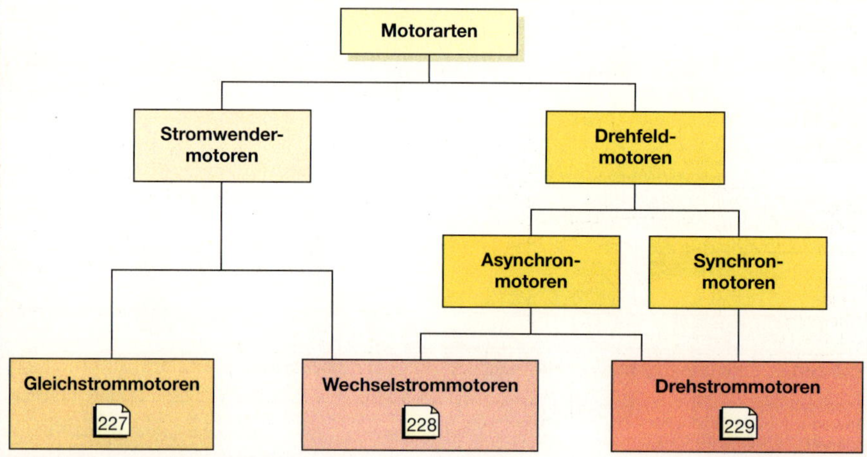

Formelzeichen – *Formula signs*

Formelzeichen	Bedeutung
U	Klemmenspannung
U_n	Bemessungsspannung
U_o	Leerlaufspannung (Generator) bzw. Gegenspannung (Motor)
U_a	Spannung an der Ankerwicklung
U_f	Spannung an der Feldwicklung
I	aufgenommene bzw. abgegebene Stromstärke
I_n	Bemessungsstromstärke
I_o	Leerlaufstromstärke
I_A	Anlaufstromstärke
I_a	Stromstärke in der Ankerwicklung
I_f	Stromstärke in der Feldwicklung
t_A	Anlaufzeit
t_B	Belastungszeit
t_{St}	Stillstandszeit
t_r	relative Einschaltdauer
t_S	Spieldauer
t_{Br}	Bremszeit
t_L	Leerlaufzeit

Formelzeichen	Bedeutung
C_A	Kapazität des Anlaufkondensators
C_B	Kapazität des Betriebskondensators
R_i	innerer Widerstand
R_a	Widerstand der Ankerwicklung
R_W	Widerstand der Wendepolwicklung
R_K	Widerstand der Kompensationswicklung
R_f	Widerstand der Feldwicklung
$R_{f,\,ser}$	Widerstand der Reihenschlusswicklung
$R_{f,\,par}$	Widerstand der Nebenschlusswicklung
P, P_{ab}	abgegebene Leistung
P_{zu}	zugeführte Leistung
$P_{v,\,Reib}$	Reibungsverluste
$Q_{C,\,B}$	kapazitive Blindleistung des Betriebskondensators

Formelzeichen	Bedeutung
$\cos \varphi_n$	Bemessungsleistungsfaktor
$\cos \varphi_o$	Leerlaufleistungsfaktor
n	Läuferdrehzahl (Umdrehungsfrequenz)
n_f	Drehfelddrehzahl
n_S	Satteldrehzahl
n_n	Bemessungsdrehzahl
n_K	Kippdrehzahl
n_s	Schlupfdrehzahl
n_o	Leerlaufdrehzahl
s	Schlupf
$s_{\%}$	Schlupf in %
f_r	Frequenz der Läuferspannung
f_s	Frequenz der Ständerspannung
M_A	Anlaufdrehmoment
M_n	Bemessungsdrehmoment
M_K (M_b)	Kippdrehmoment
M_S (M_u)	Satteldrehmoment
τ_p	Polteilung

Gleichstrommotoren – *DC Motors*

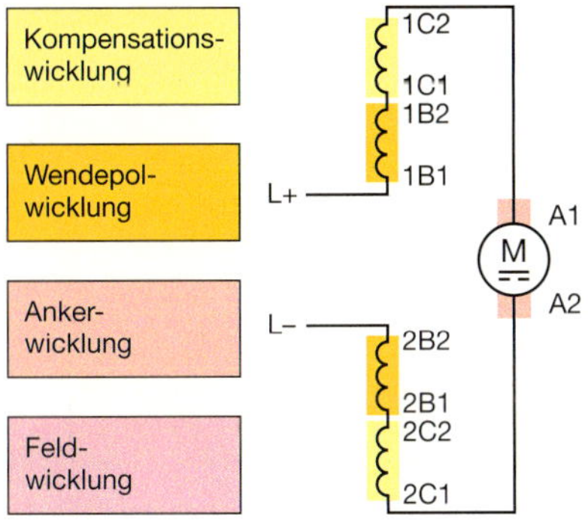

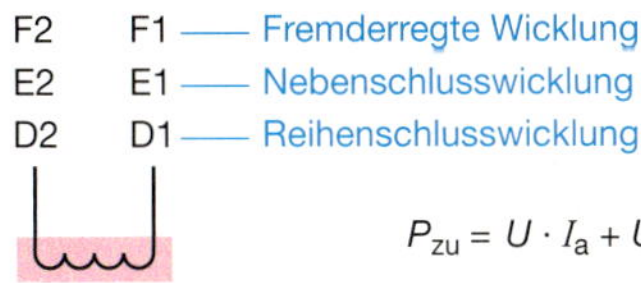

$$P_{zu} = U \cdot I_a + U_f \cdot I_f$$

$$R_i = R_a + R_W + R_K$$

$$\eta = \frac{P}{U \cdot I + U_f \cdot I_f + P_{v,\,Reib}}$$

$P_{v,\,Reib}$ wird oft vernachlässigt.

Motorart	Fremderregter Motor	Nebenschlussmotor	Reihenschlussmotor	Doppelschlussmotor
Anwendungen	• Drehzahlsteuerung über Leonard-Umformer oder gesteuerte Gleichrichter	• Werkzeugmaschinen • Förderanlagen	• Elektrische Fahrzeuge • Hebezeuge • Anlasser im Kraftfahrzeug	• Werkzeugmaschinen • Antrieb von Schwungmassen z. B. Pressen, Stanzen, Scheren • Walzwerkantriebe
Schaltung	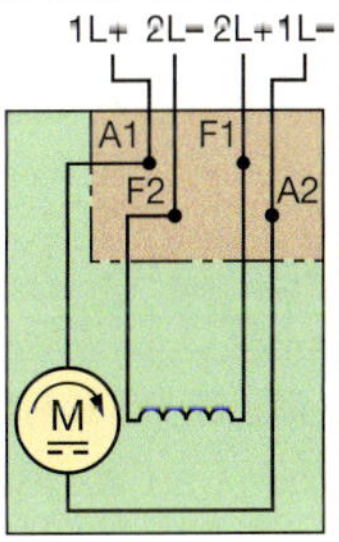	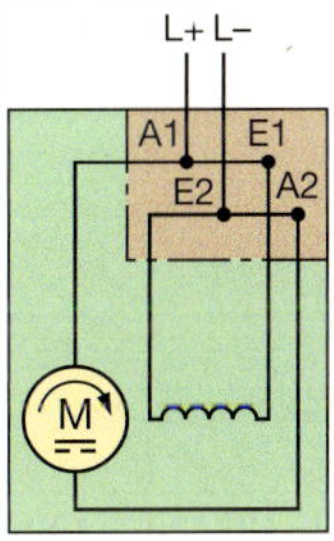	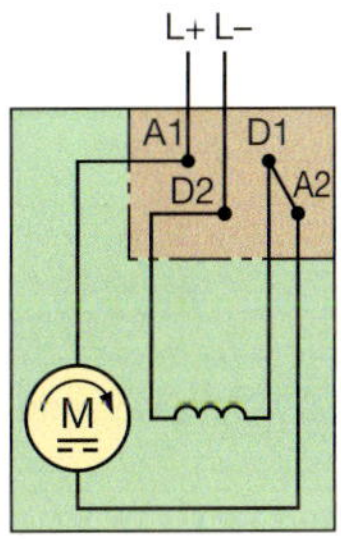	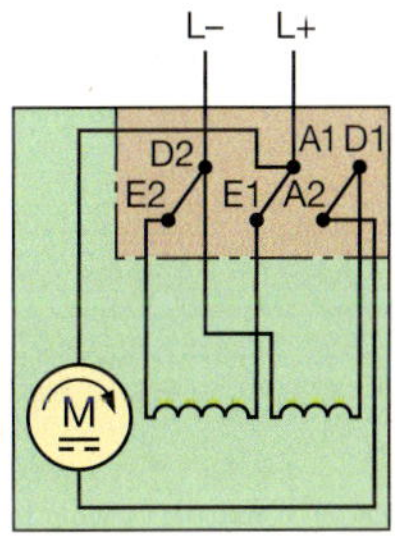
Kennlinien	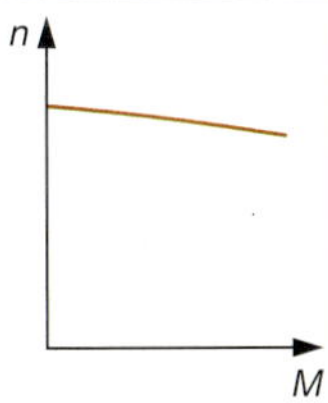	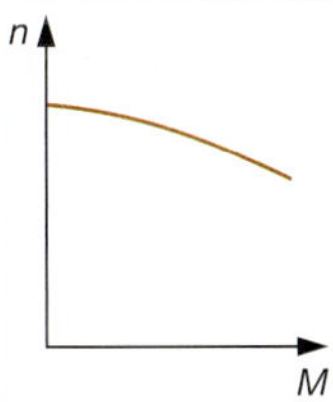	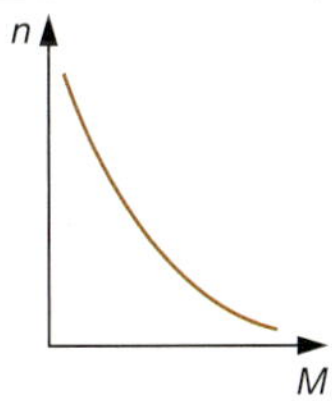	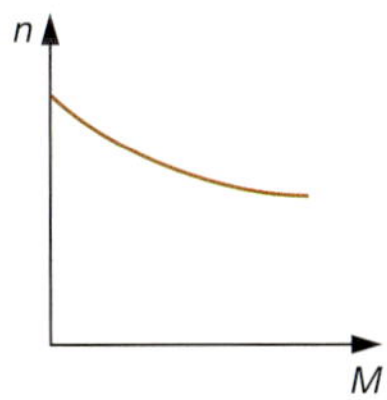
Eigenschaften	• Geringfügige Drehzahländerung bei Belastungsänderung • Drehzahlsteuerung über Ankerspannung oder Feldstrom • Ankerwicklung und Feldwicklung haben eventuell unterschiedliche Spannungen.		• Hohes Anlaufdrehmoment • Drehzahl lastabhängig • Geht bei Leerlauf eventuell durch • Drehzahlsteuerung über Ankerspannung oder Feldstrom	• Je nach Kompoundierung vorwiegend Reihenschluss- oder Nebenschlussverhalten • Bei Gegenkompoundierung kommt es zur Instabilität.
Anlaufstrom	$I_A = \frac{U}{R_i}$	$I_A = \frac{U}{R_i} + \frac{U}{R_f}$	$I_A = \frac{U}{R_i + R_f}$	$I_A = \frac{U}{R_i + R_{f,ser}} + \frac{U}{R_{f,par}}$

Wechselstrommotoren – *AC Motors*

Motorart	**Drehstrommotor an Wechselspannung**	**Wechselstrom-Motor mit Hilfswicklung**		
		Kondensatormotor	**mit Induktivität**	**mit Widerstand**
Anwendungen	Baumaschinen	Kühlschrank	selten angewandt	Haushaltsgeräte wie Waschmaschinen u. ä.
Schaltung	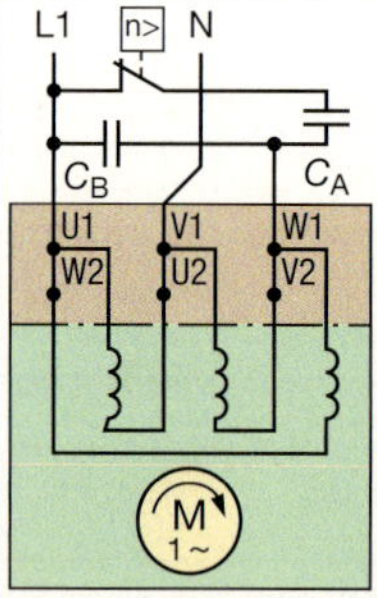	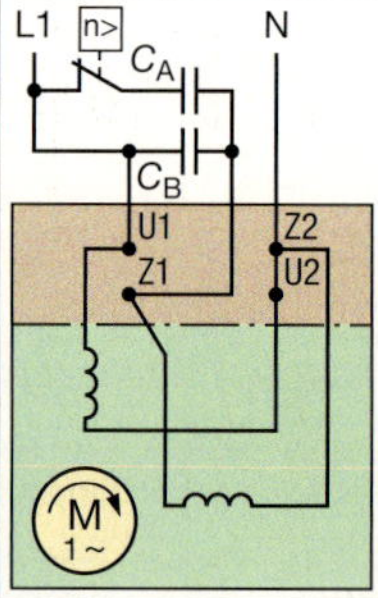	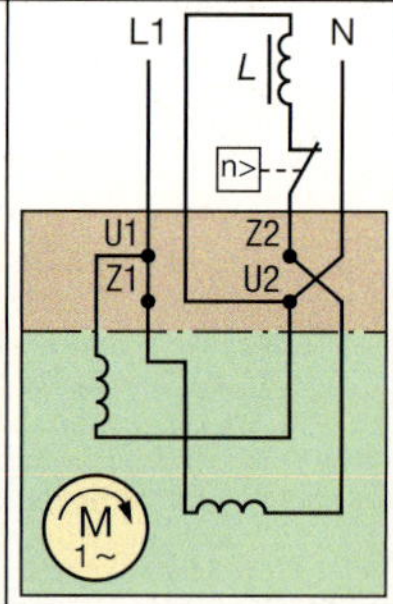	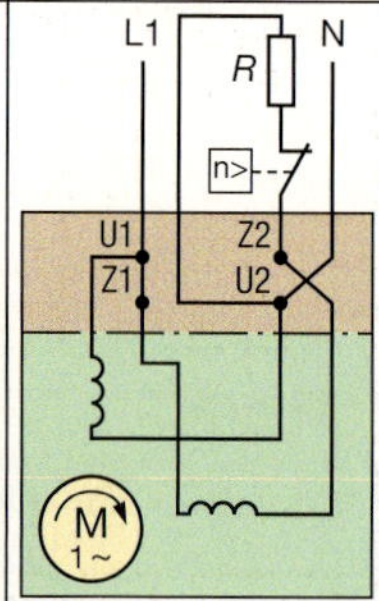
Kennlinien	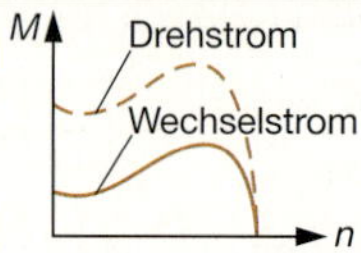 $U = 230\,V,\ C_B = 70\frac{\mu F}{kW} \cdot P$ $U = 400\,V,\ C_B = 20\frac{\mu F}{kW} \cdot P$ $C_A = 2 \cdot C_B$	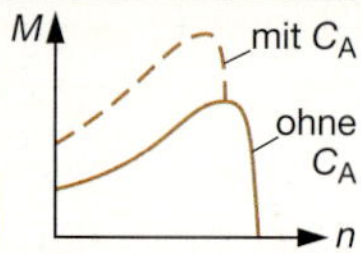 $Q_{CB} = 1\frac{kvar}{kW} \cdot P$ $C_A = 3 \cdot C_B$	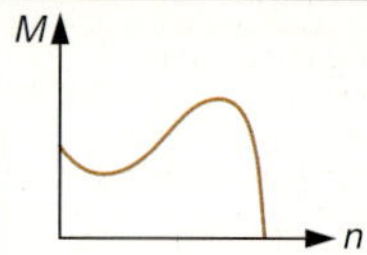	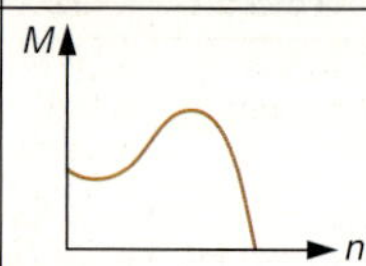
Eigenschaften	Nebenschlussverhalten, schlechter Wirkungsgrad	Nebenschlussverhalten, mit C_A hohes Anlaufdrehmoment	Nebenschlussverhalten, ungünstiger Anlauf, geringer cos φ	Nebenschlussverhalten, einfache Bauweise

Motorart	**Wechselstrommotor ohne Hilfswicklung**	**Spaltpolmotor**	**Repulsionsmotor**	**Universalmotor**
Anwendungen	Gelegentlich für Baumaschinen	Für kleine Leistungen, z. B. in Haushaltsgeräten	Textilmaschinen	Haushaltsgeräte, elektrisch betriebene Werkzeuge
Schaltung	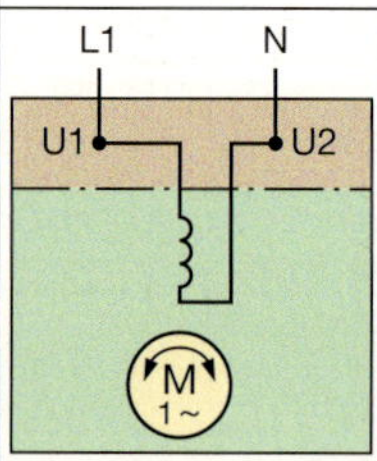	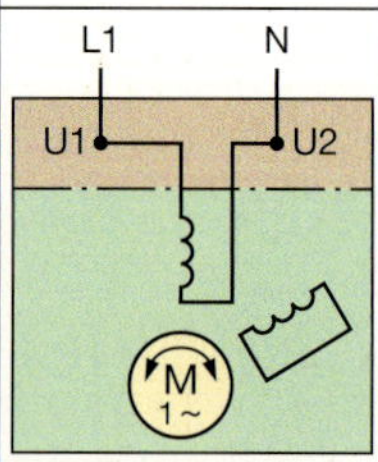	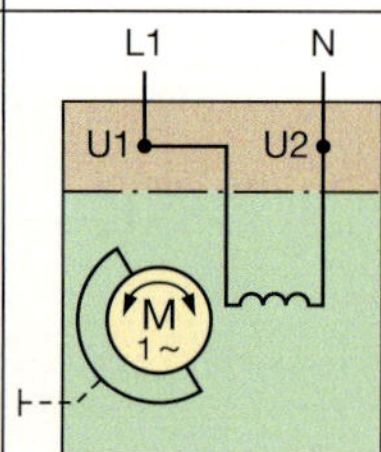	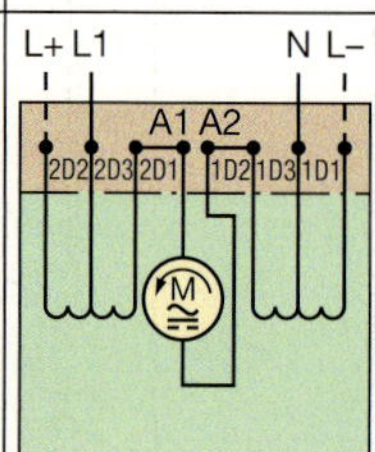
Kennlinien	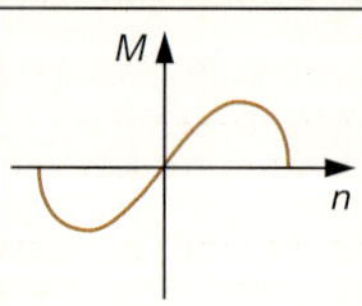	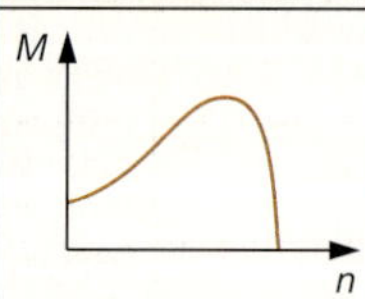	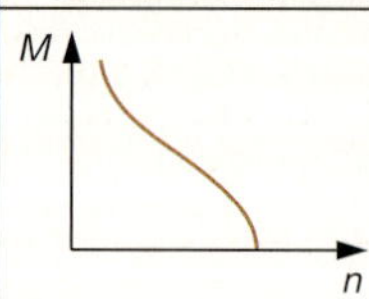	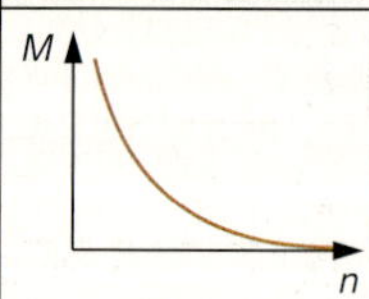
Eigenschaften	Muss angeworfen werden	Nebenschlussverhalten, einfache Bauweise, schlechter Wirkungsgrad	Reihenschlussverhalten	Reihenschlussverhalten

Drehstrom-Asynchronmotoren – *Three phase asynchronous motors*

Belastungskennlinien	Hochlaufkennlinien
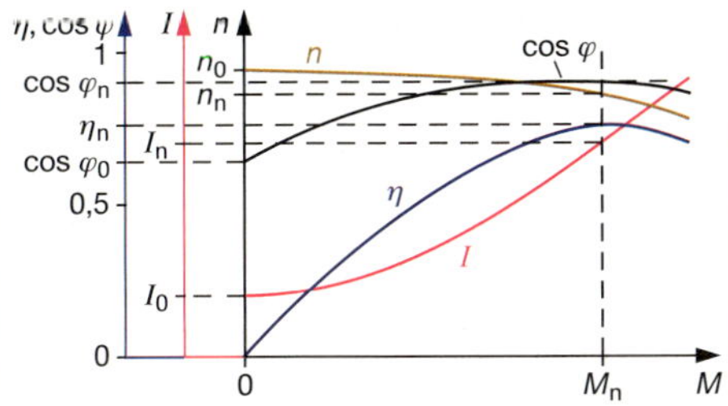	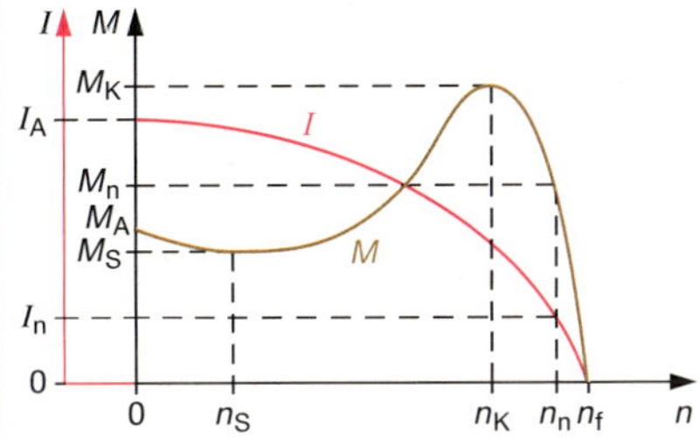

$$n_f = \frac{f}{p}$$

$$s = \frac{n_f - n}{n_f}$$

$$\eta = \frac{P_{ab}}{P_{zu}}$$

$$P_{zu} = U \cdot I \cdot \sqrt{3} \cdot \cos\varphi$$

$$n_s = n_f - n$$

$$s_{\%} = \frac{n_f - n}{n_f} \cdot 100\ \%$$

Motorart	Kurzschlussläufermotor	Schleifringläufermotor
Anwendungen	• Werkzeugmaschinen • kleine Hebezeuge • Verarbeitungsmaschinen • landwirtschaftliche Maschinen	• Hebezeuge • Schweranlauf • Maschinen mit großen Schwungmassen • große Werkzeugmaschinen
Schaltung	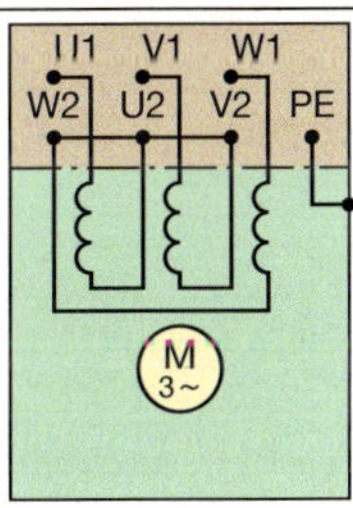 Sternschaltung 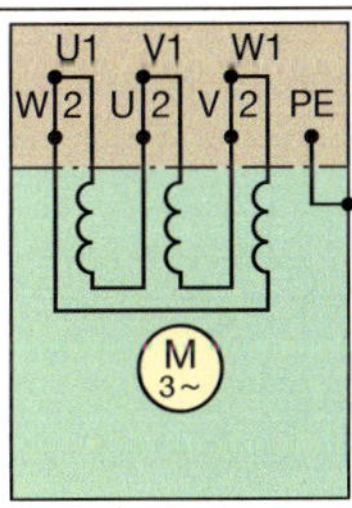 Dreieckschaltung	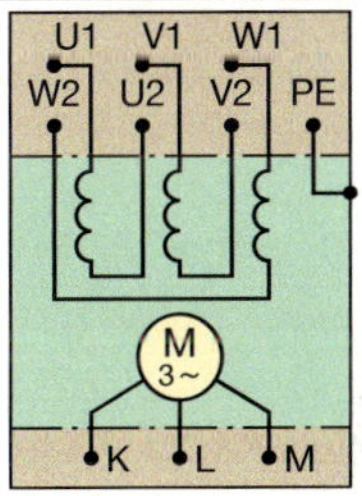 dreiphasige 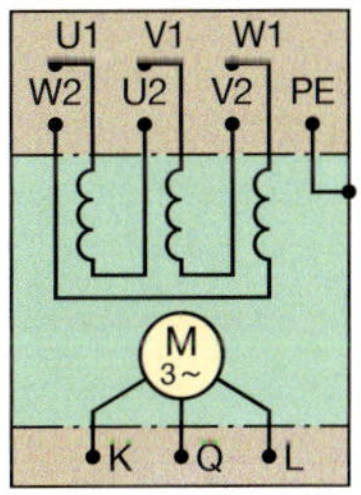 zweiphasige Läuferwicklung
Hochlaufkennlinien	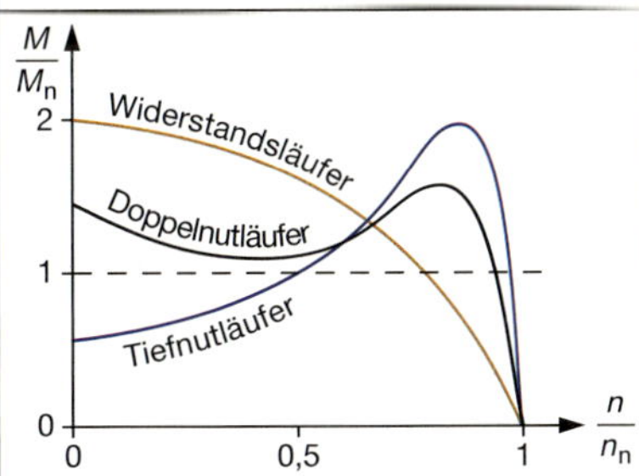	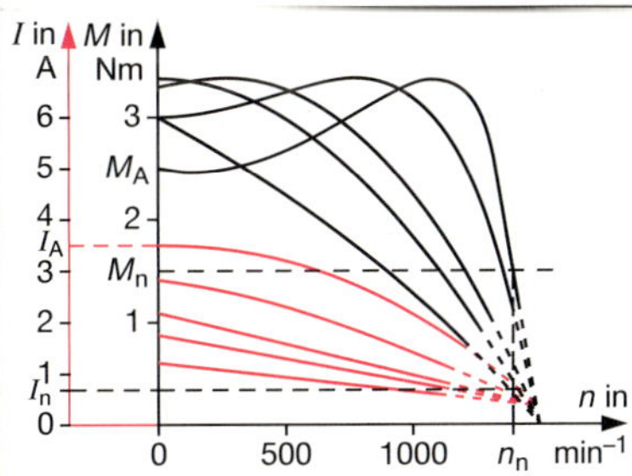
$\frac{I_A}{I_n}$	3…7	1,5…2,5
$\frac{M_A}{M_n}$	0,5…3	1…3
Eigenschaften	• robust • wartungsarm • kompakt • schlechter Anlauf • Drehzahlsteuerung über Umrichter • Nebenschlussverhalten	• relativ wartungsarm • guter Anlauf • Nebenschlussverhalten • Drehzahlsteuerung durch einen Widerstand im Ankerkreis möglich

Leistungsschild von Maschinen – *Rating plate of machines*

Beispiel:

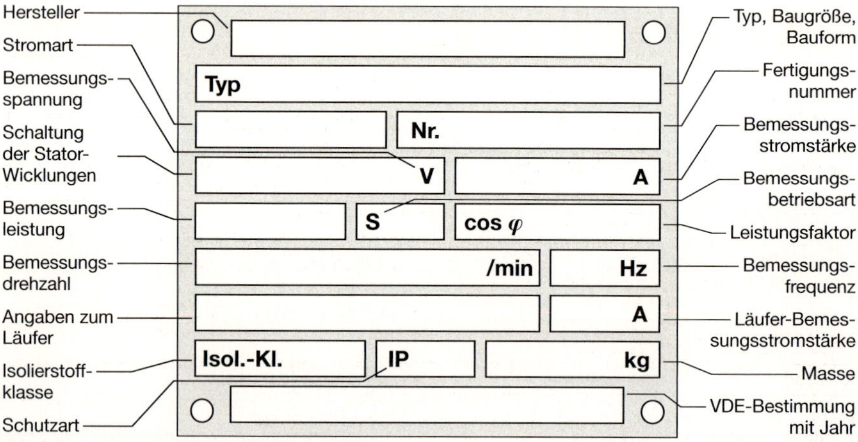

Wartung von Maschinen – *Maintenance of machines*

Wartungszeitraum	Maschinenart	Wartungsarbeit
wöchentlich	Kommutatormaschinen	Kohlebürsten auf Abnutzung und Leichtgängigkeit, Bürstenhalter und Kommutatorzustand kontrollieren.
	Gleitlagermaschinen	Ölstände prüfen.
	Wälzlagermaschinen	Lagergehäuse befühlen, auf Vibration und Temperatur achten.
	Schleifringläufermotoren mit Bürstenabhebevorrichtung	Schleifringklötzchen an der Kurzschlussbüchse kontrollieren.
monatlich	Schleifringläufermotoren	Kohlebürsten, Schleifringe, Bürstenträger und Bürstenabhebevorrichtung prüfen.
vierteljährlich	Alle Maschinen	Anschlussklemmen, Bürstendruck prüfen.
vierteljährlich bis halbjährlich	Alle Maschinen	Wicklungen auf Zustand und Verunreinigung kontrollieren, evtl. reinigen, Isolationswiderstand der Wicklung prüfen.
	Kommutatormaschinen, auch Tachodynamos	Kommutator auf Rundlauf kontrollieren.
	Maschinen mit Druck- oder Spülölschmierung	Ölfilter, Ölzirkulation und Abdichtungen überprüfen.
jährlich	Alle Maschinen	Gründliche Reinigung der Maschinen, genaue Kontrolle der Lager, Wicklungen und Kommutatoren.
1- bis 2-jährlich ≈ 5000 h	Gleitlagermaschinen	Lageröle wechseln, vor Neufüllung Lagerkammern mit Benzin ausspülen.
1- bis 3-jährlich ≈ 15000 h	Wälzlagermaschinen ohne Fettmengenregler	Lager auswaschen und neu fetten, auf richtige Fettsorte achten.

Beim Nachschmieren die Schmiervorschrift und die geforderte Fettart beachten.

Motorschutz – *Motor protection*

Fehlermöglichkeit

- Körperschluss → Gefahr für Mensch und Tier ⇩ Schutzmaßnahmen nach VDE 0100
- Überlast → Gefahr für Motor ⇩ **Motorschutzgerät**
- Überlast → Gefahr für Zuleitung ⇩ Schutz durch Sicherungen, Leitungsschutz-Schalter o. ä.
- Kurzschluss → Gefahr für Leitung und Wicklungen ⇩ Schutz durch Sicherungen, Leitungsschutz-Schalter o. ä.

Motoren müssen bei Bemessungsspannung und -frequenz die 1,6fache Bemessungsstromstärke 15 s lang aushalten

⇩

Motorschutz

Anforderungen an Motorschutzgeräte:

- Belastbarkeit: dauernd mit I_n
- Überwachung: alle Strompfade
- Einstellstromstärke: veränderbar
- thermischer Aufbau: wie bei Motor

Schutzart	Schaltungen	Besonderheiten
Motorschutzschalter 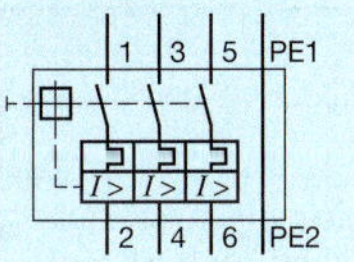	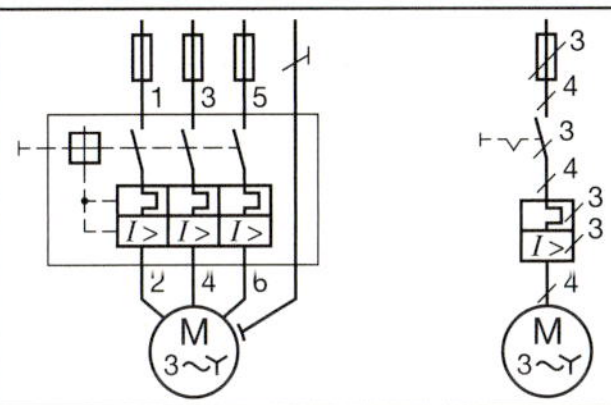	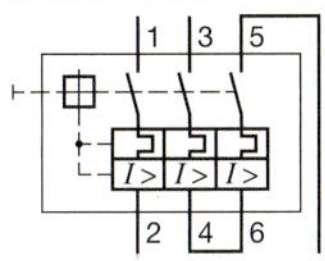 zweipolige Belastung 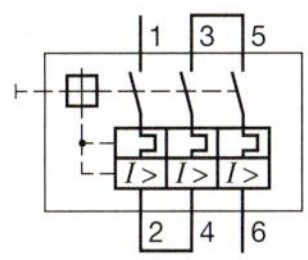 einpolige Belastung
Motorschutzrelais 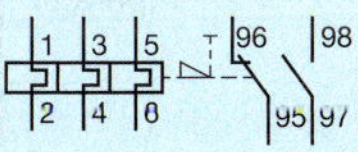	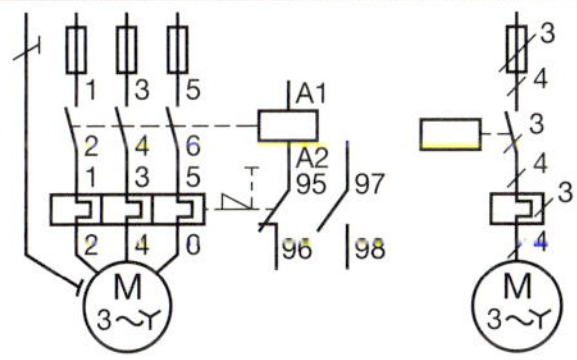	Motorschutzrelais haben mechanische Wiedereinschaltsperre, sonst würde nach Erkalten der Bimetalle das Relais wieder selbsttätig einschalten. Sperre wird durch Entsperrungstaste wieder aufgehoben.
Thermischer Motorschutz (Motorvollschutz)	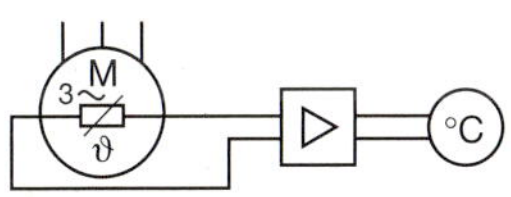	**Widerstandsthermometer** Überwachen der Wicklungs- und Lagertemperaturen
	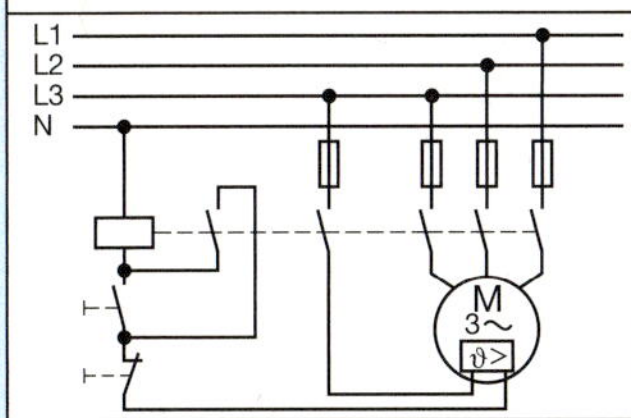	**Thermostat** Bimetall-Temperaturfühler mit Öffner oder Schließer sind in die Wicklung eingebaut. Diese schalten das Motorschütz.
	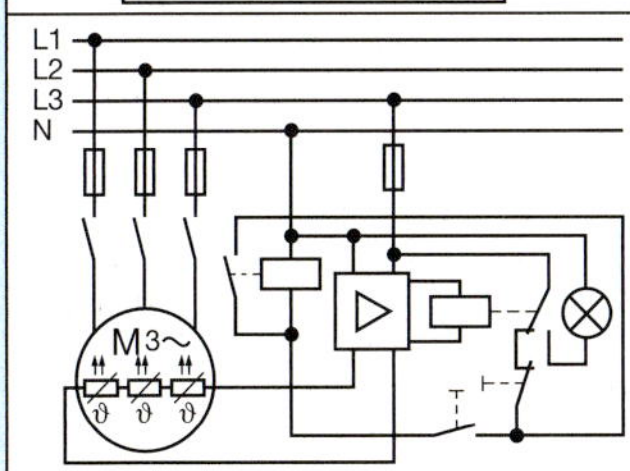	**Thermistor-Motorschutz** Halbleiter-Temperaturfühler, die in der Motorwicklung eingebaut sind, wirken auf das Auslösegerät ein, das das Motorschütz schaltet.

Anlassen von Motoren – *Starting of motors*

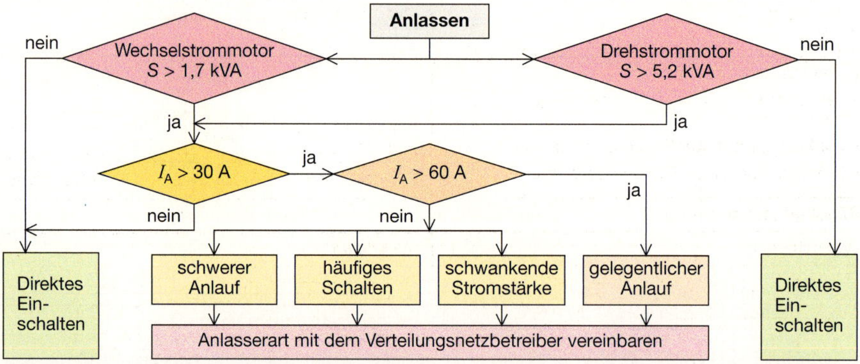

Motorart	Anwendung	Anlassart	Schaltung	Eigenschaften
Kurzschlussläufermotor	Normaler Anlauf	Stern-Dreieck-Schaltung	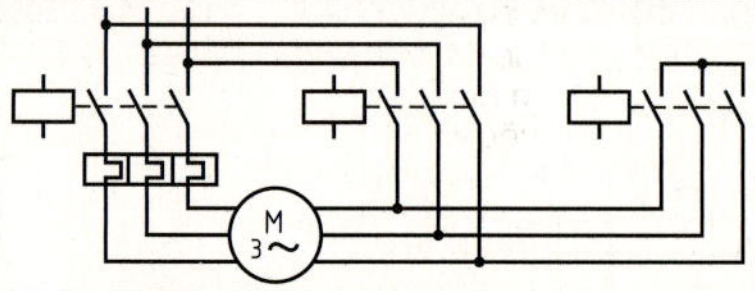	$I_{AY} = \frac{1}{3} \cdot I_{A\Delta}$ $M_{AY} = \frac{1}{3} \cdot M_{A\Delta}$ Einstellstrom = 0,58 · I_n
	Überlanger Anlauf		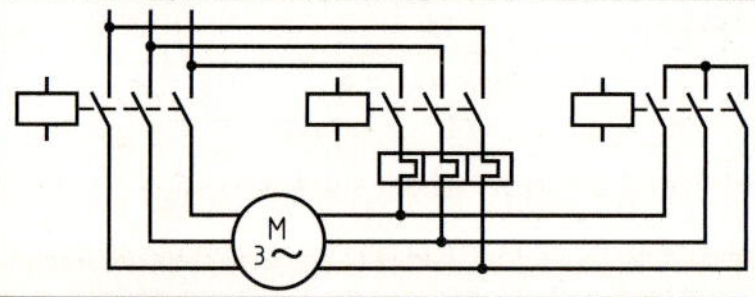	
	Schwerer Anlauf		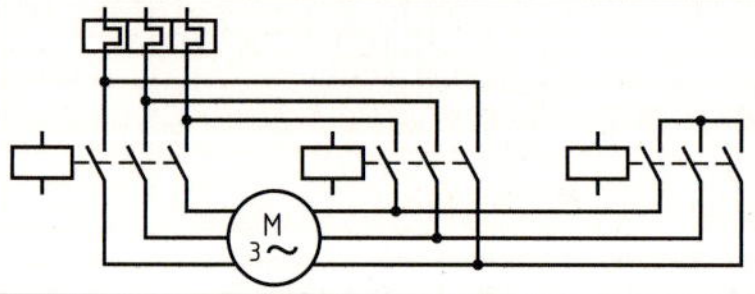	$I_{AY} = \frac{1}{3} \cdot I_{A\Delta}$ $M_{AY} = \frac{1}{3} \cdot M_{A\Delta}$ Einstellstrom = I_n
	Hochspannungsmotoren	Anlasstransformator	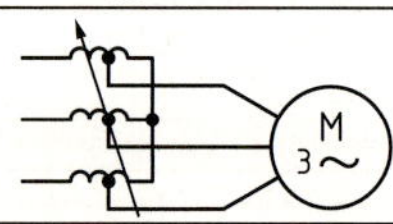	$I_A \sim U$ $M_A \sim U^2$ relativ teuer
	Füllanlagen, Textilindustrie, Verpackungsanlagen, Automatisierung	Sanftanlauf	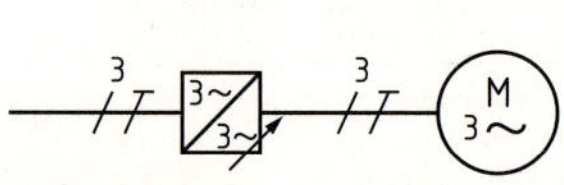	I_A bzw. M_A werden elektronisch, durch Umrichter eingestellt
	Selten	Vorwiderstände bzw. Spulen	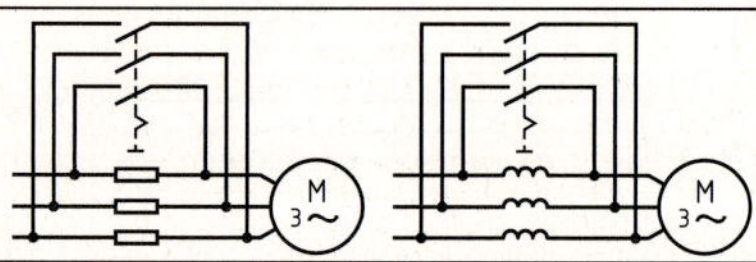	$I_A \sim U$ $M_A \sim U^2$
Schleifringläufermotor	Große Werkzeugmaschinen, Pumpen, Hebezeuge	Läuferanlasser	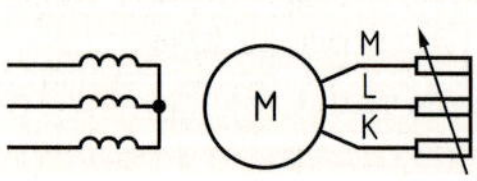	Niedriger Anlaufstrom, hohes Anlaufdrehmoment, Drehzahlsteuerung mit den Widerständen möglich

Sanftanlasser – *Soft starter*

Anwendung

- Ersatz für konventionelle Anlassverfahren (Direktanlauf, Stern-Dreieck)
- Verminderung von Anlaufströmen, Strom-/Drehmomentspitzen
- Funktionsprinzip der Phasenanschnittsteuerung
- Kostengünstiger als Frequenzumformer

Anlaufverhalten

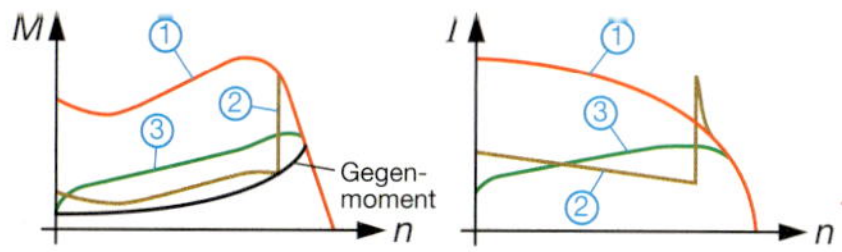

① Direktanlauf ② Stern-Dreieck ③ Sanftanlasser

Schaltungsvarianten

Sparschaltung

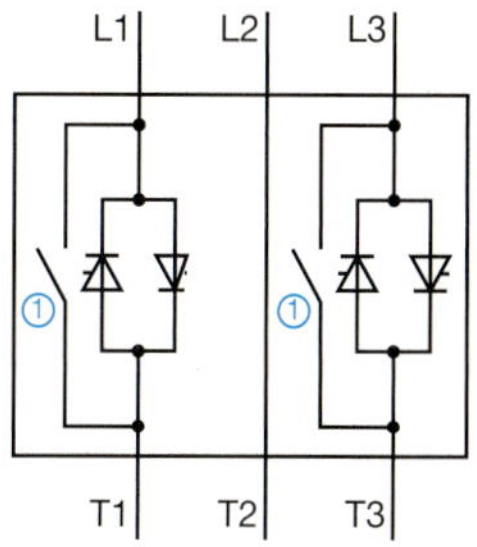

Vorteile:
- Günstiger als Vollbrücken

Nachteile:
- Unsymmetrie zwischen Phasenstömen möglich.
- Gleichstromanteil im Motorstrom möglich.
- Erhöhte Geräusche und Verluste beim Anlauf

Vollbrücke

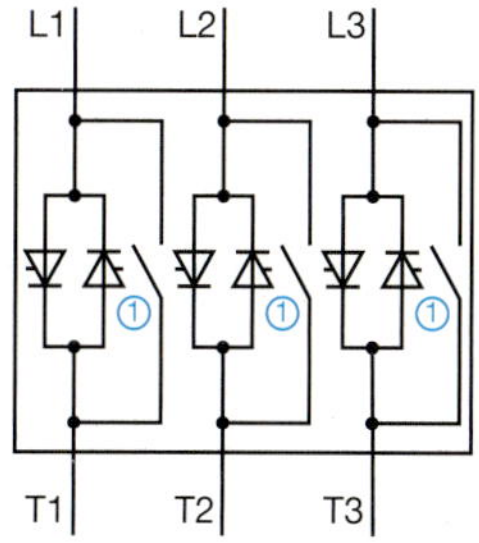

Vorteile:
- Symmetrischer Betrieb

Nachteile:
- Teurer als Sparschaltung

Kontakte des Bypass-Schütz ① werden geschlossen, wenn Anlauf abgeschlossen.
→ Vermeidung der Verluste in Halbleitern. Nicht bei allen Sanftanlassern integriert.

Anschlussvarianten

Standardschaltung

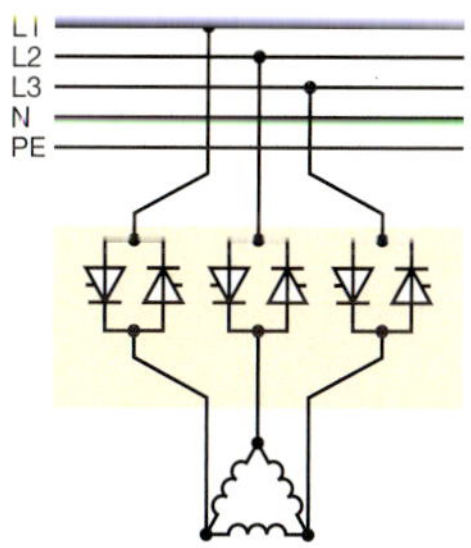

Vorteile:
- Geringer Verdrahtungsaufwand
- Bremsbetrieb möglich

Nachteile:
- Sanftanlasser muss auf Motorbemessungstrom ausgelegt sein.

$I_{rG} = I_{rM}$

$\sqrt{3}$-Schaltung

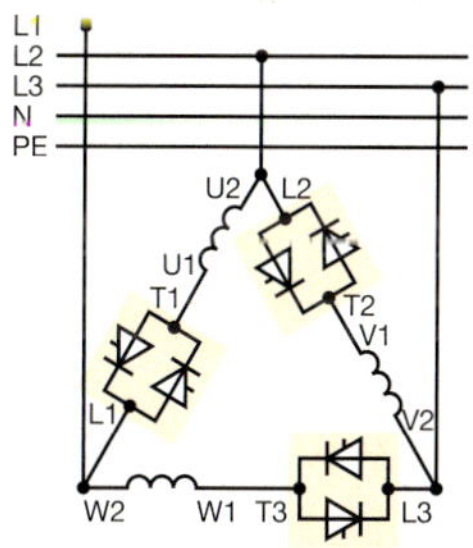

Vorteile:
- Sanftanlasser muss nur auf ca. 58 % des Motorbemessungsstroms ausgelegt sein.

$I_{rG} = 58\,\% \cdot I_{rM}$

Nachteile:
- Erhöhter Verdrahtungsaufwand
- Kein Bremsbetrieb möglich.

Regelgrößen

Regelgrößen können durch Sanftanlasser begrenzt werden bzw. über eine parametrierbare Rampe ohne Sprung verändert werden.

Spannung	Stromstärke	Wirkleistung (Drehmoment)
• Einfachste Variante (häufig nur als Steuerung nicht Regelung ausgeführt) • Spannung wird über Veränderung des Zündwinkels langsam gesteigert.	• Strombegrenzung auf Maximalwert möglich. • Wenn Anlaufströme wegen Netzrückwirkungen oder TAB-Anforderungen begrenzt werden müssen.	• Drehmoment kann begrenzt bzw. langsam geändert werden. • Einsatz bei empfindlicher Mechanik

Optionen

- Integrierter Motor-Überlastschutz
- Kompensation von Gleichstromanteilen
- Programmierbare Grenzwerte und Rampen U, I, M
- Feldbusanbindung

Antriebssysteme

Maschinendrehzahl – *Engine speed*

Antriebssystem

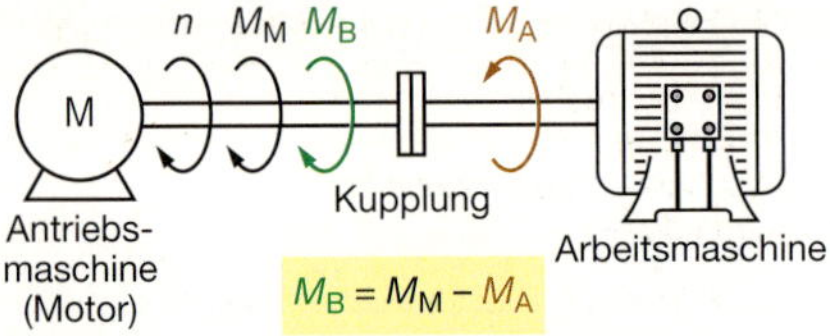

$M_B = M_M - M_A$

- Die Wellen von Antriebsmaschine und Arbeitsmaschine sind über Kupplungen fest miteinander verbunden.
- Beide Maschinen haben die gleiche Drehzahl, außer bei Verwendung von Getrieben.

Antriebsmaschinen

- Das Drehmoment eines Motors ändert sich, wenn sich die Drehzahl ändert (Drehzahl-Drehmoment-Kennlinie).
- Kennlinie lässt sich verschieben, z. B. durch Änderung von Spannung, Frequenz.

Arbeitsmaschinen

- Arbeitsmaschinen ändern ihr Drehmoment mit Veränderung der Drehzahl (Drehzahl-Drehmoment-Kennlinie).
- Die Kennlinie kann sich durch verschiedene Belastungen ändern, z. B. Last am Kran, Steigung/Gefälle für Fahrzeuge.

Beschleunigungsmoment

- Drehmomente von Arbeitsmaschinen wirken den Antriebsmaschinen entgegen.
- Momentdifferenz ergibt das Beschleunigungsmoment (M_B) und führt zu Drehzahländerung ($\Delta\Omega = 2\pi \cdot \Delta n$).

$\Delta\Omega = J \cdot M_B$

J: Trägheitsmoment

$M_B > 0$	Beschleunigung
$M_B < 0$	Bremsen
$M_B =$	Drehzahl konstant

Sonderfälle

Losbrechmoment:
Sehr hohes Lastmoment bis die Drehbewegung beginnt (z. B. fester Sitz bei Rührwerken, Pumpen, ...). Bei drehender Welle sinkt das Lastmoment auf einen normalen Wert.

Schweranlauf:
Die Arbeitsmaschine hat bei geringen Drehzahlen ein sehr hohes Lastmoment. Bei steigender Drehzahl wird dies geringer.

Wenn das Motormoment kleiner ist als das Lastmoment, läuft der Antrieb nicht an! Hier sind Maßnahmen zu treffen, um das Anlauf-/Losbrechmoment zu überwinden (z. B. Anlaufhilfe, Frequenzumrichter, ...)

Beispiele

Beschleunigen

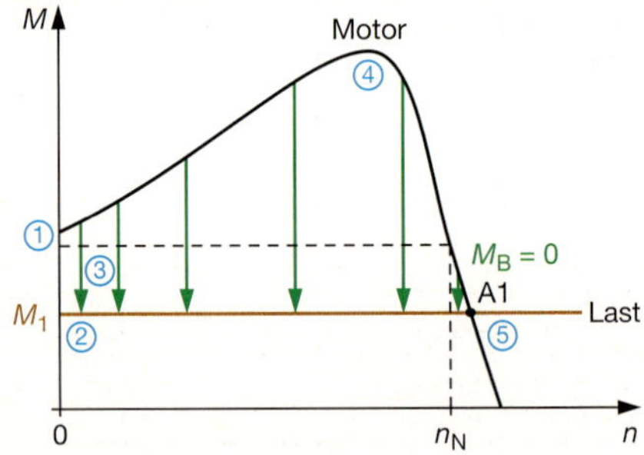

- Eine Asynchronmaschine beschleunigt eine Arbeitsmaschine mit konstantem Lastmoment M_1.
- Bei Drehzahl $n = 0$ ist das Motormoment ① größer als das Lastmoment ②. Die Drehzahl steigt.
- Durch die steigende Drehzahl steigt das Motormoment. Der Antrieb wird schneller beschleunigt ③.
- Nach Überschreiten des Kippmomentes ④ sinkt das Motormoment und durch das geringere Beschleunigungsmoment verlangsamt sich der Drehzahlanstieg.
- Bei Erreichen des sogenannten Arbeitspunktes A1 sind Motor- und Arbeitsmoment gleich groß. Die Drehzahl bleibt konstant ⑤.

Bremsen

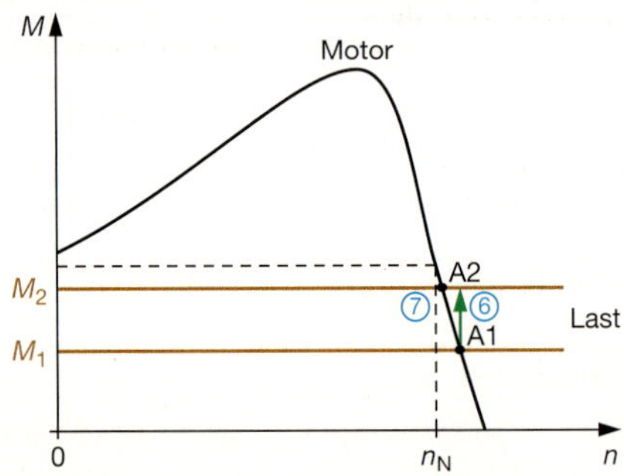

- Der Antrieb befindet sich in einem stabilen Arbeitspunkt A1.
- Durch Änderungen der Maschinenbelastung (z. B. Straßenbahn fährt in eine Steigung) erhöht sich das Lastmoment auf $M_A = M_2$.
- Das Lastmoment ist jetzt größer als das Motormoment ⑥. Die Antriebsdrehzahl sinkt.
- Durch die sinkende Drehzahl steigt das Moment der Antriebsmaschine wieder.
- Bei Erreichen des Arbeitspunktes A2 sind Motor- und Arbeitsmoment wieder gleich groß ⑦. Die Drehzahl bleibt konstant.

Fehlerarten bei Motoren – *Failure modes of motors*

<table>
<tr><th rowspan="2">Störung</th><th colspan="3">Mögliche Ursachen</th></tr>
<tr><th>Käfigläufermotoren</th><th>Schleifringläufermotoren</th><th>Gleichstrommotoren</th></tr>
<tr><td rowspan="3">Motor läuft nicht an, kein Geräusch</td><td colspan="3">• Zuleitung unterbrochen
• Keine Spannung
• Leitungsschutzgeräte ausgefallen
• Wicklungen defekt</td></tr>
<tr><td rowspan="2"></td><td colspan="2">• Anlasser ausgefallen oder beschädigt</td></tr>
<tr><td></td><td>• Feldsteller ausgefallen</td></tr>
<tr><td>Motor läuft nicht an, starkes Brummen</td><td colspan="2">• Lager beschädigt
• Zuleitung unterbrochen</td><td></td></tr>
<tr><td>Motor läuft unter Last nicht an</td><td colspan="2">• Last zu hoch
• Netzspannung zu niedrig</td><td></td></tr>
<tr><td>Motor läuft ruckartig an</td><td colspan="2"></td><td>• Anlasser unterbrochen
• Ankerwicklungsschluss
• Lamellenschluss</td></tr>
<tr><td rowspan="2">Motor zieht bei Belastung nicht durch</td><td colspan="2">• Zuleitung unterbrochen
• Last zu hoch</td><td rowspan="2">• Bürstenstellung falsch
• Spannung fällt ab</td></tr>
<tr><td>• Läuferstäbe gebrochen
• Kurzschlussringe lose</td><td>• Läuferkreis unterbrochen</td></tr>
<tr><td>Motor läuft zu schnell und pendelt bei Belastung</td><td colspan="2"></td><td>• Bürstenstellung falsch
• Feldstromkreis unterbrochen oder Vorwiderstand zu groß
• Schaltung falsch</td></tr>
<tr><td>Motor erwärmt sich bei Betrieb zu stark</td><td colspan="2">• Motor überlastet
• Spannung zu hoch oder zu niedrig
• Motor läuft einphasig
• Läufer schleift im Ständer
• Kühlung ungenügend</td><td>• Last zu hoch
• Wicklungsschlüsse
• Kühlung beeinträchtigt</td></tr>
<tr><td>Motor erwärmt sich schon im Leerlauf</td><td colspan="2">• Schaltung der Ständerwicklung falsch
• Netzspannung zu hoch
• Kühlung ungenügend</td><td></td></tr>
<tr><td>Örtliche Erwärmungen</td><td colspan="3">• Windungsschlüsse
• Wicklung unterbrochen</td></tr>
<tr><td rowspan="2">Bürsten feuern</td><td rowspan="2"></td><td colspan="2">• Bürsten liegen schlecht auf
• Bürstendruck zu gering
• Verschmutzungen
• Bürstensorte falsch</td></tr>
<tr><td>• Unrunde Schleifringe</td><td>• Unrunder, gerillter Kommutator
• Bürsten beschädigt
• Lamellenschluss
• Überlastung
• Drehzahl zu hoch</td></tr>
<tr><td>Motor verursacht unnormale Geräusche</td><td colspan="3">• Elektrische Ursachen (Verschwinden beim Abschalten)
• Lagerschäden
• Getriebeschäden
• Schäden an der Kraftübertragung
• Unwuchten
• Fundamentveränderung</td></tr>
</table>

Bauform und Befestigung von Motoren

Styles and mounting of motors

- Bauform und Befestigung von Motoren werden mit Kurzzeichen gekennzeichnet.
- Der Code II wird nur dann eingesetzt, wenn Code I nicht ausreicht.

Beispiel: **IM B 3**

Wellenlage

B: waagerecht

V: senkrecht

Lagerung, Befestigung, Wellenende

Die Zahlen kennzeichnen die verschiedenen Kombinationen der genannten Merkmale

Erklärung

- IM: International Mounting
- Welle waagerecht
- Wellenende links
- 2 Lagerschilde
- Fußbefestigung
- Aufstellung auf Unterbau

Beispiel: **IM 1 0 0 1**

Wellenlage

Wellenende

Befestigung, Lagerung

Bauform

1: Lagerschild mit Fuß

2: Lagerschild mit Fuß und Flansch

3: Flansch am Lagerschild

4: Flansch am Gehäuse

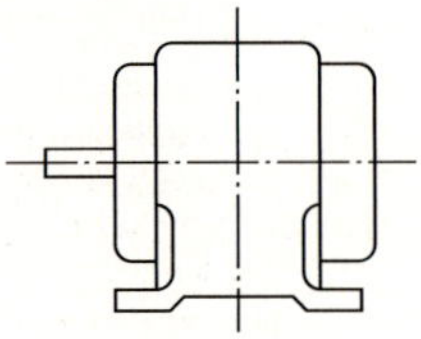

Code I

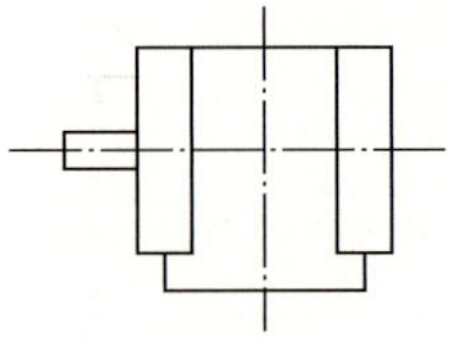

Code II

Betriebsarten – *Operating modes*

Name	Dauerbetrieb	Kurzzeitbetrieb	Aussetzbetrieb	Ununterbrochener Betrieb
Kurzzeichen	**S1**	**S2** mit Betriebsdauer in min	**S3 … S5** mit Betriebsdauer in % der Spieldauer (Betriebsdauer + Pause)	**S6 … S10**
Erklärung	Ständiger Betrieb mit konstanter Belastung	Betrieb und Pausen wechseln unregelmäßig ab.	Betrieb und Pausen wechseln regelmäßig ab.	Ständiger Betrieb mit unterschiedlichen Belastungen
Besondere Betriebsarten			S3: ohne Einfluss des Anlaufvorganges S4: mit Einfluss des Anlaufvorganges S5: wie S4 mit elektrischer Bremsung	S6: mit Aussetzbelastung S7: wie S5 ohne Pausen S8: mit periodischer Drehzahländerung S9: mit nichtperiodischer Drehzahl- und Belastungsänderung S10: mit einzelnen konstanten Belastungen
Temperaturverhalten	Isolierstoffgrenztemperatur wird nicht erreicht.	Motor kühlt in den Pausen auf Ausgangstemperatur ab.	Motor kühlt in den Pausen nicht auf Ausgangstemperatur ab.	Motor kühlt in den Leerlaufphasen nicht auf Ausgangstemperatur ab.
Beispiele	Lüfter	Haushaltsgeräte	Hebezeuge	Pressen

Stromrichter – *Converter*

Umwandlungsarten der elektrischen Energie

Die Umwandlung elektrischer Energie ermöglicht Energiefluss zwischen Systemen mit unterschiedlicher Stromart.

Gleichrichten: Umwandeln von Wechselstrom in Gleichstrom. Energiefluss vom Wechsel- zum Gleichstromsystem.

Gleichstromumrichten: Umwandeln von Gleichstrom gegebener Spannung und Polarität in Gleichstrom anderer Spannung und/oder Polarität.

Wechselstromumrichten: Umwandeln von Wechselstrom gegebener Spannung, Frequenz und Phasenzahl in Wechselstrom anderer Spannung und/oder Frequenz und/oder Phasenzahl.

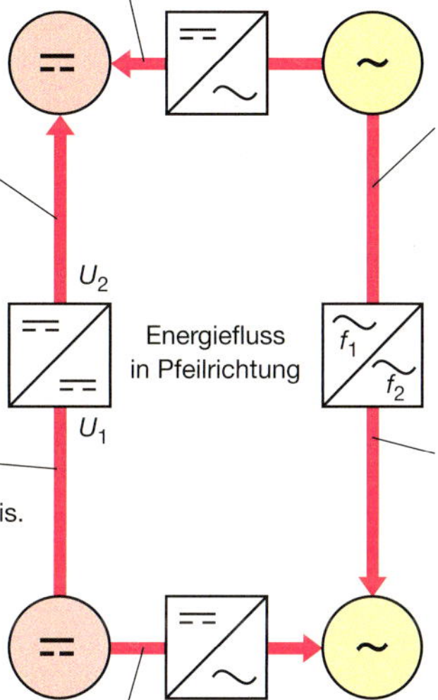

Gleichstromstellen: Gleichstromumrichten ohne Wechselspannungszwischenkreis.

Wechselstromstellen: Wechselstromumrichten mit Verstellung der Ausgangswechselspannung bei Vorgabe der Eingangswechselspannung. Die Grundschwingungen von Eingangs- und Ausgangsfrequenz sind gleich.

Wechselrichten: Umwandeln von Gleichstrom in Wechselstrom. Energiefluss vom Gleich- zum Wechselstromsystem.

Anwendungen

Schaltung	Gleichrichter	Wechselrichter	Gleichstromsteller
Netzgeführte Stromrichter • ungesteuert	Gleichspannung nur von Netzspannung und Last abhängig	–	–
• gesteuert	Gleichspannung kann in der Größe verstellt werden	Nur bei eingeprägtem Gleichstrom möglich	–
Selbstgeführte Stromrichter	Gleichspannung/-strom in Größe und Polarität einstellbar	Gleichspannung/-strom in Größe und Polarität einstellbar	Je nach Anforderung sind nur Teile einer vollständigen Brückenschaltung erforderlich
Wechselstromsteller		Wechselstromumrichter	

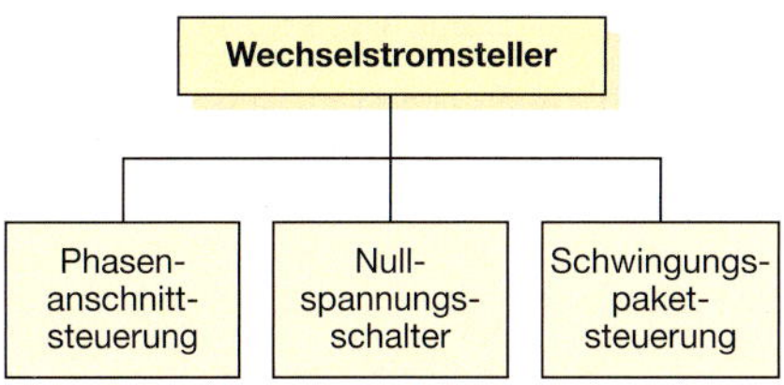

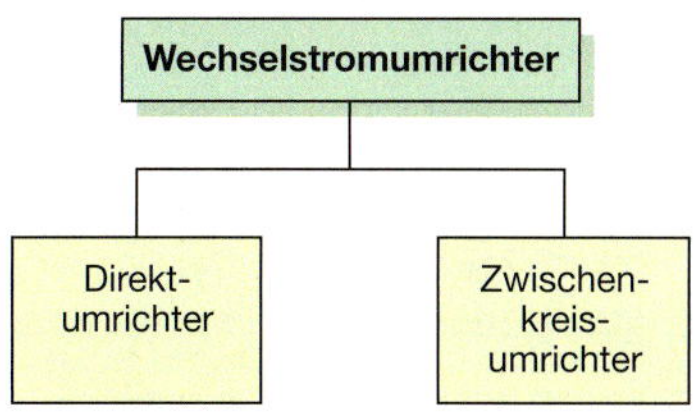

Stromrichterbenennungen und -kennzeichen

Converter naming and designation DIN IEC 60 971: 94-08

Beispiel: B 2 HA F

- B – Kennbuchstabe
- 2 – Kennzahl
- HA – Kennzeichen: Steuerbarkeit
- F – Ergänzende Kennzeichen: Hilfszweige

Schaltungsart	Bezeichnung	Kennbuchstabe	Kennzahl
Einwegschaltung	Mittelpunktschaltung	M	Pulszahl p
Zweiwegschaltung	Brückenschaltung Verdopplerschaltung	B D	Pulszahl p
Zweiwegschaltung	Wechselwegschaltung Parallelschaltung	W P	Phasenzahl m des Wechselstromsystems

Ergänzende Kennzeichen

Steuerbarkeit		Haupt- und Hilfszweige	
Kurzzeichen	Bedeutung	Kurzzeichen	Bedeutung
U	ungesteuert	A (K)	anodenseitige (katodenseitige) Zusammenfassung der Hauptzweige
C	vollgesteuert	Q	Löschzweig
H	halbgesteuert	R	Rücklaufzweig
HA (HK)	halbgesteuert mit anodenseitiger (katodenseitiger) Zusammenfassung der gesteuerten Ventile	F	Freilaufzweig
		FC	Freilaufzweig gesteuert
HZ	Zweigpaar halbgesteuert	n	Vervielfachungsfaktor

Kennzeichen von Stromrichtersätzen und -geräten

Identifier of converter assemblies and -equipment DIN 41 752: 82-11, DIN 41 762-2: 74-02

Leistungskennzeichen für Vielkristallhalbleiter-Gleichrichtersätze

Beispiel: 1/2 B 250 / 220 – 5 S

- 1/2 – Anzahl der Schaltungen
- B – Schaltungskurzzeichen
- 250 – Bemessungsanschlussspannung
- 220 – Bemessungsgleichspannung in V[1]
- 5 – Bemessungsgleichstrom in A
- S – Kühlart

[1] Bei Kondensatorlast wird statt Bemessungsgleichspannung ein C gesetzt, Schräg- und Bindestrich entfallen, Bemessungsgleichstrom in mA.

Leistungskennzeichen für Einkristallhalbleiter-Stromrichtersätze

Beispiel: Si 2/6 B6 HA 380 / 510 – 800 F

- Si – Chem. Zeichen des Halbleitermaterials[2]
- 2/6 – Bruchteil bei Teilstromrichtersätzen
- B6 – Schaltungskurzzeichen
- HA – Ergänzende Kennzeichen
- 380 – Typenanschlussspannung in V
- 510 – Typengleichspannung in V[1]
- 800 – Typengleichstrom in A
- F – Kühlart

[2] Bei Siliciumventilen kann Si-Zeichen entfallen.

Anschlusskennzeichen

Kurzzeichen	Bedeutung
A (K)	Anoden- (Katoden-)seitiger Anschluss von Stromrichterzweigen
AM (KM)	Anoden- (Katoden-)seitiger Zusammenschluss zu Gleichstromanschluss
AK	Wechselstromseitiger Mittelanschluss von Zweig- und Wechselwegpaaren
G (H)	Steueranschluss (Hilfskatode, Katode) von Thyristoren ohne Impulsübertrager
E, F	Eingangsanschlüsse von Impulsübertragern, E pos. Potential gegenüber F
U, V (U, N)	Wechselstromanschlüsse von Hauptkreisen auf Eingangs- oder Ausgangsseite
U, V, W, ev. N	Drehstromanschlüsse von Hauptkreisen auf Eingangs- oder Ausgangsseite
C, D	Gleichstromanschlüsse der Hauptkreise; C positiv, D negativ im Gleichrichter-Betrieb[3]
C (D), D (C)	Zusammengefasste Gleichstromanschlüsse von Doppelstromrichtern bez. Vorzugsrichtung

[3] Bei Gleichrichtergeräten kann C mit + oder roter Farbe und D mit – oder schwarzer Farbe gekennzeichnet werden.

Gleichstromsteller – *D.c. chopper*

Bezeichnung	Schaltung	Spannungsverlauf	Schaltungs- und Ventilkennwerte p	$\frac{U_{di}}{U_{vo}}$	$\frac{U_{im}}{U_{di}}$	$\frac{I_v}{I_d}$	$\frac{I_{FAV}}{I_d}$	$\frac{I_{FRMS}}{I_d}$	$\frac{S_{Li}}{U_{di} \cdot I_d}$	w_U
Einpuls-Mittelpunkt-Schaltung M1U	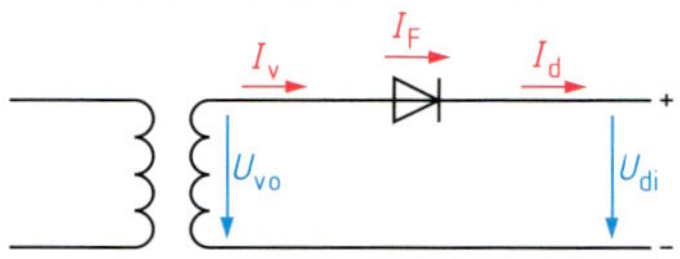	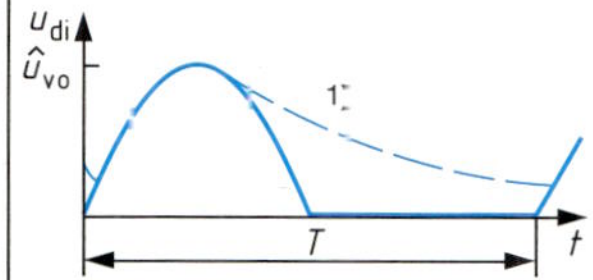	1	0,45	3,14 6,28[2)]	1,57	1,0	1,57	3,49	1,21
Zweipuls-Mittelpunkt-Schaltung M2U	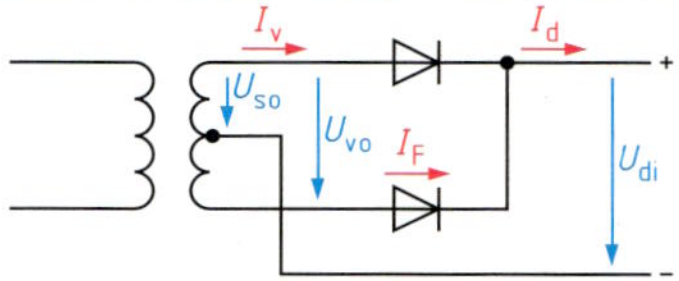	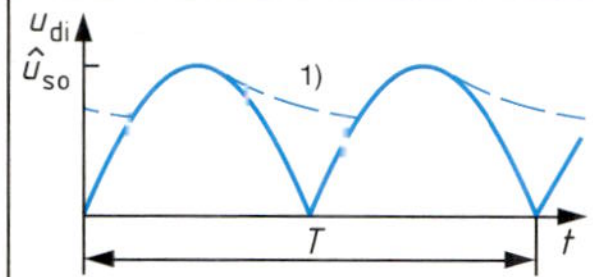	2	0,45	3,14 3,14[2)]	0,785	0,50	0,785	1,23	0,48
Zweipuls-Brücken-Schaltung B2U	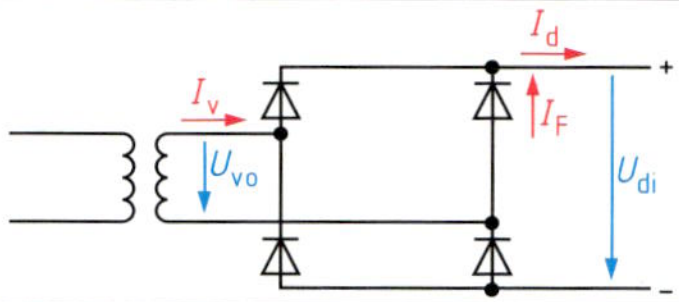	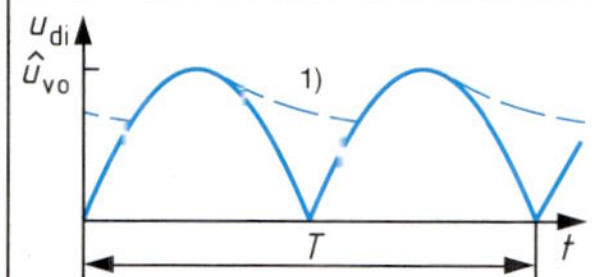	2	0,90	1,57 1,57[2)]	1,11 1,0[3)]	0,50	0,785 0,707[3)]	1,23 1,11[3)]	0,48
Dreipuls-Mittelpunkt-Schaltung M3U	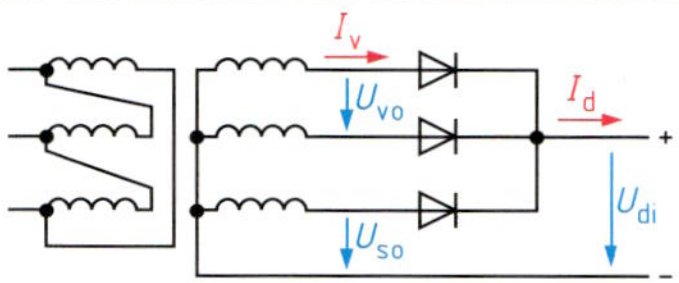	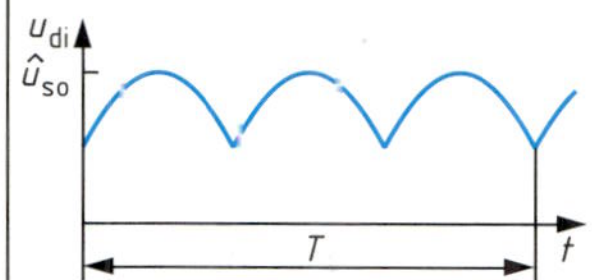	3	0,675	2,09	0,588 0,577[3)]	0,333	0,588 0,577[3)]	1,23 1,21[3)]	0,18
Sechspuls-Brücken-Schaltung B6U	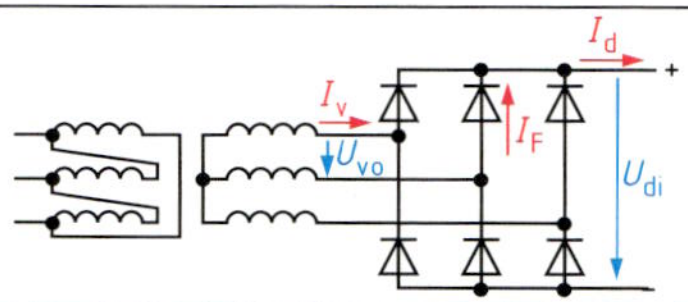	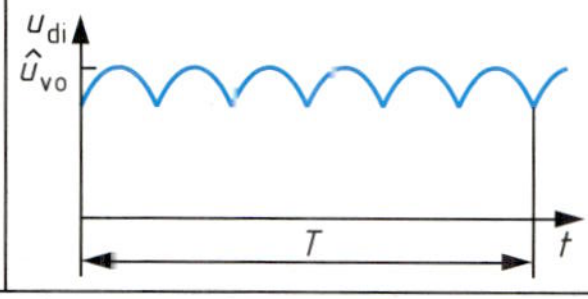	6	1,35	1,05	0,820 0,816[3)]	0,333	0,580 0,577[3)]	1,06 1,05[3)]	0,04

1) Spannungsverlauf mit Glättungskondensator 2) Maximalwerte mit Glättungskondensator 3) Kennwerte bei induktiver Last

Netzteile – *Power supplies*

- Sie bilden aus Wechselspannung eine konstante Gleichspannung
- Sie versorgen elektronische Komponenten (z.B. in PC, Fernseher, Telefonanlage, …)

Übersicht

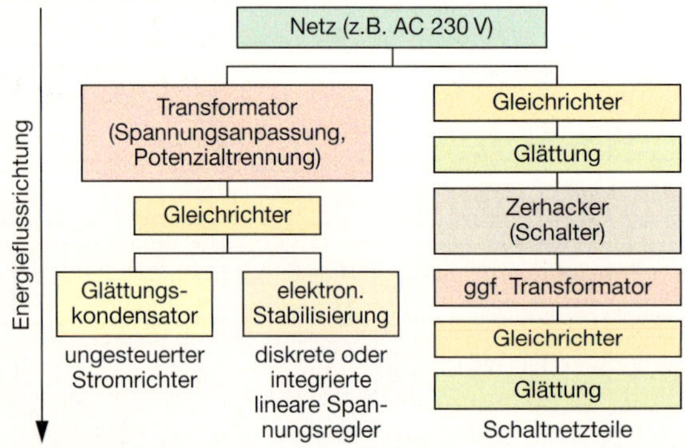

ungesteuerte Gleichrichter:
- einfacher Aufbau
- Spannung stark von Laststrom abhängig

diskrete/integrierte, lineare Spannungsregler:
- gute Spannungskonstanz
- hohe Verlustleistung bei Differenzspannung zwischen Eingang und Ausgang

Schaltnetzteile:
- wegen hoher Schaltfrequenz nur kleine Transformatoren erforderlich

Linearer Spannungsregler

Konstantspannungsquelle mit Transistor

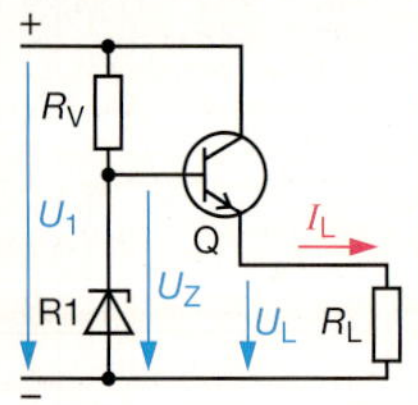

R1 bewirkt feste Basisspannung an Q.

$U_L = U_Z - U_{BE}$

$U_L = U_1 - U_{CE}$

$G \approx \frac{R_V}{r_Z} \qquad r_i = \frac{\Delta U_L}{\Delta I_L} \approx \frac{r_Z}{\beta}$

Integrierter Festspannungsregler

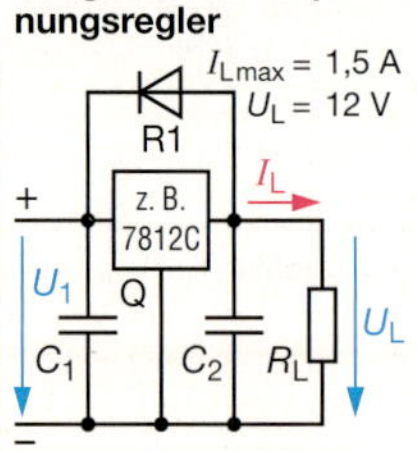

Festspannungsregler arbeiten als Konstantspannungsquelle mit Differenzverstärker.

$U_1 \geq U_L + 2\ V$

$r_i \approx 20\ m\Omega$

$G \approx 500 \dots 5000$

Netzgerät mit Operationsverstärker

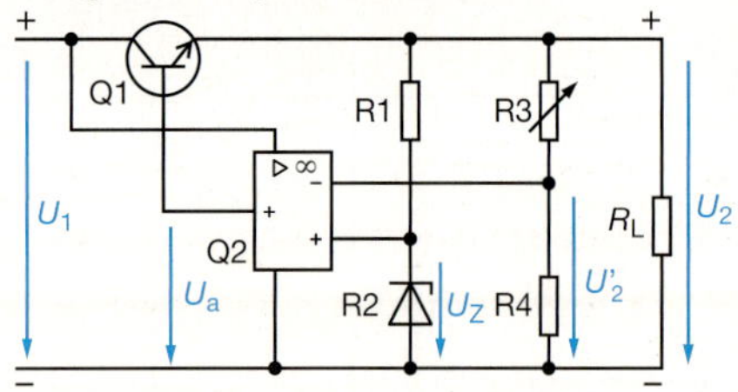

- Operationsverstärker Q2 vergleicht Referenzspannung U_Z mit U'_2 und steuert Q1 an.
- Bei sinkender Spannung U_2 bzw. U'_2 erhöht Q2 die Spannung U_a bis $U'_2 = U_Z$
- Mit R3 lässt sich die Ausgangsspannung U_Z einstellen.

Schaltnetzteile

Hochsetzsteller (Boost-converter)

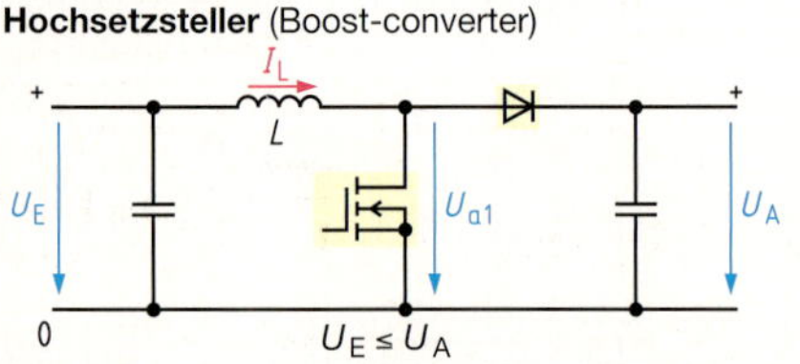

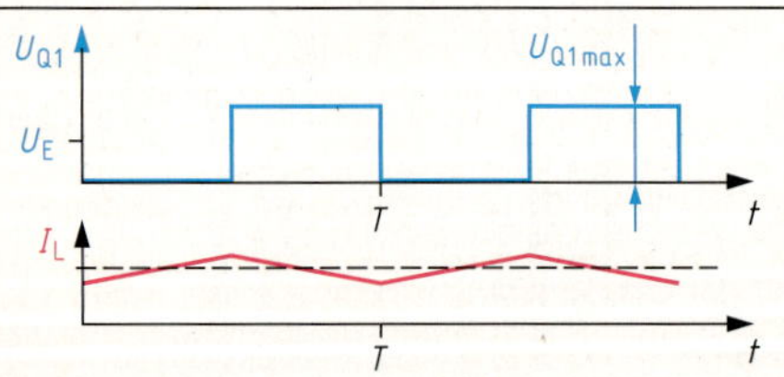

Eintakt-Durchflusswandler (Forward-converter)

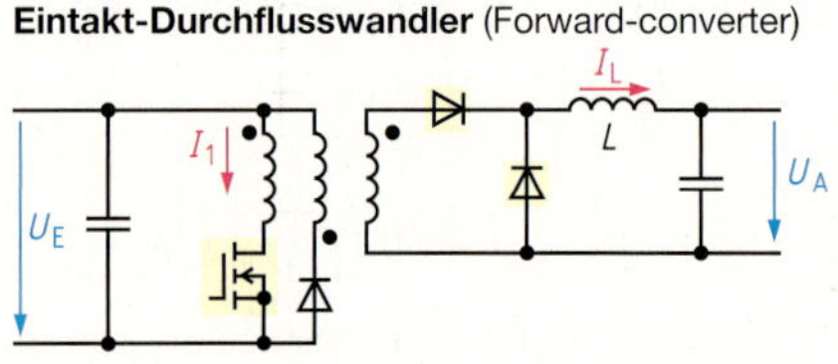

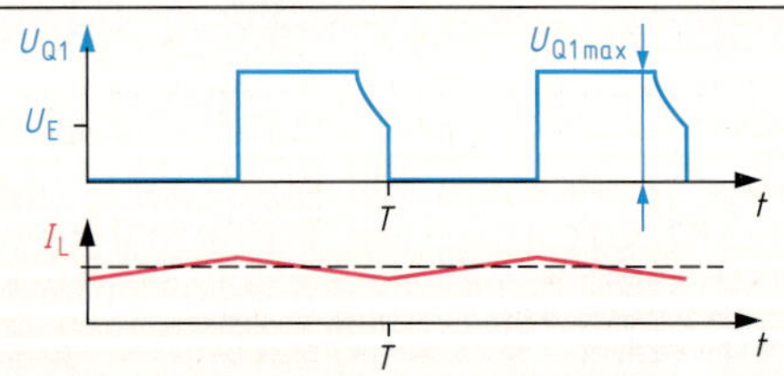

Netzgeführte Stromrichter – *Line-commutated converters*

Ungesteuerte Stromrichter

- Leitfähigkeit der Dioden nur von Eingangsspannung und Laststrom abhängig.
- Nur eine Leistungsrichtung möglich (Gleichrichter).

Bezeichnung	Schaltung	Spannungsverlauf	Eigenschaften
Einpuls-Mittelpunkt-Schaltung M1U	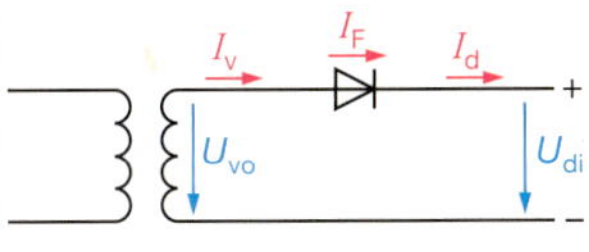	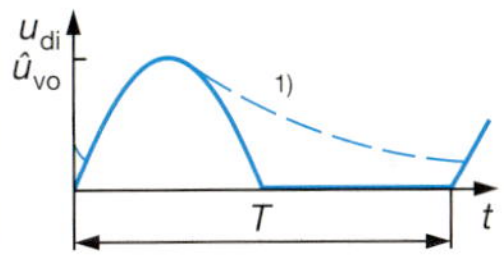	große Spannungswelligkeit $w_u = 1{,}21$ $U_{di}/U_{vo} = 0{,}45$
Zweipuls-Brücken-Schaltung B2U	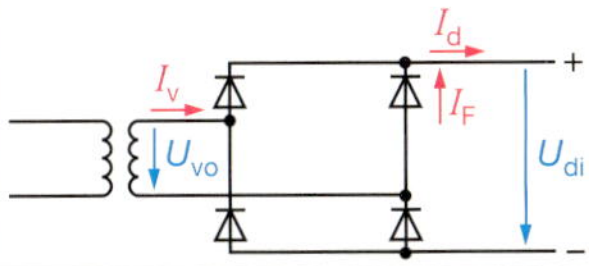	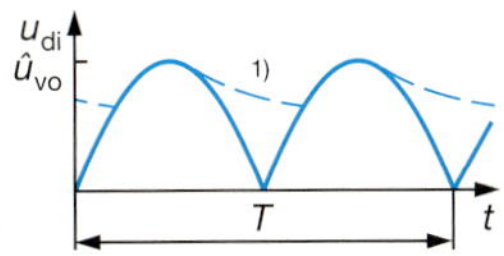	geringste Spannungswelligkeit bei zweiphasigem Anschluss $w_u = 0{,}48$ $U_{di}/U_{vo} = 0{,}9$
Sechspuls-Brücken-Schaltung B6U	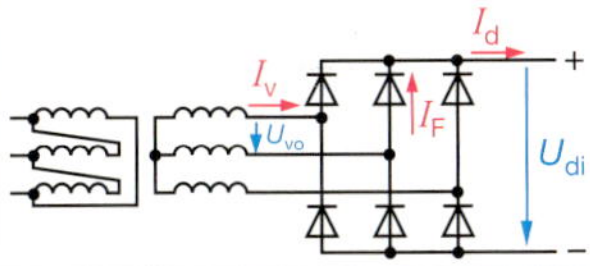	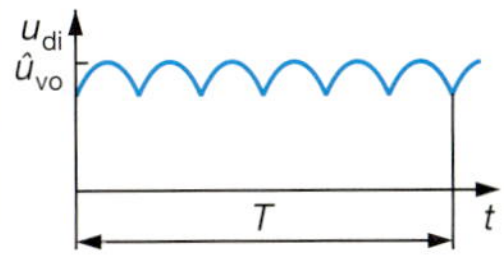	kleine Spannungswelligkeit $w_u = 0{,}04$ $U_{di}/U_{vo} = 1{,}35$

[1] Spannungsverlauf mit Glättungskondensator

Vollgesteuerte Stromrichter

- Alle Halbleiter können durch einen Zündimpuls in den leitenden Zustand gebracht werden.
- Strom kommutiert und verlischt bei Nulldurchgang.
- Nur eine Gleichstromrichtung möglich.
- Zwei Leistungsflussrichtungen möglich.

Zweipulsbrückenschaltung B2C

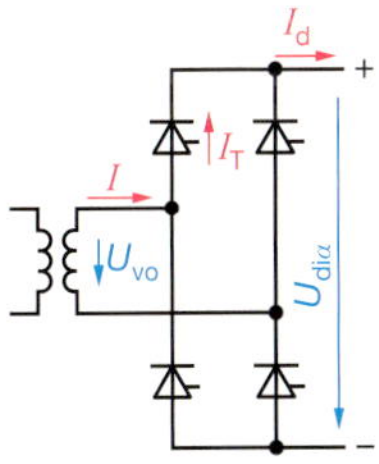

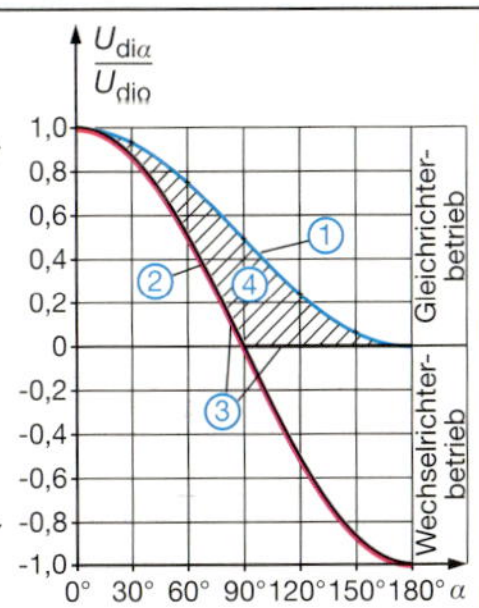

Sechspulsbrückenschaltung B6C

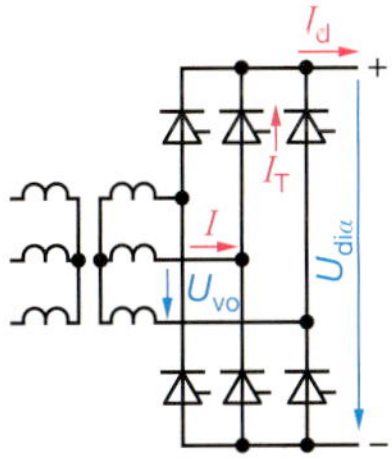

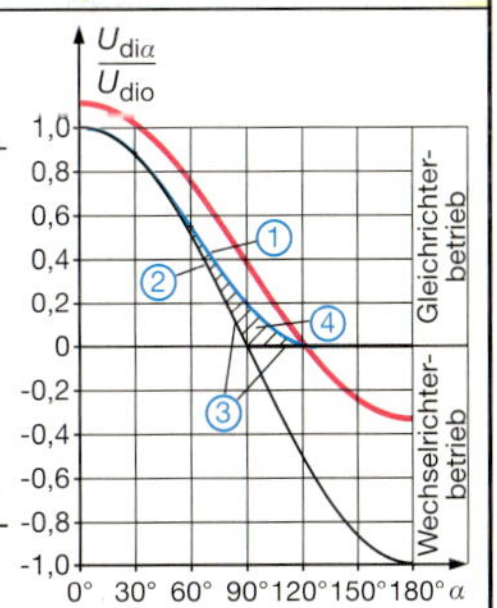

$\alpha = 60°$ Gleichrichter

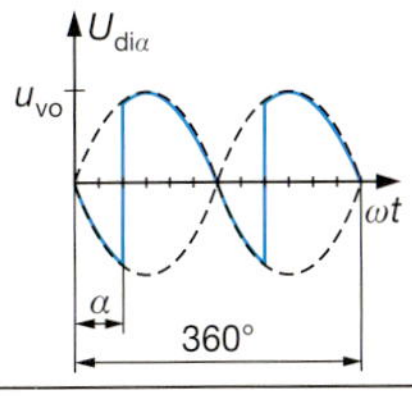

$\alpha = 120°$ Wechselrichter

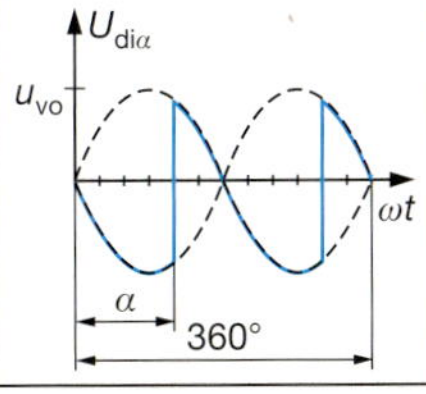

$\alpha = 60°$ Gleichrichter

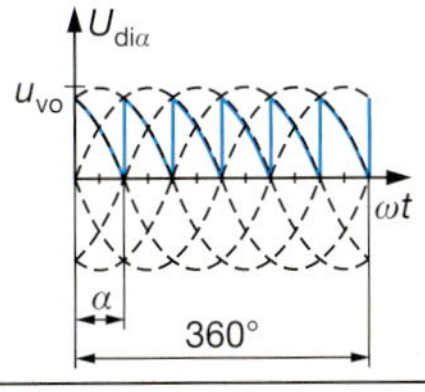

$\alpha = 120°$ Wechselrichter

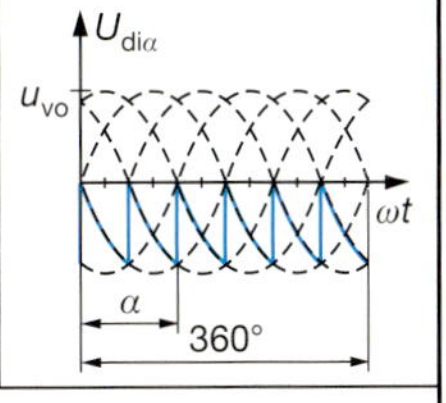

① Widerstandslast
② aktive Last bei nichtlückendem Strom
③ induktive Last
④ Stellbereich bei ohmsch-induktiver Last

Wechselrichter – *Inverter*

Beispiel

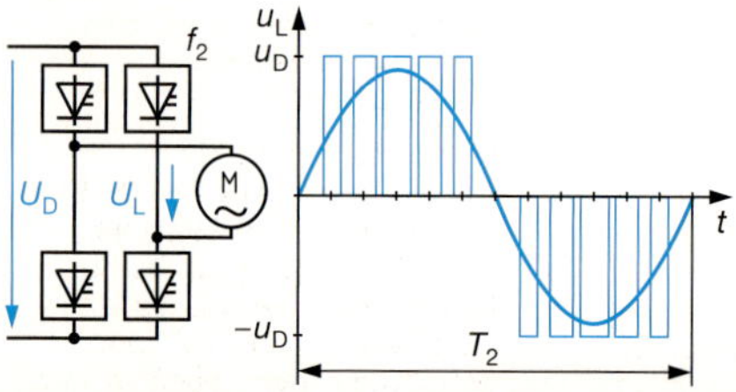

Eigenschaften

- Jede Phase wird wechselweise auf + oder – geschaltet.
- U-Umrichter: Eingeprägte Spannung am Eingang.
- I-Umrichter: Eingeprägter Strom am Eingang.
- Rechteckförmige Strom-/Spannungsverläufe am Ausgang.
- Bei hoher Schaltfrequenz Glättung durch Lastinduktivitäten und -kapazitäten.
- Lastfluss in beiden Richtungen möglich.
- Bei Antriebsanwendung 4-Quadrantenantrieb möglich.

Frequenzumrichter – *Frequency converter*

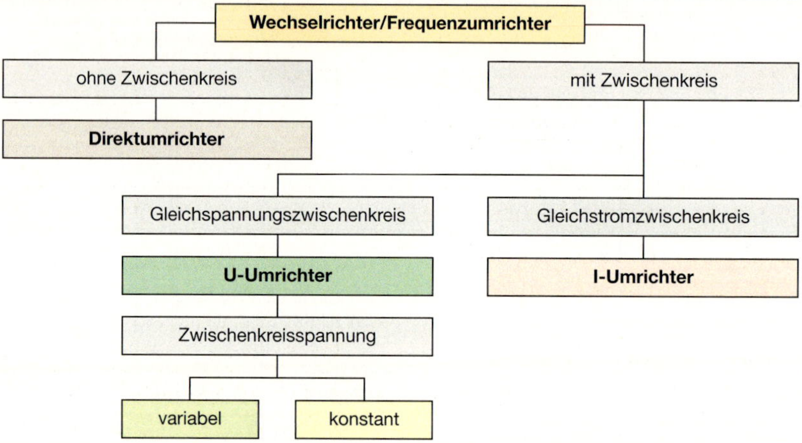

Direktumrichter

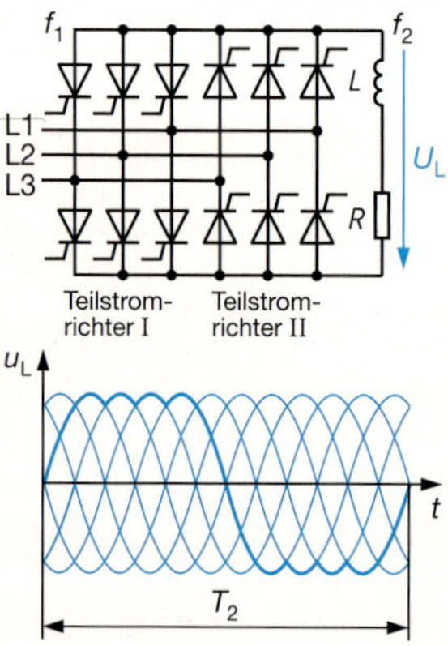

Zwei antiparallele Teilstromrichter erzeugen eine Ausgangswechselspannung ($f_2 < f_1$).

Für Drehstromerzeugung sind sechs Teilstromrichter erforderlich.

Zwischenkreisumrichter

Gleichrichter (GR) + Zwischenkreis (ZK) + Wechselrichter (WR)

	I-Umrichter	U-Umrichter (variabel)	U-Umrichter (konstant)
GR	vollgesteuert, selbstgeführt	vollgesteuert, selbstgeführt	ungesteuert, vollgesteuert, selbstgeführt
ZK	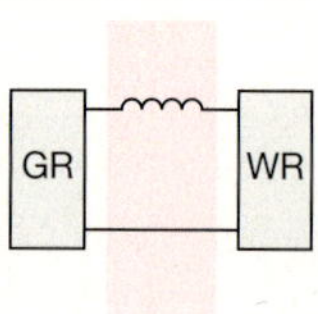	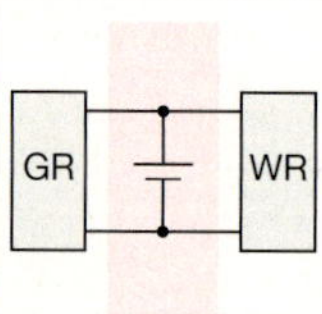	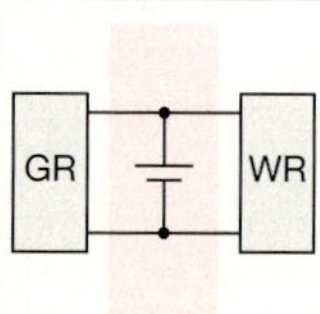
WR	Brückenschaltung mit abschaltbaren Bauelementen (s.o.)		
Bremsen/Energierückspeisung	Vollgesteuerte oder selbstgeführte Gleichrichter können zwei Leistungsflussrichtungen einstellen. Dadurch kann Bremsenergie ins Netz zurück gespeist werden. Bei netzgeführten Gleichrichtern ist Bremschopper mit Widerstand oder Rückspeisestromrichter erforderlich.		Bremsen mit Bremschopper und Widerstand oder separatem Rückspeisestromrichter.

Elektronische Antriebstechnik – *Electronic drive engineering*

Betriebsdiagramm von Stromrichterantrieben

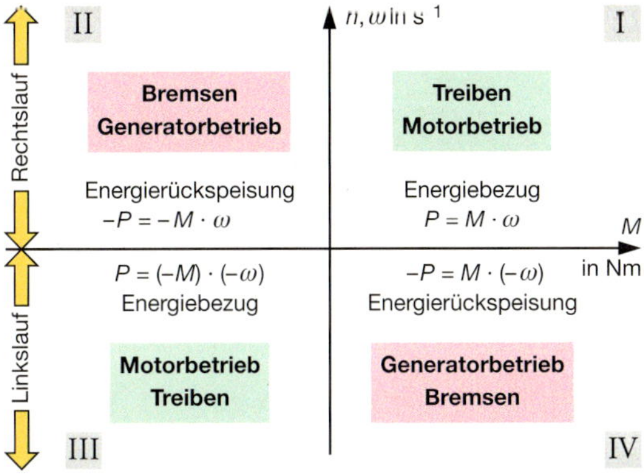

- Die Betriebsarten von Stromrichterantrieben bilden ein Vierquadrantenfeld.
- Einquadrantenantrieb: Nur für Treiben, also je nach Drehrichtung I. oder III. Quadrant. Definition gilt auch für Bremsbetrieb, wenn Energie nicht dem Netz, sondern z.B. einem Bremswiderstand zugeführt wird.
- Zweiquadrantenantrieb: Bei Rechtslauf mit Treiben und Nutzbremsen
- Vierquadrantenantrieb: Rechts- und Linkslauf, Treiben und Nutzbremsen

Drehmoment-Drehzahl-Kennlinien von Arbeitsmaschinen

$M \sim \frac{1}{n}$ P = konstant	M = konstant $P \sim n$	$M \sim n$ $P \sim n^2$	$M \sim n^2$ $P \sim n^3$
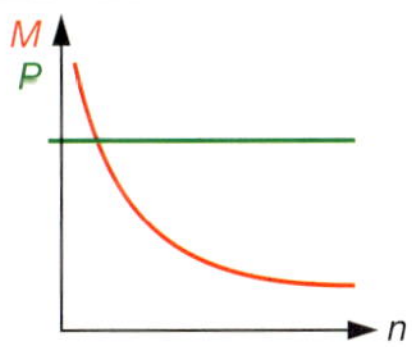	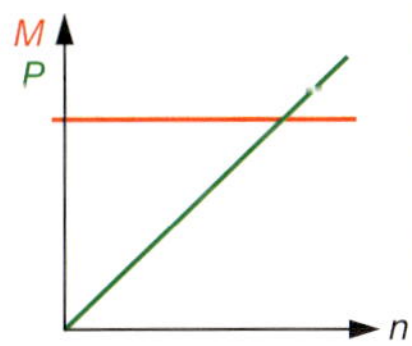	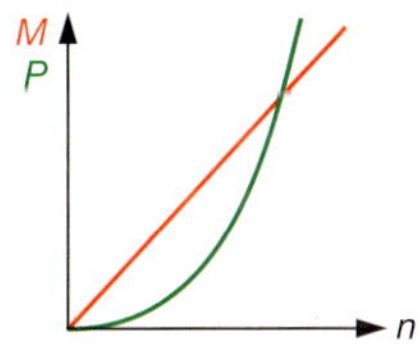	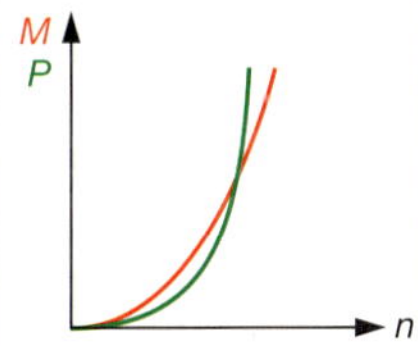
Wickler, Drehmaschinen, Mühlen, Rührwerke, Prüfstände	Kolbenpumpen, Walzwerke, Hebezeuge, Transportbänder	Kalander (Kleinwalzwerk) mit viskoser Reibung, Wirbelstrombremsen	Zentrifugalpumpen, Lüfter, Gebläse, Zentrifugen

Elektronische Gleichstromantriebe

- Fremderregter Gleichstrommotor ist häufigste Antriebsmaschine.
- Drehzahlsteuerung üblicherweise durch Veränderung der Ankerspannung U_a.
- Spannungsversorgung ist über netzgeführte Stromrichter bzw. über Steller (Chopper) mit Gleichspannungszwischenkreis möglich.

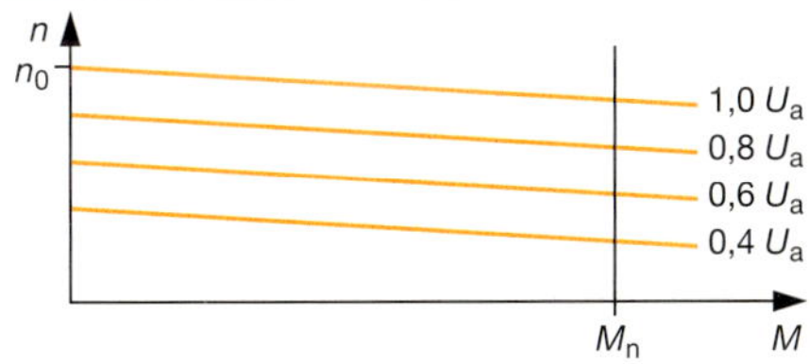

Betriebskennlinien im Ankerstellbereich

Elektronische Drehstromantriebe

- Drehstromasynchronmotor mit Käfigläufer ist die häufigste Antriebsmaschine, da besonders wartungsarm.
- Kontinuierliche und verlustarme Drehzahlveränderung durch variable Frequenz und Spannung.
- Versorgung überwiegend durch Umrichter mit Spannungszwischenkreis, da diese Einzelantrieb und Antriebsverbund ermöglichen.

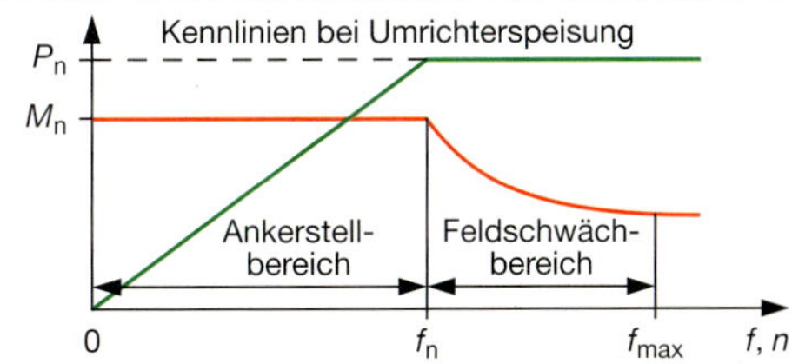

$U \sim f$ M = konst. U = konst. $M \sim 1/f$
$P \sim f$ Φ = konst. P = konst. $\Phi \sim 1/f$

Elektronische Drehzahlsteuerung von Drehfeldmaschinen

Electronic speed control of polyphase machines

Versorgung	Direkt aus dem Drehstromnetz				Indirekt aus dem Drehstromnetz über Zwischenkreisumrichter			
Ständerfrequenz	konstant			variabel				
Bezeichnung	**Drehstromsteller**	**Gepulster Läuferwiderstand**	**Untersynchrone Stromrichterkaskade**	**Direktumrichter**	**Umrichter mit Spannungszwischenkreis**	**Umrichter mit Stromzwischenkreis**	**Stromrichtermotor**	**Pulsumrichter**
Schaltung	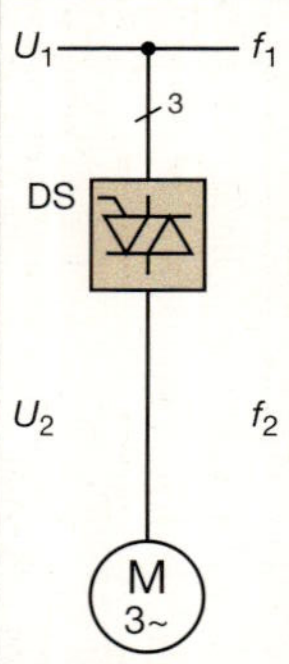	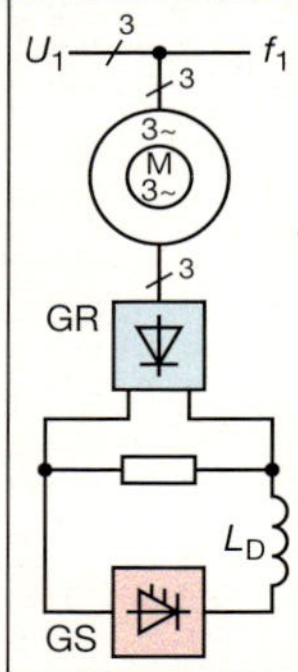	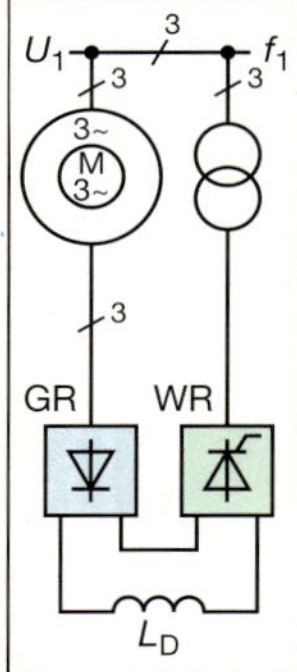	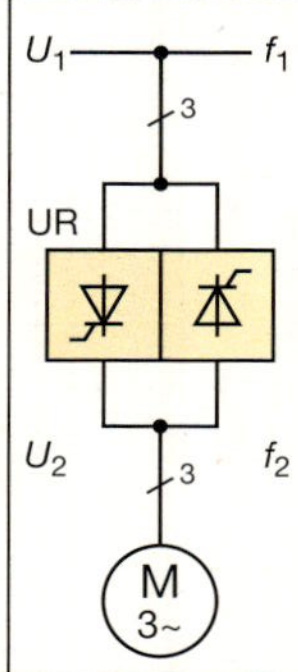	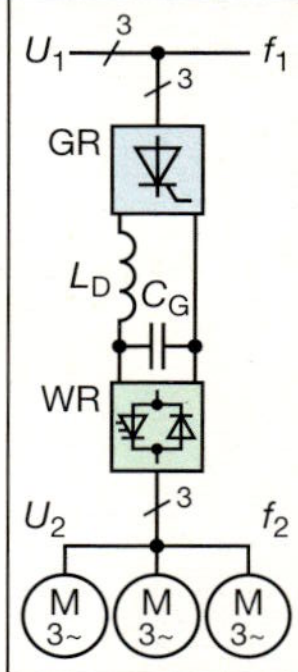	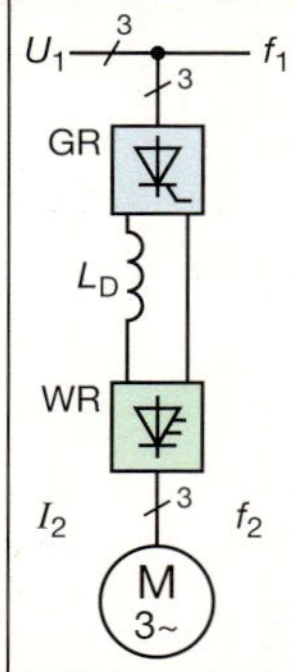	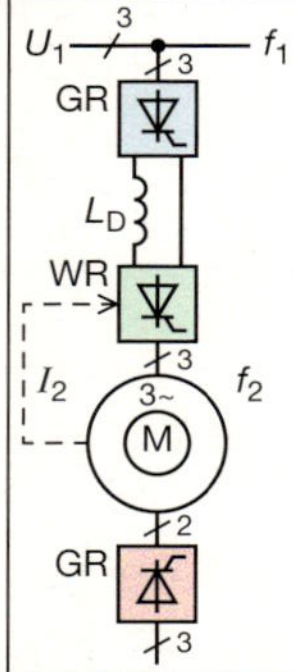	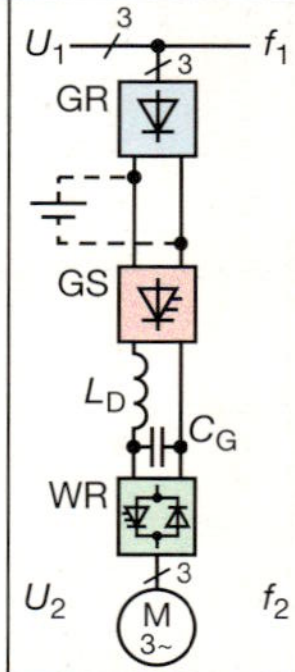
Eigenschaften	Reduzierte Ständerspannung senkt magnetischen Fluss. Größerer Schlupf erzeugt höheren Läuferstrom, damit konstantes Moment bei niedrigerer Drehzahl.	Beeinflussung des Läuferwiderstandes durch pulsgesteuerten Widerstand. Schlupfleistung wird im Läuferkreis in Wärme umgesetzt.	Schlupfleistung wird über Stromrichterkaskade ins Drehstromnetz zurückgeführt.	• Vollgesteuerte Umkehrstromrichter erzeugen Wechselspannung und -strom • Ständerfrequenz $f_2 \leq 0{,}5$ Netzfrequenz	Lastspannung wird durch Spannungszwischenkreis eingeprägt. Netz wird durch Steuerblindleistung belastet.	Geringerer Stromrichteraufwand. Bedingt durch eingeprägten Strom nur Speisung von dauernd eingeschalteten Einzellasten möglich.	Eingeprägter Strom versorgt Synchronmaschine. Polradstellung taktet Maschinenstromrichter, kein Kippen bei Laststößen.	Ungesteuerter Netzstromrichter verhindert Steuerblindleistung. Gepulste Ausgangsspannung ist oberschwingungsarm.
Anwendung	Lüfter- und Kreiselpumpenantriebe bis ca. 10 kW.	Schleifringläuferantriebe bis ca. 20 kW.	Verlustarme Schleifringläuferantriebe bis MW-Bereich, z. B. Pumpen- u. Lüfterantriebe.	Versorgung von Reisezügen mit Diesellokomotive, Rohrmühlenantrieb im MW-Bereich.	Gruppenantriebe mit hoher Gleichlaufanforderung bis $f_2 \leq$ 600 Hz.	Einmotorantriebe bis 1 MW im Drehzahlstellbereich von 1 : 20.	Antriebe bis zum MW-Bereich. Kleine Antriebe z. B. in Tonbandgeräten, Plattenspielern.	Konst. Zwischenkreissp. kann durch Gleichsp.-Netz gestützt werden. Bis 10 kW Transistor-Pulsumrichter.

GR: Gleichrichter, gesteuert oder ungesteuert; WR: Wechselrichter, selbst- oder netzgeführt; GS: Gleichstromsteller; UR: Direktumrichter; DS: Drehstromsteller

Wechselstromsteller – *A.c. power controller*

	Phasenanschnittsteuerung	Nullspannungsschalter	Schwingungspaketsteuerung
Anwendung	• Einsatz im Dimmer • Stellglied für Anker-/Erregerkreis von Gleichstrommotoren • Zwischenkreiseinspeisung bei Frequenzumformern • Hochspannungs-Gleichstromübertragung	• elektronisches Lastrelais • beliebige Lasten • Vermeidung von Ausgleichsvorgängen	• Heizungs-/Temperaturregelung z. B. bei Schmelz-, Trockenöfen, Elektroheizungen, Lötkolben usw.
Beschreibung	Netzspannung wird erst bei Erreichen des Steuerwinkels α zugeschaltet. Dadurch wird der Spannungseffektivwert zwischen 0 und 100 % eingestellt.	Unabhängig vom Zeitpunkt des Steuersignals erfolgt die Einschaltung beim nächsten Spannungsnulldurchgang über der Schaltstrecke.	Einschaltung des Schalters erfolgt so, dass immer eine komplette Spannungsschwingung die Last versorgt.
Schaltverhalten	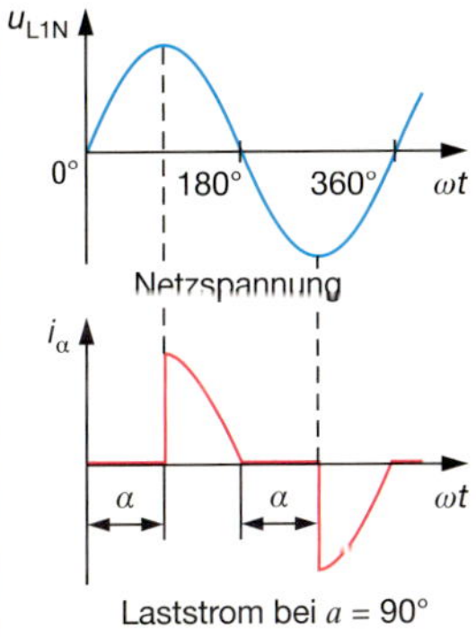	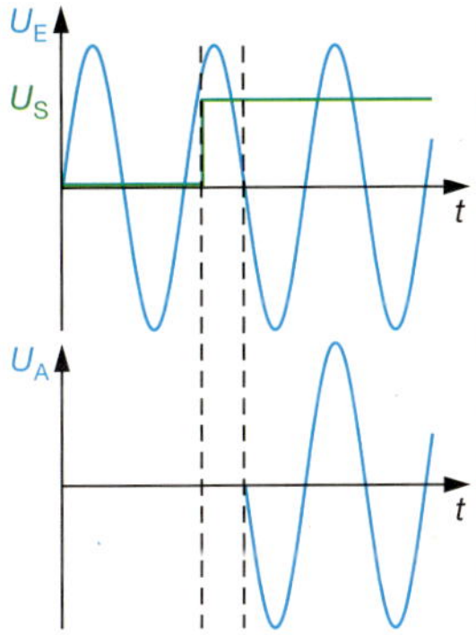	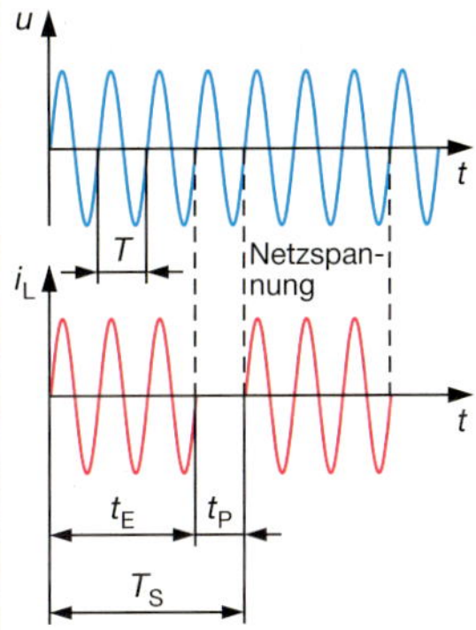
Beispiel	W1C-Schaltung mit Triac als Dimmer 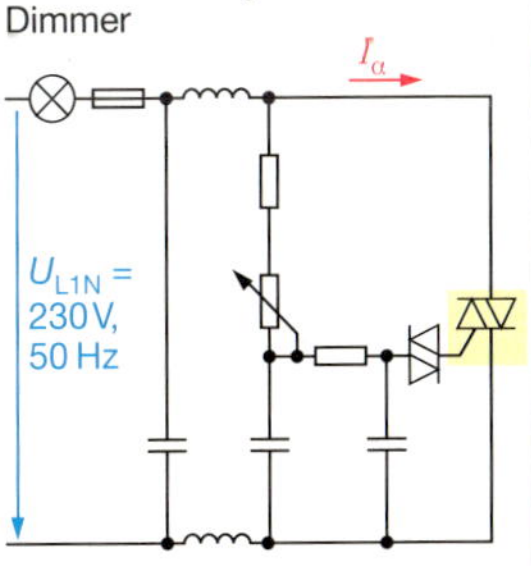	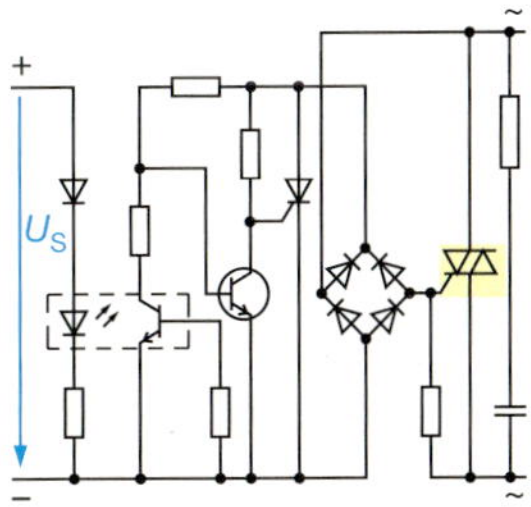	Zusatz für Trafolast 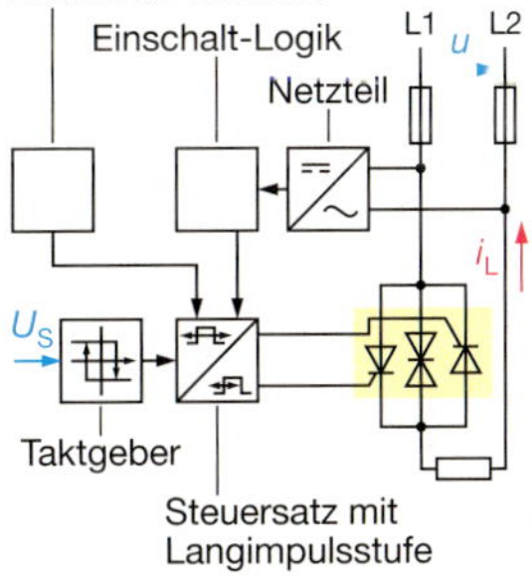
Eigenschaften	• verursacht Stromoberschwingungen und Steuerblindleistung • große Verbraucher nur mit Sondergenehmigung des VNB zu betreiben • nach TAB 2000 max. 1,7 kW Glühlampenleistung pro Außenleiter; bei induktivem Vorschaltgerät bzw. Motoren max. 3,4 kVA	• prellfreies Schalten möglich • Ausschaltung nach natürlichem Stromnulldurchgang • geringe Funkstörung und Netzrückwirkungen • hohe Schaltgeschwindigkeit • geräuscharmes Schalten	• keine Stromoberschwingungen, keine Steuerblindleistung • verursacht Flicker (optisch wahrnehmbare Beleuchtungsstärkeschwankung) durch schnelle Änderung der Netzspannung • max. Anschlussleistung beschränkt; abhängig von Schalthäufigkeit und Netzform

Filter – *Filter*

Tiefpässe

- verhindern Eindringen von Oberschwingungsströmen/-spannungen in empfindliche Geräte,
- verhindern Emission von Oberschwingungsströmen,
- sperren hohe Frequenzen (Oberschwingungen),
- begrenzen Spannungsanstiegsgeschwindigkeit (EX-Schutz),
- Motoren laufen leiser,
- besseres EMV-Verhalten.

Saugkreise

- Saugkreise saugen vorhandene Oberschwingungsströme im Energieversorgungsnetz ab, um umliegende Geräte zu schützen.
- Impedanz von Kondensatoren wird bei hohen Frequenzen klein.
- Überlastung durch hohen Oberschwingungsstrom möglich.
- Verdrosselung zur Begrenzung der abgeführten Oberschwingungsströme. Für jede Oberschwingungsordnung (n) kann ein Saugkreis aufgebaut werden.
- Bei Grundschwingung ist das Verhalten kapazitiv, d. h. Beitrag zur Blindstromkompensation.

Beispiel:

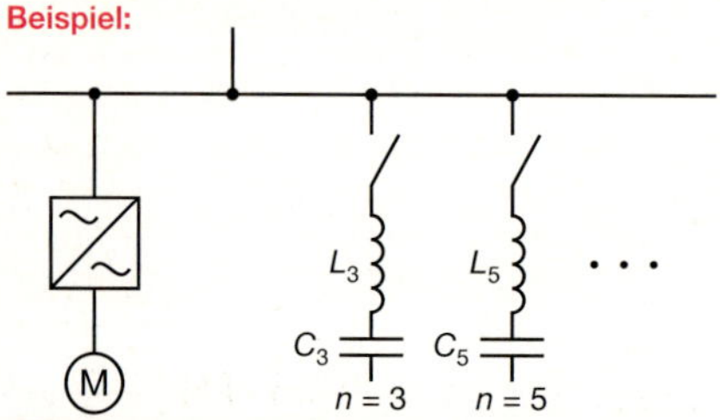

$$p = \frac{X_L}{X_C}$$ (Verdrosselungsfaktor)

$$f_{res} = \frac{1}{2\,\pi\,\sqrt{L_n\,C_n}}$$ (Resonanzfrequenz)

$$f_{res} = f_1 \sqrt{\frac{1}{p}} = n \cdot 50\,\text{Hz}$$

Bremswiderstände – *Braking resistors*

- Elektrische Energie, die bei generatorischem Bremsen entsteht und nicht ins Netz rückgespeist wird, kann gezielt in thermische Energie gewandelt werden.
- Anwendung bei Antrieben mit hoher Dynamik, oder großen Schwungmassen, Hubwerken.
- Bei Frequenzumrichtern erfolgt die Anbindung im Spannungszwischenkreis über einen Bremschopper.
- Bei Gleichstromantrieben erfolgt die Anbindung direkt im Gleichstromkreis.

Dimensionierung

$$P_{max} = P_{rM} \cdot \frac{M_{Br,max}}{M_{rM}} \cdot \eta_M \cdot \eta_{FU} \qquad R_{Br} = \frac{U_{DC}^2}{P_{max}}$$

$$\overline{P} = P_{max} \cdot \frac{t_{an}}{T} \qquad t_{an} = \frac{E_{max} - E_{min}}{M_{Br}}$$

R_{Br}: Bremswiderstand
P_{max}: maximale Leistung
$\overline{P}$: mittlere Leistung am Widerstand
E_{max}: Bewegungsenergie vor Bremsen
E_{min}: Bewegungsenergie nach Bremsen
t_{an}: Dauer des Bremsvorganges
T: Zeit zwischen zwei Bremszyklen
M_{Br}: Bremsmoment
η: Wirkungsgrad
P_{rM}, M_{rM}, η_M: Motordaten
R_{FU}: Frequenzumrichterwirkungsgrad

Beispiele:

Förderband:

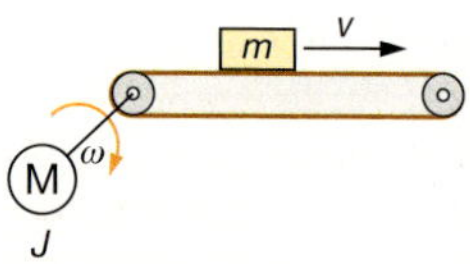

$$E = \frac{1}{2} m\,v^2 + \frac{1}{2} J\,\omega^2$$

m: bewegte Masse auf dem Förderband
J: Trägheitsmoment von Motor + Getriebe + Förderbandwelle

Kran:

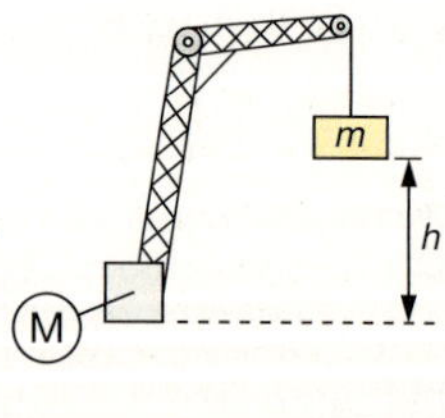

$$E = m \cdot g \cdot h$$

m: angehobene Masse
g: Erdbeschleunigung
h: Höhe der angehobenen Masse

Kommunikationstechnische Systeme 9

Kommunikationsnetze – *Communication networks*

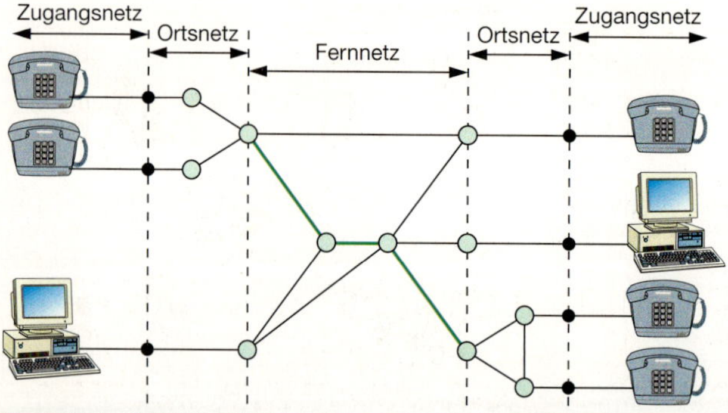

- **Netzknoten** ○
  Ein Punkt im Netz, in dem mehrere Datenübertragungsstrecken zusammenlaufen.
- **Verbindungsleitung** —
  Kupferleitungen, Glasfaserkabel zwischen Netzknoten.
- **Trunk** —
  Engl.: Stamm, Strang; Kabelbündel zwischen Netzknoten.
- **Zugangspunkt** ●
  Benutzer-Schnittstelle für den Netzzugang.

Dienst (Service)

Darunter versteht man eine Dienstleistung (Funktionen) im Netz, die der Betreiber (**Provider**) in der Regel gegen Gebühr einem Nutzer im Netz (engl.: **network**) zur Verfügung stellt.

Beispiele:
Telephonie, Fax, Teletext, Datenübertragung, Videoüberwachung

Den Diensten lassen sich **Dienstmerkmale** zuordnen.

Beispiele:
Rufweiterschaltung, Gebührenanzeige, automatischer Rückruf bei „Besetzt", Anrufaufzeichnung, Anklopfen

Netzeinteilung

- **Lokales Netz**
  (**LAN**: **L**ocal **A**rea **N**etwork)
  Räumlich begrenztes Netz bis zu wenigen Kilometern, oft nur innerhalb von Gebäuden.
- **Regionales Netz**
  (**MAN**: **M**etropolitan **A**rea **N**etwork)
  Ausdehnung bis 20 km, z. B. im Stadtgebiet.
- **Weitverkehrsnetz**
  (**WAN**: **Wi**de **A**rea **N**etwork)
  Ausdehnung von mehr als 10 km, länderübergreifende und weltweite Vermittlung.

Protokolle

Protokolle sind Vereinbarungen und Regeln für die Verständigung zwischen den Teilnehmern einer Kommunikation.

Ein Informationsaustausch zwischen Kommunikationspartnern ist nur dann möglich, wenn dieselben Protokolle verwendet werden.

Transportprotokolle:
Technische Einzelheiten der Übermittlung.

Beispiele:
Signalart, Format der Information, Steuerungsverfahren

Anwenderprotokolle:

Beispiele:
Darstellung der Daten, Abläufe der Vermittlung bzw. Übertragung

Netzstrukturen, Netztopologien

Stern
Sämtliche Teilnehmer sind über eine Zentrale und getrennte Kanäle miteinander verbunden.

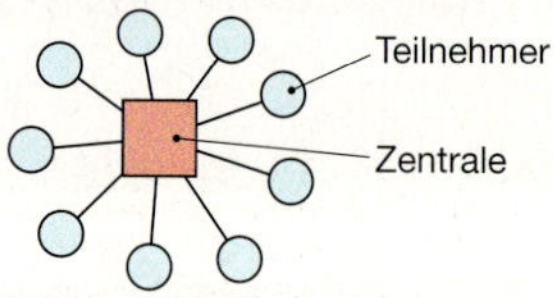

Baum
Kombination aus mehreren Stern-Netzen.
Alle Teilnehmer sind über Zweige und Unterzentralen mit der Hauptzentrale verbunden.

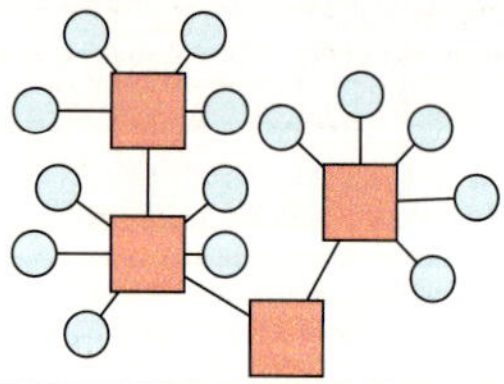

Bus
Die Teilnehmer sind parallel geschaltet und mit der Zentrale verbunden. Je nach Aufgabenstellung kann ein Busnetz auch ohne Zentrale arbeiten.

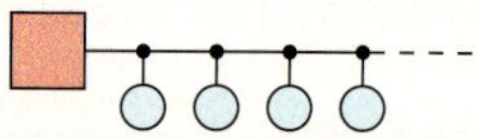

Ring
Die Teilnehmer sind über einen Bus zu einem geschlossenen Kreis zusammengeschlossen. Alle Teilnehmer sind gleichberechtigt.

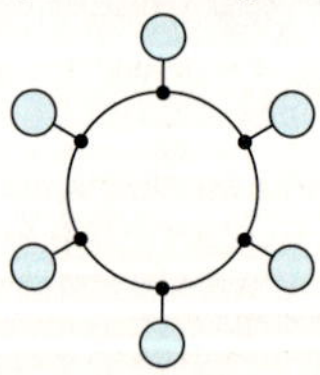

Internet – *Internet*

Aufbau und Funktion

- Weltumspannendes Netzwerk von Computern (Weitbereichsnetz).
- Zusammenschluss voneinander unabhängiger internationaler, nationaler, regionaler und lokaler Subnetze.
- Einheitliche Netzwerktopologie.
- Einheitliches Übertragungsprotokoll (**TCP/IP**, **T**ransmission **C**ontrol **P**rotocol/**I**nternet working **P**rotocol).
- Nichtkommerzielle Einrichtung.
- Keine zentrale Verwaltung oder Koordinierung.
- Funktion: Austausch von Daten über Internetdienste (WWW, E-Mail, usw.).

Internetdienste

Internet-Dienste:

E-Mail Elektronische Post

WWW Multimediale Informationen

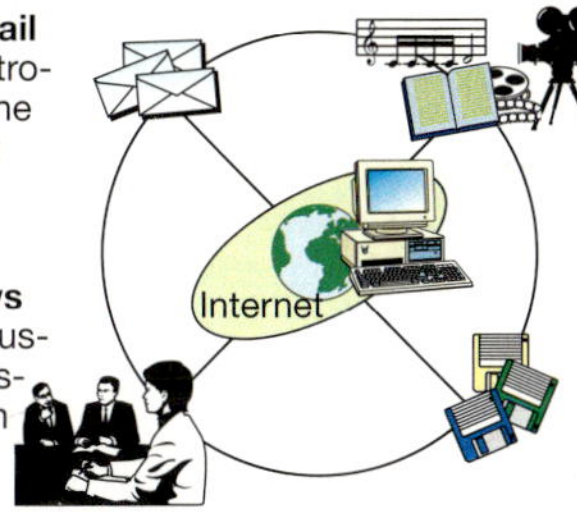

News Diskussionsforen

FTP Datenaustausch

Internetdienste

E-Mail (**E**lectronic **Mail**)
Elektronisches Versenden oder Empfangen von Nachrichten. Die Nachricht kann gespeichert, ausgedruckt oder sofort beantwortet werden. Alle Teilnehmer besitzen eine elektronische Postadresse.
Beispiel: Schulservice@westermann.de

WWW (**W**orld-**W**ide-**W**eb)
Multimediale Benutzeroberfläche des Internets. Angebote und Informationen können aufgerufen, gespeichert oder ausgedruckt werden. Die Informationen können umfassen: Texte, Bilder, grafische Symbole, Ton- und Videosequenzen.
Beispiel: http://www.westermann.de

FTP (**F**ile-**T**ransfer-**P**rotokoll)
Dieses ist eine Abkürzung für ein Verfahren zum Datentransfer im Internet. Mit diesem Verfahren können aus dem weltweiten Softwarepool des Internets die unterschiedlichsten Programme direkt ausgetauscht werden. Hochschulen und größere Firmen bieten entsprechende Software über ihre FTP-Server an.
Beispiel: ftp://ftp.mcafee.com/
(Hauptverzeichnis des Rechners der Firma McAfee)

Usenet (**Use**rs **Net**work), **News**
Im Internet finden sich Gruppen (**Newsgroups**) zum Gedanken- und Meinungsaustausch zusammen. Diskussionsbeiträge und Ratschläge zu unterschiedlichsten Themen werden ausgetauscht.
In **Diskussionsforen** stellt jeder Teilnehmer seine Nachricht für alle anderen als elektronische Post zur Verfügung („schwarzes Brett").
News-Server sind Computer, auf deren Festplatten die Nachrichten der Diskussionsforen gespeichert sind und abgerufen werden können.
Z. B.: news.btx.dtag.de
(News-Server des Datendienstes T-Online)

Telnet
Programm, mit dem man sich bei einem beliebigen Host (Gastgeber, Hauptcomputer) einwählen kann, um dort Programme abzuarbeiten, Datenbanken zu durchforschen usw. Der eigene PC arbeitet dann wie ein Terminal des Gastgeber-Computers.

URL (**U**niform **R**esource **L**ocater)

Standardisierte Adresse eines beliebigen Multimedia-Dokuments.
Sie wird im Web-Browser oder einer anderen Internet-Software eingegeben, um bestimmte Seiten bzw. Dokumente aufzurufen.

Allgemeine Struktur:
Dienst://Adresse/Verzeichnis/Datei
Beispiel:
http://www.westermann.de/katalog/bbs.cgi

- **Dienst**:
  Serverprogramm, im WWW wird das Übertragungsprotokoll **HTTP** (**H**yper **T**ext **T**ransfer **P**rotocol) verwendet, Kennzeichnung: **http**.
  Lässt man den Dienst und die Zeichen :// weg, ergänzen gängige Browser den Dienst.
- **Adresse**:
  Name des Computers,
  Beispiel: www.westermann.de
- **Verzeichnis**:
  Ort, an dem sich die gewünschte Information befindet, **Beispiel:** katalog
- **Datei**: bbs.cgi

Die URL kann durch weitere Angaben (z. B. Parameter für die Arbeitsweise mit dem Dokument) sehr komplex sein.

HTML

HTML: **H**yper**t**ext **M**arkup **L**anguage
Beschreibungssprache im WWW, die zum Formatieren von Seiten verwendet wird.

Browser (Web-Browser)

Anwendungsprogramme zum „Blättern" und Recherchieren im WWW. Die einzelnen und auf verschiedenen Wegen gesendeten Datenpakete (Text, Bild, Ton usw.) werden beim Empfänger entsprechend der mitübertragenen Vorschrift zusammengesetzt.
Beispiele: Microsoft Internet Explorer,
Netscape Navigator
Die Seiten sind in der Regel **Hypertext-Seiten**, da die Informationen durch Querverweise (**Links**) verbunden sind.
Begonnen werden die Seiten in der Regel mit der Leitseite (**Homepage**) des jeweiligen Anbieters.

Schaltungen zur Hauskommunikation

Circuits in home-communication

DIN VDE 0800

Hauskommunikationsanlagen

- Signalrufanlagen
  - ohne Türöffnerfunktion
  - mit Türöffnerfunktion
- Sprechanlagen
  - Wechselsprechen
  - Gegensprechen
- Sprechanlage mit Videoübertragung
- Sprechanlage mit integrierter Telefonanlage

A1: einfache Türsprechanlage

A2: Türsprechanlage mit Videofunktion

A3: Türsprechanlage mit integrierter Video- und analoger Telefonfunktion

A4: Türsprechanlage mit integrierter Video- und ISDN Telefonfunktion

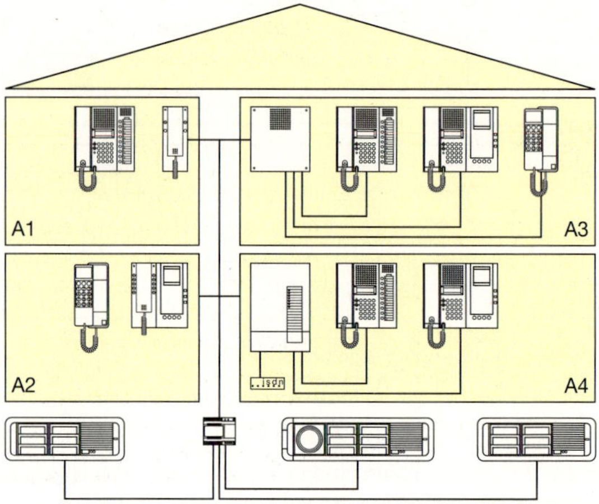

Installationshinweise

Leitungsnetz

- Getrennte Führung von Energie- und Signalleitungen
- Mindestabstand von 10 cm bei gemeinsamer Leitungsführung einhalten
- Leitungsmaterial: Y (Signalleitung),
  YR (Signalleitung),
  JY(St)Y Telekommunikationsleitung und
  A2Y(St)2Y Telekommunikations-Erdkabel
- Bei der Bemessung der Leitungslänge darf der Schleifenwiderstand die maximalen Herstellerangaben nicht übersteigen.
  Wird dieser Wert überschritten, kann der Querschnitt durch Adernverdopplung vergrößert werden.

Türöffner

- Die Spannungsversorgung erfolgt über einen kurzschlussfesten und schutzisolierten Transformator.
- Wird der Türöffner über einen potenzialfreien Kontakt gesteuert, ist dessen Strombelastbarkeit zu prüfen.

Lichtschaltung

- Wird die Beleuchtung über einen Kontakt der Sprechanlage geschaltet, muss ein Relais zwischengeschaltet werden.

Schleifenwiderstand in Ω

Leitungslänge in m	Leitungsdurchmesser 0,6 mm	0,8 mm
10	1,22	0,69
20	2,45	1,38
50	6,12	3,44
100	12,24	6,89
150	18,37	10,33
200	24,49	13,78
250	30,61	17,22
300	36,73	20,66

Adernverdopplung

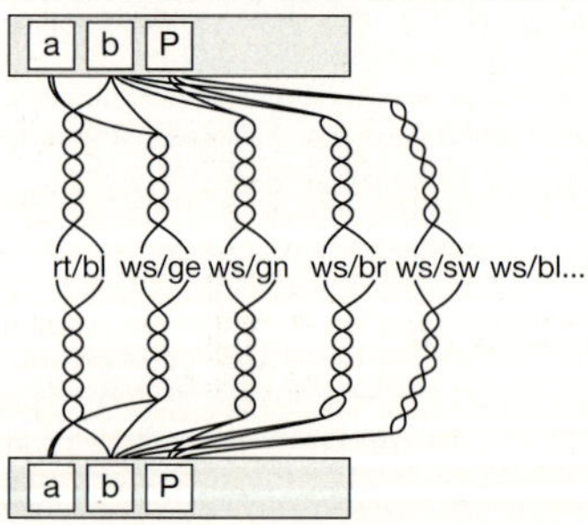

Schaltungen zur Hauskommunikation – *Circuits in home-communication*

Türsprechanlage

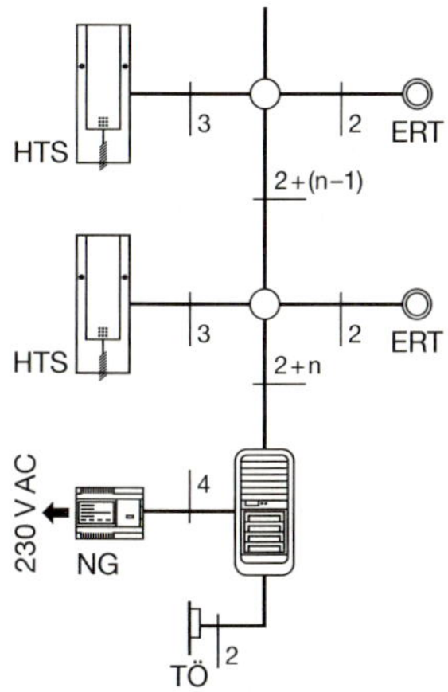

Funktionsbeschreibung

- Türsprechanlage mit drei Systemtelefonen und einer Türstation.
- Mithören eines Gespräches durch Dritte ist gesperrt.
- Auf jeder Etage befindet sich ein Etagenruftaster, dessen Rufsignal sich von dem Türruf unterscheidet.
- Türöffnerkontakt von jedem Haustelefon bedienbar.

Module

HTS/HTC: Systemtelefon
ERT: Etagenruftaster
TÖ: Türöffner
NG: Netzgerät versorgt die Anlage mit
- Gleichspannung zur Sprechfunktion
- Wechselspannung für Rufsignal, Türöffner und Ruftasterbeleuchtung.

n: Anzahl der Rufstationen

Auszug aus den Herstellerunterlagen

Türsprechanlage mit Videofunktion

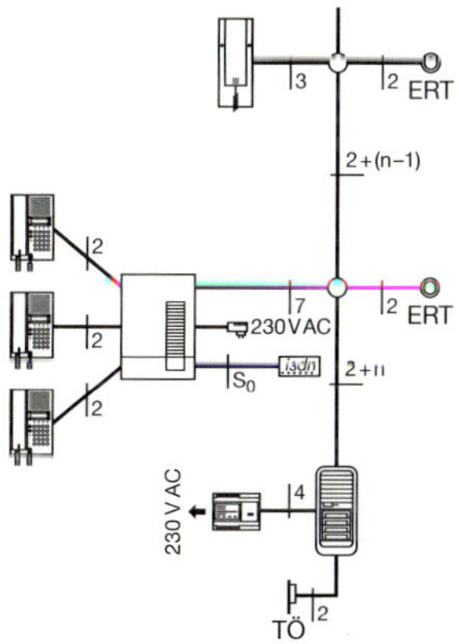

Funktionsbeschreibung

- Türsprechanlage mit Übertragung des Videosignals zwischen der Kamera (Türstation) und den Systemtelefonen.
- Bei Betätigung des Ruftasters werden automatisch das Licht der zugeordneten Kamera und der Monitor eingeschaltet. Die Videoübertragung bleibt für die Dauer des Gespräches erhalten.
- Mithören und Mitsehen durch Dritte ist gesperrt.
- Kameraobjektiv ist vom Monitor aus schwenkbar.

Installationshinweise

- Kameraposition nicht auf direkte Sonneneinstrahlung, Gegenlicht usw. ausrichten.
- Übertragung des Videosignals über Koaxialkabel (je nach Kabeltyp bis 800 m).

Auszug aus den Herstellerunterlagen

Türsprechanlage mit integrierter Telefonanlage

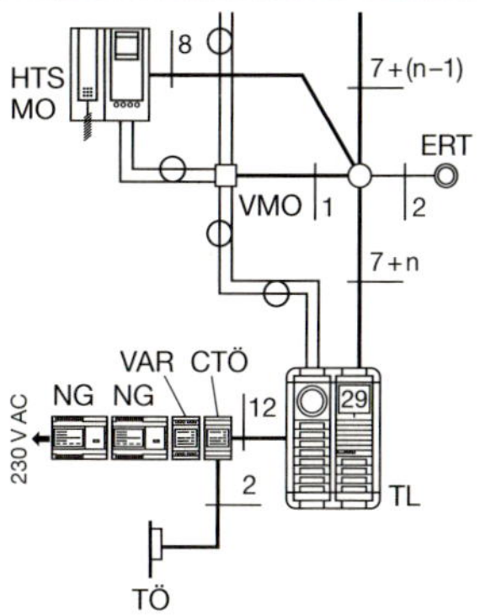

Funktionsbeschreibung

- Türsprechfunktion zwischen der Türstation und den Systemtelefonen sowie den angeschlossenen analogen Telefonen.
- Gespräche zwischen Türstation und Haustelefonen ist mithörgesperrt.
- Führen von Amtsgesprächen und internen Gesprächen bei gleichzeitiger Abschaltung des Türlautsprechers.
- Bei einem bestehenden Gespräch werden interne Rufe, Amts- und Türrufe durch ein Anklopfsignal eingeblendet.

Installationshinweise

- Die maximale Kabellänge ist von dem verwendeten Kabeltyp abhängig. Maximale Länge des passiven S0-Busses bei Verwendung von JY(St) Y 0,8 beträgt 130 m.

Auszug aus den Herstellerunterlagen

Frequenz- und Wellenlängenbereiche – *Frequency and wavelength-ranges*

Elektromagnetisches Spektrum

$c = \lambda \cdot f$

c: Ausbreitungsgeschwindigkeit der elektromagnetischen Welle

c = 299792,5 km/s

λ: Wellenlänge f: Frequenz

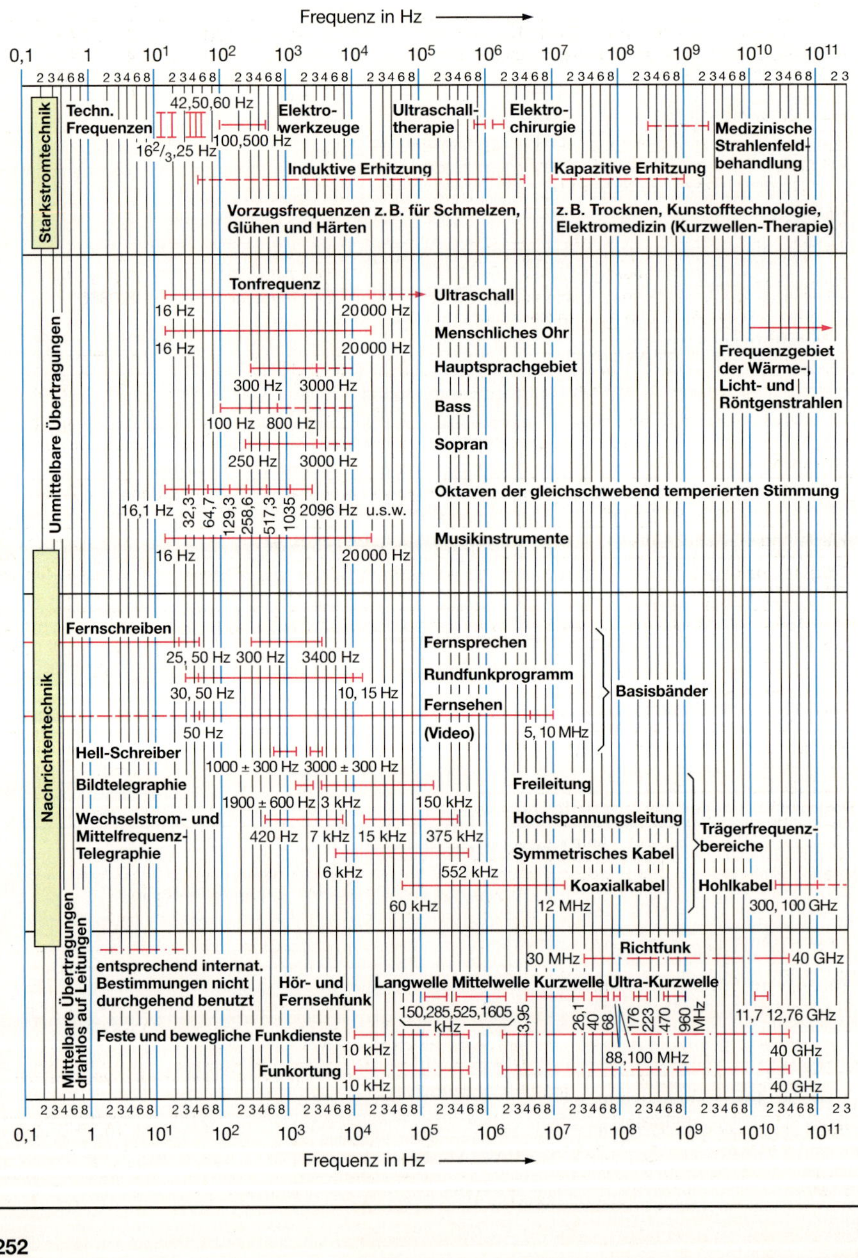

Vorschriften für Empfangs- und Verteilanlagen

Regulations for reception and distribution systems

Inhalt	DIN EN 50083 ...	VDE 0855 Teil ...
• Sicherheitsanforderungen (z.B. Erdung, Blitzschutz, Potenzialausgleich, mechanische Festigkeit) • Elektromagnetische Verträglichkeit von Geräten (z.B. Schirmungsmaß, Störabstrahlung, Störeinstrahlung, Funkentstörung)	... – 1; ... – 1/A1 ... – 2; ... – 2/A1	... 1; ... 1/A1 ... 2; ... 2/A1
• Aktive Breitbandgeräte für koaxiale Kabelnetze • Passive Breitbandgeräte für koaxiale Kabelnetze • Geräte für Kopfstellen • Optische Geräte • Systemanforderungen	... – 3; ... – 3/A1 ... – 4; ... – 4/A1 ... – 5; ... – 5/A1 ... – 6 ... – 7	... 3; ... 3/A1 ... 4; ... 4/A1 ... 5; ... 5/A1 ... 6 ... 7
• Elektromagnetische Verträglichkeit von Kabelnetzen • Schnittstellen für CATV-/SMATV-Kopfstellen und vergleichbare professionelle Geräte für DVB-/MPEG-2-Transportströme • Rückkanal-Systemanforderungen	... – 8 ... – 9 ... – 10	... 8 ... 9 ... 10
• Allgem. Kriterien für Konformitätserklärungen für Anbieter • Erdungsleitungen für Antennenanlagen • Sicherheitsbestimmungen für netzbetriebene elektronische Geräte und deren Zubehör für den Hausgebrauch und ähnliche Anwendungen	DIN EN 45014 DIN EN 50083-1 DIN EN 60065	 VDE 0855 Teil 1 VDE 0860
• Trenn- und Sicherheitstransformatoren • Elektromagnetische Verträglichkeit	DIN EN 60742 DIN EN 61000-3-2 und DIN EN 61000-3-3	 VDE 0838 Teil 2 und VDE 0838 Teil 3

Deutsche Telekom AG	
1 R8-15	Bedingungen und Empfehlungen für den Anschluss privater Breitbandanlagen/Rundfunk-Empfangsanlagen

Werte und Wertebereiche

Trägersignalpegel, DIN EN 50083-7 (an Antennensteckdose)

Rundfunkdienst	Modulation	Min. Pegel in dBµV	Max. Pegel in dBµV
TV[1]	AM	57 ... 60	77 ... 80
TV (Sat, ZF)	FM	47	77
UKW Stereo[2]	FM	50	77

BK-Netz der Deutschen Telekom (1 R8-15):
[1] 60 dBµV ... 80 dBµV
[2] 56 dBµV ... 80 dBµV

Maximale Pegeldifferenz zwischen belegten FS-Kanälen, DIN EN 50083-7 (zw. Antennensteckdosen)

Frequenzbereich	Modulation	Max. Pegel-Differenz in dB
47 MHz ... 862 MHz[1]	AM	12
Beliebiger Bereich mit 60 MHz Bandbreite	AM	6
Nachbarkanal	AM	3
Sat-ZF	FM	15
bis 470 MHz	FM	15

BK-Netz der Deutschen Telekom (1 R8-15):
[1] Empfohlene Pegeldifferenz max. 5 dB

Erdungsleitungen — DIN EN 50083-1

Material	Querschnitt	Durchmesser	Beschaffenheit	Beispiel
Kupfer	≥ 16 mm²	≥ 4,7 mm	blank bzw. isoliert	H 07V-U, H 07V-R (NYA), NYY, NYM
Aluminium	≥ 25 mm²	≥ 5,7 mm	blank (nur in Innenräumen) bzw. isoliert	NAYY
Aluminium	≥ 50 mm²	≥ 8,0 mm	(Knet-) Legierung	
Stahldraht		8,0 mm	verzinkt	
Stahlband	2,5 x 20 mm		verzinkt	

Die Leitungen sind ein- oder mehrdrähtig, jedoch nicht feindrähtig.

Potenzialausgleichsleitungen — DIN EN 50083-1

Material	Querschnitt	Durchmesser	Beschaffenheit	Beispiel
Kupfer	4 mm²	2,3 mm	blank bzw. isoliert	H07 V-U (NYA)

Dämpfung, Übertragung, Pegel – *Attenuation, transmission, level*

Dämpfungs- und Übertragungsfaktoren

Schaltung	Dämpfungsfaktor D	Übertragungsfaktor / Verstärkungsfaktor T
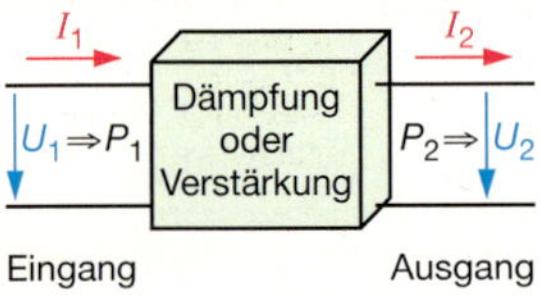	Stromdämpfungsfaktor $D_I = \frac{I_1}{I_2}$ Spannungsdämpfungsfaktor $D_u = \frac{U_1}{U_2}$ Leistungsdämpfungsfaktor $D_p = \frac{P_1}{P_2}$	Stromübertragungsfaktor $T_I = \frac{I_2}{I_1}$ Spannungsübertragungsfaktor $T_u = \frac{U_2}{U_1}$ Leistungsübertragungsfaktor $T_p = \frac{P_2}{P_1}$

Dämpfungs- und Übertragungsmaße

Schaltung (Einzelglied)	Dämpfungsmaß a	Übertragungsmaß / Verstärkungsmaß $-a$
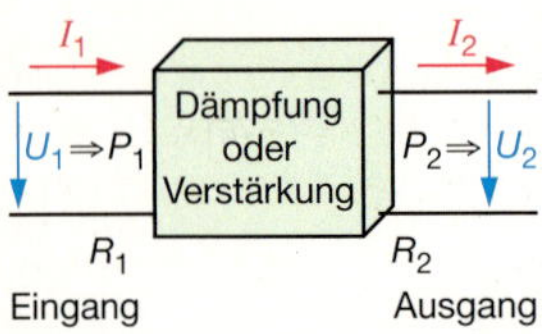	Leistungsdämpfungsmaß $a_p = \lg \frac{P_1}{P_2}$ B B: Bel $a_p = 10 \cdot \lg \frac{P_1}{P_2}$ dB dB: dezi Bel Spannungsdämpfungsmaß $a_u = 20 \cdot \lg \frac{U_1}{U_2}$ dB $R_1 = R_2$ Stromdämpfungsmaß $a_u = 20 \cdot \lg \frac{I_1}{I_2}$ dB $R_1 = R_2$	Leistungsübertragungsmaß $-a_p = 10 \cdot \lg \frac{P_2}{P_1}$ dB Spannungsübertragungsmaß $-a_u = 20 \cdot \lg \frac{U_2}{U_1}$ dB $R_1 = R_2$ Stromübertragungsmaß $-a_I = 20 \cdot \lg \frac{I_2}{I_1}$ dB $R_1 = R_2$

Zusammenhang zwischen Dämpfungsfaktoren und Dämpfungsmaßen

Dämpfungsmaß in dB	a	0	1	3	6	10	20	30	40
Leistungsdämpfungsfaktor	D_p	1	1,26	2	4	10	100	1000	10 000
Spannungsdämpfungsfaktor	D_u	1	1,12	1,41	2	3,16	10	31,6	100

Absoluter Pegel L_{abs}

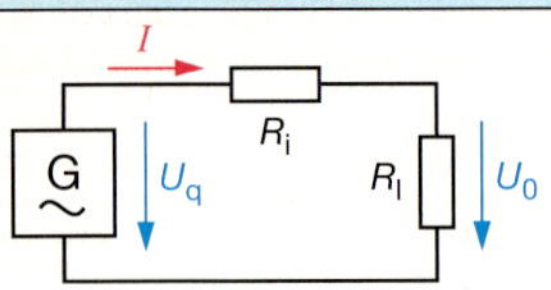

Der Pegel 0 dB liegt bei der Leistung $P_0 = 1$ mW oder der Spannung $U_0 = 775$ mV vor. ($I = 1{,}29$ mA)
P_0: Bezugsleistung
U_0: Bezugsspannung

$L_{Pabs} = 10 \lg \frac{P}{P_0}$ dBm

$L_{Uabs} = 20 \lg \frac{U}{U_0}$ dBu

$R_L = 600\ \Omega$

Pegelplan

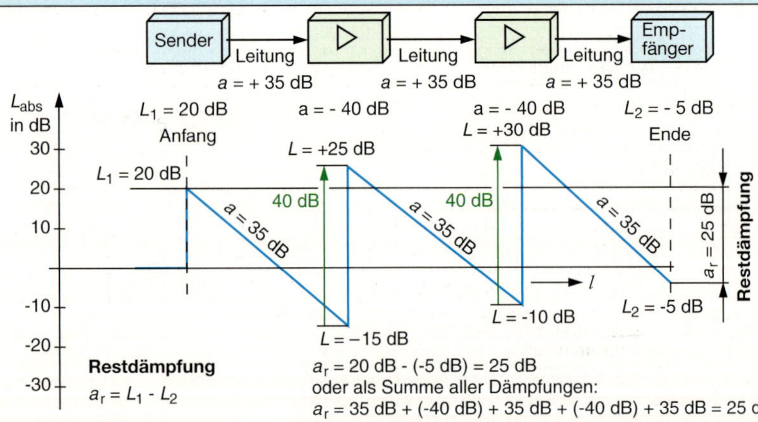

Restdämpfung
$a_r = L_1 - L_2$

$a_r = 20$ dB - (-5 dB) = 25 dB
oder als Summe aller Dämpfungen:
$a_r = 35$ dB + (-40 dB) + 35 dB + (-40 dB) + 35 dB = 25 dB

Kommunikationstechnische Systeme

Montage terrestrischer Antennenanlagen – *Terrestrial aerial installations*

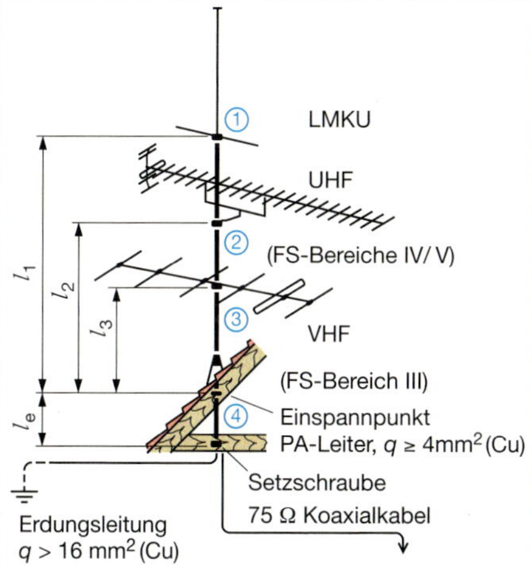

Kenngrößen zur Windlast

F_a: Windlast einer Antenne in N (siehe Herstellerangaben!)

l_e: Einspannlänge in m $\geq \frac{1}{6}$ der Gesamtlänge des Antennenrohres

l_{1-3}: Abstand zwischen Befestigungsstellen ① bis ③ der Antennen und der Montagestelle des Antennenrohres ④ in m

l_g: Gesamtlänge in m (maximal 7 m)
$l_g = l_e + l_1$

F_{a1-3}: Windlast einzelner Antennen in N

M_a: Biegemoment in Nm (zulässiges Biegemoment $M_a \leq 1650$ Nm)
$M_a = F_{a1} \cdot l_1 + F_{a2} \cdot l_2 + F_{a3} \cdot l_3$

Biegemoment:
Moment, das über alle Antennen auf den Mast an der oberen Befestigungsstelle ① wirkt.
Windlast des Mastes muss dabei berücksichtigt werden (vgl. Herstellerangaben je nach Antennentyp in N).

Beispiel: Mastberechnung

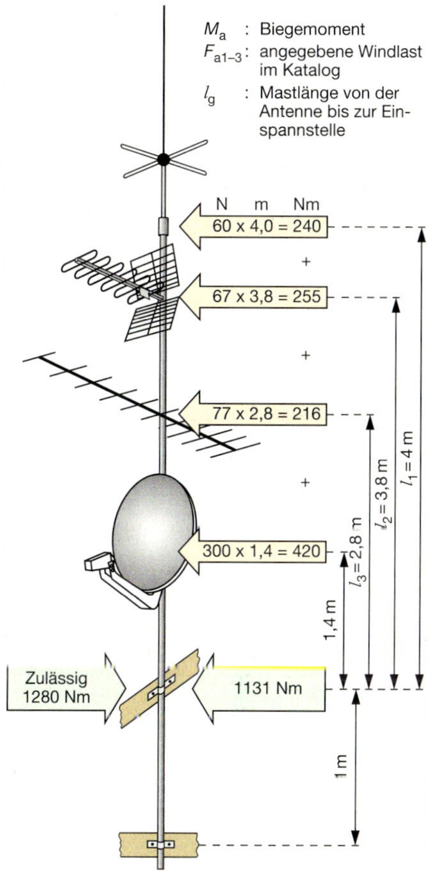

Berechnung laut DIN EN 50083-1 (Laut Herstellerangaben)

Erdungsleitungen für Antennenanlagen

Nach DIN EN 50083-1 gelten:

Leitungs-material	Quer-schnitt in mm²	Beschaffen-heit	Leitungs-bezeich-nung
Kupfer	≥ 16	blank oder isoliert	H 07 V-U, H 07 V-R (NYA), NYY, NYM
Aluminium	≥ 16	blank (nur in Innenräumen oder isoliert)	NAYY
Stahldraht	2,6 x 20	verzinkt	–

Abstände zu Freileitungen ($U \leq 1000$ V)

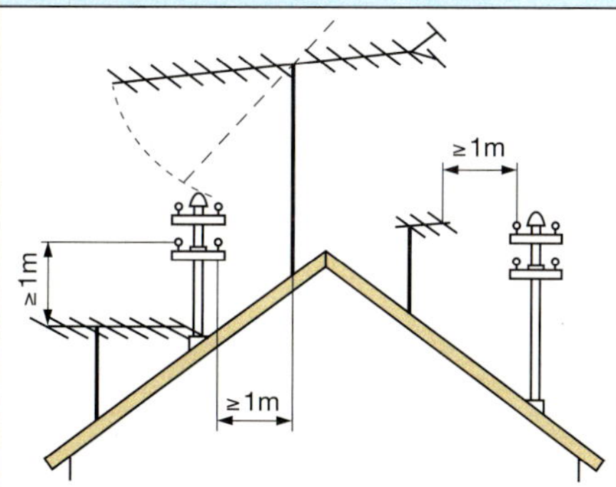

Terrestrische Antennenanlagen – *Terrestrial arial installations*

Antennenanlage (Hausgemeinschaft)

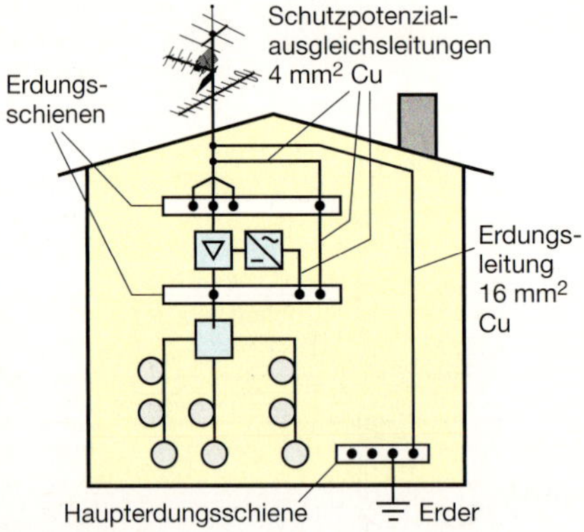

Erdungsleitungen

Verlegung innerhalb und außerhalb von Gebäuden:

- Cu, Querschnitt > 16 mm² (d > 4,6 mm) blank oder isoliert (gnge)
- Al, Querschnitt > 25 mm² (d > 5,7 mm) blank, nur Verlegung in Innenräumen oder isoliert (gnge)

Leitungen, ein- oder mehrdrähtig (nicht feindrähtig):

- Al-(Knet)-Legierung, Querschnitt > 50 mm² (d > 8,0 mm)
- Stahldraht, verzinkt, d = 8 mm
- Stahlband, verzinkt, 2,5 mm · 20 mm

Die Antennenanlage ist in den Potenzialausgleich einzubeziehen.

Einzel-Antennenanlage mit Steckdosen

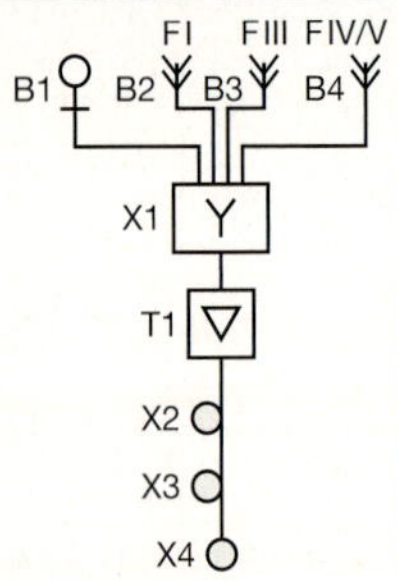

Stammleitungssystem

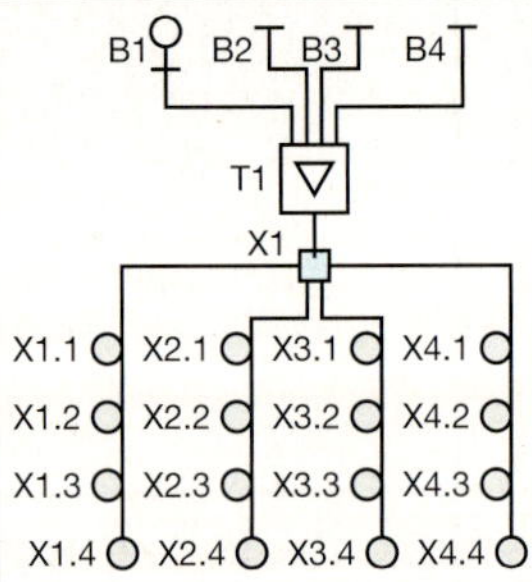

Stichleitungssystem

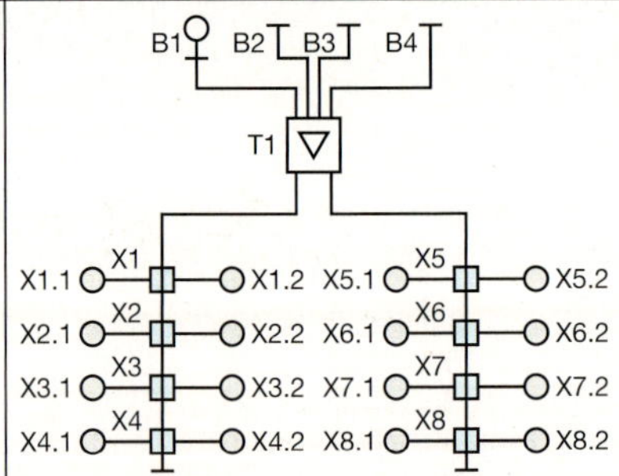

Satellitenempfangs-Antennen – *Satellite reception dishes*

Parabol-Antenne

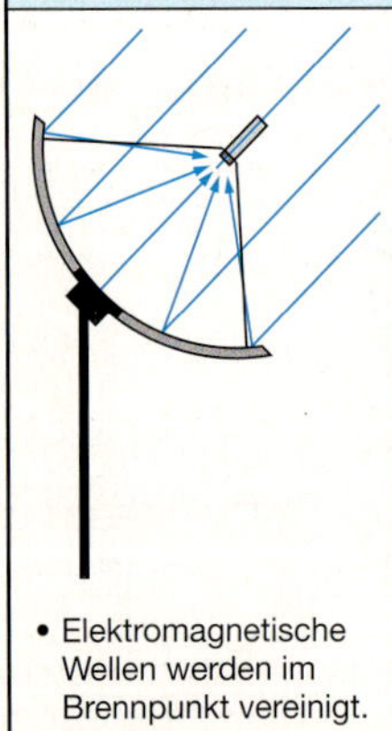

- Elektromagnetische Wellen werden im Brennpunkt vereinigt.
- Flächenwirkungsgrad: 50 – 60 %

Parabol-Offsetantenne

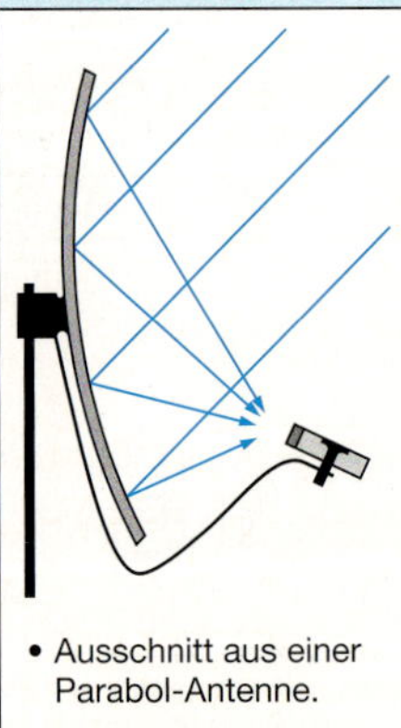

- Ausschnitt aus einer Parabol-Antenne.
- Flächenwirkungsgrad: 60 – 65 %

Cassegrain-Antenne

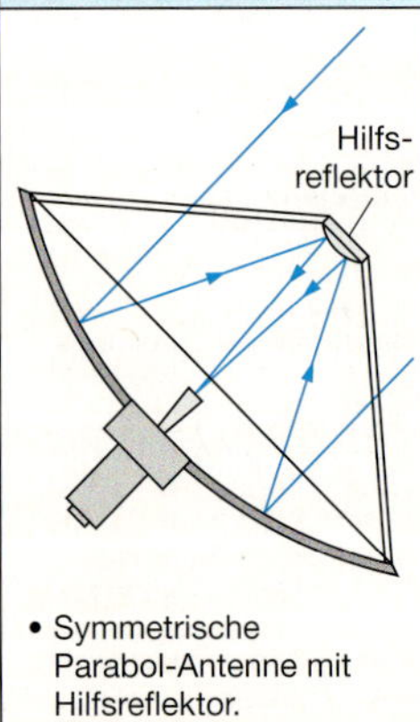

- Symmetrische Parabol-Antenne mit Hilfsreflektor.
- Flächenwirkungsgrad: 60 –70 %

Flachantenne

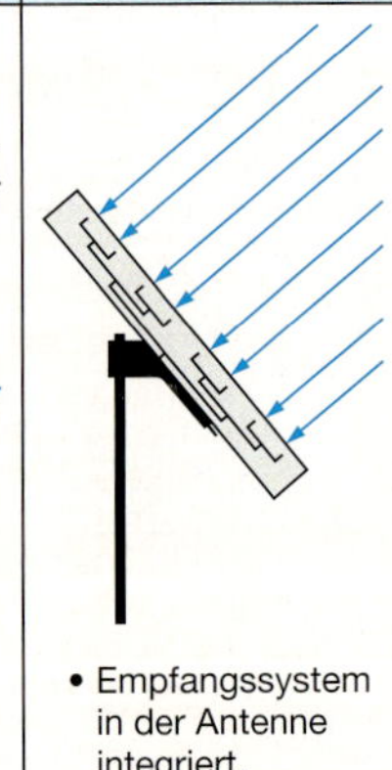

- Empfangssystem in der Antenne integriert.
- Flächenwirkungsgrad: 40 –80 %

Satelliten-Empfang – *Satellite reception*

Komponenten

① Offset-Parabolantenne
② Speisesystem/-systeme
③ DiSEqC Umschaltmatrizen
④ Weichen
⑤ Terrestrische Antennen
⑥ Antennensteckdosen
⑦ Sat-ZF-Verstärker
⑧ Umsetzer/Matrix
⑨ Umschaltmatrix
⑩ 5fach Verbinder
⑪ Einschleuseweiche

Einzelanlagen

Zwei Satelliten-Empfang (Multifeed-Empfang), Twin-Betrieb, 2 Teilnehmer

- 2 Satelliten-Empfang
- 2 Polarisationen, horizontal und vertikal
- Low-/Highband
- Analog und digital
- Terrestrisches Signal
- DiSEqC, 8xSat-ZF

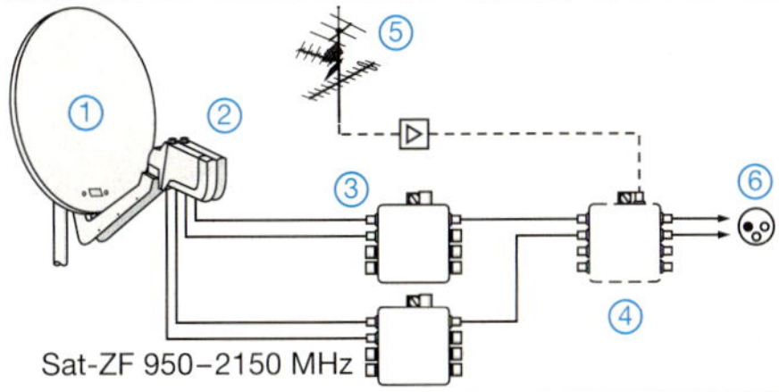

Ein Satelliten-Empfang, Erweiterung für 4 Anschlüsse

- 1 Satelliten-Empfang
- 2 Polarisationen, horizontal und vertikal: 14/18 V
- Low-/Highband: 0/22 kHz
- Analog und digital
- Terrestrisches Signal
- 4 Anschlüsse (auf 8 erweiterbar)

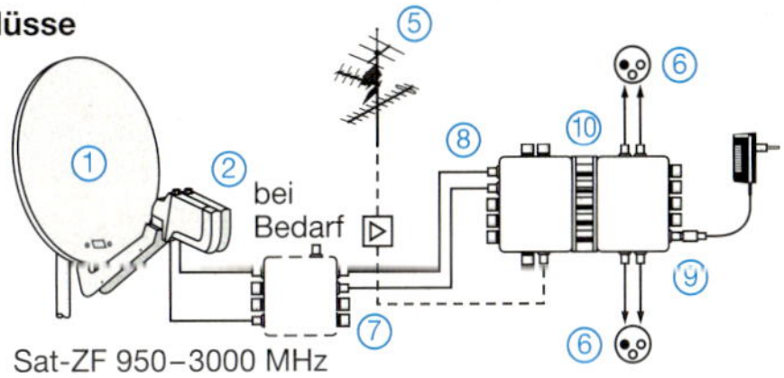

Gemeinschaftsanlagen

2xSat-ZF, 8 Teilnehmer

- 1 Satelliten-Empfang
- 2 Polarisationen, horizontal und vertikal: 14/18 V
- Lowband
- Terrestrisches Signal
- Erweiterbar

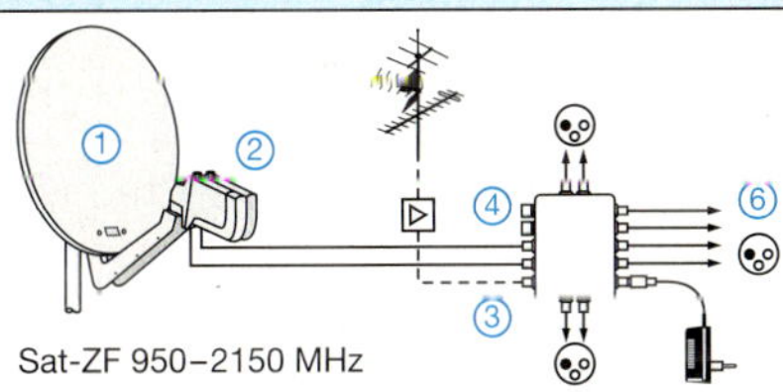

4xSat-ZF, Multifeed, 20 Teilnehmer

- 2 Satelliten-Empfang
  Satellit A: 0 kHz
  Satellit B: 22 kHz
- 2 Polarisationen, horizontal und vertikal: 14/18 V
- Lowband
- Terrestrisches Signal

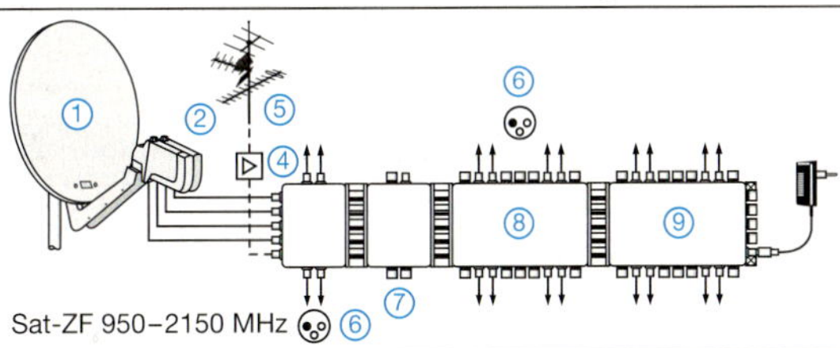

8xSat-ZF, 4 Teilnehmer

- 2 Satelliten-Empfang
- 2 Polarisationen, horizontal und vertikal
- Analog und digital
- Low- und Highband
- Terrestrisches Signal
- DiSEqC: 8xSat-ZF

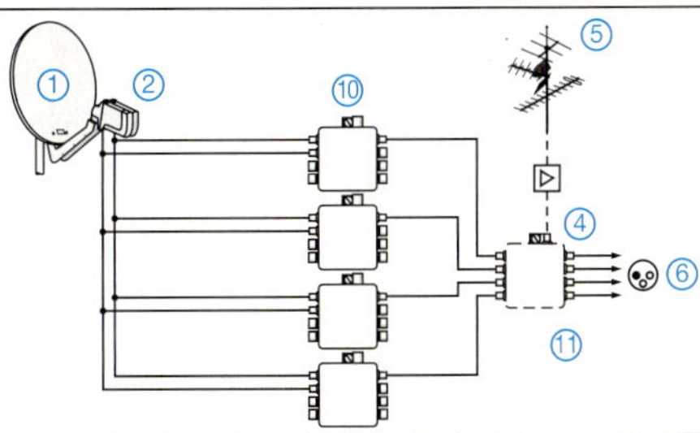

Montage von Satelliten-Antennen – *Installation of satellite aerials*

Einstellungen der Antenne und Satellitenstandorte

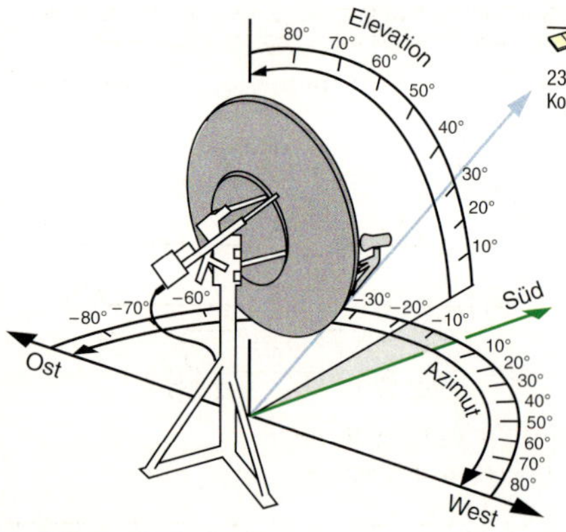

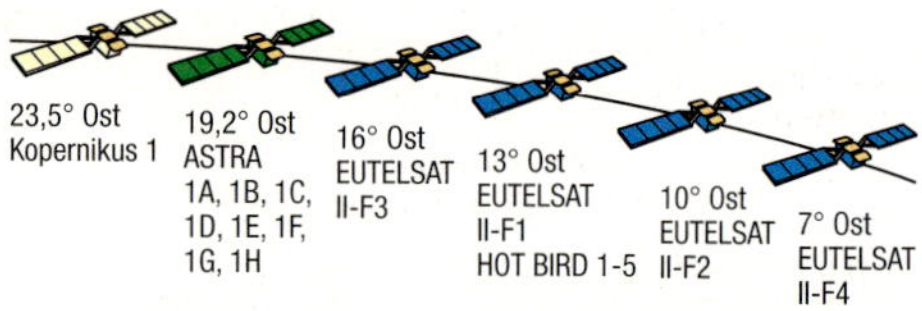

- **LNB** (**L**ow **N**oise **B**lock Converter) empfängt das Satelliten-Signal (10,7 GHz bis 12,75 GHz) und verstärkt es rauscharm. Anschließend erfolgt eine Umwandlung in ein ZF-Signal (Zwischenfrequenz) von 0,95 GHz bis 1,7 GHz.
- **Azimut**
  Winkel der Himmelsrichtung aus der das Signal empfangen wird, Angabe in Grad.
- **Elevation**
  Winkel zwischen dem theoretischen Horizont und dem Satelliten (Erhebungswinkel), Angabe in Grad.

Montageschritte

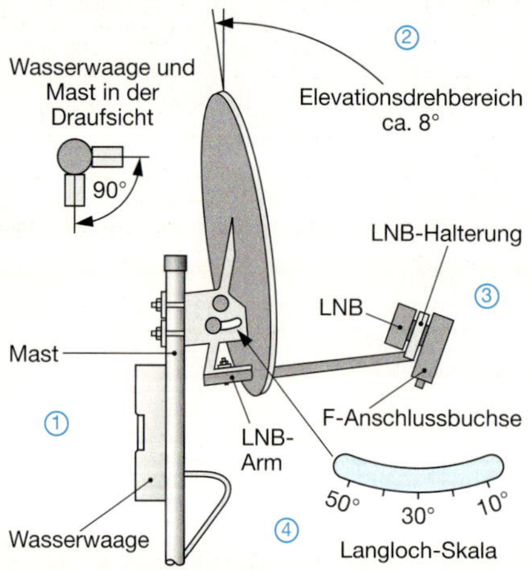

1. Geeigneten Standort wählen („freie Sicht" zum Satelliten).
2. Mast mit Wasserwaage absolut senkrecht montieren ①.
3. Voreinstellung des Elevationswinkels ②, Wert aus Tabelle für den jeweiligen Standort entnehmen.
4. Mit dem Kompass die Südrichtung ③ festlegen.
5. Receiver mit FS-Gerät verbinden und Empfang mit Testbild überprüfen (evtl. akustischen Satelliten-Finder einsetzen).
6. Testbild abschalten und Receiver auf Kanal 1 (in der Regel ARD) einstellen.
7. Azimut für den zu empfangenden Satelliten einstellen ④ (aus Tabelle).
8. Feinabgleich der Antennenrichtung mit FS-Bild bzw. Messgerät.

Beispiel für die Einstellungen auf die Astra-Satelliten (19,2° Ost) für den Standort Braunschweig:

Azimut: 10,7°
Elevation: 29,7°

Montage der F-Stecker

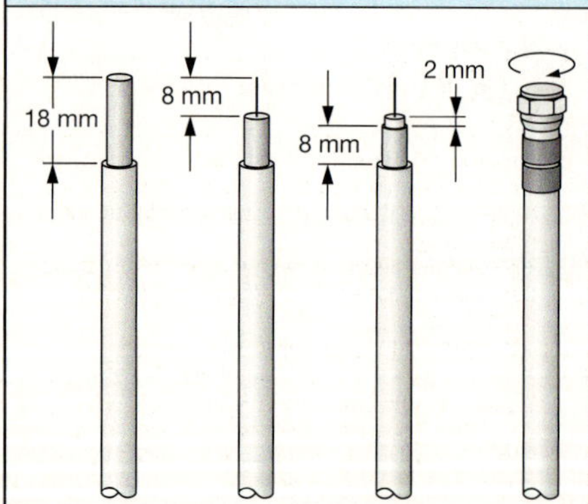

Koaxialkabel-Montage und Steckdose

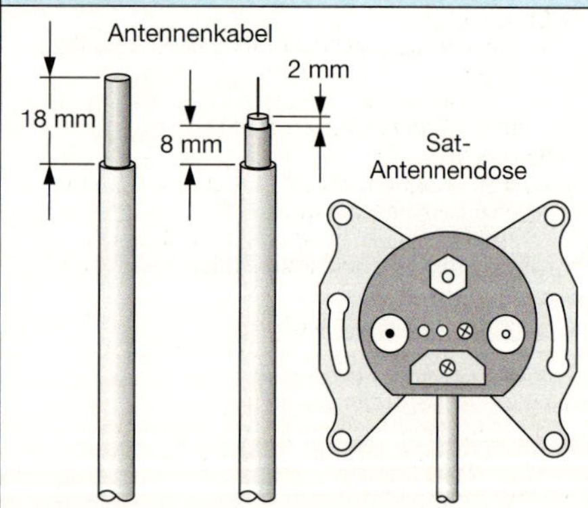

Multischalter für den Satellitenempfang – *Multi-switch for satellite reception*

Frequenzen und ihre Umsetzung

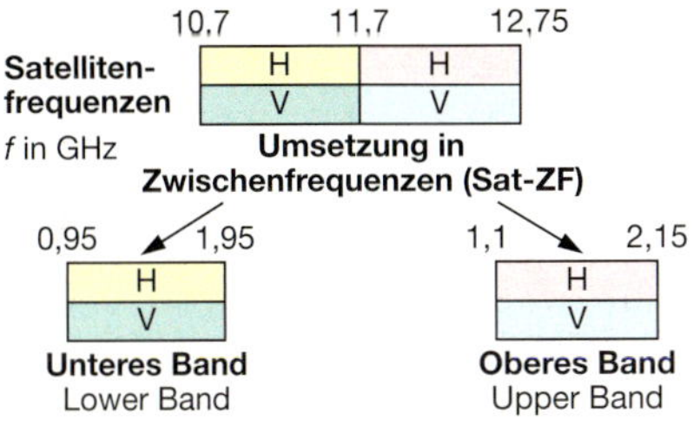

Die Umsetzung erfolgt im LNB mit Hilfe eines Oszillators.

LNB: **L**ow **N**oise **B**lock Converter; Empfangskopf (Empfangskonverter)
H: Horizontal polarisierte Wellen
V: Vertikal polarisierte Wellen

Umschaltmöglichkeiten

Prinzip der Umschaltung

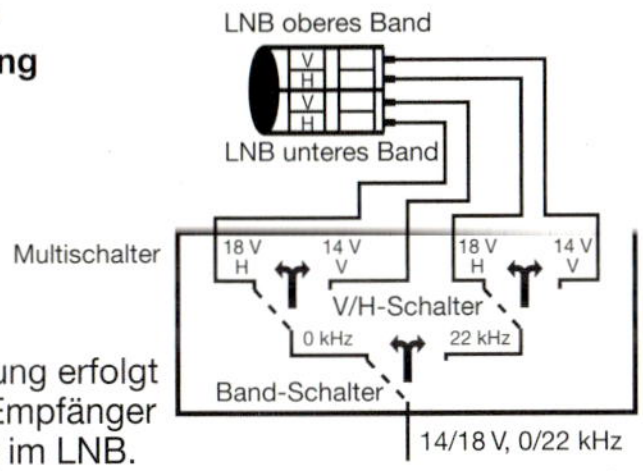

- Umschaltung erfolgt vom Sat-Empfänger (Receiver) im LNB.
- Verwendet werden Gleichspannungen (14 V und 18 V) und/oder Wechselspannungen (22 kHz).
- Wechselspannung wird der Gleichspannung überlagert.
- Zuführung erfolgt über die Koaxial-Leitung.

U in V	*f* in kHz	Polarisation	Band
14	0	H	unteres
14	22	H	oberes
18	0	V	unteres
18	22	V	oberes

LNB

- **Single-LNB**
  - Zwei interne Umschalter für Bänder und Polarisation.
  - Ein Ausgang für die Sat-ZF ⇒ Es kann jeweils nur ein Band eingespeist werden.
- **Twin-LNB**
  - Zwei Single-LNBs zu einer Funktionseinheit zusammengeschaltet.
  - Zwei Sat-ZF Ausgänge mit Umschaltmöglichkeit für Bänder und Polarisation.
- **Dual-Output-LNB**
  - Zwei Umschalter im LNB.
  - Zwei Sat-ZF Ausgänge mit Umschaltmöglichkeit für Bänder und Polarisation.
- **Quattro-LNB, Universal-LNB**
  - Jedes Band mit jeder Polarisation steht an getrennten Ausgängen zur Verfügung.
  - Vier Sat-ZF Ausgänge.

Multischalter für vier Teilnehmer

Multischalter werden eingesetzt, wenn mehrere Teilnehmer auf eine Sat-Antenne zugreifen.

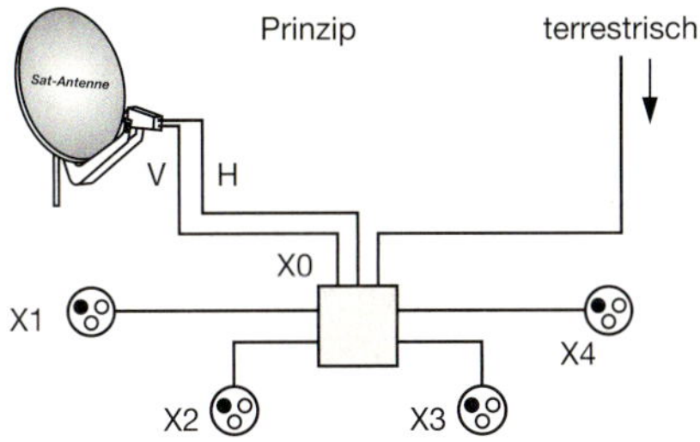

X0: Vierfach Multischalter

Übersichtsschaltplan

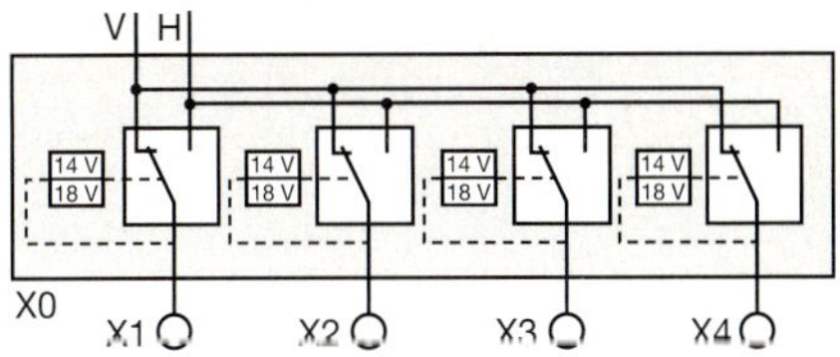

DiSEqC

DiSEqC

- **Di**gital **S**atellite **Eq**uipment **C**ontrol (sprich: Disäck)
- Digitales Steuerungsverfahren für Satelliteneinrichtungen.
- 0- und 1-Zustände werden durch getastetes 22-kHz-Signal erzeugt (0,6 V Spitze-Spitze).

Bitstruktur:

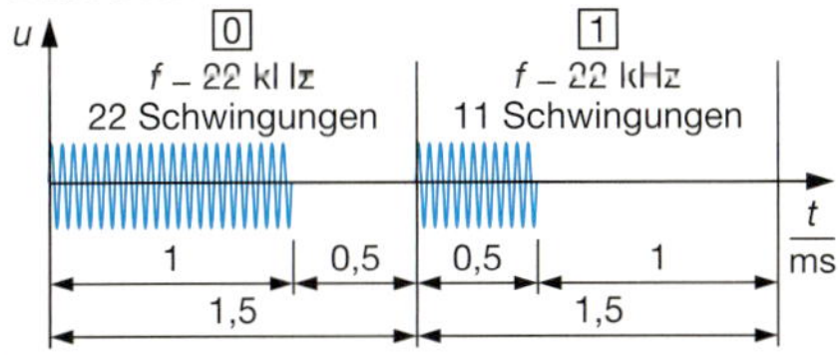

Logo: DiSEqC 2.0

Versionen:

1,0 1,1 1,2
2,0 2,1 2,2

Erste Ziffer: Art der Kommunikation
1: Übertragung von Befehlen vom analogen oder digitalen Empfänger zur Funktionseinheit (unidirektional).
2: Bidirektionale Kommunikation zwischen analogem oder digitalem Empfänger und der Funktionseinheit.

Zweite Ziffer: Umfang der Kommunikation
0: Schaltvorgänge für vier Satelliten, jeweils beide Bänder, Polarisation und weitere Optionen.
1: Wie Ziffer 0, zusätzl. Befehle über eine Leitung.
2: Wie Ziffer 0 und 1, zusätzliche Befehle für eine drehbare Satellitenantenne.

Anschlussbeispiele für Receiver – *Connection examples for receivers*

Analoger Empfang

- Analog-Receiver
- TV-Gerät ohne Scart-Anschluss
- Videorecorder
- Decoder für Pay-TV (Premiere)
- HiFi-Anlage

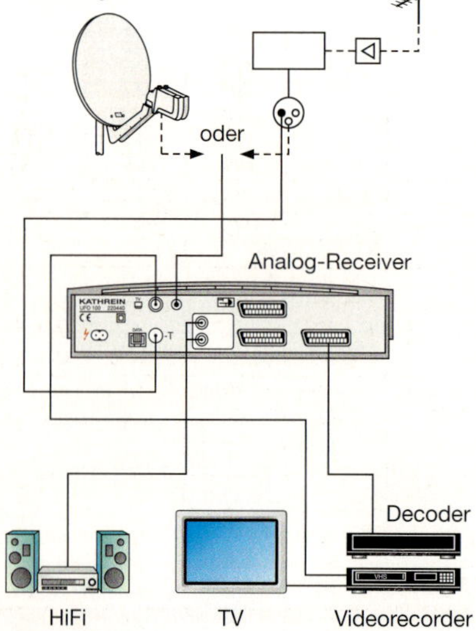

- Twin-Receiver
- TV-Gerät mit Scart-Anschluss
- Videorecorder
- Decoder für Pay-TV (Premiere)
- HiFi-Anlage

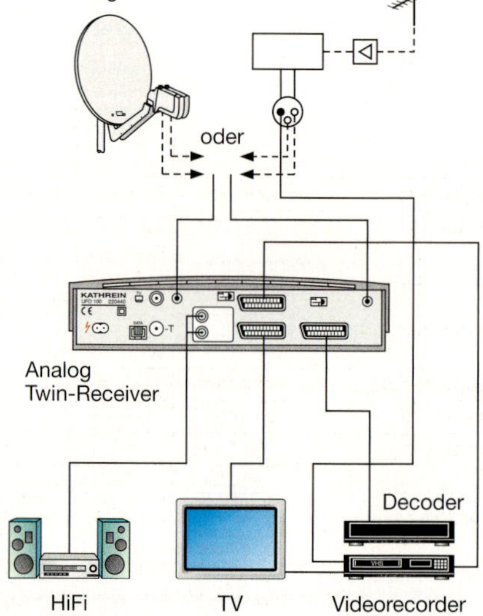

Digitaler Empfang

- DVB-Receiver (Digital Video Broadcasting)
- Analog-Receiver mit ADR-Empfangsteil
- TV-Gerät mit Scart-Anschluss
- Videorecorder
- Decoder für Pay-TV (Premiere)
- HiFi-Anlage

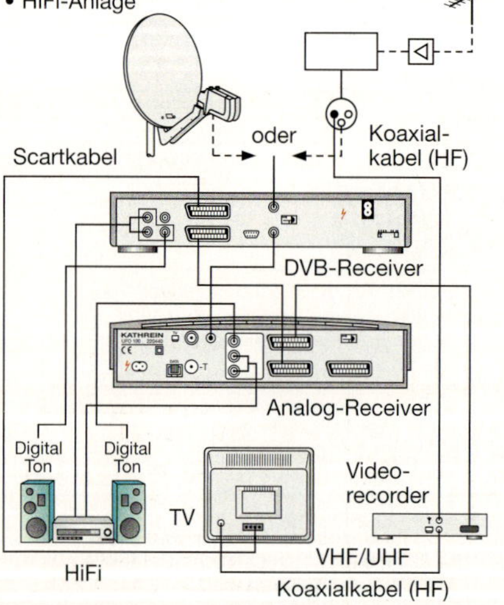

- DVB-Receiver mit Anschluss von TV-Gerät
- TV-Gerät mit Scart-Anschluss
- Videorecorder
- HiFi-Anlage

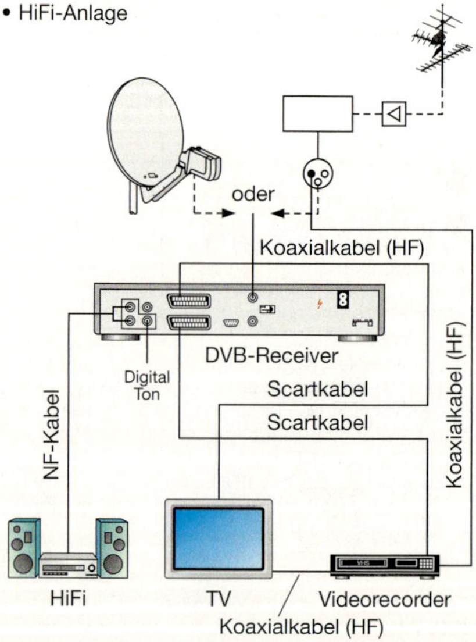

Kommunikations-
technische Systeme

Antennenkabel und Steckverbinder – *Aerial cables and connectors*

Verwendung

Verwendung		Hausverlegung					Außen-Verleg.	Erdkabel
Koaxialkabel Impedanz 75 Ω				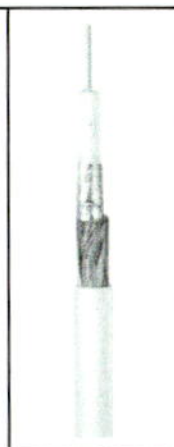				
Innenleiter	Ø in mm	0,75 Cu	0,4 Staku	1,13 Cu	0,75 Cu	1,13 Cu	1,63 Cu	1,1 Cu
Isolation	Ø in mm	3,2 Cell-PE	2,65 PE	4,8 Cell-PE	4,8 PE	4,8 Cell-PE	7,2 Cell-PE	7,25 PE
Außenleiter	Ø in mm	3,8 Al + CuSn[1]	3,3 Al + CuSn[1]	5,3 Al + CuSn[1]	5,5 Al + CuSn[1]	5,3 Al + CuSn[1]	7,9 Al + CuSn[1]	7,5 Cu
Außenmantel	Ø in mm	5,0 PVC weiß	4,1 PVC weiß	6,8 PVC weiß	6,8 PVC weiß	6,8 PE schwarz	10,4 PE schwarz	10,2 PE schwarz
Kupferanteil	in kg/km	10,6	3,6	14,0	8,3	30,0	42,0	41,0
Biegeradius	in mm	≥ 25	≥ 30	≥ 35	≥ 35	≥ 35	≥ 50	≥ 110
Dämpfung in dB/100 m bei 20 °C	5 MHz	2	4	1	3	1	1	1
	50 MHz	7	10	4	6	4	3	4
	100 MHz	9	15	6	9	6	4	5
	450 MHz	18	32	13	19	12	9	12
	1000 MHz	28	48	21	29	19	14	19
	2050 MHz	40	72	31	43	28	21	30
	3000 MHz	50	88	39	53	36	28	–
Gleichstromwiderstand in Ω/km		≤ 90	≤ 375	≤ 45	≤ 100	≤ 30	≤ 20	≤ 25,5
Schirmungsmaß in dB	47–108 MHz	≥ 70	≥ 70	≥ 75	≥ 70			
	108–470 MHz	≥ 75	≥ 75	≥ 75	≥ 75	≥ 90	≥ 90	≥ 90
	1000–2400 MHz	≥ 65	≥ 65	≥ 65	≥ 65			

F-Stecker

schraubbar

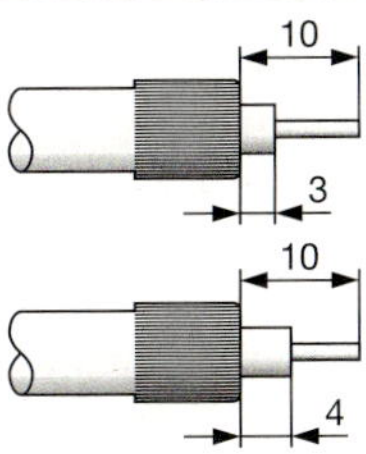

crimpbar

IEC-Stecker[2]

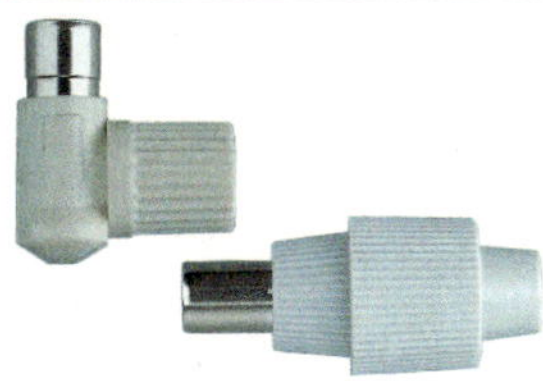

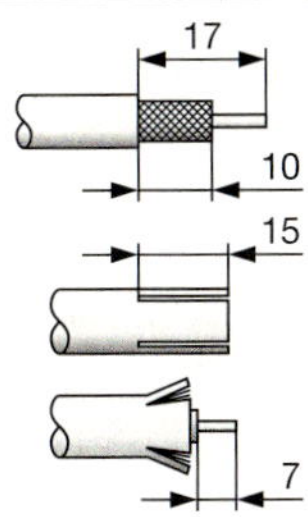

alle Angaben in mm

[1] Folie beidseitig mit Aluminium beschichtet + verzinntes Kupfergeflecht
[2] **IEC**: **I**nternational **E**lectrotechnical **C**ommission

Breitbandkommunikation – *Broadband communication*

DIN EN 50083

BK-Rundfunk-Übertragung

Netzebene 1
Studio und Schaltstelle

Netzebene 2
– Sende- und Empfangsanlagen –
Arten der Einspeisung:
- direkte Leitung ①
- Satellit ②
- Glasfaserkabel (Gf) ③
- Richtfunk ④

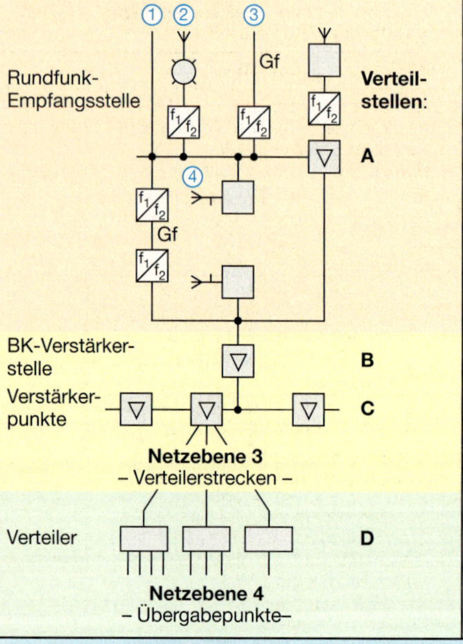

Einspeisung in das Hausnetz

Systemarten

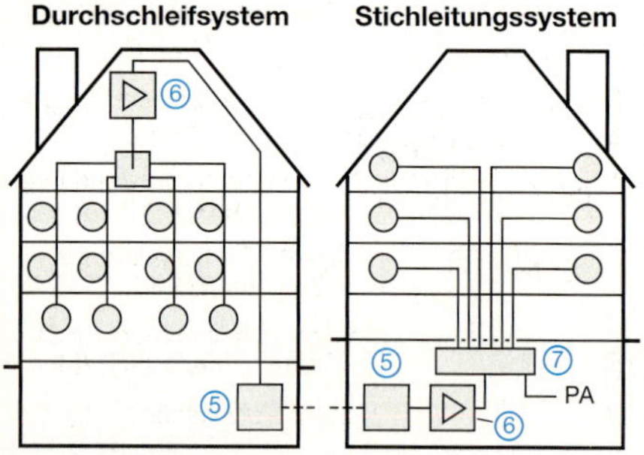

Systemelemente:
⑤ Übergabepunkt ÜP der BK-Anlage
⑥ Hausanschlussverstärker
⑦ Verteiler

Nutzsignalpegel an Steckdosen

Art der Signale	Grenzwerte in dBμV BK-Anl.	konv. Anl.
Tonsignale:		
• UKW-FM – Mono bzw. Stereo –	56 bis 80	50 bis 80
• Digitaler Tonrundfunk	56 bis 80	–
• MW-LW	40 bis 80	40 bis 94
FS-Signale:		
• FI	60 bis 84	52 bis 84
• USB		–
• FIII		54 bis 84
• OSB		–
• ESB		–
• FIV/V		57 bis 84

Kanalraster des BK-Netzes

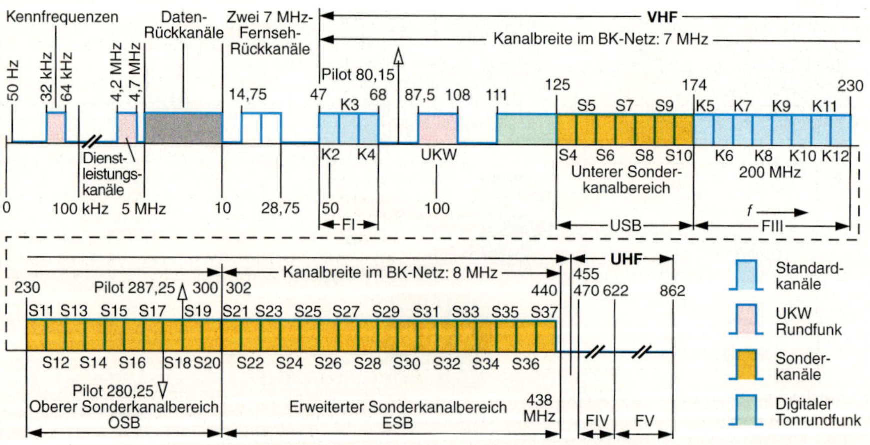

Analoges TK-Netz – *Analogue TC-network*

Netzhierarchie

Beispiele für Vorwahl:

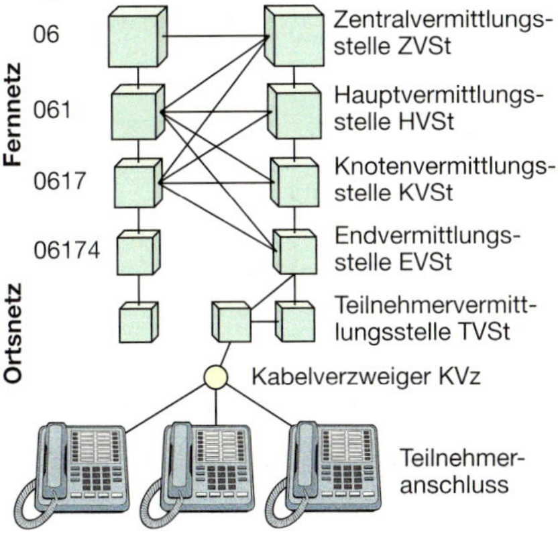

Analoges Telefon (Fernsprechapparat)

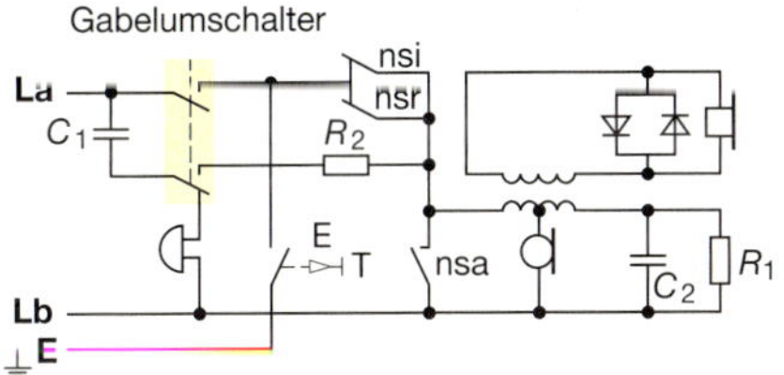

- **Gabelumschalter**:
  Einleiten oder Aufheben der Verbindung.
- **Kontakt nsr**:
  Der **N**ummern**s**chalter-**R**uhekontakt überbrückt die letzten zwei Impulse.
- **Kontakt nsa**:
  Der **N**ummern**s**chalter-**A**rbeitskontakt überbrückt beim Betätigen der Wähleinrichtung den Hör-/Sprechkreis.
- **Kontakt nsi**:
  Durch den **N**ummern**s**chalter-**I**mpulskontakt werden die Wählimpuse beim Rücklauf der aufgezogenen Scheibe erzeugt.

Wählablauf für die Ziffer 4 (IWV)

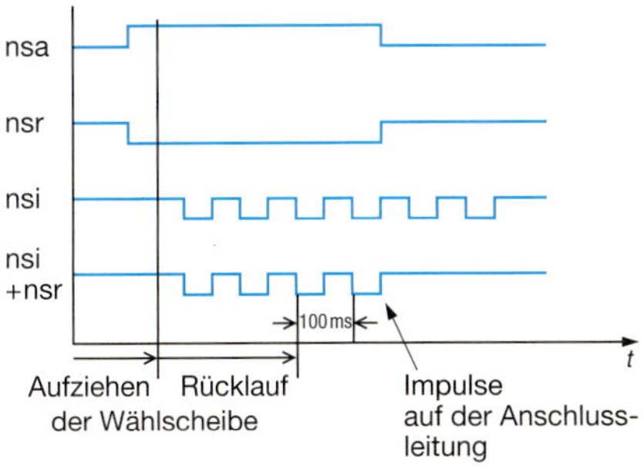

Begriffe und Funktionen

- **Vermittlungseinrichtung**:
  Auf- und Abbau von Verbindungen, Erfassen von Gebühren.
- **Endeinrichtungen**:
  Fernsprechapparate, Anrufbeantworter, Fax-Geräte
- **Wählverfahren**:
  Impulswahlverfahren (IWV),
  Mehrfrequenzwahl (MFW)
- **Übertragungseinrichtungen**:
  Leitungen (Kupfer, Glasfaser) zwischen den Endeinrichtungen und der jeweiligen Vermittlung, Richtfunkstrecken oder Funkstrecken über Satelliten.
- **Bandbreite**: 300 Hz bis 3,4 kHz

Mehrfrequenzwahl (MFW)

Durch Betätigen der Ziffern wird mindestens 40 ms lang ein niederfrequentes Tonsignal (Mischung aus zwei Frequenzen) erzeugt.

Beispiel: Ziffer 8: Übertragung von 852 Hz u. 1336 Hz

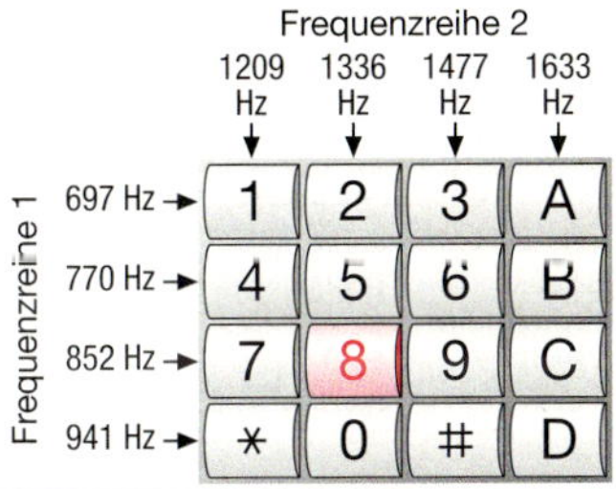

Spannungen und Stromstärken

- Speisespannung im öffentlichen Netz: Gleichspannung 60 V, Minuspol an La
- Gleichspannung bei abgehobenem Hörer am Endgerät 10 V bis 20 V.
- Gleichstrom (Schleifenstrom): 25 mA bis 40 mA
- Rufwechselspannung:
  50 V bis 90 V (Spitze-Spitze-Wert bis 200 V), $f = 25$ Hz ± 8 %, Impulsdauer 1 s, Impulspausen 4 s bis 5 s.
  Sie wird unterbrochen, wenn der angerufene Teilnehmer abhebt oder der Verbindungsaufbau abgebrochen wird.
- Zählimpulse: 16 kHz

Signaltöne

t_D: Zeit für den Dauerton; t_P: Zeit für die Pause

- **Wählton**
  Dauerton von 425 Hz; Vermittlungsstelle kann die Rufnummer aufnehmen.
- **Rufton**
  Impulston von 425 Hz ($t_D = 1$ s; $t_P = 4$ s); Verbindungsweg wird vorbereitet, Anschluss wird angerufen.
- **Besetztton**
  Impulston von 425 Hz ($t_D = 150$ ms; $t_P = 425$ ms); Verbindung kommt nicht zustande.
- **Aufschalteton**
  Impulston von 425 Hz ($t_{D1} = 125$ ms; $t_{P1} = 150$ ms; $t_{D2} = 125$ ms; $t_{P2} = 425$ ms, usw.); Netzbetreiber hat sich aufgeschaltet.

Anschluss analoger Telekommunikationsgeräte

Connection of analogue telecommunication equipment

TAE

TAE: **T**elekommunikations-**A**nschluss-**E**inheit

Steckdose zum Anschluss analoger Endgeräte an das **TK**-Netz (**Tele**kommunikations-Netz).

Es dürfen nur zugelassene Geräte angeschlossen werden (**B**undesamt für **Z**ulassung in der **T**elekommunikation, **BZT**).

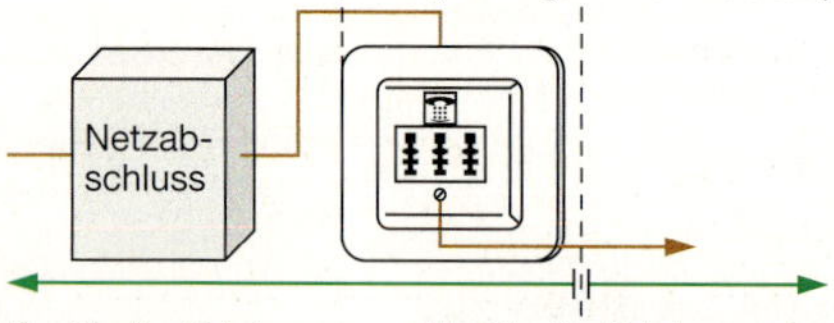

TAE 3 x 6 NFN

Mechanische Codierung:

- **N**: **N**icht-Fernsprechbetrieb, z. B. Anrufbeantworter, Fax, Modem
- **F**: **F**ernsprechbetrieb, z. B. Telefon, TK-Anlage

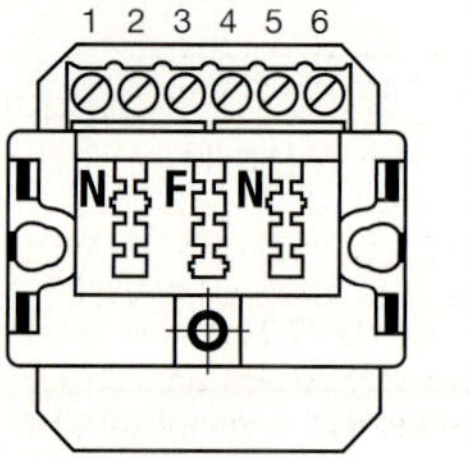

Innenschaltung der TAE 3 x 6 NFN

Durch die Stecker werden in der Dose Schalter betätigt (Schaltbuchsen), die den Signalfluss unterbrechen.

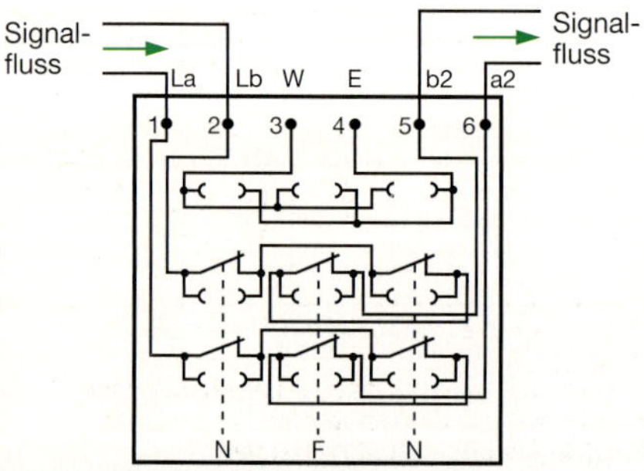

Kontakte der TAE-Stecker

Kontakt	Bedeutung der Anschlüsse	Farbe
1	La, a-Ader, Signalleitung	ws … weiß
2	Lb, b-Ader, Signalleitung	br … braun
3	W, Wecker	gn … grün
4	E, Erde, Nebenstelle	ge … gelb
5	b2, b-Ader, Weiterführung	gr … grau
6	a2, a-Ader, Weiterführung	rs … rosa

TAE-Stecker

F-Codierung

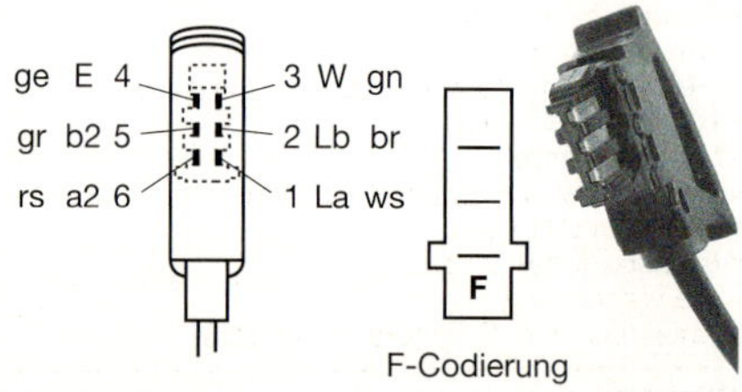

N-Codierung

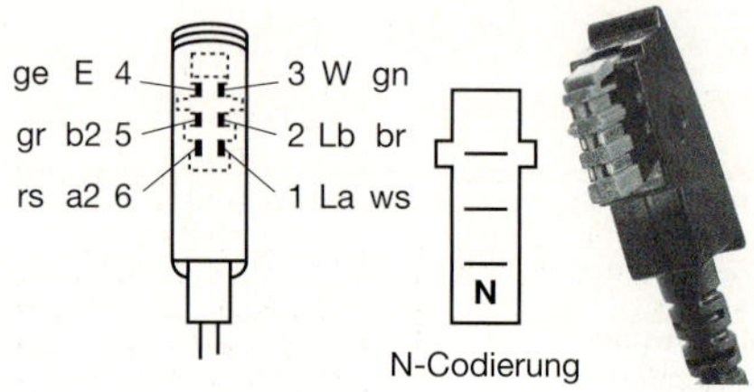

Western-Steckverbindung

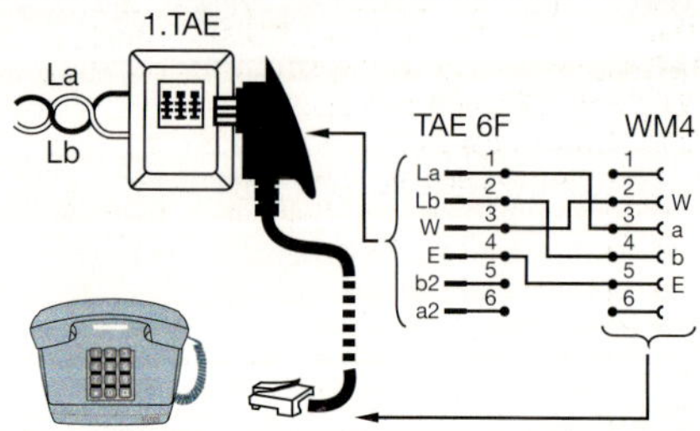

Telefonkabel (Sternvierer)

Ringcodierung bei einem Sternvierer (Farbe: Rot).

1. Paar: 1a, a-Ader, ohne Ring
 1b, b-Ader, ein Ring

2. Paar: 2a, a-Ader, zwei Ringe m. großen Intervallen
 2b, b-Ader, zwei Ringe m. kleinen Intervallen

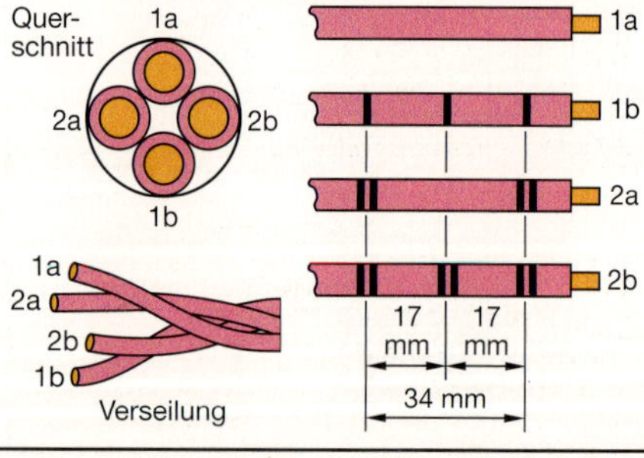

Kommunikations-technische Systeme

ISDN-Dienste und -Anschlüsse – *ISDN-services and interfaces*

Dienstmerkmale (Auswahl)

- Automatischer Rückruf wenn besetzt
- Anklopfen
- Anrufumleitung
- Anrufweiterschaltung
- Sperre für abgehende Verbindungen
- Gebührenübernahme durch B-Teilnehmer
- Rückfrage/Makeln
- Dreier-Konferenz
- Gebührenermittlung und -anzeige
- Datum und Uhrzeit
- Rufnummernanzeige
- Mehrfachrufnummern
- Umstecken von Endgeräten am Bus

ISDN-Anschlussarten

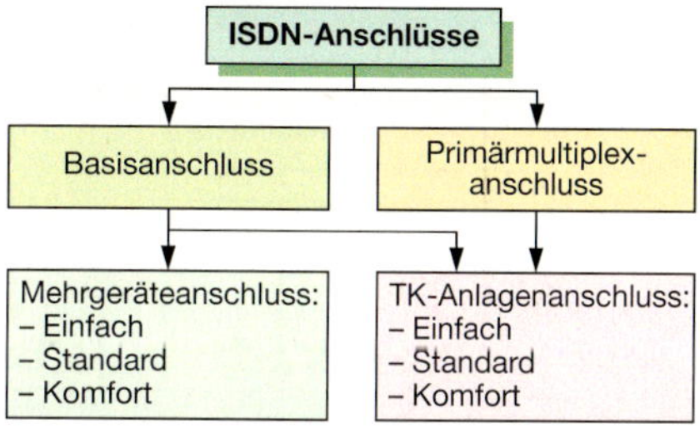

Basisanschluss (BaAs)

NTBA: **N**etwork **T**erminal for ISDN **B**asic **A**ccess (Netzabschlussgerät für den ISDN-Basisanschluss)

- U_{k0}: Netzseitige ISDN-Schnittstelle
- S_0: Kundenseitige ISDN-Schnittstelle
- B1, B2: Nutzkanäle mit jeweils 64 kbit/s
- D: Steuer- und Zeichengabekanal mit 16 kbit/s (DSS1-Protokoll)

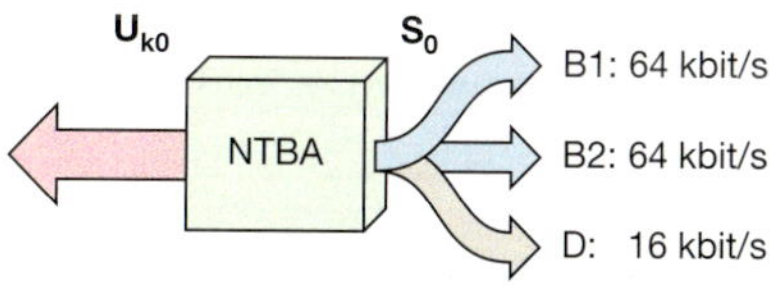

Primärmultiplexanschluss

NTPM: **N**etwork **T**erminal for ISDN-**P**rimary Rate Access

- U_{2M}: Netzseitige ISDN-Schnittstelle
- S_{2M}: Kundenseitige ISDN-Schnittstelle
- Synchronisationskanal mit 64 kbit/s
- B1 bis B15: Nutzkanäle mit jeweils 64 kbit/s
- B16 bis B30: Nutzkanäle mit jeweils 64 kbit/s
- D-Kanal: 64 kbit/s (DSS1-Protokoll)

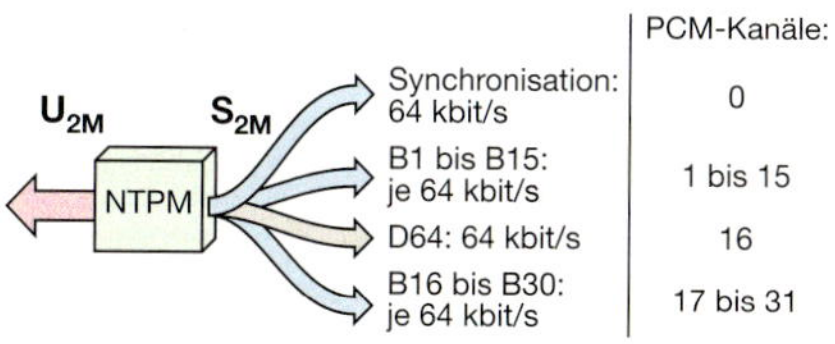

Mehrgeräteanschluss

- Bis zu zwölf Anschlusssteckdosen (IEA) können installiert werden.
- Acht ISDN-Endgeräte oder eine TK-Anlage können gleichzeitig eingesteckt/angeschlossen (maximal vier Telefone) sein.
- Drei Rufnummern (**Mehrfachnummern**, **MSN**: **M**ultiple **S**ubscriber **N**umber) stehen zur Verfügung. Sieben weitere können beantragt werden.
- Entfernung vom NTBA zur letzten Dose: Bis 180 m.

Beispiel:

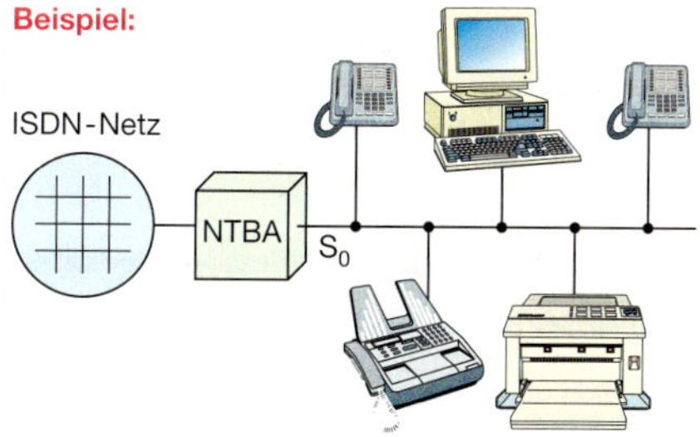

Anlagenanschluss

- Eine Durchwahl zu jedem Teilnehmer der Nebenstelle ist möglich.
- Entfernung vom NTBA zur letzten Dose: 1 km.
- Keine Einschränkung der Zahl der anzuschließenden Telefone.
- Kostenlose interne Gespräche.
- Mehrere Basiskanäle sind möglich.

Beispiel:

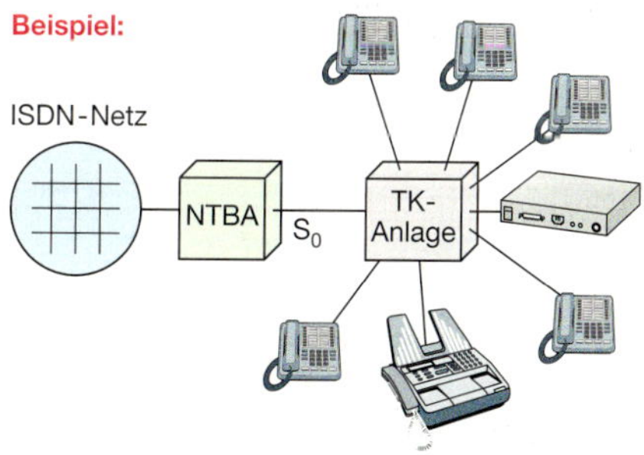

Anschluss analoger Endgeräte

Analoge Endgeräte können über a/b-Terminal-Adapter angeschlossen werden. In TK-Anlagen sind a/b-Adapter mitunter integriert.

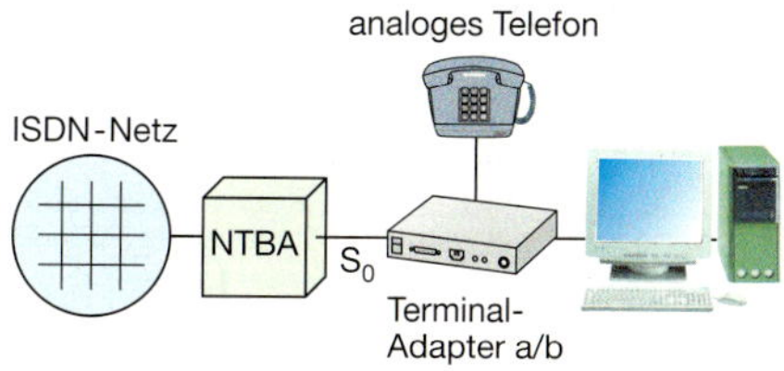

Anschluss von ISDN-Geräten – *Connection of ISDN-equipment*

NTBA

NTBA: **N**etwork **T**erminal for ISDN **B**asic **A**ccess (Netzabschlussgerät für den ISDN-Basisanschluss)

Mit ihm erfolgt die Umsetzung der 2-Draht-Leitung in eine hausinterne 4-Draht-Leitung (S_0-Schnittstelle).

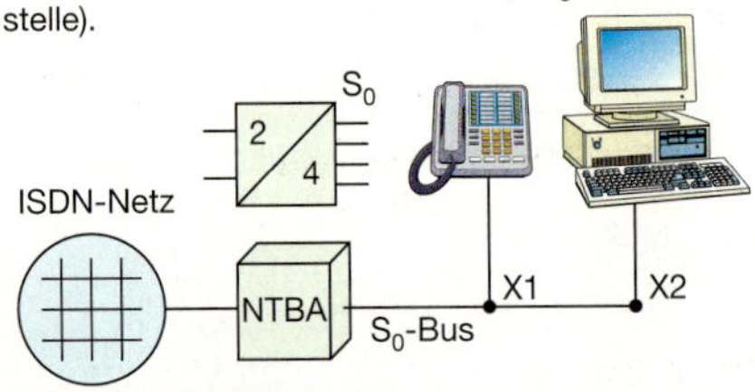

S_0-Bus

- Für die Leitungsverlegung vom NTBA muss die Busstruktur eingehalten werden (s.Abb.).
- Leitungen:
  - 1a und 1b (Sendeleitungen),
  - 2a und 2b (Empfangsleitungen).
- Die Anschlussdosen werden mit **IAE** (**I**SDN-**A**nschluss**e**inheiten) bezeichnet.
- Zwölf IAE's sind möglich, acht ISDN-Endgeräte können gleichzeitig angeschlossen sein, zwei können gleichzeitig betrieben werden.
- Die Leitung in der letzten IAE muss mit zwei Widerständen von 100 Ω +/- 5 % abgeschlossen werden.
- Die Anschlussleitung für ein Gerät darf 10 m nicht überschreiten.
- Die Gesamtlänge des Busses darf 180 m nicht überschreiten (hängt vom Leitungstyp ab).
- Bus-Struktur:

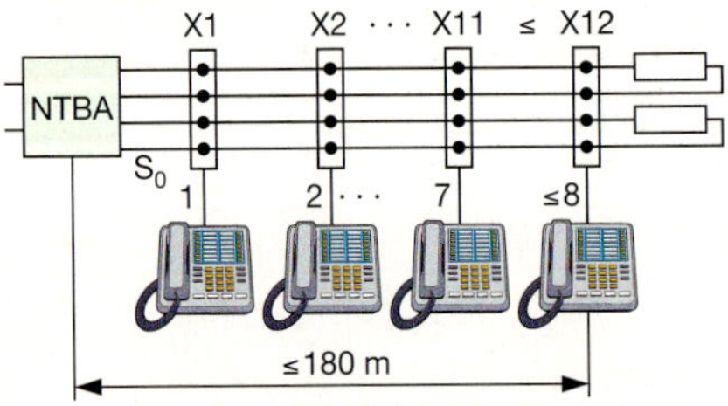

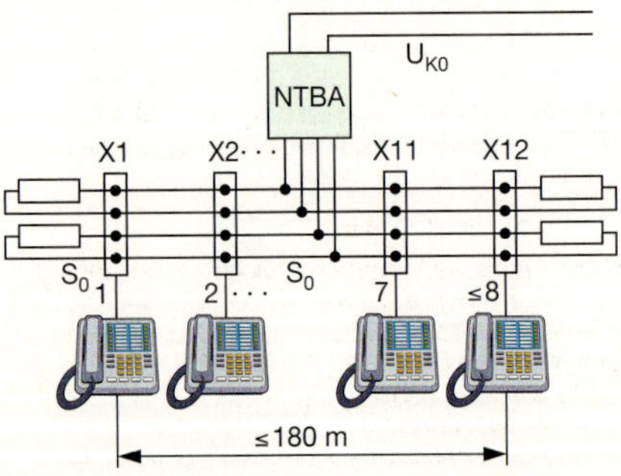

ISDN Anschlusseinheit IAE

Beispiel: IAE 8 (4)
(8 polig, 4 Buchsenkontakte)

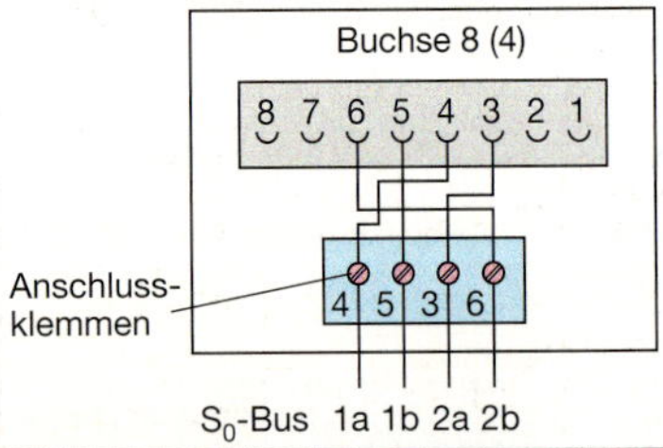

Universal-Anschlusseinheit UAE

UAE: **U**niversal **A**nschluss**e**inheit

Beispiel: UAE 8 (4)
(8 polig, 4 Buchsenkontakte)

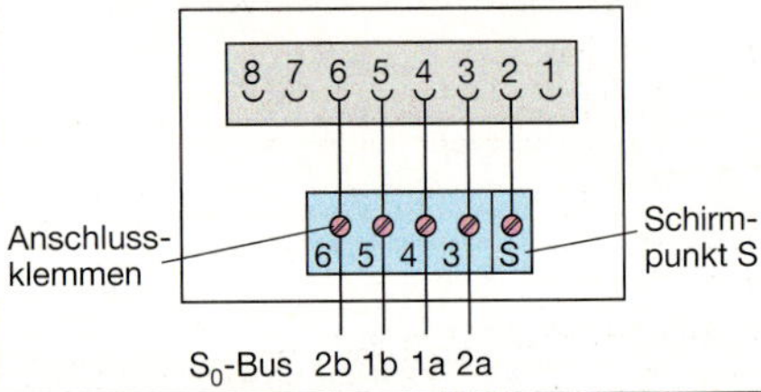

Western-Steckverbinder

- Sie wurden von der US-Telefongesellschaft Western Bell entwickelt.
- Die Steckerform entspricht einem 8 poligen Stecker, wie sie für ISDN-Geräte zum Anschluss an die IAE bzw. UAE verwendet werden.
- Andere Bezeichnung: RJ-45.
- Verwendet werden auch Stecker mit 4 (IAE-Stecker) oder 6 Kontakten.
- Vierpolige Stecker werden auch für Telefonhörer verwendet.

Belegung der Buchsenkontakte

Klemmen-Nummer	**4**	**5**	**3**	**6**
ISDN-Anschluss	1a	1b	2a	2b
Analoger Anschluss	a	b	E	W

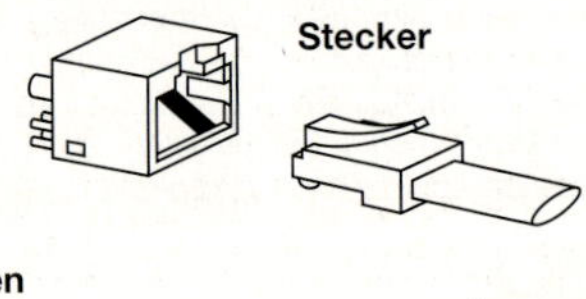

Buchsen

ADSL-Anschlüsse – *ADSL-connections*

Begriffe und Merkmale

- Die Begriffe DSL und ADSL werden häufig synonym verwendet. Auf dieser Seite werden asymmetrische Übertragungsverfahren (ADSL) besprochen.
- **ADSL-Prinzip**

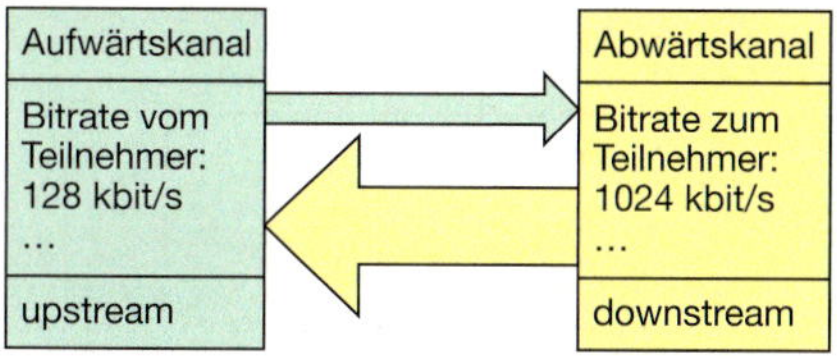

- **POTS**
  Plain **O**ld **T**elephone **S**ervice: Analoger Bereich der Telekommunikation (300 Hz bis 3,4 kHz).
- **BBAE, Splitter** ①
  Die **B**reit**b**and**a**nschluss**e**inheit wird zur Trennung der Signale (POTS, ISDN, ADSL) verwendet.

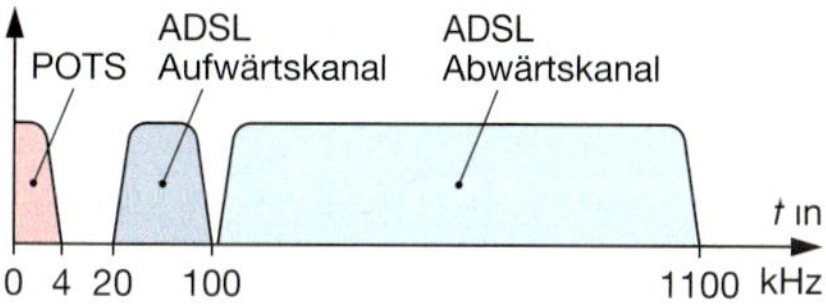

- **Upstream-Kanal** (Aufwärtskanal)
  Aufwärtskanal vom Teilnehmer aus (bei ADSL von 20 kHz bis 100 kHz).
- **Dowmstream-Kanal** (Abwärtskanal)
  Abwärtskanal zum Teilnehmer (bei ADSL von 100 kHz bis 1,1 MHz).
- **NTBBA** ②
  Netzwerk**t**erminationspunkt **B**reit**b**and**a**ngebot: ADSL-Modem zur bidirektionalen Verarbeitung der ADSL-Signale. Die Verbindung zum PC erfolgt über RJ 45 Steckverbinder und Netzwerkkarte.
- **ISDN-NTBA** ③
  Weiterleitung der ISDN-Signale zur TK-Anlage.
- **Datenraten**

Datenrate in kbit/s	ADSL 1000	ADSL 2000	ADSL 3000	ADSL 2 6000
Downstream	1024	2084	3072	6016
Upstream	128	192	384	576

- **Theoretische Datenraten**
  Die tatsächlich erreichte Datenrate hängt von der Leitungsdämpfung, der Entfernung des Nutzers bis zum DSL-Multiplexer (**DSLAM**) und vom Übersprechen zwischen den Leitungen ab.

ADSL 8 Mbit/s	ADSL 2 12 Mbit/s	ADSL 2+ 25 Mbit/s	VDSL 52 Mbit/s

- **ADSL 2+**
  - Der Frequenzbereich wurde gegenüber ADSL 2 auf 2,2 MHz erweitert.
  - Es stehen dadurch doppelt so viele Multiträger zur Verfügung.
  - Die erreichbare Datenrate beträgt 25 Mbit/s.

Anschlussbeispiele

PC mit Ethernet-Karte

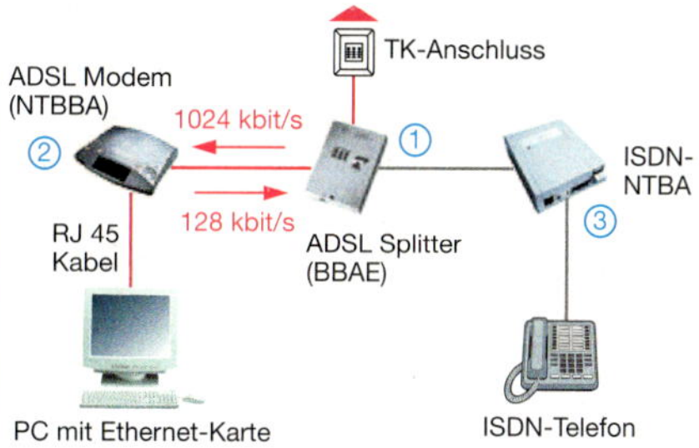

Anschluss über einen Hub

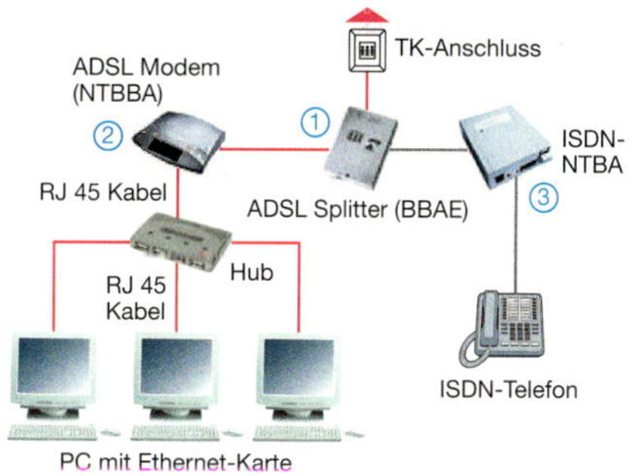

- Der Hub verbindet mehrere PCs mit individuellen Zugangsdaten über einen ADSL-Anschluss mit dem Internet.
- Die PCs stellen eigenständig und unabhängig voneinander ihre Verbindung her.

Anschluss über einen Router

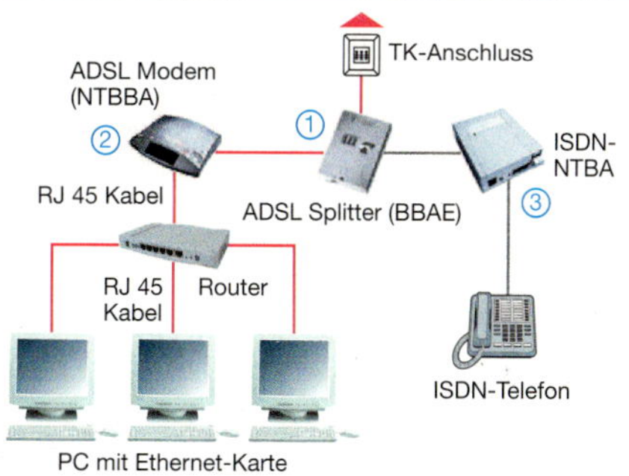

- Der Router verbindet über einen gemeinsamen ADSL-Zugang mehrere PCs mit dem Internet.
- Er übernimmt auf Anforderung eines PCs die Einwahl.
- Er sorgt für die Verteilung der Datenströme zwischen den einzelnen PCs.
- Alle PCs verwenden dieselben Zugangsdaten.

Kabel für TK-Anlagen – *Cables for TC-installations*

Verwendung

- Installationskabel mit statischer Abschirmung für Sprechstellen, Signal- und Messdatenübertragung; Inneninstallation in trockenen und feuchten Räumen
- Im Freien zur festen Verlegung an Außenwänden von Gebäuden

Beispiel: J-Y(St)Y…Lg

- Schaltkabel mit statischer Abschirmung als Verbindungskabel zwischen Sprechstellen
- Übertragung von Nachrichten und Steuersignalen im Niederfrequenzbereich

Beispiel: S-Y(St)Y…Bd

Kurzzeichen

Bd: Bündelverseilung
J: Installationskabel
Lg: Lagenverseilung
S: Schaltkabel
(St): Statischer Schirm
Y: Isolierhülle oder Mantel aus PVC

Kabelaufbau

Beispiel: Installationskabel J-Y(St)Y 6x2x0,8 Lg

Lagenverseilung:
- 6 Leiterpaare, Kupfer mit d = 0,8 mm;
- ein Paar bildet einen Leitungskreis (Schleife).

Kennzeichnung der Paare:
- a-Ader beim ersten Paar (Zählpaar) in jeder Lage rot, bei allen anderen Paaren weiß,
- b-Ader in weiterer Reihenfolge blau, gelb, grün, braun, schwarz.

Lagenverseilung

Zahl der Doppeladern	Zahl der Paare in Lage 1	2	3	4	5	6
2	2					
4	4					
6	6					
10	2	8				
16	5	11				
20	1	6	13			
24	2	8	14			
30	4	10	16			
40	1	7	13	19		
50	4	10	15	21		
60	1	6	12	18	23	
80	4	10	16	22	28	
100	2	8	14	20	25	31

Eigenschaften

Typ	J-Y(St)Y…Lg		S-Y(St)Y…Bd
d in mm	0,6	0,8	0,6
Leiterwiderstand in Ω/km	Schleife		
	130	73,2	130
Isolationswiderstand in MΩ/km	100		
Mindestbiegeradius x d_{Kabel}	einmal Biegen ohne Zug 2,5 mehrm. Biegen unter Zug 7,5		bei Verlegung 7,5
Prüfwechselspannung U bei 50 Hz	Ader gegen Ader 800 V Ader gegen Schirm 800 V		

Verseilelemente

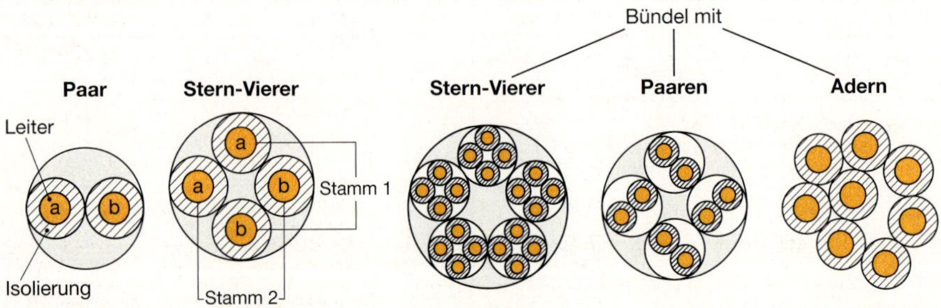

2 verseilte Adern | 4 verseilte Adern (Stern-Vierer) | 5 Stern-Vierer | 4 Paare | 8 Adern

Beispiel:
Installationskabel mit zwei Doppeladern als Stern-Vierer

Stamm 1: a-Ader in rot und b-Ader in schwarz **Stamm 2**: a-Ader in weiß und b-Ader in gelb

Kommunikationstechnische Systeme

Einbruchmelder und Meldelinien – *Burglar alarm sensors and alarm lines*

Einbruchmelder

VdS: **V**erband **d**er **S**achversicherer e.V.

- **Kontaktüberwachung**
  - Magnetkontakte
  - Schließblechkontakte
  - Elektromechanische Kontakte
  - Übergangskontakte
- **Flächenüberwachung**
  - Vibrationskontakte
  - Folien (aus Metallstreifen)
  - Alarmdrahttapeten, Bespannungen und Kunststoff-Folien mit Alarmdrahteinlage
  - Alarmglas
  - Fadenzugkontakte
  - Passive Glasbruchmelder
  - Aktive Glasbruchmelder
  - Körperschallmelder
- **Feldmäßige Überwachung**
  - Kapazitive Feldänderungsmelder
- **Streckenüberwachung**
  - Lichtschranken
- **Räumliche Überwachung**
  - Bewegungsmelder
  - Mikrowellen-Bewegungsmelder
  - Ultraschall-Bewegungsmelder
  - Infrarot-Bewegungsmelder

Melder mit 4-Leiter-Anschluss

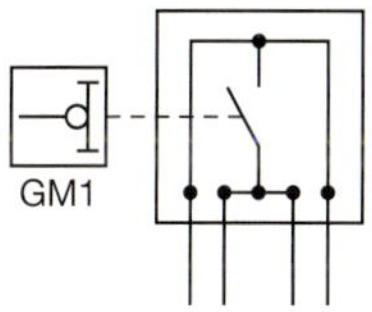

Vorteil: Höhere Sabotagesicherheit durch Einbindung der zusätzlichen Anschlüsse in die Meldelinien.

Melder mit Betriebsspannung

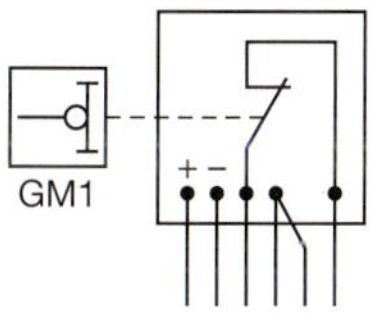

Elektronischer Glasbruchmelder in 4-Leiter-Technik.

Meldelinien

Ruhestromprinzip

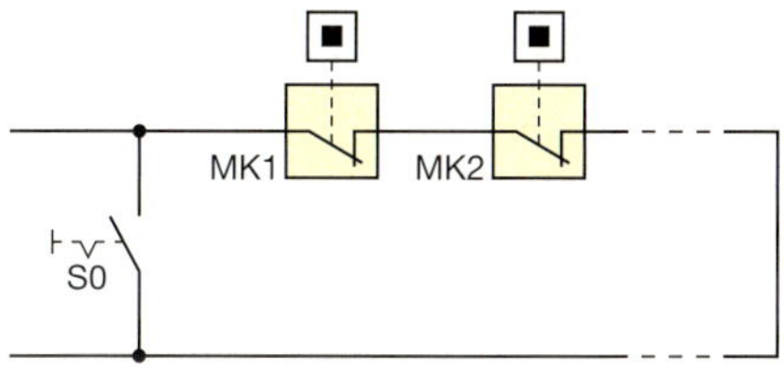

Nachteil: Sabotagemöglichkeit durch Überbrückung der Melder.

Arbeitsstromprinzip

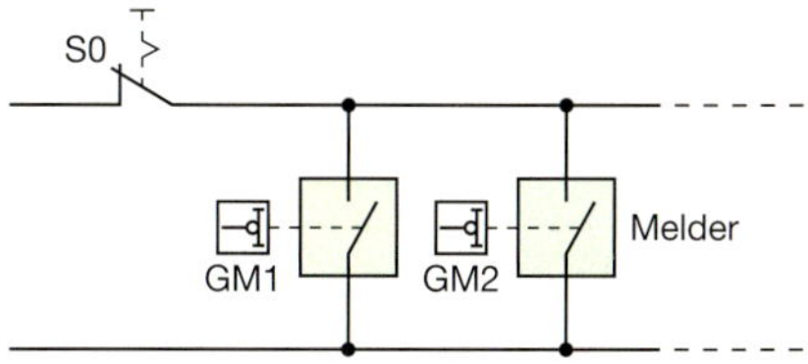

Nachteil: Sabotagemöglichkeit durch Unterbrechung am Melder.

Differenzialprinzip

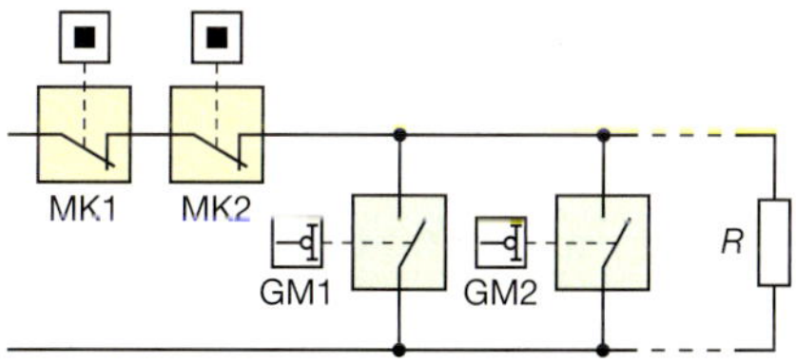

Ein oder mehrere Widerstände werden in die Meldelinie eingefügt. Der Widerstandswert wird von der Zentrale (Brückenschaltung) ständig überwacht.

Symbole für Einbruchmeldeanalgen (EMA)

Symbol	Bezeichnung	Symbol	Bezeichnung	Symbol	Bezeichnung	Symbol	Bezeichnung
	Magnetkontakt **MK**		Flächenschutz **FÜ**		Schließblechkontakt **SK**	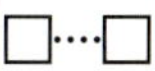	Lichtschranke **LS**
	Öffnungskontakt **ÖK**		Alarmglas **ADG**		Glasbruchmelder **GM**		Zentrale **Z**
	Vibrationskontakt **VK**		Druckmelder **DM**		Körperschallmelder **KS**		Verteiler **V**
	Pendelkontakt **PK**		Bildermelder **BM**		Überfallmelder **ÜM**		Optischer Signalgeber **SO**
	Fadenzugkontakt **FK**		Blockschloss **SM**		Kapazitiv-Feldänderungsmelder **KFM**		Hochfrequenzschranke **HFS**
	Ultraschall-Bewegungsmelder **UM**		Infrarot-Bewegungsmelder **IM**		Mikrowellen-Bewegungsmelder **MM**		Mikrowellenschranke **MS**

Einbruchmeldeanlagen – *Burglar alarm systems*

Beispiel: Melder im Fensterbereich

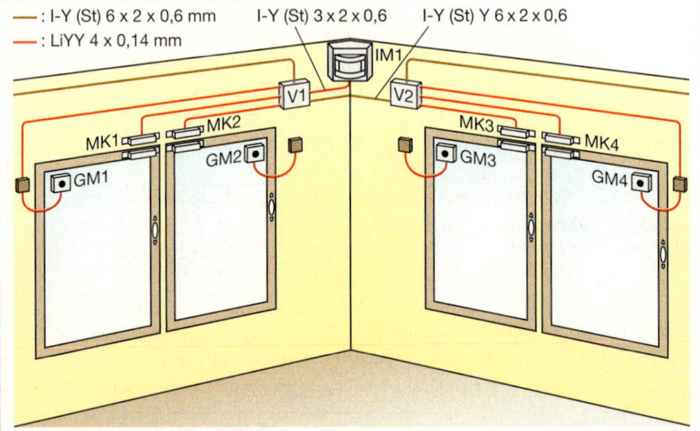

Leitung LiYY

0,14 mm² x Aderzahl	Durchmesser in mm
2x2	4,9
3x2	5,0
4x2	5,4
5x2	5,9
6x2	6,3

Flexible PVC Signalleitung für den Anschluss von Geräten und Bauteilen.

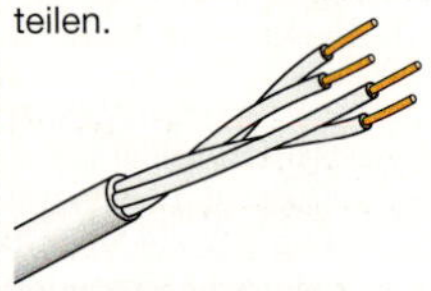

Beispiel für Melder an Türen

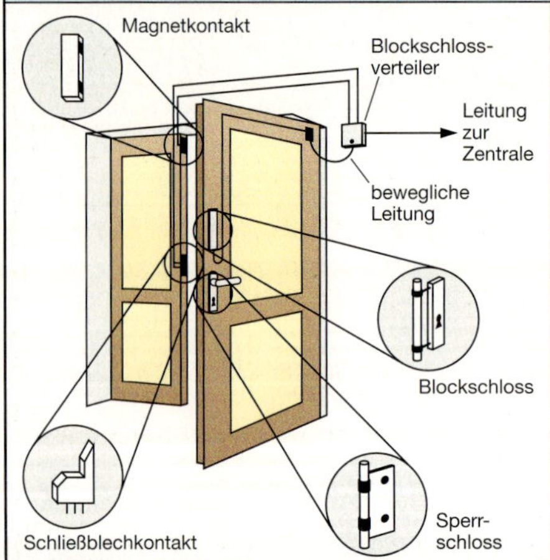

Stromlaufplan einer Einbruchmeldeanlage

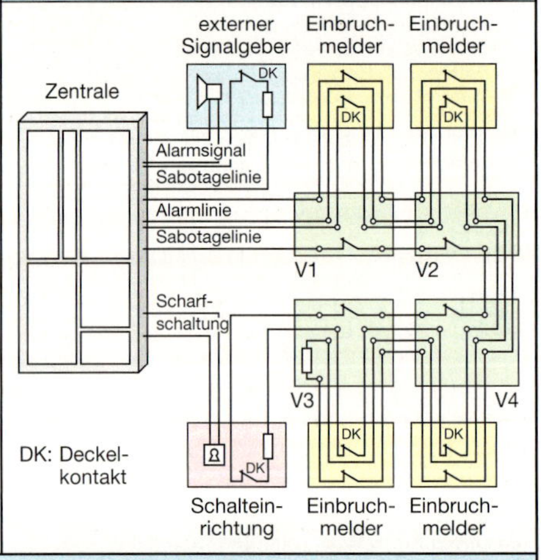

Begriffe

- **Alarmschleife**
  Ein Stromkreis, der bei einer Unterbrechung oder bei einer definierten Widerstandsänderung zu einer Meldung führt.
- **AWAG**
  Automatisches **W**ähl- und **A**nsage**g**erät (Telefonwählgerät, bei dem die Information durch Sprache übertragen wird).
- **Blockschloss**
  Ein Schloss für das Scharf- bzw. Unscharfschalten von Einbruchmeldeanlagen mit gleichzeitiger mechanischer Ver- bzw. Entriegelung sowie mit Möglichkeiten der Sperrung des Zu- bzw. Aufschließvorganges.
- **Klassifizierung**
  Einteilung der Einbruchmeldeanlagen in Klassen (A: einfacher Schutz; B: mittlerer Schutz; C: erhöhter Schutz).
- **Sabotagemeldung**
  Meldung des Ansprechens von Sabotagemeldern (z.B. Deckelkontakt).
- **Scharfschalten**
  Durchschalten der Einbruchmeldeanlage oder von Teilen der Anlage zu den Alarmierungseinrichtungen (z.B. Melder).
- **Schließblechkontakt**
  Am Schließblech angeordnete Einrichtung (z.B. Kontakt, Sensor), der bei der Verriegelung des Schlosses durch den Riegel betätigt wird.
- **Überfallmeldeanlage (ÜMA)**
  Eine Anlage, die Personen zum direkten Hilferuf bei Überfällen dient.
- **Unscharfschalten**
  Rücknahme der Durchschaltung der Einbruchmeldeanlage oder von Teilen der Anlage zu den Alarmierungseinrichtungen.

Videoüberwachung – *Video control*

Grundschaltungen mit Koaxialkabel

Direkte Videoüberwachung

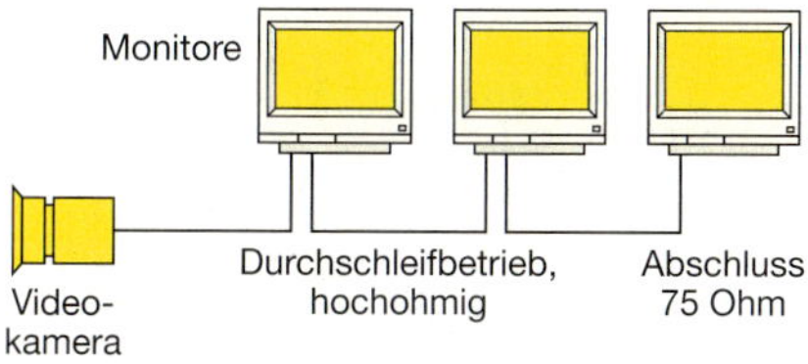

- Letzter Monitor: Abschluss mit 75 Ω
- Signal wird durchgeschleift und erscheint auf allen Monitoren

Video-Verteiler-Verstärker

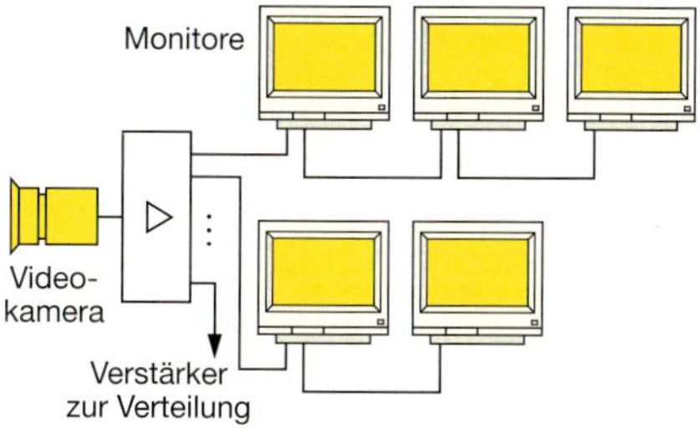

- Signal wird auf verschiedene Überwachungslinien verteilt, z. B. in mehrere Gebäude.
- Signal wird durchgeschleift, Abschluss mit 75 Ω.

Anlage mit Kamera-Umschalter

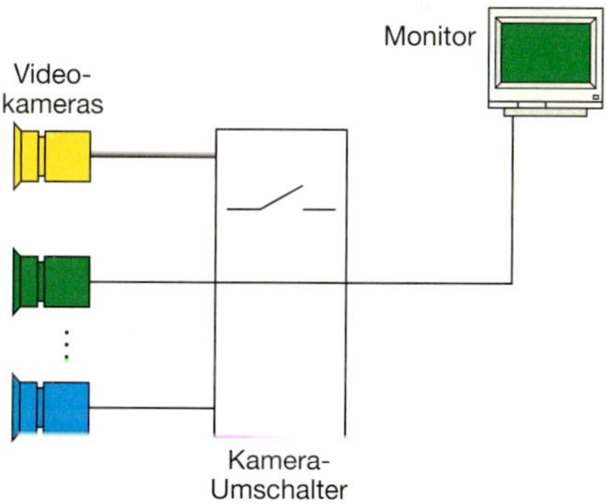

- Bildinformation wird bei Bedarf gewählt.
- Manuelle bzw. elektronische Umschaltung

Anlage mit Quadraturselektor

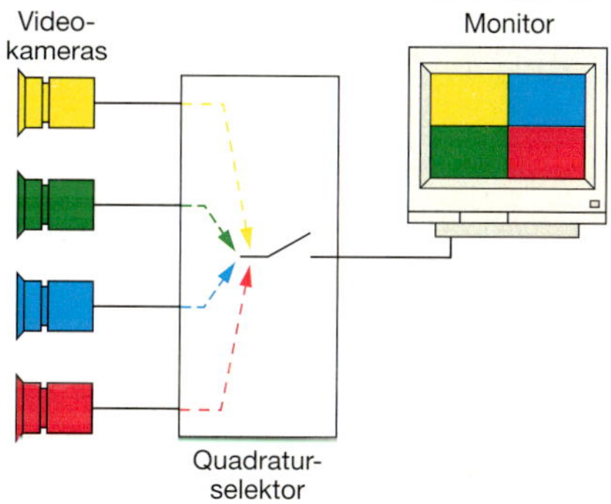

- Gleichzeitige Übertragung von vier Kamerasignalen
- Monitor mit vier Quadranten
- Umschaltung auf Vollformat möglich

Videoüberwachung über TK-Netz

Prinzip:
Übertragung von Live-Bildern für Überwachungs-, Fernwartungs- sowie andere Aufgaben und Datenaustausch über das vorhandene TK-Netz, lokale Intranet oder Internet. Die Module kommunizieren über das Netzwerkprotokoll (TCP/IP) miteinander.

Vorteile:
- Nutzung vorhandener Netzwerke
- Verwaltung beliebig vieler Kameras
- Anpassung an wachsende Anforderungen
- Drahtgebundene und drahtlose Verbindungen sind möglich
- Offene Schnittstellen für weitere Anwendungen
- Alarm-Weiterleitung z. B. per E-Mail
- Fernsteuerung von Kameras und angeschlossenen Geräten
- Plattform unabhängiger WebViewer

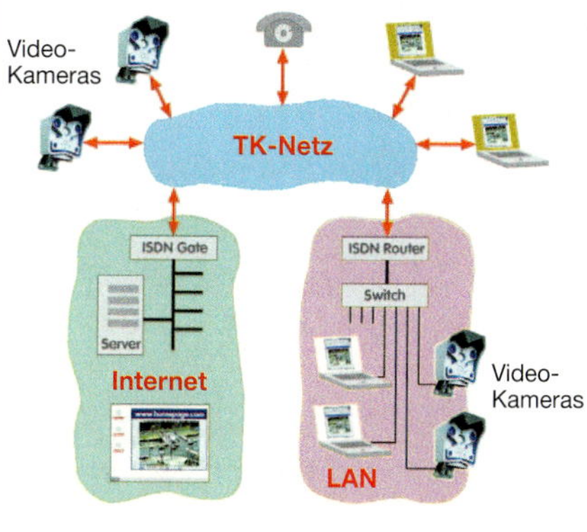

Komponenten einer Videoüberwachung – *Components of video control system*

CCD[1)]-Kamera

Eigenschaften

- Verschleißfreier Dauerbetrieb
- Konstante optische und elektrische Eigenschaften
- Keine Schäden durch Überbelichtung und Einbrennen
- Keine Beeinflussung durch elektrische oder magnetische Felder
- Stoß- und vibrationsfest
- Genormte Anschlüsse (Objektiv, Videoausgang)
- Bild wird in horizontale und vertikale Bildelemente zerlegt (Pixel) und zeilenweise ausgelesen.
- Anzahl der Pixel ist ein Maß für die Qualität der Bildauflösung.
- Bildauflösungsbereiche in Horizontallinien.
  220 – 400: Einsatz für nahen und mittleren Aufnahmebereich, Standardübertragung (2 bis 25 m)
  400 – 500: sehr gute Erkennbarkeit
  > 500: professioneller Einsatz
- Frequenzbereich bei 400 Linien etwa 5 MHz
- Sensorformate der Kameras (in Zoll): 1/2"-, 1/3"-, 1/4"-Format
- Ausgangssignal: FBAS-Signal (Farb-Bild-Austast-Synchronsignal)

[1)] **C**harge **C**oupled **D**evice (Halbleitersensor, der mit Ladungsverschiebungen arbeitet)

1/3"-Platinenkamera mit Objektiv

Beispiel:

- Mindestbeleuchtung: 0,75 Lux
- Fernsehnorm: PAL, 625 Zeilen, 50 Hz
- Videoausgangssignal: FBAS 1 Vss, 75 Ω
- Betriebsspannung: 9,5 V – 14,5 V DC
- Leistung: 2,7 W
- Masse: 30 g
- Abmessungen: 38 x 38 mm (2 Platinen)

Übertragungsmöglichkeiten für Videosignale

- **Koaxialkabel** (Standardleitung)
  Dämpfung hängt vom Leitungstyp und der Länge ab; Dämpfung ist bis 3 dB optisch nicht wahrnehmbar; bei > 6 dB werden feine Strukturen weniger erkannt. Bei größeren Strecken ist ein Verstärker erforderlich.
- **Zweidraht-Leitung** (verdrillte Kupferleitung)
  Das unsymmetrische Videosignal muss in ein symmetrisches Videosignal umgewandelt werden. „Zweidraht-Sender" und „Zweidraht-Empfänger" sind erforderlich.
- **Glasfaserleitung** (LWL)
  – Vorteile gegenüber Kupferleitungen: abhörsicher und störstrahlungsfrei, geringes Gewicht, unempfindlich gegen elektrische und magnetische Störfelder
  – Nachteile: Hohe Kosten durch Leitungspreis und Anschlusstechnik
- **Funkübertragung**
  Frequenz 2,4 GHz, nur geringe Leistung zulässig, Reichweite innerhalb von Gebäuden 50 m, außerhalb 300 m.

Monitor

Monitorarten:
- LCD-TFT-Monitor (Flachbildschirm)
- Schwarz-Weiß-Monitor
- Farbmonitor

Zusatzkomponenten (Beispiele):
- 4fach Umschalter für Kamera
- Wechselsprechanlage
- Quadraturselektor
- Alarmeingänge

Beispiel: Anschlüsse bei einem Farbmonitor mit Quadrantensektor

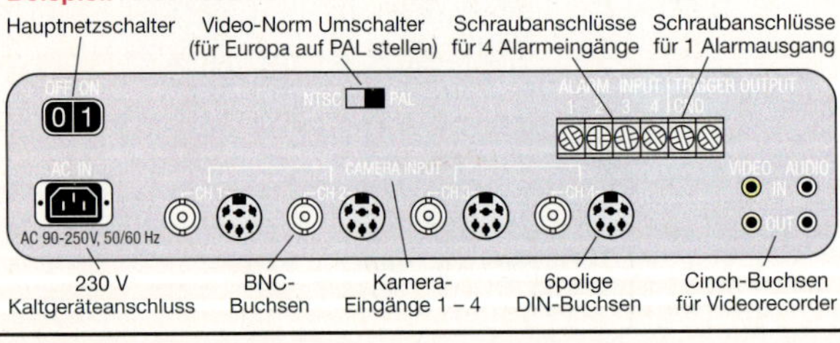

6-polige DIN-Buchse

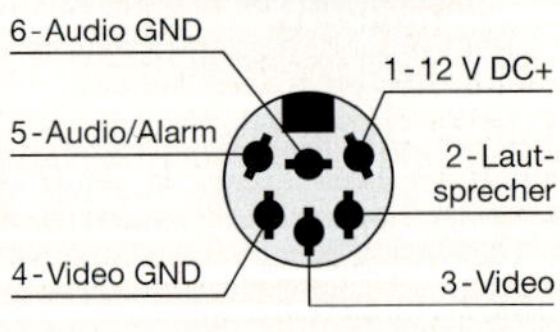

Haustechnik 10

Energieeinsparverordnung – *Energy saving decree*

EnEV 2007

EWG-Richtlinie zur Begrenzung der Kohlendioxidemissionen

⇩

Einsparung von Primärenergie
bei Neubau und Erweiterung von Wohngebäuden (> 30 m^3)

⇩

Jahres-Primärenergiebedarf und **Transmissionswärmeverlust** dürfen bestimmte Höchstwerte nicht überschreiten.

⇩

Anforderungen an Wohngebäudetechnik
z.B. Wärmeschutz, Dichtigkeit
⇒ **Faktor Q_h**

Anforderungen an Anlagentechnik
z.B. Heizung, Warmwasser, Lüftung
⇒ **Faktor e_p**

⇩

Energiebedarfsausweis
„Energiepass"

„Energiepass" gibt Auskunft über die energetische „Hausqualität"

Formelzeichen

Buchstabe	Begriff	Erläuterung
A	Umfassungsfläche in m^2	Wärmeübertragende Gebäudefläche (Außenabmessungen)
A_i	Fläche des Gebäudeteils i in m^2	z.B. Mauerwerkteil, Beton, Fenster, Türen
$\frac{A}{V_e}$	Kompaktheitsgrad	Wert ist Bezugsgröße der Höchstwerte des Jahres-Primärenergiebedarfs
A_N	Gebäudenutzfläche in m^2	$A_N = 0{,}32 \cdot V_e$
e_p	Anlagenaufwandszahl	Wert für betreffende Heizungsanlage nach DIN V 4701: 10-02
F_{xi}	Temperatur-Korrekturfaktor	Wert korrigiert den Transmissionswärmeverlust eines Gebäudeteils hinsichtlich angrenzender Gebäudeteile
H_T	Spezieller Transmissionswärmeverlust in $\frac{W}{K}$	Energieverlust eines Gebäudes durch Wärmetransmission durch Gebäudeteilbegrenzungen, z.B. Wände
H_V	Spezieller Lüftungswärmeverlust in $\frac{W}{K}$	$H_V = f \cdot V_e$ f: Faktor unter Berücksichtigung einer Dichtigkeitsprüfung
H'_T	Bezogener Transmissionswärmeverlust in $\frac{W}{m^2K}$	$H'_T = \frac{H_T}{A}$
H'_{Tmax}	Höchstzulässiger bezogener Transmissionswärmeverlust in $\frac{W}{m^2K}$	Wert ist auf die Umfassungsfläche bezogen. Er ist dem Kompaktheitsgrad zugeordnet.
Q_h	Jahres-Heizwärmedarf in $\frac{Wh}{m^2a}$	Wert unter Berücksichtigung der inneren und solaren Gewinne
Q_p	Berechneter Jahres-Primärenergiebedarf in $\frac{kWh}{m^2a}$	$Q_p = (Q_h + Q_W) \cdot e_p$
Q''_p	Höchstzulässiger Jahres-Primärenergiebedarf in $\frac{kWh}{m^2a}$	Wert ist auf die Gebäudenutzfläche bezogen. Er ist dem Kompaktheitsgrad zugeordnet.
Q_W	Nutz-Wärmebedarf für Warmwasserbereitung	$Q_W = 12{,}5\ \frac{kWh}{m^2a}$ nach DIN V 4701: 10-02
U_i	Wärmedurchgangskoeffizient des Gebäudeteils i in $\frac{W}{m^2K}$	Nach DIN EN ISO 6946: 96-11 (Bauteile) DIN EN ISO 10077-1: 00-11 (Fenster) oder DIN EN 673: 01-01 (Verglasung) bzw. Produkt-Spezifikation der Hersteller
V_e	Beheiztes Gebäudevolumen in m^3	Von der Umfassungsfläche A umschlossenes Volumen

Energieeinsparverordnung – *Energy saving decree* EnEV 2007

Berechnungsverfahren

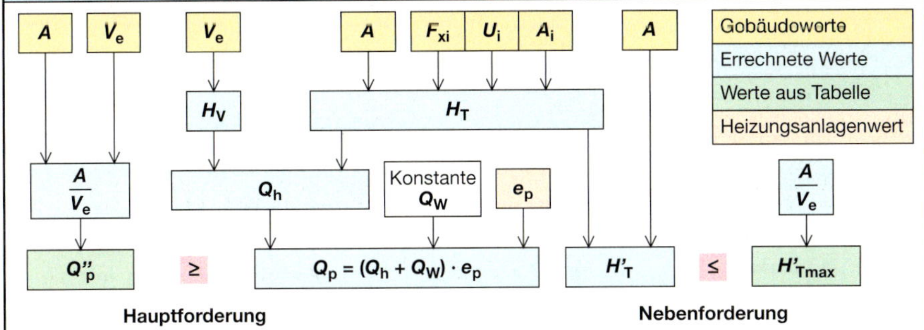

Berechnungsbeispiel für Niedrigenergiehaus

Gebäude:

$V_e = 482\ \text{m}^3$

$A = 373\ \text{m}^2$

$(F_{xi}\ U_i\ A_i) = 109\ \frac{\text{W}}{\text{K}}$

Anlage:

Fußbodenheizung (Heizöl-Brennwertkessel) dezentrale Warmwasserversorgung

$\Rightarrow e_p = 1{,}72$

Tab. 2 der EnEV

$H_V = f \cdot V_e$

$H_V = 0{,}0015\ \frac{\text{kW}}{\text{K m}^3} \cdot 482\ \text{m}^3$

$H_V = 0{,}723\ \frac{\text{kW}}{\text{K}}$

Tab. 2 der EnEV

$H_T = \Sigma\,(F_{xi}\ U_i\ A_i) + 0{,}05\ \frac{\text{W}}{\text{K m}^2} \cdot A$

$H_T = 109\ \frac{\text{W}}{\text{K}} + 0{,}05\ \frac{\text{W}}{\text{K m}^2} \cdot 373\ \text{m}^2$

$H_T = 128\ \frac{\text{W}}{\text{K}} = 0{,}128\ \frac{\text{kW}}{\text{K}}$

Tab. 2 der EnEV

$Q_h = 66\ \frac{\text{K h}}{\text{m}^2\ \text{a}} \cdot (H_T + H_V)$

$Q_h = 66 \cdot (0{,}128 + 0{,}723)\ \frac{\text{kWh}}{\text{m}^2\ \text{a}}$

$Q_h = 56{,}2\ \frac{\text{kWh}}{\text{m}^2\ \text{a}}$

$\frac{A}{V_e} = \frac{373\ \text{m}^2}{482\ \text{m}^3}$

$\frac{A}{V_e} = 0{,}774\ \text{m}^{-1}$

→ Tab. 1 der EnEV

$Q''_p = 131\ \frac{\text{kWh}}{\text{m}^2\ \text{a}}$

$Q_p = (Q_h + Q_W) \cdot e_p$

$Q_p = (56{,}2 + 12{,}5)\ \frac{\text{kWh}}{\text{m}^2\ \text{a}} \cdot 1{,}72$

$Q_p = 118\ \frac{\text{kWh}}{\text{m}^2\ \text{a}}$

Tab. 2 der EnEV

$H'_T = \frac{H_T}{A}$

$H'_T = \frac{128\ \frac{\text{W}}{\text{K}}}{373\ \text{m}^2}$

$H'_T = 0{,}34\ \frac{\text{W}}{\text{m}^2\ \text{K}}$

$\frac{A}{V_e} = 0{,}774\ \text{m}^{-1}$

→ Tab. 1 der EnEV

$H'_{Tmax} = 0{,}49\ \frac{\text{W}}{\text{m}^2\ \text{K}}$

$Q''_p > Q_p$

Hauptforderung erfüllt

$H'_T < H'_{Tmax}$

Nebenforderung erfüllt

Anforderungen

Gebäude

- Dichtheit dauerhaft gewährleisten
  Hinweis: Bei Installation dürfen Dichtfolien nicht zerschnitten werden.
- Mindestluftwechsel gewährleisten
- Mindestwärmeschutz muss vorhanden sein.
- Energetische Qualität muss erhalten bleiben.
- Bei wesentlichen Änderungen
  ⇒ neuer Energiebedarfsausweis

Anlagen

- Zentrale Regelung bei Zentralheizungen
- Raumregelung bei Wasser-Zentralheizungen
- Umwälzpumpen müssen steuerbar sein.
- Vor 1.10.1978 eingebaute Heizkessel dürfen ab 1.1.2007 nicht mehr in Betrieb sein, mit verbessertem Brenner ab 1.1.2009.

Hinweise

- Beim Einsatz von **Durchlauferhitzern** und Einzelspeichern werden die gleichen Wärmeschutzmaßnahmen eingesetzt wie bei anderen Systemen.
- Bei **Standspeichern** sind bessere Wärmeschutzmaßnahmen notwendig.
- **Wärmepumpen** (Wärmerückgewinnung) ergeben die größten Energieeinsparungen.

Bildzeichen an elektrischen Geräten – *Pictorial markings on electrical equipment*

Bildzeichen	Benennung	Bildzeichen	Benennung	Bildzeichen	Benennung
	Ein On		Beleuchtung, schwach; Dämmerlicht		Spülen
	Aus Off		Helligkeit		Wäschestärken
	Vorbereiten Bereitschafts-stellung		Kontrast		Abpumpen
	Ein/Aus stellend		Farbsättigung		Schleudern
	Ein/Aus tastend		Farbton		Spezial-behandlung
	Start, Ingangsetzung		Monophon		Stark verschmutztes Geschirr
	Schnellstart		Stereophon		Normal verschmutztes Geschirr
	Stopp, Anhalten der Bewegung		Sprechen		Leicht verschmutztes Geschirr
	Handbetätigung		Mikrophon		Empfindliches Geschirr
	Automatischer Ablauf		Lautsprecher		Regenerieren
	Fernbedienung		Ohrhörer, Hörkapsel		Geschirrspülmittel
	Verändern einer Größe		Kopfhörer		Trocknen oder Wärmen
	Akustisches Signal, Klingel		Gefährliche elek-trische Spannung		Sparen; Einsparung (auch „Energie einsparen")
	Akustisches Signal, Wecker		Halbe Füllmenge		Trocknungsgrad, schranktrocken
	Uhr, Zeitgeber, Zeitschalter		Vorwaschen		Trocknungsgrad, bügeltrocken
	Ventilator		Hauptwaschen		Knitterschutz
	Türöffner		Wasserstand (hoch)		Kondensat-sammler, allgemein
	Lampe, Beleuchtung, Licht		Waschen mit 95 °C Maximal-temperatur		Dampf

Prüfzeichen an elektrischen Betriebsmitteln

Test marks on electrical equipment

Nationale Prüfzeichen

Zeichen	Erklärung	Zeichen	Erklärung	Zeichen	Erklärung
DVE	Verband der Elektrotechnik, Elektronik und Informationstechnik e.V.	GS geprüfte Sicherheit	Sicherheitszeichen Prüfzeichen Geprüfte Sicherheit		Prüfzeichen für Bauelemente der Elektronik
◁VDE▷ ◁HAR▷	VDE-Harmonisierungszeichen für Kabel u. Leitungen	DVE GS geprüfte Sicherheit	Sicherheitszeichen Prüfstelle: VDE	DIN AGI	Qualitätszeichen für geräuscharme Ausführung elektr. Geräte
N	Funkschutzzeichen Im freien Ausschnitt Funkstörgrad: G, N, K oder O	TÜV Rheinland Köln GS geprüfte Sicherheit	Sicherheitszeichen Prüfstelle: TÜV (Technischer Überwachungsverein)	SISIR ISO 9000	Qualitätssicherheit für gasdichte, wiederaufladbare Knopfzellen, DIN-ISO 9001
BZT A999 999N	Bundesamt für Zulassungen in der Telekommunikation	DIN-DVGW GS geprüfte Sicherheit	Sicherheitszeichen Prüfstelle: DIN	ZERTIFIZIERTES DIN ISO 9001 DQS QUALITÄTSSICHERUNGSSYSTEM	Qualitätssicherheit für Schutzbauelemente, DIN-ISO 9001
	Zulassungszeichen für Messwandler u. Zähler der Phys.-Technischen Bundesanstalt Braunschweig	A-ET 87026 GS geprüfte Sicherheit	Sicherheitszeichen Prüfstelle: Berufsgenossenschaft	Elektr. geprüft	Prüfzeichen Sicherheitsprüfung z. B. bei elektrischen Geräten
	Zulassungszeichen für Tarifschaltuhren der Phys.-Technischen Bundesanstalt Braunschweig		Kennzeichen, Vereinigung der Hersteller u. Verarbeiter von Kunststoffen		Recyclingzeichen Wiederaufbereitung nach Verwendung

Internationale Prüfzeichen

Zeichen	Zeichen	Zeichen	Zeichen
CEBEC Belgien	SA Kanada	S Schweiz	MEEI MSZ Ungarn
D Dänemark	KEMA KEUR Niederlande	N Spanien	UL USA (Einzelgeräte)
FI Finnland	N Norwegen	ESC Tschechien & Slowakien	RU USA (Geräte in Anlagen)

Zeichen	Zeichen	Zeichen	Erklärung
NF USE Frankreich	ÖVE Österreich	E 1	ECE: Kommission der UN für Europa mit Kennzahl des Landes, das Genehmigung erteilt hat, z. B. 1 für Deutschland
Großbritannien	B Polen		CCE: Internationale Kommission für Regeln zur Begutachtung elektrotechnischer Erzeugnisse
IMQ Italien	S Schweden	CE	Gütesiegel z. B. auch für EMV auf allen elektrischen und elektronischen Geräten, verbindlich für die Staaten der EU
		CEE	IEC (CEI): International Electrotechnical Commission Internationale Elektrotechnische Kommission

Instandhaltung – *Maintenance*

DIN 31051: 03-06

Instandhaltungselemente

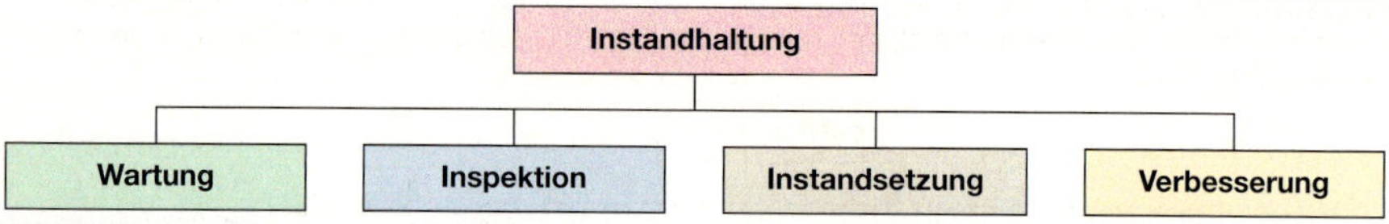

Begriffe

Instandhaltung	Kombination aller Maßnahmen (technisch, administrativ, Management) zur Erhaltung oder Wiederherstellung des funktionsfähigen Zustandes
Wartung	Maßnahmen zur Verzögerung des Abbaus von vorhandenem Abnutzungsvorrat
Inspektion	Feststellung und Beurteilung des Istzustandes einschließlich Ursachenbestimmung der Abnutzung und Ableitung notwendiger Konsequenzen
Instandsetzung	Wiederherstellung des funktionsfähigen Zustandes (außer Verbesserungen)
Verbesserung	Kombination aller Maßnahmen zur Steigerung der Funktionsfähigkeit, ohne die geforderte Funktion zu ändern
Abnutzung	Abbau des Abnutzungsvorrates durch physikalische/chemische Einwirkungen (z. B. Verschleiß, Alterung, Rost, ...)
Abnutzungsvorrat	Vorrat möglicher Abnutzung bei gleichzeitiger Funktionserfüllung
Funktion	Durch den Verwendungszweck bedingte Aufgabe (z. B. Pumpen von mind. 50 l/min)
Fehler	Zustand in dem das System unfähig ist, die geforderte Funktion zu erfüllen
Fehleranalyse	Nach Fehlerdiagnose (Erkennung, Ortung, Ursachenermittlung) erfolgt eine Prüfung, ob eine Verbesserung machbar und wirtschaftlich ist
Schwachstelle	System bei dem ein Ausfall häufiger auftritt, als dies nach der geforderten Verfügbarkeit zu erwarten ist

Einfluss der Instandhaltung

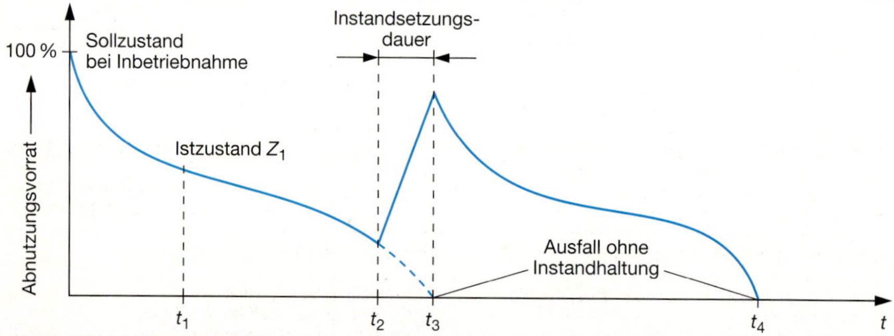

Instandhaltungsstrategien

vorbeugend		störungsbedingt
zeitorientiert Instandhaltungsmaßnahmen in festen Zeitabständen (z. B. durch Hersteller vorgegeben).	**zustandsorientiert** Instandhaltungsmaßnahmen abhängig vom technischen Zustand des Systems; erfordert Überwachung, Inspektionen oder Abnutzungsmodelle.	**ereignisorientiert** Instandhaltungsmaßnahmen bei Störungen des Systems.

RCM (**R**eliability **C**entered **M**aintenance) zuverlässigkeitsorientierte oder auch vorausschauende Instandhaltung kombiniert die o. g. Strategien zu einem wirtschaftlichen Optimum.

Prüfung von elektrischen Geräten

Testing of electrical equipment

DIN VDE 0701-0702: 08-06

- Instandsetzen oder Ändern muss von einer Elektrofachkraft (oder unter deren Verantwortung) durchgeführt werden.
- Instandgesetzte oder geänderte Geräte müssen vor dem neuerlichen Einsatz überprüft werden.

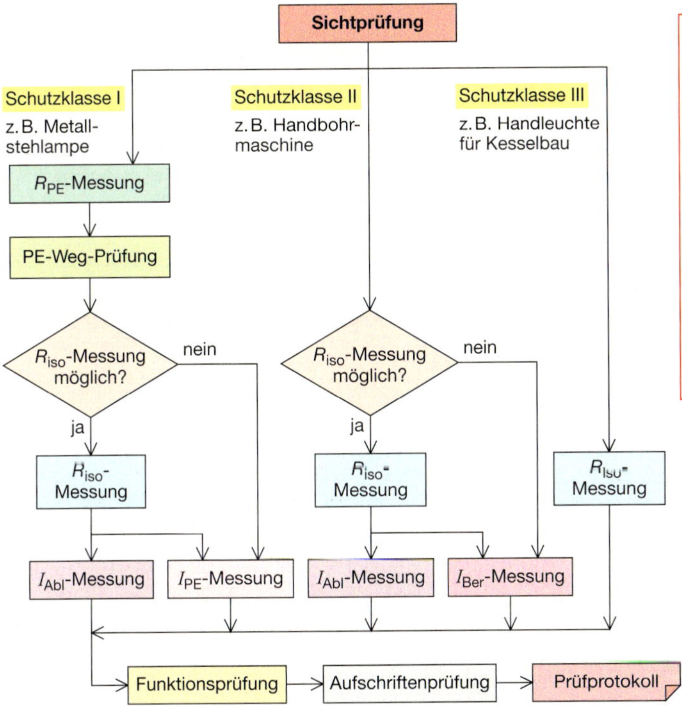

- Die Prüfungen müssen in der dargestellten Reihenfolge durchgeführt werden.
- Eine Prüfung muss bestanden sein, bevor die nächste begonnen wird.
- Prüfungsergebnisse müssen dokumentiert werden.

R_{PE}: Schutzleiterwiderstand
R_{iso}: Isolationswiderstand
I_{Abl}: Ersatzableitstrom
I_{PE}: Schutzleiterstrom
I_{Ber}: Berührungsstrom

Hinweise

Sichtprüfung
Die sicherheitsrelevanten Teile müssen einwandfrei sein. Besonders zu überprüfen sind:
- Schutzabdeckungen, Gehäuse,
- Anschlussleitungen und ihre Befestigung,
- Zugentlastung, Knickschutz und
- Sicherungen und deren Halter.

Messung des Isolationswiderstandes
Durchführung:
- Gerät vom Netz trennen
- Messung zwischen aktiven und berührbaren Teilen

Mindestwerte:
Schutzklasse I: 1 MΩ (eingeschaltete Heizer: 0,3 MΩ)
Schutzklasse II: 2 MΩ Schutzklasse III: 0,25 MΩ

Prüfung der Schutzleiterverlegung
Schutzleiter muss unbeschädigt verlegt sein. Durch Sicht- und Handprobe sind zu überprüfen
- Einführungsstellen
- Leiterbefestigungen, z. B. PE-Schlaufe
- Anschlussleitung

Messung des Berührungsstromes
Durchführung:
- Gerät an Netzspannung
- Messung an den leitfähigen Teilen
- Direktes oder indirektes Verfahren

Höchstwert: 0,5 mA

Messung des Schutzleiterwiderstandes
Höchstwerte:
≤ 5 m Anschlussleitung ⇒ 0,3 Ω
weitere 7,5 m Anschlussleitung ⇒ je + 0,1 Ω
Maximalwert: 1 Ω

Messung des Schutzleiterstromes
Durchführung:
- Gerät an Netzspannung
- Direktes oder Differenzstrom-Verfahren

Höchstwert: 3,5 mA

Messung des Ableitstromes
Alternatives Verfahren für Schutzleiter- bzw. Berührungsstrom-Messung

Prüfung der Aufschriften
Die sicherheitsrelevanten Aufschriften müssen geprüft und falls erforderlich ergänzt werden.

Funkentstörung – *Interference suppression*

DIN EN 55014-1: 03-09

Entstörung durch

Geräteauswahl	**Zusatzschaltungen**	**Abschirmung**
⇓	⇓	⇓
Funkenbildung vermeiden.	Spannungsspitzen vom Gerät fernhalten und abbauen.	Elektromagnetische Fremdfelder von Gerät fernhalten.
Maßnahmen: • Kurzschlussläufer- statt Kommutatorläufermotoren einsetzen.	• Elektrische Geräte mit Drosselspulen, Siebgliedern, Widerständen und Funkenlöscheinrichtungen beschalten.	• Leitungen, Geräte und Räume mit Metallfolien umgeben.

Beispiel: Starter für Leuchtstofflampen mit eingebautem Entstörkondensator (Folienwickelkondensator)

Begriffe

- **Funkstörung** ist eine hochfrequente Störung (0,15 MHz … 300 MHz) des Funkempfanges.
- Eine **Dauerstörung** ist eine Funkstörung, die länger als 200 ms andauert.
- **Grenzwertpegel** L siehe Diagramme.
- Die **Knackrate** N ist die Anzahl der Funkstörungen pro Minute.
- Die **Knackstörung** ist eine Funkstörung, die weniger als 200 ms dauert. Der Grenzwertpegel L_Q ist wie folgt zu berechnen

  $L_Q = L + 44$ für $N < 0{,}2$

  $L_Q = L + 20 \log_{10} \frac{30}{N}$ für $0{,}2 < N < 30$

  $L_Q = L$ für $30 < N$

  Dabei ist die Einheit für L_Q
  db (µV) für 0,15 MHz < 1 < 30 MHz
  dB (pW) für 30 MHz < 1 < 300 MHz
- Der **Funkstörgrad** ist eine frequenzabhängige Grenze für Funkstörungen
  0 funkstörfrei
  N funkentstört (Normalstörgrad)
  K funkentstört (Kleinststörgrad)
  G grobentstört (Einsatz beschränkt)

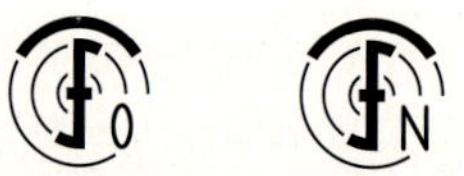

Funkschutzzeichen mit Angabe des Störgrades

Grenzwertpegel

a **Haushaltsgeräte**
b **Halbleiterstellglieder**
1 am Netz,
2 am Verbraucher

c **Elektrowerkzeuge**
1 bis 700 W,
2 700 W … 1000 W,
3 1000 W … 2000 W

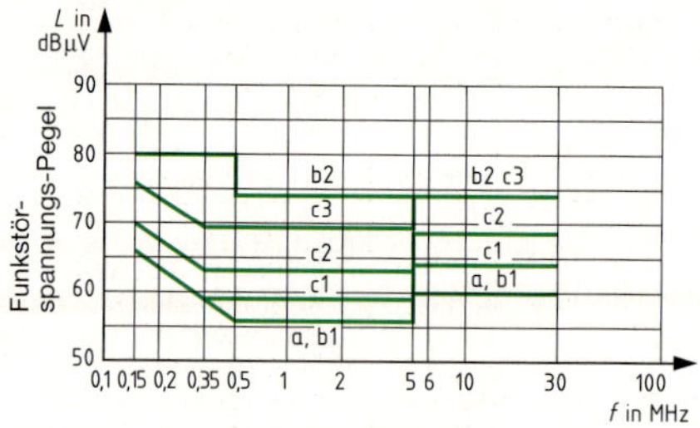

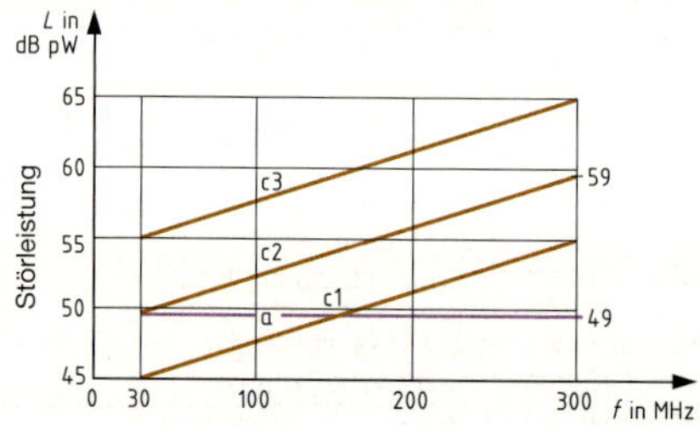

Schaltungen

Beispiel: Funkentstörung am Wechselstrommotor

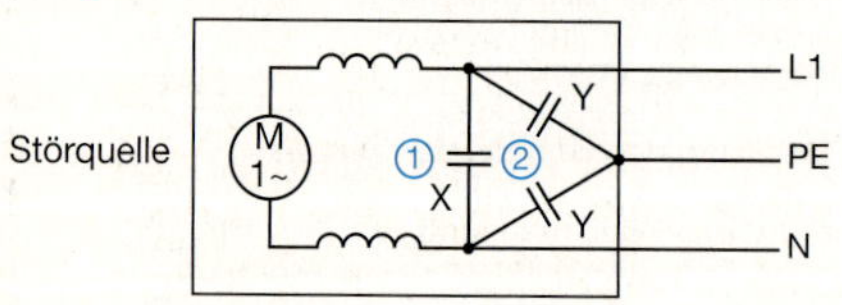

Beispiel: Funkenlöschung bei Schaltern

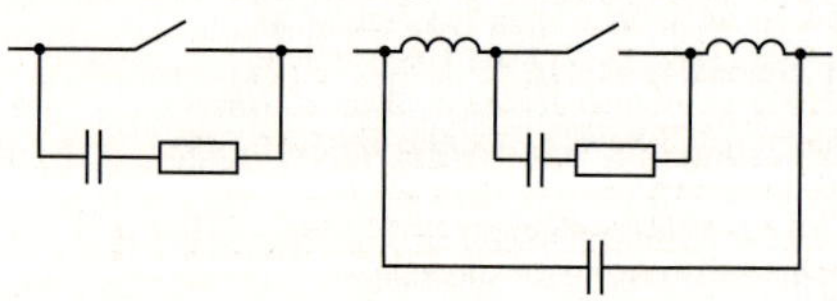

Verwendung nur spezieller Funkentstörkondensatoren nach DIN VDE 0565 zulässig:

- **Klasse X**, parallel zum Netz ①
  X 1 für Spitzenspannung $u_{max} \geq 1200$ V,
  X 2 für $u_{max} < 1200$ V
- **Klasse Y**, Schaltung zwischen Außenleiter und Neutralleiter sowie Außenleiter und Schutzleiter ②

Elektromagnetische Verträglichkeit (EMV) – *Electromagnetic compatibility (EMC)*

Elektromagnetische Umgebung

Kennzeichnung der EM-Umgebung eines Gerätes oder einer Einrichtung durch
- elektromagnetische Störungen, die am Einsatzort auftreten können und
- Randbedingungen, z. B. Luftfeuchtigkeit.

Entstehung elektromagnetischer Störungen durch
- systemfremde natürliche Störquellen, z. B. atmosphärische Entladungen,
- systemeigene künstliche Störquellen, z. B. elektrische Maschinen.

Störquellen

Systemfremd	Systemeigen
• Blitzentladungen mit Direkt-, Nah- oder Ferneinschlägen • Elektrostatische Entladungen in Form von Gleit-, Büschel-, Funken- o. blitzähnlichen Entladungen • Schalten von Sammelschienen mittels Kontakten • Kurz-, Erd- und Doppelerdschlüsse • Abschalten leerlaufender Hochspannungsleitungen • Prellvorgänge an mechanisch. Kontakten (Bursts) • Ein- und Ausschalten von Leuchtstofflampen • Betrieb von Lichtbogenschmelzöfen • Zuschalten leerlaufender Kabel	• Versorgungswechselspannung (50 Hz/60 Hz) • Öffnen und Schließen von Kontakten (Funkenentladung) • Abschaltvorgänge von Induktivitäten (Relaisspulen) • Flankenwechsel auf Steuer- und Datenleitungen • Lastwechsel auf Elektronik-Stromversorgungsleitungen • Taktsignale (hoch- und niederfrequente) • Reflexionserscheinungen auf Leitungen • Magnetfelder von Speicherlaufwerken

Umgebungsklassen

Einteilung der Umgebungsbedingungen:
- Umgebungsklassen für unterschiedliche Anforderungen an die EMV der Geräte.
- Umgebungsklassen für Anforderungen an die EMV von Systemen, die an bestimmten Orten eingesetzt werden

Klasse 1 (Gut geschützte Umgebung)	Klasse 2 (Geschützte Umgebung)	Klasse 3 (Industrielle Umgebung)	Klasse 4 (Erhöhte Beanspruchung)
• EMV-gerechtes Erdungs-, Verkabelungs- und Schirmungskonzept • Unterbrechungsfreie Stromversorgung für einzelne Anlagenteile • Gebrauch von Sendeeinrichtungen jeglicher Art untersagt.	• Keine Leistungsschalter in der Umgebung • Abgestimmtes Erdungskonzept • Steuer- und Leistungskreise teilweise mit Störschutz und Überspannungs-Schutzeinrichtungen • Keine Funksprechgeräte mit Sendeeinrichtungen	• Kein Überspannungsschutz in Steuer- und Leistungskreisen • Erdungsanlage vorhanden • Getrennte Kabel für Steuer-, Signal- und Datenleitungen • Ungenügende Trennung der Versorgungs-, Steuer- und Kommunikationsleitungen	• Kein Überspannungsschutz • Undefinierte Erdungsverhältnisse • Steuer- u. Signalleitungen in einem Kabel • Funksprechgeräte uneingeschränkt möglich • Elektroöfen, Schweißgeräte in der Nähe

Begriffe

EMC	**E**lectro**m**agnetical **C**ompatibility: Elektromagnetische Kompatibilität
EME	**E**lectro**m**agnetical **E**mission: Elektromagnetische Emission (Abstrahlung)
EMI	**E**lectro**m**agnetical **I**nterference: Elektromagnetische Störung
EMP	**E**lectro**m**agnetical Im**p**ulse: Elektromagnetischer Impuls
EMR	**E**lectro**m**agnetical **R**adiation: Elektromagnetische Strahlung
EMS	**E**lectro**m**agnetical **S**usceptibility: Elektromagnetische Empfindlichkeit
ERP	**E**arth **R**eference **P**lane: Erdpotenzialbezugsfläche
ESD	**E**lectro**s**tatic **D**ischarge: Elektrostatische Entladung
HBD	**H**uman **B**ody **D**ischarge: Elektrostatische Körperentladung
Burst	Entladungsstoß
Surge	Überspannungsstoß

EMV-Leitungen

Beispiel:

Einkopplung und Übertragung von Störgrößen in elektrische Betriebsmittel über die z. B. abgebildeten Leitungen wird vermieden durch
- Ferritbeschichtung der Adern ① und
- Abschirmung durch Aluminium-Folie ②.

Haustechnik

Oberschwingungen – *Harmonics*

Prinzip

- Gleichgrößen und Sinuskurven unterschiedlicher Frequenz und Amplitude können addiert werden.
- Durch die Addition lassen sich beliebige periodische Kurvenverläufe erzeugen.
- Das Prinzip heißt Fourieranalyse.

Ursachen

- Schaltende Bauelemente (z. B. Gleichrichter) erzeugen nicht sinusförmige Ströme (z. B. PC, Energiesparlampe, Frequenzumformer, …)
- Durch Ströme mit Oberschwingungen kann auch die Netzspannung Oberschwingungen aufweisen.

Begriffe

- **Grundschwingung**: Sinusschwingung mit der geringsten Frequenz (meistens 50 Hz).
- **Harmonische h**: Oberschwingung mit einer ganzzahligen vielfachen Frequenz der Grundschwingung (z. B. 50 Hz).
- **Zwischenharmonische**: Oberschwingung mit einer Frequenz, die kein ganzzahlig Vielfaches der Grundschwingung ist.

Kenngrößen

THD (**T**otal **H**armonic **D**istortion): Gesamtverzerrungsfaktor. Effektivwert aller Oberschwingungen für Spannung/Strom.

$$THD_U = \sqrt{\frac{U_2^2 + U_3^2 + U_4^2 + \ldots + U_{40}^2}{U_1^2}}$$

$$THD_I = \sqrt{\frac{I_2^2 + I_3^2 + I_4^2 + \ldots + I_{40}^2}{I_1^2}}$$

Darstellung

zeitlicher Verlauf

Der zeitliche Verlauf zeigt die nicht sinusförmige Spannungs- und Stromform.

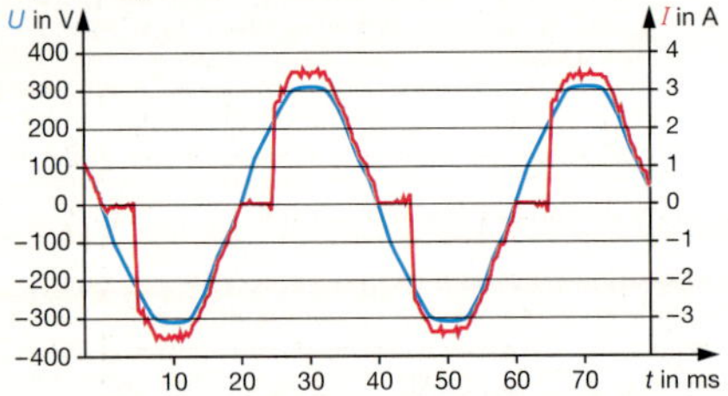

Strom/Spannung bei Dimmer mit Phasenanschnittsteuerung

Frequenzspektrum

Im Frequenzspektrum lassen sich die Anteile der einzelnen Oberschwingungen erkennen.

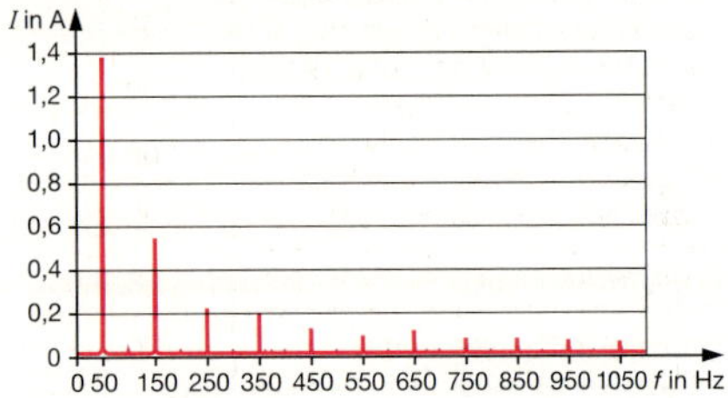

Grenzwerte

DIN VDE 0838-2: 06-10

Geräteklassen

A	Symmetrische dreiphasige Geräte, Haushaltsgeräte, Elektrowerkzeuge, Beleuchtungsregler (Dimmer) für Glühlampen, Audio-Einrichtungen (außer Geräten die in Klasse D genannt sind.)
C	Beleuchtungseinrichtungen inkl. Beleuchtungsregler
B	Tragbare Elektrowerkzeuge, Lichtbogenschweißeinrichtungen
D	Geräte mit einer Leistung $P \leq 600$ W

Ordnungszahl n		maximaler Oberschwingungsstrom				
		Klasse A	Klasse B	Klasse C	Klasse D[2)]	
geradzahlig	2	1,08 A	1,62 A	2 % I_1	kein Grenzwert	
	4	0,43 A	0,65 A	kein Grenzwert	kein Grenzwert	
	6	0,30 A	0,45 A	kein Grenzwert	kein Grenzwert	
	8…40	0,23 · 8/n A	0,35 · 8/n	kein Grenzwert	kein Grenzwert	
ungeradzahlig	3	2,3 A	3,45 A	30 λ % I_1 [1)]	3,4 mA/W	2,3 A
	5	1,14 A	1,71 A	10 % I_1	1,9 mA/W	1,14 A
	7	0,77 A	1,16 A	7 % I_1	1,0 mA/W	0,77 A
	9	0,4 A	0,6 A	5 % I_1	0,5 mA/W	0,4 A
	11	0,33 A	0,5 A	kein Grenzwert	0,35 mA/W	0,33 A
	13	0,21 A	0,32 A	kein Grenzwert	0,3 mA/W	0,21 A
	15…39	0,15 · 15/n A	0,23 · 15/n A	3 % I_1	3,85/n mA/W	0,15 · 15/n A

[1)] λ = Leistungsfaktor der Schaltung [2)] kleinerer der beiden Grenzwerte ist gültig; Grenzwert auf Eingangsleistung bezogen.

Spannungsqualität – *Power quality*

Begriffe

Grundschwingung	Sinuskurve mit 50 Hz (f_1 = 50 Hz, 1. Harmonische)
Oberschwingung	Sinuskurve mit vielfachem von 50 Hz ($f_n = n \cdot 50$ Hz, n. Harmonische, n = 2, 3, 4, …)
Oberschwingungsstrom (THD/**t**otal **h**armonic **d**istortion)	Effektivwert aller Oberschwingungsströme
Spannungsänderung	Änderung des Effektivwertes oder Spitzenwertes zwischen zwei Spannungsperioden
Flicker	Wahrnehmung einer Leuchtdichteänderung aufgrund von Spannungsänderungen

Messgeräte (Beispiel)

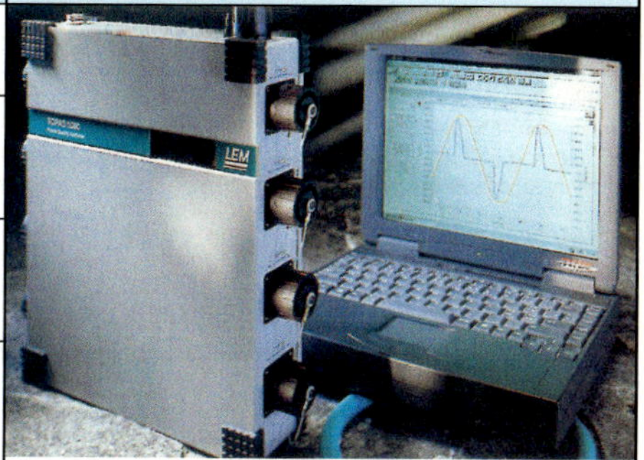

- Acht Eingänge (z. B. 4 x Strom und 4 x Spannung)
- Festplatte zur Datensicherung
- Software zur automatischen Bewertung der Messgrößen

Störquellen

- nicht sinusförmige Ströme
- unsymmetrische oder nichtlineare Verbraucher (z. B. Dimmer, Frequenzumrichter, Schaltnetzteile in PCs, Fernseher, …)
- Versorgungsunterbrechung
- Überspannungen durch Blitz oder Schalthandlung

Strom-/Spannungskurvenform

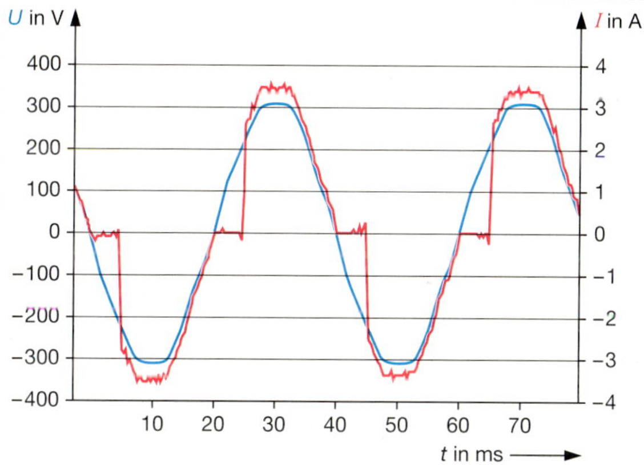

- Strom/Spannung bei Dimmer mit Phasenanschnittsteuerung

Probleme

Funktionsstörungen durch:

- nicht sinusförmige Spannungen
- erhöhte Ströme im Neutralleiter, da sich Oberschwingungsströme nicht zu Null addieren
- bei TN-Netzen hohe Ströme im PEN-Leiter, Anlagen- und Gebäudeteilen
- Ausgleichsströme über Schirm von Leitungen

Maßnahmen

- Ursachen z. B. durch Filter vermindern
- Konsequente Trennung von N- und PE-Leitern (TN-S-System)
- Nur eine Verbindung zwischen N- und PE-Leiter (auch bei Mehrfacheinspeisungen)
- Querschnitt des N-Leiters vergrößern (gleich dem der Außenleiter)
- Einsatz von USV-Anlagen
- Netze trennen für empfindliche (Datenverarbeitung) und nichtempfindliche (Motoren) Verbraucher

Stromoberschwingungen

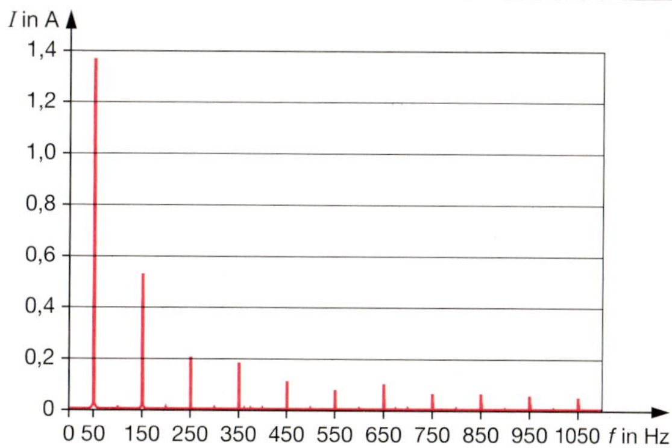

Steckvorrichtungen – *Plugs, socket-outlets and couplers*

Industrielle Anwendungen

DIN EN 60 309-1; -2: 07-11

Notwendige Aufschriften	U in V	U_n in V	Farbe
• Bemessungsspannung	20 – 25	24	Violett
• Bemessungsstrom	40 – 50	42	Weiß
• Symbol für die Stromart (z. B. ~)	100 – 130	110	Gelb
• Bemessungsfrequenz, wenn > 60 Hz	200 – 250	230	Blau
• Hersteller oder Markenzeichen	380 – 480	400	Rot
• Schutzgrad	500 – 690	600	Schwarz
• Markierung des Schutzkontaktes • evtl. Isolationsspannung		125 250	Orange
• Kennzeichnung der Kontakte (z. B. L1, L2, L3, N)		277	Grau

Querschnitte von Leitungen in mm²				
U in V	I in A: I	I in A: II	Stecker und Kupplungen	Steckdosen
< 50	16	20	4…10	4…10
	32	30	4…10	4…10
> 50	16	20	1…2,5	1,5…4
	32	30	2,5…6	2,5…10
	63	60	6…16	6…25
	125	100	16…50	25…70
	250	200	70…150	70…185

U_n in V	I_n in A	Frontansicht der Kontaktstifte und -buchsen: Stecker und Gerätestecker			Steckdosen und Kupplungen		
< 50	16/20 32/30	2P 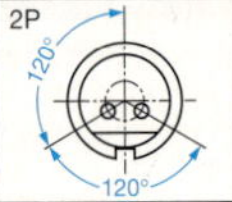	3P 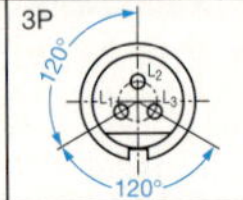		2P 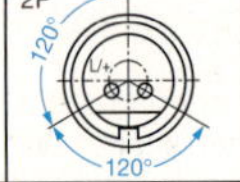	3P 	
> 50	16/20 32/30 63/60 125/100	2P + ⏚ 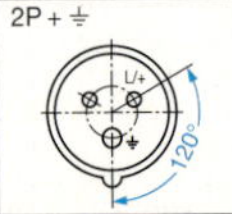	3P + ⏚ 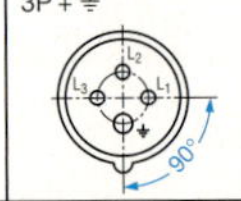	3P + N + ⏚ 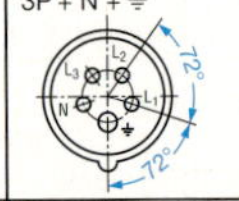	2P + ⏚ 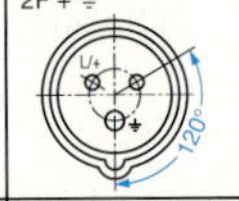	3P + ⏚ 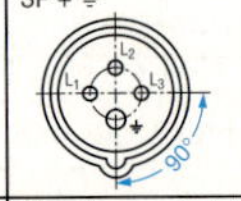	3P + N + ⏚ 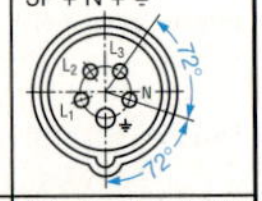
> 50	63/60 125/100	2P + ⏚ Pilotstift 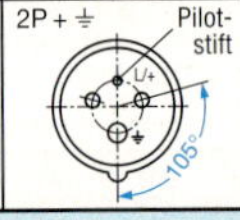	3P + ⏚ Pilotstift 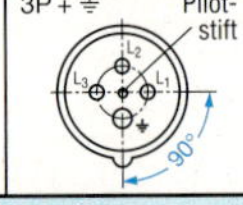	3P + N + ⏚ Pilotstift 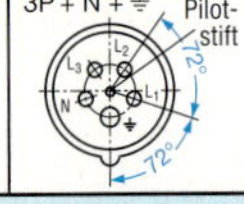	2P + ⏚ Loch f. Pilotst. 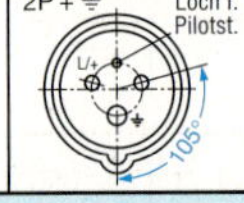	3P + ⏚ Loch f. Pilotst. 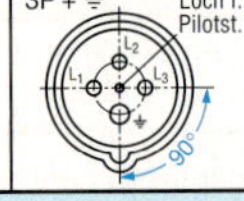	3P + N + ⏚ Loch f. Pilotst. 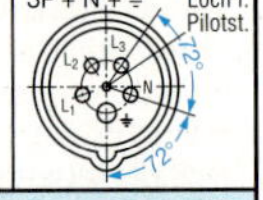

Hausgebrauch und ähnliche Zwecke

Gerätesteckdosen müssen folgende Aufschriften haben:

- Bemessungsstrom, außer bei I = 0,2 A
- Bemessungsspannung
- Symbol für die Stromart (z. B. ~)
- Hersteller oder Markenzeichen
- Typzeichen oder Katalognummer

Gerätestecker muss mit dem Typzeichen des Herstellers (z. B. Katalognummer) gekennzeichnet sein.

Gerätesteckdosen und -stecker dürfen nicht mit dem Symbol der Klasse-II-Geräte gekennzeichnet werden.

Alle Aufschriften müssen leicht erkennbar sein, wenn die Gerätesteckdose gebrauchsfertig ist, d.h. Gerätestecker in Gerätesteckdose eingeführt.

Folgende Anschlussstellen wie folgt kennzeichnen:

- Schutzleiteranschluss: ⏚
- Neutralleiter: N

Die Anordnung der Kontakte bei Draufsicht auf die Eingriffsflächen bei polunverwechselbaren Gerätesteckdosen ist folgendermaßen:

- Schutzkontakt: oben in der Mitte
- Außenleiterkontakt: unten rechts
- Neutralleiterkontakt: unten links

[1] Bei Steckern und Steckdosen der Schutzklasse I ist bei Draufsicht auf die Eingriffsflächen der Schutzkontakt oben in der Mitte.

Bemessungsstrom in A	Geräteklasse	Gerätestecker	Gerätesteckdose	Wiederanschließbar
0,2	II			nein
2,5	I	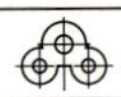	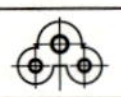	nein
	II			nein
6	II	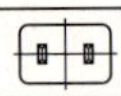	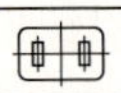	nein
10	I	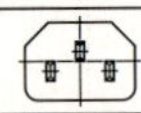 [1]	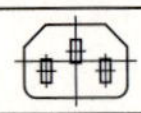 [1]	ja
10	I	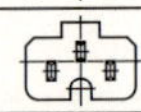 [1]	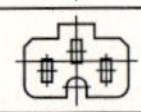 [1]	ja
		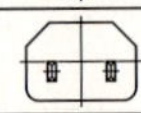	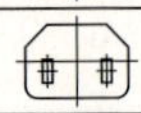	ja
	II	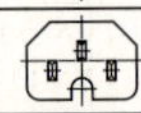 [1]	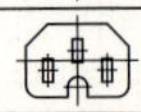 [1]	nein
16	I	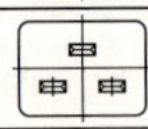 [1]	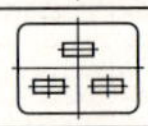 [1]	ja
		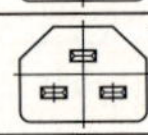 [1]	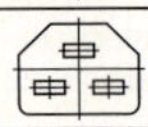 [1]	ja
	II	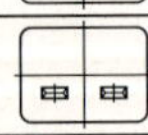	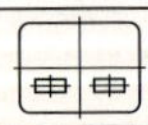	nein

Warmwasserbereitung – *Warm water preparation*

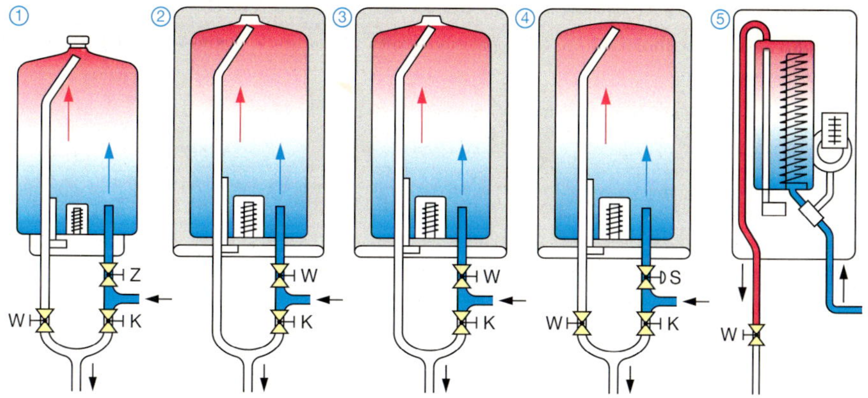

Ventile: Z: Zulauf K: Kaltwasser W: Warmwasser S: Sicherheitsarmatur

Bezeichnung	① **Kochendwassergerät**	② **Boiler**	③ **Speicher** drucklos	④ **Speicher** druckfest	⑤ **Durchlauferhitzer**
Einsatz	dezentral	dezentral	dezentral	zentral	dezentral
Inhalt	5 l	bis 80 l	bis 80 l	bis 1000 l	
Innenbehälter	Kunststoff, Glas	Kupfer	Kunststoff emaillierter Stahl mit Schutzanode	Kupfer	
Leistungen	2 kW	4 kW, 6 kW	2 kW, 4 kW, 6 kW	9 kW, 18 kW	18 kW, 21 kW, 24 kW, 27 kW
Arbeitsweise	1. Wasser einlassen 2. Heizung ein 3. Wasser erreicht Temperatur 4. Thermostat schaltet Heizung aus 5. Wasser entnehmen 6. Behälter leer	1. Wasser im Behälter 2. Heizung ein 3. Wasser erreicht Temperatur 4. Thermostat schaltet Heizung aus Kaltwasser-Zulauf drückt warmes Wasser heraus	1. Wasser im Behälter 2. Thermostat schaltet Heizung ein 3. Wasser erreicht Temperatur 4. Thermostat schaltet Heizung aus 5. Wassertemperatur sinkt 6. Thermostat schaltet Heizung wieder ein Kaltwasser-Zulauf drückt warmes Wasser heraus		1. Warmwasserventil offen 2. Heizung schaltet ein (hydraulisch oder elektronisch) 3. Wasser wird während des Durchflusses erwärmt 4. Warmwasserventil geschlossen 5. Heizung aus 6. Kein Wasserdurchfluss mehr
Temperatur	bis 100 °C	bis 85 °C	35 °C, 65 °C, 85 °C		bis 85 °C
Warmwasser	Nach Einschalten in begrenzter Menge	Nach Einschalten in begrenzter Menge	Ständig in begrenzter Menge		Ständig in unbegrenzter Menge

Warmwasserbedarf im Haushalt

Bedarfsart	Heißgetränk (8 Tassen)	Geschirrspülgang	Wischeimer	Händewaschen	Kopfwäsche	Duschbad	Wannenbad
Menge in l	1	10…15	10	2 bis 5	10 bis 15	30 bis 50	120 bis 180
Temperatur	100 °C	50 °C	50 °C	37 °C	37 °C	37 °C	40 °C

Elektroherd – *Electric cooker*

Kochplatten

Plattenart	**Normalkochplatte**	**Blitzkochplatte**	**Automatikkochplatte**
Bestandteile	3 Heizleiter	3 Heizleiter und Überhitzungsschutz	1 Heizleiter und Regeleinrichtung
Schalter	7-Takt-Schalter	7-Takt-Schalter	Energieregler oder Temperaturregler
Funktion	Leistung nach eingestellter Stufe	Aufheizen mit voller Leistung, Weitergaren mit reduzierter Leistung	Aufheizen mit voller Leistung, Weitergaren mit geregelter Leistung
Kennlinienbeispiele (z. B. für 50 %)	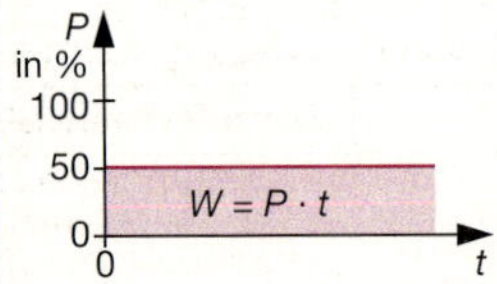	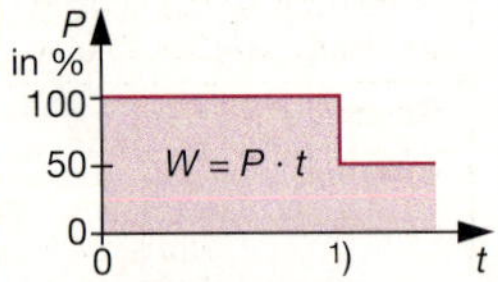 1) temperaturabhängig	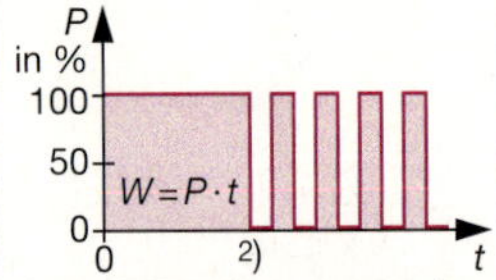 2) durch Regelung vorgegeben

7-Takt-Schalter

Schaltstufen / Heizleiterschaltungen

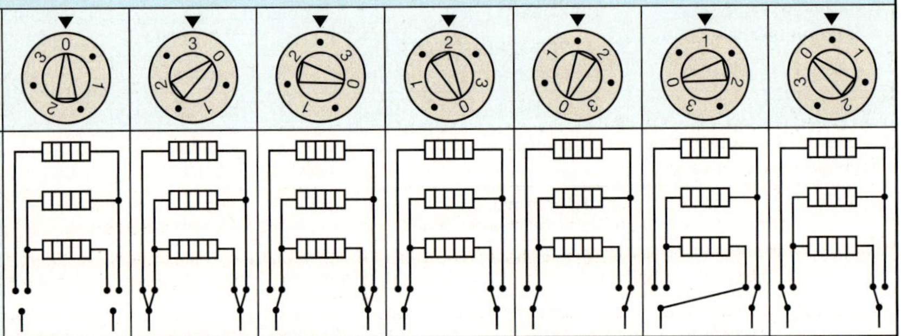

Normalkochplatte: Durchmesser	Bemessungsleistung [1]	Beispiele für Leistungsstufen				
14,5 cm	1000 W	750 W	500 W	250 W	165 W	100 W
18 cm	1500 W	1150 W	850 W	300 W	220 W	135 W
22 cm	2000 W	1400 W	950 W	450 W	305 W	200 W

[1] Für die jeweiligen Durchmesser sind die Bemessungsleistungen genormt. Blitz- (Schnell-) kochplatten haben um 500 W höhere Bemessungsleistungen.

Kochzonen

- Bemessungsleistung nicht genormt
- Keine Unterscheidung zwischen Normal- und Blitzkochplatte.
- Erweiterung der Heizfläche durch Zweikreis-Kochzonen.
- Heizer: Strahlungsheizer, Halogenstrahler, Kombinationen davon, Induktionsspulen (HF-Magnetfelder)

Backofen

Ausstattung	Ober- und Unterhitze	Umluft	Grill
Bestandteile	je 1 Heizer an Decke und Boden	1 Heizer und 1 Ventilator	Rohrstrahler, u.U. Drehspieß mit Motor
Schalter	Wahlschalter, Temperaturwähler	Temperaturwähler	Wahlschalter
Wärmeübertragung	Strahlung und natürliche Konvektion	erzwungene Konvektion	Strahlung

Pyrolytische Selbstreinigung:
$\vartheta > 500°C$ durch Zusatzheizung (P = 3 kW) erfordert verstärkte Isolierung und Türverriegelung.

Mikrowellengeräte – *Microwave appliances*

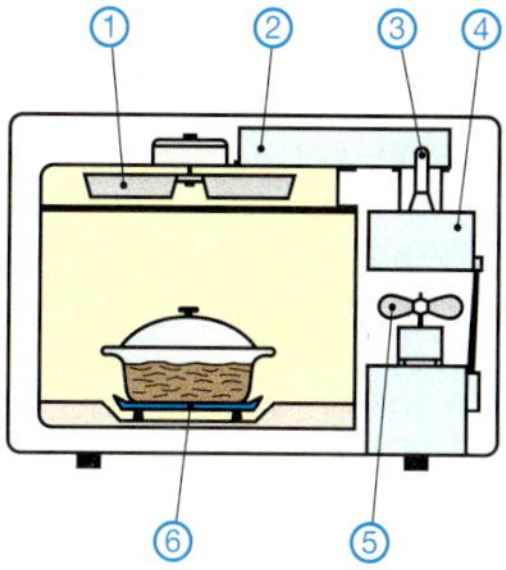

① drehender Reflektor
② Hohlleiter
③ Antenne (Koppelstift)
④ Magnetron (2,45 GHz)
⑤ Kühlgebläse
⑥ Drehteller

Hinweise zur Benutzung

Erwärmungsfaktoren von Lebensmitteln

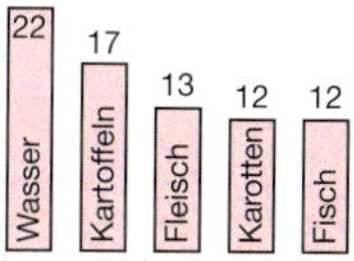

Temperaturabhängigkeit des Erwärmungsfaktors von Wasser

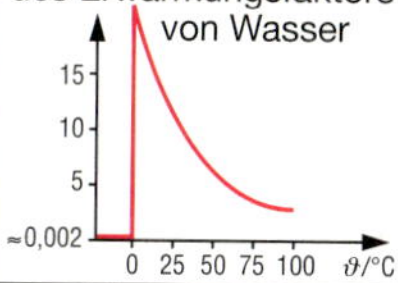

Temperaturverteilung im Gargut

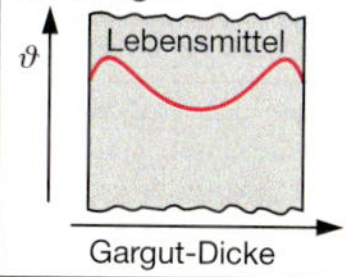

Unterschiedliche Temperaturen im Gargut ⇒ Wärmeaustausch nötig ⇒ intermittierende Leistung sowie Ruhen und Rühren

Achtung! Heißes Wasser kocht bei Bewegung des Gefäßes nach!

Geschirr

geeignet: Glas, Porzellan, Steinzeug, Bratfolie, Kunststoffe, Gefrierbeutel (Wärmebeständigkeit beachten!)

bedingt geeignet: flache Metallschalen, Pappe, Papier

ungeeignet: Metallgefäße, Geschirr mit Metallrand (Funken!)

Sicherheitsmaßnahmen

- $\lambda/4$-Kammer und Ferrit-Dichtung verhindern weitgehend Leckstrahlung durch die Tür.
- Tür muss mindestens mechanische und elektrische Verriegelung haben.
- Zugelassene Leckstrahlung in 5 cm Abstand:
  5 mW/cm² bei Last
  10 mW/cm² bei Leerlauf

Kühlen und Gefrieren – *Refrigerating and freezing*

Typ	Kompressor	Absorber
Prinzip	Gasförmiges Kältemittel wird angesaugt. Es transportiert durch Druck Wärme nach außen.	Heizgerät transportiert gasförmiges Kältemittel durch Temperaturerhöhung nach außen.
Vorteile	Billiger, einfacher Aufbau, höheres Nutzinhalt-Leistungs-Verhältnis	Leiser Betrieb, unterschiedliche Energiequellen: Gas, Petroleum, Elektrizität (auch Kleinspannung)
Anwendungen	Kühlschränke, Gefriergeräte in Haushalt und Gewerbe	Hotelzimmer, Büro, Camping, Orte ohne elektrisches Netz
Entsorgung	FCKW als **Kältemittel** (seit 01.01.95 verboten) ⇒ absaugen ⇒ aufbereiten ⇒ Fluss- und Salzsäure	**Kältemittel** Ammoniak ist ungiftig. Chromathaltige Lösungen im Kältekreislauf, spezielle Entsorgung notwendig
	Achtung! Typschild enthält Kältemittel-Bezeichnung! **Wärmedämmung** enthält FCKW (seit 01.01.95, Pentan oder Vakuum-Paneele) ⇒ zermahlen ⇒ FCKW wird freigesetzt ⇒ auffangen ⇒ aufbereiten ⇒ Fluss- und Salzsäure	

Temperaturen

Kühlgerät	Verdampferfach: ohne Stern	*	**	***	****	Gefriergerät
0…15 °C	< 0 °C	< −6 °C	< −12 °C	< −18 °C	< −18 °C Einfrieren möglich	<< −18 °C

Anschlusswerte von Geräten – *Connected loads of devices*

Backofen	3 … 5 kW	Gefriergerät	100 … 160 W	Rasierer	8 … 15 W
Boiler	2 … 6 kW	Geschirrspüler	… 3,4 kW	Sauna	3,5 … 18 kW
Bügeleisen	0,8 … 2 kW	Heizkissen	80 W	Schnellkocher	1 … 3 kW
Bügelmaschine	2,1 … 3,5 kW	Kaffeeautomat	0,7 … 1,2 kW	Solarium	> 2,8 kW
Dunstabzugshaube	140 … 750 W	Kochendwassergerät	2 kW	Speicherheizgerät	2 … 18 kW
Durchlauferhitzer	12 … 27 kW	Kochmulde	6 … 18,5 kW	Staubsauger	0,5 … 2 kW
Eierkocher	… 0,4 kW	Küchenmaschine	300 kW	Stereo-Anlage	… 1 kW
Elektroherd	8 … 14 kW	Kühlschrank	60 … 250 W	Toaster	0,9 … 1,7 kW
Fernsehgerät	… 0,1 kW	Mikrowellengerät	0,6 … 1 kW	Warmwasserspeicher	2 … 6 kW
Fön	0,3 … 1,8 kW	Nähmaschine	… 0,1 kW	Wäschetrockner	2 … 3,3 kW
Fritteuse	1,6 … 2 kW	PC, Monitor	… 0,3 kW	Waschmaschine	… 2,3 kW

Heizen mit elektrischer Energie – *Heating with electric energy*

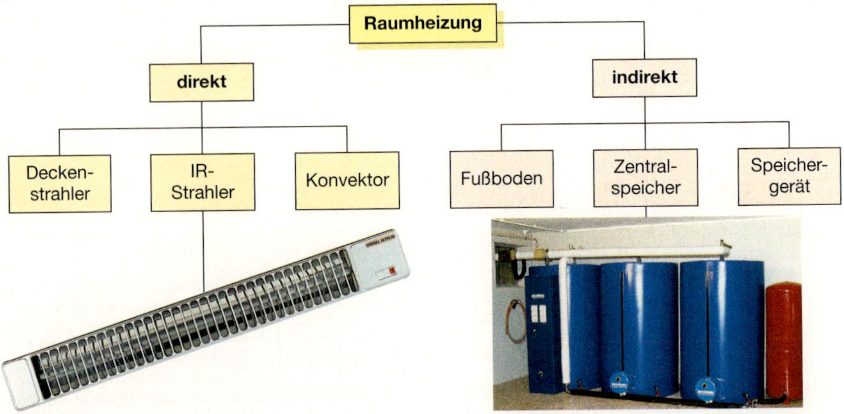

Bezeichnung	IR-Strahler	Deckenstrahlungsheizung	Konvektor	Fußbodenheizung	Zentralspeicher	Nachtspeichergerät
Technik	Strahler erwärmen durch IR-Strahlung feste Gegenstände	Strahler werden an der gesamten Decke verlegt	Heizer mit Ventilatoren	Heizleiter im Estrich verlegt. Estrich dient als Speicher	Wärme wird zentral in Wasser oder Keramik gespeichert	Wärme wird in einzelnen Geräten gespeichert und dann abgegeben
Vorteile	Einfacher Einbau	Gleichmäßige Erwärmung	Kleiner Platzbedarf	Gleichmäßige Erwärmung	Nutzung des Niedertarifs	Nutzung des Niedertarifs
Nachteile	Verbrennungsgefahr	Hoher Energieverbrauch	Hoher Energieverbrauch	Lange Anheizzeit	Großer Wasserspeicher	Asbest in alten Geräten
Einsatz	WC, Bad	Wohnräume	WC, Bad, Zusatzheizung	Wohnräume	Einfamilienhäuser	Alle Räume

Nachtspeicherheizung

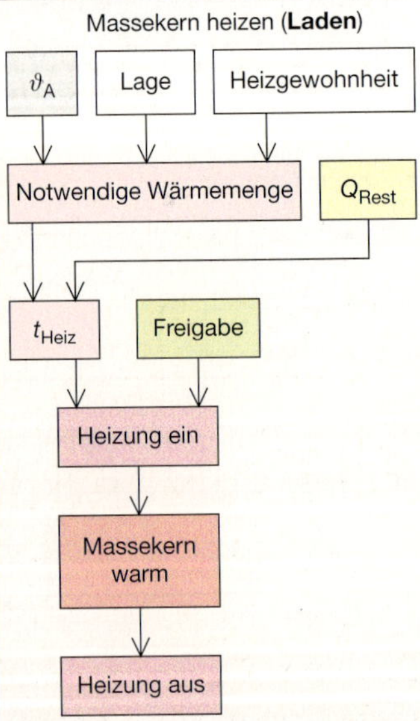

ϑ_A: Außentemperatur

Q_{Rest}: Restwärmemenge des Massekerns

t_{Heiz}: Heizdauer

ϑ_{Raum}: Raumtemperatur

Lage: Lage des Hauses

Freigabe: Uhr oder Rundsteuerimpuls betätigt Lastschütz

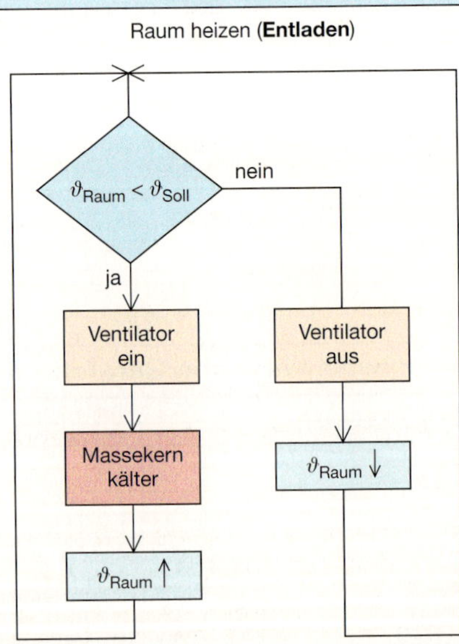

Klimatisierung – *Air-conditioning*

Behaglichkeit

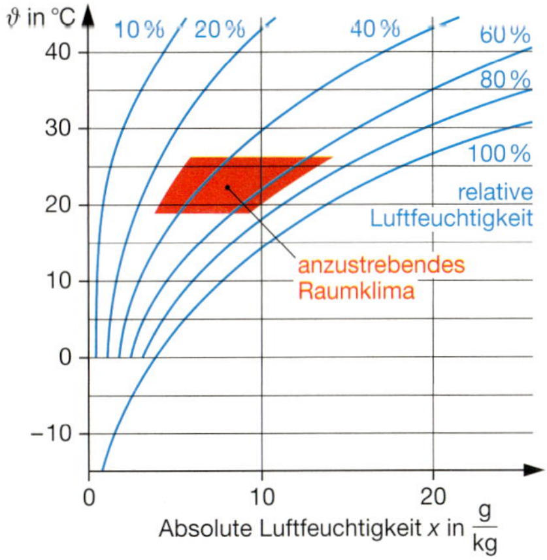

Einflussgrößen:

- **Gleichmäßige Temperatur**
  Im Raum soll die Temperatur möglichst gleich hoch sein.
- **Empfundene Temperatur**
  liegt ungefähr im Mittel zwischen Raumtemperatur und Gebäudewand-Temperatur.
- **Luftströmung**
  über 0,2 m/s wird als unangenehmer „Zug" empfunden.
- **Relative Luftfeuchtigkeit**
  ist das Verhältnis des vorhandenen Wasserdampfes in der Luft zum speicherbaren Wasserdampf. Je höher die Temperatur der Luft ist desto größer ist die speicherbare Menge.
- **Absolute Luftfeuchtigkeit**
  ist der vorhandene Wasserdampf in g bezogen auf die Luftmasse in kg.

Klimatisierung der Raumluft

Befeuchten	Heizen	Kühlen	Entfeuchten	Reinigen	Austauschen
Luftbefeuchter	Heizung	Raumklimagerät[1]	Raumklimagerät[1] / Lüftung[2]	Lüftung[2]	Lüftung[2]
z.B. Verdunster, Zerstäuber	z.B. Nachtspeichergerät	z.B. mobiles Kompaktgerät		z.B. Einzelgerät mit Wärmerückgewinnung	

[1] Diese Bezeichnung ist irreführend, da diese Geräte nicht „Klimatisieren".

[2] In Lüftungsgeräten können Heizer eingebaut sein, die die Zuluft erhitzen.

Wohnraumlüftung

Belastungen der Raumluft:

- Stoffwechselprodukte des Menschen
  z. B. H_2O, CO_2, Ausdünstung
- Tätigkeiten des Menschen
  z. B. H_2O, Geruch (Kochen)
- Baumaterialien, Möbel, Teppiche u. ä.
  z. B. Schadstoffe
- Textilien, Haustiere
  z. B. Staub, Keime
- Verbrennungen
  z. B. Tabakrauch, Kaminrauch

Folgen:

- Unwohlsein durch CO_2-Konzentration
- Schimmel durch Wasserniederschlag
- Hausstaubmilben u. a. Kleinlebewesen durch zu hohe relative Luftfeuchtigkeit

→ **Luftaustausch erforderlich** mindestens alle 3 h → **Lüftung durch Anlagen** →

Vorteile mechanischer Belüftungsanlagen:

- Energieeinsparung durch Wärmerückgewinnung
- Dämpfung der Außengeräusche
- Reinigung der Raumluft
- Reinigung der Außenluft
- Verringerung der Luftströmung

Mechanische Lüftung – *Mechanical ventilation*

Prinzip

① Lüfter für Fortluft
②⑦ Wärmeaustauscher
③ Lüfter für Zuluft
④ Filter für Zuluft
⑤ Luftkanäle
⑥ Filter für Abluft

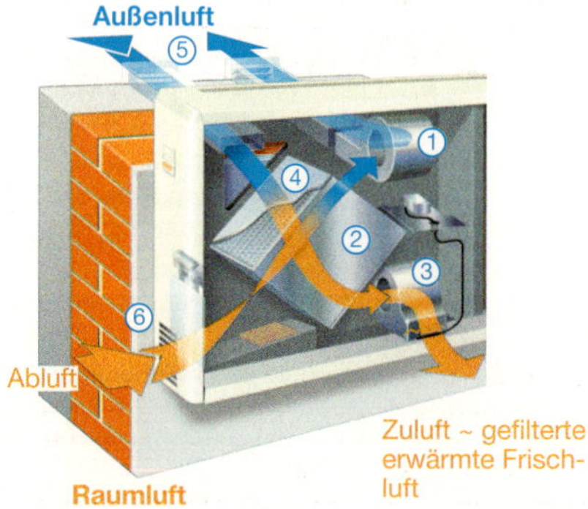

Kreuzstrom-Wärmeaustauscher

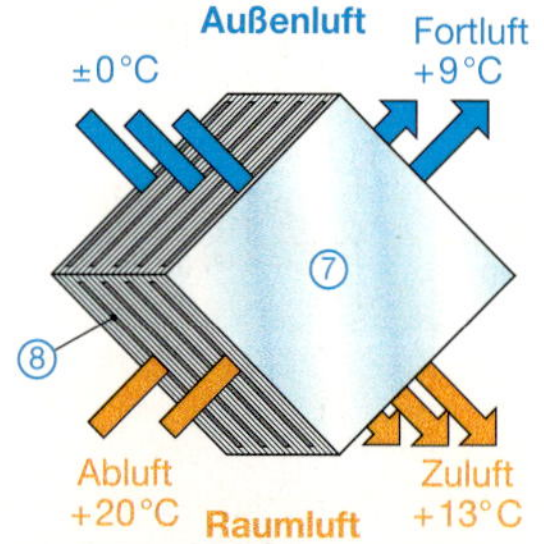

Die hier angegebenen Temperaturen sind Richtwerte

Komponenten

- **Ein-/Auslässe**
  müssen richtig platziert werden, damit die Frischluft gut verteilt wird. Sie können an der Decke oder im oberen Wandteil sitzen, für Zuluft auch im Boden.
- **Kanäle/Rohre**
  sollen glatte Innenflächen haben.
  Flexible Rohre haben große Strömungswiderstände.
  Zum Vermeiden von Geräuschübertragungen sind Schalldämpfer eingebaut.
- **Filter**
  werden als Faser-, Kohle- oder Elektrofilter eingebaut.
  Grobfilter (G1 … G4) haben Wirkungsgrade von 65 … 90 %,
  Feinfilter (F5 … F9) von 60 … 95 %.
  Filter erhöhen den Luftwiderstand.
  Wartung: 3 … 6 Monate
- **Ventilatoren**
  müssen leise und energiesparend sein.
  Es werden 0,5 W Leistung je m^3 beförderte Luft benötigt. Die eingesetzte Ventilatorenergie verhält sich zur gewonnenen Wärmeenergie wie etwa 1 : 5.
  Wartung: 1 … 2 Jahre
- **Wärmeaustauscher**
  übertragen die Wärmeenergie der Abluft in die Zuluft.
  Bei den **Rekuperatoren** (Wärmeaustauscher) werden die beiden Luftströme durch getrennte Kammern geführt. Der Wärmeaustausch erfolgt dabei über die Trennwände ⑧.
  Kreuzstrom-Wärmeaustauscher werden dabei am häufigsten eingesetzt. Sie haben eine Rückwärmezahl (Temperaturdifferenz der Zuluft und der Außenluft geteilt durch die Differenz der Abluft und der Außenluft) von 65 %.
  Beim Gegenstrom-Verfahren werden bis zu 80 % erreicht.
  Regenerative Wärmeaustauscher arbeiten mit Speichermedien.
  Wartung: 1 … 2 Jahre

Arten

Einzelraumlüftung		Zentrale Wohnungslüftung	
ohne Wärmerückgewinnung	mit Wärmerückgewinnung	ohne Wärmerückgewinnung	mit Wärmerückgewinnung
• Schalldämmlüfter mit Ventilator z. B. Fensterbankgerät	• Kompaktgerät für – Außen-, – Innenmontage oder – Wanddurchlass	• Ventilator saugt Raumluft ab. • Entstandener Unterdruck saugt Außenluft durch Durchlässe in die Räume.	• Ventilator führt Abluft durch Wärmeaustauscher und/oder Wärmepumpe. • Zuluft wird erwärmt. • Energienutzung für Warmwasserversorgung möglich.
Anwendung: • Außenlärm • Starke Emission im Raum • Hohe Feuchtigkeit im Raum		Anwendung: • Einfamilienhäuser • Wohnungen in Mehrfamilienhäusern	

Wärmepumpen – *Heat pumps*

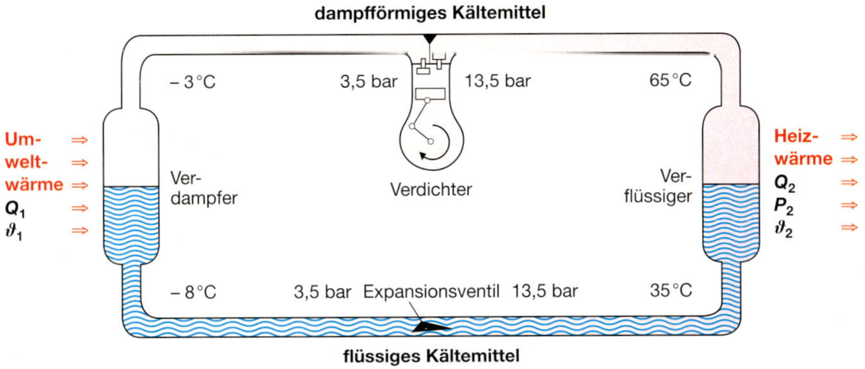

Leistungszahl ε

Beispiel: $\varepsilon = \dfrac{P_2}{P_{el}}$

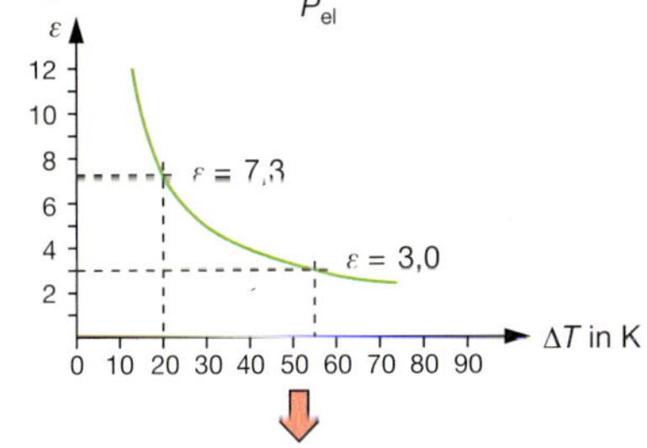

1. Möglichst hohe Umgebungstemperatur, z. B. bei Erdwärme ≈ 10 °C
2. Niedrige Vorlauftemperatur der Heizung, z. B. bei Fußbodenheizung ≈ 45 °C

Jahresarbeitszahl β

Beispiel: $\beta = \dfrac{Q_2}{W_{el}}$

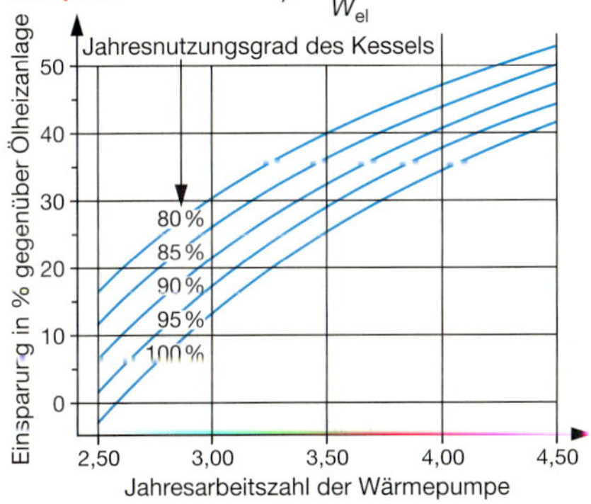

Betriebsweisen

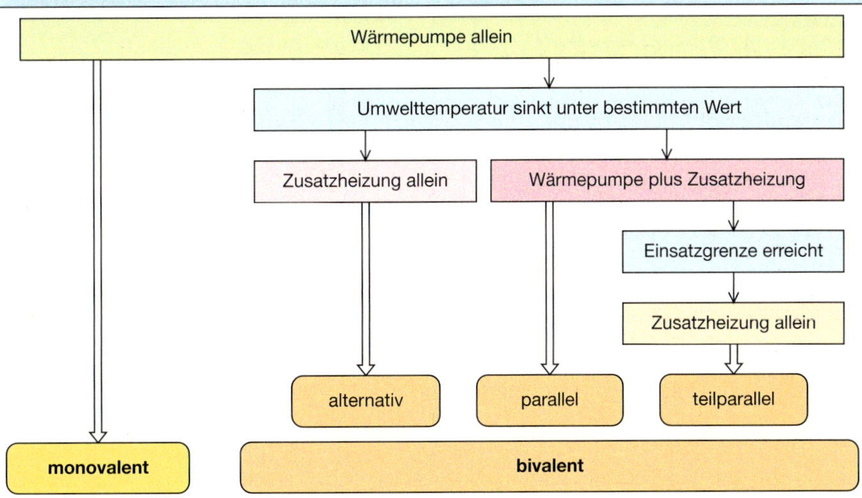

Wärmepumpenarten – *Heat pump-types* DIN 8901: 02-12

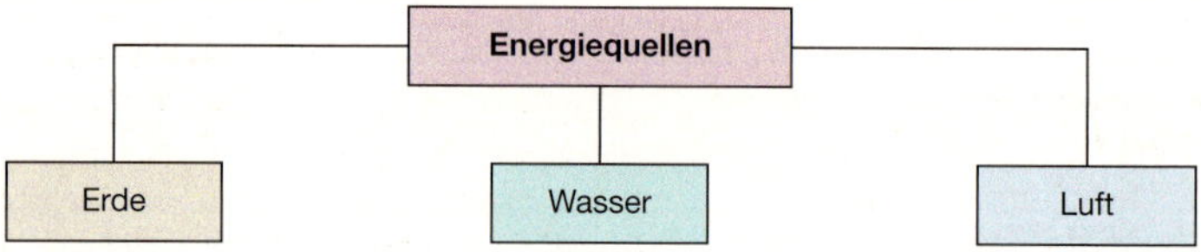

	Erdkollektor	Erdwärme-Sonden	Grundwasser	Umgebungsluft
Arbeitsweise	① 1. Sole (Umwälzpumpe) durch horizontale Kunststoffrohre pumpen 2. Wärme wird im Verdampfer abgegeben 3. Sole zurück pumpen	② 1. Sole durch senkrechte Kunststoffrohre (30 bis 100 m tief) pumpen 2. Wärme wird im Verdampfer abgegeben 3. Sole zurück pumpen	③ 1. Wasser absaugen (Saugbrunnen) 2. Wärme wird im Verdampfer abgegeben 3. Wasser wieder zuführen (Schluckbrunnen)	④ 1. Aufstellung im Freien und im Haus (Außenwand) 2. Ventilator saugt Luft durch Verdampfer 3. Abgekühlte Luft wird ausgeblasen
Probleme	• Große Grundstückfläche erforderlich (≈ 250 m^2/8 kW)	• Wasserrechtliche Erlaubnis nötig • Erfahrene Brunnenbauer erforderlich	• Wasserrechtliche Erlaubnis notwendig • Grundwasserschwankungen • Schluckbrunnen kann sich zusetzen (veroken)	• Geräusche durch Ventilator und Luftstrom • Starke Temperaturschwankungen
Verwendung	• Neubauten • Große Grundstücke • Wenig beschattet	• Neubauten • Kleine Grundstücke	• Selten • Neubauten • Altbauten	• Häufig • Altbauten • Verdampfer auch für innere Warmluft

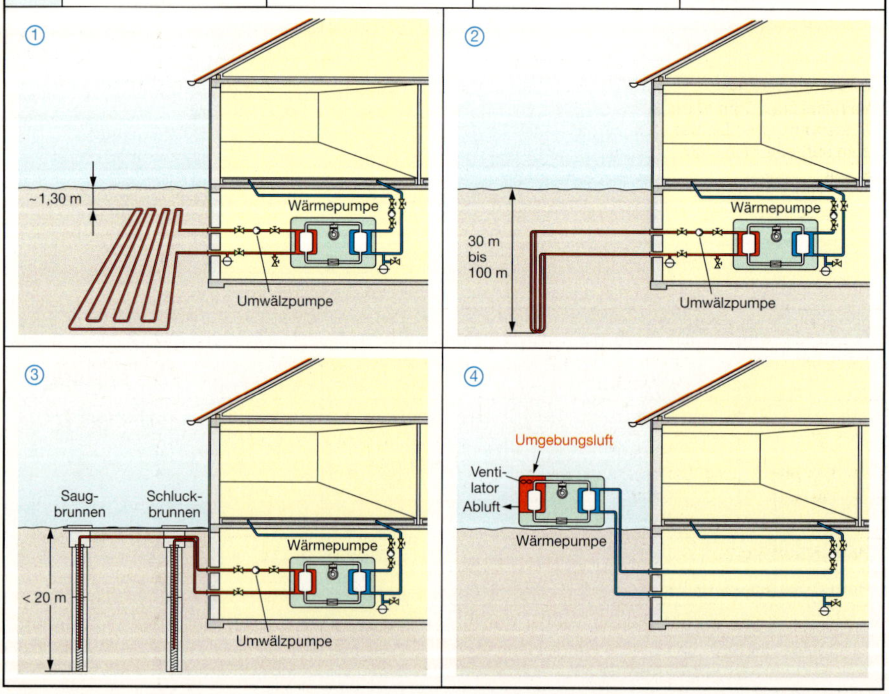

Haustechnik

Begriffe der Lichttechnik – *Lightning engineering*

Lichtstrom Φ
Gesamte Lichtstrahlung einer Lichtquelle

Einheit: lm (Lumen)

Lichtstärkeverteilungskurven
Darstellung der Lichtstärke von Leuchten in Polardiagrammen (bezogen auf 1000 lm)

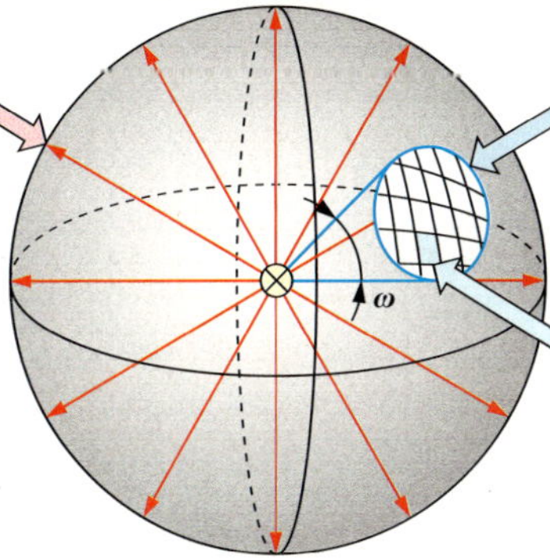

Lichtstärke *I*
Lichtstrahlung in eine Richtung

$I = \frac{\Phi}{\omega}$ ω: Raumwinkel

Einheit: cd (Candela)

Leuchtdichte *L*
Lichtstärke bezogen auf eine Fläche

$L = \frac{I}{A}$

Einheit: cd/m²

Beleuchtungsstärke *E*

1. Auftreffender Lichtstrom bezogen auf beleuchtete Fläche

$$E = \frac{\Phi}{A}$$

2. Beleuchtungsstärke **eines Punktes** ist Lichtstärke bezogen auf das Quadrat der Entfernung von der Lichtquelle.

$$E = \frac{I}{r^2}$$

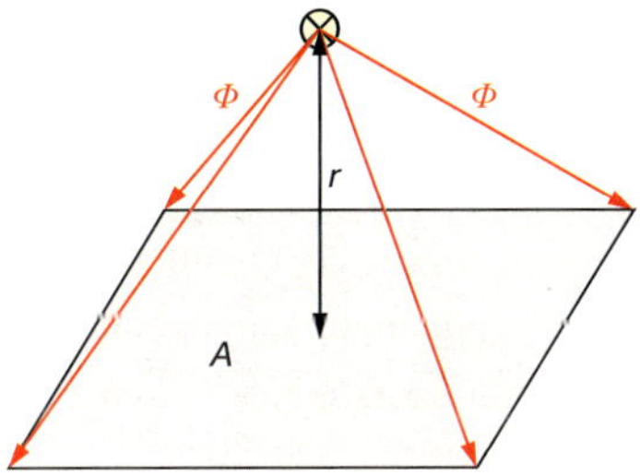

Einheit: lx (Lux)
1 lx = 1 lm/m²

Mittlere Beleuchtungsstärke $\overline{E}$
Mittelwert von *E* bezogen auf eine Fläche

Nenn-Beleuchtungsstärke E_n
Vorgeschriebene Beleuchtungsstärke für bestimmte Tätigkeiten oder Raumarten

Absorptionsgrad α
Verhältnis des vom Material aufgenommenen Lichtstroms zum auftreffenden Lichtstrom

$$\alpha = \frac{\Phi_a}{\Phi}$$

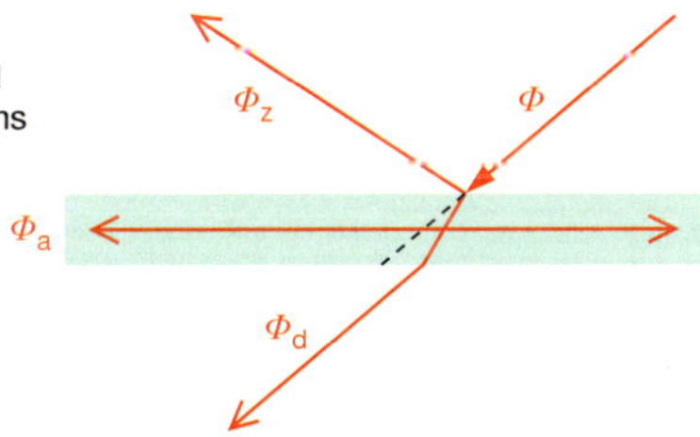

Reflexionsgrad ρ

$$\rho = \frac{\Phi_z}{\Phi}$$

Transmissionsgrad τ

$$\tau = \frac{\Phi_d}{\Phi}$$

Licht-Wirkungsgrade

Lichtausbeute η	Leuchten-Betriebswirkungsgrad η_{LB}	Raumwirkungsgrad η_R	Beleuchtungswirkungsgrad η_B
$\eta = \frac{\Phi}{P}$ *P*: Lampenleistung	$\eta_{LB} = \frac{\Phi_{Le}}{\Phi_{La} \cdot v}$ Φ_{Le}: Leuchten-Lichtstrom Φ_{La}: Lampen-Lichtstrom v: Verminderungsfaktor	η_R hängt von den Farben und den Wandoberflächen des Raumes ab.	$\eta_B = \eta_{LB} \cdot \eta_R$

Beleuchtungsgüte

Beleuchtungsstärke	Lichtrichtung	Schatten	Blendung	Lichtfarbe
Möglichst geringe Unterschiede von *E*	Arbeitsplatz-Licht: Möglichst von links oben	Weiche Schatten ⇒ großflächige Leuchten	Leuchtdichte-Unterschied von < 100 : 1	Lichtfarbe bestimmt wesentlich die Farbe der Gegenstände

Beleuchtungsberechnung für Innenräume – *Indoor lighting calculation*

Berechnung der erforderlichen Leuchten-Anzahl
– Wirkungsgrad-Methode –

1. **Mittlere Beleuchtungsstärke** $\bar{E}$ festlegen
   E_n nach DIN EN 12464-1
2. **Raumfläche** bzw. Arbeitsfläche errechnen
   $A = a \cdot b$ — a: Raumbreite, b: Raumlänge
3. **Planungsfaktor** p festlegen (siehe rechte Spalte)
4. **Raumindex** errechnen
   $$k = \frac{A}{(a+b) \cdot h}$$
   h: Höhe der Leuchten über der Arbeitshöhe
   Vorwiegend indirekte Beleuchtung $k_i = 1{,}5 \cdot k$
5. **Reflexionsgrade** des Raumes festlegen
   ϱ_1: Decken-Reflexionsgrad
   ϱ_2: Wände-Reflexionsgrad
   ϱ_3: Fußboden-Reflexionsgrad
6. **Leuchten-Art** festlegen 297
7. **Raumwirkungsgrad** η_R aus Firmen-Unterlagen entnehmen 297
8. **Leuchten-Betriebswirkungsgrad** η_{LB} aus Firmen-Unterlagen entnehmen 297
9. **Beleuchtungswirkungsgrad** errechnen
   $\eta_B = \eta_{LB} \cdot \eta_R$
10. Erforderlichen **Gesamt-Lichtstrom** errechnen
    $$\Phi = \frac{\bar{E} \cdot A \cdot p}{\eta_B}$$
11. **Leuchten-Anzahl** errechnen
    $$n = \frac{\Phi}{\Phi_{Le}}$$
    Φ_{Le}: Lichtstrom einer Leuchte

Anforderungen an Beleuchtung
(Lichttechnische Merkmale) DIN EN 12464-1: 03-03

Beleuchtungsniveau
- In DIN EN 12464-1 sind in bestimmten Räumen bzw. für Tätigkeiten Bemessungs-Beleuchtungsstärken zugeordnet (s. Tabelle unten).
- $\bar{E}$ der Arbeitsplätze darf $0{,}8 \cdot E_n$ nicht unterschreiten.
- E darf an keinem Arbeitsplatz $0{,}6 \cdot E_n$ unterschreiten.
- E sinkt durch Verschmutzung und Alterung, daher muss Neuanlage mit höherem E geplant werden. Für Reinigungsperiode von einem Jahr gilt:

Verminderung der Beleuchtungsstärke	normal	erhöht	stark
Planungsfaktor p	1,25	1,43	1,67

Leuchtdichteverteilung
- Reflexionsgrad so wählen, dass
  $$\frac{L_{Arbeitsfeld}}{L_{Umgebung}} \leq 3$$
- empfohlene Reflexionsgrade:
  Decke: 0,7 Wände: 0,5 Fußboden: 0,2
  Arbeitsfläche: 0,2 … 0,5

Lichtrichtung
diffuses Licht und harte Schatten vermeiden

Farbe

Lichtfarbe	Kennbuchstaben	Farbtemperatur
warmweiß	ww	3300 K
neutralweiß	nw	3300 … 5000 K
tageslichtweiß	tw	5000 K

Farbwiedergabe-Index R_a-Bereich	Stufe	Hinweis
$R_a \geq 90$	1A	Lampen für Innenraum-Beleuchtungen
$80 \leq R_a < 90$	1B	
$70 \leq R_a < 80$	2A	
$60 \leq R_a < 70$	2B	
$40 \leq R_a < 60$	3	
$20 \leq R_a < 40$	4	

Bemessungs-Beleuchtungsstärke – *Rated illuminance*
DIN EN 12464-1: 03-03

Raumart bzw. Tätigkeit	E_n in lx
Verkehrsflächen und Flure, Pausenräume, Vorrats- und Lagerräume	100
Treppen und Fahrbänder, Fahrwege in Lagern, Ladebereiche	150
Kantinen, Waschräume, Toiletten, Schaltgeräteräume, grobe Montagearbeiten, Warteräume, Eingangshallen	200
Schmieden, Schweißen, grobe und mittlere Maschinenarbeiten, Schlosserei, Arbeiten mit Robotern, Kraftfahrzeugwerkstätten, Unterrichtsräume, Versand und Verpackungsbereiche	300
Sanitätsräume, Messstände, Prozessleitwarten, Präzisionsmessräume, Laboratorien, mittelfeine Montagearbeiten z. B. an Schalttafeln, feine Maschinenarbeiten z. B. Schleifen, Reparaturwerkstätten für Maschinen und Apparate, Datenverarbeitung, Konferenz- und Besprechungsräume, Lehrwerkstätten, Übungsräume	500
Sehr feine Messungen, Präzisions- und Mikromechanik, Qualitätskontrolle, Operationsräume	1000
Elektronikwerkstätten, Farbkontrolle bei Mehrfarbendruck	1500

Beleuchtungs-Berechnungsprogramme – *Lightning planning programs*

Programmanbieter

Leuchtenhersteller

(nur eigene Produkte werden unterstützt)

Programm Softwarefirmen

- DIALux (www.dial.de)
- RELUX (www.relux.biz)
- TX-Win (www.trilux.de)

(Leuchten von teilnehmenden Partnerfirmen)

DIALux

DIALux CD Startbildschirm

- Installation nach dem Internet Download von Homepage (www.DIAL.de oder www.dialux.com) oder nach Installationsprogramm von der **DIALux CD**.
- Nach dem Start des Programms zur Beleuchtungsberechnung öffnen sich **Fenster** mit den Eingaben für:

1. Projektinformationen
- Projekteigenschaften (Anlage des Kunden)
- Bearbeiter

↓

2. Dateneingabe
- Raumgeometrie (Raumform und -maße ①)
- Reflexionsgrade (Decke, Wände, Boden)
- Raumparameter (z. B. Wartungsfaktor)
- Nutzebene (Arbeitshöhe)
- Leuchtenauswahl (Kataloge, Datenbank ②)
- Leuchtenanordnung (Anbau, benutzerdef. ③)

↓

3. Berechnung und Ergebnisse
- Leuchtenanordnung – längs
  – quer
- Anordnungsparameter
- Isolux-Linien – Linien-Diagramm
  – Wertetabelle

↓

4. Ergebnisse ausgeben
- Ausgaben auswählen (Projektdatenblatt, Leuchtendatenblatt, Zusammenfassung ④, Ergebnisprotokoll, Leuchtenkoordinatenliste mit Ausdruck, Speicherung und Zwischenablage)
- Leuchtendatenblatt (LVK)
- Leuchtenklassifizierung (DIN)

Programmfenster – Auswahl und Ausschnitte

Raumgeometrie ①

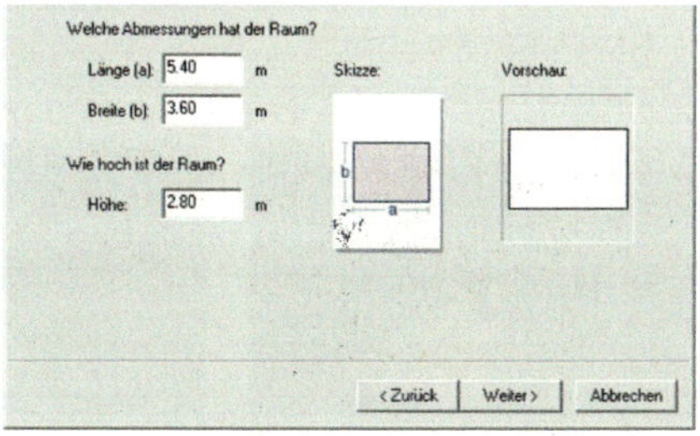

Leuchtenauswahl ②

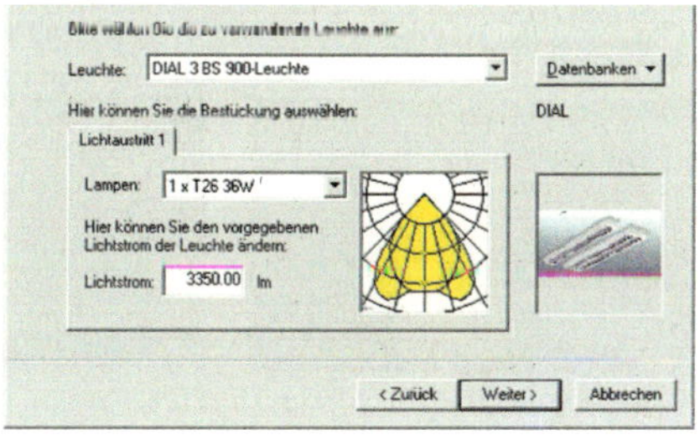

Leuchtenanordnung ③

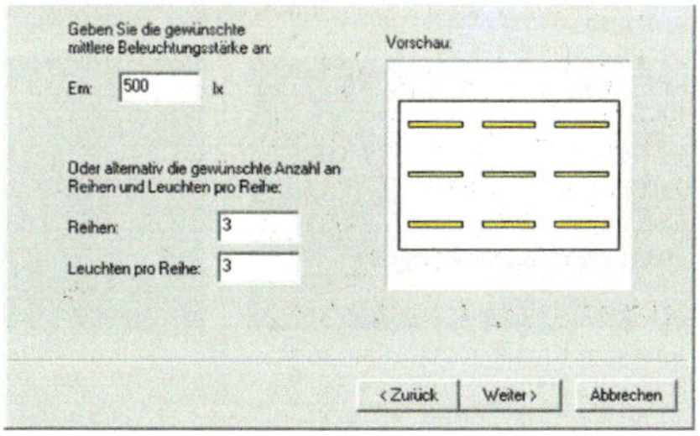

Berechnungsergebnis ④

Fläche	Mittlere Beleuchtungsstärken [lx] direkt	indirekt	gesamt	Reflexionsgrad [%]	Mittlere Leuchtdichte [cd/m²]
Nutzebene	467	75	542	/	/
Boden	388	87	475	20	30
Decke	0.00	90	90	70	20
Wand 1	107	84	192	50	31
Wand 2	91	83	174	50	28
Wand 3	107	84	192	50	31
Wand 4	91	83	174	50	28

Gleichmäßigkeiten auf der Nutzebene
g_1: 0.51
g_2: 0.38

UGR	Längs-	Quer	zur Leuchtenachse
Linke Wand	13	14	
Untere Wand	13	14	

Beleuchtungsstärkeverhältnis (nach LG3:2001): Wände / Nutzebene: 0.342, Decke / Nutzebene: 0.166.

Spezifischer Anschlußwert: 19.91 W/m² = 3.67 W/m²/100 lx (Grundfläche: 19.44 m²)

Lichtfarben – *Luminous colours*

Erläuterung:

Die Diagramme stellen die Leistung in mW pro jeweils 10 nm Wellenlänge dar, wobei sich auf den Lichtstrom von 1000 lm bezogen wurde.

Bildhöhe ≙ 200 mW

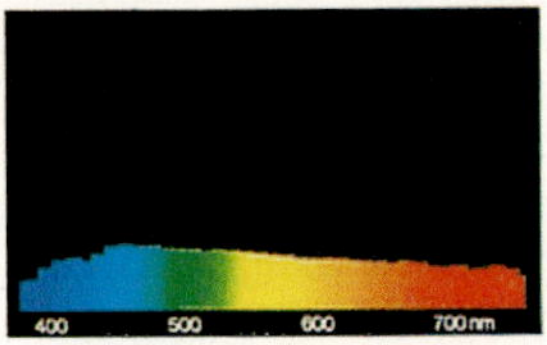

Tageslicht

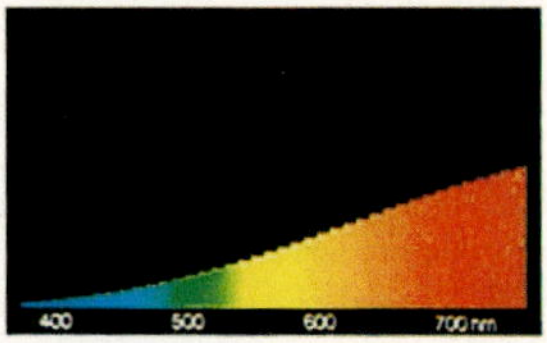

Glühlampen

Standard-Leuchtstofflampen

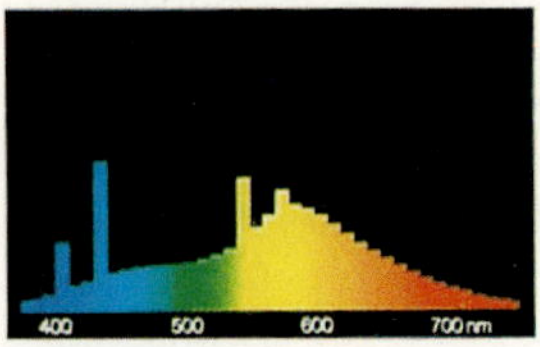

Farbe: Universal-Weiß

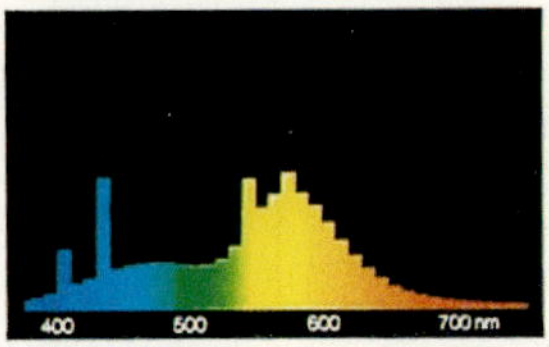

Farbe: Hellweiß

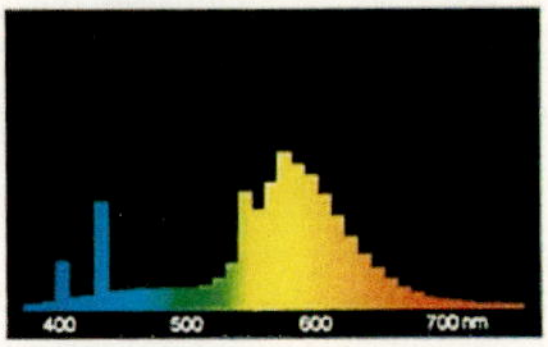

Farbe: Warmton

Dreibanden-Leuchtstofflampen

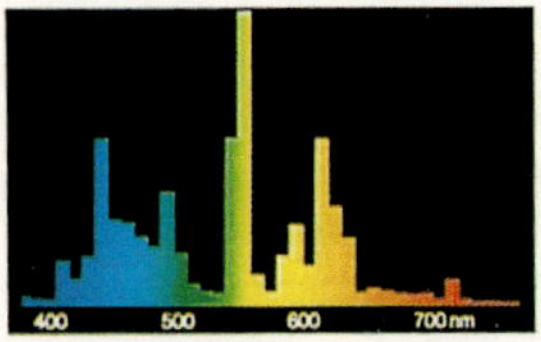

Farbe: Tageslicht

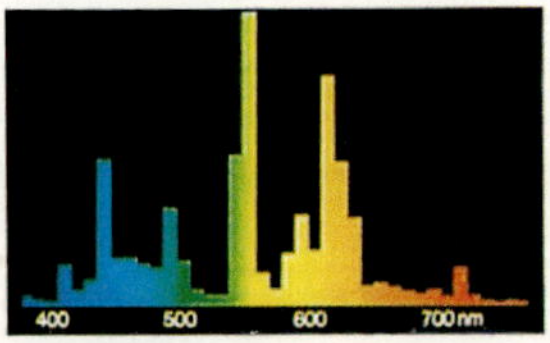

Farbe: Weiß

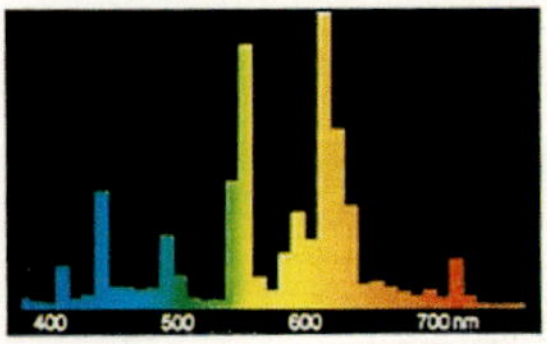

Farbe: Warmton

Halogen-Metalldampflampen

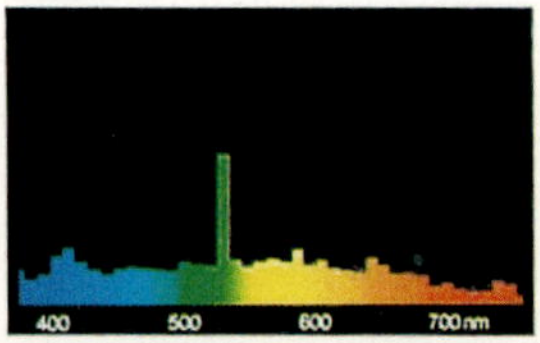

Quecksilberdampf-Hochdrucklampen

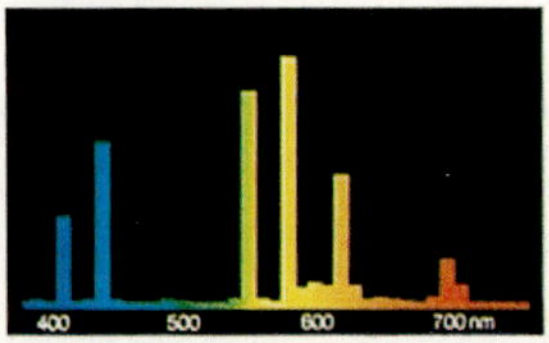

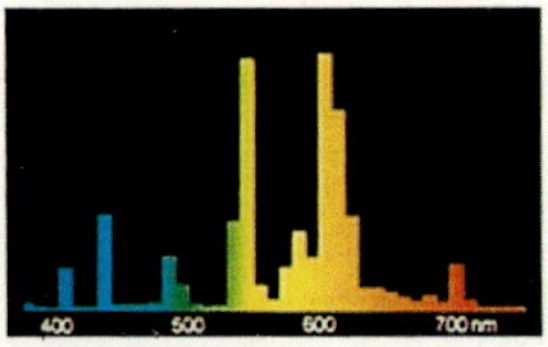

Farbe: Interna ®

Natriumdampflampen

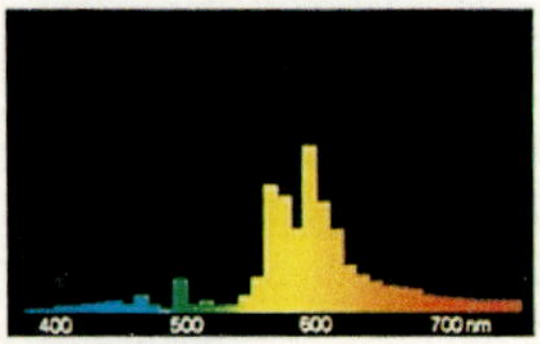

Hochdrucklampen

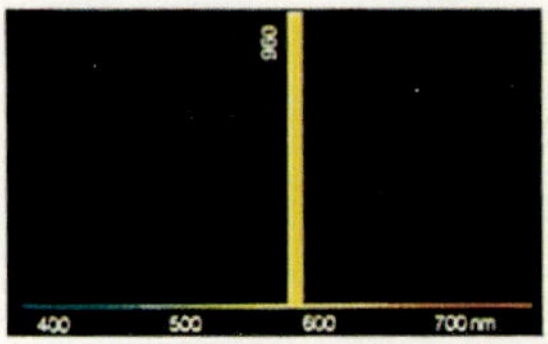

Niederdrucklampen

Mischlichtlampen

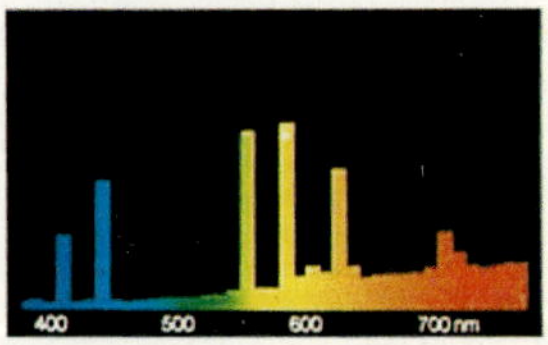

Lichtstärkeverteilungskurven – *Light distribution curves*

Lichtstärkeverteilungskurven (LVK) (bei 1000 lm); Reflexionsgrade: Decke / Wände / Boden; Raumwirkungsgrad η_R in %

Lichtstärkeverteilungskurven (LVK)	Raumindex *k*	Decke 0,8 / Wände 0,5 / Boden 0,3	0,8 / 0,5 / 0,1	0,8 / 0,3 / 0,3	0,8 / 0,3 / 0,1	0,5 / 0,5 / 0,3	0,5 / 0,5 / 0,1	0,5 / 0,3 / 0,3	0,5 / 0,3 / 0,1	0,3 / 0,3 / 0,1
direkt: stark gerichtet A1	0,6	61	58	54	52	59	57	53	51	51
	1,0	80	75	73	69	76	73	70	68	67
	1,5	95	86	88	82	90	84	84	80	79
	2,0	102	91	96	87	95	89	91	86	84
	3,0	111	97	106	95	103	95	99	92	91
	5,0	119	102	115	100	109	98	106	97	96
direkt: tiefstrahlend A2	0,6	52	49	43	42	49	48	42	41	41
	1,0	73	67	64	60	69	65	61	59	58
	1,5	89	81	81	75	83	78	77	73	72
	2,0	97	86	89	81	90	83	84	79	78
	3,0	107	94	101	90	99	91	94	88	86
	5,0	116	100	111	97	106	96	102	94	93
vorwiegend direkt: breitstrahlend B3	0,6	41	39	31	30	37	35	29	28	27
	1,0	59	55	49	46	52	50	44	43	41
	1,5	74	67	64	60	66	61	58	55	52
	2,0	83	74	73	67	73	68	66	62	59
	3,0	95	83	87	77	83	76	77	71	68
	5,0	105	91	99	86	91	83	87	80	76
gleichförmig: allseitig strahlend C4	0,6	36	34	27	26	29	28	23	22	19
	1,0	52	48	43	40	41	39	35	33	29
	1,5	65	59	56	52	52	49	45	43	38
	2,0	74	66	65	59	58	54	52	49	43
	3,0	84	74	77	68	66	61	61	57	50
	5,0	94	81	88	77	74	67	70	64	56
indirekt: hochstrahlend E2 (Raumwirkungsgrad η_R in %[1])	0,6	15	15	9	10	11	12	6	8	5
	1,0	28	27	20	19	18	19	13	13	8
	1,5	41	39	31	30	26	25	20	19	13
	2,0	51	48	41	40	32	30	26	25	16
	3,0	65	58	55	52	39	37	34	32	20
	5,0	77	68	70	63	45	43	42	39	24

direkt: stark gerichtet A1

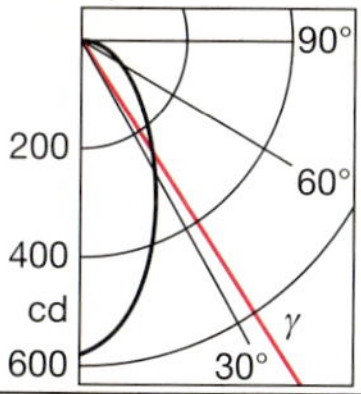

direkt: tiefstrahlend A2

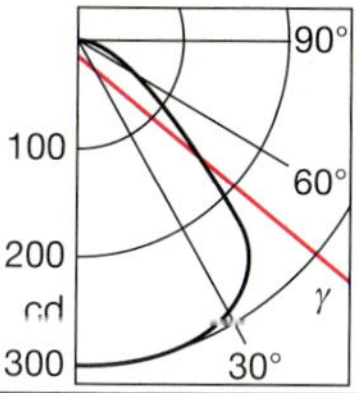

vorwiegend direkt: breitstrahlend B3

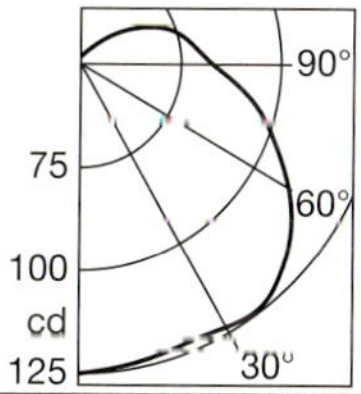

gleichförmig: allseitig strahlend C4

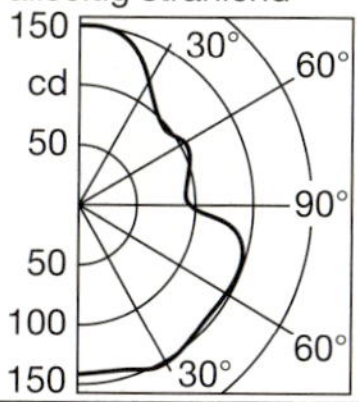

indirekt: hochstrahlend E2

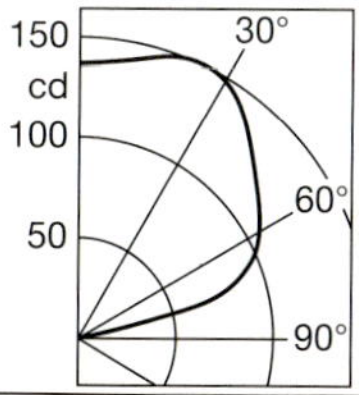

Beispiele für Leuchten

Darstellung	Erläuterung	η_{LB} in %
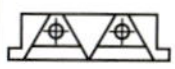	Spiegelraster, engstrahlend	60
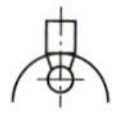	Spiegelreflektor, einlampig	80
	Rundreflektor	75
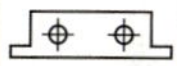	Wanne, prismatisch	65
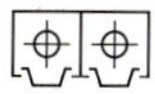	Paneele, prismatisch	45
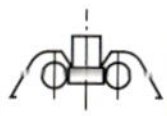	Spiegelreflektor, mehrlampig	75
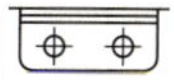	Wanne, opal	50
	Wanne, prismatisch	65
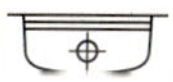	Glasleuchte	70
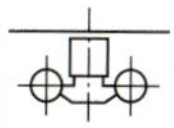	freistrahlend	90
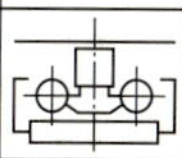	Lamellenraster	82
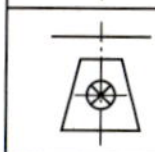	Opalglas	80
	Kehle, breit, weiß	70
	Kehle, schmal, weiß	50

[1] Bei Hohlkehle in Wandanordnung: $0{,}6 \cdot \eta_R$

Haustechnik

Einteilung von Leuchten – *Classification of luminairies*

Beispiel: B 3 1

- B: Kennbuchstabe für Lichtstromverteilung
- 3: 1. Kennziffer: Lichtstrom-Anteil auf Nutzebene
- 1: 2. Kennziffer: Lichtstrom-Anteil gegen Decke

Kennbuchstabe	Beleuchtungsart	Lichtstrom-Anteil bezogen auf Horizontale	
		unten φ_u	oben φ_o
A	direkt	0,9 … 1	0 … 0,1
B	vorwiegend direkt	0,6 … 0,9	0,1 … 0,4
C	direkt-indirekt	0,4 … 0,6	0,4 … 0,6
D	vorwiegend indirekt	0,1 … 0,4	0,6 … 0,9
E	indirekt	0 … 0,1	0,9 … 1

Kennziffer	Anteil des auftreffenden Lichts auf	
	Nutzebene bezogen auf φ_u	Decke bezogen auf φ_o
1	0 … 0,3	0 … 0,5
2	0,3 … 0,4	0,5 … 0,7
3	0,4 … 0,5	0,7 … 0,9
4	0,5 … 0,6	0,9 … 1
5	0,6 … 0,7	
6	0,7 … 1	

Kennzeichnung von Leuchten – *Designation of luminairies*

- Hersteller
- Typ bzw. Nummer
- Bemessungsspannung
- Bemessungsfrequenz
- Bemessungsaufnahmeleistung (ohne Vorschaltgerät)
- Schutzart
- Schutzklasse
- Brandsicherheit
- Sonderanforderungen
- Funkschutz
- Montageart (Leuchten in Möbeln)

Kennzeichnung der Brandsicherheit

Leuchten dürfen auf brennbaren Stoffen (Entzündungstemperatur 200 °C) angebracht werden.

Leuchten eignen sich für staub- und faserstaubgefährdete Betriebsstätten.

Leuchten eignen sich in und an Möbeln aus brennbaren Stoffen (schwer- und normalentflammbar).

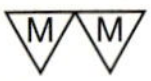

wie 

, begrenzte Oberflächen-Temperatur, daher auch bei Stoffen mit unbekanntem Entflammverhalten.

Kennzeichnung der Montageart bei Leuchten in Möbeln

an Decke

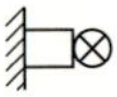
waagerecht an Wand

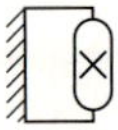
senkrecht an Wand

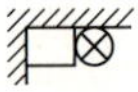
Ecke waagerecht, Lampe seitlich

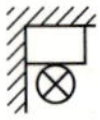
Ecke waagerecht, Lampe unterhalb

auf Boden

in U-Profil

nicht zur Montage an Decke geeignet

Kennzeichnung der Sonderanforderungen

Leuchten für rauhe Betriebsstätten

EEx — Leuchten für explosionsgefährdete Betriebsstätten

T — Leuchten für erhöhte Umgebungstemperatur

ballwurfsicher nach VDE
Mit Öffnungen > 60 mm:
für Tennis nicht geeignet.

Kennzeichnung der Vorschaltgeräte

t_w…/…/… Kennzeichnung von Wicklungstemperaturen

Beispiel: t_w 90/55/125
- 90 °C Grenztemperatur
- 55 °C Übertemperatur im Normalfall
- 125 °C Übertemperatur im anomalen Betriebsfall

(F) flammsicher

(FP) flamm- und platzsicher

Lampenbezeichnungen – *Lamp designations*

nach Lampenbezeichnungssystem des ZVEI

Beispiel: IQR-CB35 20W/c/10° GZ4 12V

- I – Lichterzeugungsart
- Q – Materialart des Kolbens oder der Lichterzeugung
- R – Kolbenform
- CB – Ausführungsform
- 35 – größter Durchmesser in mm
- 20W – Leistung
- c – Kolbenfarbe
- 10° – Ausstrahlungswinkel
- GZ4 – Fassung (Sockel)
- 12V – Spannung

Wenn keine Verwechslungen möglich sind, können Teile der Bezeichnung fortgelassen werden.

Beispiel: QR 20W/10° 12V

Lichterzeugungsart		**Material der Lichterzeugung**		**Material des Kolbens**	
I	Glühlampe (incandescent lamp)	M	Quecksilber (Mercury)	G	Glas
H	Hochdruck (high pressure)	S	Natrium (Sodium)	Q	Quarzglas
L	Niederdruck (low pressure)	I	Halogen (Iodine)		

Kolbenformen (s. auch Kompakt-Leuchtstofflampen, Halogen-Glühlampen)

Allgebrauchs-Lampe	Pilzform	Kerzenform	Konusform	Tropfenform	Ellipsoidform	Globeform
A 	M 	C 	CO 	D 	E 	G 
Reflektor-lampe	Parabol-Reflektor-Lampe	Linien-lampen	Röhrenform einseitig gesockelt	Röhrenform zweiseitig gesockelt	U-förmig	Ringform
R 	PAR 	L 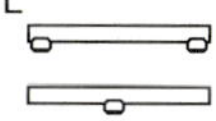	T 	T16 T26 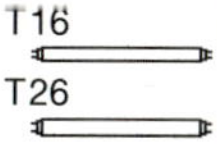	I – U 	T – R 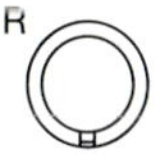

Ausführungsformen (Auswahl)						**Farben**			
CB	Kaltlicht	E	Zündgerät extern	SB	KVG, eingebaut	am	goldgelb	o	opal
CG	kopfverspiegelt gold	h	Brennlage, horiz.	SE	EVG, eingebaut	bl	blau	re	rot
D	Doppelrohr	IHf	Induktion, HF	te	temp. beständig	c	klar	s	silber
DD	Doppel-D-Lampe	L	lange L-Lampe	TV	Fernsehlicht	g	gold	vi	violett
DE	Doppel-Endkontakte	Q	4-fach-Kompakt	ϑ	Brennlage, vert.	gr	grün	ye	gelb

Fassungen (Sockelformen)

Glühlampen

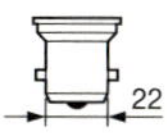

B 22 d

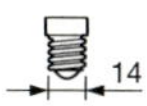

E 14

Halogenlampen

Niedervolt-Lampen

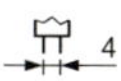

G 4

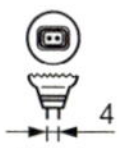

GU 4

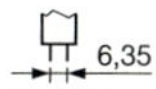

GY 6,35

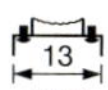

G 53

Hochvolt-Lampen

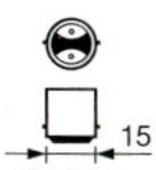

BA 15 d

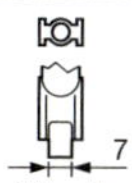

R7 s-7

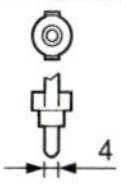

Fa 4

Leuchtstofflampen

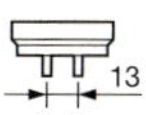

G 13

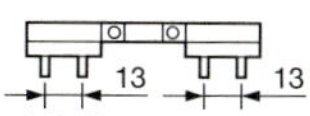

2 G 13

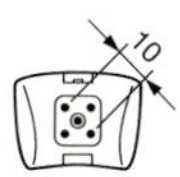

G 10 q

Entladungslampen

BY 22 d

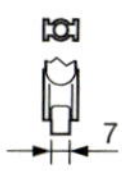

RX 7 s

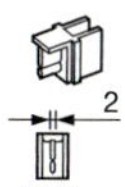

Fc 2

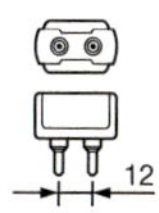

G 12

Kompakt-Leuchtstofflampen

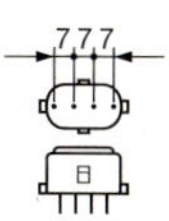

2 G 7

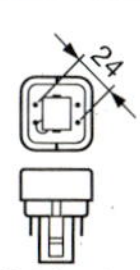

G 24 q-1

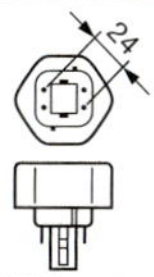

GX 24 q-3

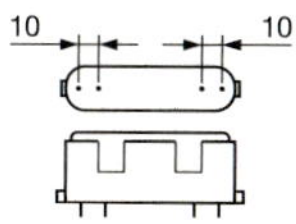

2 G 10

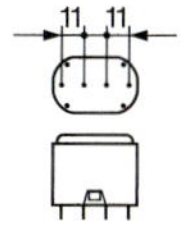

2 G 11

Haustechnik

Lampen-Werte – *Lamp values*

Standard-Glühlampen für 230 V

Leistung in W	25	40	60	75	100	150	200	300	500	1000
Lichtstrom in lm	230	430	730	960	1380	2220	3150	5000	8400	18800
Länge in mm	105					118	160	189	240	274
Sockel	E 27					E 27 E 40	E 40			

Kryptonlampen

Leistung in W	25	40	60	75	100
Lichtstrom in lm	235	475	800	1030	1500
Länge in mm	88	88	88	96	96
Sockel	E 27				

Soffittenlampen

Leistung in W	35	60	120	35	60
Lichtstrom in lm	220	420	840	240	420
Länge in mm	300	500	1000	300	500
Sockel	2 x S 14s			1 x S 14d	

Standard-Leuchtstofflampen / Dreibanden-Leuchtstofflampen

Standard: Leistung der Lampe in W	Leistung der Drossel in W	Länge in mm	Lichtstrom in lm: Universalweiß	Hellweiß	Warmton	Dreibanden: Lichtstrom in lm: Tageslicht	Weiß	Warmton	Leistung der Lampe in W
20	5	590	1050	1200	1200	1300	1450	1450	18
40	10	1200	2500	3200	3200	3250	3450	3450	36
65	13	1500	4000	5100	5100	5200	5400	5400	58

Kompakt-Leuchtstofflampen (mit eingebautem Vorschaltgerät)

Ringform (Sockel: E 27)				runde Form (Prismatic) (Sockel: E 27)				U-Form (Sockel: G 23, E 27)			
Leistung in W	Lichtstrom in lm	Durchmesser in mm	Höhe in mm	Leistung in W	Lichtstrom in lm	Höhe in mm	Durchmesser in mm	Leistung in W	Lichtstrom in lm	Höhe in mm	Breite in mm
				9	400	153	64	9	400	122	38
18	1000	165	100	13	600	163	64	11	600	138	38
24	1450	216	100	18	900	173	64	15	900	158	38
32	2000	216	100	25	1200	183	64	20	1200	190	38

Quecksilber-Hochdrucklampen

Leistung in W	50	80	125	250	400	700	1000
Lichtstrom in lm	1800	3800	6300	13000	22000	40000	58000
Länge in mm	130	156	170	226	290	330	390
Sockel	E 27			E 40			

Mischlichtlampen

Leistung in W	160	250	500	1000
Lichtstrom in lm	3100	5600	14000	32500
Länge in mm	177	226	275	315
Sockel	E 27	E 40		

Natrium-Hochdrucklampen

Leistung in W	Lichtstrom in lm: Ellipsoidform	Lichtstrom in lm: Röhrenform	Länge in mm: Ellipsoidform	Länge in mm: Röhrenform
70	5600	6500	156	156
100	9500	10000	186	211
150	15500	17000	226	211
250	25000	25500	226	257
400	47000	48000	290	285
1000	120000	130000	400	400

Brennstellung: beliebig Sockel E 40

Halogenlampen

Leistung in W	Lichtstrom in lm	Länge in mm	Sockel	Brennstellung
75	5000	114	R73	p45
150	11250	132	R7s	p45
250	20000	163	Fc2	p45
360	25000	206	Fc2	p45
1000	90000	260	Fc2	p45
2000	170000	490	E40	p60
3500	300000	490	E40	p60

Natrium-Niederdrucklampen

Leistung in W	18	35	55	90	135	180
Lichtstrom in lm	1800	4800	8000	13500	22500	33000
Länge in mm	216	310	425	528	775	1120
Sockel	h150	h110	h110	p20	p20	p20

Brennstellungen

zulässig
nicht zulässig

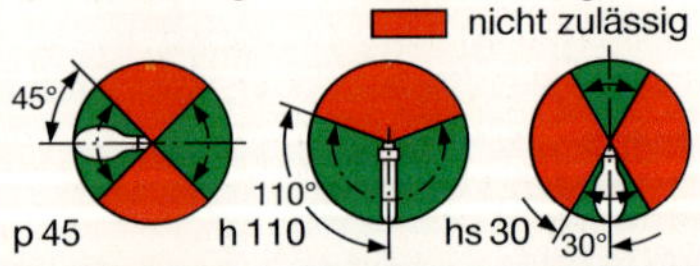

Leuchten mit LEDs – *Luminaries with LED*

Aufbau

Zwei Schichten von **halbleitendem Material**

- LED-Chip auf Reflektor montiert
- Anode ① und Katode ② sind herausgeführt.
- Kunstharzlinse auf LED zum Schutz und Streuung des Lichtes.

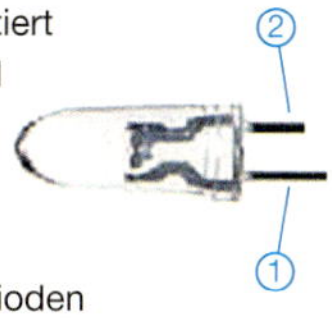

- LEDs aus mehreren Einzel-Dioden (2 oder 3) in einem Gehäuse zur Erzeugung von gemischtem Licht.
- Modul: Zusammenschaltung mehrerer Einzelplatinen von z. B. je vier LEDs mit flexibler, abtrennbarer Verbindung zur Kette.

Funktion

Übergang der Elektronen durch die Sperrschicht im Halbleitermaterial, so dass je nach Art des Materials direkt Licht ausgesendet wird.

Beispiel:
Aluminiumgalliumarsenid (AlGaAs) ⇒ Rot und Infrarot, bis zu einer Wellenlänge von 1000 nm. LEDs können in allen Farben hergestellt werden.

- **Weißes Licht** aus
  - Zwei LEDs in den Farben **BLAU** und **GELB**
  - Drei LEDs in den Farben **ROT**, **GRÜN** u. **BLAU**
  - LED **BLAU** mit Phosphorschicht
- Alle Farben zwischen **ROT** und **BLAU** sind bei Verwendung bestimmter Materialien möglich.

Bauformen

				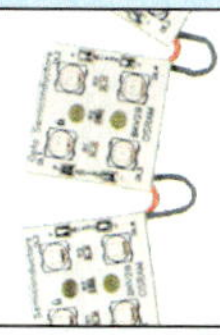

Kenngrößen

• LED-Modul auf flexibler Leiterplatte mit z. B. 300 LEDs je Modul	• Flaches LED-Modul in drei Formen mit z. B. 12 LEDs je Modul	• Runde LED-Module auf fester Leiterplatte mit z. B. 8 LEDs je Modul	• LED-Module in Signalgebergehäuse, Überwachungseinheit bewirkt bei LED-Ausfall automatische Abschaltung der Signaleinheit	• Kette aus Einzelplatinen 32 LEDs je Modul, flexible Verbindung, Farben: **ORANGE**, **ROT**, **GELB**, **GRÜN**, **BLAU**.
• Farben WEISS, **ROT**, **GELB**, **GRÜN**, **BLAU** • Dimmbar durch Pulsweitenmodulation (PWM) mit elektronischem Steuergerät				

Anwendungen

• Hintergrundbeleuchtung von Strukturen, Lichtwerbung	• Markierungsleuchten in Wänden und Böden im Innen- und Außenbereich, z. B. als Stufenleuchte	• Signalbeleuchtung	• Hinterleuchtung von Lichtwerbung

Elektrische Größen (Auswahl: Rotes LED-Modul)

***U* in V**	10	10	24	230 (AC)	10
***P* in W**	15	0,6	0,5	11	4

Eigenschaften

LED-Lampen haben

- lange Lebendauer (verschleiß- und wartungsfrei), Weiß ca. 20 000 h und farbig ca. 100 000 h,
- geringen Energieverbrauch, ca. 0,06 W je LED,
- hohe Lichtausbeute η, liegt zur Zeit noch unter der von Leuchtstofflampen, z. B. Weiß bis 30 lm/W und farbig bis 60 lm/W,
- keine Ultraviolett- und Infrarot-Strahlung,
- hohe Sicherheit, da Kleinspannung (SELV),
- niedrige Betriebstemperatur
- hohe Stoß- und Vibrationsfestigkeit, deshalb z. B. Kennzeichnungsbeleuchtung von Fahrwegen,
- geringe Wärmeverluste.

Anschluss einer LED-Leuchte

- **Direkter Netzanschluss** über Transformator (z. B. 230 V/12 V) mit Anschlussleitung (Betriebsgerät).
- Bei größerer Entfernung, z. B. 5 m, ein Verlängerungskabel zu einer Leuchte oder mehreren Leuchten (Kabelsplitter erforderlich).

Kompakt-Leuchtstofflampen – *Compact fluorescent lamps*

Eigenschaften gegenüber Glühlampen

- … 10 fache Lebensdauer
- … 5 facher Lichtstrom
- bei eingebautem Vorschaltgerät schwerer
- verträgt höhere Schalthäufigkeit
- teurer
- in der Regel nicht dimmbar

Bauformen

eingebaute EVG	separate EVG
Sockel: E14 oder E27	Sockel siehe Seite 285

Eingebaute EVG – Kompakt-Röhrenform

Globeform TCG

Reflektorform TCR

mit Hüllglas TC-SB

Separate EVG – Kompakt-Röhrenform

2fach Rohr, kurz, TC

2fach Rohr, lang, TC-L
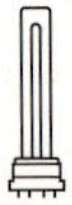

2fach Doppelrohr TC-D

Ringform TC-SER
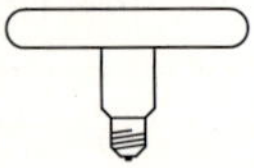

2fach Doppelrohr TC-DSE
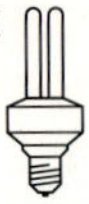

3fach Doppelrohr TC-TSE

3fach Doppelrohr TC-T

4fach Rohr, flach, TC-F

quadratisch TC-DD
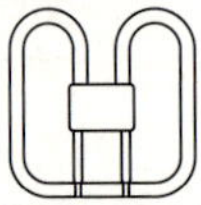

Kostenvergleich

Werte lt. Firmen- bzw. VNB-Angaben
Lichtstrom:
1350 lm/Glühlampe
1200 lm/Kompakt-Leuchtstofflampe
Bemessungsleistung:
100 W/Glühlampe
20 W/Kompakt-Leuchtstofflampe
Energiepreis:
0,13 €/kWh
Anschaffungspreis:
0,70 €/Glühlampe
7,00 €/Kompakt-Leuchtstofflampe
Lebensdauer:
1000 h/Glühlampe
8000 h/Kompakt-Leuchstofflampe

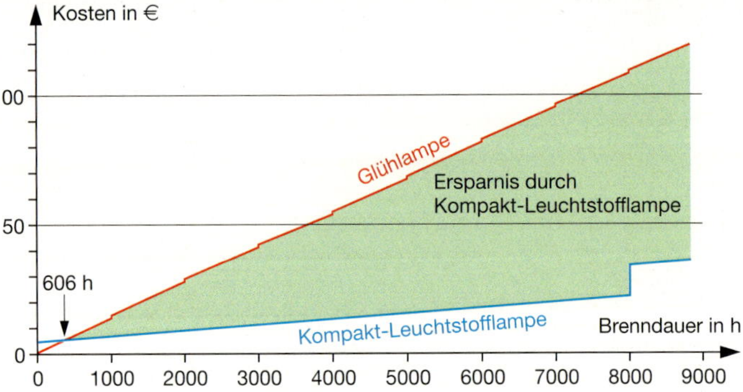

$$\textbf{Grenz-Brenndauer} = \frac{\text{Differenz der Anschaffungspreise}}{\text{Differenz der Leistungen} \cdot \text{Energiepreis}} \quad \frac{€}{\text{kW} \cdot €/\text{kWh}}$$

Halogen-Glühlampen – *Halogen lamps*

Eigenschaften

- hohe Temperaturen ⇒ hohe Lichtausbeute
- warmweiche Lichtfarbe ⇒ gute Farbwiedergabe
- Regenerierung der Wendel ⇒ keine Schwärzung des Kolbens ⇒ gleichmäßiger Lichtstrom

Bauformen

Hochvolt-Lampen (230 V)	**Niedervolt-Lampen (6 V, 12 V, 24 V)**
Sockel: E27, BA15d, R7s, Fa4	Sockel: G, GU, GY, GX, GZ, G53, BA

Quarz-Röhren-Lampen

ø 32 QT 32

ø 18 QT 18

zweiseitig gesockelt QT-DE
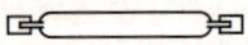

Quarz-Reflektor-Lampen

einseitig gesockelt QT-TE

ø 48 QR 48
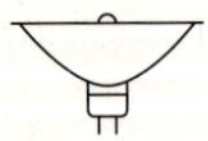

Cool-Beam QR-CB

ø 111 QR 111
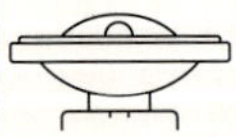

Schaltungen für Leuchtstofflampen – *Circuits for fluorescent lamps*

Vorschaltgeräte

Gerätearten

Konventionelle Vorschaltgeräte **KVG**[1]	Verlustarme Vorschaltgeräte **VVG**	Elektronische Vorschaltgeräte **EVG**

KVG und VVG:

- Betriebsfrequenz: f = 50 Hz
- Induktive Geräte mit jeweiliger Zündung bei Nulldurchgängen

KVG:

- Spule mit Eiserkern
  ⇒ Leistungsverlust P_v durch R_{Sp} (Wirkwiderstand der Spule)

VVG:

- Spule mit legiertem Eiserkern
  ⇒ Verkleinerung des Leistungsverlust P_v

EVG:

- Betriebsfrequenz: $f \approx$ 25 kHz
- Abschaltung defekter Röhren
- Einfaches Dimmen möglich
- Keine neue Zündung bei Nulldurchgängen, da Gas ionisiert bleibt
  ⇒ verlustarmer und flackerfreier Betrieb

[1] Nicht mehr zugelassen seit November 2005 laut Europäischer Energieeffizienz-Richtlinie 2000/55EG

Grundschaltungen

VVG mit elektronischem Starter und Drossel

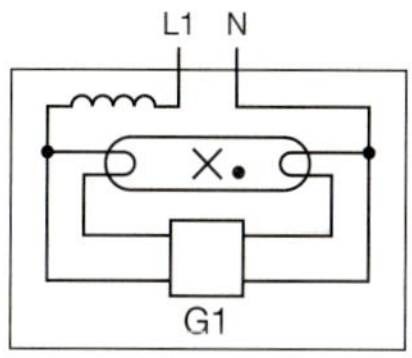

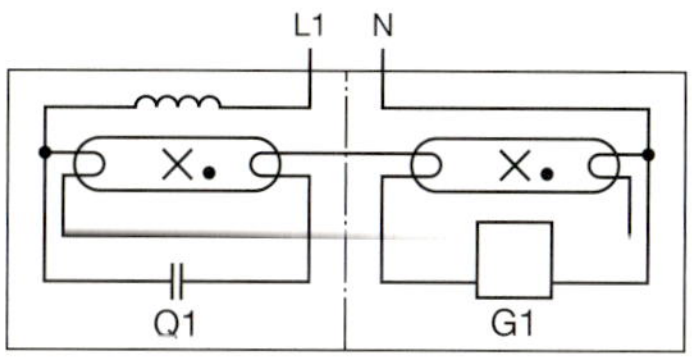

G1: elektronischer Starter

Q1: Kondensator 0,1 μF

EVG

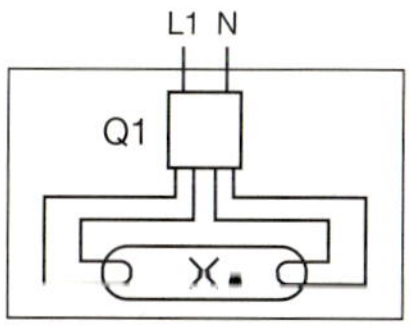

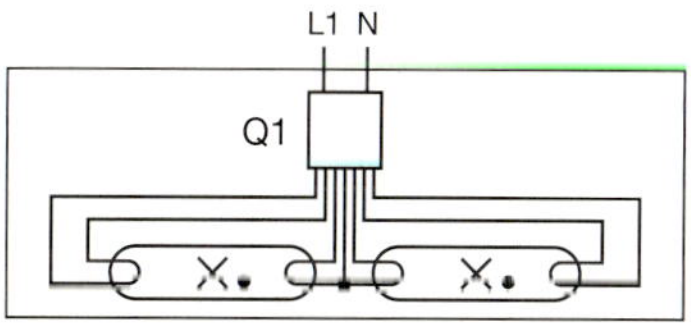

Q1: EVG

Bestandteile:

- Filter gegen HF-Störungen
- Gleichrichter mit Kondensator
- Wechselrichter (25 … 40 kHz)
- Abschaltautomatik

Vorteile:

- cos φ = 1, keine Kompensation nötig
- Gleich- und Wechselstrom-Betrieb
- Dimmen möglich
- Abschaltung bei defekten Lampen

EVG und Heiztransformator

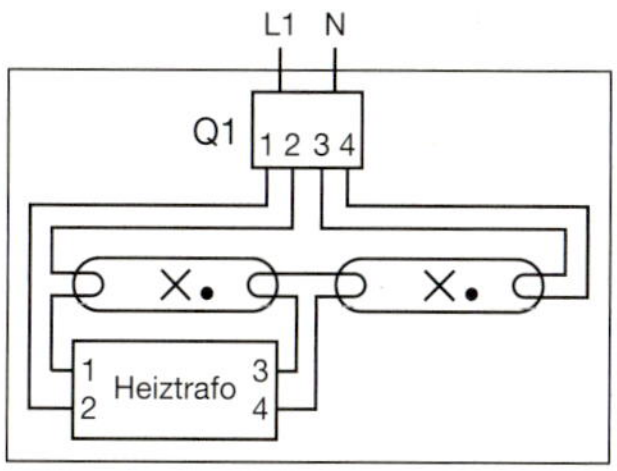

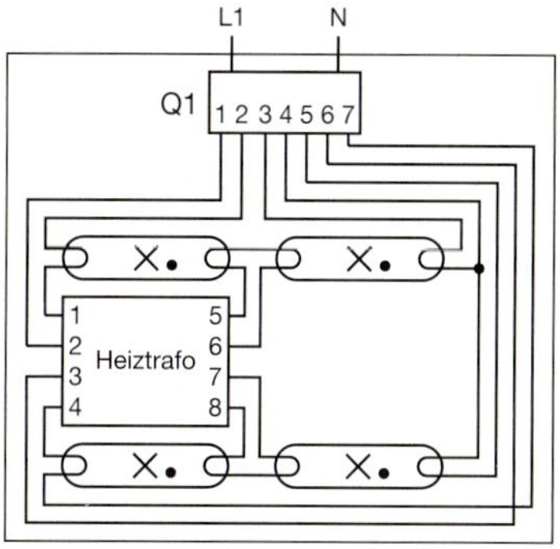

Starterloser Betrieb: Spannungsgesteuerte Vorheizung mit Heiztrafo für Schnellstart

Schaltungen für Metalldampflampen – *Circuits for metal vapour lamps*

- Natrium-Niederdrucklampen
- Quecksilber-Hochdrucklampen

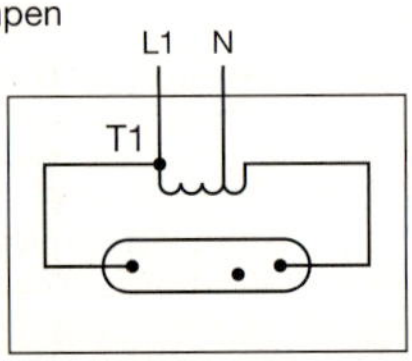

T1: Streufeldtransformator

- Halogenlampen
- Natrium-Niederdrucklampen (stabförmig)

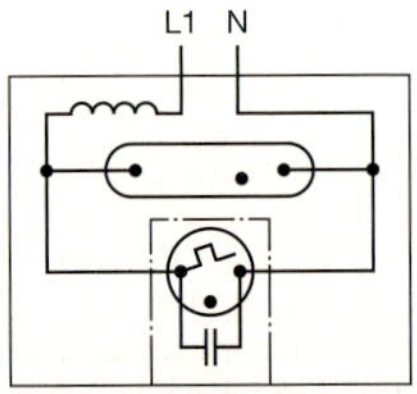

Schaltungen mit elektronischen Zündgeräten

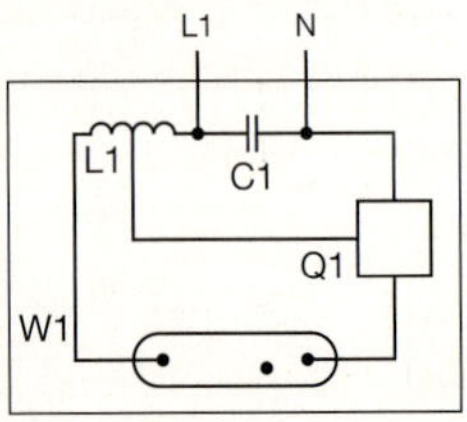

Vorschaltgerät in der Leuchte

C1: Rückschluss-Kondensator für HF
Q1: Impulsgenerator (Zündgerät)
L1: Vorschaltdrossel
L2: Dämpfungsdrossel
W1: HF-Zündleitung ϟ

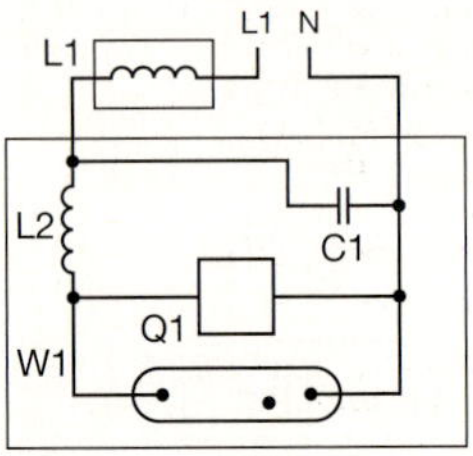

Vorschaltdrossel außerhalb der Leuchte

Steuerungen für Leuchtstofflampen – *Controls for fluorescent lamps*

Ansteuerungsarten

Einphasiger Betrieb mit Potentiometer

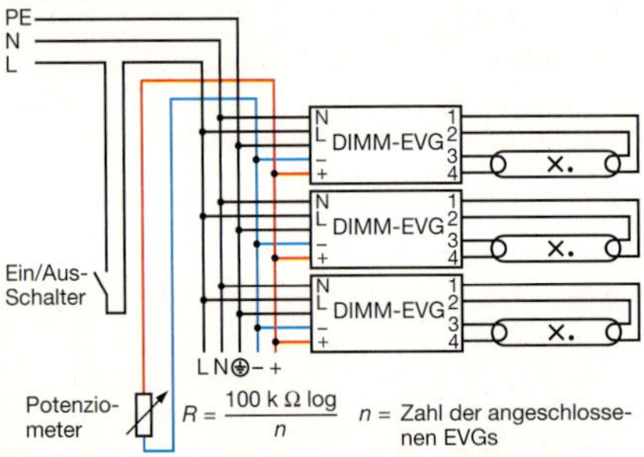

$R = \frac{100\ \text{k}\Omega\ \log}{n}$ n = Zahl der angeschlossenen EVGs

Potentiometer so anschließen, dass bei Rechtsanschlag das volle Beleuchtungsniveau erreicht wird.

Dreiphasiger Betrieb mit Schütz und Dimmer

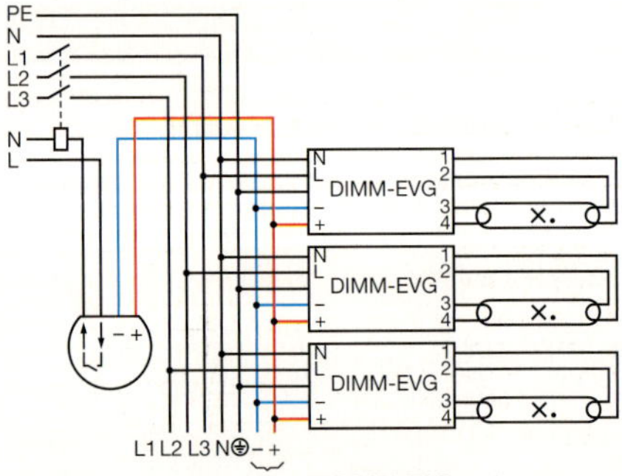

Mit DIMM-EVG

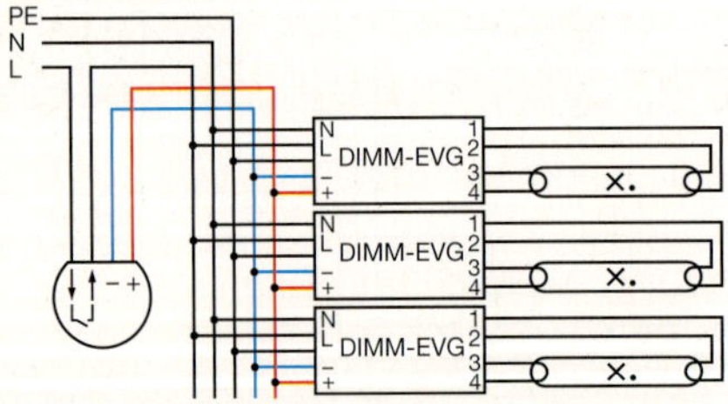

Maximal schaltbare EVGs abhängig von:

- Belastbarkeit der Leitungsschutz-Schalter und
- Belastbarkeit des Schützes.

Anschluss:

- EVG muss geerdet sein.
- Beim Anschließen des EVG mind. 5 cm Abstand zum Ende der Leuchtstofflampe einhalten.

Schaltungen mit Installationsschaltern – *Circuits with installation switches*

Stromlaufplan in zusammenhängender Darstellung	Übersichtsschaltplan

Ausschaltung

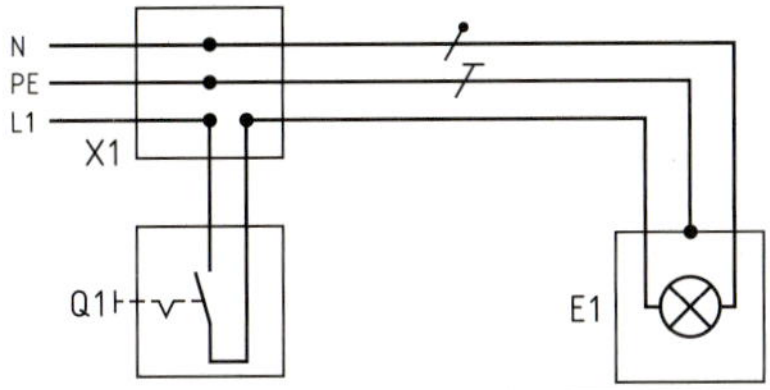

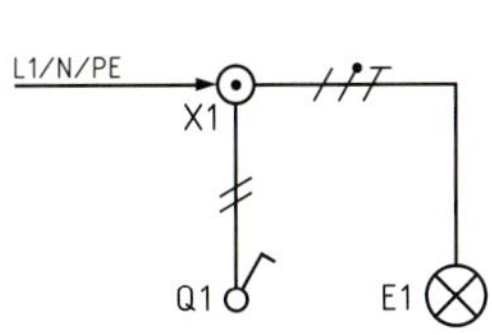

Ausschaltung mit Kontrolllampe

Kontrolllampe ① leuchtet bei

- eingeschalteter Leuchte E1,
- ausgeschalteter Leuchte E1 in Parallelschaltung zum Ausschalter.

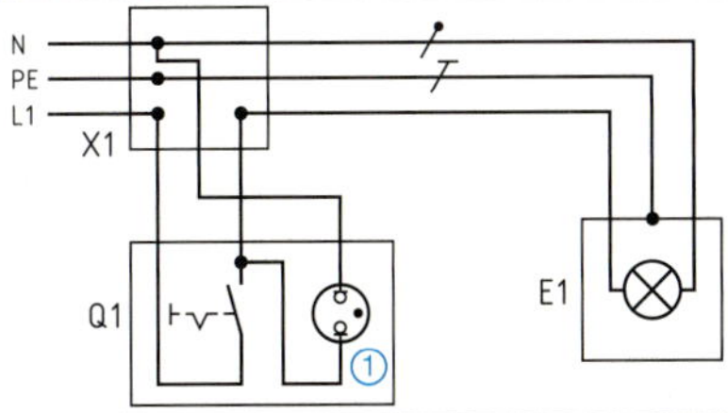

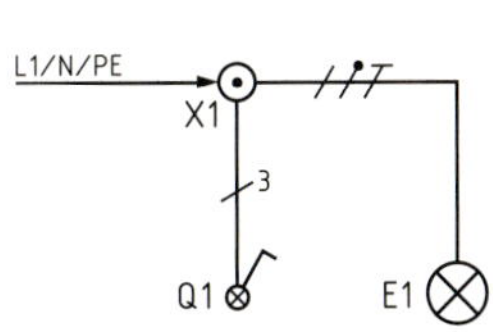

Serienschaltung

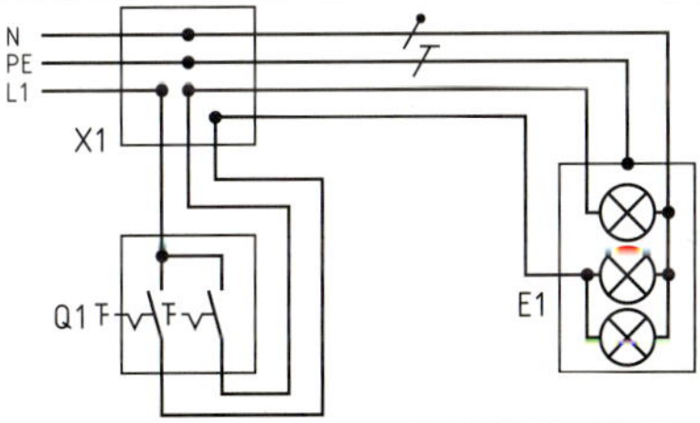

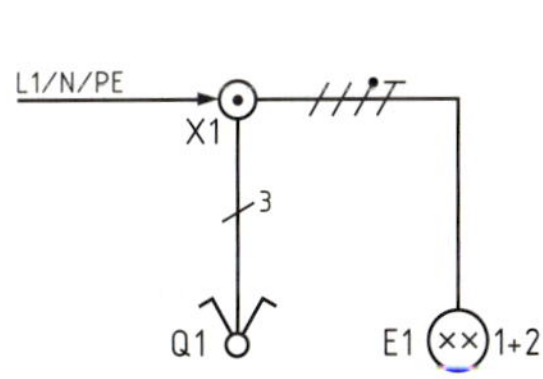

Serienschaltung mit Kontrolllampe

Kontrolllampe leuchtet bei

- ausgeschalteten Leuchten E1 ②,
- eingeschalteten Leuchten E1, wenn Anschluss ③ an N-Leiter gelegt wird.

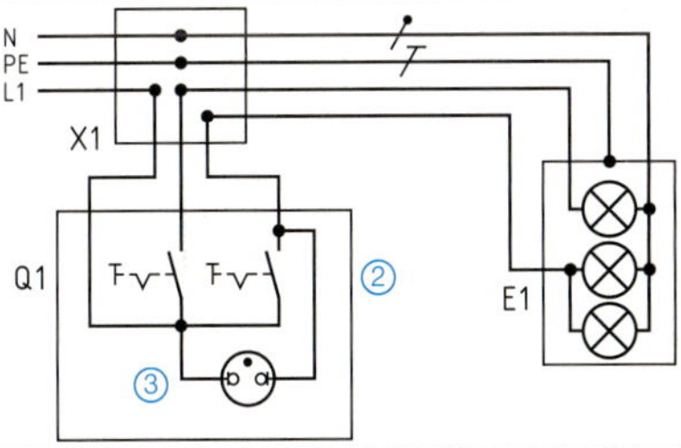

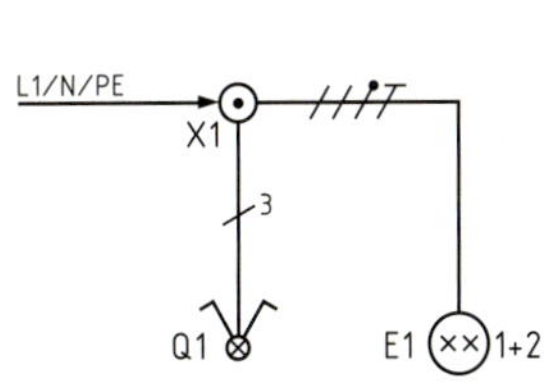

Gruppenschaltung

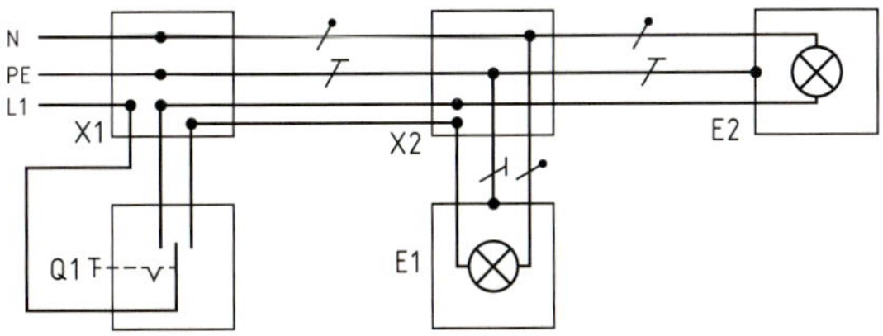

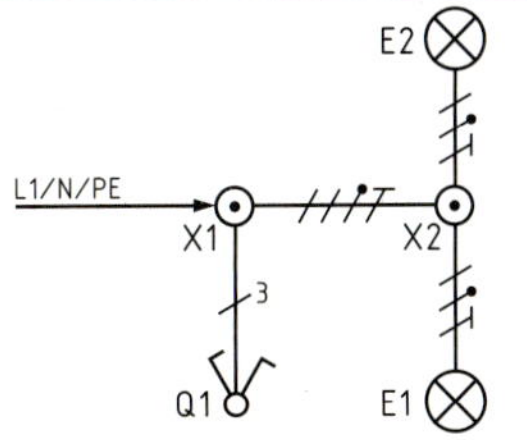

Schaltungen mit Installationsschaltern – *Circuits with installation switches*

Stromlaufplan in zusammenhängender Darstellung	Übersichtsschaltplan

Wechselschaltung

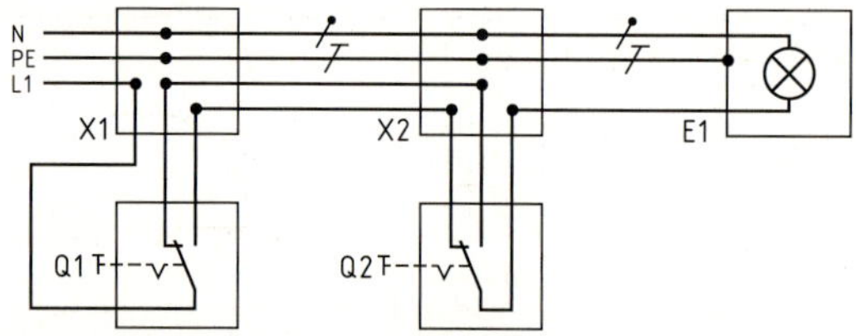

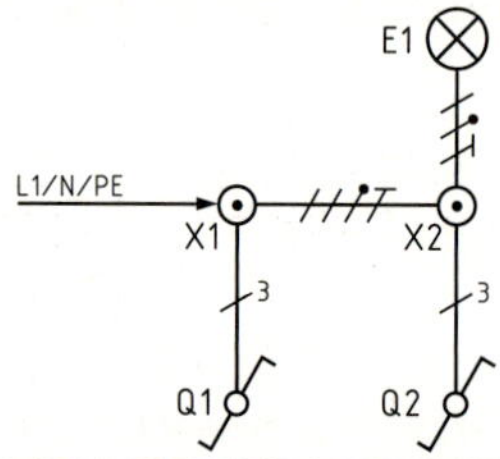

Wechselschaltung mit Kontrolllampe

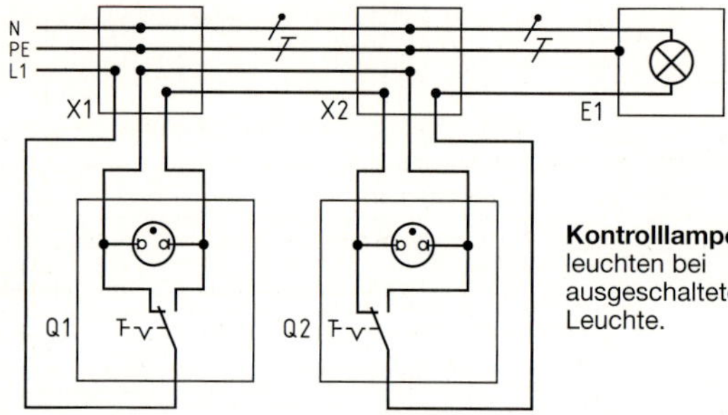

Kontrolllampen leuchten bei ausgeschalteter Leuchte.

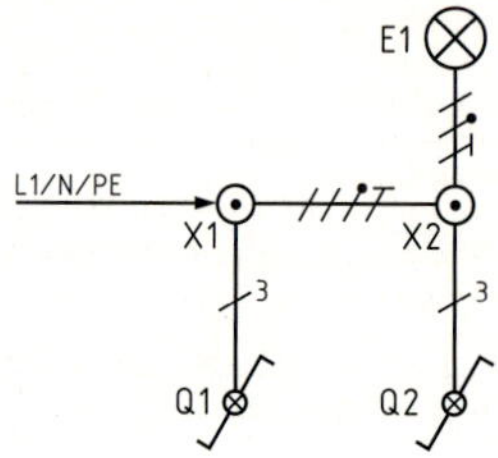

Sparwechselschaltung mit Schutzkontaktsteckdose

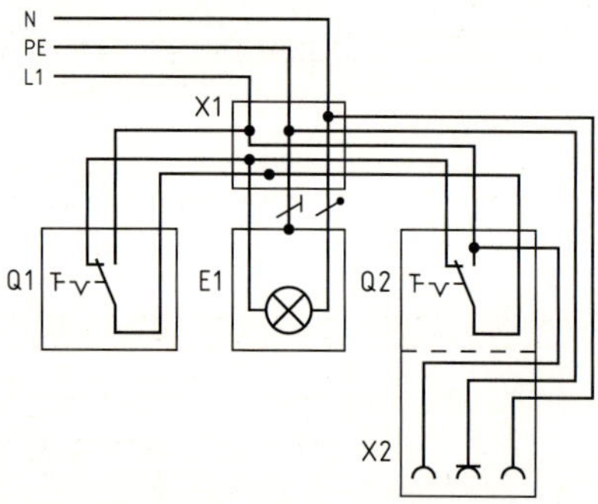

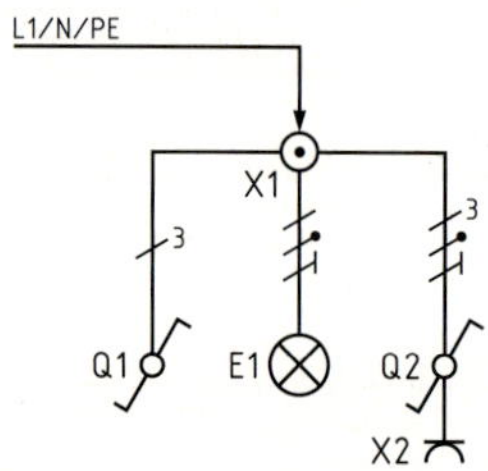

Kreuzschaltung

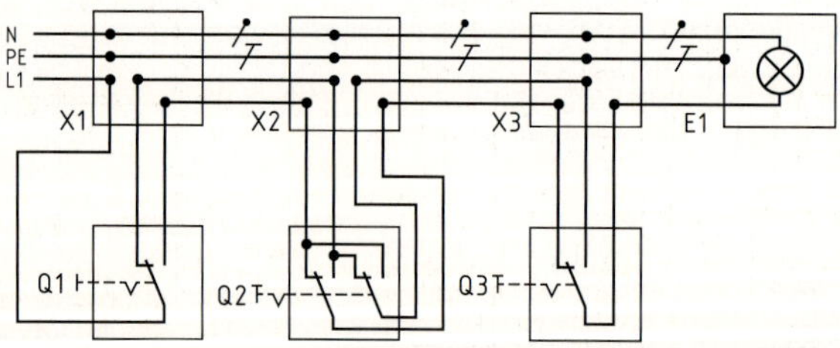

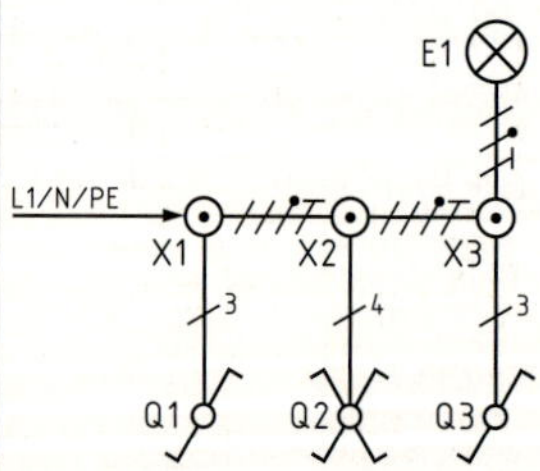

Schaltungen mit elektromagnetischen Schaltern

Circuits with electromagnetic switches

Stromlaufplan in zusammenhängender Darstellung	Übersichtsschaltplan

Stromstoßschaltung mit beleuchteten Tastern

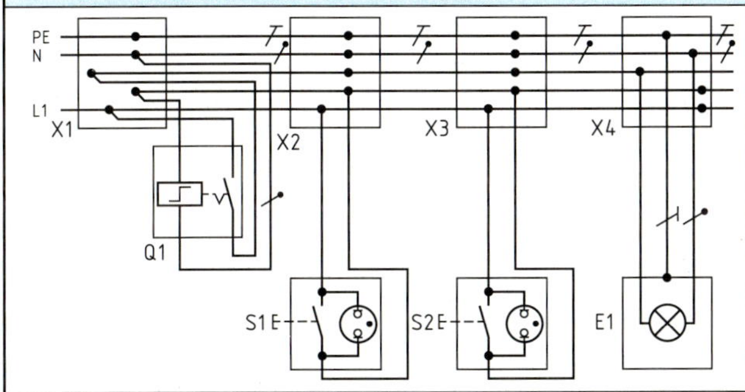

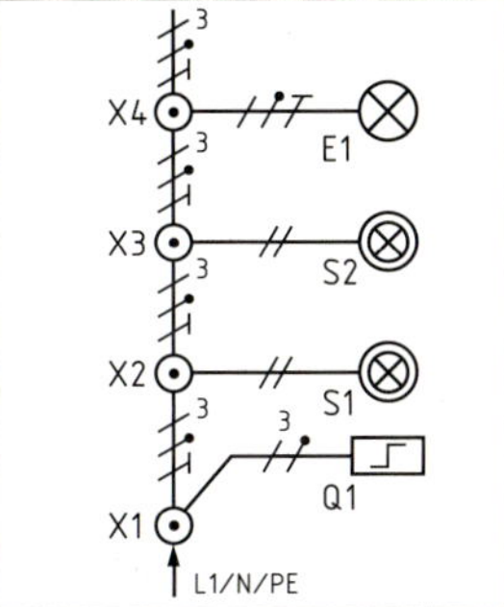

Glimmlampen

- bei geräuscharmen Stromstoßschaltern parallel zu den Tastern (max. 30 Glimmlampen mit 1 mA) schalten oder
- in Tastern an L und N anschließen, um optimale Leuchtkraft und sichere Funktion zu erzielen.

Ansteuerung von geeigneten Stromstoßschaltern auch mit Kleinspannung möglich.

Treppenhausschaltung mit Treppenlicht-Zeitschalter in L1-gesteuertem Dreileiteranschluss

(nicht nachschaltbar)

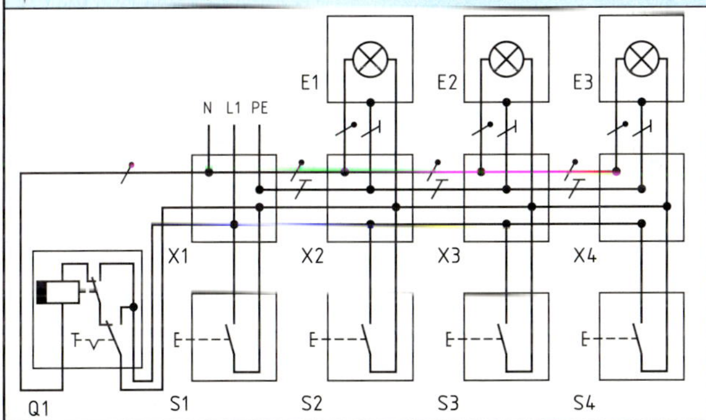

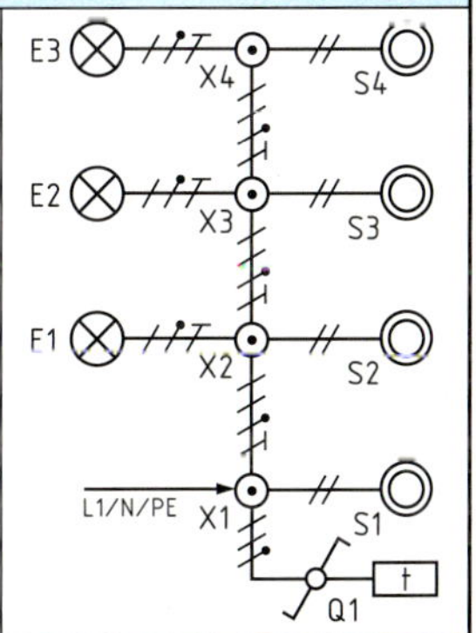

Treppenhausschaltung mit Treppenlicht-Zeitschalter in L1-gesteuertem Vierleiteranschluss

(nachschaltbar)

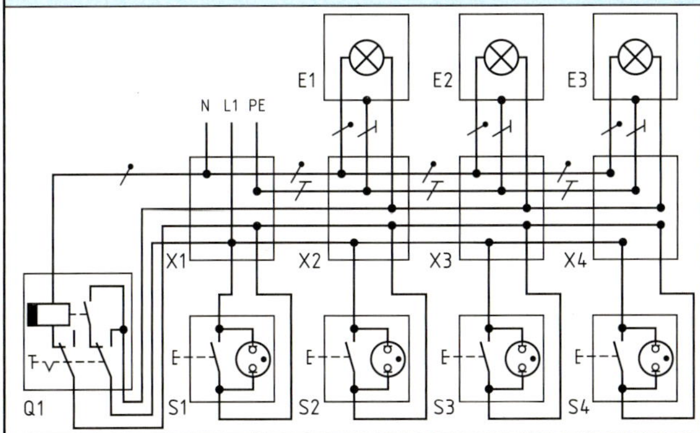

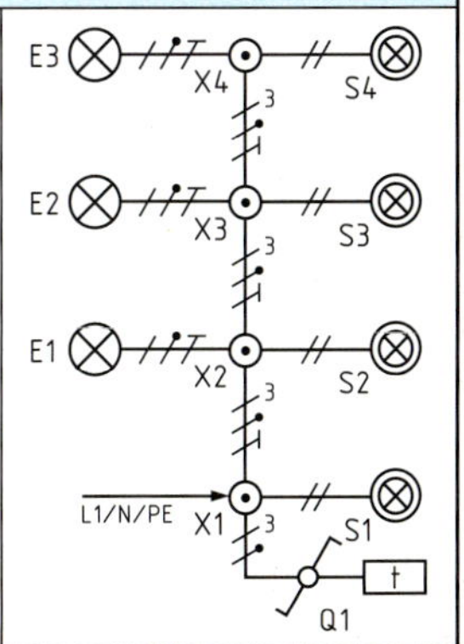

Schaltungen mit Dimmern – *Circuits with dimmer*

Stromlaufplan in zusammenhängender Darstellung	Übersichtsschaltplan

Dimmer für Glühlampen (mit drei Anschlussklemmen)

Dimmer für Allgebrauchslampen:

- Einstellung der Grundhelligkeit mittels Einstellknopf (Einstellung bei minimaler Belastung vornehmen.)
- Betrieb auch von Hochvolt-Halogenlampen möglich (Herstellerangaben beachten.)

Ausschaltung

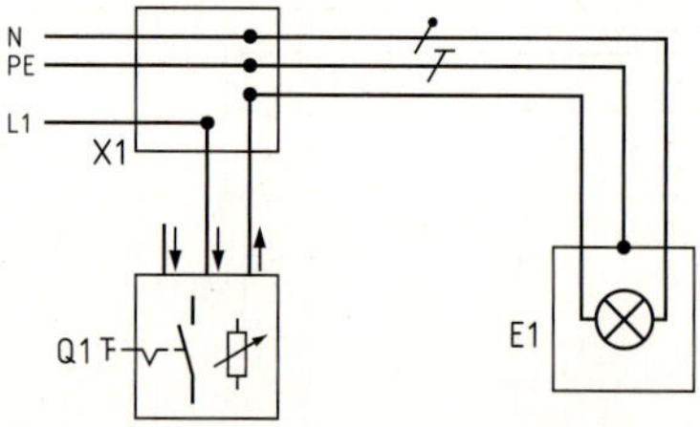

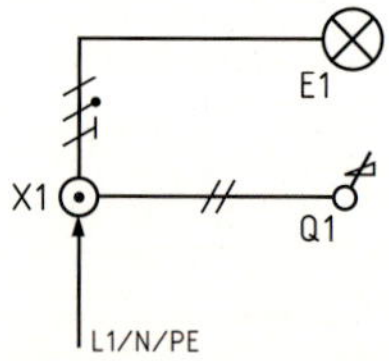

Wechselschaltung

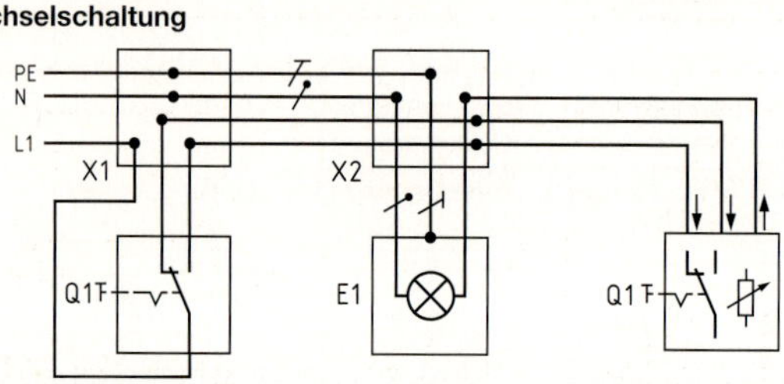

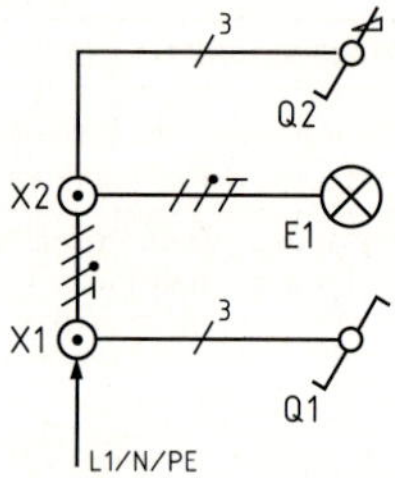

Dimmer für Leuchtstofflampen (mit 4 Anschlussklemmen, auch für Glühlampen)

Ausschaltung mit Vorschaltgerät

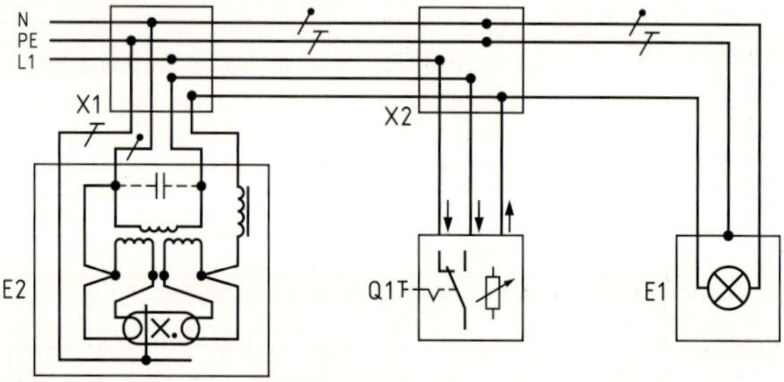

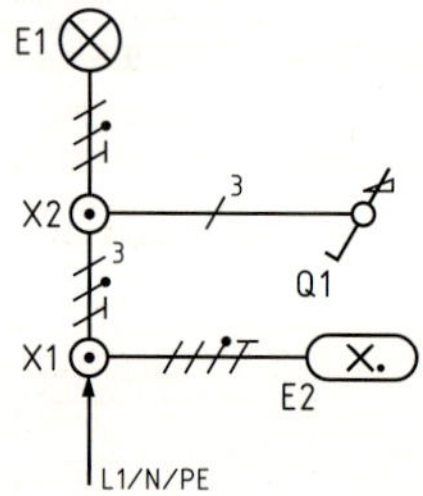

Wechselschaltung mit Vorschaltgerät

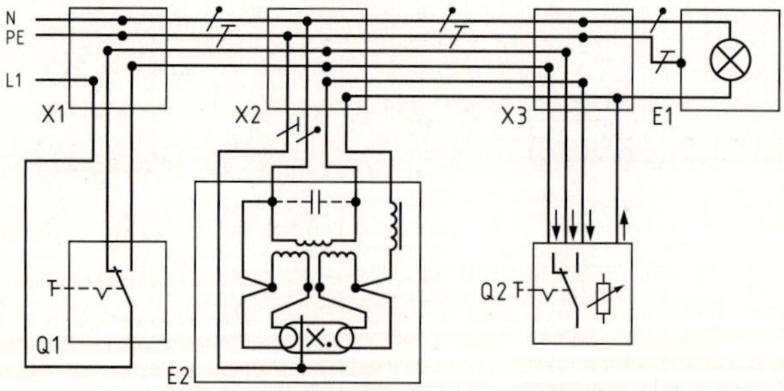

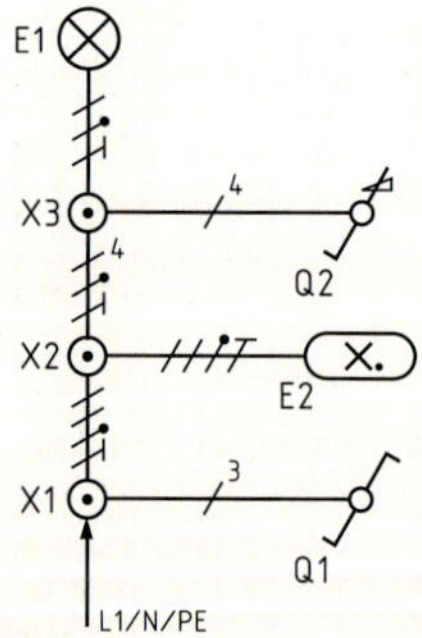

Haustechnik

Schaltungen mit Sensoren – *Circuits with sensors*

Stromlaufplan in zusammenhängender Darstellung	Übersichtsschaltplan

Ausschaltung mit Tastdimmer

Tastdimmer mit Memory-Funktion

- **OFF**: Dimmer schaltet nach kurzem Tasten auf volle Helligkeit (Dimmfunktion aus).
- **ON**: Dimmer schaltet auf zuletzt eingestellten Helligkeitswert (Dimmfunktion ein).
- Anschluss von Glimmlampen in beleuchteten Tastern immer zwischen Außenleiter und Neutralleiter.

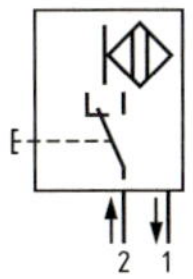

1 : Lampe E1
2 : Außenleiter L1

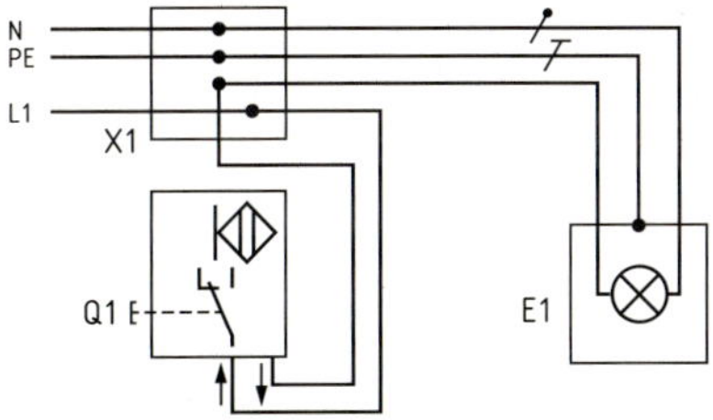

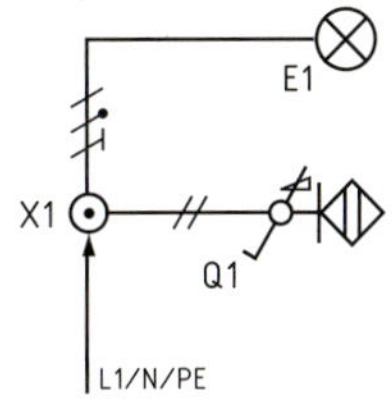

Wechselschaltung mit Tastdimmer

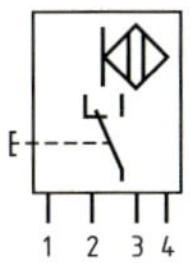

1 : } Taster-Dimmer
2 : } Nebenstellen
3 : Lampe E1
4 : Beleuchtung T.-D.-Nebenstellen

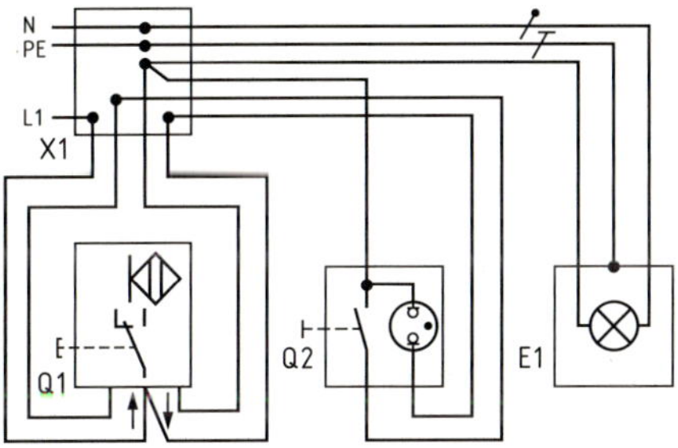

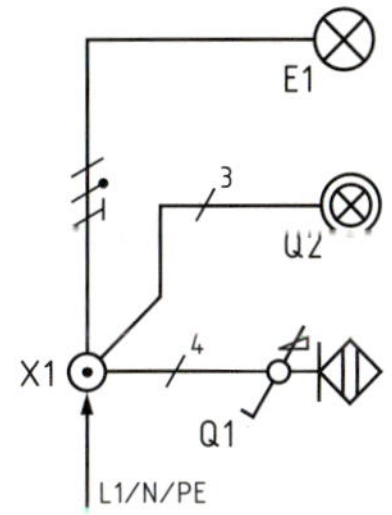

Wechselschaltung mit Sensorschalter und Sensor

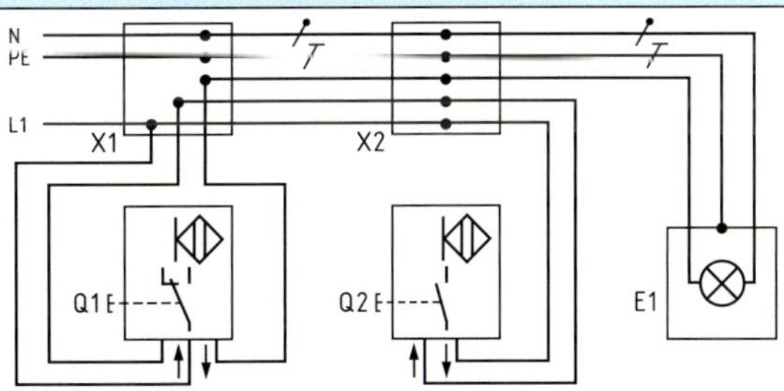

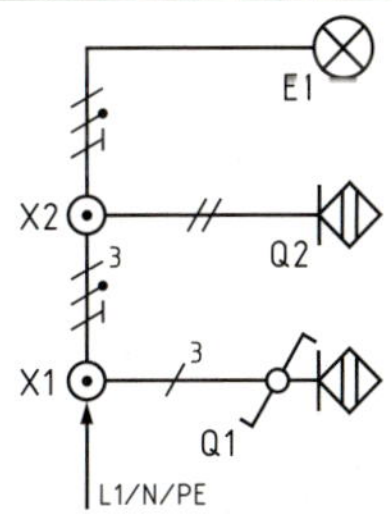

Stromstoßschaltung mit Sensortastern

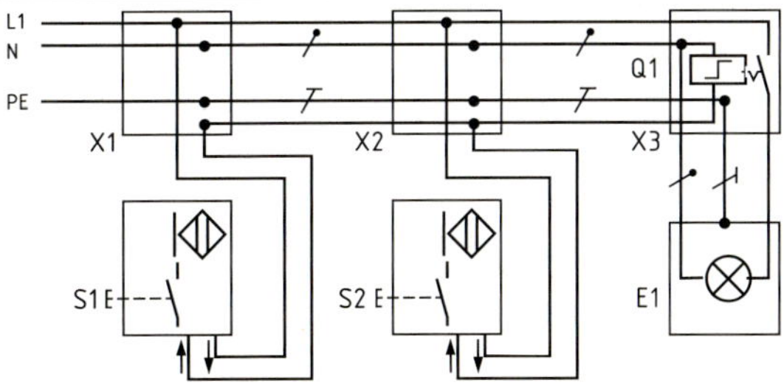

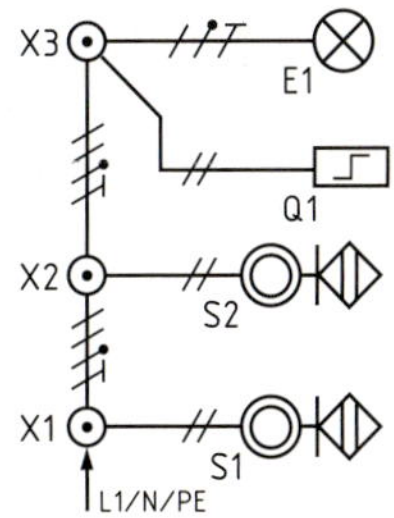

Niedervoltanlagen – *Low-voltage installations*

Niedervolt-Halogenlampen

Anwendungen:
- Möbeleinbauleuchte
- Tischleuchte
- Deckenleuchte
- Beleuchtungsanlagen in privaten und geschäftlichen Räumen

Eigenschaften:
- hohe Lichtstärke,
- hohe Glanzeffekte bei beleuchteten Objekten,
- kleine Abmessungen,
- große Lampenvielfalt,
- hohe Lichtausbeute, z. B. für Lichtstrom von 960 lm; Halogenlampe 50 W (Glühlampe 75 W),
- gleichbleibende Helligkeit,
- Quarzglas mit UV-absorbierender Wirkung.

Hinweise:
- Betriebsspannung: Überspannung von 10 % verringert Betriebsdauer um ca. 75 %.
- Einschaltstrom abhängig von der Art des Transformators, bei elektronischen Transformatoren gering.
- Verkürzung der Betriebsdauer bei Erschütterungen und bei ϑ > maximal zulässige Temperatur.
- Dimmen:
  Bei konventionellem Transformator mit NV-Phasenanschnitt-Dimmer;
  bei elektronischem Transformator mit Phasenan-/ oder -abschnittdimmer (lt. Hersteller).
- Wärmegedämmte Decke:
  Angaben des Herstellers beachten, da 15 % bis 66 % der Wärme nach hinten abgegeben wird.
- Einsetzen: Neuen Glaskoben nicht berühren.
- Brandgefahr: Spezielle Einbaudosen verwenden und Transformatoren auf nicht brennbarem Material montieren.

Lampentypen	Eigenschaften	Sockel	U_n in V	P in W	Φ in lm
Halostar Starlite (GY6,35) 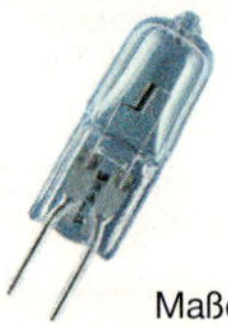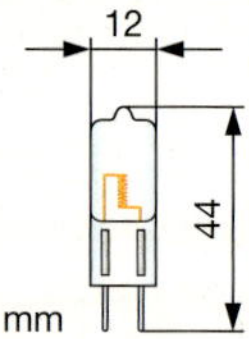 Maße in mm	• Freibrennender Betrieb ohne Schutzabdeckung möglich • Lebensdauer: bis ca. 4000 Betriebsstunden	G4 GY6,35	6 12	5 10 20 35 50 75 90	60 130 320 600 930 1450 1800
Halostar für Backofenbeleuchtung 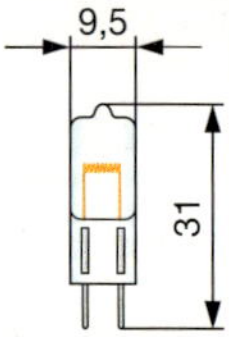	• Optimale Lichtlenkung durch Axialwendel • Sockelstifte mit Korrosionsschutz und sicherem Kontakt bei hohen Temperaturen • Pyrolyseeignung, da zulässige Umgebungstemperatur 460 °C • hohe Lichtausbeute	G4	12	5 10 20	60 140 320
Decostar 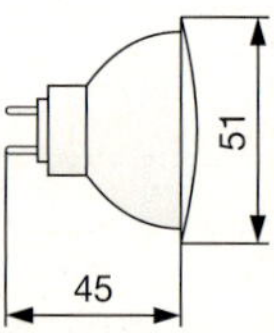	• UV-STOP-Glas als Schutz vor schädlicher UV-Strahlung • klare Abdeckscheibe, deshalb Betrieb in offenen Leuchten • Lebensdauer: bis ca. 4000 Betriebsstunden	Gu5,3	12	20 35 50	Lichtstärke und Strahlwinkel, siehe Herstellerangaben
Halospot 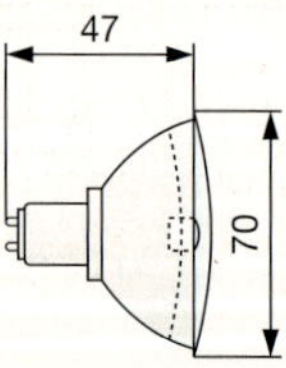	• gleichmäßige Lichtverteilung durch Reflektorwirkung • UV-Unterdrückung durch UV-STOP-Glas • freibrennender Betrieb ohne Schutzabdeckung möglich	BA15d	12	20 50	Lichtstärke und Strahlwinkel, siehe Herstellerangaben

Niedervoltanlagen – *Low-voltage installations*

Stromschienensystem

Beispiel:

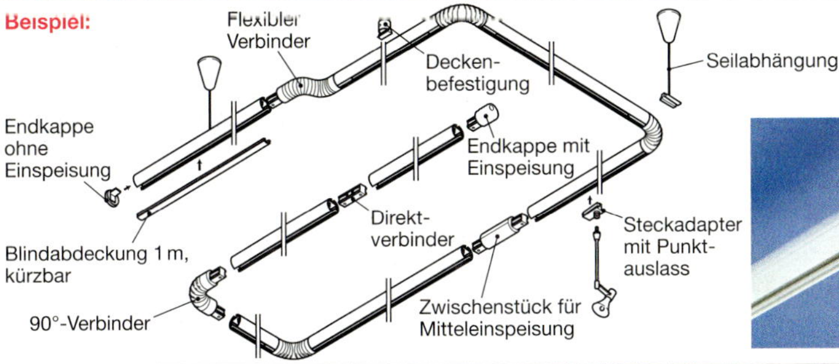

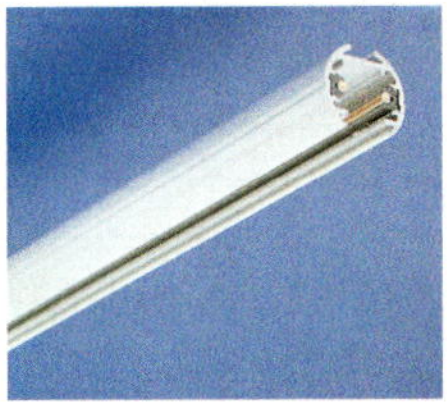

Installation

Arten der Stromzuführung

- Leitung, z. B. NYM
- NV-Stangen- oder Seilsystem
- NV-Stromschiene
- NV-Metallband
- Maximaler Spannungsfall 5 % (DIN VDE 0100-715)

Auswahl und Installation des Transformators

- Elektronischer Transformator mit Symbol, (110) Überlastschutz durch Feinsicherung auf der Primärseite, lastunabhängige Sekundärspannung, Verwendung ab Lampenleistung von 50 W.
- Belastung des Transformators mit Bemessungslast, z. B.
  35 VA ⇒ 3 × 10 W oder 1 × 10 W + 1 × 20 W
  50 VA ⇒ 5 × 10 W oder 1 × 10 W + 2 × 20 W
  60 VA ⇒ 6 × 10 W oder 3 × 20 W
- Nähe zum Einspeisepunkt ≤ 1 m
- Verlegung auf Holz oder anderen entflammbaren Stoffen (M) (M)

Sicherheitsabstände

Bauform	zur Decke in mm	zur Wand in mm
Sicherheitstransformator	20	100
Elektron. Transformator	10	20

Leitungslänge

Maximale Leitungslänge → Last, Spannungsfall

P in VA	*I* in A	Abstand vom Transformator 1 m	2,5 m	5 m	10 m	15 m
		Leiterquerschnitt in mm²				
20	1,7	1,5	1,5	1,5	1,5	2,5
50	4,2	1,5	1,5	2,5	4,0	–
100	8,3	1,5	2,5	4,0	–	–
150	12,5	1,5	2,5	–	–	–

Werte gelten für sternförmige Verlegung und angenommenen Spannungsfall von 4 % bei U = 12 V.

Dimmen

- Dimmer nach Scheinleistung des Transformators bemessen.
- Phasenabschnittsdimmer (Elektronik-Dimmer) auf Eingangsseite des Transformators anschließen.

Auswahl der Leitungen

- Auswahl nach DIN VDE 0298-4, z. B. NYM 3 x 1,5 mm² oder 3 x 2,5 mm² je nach Länge der Zuleitung von der Verteilerdose zu den NV-Leuchten.

Schaltungen von Niedervolt-Lampen

Ringförmig

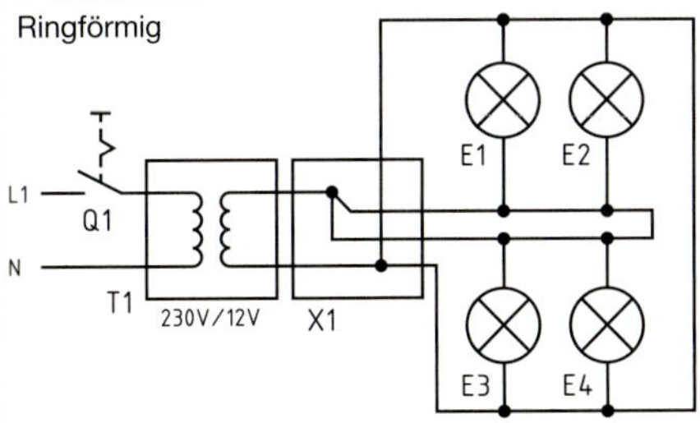

Sternförmig

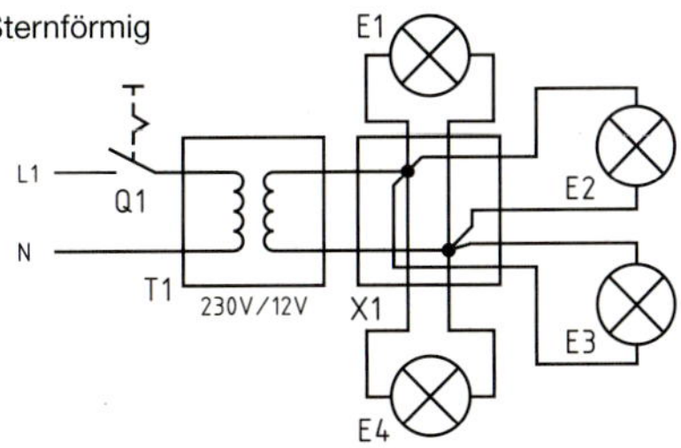

Haustechnik

Notbeleuchtung – *Emergency lightning*

Notbeleuchtung

Sicherheitsbeleuchtung
- für Räume und Rettungswege,
- Antipanik-Beleuchtung,
- für Arbeitsplätze mit besonderer Gefährdung.

Ersatzbeleuchtung
- zusätzlich zur Innenraumbeleuchtung

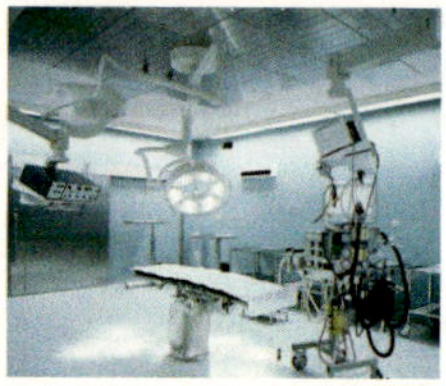

Ersatzstromquellen
zur Sicherheitsbeleuchtung nach DIN VDE 0108-100

Stromaggregate
- Ersatzstromaggregat, Umschaltzeit $t \leq 15$ s
- Schnellbereitschaftsaggregat $t \leq 0{,}5$ s
- Sofortbereitschaftsaggregat $t = 0$ s

2. Versorgungsnetz
- Einspeisung aus einem zusätzlichen besonders abgesicherten Versorgungsnetz

Batteriesysteme
- Einzelbatterie
- Gruppenbatterie
- Zentralbatterie

Schaltungen für Sicherheitsbeleuchtung

Zweileiternetz, eine einzelne Leitung

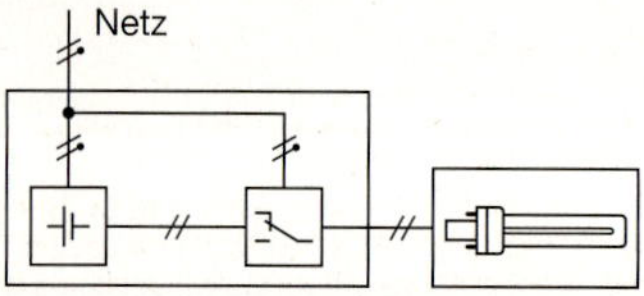

Bereitschaftsschaltung: Bei Netzausfall wird die Sicherheitsbeleuchtung an die Ersatzspannungsquelle geschaltet.

Vierleiternetz, zwei getrennte Leitungen

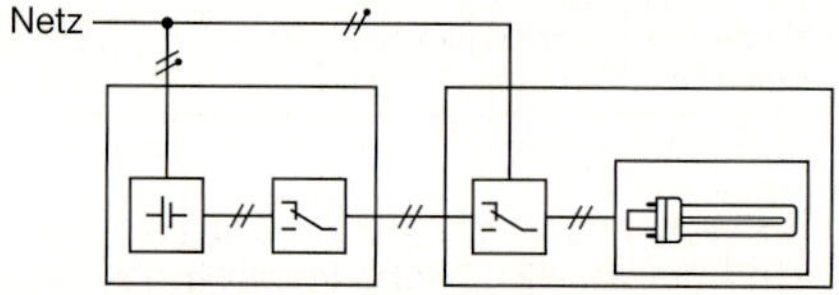

Dauerschaltung: Bei Netzausfall wird die Sicherheitsbeleuchtung auf die Ersatzspannungsquelle umgeschaltet.

Installation der Sicherheitsbeleuchtung

Voraussetzungen

- Gefahrloses Verlassen eines Raumes oder eines Gebäudes, wenn Allgemeinbeleuchtung ausfällt.
- Schutz von Personen und Arbeitsabläufen, damit geeignete Abschaltmaßnahmen z. B. bei rotierenden Maschinen bzw. zur Beendigung des Arbeitsvorganges getroffen werden können.
- Ausbruch von Panik verhindern, so dass Personen sicher einen Rettungsweg finden.
- Anforderungen an Funktionserhalt beachten.

Installationsstellen

- Bei jeder Richtungsänderung eines Weges,
- im Abstand von $s \leq 2$ m vor jeder Niveauänderung,
- bei Kreuzungen von Fluren und Gängen,
- außerhalb und im Abstand von $s \leq 2$ m nahe des letzten Ausgangs ①,
- bei jeder Ausgangstür, die im Notfall benutzt werden muss,
- bei Rettungszeichen und Notausgängen ②,
- im Mindestabstand $s \leq 2$ m über dem Fußboden ③, im Abstand von $s \leq 2$ m, um Treppenstufen direkt zu beleuchten ④,
- im Abstand von $s \leq 2$ m vor einer Erste-Hilfe-Station ⑤,
- im Abstand von $s \leq 2$ m vor einer Einrichtung zur Brandbekämpfung oder deren Meldestation ⑥.

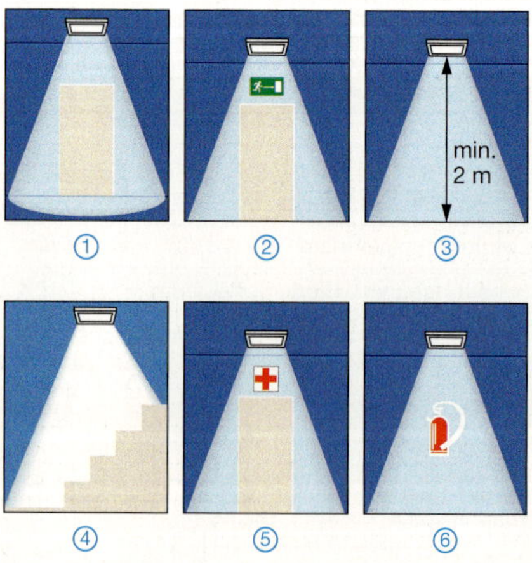

Notbeleuchtung – *Emergency lightning*

Anordnungsplan

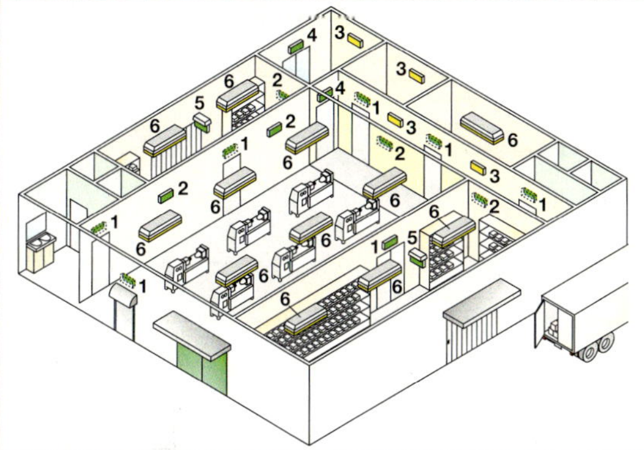

Angaben zu den Leuchten		
Hinweisbeleuchtung	**Pos.**	**Anzahl**
	1	7
	2	5
	4	2
	5	2
Sicherheitsbeleuchtung		
	3	4
Ersatzbeleuchtung		
	6	12

Planung der Installation:
- Akkumulatoren:
  Wartung und Aufladung laut DIN VDE 0108-1 bis -7.
- Beleuchtungsstärken:
  Mindestwerte zur sicheren Führung von Personen zum nächstliegenden Ausgang
  - $E \geq 1$ lx waagerecht an jeder Stelle in $h = 0{,}2$ m,
  - $E \geq 5$ lx in der Mitte des Weges.
- Schutzart:
  Auswahl je nach Eigenschaften des Raumes, z. B.
  - Innenbereich ohne Staubentwicklung IP40,
  - Innenbereich mit Staubentwicklung oder Feuchtigkeit und in Außenbereichen IP65.
- Position der Leuchten:
  Notbeleuchtung muss folgende Voraussetzungen erfüllen
  - ausreichende Signalisierung der Fluchtwege sichern,
  - gefährliche Bereiche wie z. B. Höhenunterschiede und Hindernisse sichtbar machen,
  - Beleuchtung so dimensionieren, dass im Nottall Panik vermieden wird,
  - Arbeitsbereiche, in denen eine Fortführung des Arbeitsprozesses erforderlich ist, mit ausreichender Sicherheitsbeleuchtung ausstatten (vgl. Werte der Tabelle „Besondere Bestimmungen").
- Anzahl der Leuchten, oben rechts, (DIN 5035-5).

Besondere Bestimmungen — DIN VDE 0108-100

Anlagen	Versammlungsstätten, Geschäftshäuser, Gaststätten	Hotels, Hochhäuser, Schulen	Bühnen, Szenenflächen	Rettungswege in Arbeitsstätten	Geschlossene Großgaragen	Arbeitsplätze mit besonderer Gefährdung
Beleuchtungsstärke E_{min} in lx	1	1	3	1	1	10 % von E_n, mindestens 15
Umschaltzeit t in s	1	15	1	15	15	0,5
Betriebsdauer der Ersatzstromquelle t in h	3	3	3	1	3	mindestens 1/60[2)]
Dauerschaltung für Rettungszeichen-Bel.	ja	ja	ja	nein	ja	nein
Dauerschaltung für Rettungswege-Bel.	ja[1)]	nein	nein	nein	nein	nein

[1)] Nur für Rettungswege außerhalb von Versammlungsstätten [2)] Dauer der Gefährdung

Bemessung und Prüfungsvorschriften

Eigenschaften	Einzelbatterie	Gruppenbatterie	Zentralbatterie
Leuchtenzahl	≤ 2 Leuchten	≤ 20 Leuchten	> 2 Leuchten
Batteriegröße	keine Begrenzung	900 Wh	keine Begrenzung
Batterieart	wartungsfrei	wartungsfrei und ortsfest	offen und ortsfest
Aufstellungsort	nahe der Leuchte	gesonderter Betriebsraum	
Umschaltung	automatisch, wenn Netzspannung für $t \geq 0{,}5$ s auf 85 % von U_n sinkt		
Funktionsprüfung	wöchentlich	täglich	
Betriebsdauerprüfung	jährlich, Betriebsdauertest außerhalb der Betriebszeit		

Lichtsteuersysteme – *Light control systems*

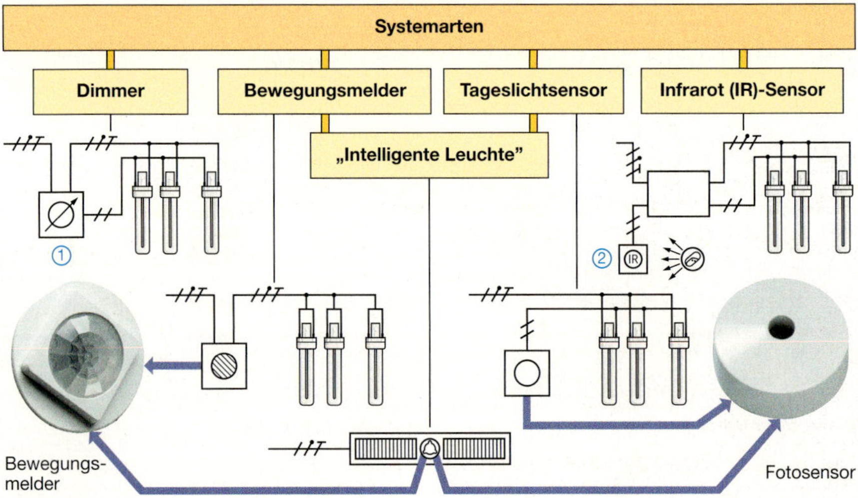

Systembeschreibung:

- Dimmen der Beleuchtungsstärke manuell ①
- Dimmen mit Hilfe einer IR-Fernbedienung ②
- Steuerung durch Sensor mit Abschaltverzögerung je nach Tageslichtintensität
- Steuerung durch Sensor je nach Tageslichtintensität mit gleichzeitiger Steuerung der Beleuchtungsstärke
- Steuerung der Beleuchtungsstärke durch Sensoren je nach Tageslicht und Anwesenheit

DALI-Steuersystem

Beispiel: Steuersystem von EVG-Herstellern entwickelt (**D**igital **A**ddressable **L**ightning **I**nterface)

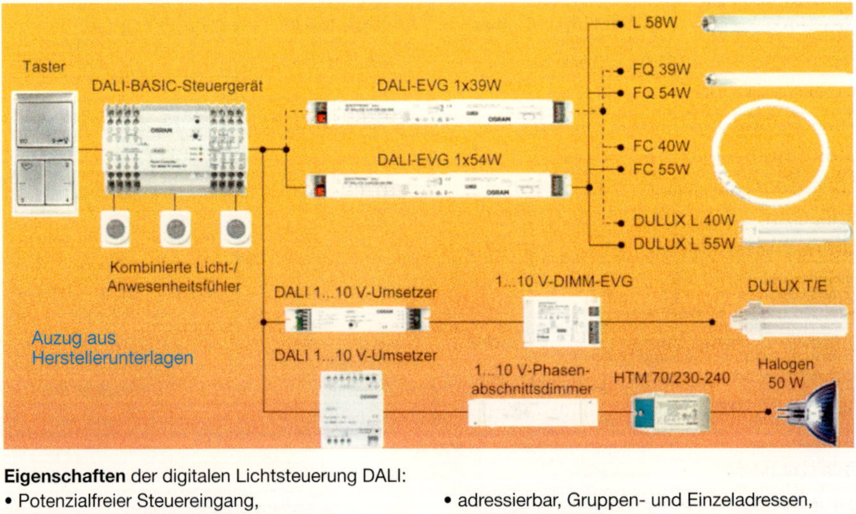

Eigenschaften der digitalen Lichtsteuerung DALI:

- Potenzialfreier Steuereingang,
- Steuereingang überspannungs- und verpolungssicher,
- ansteuerbar über DALI-Schnittstelle,
- Dimmbereich von 1 % bis 100 %,
- adressierbar, Gruppen- und Einzeladressen,
- konstante Leistung auch bei Netzspannungsschwankungen,
- geeignet für Notbeleuchtung nach DIN VDE 0108 und Sicherheitsbeleuchtung ($t < 0{,}5$ s).

Grundlagen 11

Mathematische Zeichen und Begriffe – *Mathematical signs and terms*

Pragmatische Zeichen (nicht mathematisch im engeren Sinne. Bedeutung von Fall zu Fall präzisieren)

Zeichen	Verwendung	Sprechweise (Erläuterungen)
$\approx$	$x \approx y$	*x* ist ungefähr gleich *y*
$\ll$	$x \ll y$	*x* ist klein gegen *y*
$\gg$	$x \gg y$	*x* ist groß gegen *y*
$\triangleq$	$x \triangleq y$	*x* entspricht *y*
…		und so weiter bis, und so weiter (unbegrenzt), Punkt, Punkt, Punkt

Allgemeine arithmetische Relationen und Vernüpfungen

Zeichen	Verwendung	Sprechweise (Erläuterungen)
$=$	$x = y$	*x* gleich *y*
$\neq$	$x \neq y$	*x* ungleich *y*
$<$	$x < y$	*x* kleiner als *y*
$\leq$	$x \leq y$	*x* kleiner oder gleich *y*, *x* höchstens gleich *y*
$>$	$x > y$	*x* größer als *y*
$\geq$	$x \geq y$	*x* größer oder gleich *y*, *x* mindestens gleich *y*

Trigonometrische Funktionen

Zeichen	Verwendung	Sprechweise (Erläuterungen)
sin	sin *z*	Sinus von *z*
cos	cos *z*	Cosinus von *z*
tan	tan *z*	Tangens von *z*
cot	cot *z*	Cotangens von *z*

Besondere Zahlen und Verknüpfungen

Zeichen	Verwendung	Sprechweise (Erläuterungen)
π		pi (3,1415926…); exp (1)
e		*e* (2,718281…)
	x^n	*x* hoch n, n-te Potenz von *x*
$\sqrt{\ }$	$\sqrt{x}$	Wurzel (Quadratwurzel) aus *x*
$\sqrt[n]{\ }$	$\sqrt[n]{x}$	n-te Wurzel aus *x*
$\lvert\ \rvert$	$\lvert x \rvert$	Betrag von *x*
∞		unendlich

Elementare Geometrie

Zeichen	Verwendung	Sprechweise (Erläuterungen)
$\perp$	$g \perp h$	*g* und *h* stehen senkrecht zueinander (*g* orthogonal zu *h*)
$\parallel$	$g \parallel h$	*g* ist parallel zu *h*
$\uparrow\uparrow$	$g \uparrow\uparrow h$	*g* und *h* sind gleichsinnig parallel
$\uparrow\downarrow$	$g \uparrow\downarrow h$	*g* und *h* sind gegensinnig parallel

Exponentialfunktion und Logarithmus

Zeichen	Verwendung	Sprechweise (Erläuterungen)
exp	exp *z* oder e^z	Exponentialfunktion von *z* oder *e* hoch *z*
ln	ln *x*	natürlicher Logarithmus von *x* (Basis *e*)
	x^z	*x* hoch z
log	$\log_y x$	Logarithmus von *x* zur Basis *y*
lg	lg *x*	dekadischer Logarithmus von *x* (Basis 10)

Römische Zahlen
Roman numbers

I = 1	XI = 11	CX = 110
II = 2	XX = 20	CC = 200
III = 3	XXX = 30	CCC = 300
IV = 4	XL = 40	CD = 400
V = 5	L = 50	D = 500
VI = 6	LX = 60	DC = 600
VII = 7	LXX = 70	DCC = 700
VIII = 8	LXXX = 80	DCCC = 800
IX = 9	XC = 90	CM = 900
X = 10	C = 100	M = 1000

Griechisches Alphabet
Greek alphabet

Α	α	Alpha	Ν	ν	Ny
Β	β	Beta	Ξ	ξ	Xi
Γ	γ	Gamma	Ο	ο	Omikron
Δ	δ	Delta	Π	π	Pi
Ε	ε	Epsilon	Ρ	ϱ	Rho
Ζ	ζ	Zeta	Σ	σ	Sigma
Η	η	Eta	Τ	τ	Tau
Θ	ϑ	Theta	Υ	υ	Ypsilon
Ι	ι	Iota	Φ	φ	Phi
Κ	ϰ	Kappa	Χ	χ	Chi
Λ	λ	Lambda	Ψ	ψ	Psi
Μ	μ	My	Ω	ω	Omega

Prozentrechnung
calculation of percentages

$$P = \frac{G \cdot p}{100\,\%}$$

G: Grundwert
P: Prozentwert
p: Prozentsatz

Prozent (%) bedeutet: $1\,\% = \frac{1}{100}$

Promille (‰) bedeutet: $1\,‰ = \frac{1}{1000}$

Zinsrechnung
calculation of interest

$$Z = \frac{K \cdot p \cdot t}{100\,\%}$$

Z: Zinsen in €
K: Kapital in €
p: Zinssatz in % pro Jahr (a)
t: Zeit in Jahren (a)

Potenzieren – *Raise to a power*

Potenzieren

$a^n = c$ — $n \in \mathbb{N}$ — a Basis

$a^n = \underbrace{a \cdot a \cdot \ldots \cdot a}_{n\ \text{Faktoren}} = c$ — $a, b, c \in \mathbb{R}$ — n Exponent

c Potenz

Regeln

- Positive Basis $a \geq 0;\ b \geq 0;\ c \geq 0$

$$a^b = c$$

- Negative Basis $a > 0;\ c > 0;\ n \in \mathbb{N}$

Exponent geradzahlig $(-a)^{2n} = c$

Exponent ungeradzahlig $(-a)^{2n+1} = -c$

- Addition und Subtraktion von Potenzen mit der gleichen Basis und dem gleichen Exponenten

$a \cdot b^n \pm c \cdot b^n = (a \pm c) \cdot b^n$ Distributivgesetz

- Multiplikation und Division von Potenzen mit der gleichen Basis

$$a^m \cdot a^n = a^{m+n} \qquad a^1 = a \qquad a^{-n} = \frac{1}{a^n}$$
$$a^m : a^n = a^{m-n} \qquad a^0 = 1$$

- Multiplikation und Division von Potenzen mit dem gleichen Exponenten

$$a^m \cdot b^m = (ab)^m \qquad a^m : b^m = \frac{a^m}{b^m} = \left(\frac{a}{b}\right)^m$$

- Potenzieren von Potenzen $(a^b)^c = a^{bc}$

Binomische Formeln:

$(a + b)^2 = a^2 + 2ab + b^2$

$(a - b)^2 = a^2 - 2ab + b^2$

$(a + b)(a - b) = a^2 - b^2$

Radizieren – *Extract the root*

Radizieren

$\sqrt[n]{a} = b$ — $a, b \in \mathbb{R};\ n \in \mathbb{Z};\ a \geq 0$ — n Wurzelexponent, a Radikand, b Wurzel

Regeln

- Addition und Subtraktion von Wurzeln mit gleichem Exponenten und gleichem Radikanden

$$b \cdot \sqrt[n]{a} \pm c \cdot \sqrt[n]{a} = (b \pm c)\sqrt[n]{a} \qquad a \geq 0;\ n \in \mathbb{N};\ n \neq 0$$

- Multiplikation und Division von Wurzeln mit gleichem Exponenten

$$n\sqrt[x]{a} \cdot m\sqrt[x]{b} = nm\sqrt[x]{ab}$$

$$m\sqrt[y]{a} : n\sqrt[y]{b} = \frac{m}{n}\sqrt[y]{\frac{a}{b}}$$

- Potenzieren und Radizieren $(m, n \in \mathbb{R})$

$$\left(\sqrt[n]{a}\right)^m = \sqrt[n]{a^m} \qquad a^{\frac{m}{n}} : a^{\frac{p}{q}} = a^{\frac{m}{n} - \frac{p}{q}}$$

$$\sqrt[n]{a^m} = a^{\frac{m}{n}}$$

$$\frac{1}{\sqrt[n]{a^m}} = a^{-\frac{m}{n}} \qquad \sqrt[m]{\sqrt[n]{a}} = \sqrt[m \cdot n]{a}$$

$$a^{\frac{m}{n}} \cdot a^{\frac{p}{q}} = a^{\frac{m}{n} + \frac{p}{q}} \qquad \left(a^{\frac{m}{n}}\right)^{\frac{p}{q}} = a^{\frac{mp}{nq}}$$

Zehnerpotenzen – *Powers of ten*

$10^n = c$ — $n \in \mathbb{Z}$

$10^n = 10 \cdot 10 \cdot 10 \cdot \ldots \cdot 10$ — Basis 10

$10^0 = 1$	
$10^1 = 10$	$10^{-1} = \frac{1}{10} = 0{,}1$
$10^2 = 100$	$10^{-2} = \frac{1}{100} = 0{,}01$
$10^3 = 1000$	$10^{-3} = \frac{1}{1000} = 0{,}001$

Beispiele für Rechenoperationen

Addieren	$4 \cdot 10^2 + 2 \cdot 10^2$	$= (4 + 2) \cdot 10^2$	$= 6 \cdot 10^2$
Subtrahieren	$4 \cdot 10^2 - 2 \cdot 10^2$	$= (4 - 2) \cdot 10^2$	$= 2 \cdot 10^2$
Multiplizieren	$10^4 \cdot 10^3$	$= 10^{(4+3)}$	$= 10^7$
Dividieren	$\frac{10^4}{10^3}$	$= 10^{(4-3)}$	$= 10^1$
Potenzieren	$(10^2)^3$	$= 10^{2 \cdot 3}$	$= 10^6$
Radizieren	$\sqrt{10^6}$	$= 10^{\frac{6}{2}}$	$= 10^3$

Logarithmieren

Take the logarithm

$a^n = c$ **$\log_a c = n$**

(sprich: Logarithmus zur Basis a von c ist n)

- a Basis
- c Numerus
- n Logarithmus

Der Logarithmus n gibt an, mit welcher Zahl man die Basis a potenzieren muss, um den Numerus c als Potenz zu erhalten.

Gebräuchliche Basen

Basis	Logarithmus-Bezeichnung	Schreibweise	Taschenrechner
10	dekadischer (Zehnerlogarithmus)	$\lg c$; $\log_{10} c$	[log]
e = 2,71828…	natürlicher	$\ln c$; $\log_e c$	[ln]
2	binärer	$\operatorname{lb} c$; $\log_2 c$	

Regeln

$a > 0$; $c > 0$; $d > 0$

- Multiplizieren
  $\log_a (c \cdot d) = \log_a c + \log_a d$ — Multiplikation wird zur Addition
- Dividieren
  $\log_a \frac{c}{d} = \log_a c - \log_a d$ — Division wird zur Subtraktion
- Potenzieren
  $\log_a c^n = n \cdot \log_a c$ — Potenzieren wird zum Multiplizieren
- Radizieren
  $\log_a \sqrt[m]{c} = \frac{1}{m} \log_a c$ — Radizieren wird zum Dividieren

Sonderfälle

$\log_a 0 = -\infty$	$\log_a 1 = 0$	$\lg 10 = 1$
$\log_a \infty = \infty$	$\log_a a = 1$	$\ln e = 1$
		$\operatorname{lb} 2 = 1$

Umrechnungen

$$\log_a b = \frac{\log_c b}{\log_c a}$$

$\ln x = 2{,}30258 \cdot \lg x$

$\operatorname{lb} x = 3{,}32193 \cdot \lg x$

$\ln x = 0{,}69314 \cdot \operatorname{lb} x$

Logarithmische Teilung (dekadischer Logarithmus)

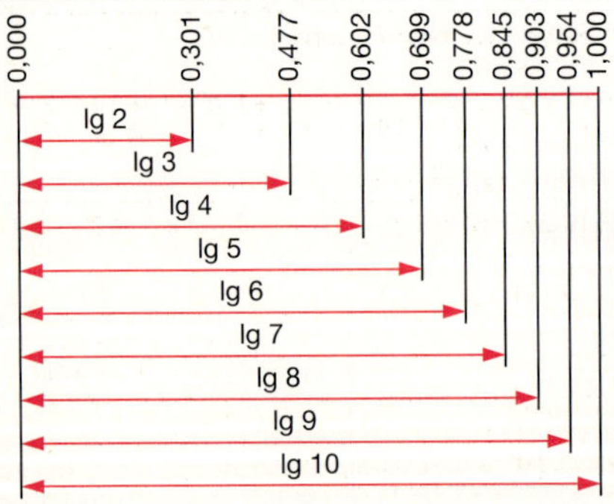

Binäre und hexadezimale Potenzen – *Binary and hexadecimal powers*

Binäre Potenzen

$2^n = c$ $n \in \mathbb{Z}$ Basis 2

$2^n = 2 \cdot 2 \cdot \ldots \cdot 2$

$2^{-n} = \frac{1}{2^n}$ **$2^{-n} = \frac{1}{2} \cdot \frac{1}{2} \cdot \ldots \cdot \frac{1}{2}$**

Beispiele

$2^0 = 1$		
$2^1 = 2$	$2^{-1} = \frac{1}{2}$	$= 0{,}5$
$2^2 = 4$	$2^{-2} = \frac{1}{4}$	$= 0{,}25$
$2^3 = 8$	$2^{-3} = \frac{1}{8}$	$= 0{,}125$
$2^4 = 16$	$2^{-4} = \frac{1}{16}$	$= 0{,}0625$
$2^5 = 32$	$2^{-5} = \frac{1}{32}$	$= 0{,}03125$
$2^6 = 64$	$2^{-6} = \frac{1}{64}$	$= 0{,}015625$
$2^7 = 128$	$2^{-7} = \frac{1}{128}$	$= 0{,}0078125$
$2^8 = 256$	$2^{-8} = \frac{1}{256}$	$= 0{,}00390625$

Abkürzungen durch Vorsatzzeichen

1 K (Kilo) $= 2^{10} = 1024$

1 M (Mega) $= 2^{20} = 2^{10} \cdot 2^{10} = 1\,048\,576$

1 G (Giga) $= 2^{30} = 2^{10} \cdot 2^{10} \cdot 2^{10} = 1\,073\,741\,824$

Hexadezimale Potenzen

$16^n = c$ $n \in \mathbb{Z}$ Basis 16

$16^n = 16 \cdot 16 \cdot \ldots \cdot 16$

$16^{-n} = \frac{1}{16^n}$ **$16^{-n} = \frac{1}{16} \cdot \frac{1}{16} \cdot \ldots \cdot \frac{1}{16}$**

Beispiele

$16^0 = 1$		
$16^1 = 16$	$16^{-1} = \frac{1}{16}$	$= 0{,}0625$
$16^2 = 256$	$16^{-2} = \frac{1}{256}$	$= 0{,}00390625$
$16^3 = 4096$	$16^{-3} = \frac{1}{4096}$	$= 0{,}244140 \cdot 10^{-3}$
$16^4 = 65\,536$	$16^{-4} = \frac{1}{65\,536}$	$= 0{,}015259 \cdot 10^{-3}$

Umrechnungen (Beispiele)

$2^4 = 16^1 =$	$16 =$		$10000_B =$	10_H
$2^8 = 16^2 =$	$256 =$		$100000000_B =$	100_H
$2^{16} = 16^4 =$	$65\,536 =$	64 K $=$		10000_H
$2^{20} = 16^5 =$	$1\,048\,576 =$	1 M $=$		100000_H

Zahlen und Zahlensysteme – *Numbers and number systems*

Dezimalzahlen-System

- Zeichenvorrat: 0, 1, 2, 3, 4, 5, 6, 7, 8, 9
- Mögliche unterschiedliche Zeichen pro Stelle: 10
- Basis 10 (B = 10)
- Kennzeichnung: Index 10 oder D (dezimal)

Stelle	4.	3.	2.	1.	1.	2.
Wertigkeit	10^3	10^2	10^1	10^0	10^{-1}	10^{-2}
	1000	100	10	1	1/10	1/100
Beispiel:	**5**	**0**	**3**	**2** ,	**1**	**2**

$5 \cdot 10^3 + 0 \cdot 10^2 + 3 \cdot 10^1 + 2 \cdot 10^0 + 1 \cdot 10^{-1} + 2 \cdot 10^{-2}$

Dualzahlen-System

- Zeichenvorrat: 0 und 1
- Mögliche unterschiedliche Zeichen pro Stelle: 2
- Basis 2 (B = 2)
- Kennzeichnung: Index 2 oder B (binär)

Stelle	4.	3.	2.	1.	1.	2.
Wertigkeit	2^3	2^2	2^1	2^0	2^{-1}	2^{-2}
	8	4	2	1	1/2	1/4
Beispiel:	**1**	**0**	**0**	**1** ,	**1**	**1**

$1 \cdot 2^3 + 0 \cdot 2^2 + 0 \cdot 2^1 + 1 \cdot 2^0 + 1 \cdot 2^{-1} + 1 \cdot 2^{-2}$

Hexadezimal-Zahlensystem (Sedezimal-System)

- Zeichenvorrat: 0, 1, 2, 3, 4, 5, 6, 7, 8, 9, A, B, C, D, E, F
- Mögliche unterschiedliche Zeichen pro Stelle: 16
- Basis 16 (B = 16)
- Kennzeichnung: Index 16 oder H (hexadezimal)

Stelle	4.	3.	2.	1.	1.	2.
Wertigkeit	16^3	16^2	16^1	16^0	16^{-1}	16^{-2}
	4096	256	16	1	1/16	1/256
Beispiel:	**1**	**3**	**F**	**C** ,	**5**	**A**

$1 \cdot 16^3 + 3 \cdot 16^2 + F \cdot 16^1 + C \cdot 16^0 + 5 \cdot 16^{-1} + A \cdot 16^{-2}$

Vergleich zwischen Zahlensystemen

dual	dezimal	hexadezimal	dual	dezimal	hexadezimal
0	0	0	10000	16	10
1	1	1	10001	17	11
10	2	2	10010	18	12
11	3	3	10011	19	13
100	4	4	10100	20	14
101	5	5	10101	21	15
110	6	6	10110	22	16
111	7	7	10111	23	17
1000	8	8	11000	24	18
1001	9	9	11001	25	19
1010	10	A	11010	26	1A
1011	11	B	11011	27	1B
1100	12	C	11100	28	1C
1101	13	D	11101	29	1D
1110	14	E	11110	30	1E
1111	15	F	11111	31	1F

Komplementbildung

B-Komplement: Ergänzung der gegebenen Zahl zur ganzen Potenz der Basis des gewählten Zahlensystems.

(B-1)-Komplement: B-Komplement minus 1

Beispiele:

Basis	Zahl	B-Komplement	(B-1)-Komplement
B = 10		Zehnerkomplement	Neunerkomplement
	6	4	3
	73	27	26
B = 2		Zweierkomplement	Einerkomplement
	111	001	000
	101	011	010

Umwandlungen von Zahlen

Dezimalzahl in Dualzahl (Rest-Verfahren)

Beispiel: $13{,}3_D$

Ganzzahliger Anteil	Nachkommastelle
13 : 2 = 6 Rest 1	0,3 · 2 = 0,6 + 0
6 : 2 = 3 Rest 0	0,6 · 2 = 0,2 + 1
3 : 2 = 1 Rest 1	0,2 · 2 = 0,4 + 0
1 : 2 = 0 Rest 1	0,4 · 2 = 0,8 + 0
	0,8 · 2 = 0,6 + 1
	0,6 · 2 = 0,2 + 1
	· = ·
	· = ·
$13_D = 1101_B$	$0{,}3_D = 0{,}010011\ldots_B$

$13{,}3_D = 1101{,}01001\ldots_B$

Dezimalzahl in Hexadezimalzahl (Rest-Verfahren)

Beispiel: $5116{,}33_D$

5116 : 16 = 319 Rest C	0,33 · 16 = 0,28 + 5
319 : 16 = 19 Rest F	0,28 · 16 = 0,48 + 4
19 : 16 = 1 Rest 3	0,48 · 16 = 0,68 + 7
1 : 16 = 0 Rest 1	0,68 · 16 = 0,88 + A
	0,88 · 16 = 0,08 + E
	· = ·
	· = ·
$51116_D = 13FC_H$	$0{,}33_D = 0{,}547AE\ldots_H$

$5116{,}33_D = 13FC{,}547AE\ldots_H$

Hexadezimalzahl in Dezimalzahl

1. Potenzwert-Verfahren

Beispiel:

$$C0A{,}E_H = 12 \cdot 16^2 + 0 \cdot 16^1 + 10 \cdot 16^0 + 14 \cdot 16^{-1}$$
$$= 3072 + 0 + 10 + 0{,}875$$
$$= 3082{,}875_D$$

2. Horner-Schema **Beispiel:** $13FC{,}E8_H$

1 3 F C	0, E 8
16 · 1 + 3 = 19	8 : 16 = 0,5
16 · 19 + 15 = 319	(14 + 0,5) : 16 = 0,90625
16 · 319 + 12 = 5116	
$13FC_H = 5116_D$	$0{,}E8_H = 0{,}90625$

$13FC{,}E8_H = 5116{,}90625_D$

Dualzahl in Dezimalzahl

1. Potenzwert-Verfahren

Beispiel:

$$1001{,}11_H = 1 \cdot 2^3 + 0 \cdot 2^2 + 0 \cdot 2^1 + 1 \cdot 2^0 + 1 \cdot 2^{-1} + 1 \cdot 2^{-2}{}_D$$
$$= 8 + 0 + 0 + 1 + 0{,}5 + 0{,}25_D$$
$$= 9{,}75_D$$

2. Horner-Schema **Beispiel:** 1101,0101

1 1 0 1	0,0101
2 · 1 + 1 = 3	1 : 2 = 0,5
2 · 3 + 0 = 6	(0 + 0,5) : 2 = 0,25
2 · 6 + 1 = 13	(1 + 0,25) : 2 = 0,625
	(0 + 0,625) : 2 = 0,3125
$1101_B = 13_D$	$0{,}0101_B = 0{,}3125_D$

$1101{,}0101_B = 13{,}3125_D$

Winkelfunktionen – *Angular functions*

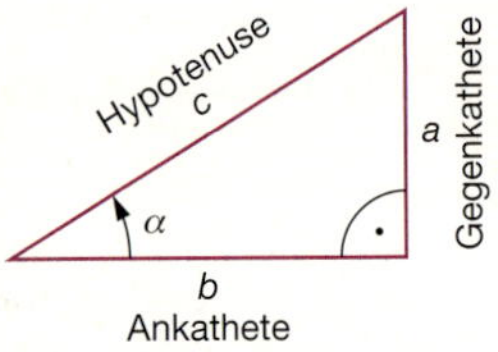

$\sin \alpha = \frac{a}{c}$	$\text{Sinus} = \frac{\text{Gegenkathete}}{\text{Hypotenuse}}$	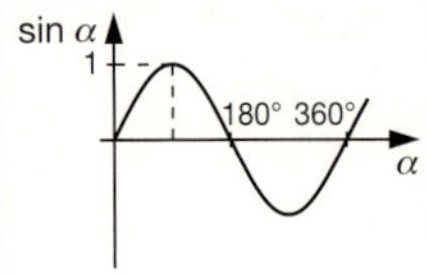
$\cos \alpha = \frac{b}{c}$	$\text{Cosinus} = \frac{\text{Ankathete}}{\text{Hypotenuse}}$	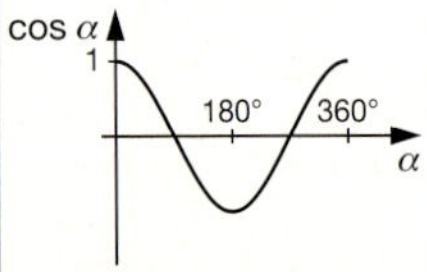
$\tan \alpha = \frac{a}{b}$ $\tan \alpha = \frac{\sin \alpha}{\cos \alpha}$	$\text{Tangens} = \frac{\text{Gegenkathete}}{\text{Ankathete}}$	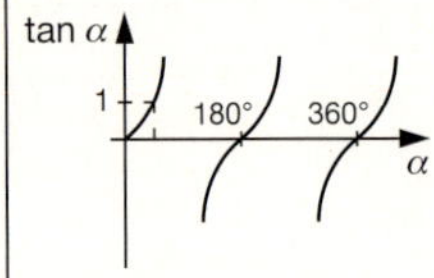
$\cot \alpha = \frac{b}{a}$	$\text{Cotangens} = \frac{\text{Ankathete}}{\text{Gegenkathete}}$	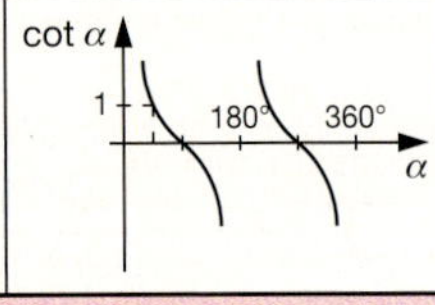

Einheitskreis

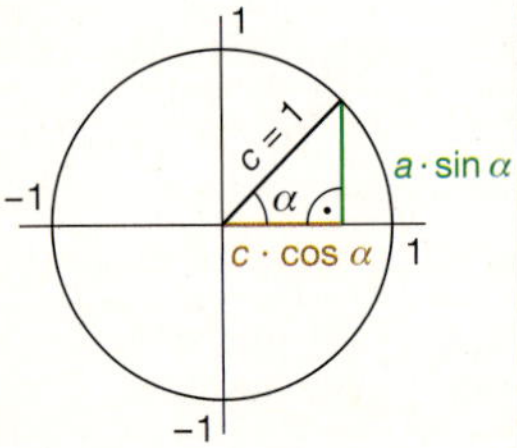

Satz des Pythagoras – *Theorems of pythagoras*

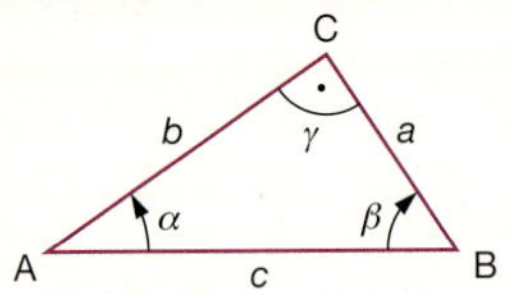

$c^2 = a^2 + b^2$

Sonderfall: $1 = \sin^2 \alpha + \cos^2 \alpha$

Das Quadrat über der Hypotenuse ist gleich der Summe der beiden Kathetenquadrate.

Vektoren – *Vectors; phasors*

Schreibweise	***A***, ***B***, …, ***a***, ***b***, … $\vec{A}, \vec{B}, \ldots, \vec{a}, \vec{b}, \ldots$
Grafische Darstellung	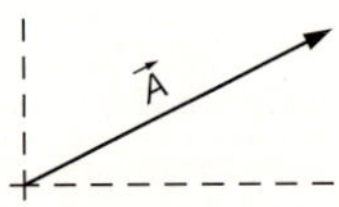
Komponenten eines Vektors	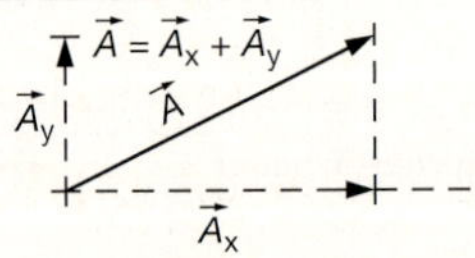
Betrag eines Vektors	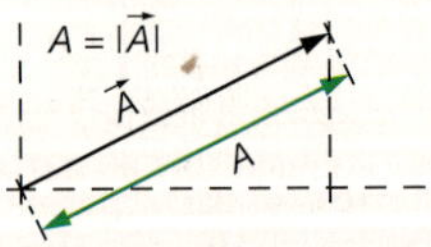
Multiplikation mit einem Skalar	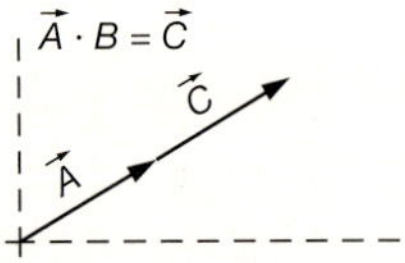
Addition von Vektoren	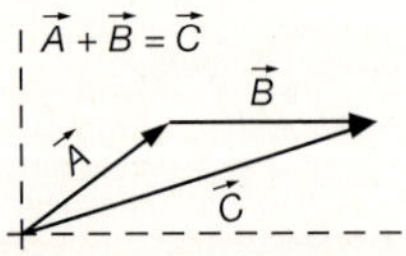
Subtraktion von Vektoren	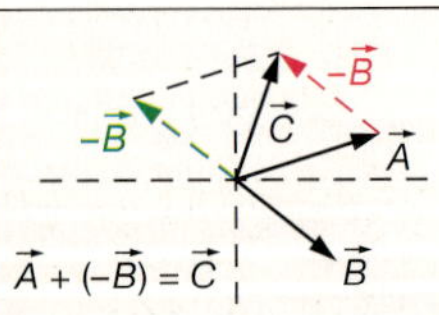

Flächen- und Körperberechnungen – *Area- and solid volume calculations*

Quadrat

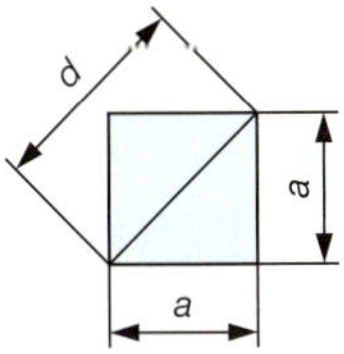

$A = a^2$

$U = 4 \cdot a$

$d = \sqrt{2} \cdot a$

Kreis

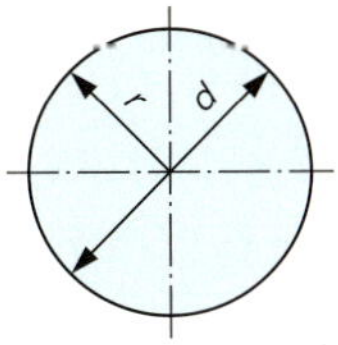

$A = \pi \cdot r^2$

$A = \frac{\pi \cdot d^2}{4}$

$U = \pi \cdot d$

Rechteck

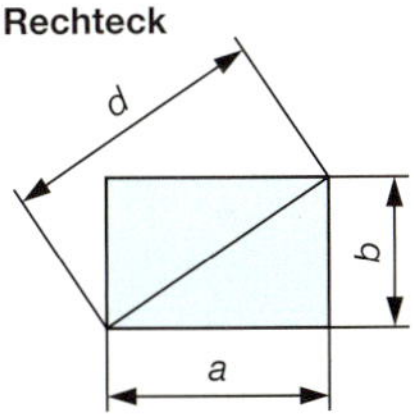

$A = a \cdot b$

$U = 2 \cdot (a + b)$

$d = \sqrt{a^2 + b^2}$

Kreisring

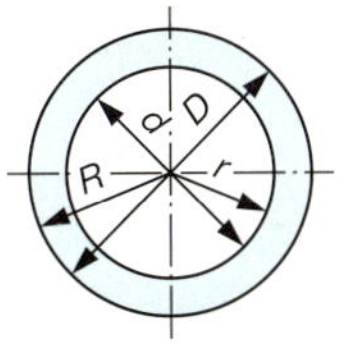

$A = \pi \, (R^2 - r^2)$

$A = \frac{\pi}{4} (D^2 - d^2)$

Raute (Rombus)

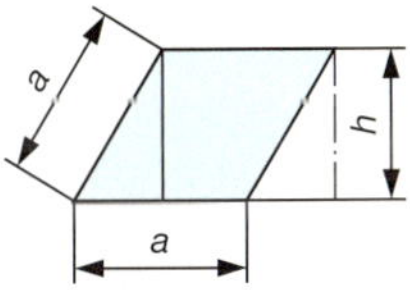

$A = a \cdot h$

$U = 4 \cdot a$

Trapez

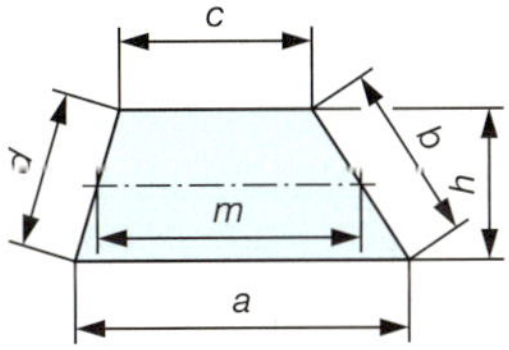

$A = m \cdot h$

$m = \frac{a + c}{2}$

$U = a + b + c + d$

Parallelogramm

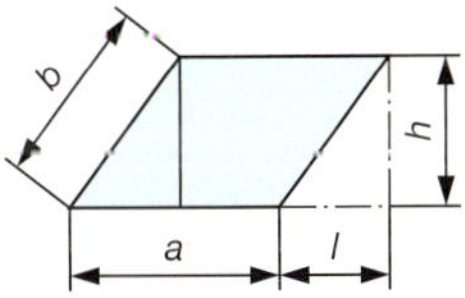

$A = a \cdot h$

$U = 2 \left(a + \sqrt{l^2 + h^2}\right)$

$U = 2 \, (a + b)$

Dreieck

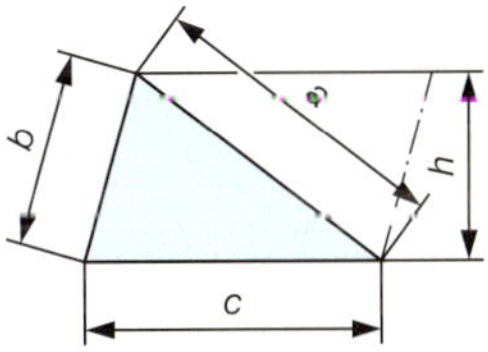

$A = \frac{c \cdot h}{2}$

$U = a + b + c$

Würfel

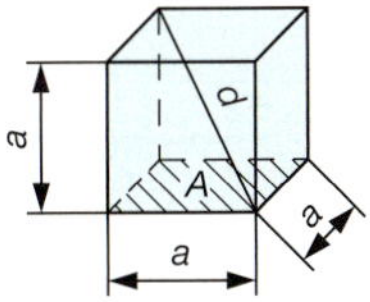

$V = a^3$

$d = a\sqrt{3}$

$A_0 = 6 \cdot a^2$

Prisma

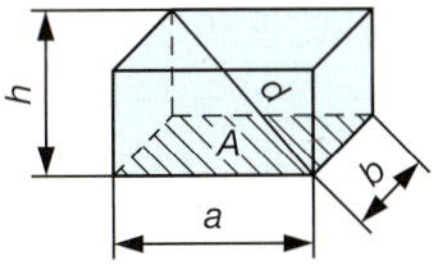

allgemein: $V = A \cdot h$

$V = a \cdot b \cdot h$

$d = \sqrt{a^2 + b^2 + h^2}$

$A_0 = 2 (a \cdot b + a \cdot h + b \cdot h)$

Zylinder

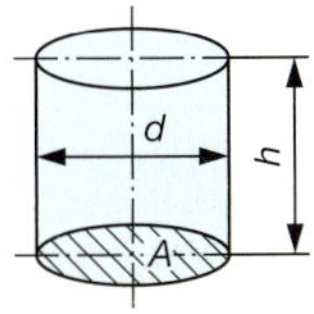

$V = \frac{\pi \cdot d^2}{4} \cdot h$

$A_M = \pi \cdot d \cdot h$

$A_0 = \pi \cdot d \cdot h + \frac{\pi \cdot d^2}{2}$

Pyramide

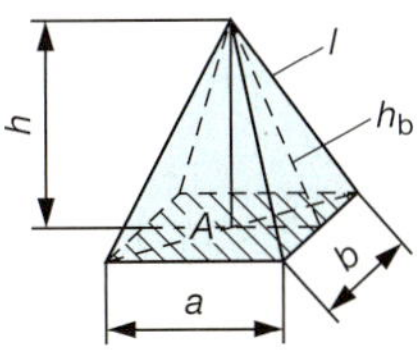

$V = \frac{a \cdot b \cdot h}{3}$

$h_b = \sqrt{h^2 + \frac{a^2}{4}}$

$l = \sqrt{h_b^2 + \frac{b^2}{4}}$

Physikalische Größen und Einheiten – *Physical quantities and units*

Größen	Erklärungen	Beispiele
Skalare	Zur eindeutigen Festlegung genügt die Angabe des • Zahlenwertes und der • Einheit	Masse *m*, Zeit *t*, Arbeit *W*
Vektoren	Zur eindeutigen Festlegung sind erforderlich: • Zahlenwert, • Einheit, • Richtung im Raum oder in der Ebene, • Richtungssinn (Drehsinn) 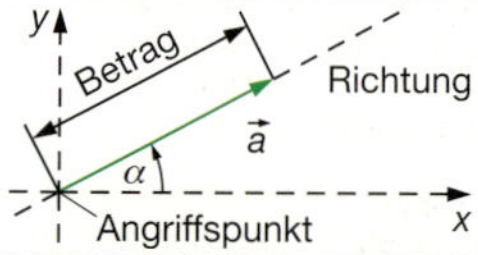	Kraft $\vec{F}$, Geschwindigkeit $\vec{v}$, Elektrische Feldstärke $\vec{E}$

Schreibweise

DIN 1313: 78-04

Beispiel:

Größenwert	=	Zahlenwert	·	Einheit
l	=	$\{l\}$	·	$[l]$
l	=	3	·	m
Länge	=	Zahlenwert der Länge	·	Einheit der Länge

Physikalische Gleichungen

DIN 1313: 78-04

Größengleichungen	Einheitengleichungen	Zahlenwertgleichungen
z. B. $v = \frac{s}{t}$; $m = 8$ kg	z. B. 1 m = 100 cm 1 h = 3600 s 1 kWh = $3{,}6 \cdot 10^6$ Ws	z. B. $\{v\} = 3{,}6 \frac{\{s\}}{\{t\}}$ *v* in km/h *s* in m *t* in s
Zugeschnittene Größengleichung		
z. B. $\frac{v}{\text{km/h}} = 3{,}6 \cdot \frac{s/\text{m}}{t/\text{s}}$		

SI-Basiseinheiten [1]

Größe	Formelzeichen	Einheitenname	Einheitenzeichen
Länge	l	Meter	m
Masse	m	Kilogramm	kg
Zeit	t	Sekunde	s
Elektrische Stromstärke	I	Ampere	A
Thermodynamische Temperatur	T	Kelvin	K
Stoffmenge	n	Mol	mol
Lichtstärke	I_V	Candela	cd

[1] **S**ystème **I**nternational d´Unités (Internationales Einheitensystem)

Vorsätze und Vorsatzzeichen für dezimale Teile und Vielfache von Einheiten

Faktor	Vorsätze	Vorsatzzeichen	Faktor	Vorsätze	Vorsatzzeichen	Faktor	Vorsätze	Vorsatzzeichen
10^{-24}	Yocto	y	10^{-3}	Milli	m	10^{6}	Mega	M
10^{-21}	Zepto	z	10^{-2}	Zenti	c	10^{9}	Giga	G
10^{-18}	Atto	a	10^{-1}	Dezi	d	10^{12}	Tera	T
10^{-15}	Femto	f	10^{1}	Deka	da	10^{15}	Peta	P
10^{-12}	Piko	p	10^{2}	Hekto	h	10^{18}	Exa	E
10^{-9}	Nano	n	10^{3}	Kilo	k	10^{21}	Zetta	Z
10^{-6}	Mikro	µ				10^{24}	Yotta	Y

Einheitenähnliche Namen und Zahlen

Größe	Einheitenname	Einheitenzeichen	Bemerkungen
Pegel und Maße in der Nachrichtentechnik und Akustik	Neper Bel Dezibel	Np B dB	1 Np = (20/ln 10) dB ≈ 8,69 dB 1 dB = (ln 10/20) Np ≈ 0,115 Np
Lautstärkepegel L_S	Phon	phon	DIN 45 630-1
Lautheit *S*	Sone	sone	DIN 45 630-1
Anzahl der Binärentscheidungen, Entscheidungsgehalt, Informationsgehalt	Bit	bit	DIN 44 300

Formelzeichen und Einheiten

Formula signs and units

DIN 1301: 93-12 und DIN 1304: 94-03

Formelzeichen	Bedeutung	SI-Einheit	Einheitenname, Bemerkungen
Längen und ihre Potenzen, Winkel			
x, y, z	Kartesische Koordinaten	m	
α, β, γ	ebener Winkel, Drehwinkel	rad	Radiant, 1 rad = 1 m/m
ϑ, φ	(bei Drehbewegungen)		1 Vollwinkel = 2 π rad
			Grad: 1° = (π/180 rad)
Ω, ω	Raumwinkel	sr	Steradiant, 1 sr = 1 m^2/m^2
l, b, h	Länge, Breite, Höhe, Tiefe	m	Meter, 1 int. Seemeile = 1852 m
δ, d	Dicke, Schichtdicke	m	
r	Radius, Halbmesser, Abstand	m	
f	Durchbiegung, Durchhang	m	
d, D	Durchmesser	m	
s	Weglänge, Kurvenlänge	m	
A, S	Flächeninhalt, Fläche, Oberfläche	m^2	Quadratmeter, 1 a = 10^2 m^2
S, q	Querschnittsfläche, Querschnitt	m^2	1 ha = 10^4 m^2
V	Volumen, Rauminhalt	m^3	Kubikmeter, 1 l (Liter) = 1 dm^3 = 1 L
Zeit und Raum			
t	Zeit, Zeitspanne, Dauer	s	Sekunde, min, h (Stunde), d (Tage)
T	Periodendauer, Schwingungsdauer	s	
τ, T	Zeitkonstante	s	
f, ν	Frequenz, Periodenfrequenz	Hz	Hertz, 1 Hz = 1 s^{-1}, $f = 1/T$
f_0	Kennfrequenz, Eigenfrequenz im ungedämmten Zustand	Hz	
ω	Kreisfrequenz, Pulsatanz (Winkelfrequenz)	s^{-1}	$\omega = 2\pi f$
n, f_r	Umdrehungsfrequenz (Drehzahl)	s^{-1}	1 min^{-1} = (1/60) s^{-1}
ω, Ω	Winkelgeschwindigkeit, Drehgeschw.	rad/s	
α	Winkelbeschleunigung, Drehbeschl.	rad/s^2	
λ	Wellenlänge	m	
v, u, w, c	Geschwindigkeit	m/s	1 km/h = 1/3,6 (m/s)
c	Ausbreitungsgeschw. einer Welle	m/s	
a	Beschleunigung	m/s^2	
g	örtliche Fallbeschleunigung	m/s^2	g_n = 9,80665 m/s^2 (Normfallbeschl.)
Mechanik			
m	Masse, Gewicht als Wägeergebnis	kg	Kilogramm, 1 t (Tonne) = 1 Mg
ϱ, ϱ_m	Dichte, volumenbezogene Masse	kg/m^3	1 g/cm^3 = 1 kg/dm^3 = 1 Mg/m^3
F	Kraft	N	Newton, 1 N = 1 kg · m/s^2 = 1 J/m
F_G, G	Gewichtskraft	N	
M	Kraftmoment, Drehmoment	N · m	
p	Druck	Pa	Pascal, 1 Pa = 1 N/m^2, 1 bar = 10^5 Pa
μ, f	Reibungszahl	1	$\mu = F_R/F_N$, F_R: Reibungskraft
W, A	Arbeit	J	Joule, 1 J = 1 N · m = 1 W · s
E, W	Energie	J	1 Wh = 3,6 kJ, eV (Elektronenvolt)
E_p, W_p	potenzielle Energie	J	
E_k, W_k	kinetische Energie	J	
P	Leistung	W	Watt, 1 W = 1 J/s
η	Wirkungsgrad	1	
Thermodynamik und Wärmeübertragung			
T, Θ	Temperatur, thermodyn. Temperatur	K	Kelvin
$\Delta T, \Delta t, \Delta\vartheta$	Temperaturdifferenz	K	
t, ϑ	Celsius-Temperatur	°C	Grad Celsius, $t = T - T_o$, T_o = 273,15 K
α_l	(therm.) Längenausdehnungskoeffiz.	K^{-1}	
α_v, γ	(therm.) Volumenausdehnungskoeffiz.	K^{-1}	
Q	Wärme, Wärmemenge	J	Joule
R_{th}	therm. Widerstand, Wärmewiderstand	K/W	$R_{th} = \Delta\vartheta/\Phi_{th}$
λ	Wärmeleitfähigkeit	W/(m · K)	
k	Wärmedurchgangskoeffizient	W/(m^2 · K)	
C_{th}	Wärmekapazität	J/K	
c	spezifische Wärmekapazität	J/(kg · K)	auch: massenbez. Wärmekapazität

Formelzeichen und Einheiten

Formula signs and units DIN 1301: 93-12 und DIN 1304: 94-03

Formelzeichen	Bedeutung	SI-Einheit	Einheitenname, Bemerkungen
Elektrizität und Magnetismus			
Q	elektrische Ladung	C	Coulomb, 1 C = 1 A · s, 1 A · h = 3,6 kC
e	Elementarladung	C	
D	elektrische Flussdichte,	C/m^2	
P	elektrische Polarisation	C/m^2	
φ, φ_e	elektrisches Potenzial	V	Volt, 1 V = 1 J/C
U	elektr. Spannung, Potenzialdifferenz	V	
E	elektrische Feldstärke	V/m	1 V/mm = 1 kV/m
C	elektrische Kapazität	F	Farad, 1 F = 1 C/V, $C = Q/U$
ε	Permittivität	F/m	früher: Dielektrizitätskonstante
ε_o	elektrische Feldkonstante	F/m	Permittivität des leeren Raumes
ε_r	Permittivitätszahl, relat. Permittivität	1	früher: Dielektrizitätszahl
I	elektrische Stromstärke	A	Ampere
J	elektrische Stromdichte	A/m^2	$1\ A/mm^2 = 1\ MA/m^2$, $J = I/A$
Θ	elektrische Durchflutung	A	
H	magnetische Feldstärke	A/m	1 A/mm = 1 kA/m
Φ	magnetischer Fluss	Wb	Weber, 1 Wb = 1 V · s
B	magnetische Flussdichte	T	Tesla, $1\ T = 1\ Wb/m^2$, $B = \Phi/S$
L	Induktivität, Selbstinduktivität	H	Henry, 1 H = 1 Wb/A
μ	Permeabilität	H/m	$\mu = B/H$
μ_o	magnetische Feldkonstante	H/m	Permeabilität des leeren Raumes
μ_r	Permeabilitätszahl, relat. Permeabilität	1	$\mu_r = \mu/\mu_o$
R_m	magnetischer Widerstand, Reluktanz	H^{-1}	
Λ	magnetischer Leitwert, Permeanz	H	
R	elektr. Widerstand, Wirkwiderstand, Resistanz	Ω	Ohm, $1\ \Omega = 1$ V/A
G	elektr. Leitwert, Wirkleitwert, Konduktanz	S	Siemens, $1\ S = 1\ \Omega^{-1}$, $G = 1/R$
ϱ	spez. elektr. Widerstand, Resistivität	$\Omega \cdot m$	$1\ \mu\Omega \cdot cm = 10^{-8}\ \Omega \cdot m$, $1\ \Omega \cdot mm^2/m = 10^{-6}\ \Omega \cdot m = 1\ \mu\Omega \cdot m$
γ, σ, $\varkappa$	elektrische Leitfähigkeit, Konduktivität	S/m	$\gamma = 1/\varrho$
X	Blindwiderstand, Reaktanz	Ω	
B	Blindleitwert, Suszeptanz	S	$B = 1/X$
Z, $\|Z\|$	Scheinwiderstand, Betrag d. Impedanz	Ω	$\underline{Z}$: Impedanz (komplexe Impedanz)
Y, $\|Y\|$	Scheinleitwert, Betrag der Admittanz	S	$\underline{Y}$: Admittanz (komplexe Admittanz)
Z_w, Γ	Wellenwiderstand	Ω	
W	Energie, Arbeit	J	
P, P_p	Wirkleistung	W	
Q, P_q	Blindleistung	W	Energietechnik: var (Var), 1 var = 1 W
S, P_s	Scheinleistung	W	Energietechnik: VA (Voltampere)
φ	Phasenverschiebungswinkel	rad	auch Winkel der Impedanz
δ_ε, δ_μ	Verlustwinkel (Permittivität, Permeabil.)	rad	
λ	Leistungsfaktor	1	$\lambda = P/S$, Elektrotechnik: $\lambda = \cos\varphi$
d	Verlustfaktor	1	
N	Windungszahl	1	
Akustik			
p	Schalldruck	Pa	Pascal
c, c_a	Schallgeschwindigkeit	m/s	
L_p, L	Schalldruckpegel		wird in dB angegeben
L_N	Lautstärkepegel		wird in phon angegeben
Licht, elektromagnetische Strahlung			
I_v	Lichtstärke	cd	Candela
Φ_v	Lichtstrom	lm	Lumen, 1 lm = 1 cd · sr
L_v	Leuchtdichte	cd/m^2	
E_v	Beleuchtungsstärke	lx	Lux, $1\ lx = 1\ lm/m^2 = 1\ cd \cdot sr/m^2$
η	Lichtausbeute	lm/W	
c_o	Lichtgeschwindigkeit im leeren Raum	m/s	$c_o = 2{,}99792485 \cdot 10^8$ m/s
f	Brennweite	m	

Größen der Mechanik – *Quantities of mechanics*

Masse m

Kilogramm kg

Eigenschaften:
- Trägheitswirkung gegenüber einer Änderung des Bewegungszustandes und
- Anziehung auf andere Körper (Gravitation)

Die Masse ist ortsunabhängig.

Kraft F

Newton N $1\ N = 1\ kg \cdot m/s^2$

Produkt aus
- der Masse m eines Körpers und
- der Beschleunigung a.

$$F = m \cdot a$$

Gewichtskraft F_G, G

Newton N $1\ N = 1\ kg \cdot m/s^2$

Produkt aus
- der Masse m eines Körpers und
- der (örtlichen) Fallbeschleunigung g.

$$F_G = m \cdot g$$

Die Gewichtskraft ist ortsabhängig.

Arbeit W

Joule J, Newtonmeter N · m, Wattsekunde W · s

Eine mechanische Arbeit wird verrichtet, wenn an einem Körper längs eines Weges s eine Kraft F wirkt.

$$W = F \cdot s$$

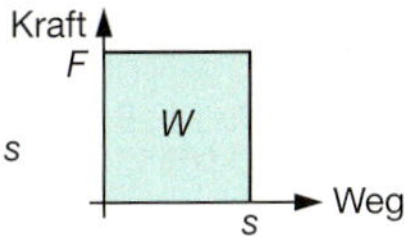

Hub-, Reibungs-, Federspann-, Beschleunigungsarbeit

Leistung P

Watt W
$1\ W = 1\ N \cdot m/s$

Wenn in einer bestimmten Zeit eine Arbeit verrichtet wird, nennt man dieses Leistung (Arbeit pro Zeit).

$$P = \frac{W}{t}$$

Mit $W = F \cdot s$ und $v = \frac{s}{t}$ ergibt sich

$$P = F \cdot v$$

Drehmoment M

Newtonmeter N · m

Ein Drehmoment entsteht, wenn eine Kraft außerhalb eines Drehpunktes angreift (z. B. Motorachse).

$$M = F \cdot r$$

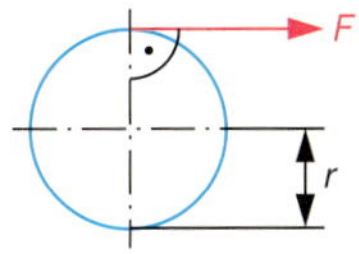

r: Abstand vom Drehpunkt

Energie E

Newtonmeter N · m, Joule J
Wattsekunde W · s
$1\ N \cdot m = 1\ W \cdot s = 1\ J$

Umwandlung:
Wenn Arbeit verrichtet wird, entsteht Energie. Mit dieser gewonnenen Energie kann wieder Arbeit verrichtet werden.

Arbeit	⇒ Energie; $W = E$
Hubarbeit	⇒ Energie der Lage (potenzielle Energie)
Beschleunigungsarbeit	⇒ Bewegungsenergie (kinetische Energie)

$$E_k = \frac{m \cdot v^2}{2}$$

Energieerhaltung:
Die Summe der Energien ist konstant ($E_p + E_k$ = konstant).

Wirkungsgrad η

Der Wirkungsgrad ist gleich dem Quotienten aus der abgegebenen Arbeit W_{ab} (bzw. Leistung) und der zugeführten Arbeit W_{zu} (bzw. Leistung).

$$\eta = \frac{W_{ab}}{W_{zu}} \qquad \eta = \frac{P_{ab}}{P_{zu}}$$

$$W_v = W_{zu} - W_{ab}$$
$$P_v = P_{zu} - P_{ab}$$

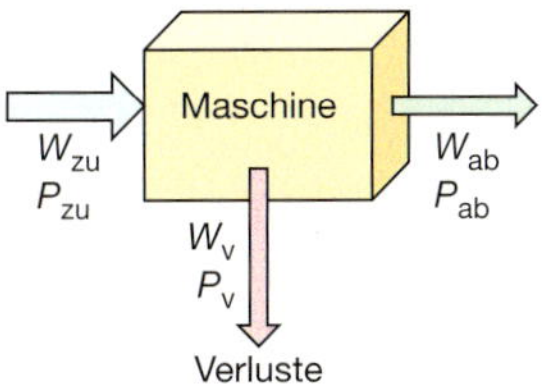

Geschwindigkeit v

Meter/Sekunde m/s; km/h; m/min

Beschleunigung a

Meter/Sekundenquadrat m/s²

Geradlinig gleichförmige Bewegung

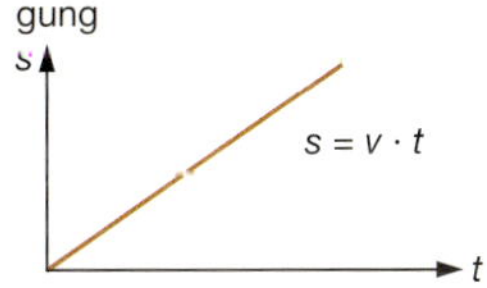

Gleichmäßig beschleunigte Bewegung

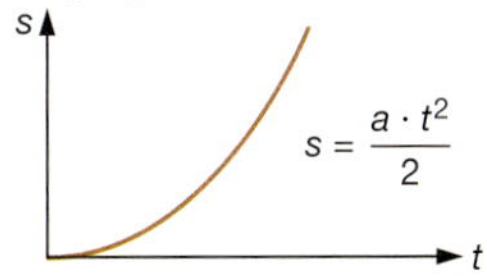

Druck p

Newton/Quadratmeter N/m²
$1\ N/m^2 = 1$ Pa (Pascal)
$1\ N/m^2 = 10^{-5}$ bar
$1\ bar = 10^5\ N/m^2$

Druck entsteht, wenn eine Kraft auf eine Fläche einwirkt.

$$P = \frac{F}{A}$$

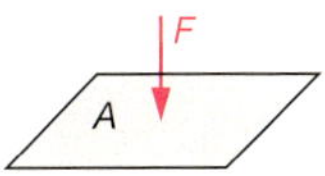

Dichte ρ

Gramm/Kubikzentimeter g/cm³
kg/dm³
Mg/m³

Die Dichte eines Stoffes ist der Quotient aus der Masse m und dem Volumen V.

$$\rho = \frac{m}{V}$$

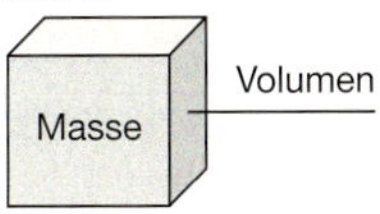

Gleichförmige Kreisbewegung

Der Betrag der Geschwindigkeit ist stets gleich.

T: Zeit für eine Umdrehung
$2 \cdot \pi \cdot r$: Wegstrecke bei einer Umdrehung

$$v = \frac{s}{T}$$

$$v = \frac{2 \cdot \pi \cdot r}{T}$$

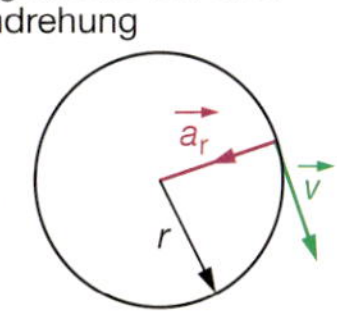

Wärme – *Heat*

Temperatur

tiefste Temperatur $\vartheta_o = -273{,}15\,°C = 0\,K$

Temperatur	Kelvin-Temperatur	Celsius-Temperatur	Fahrenheit-Temperatur
Formelzeichen	T	t, ϑ	t, ϑ
Einheitenzeichen	K (Kelvin)	°C (Grad Celsius)	°F (Grad Fahrenheit)
Einheit der Temperaturdifferenz	1 K (Kelvin)	1 K (Kelvin)	–
Zusammenhang	0 K = – 273 °C 273 K = 0 °C 373 K = 100 °C		$\vartheta_F = \frac{9}{5}\vartheta_C + 32°$ $\vartheta_C = (\vartheta_F - 32°)\frac{5}{9}$

Temperaturmessung

Flüssigkeitsthermometer mit Quecksilber	– 30 °C … 280 °C	Segerkegel	220 °C … 2000 °C
		Metallausdehnungsthermometer	– 20 °C … 500 °C
Flüssigkeitsthermometer mit Quecksilber und Gasfüllung	– 30 °C … 750 °C	Elektrische Widerstandsthermometer	– 250 °C … 1000 °C
Flüssigkeitsthermometer mit Alkohol	– 110 °C … 50 °C	Glühfarben	500 °C … 3000 °C
Thermocolore	150 °C … 600 °C	Gasthermometer	– 272 °C … 2800 °C

Ausdehnung durch Wärme

lineare Ausdehnung

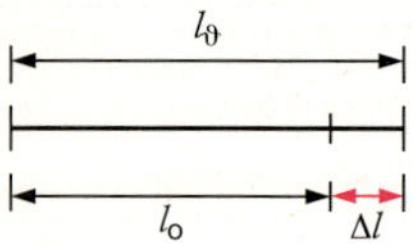

l_o: Anfangslänge
Δl: Längenänderung
l_ϑ: Endlänge
$\Delta\vartheta$: Temperaturänderung
α: Längenausdehnungskoeffizient

$$\Delta l = l_o \cdot \alpha \cdot \Delta\vartheta$$
$$l_\vartheta = l_o + \Delta l$$
$$l_\vartheta = l_o\,(1 + \alpha \cdot \Delta\vartheta)$$

$$[\alpha] = \frac{1}{K}$$

kubische Ausdehnung

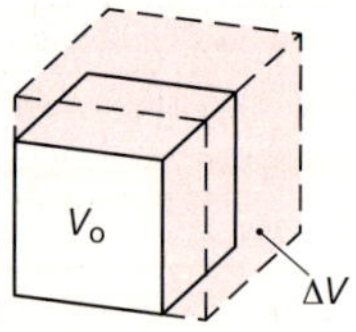

V_o: Anfangsvolumen
ΔV: Volumenänderung
V_ϑ: Endvolumen
$\Delta\vartheta$: Temperaturänderung
γ: Volumenausdehnungskoeffizient

$$\Delta V = V_o \cdot \gamma \cdot \Delta\vartheta$$
$$V_\vartheta = V_o + \Delta V$$
$$V_\vartheta = V_o\,(1 + \gamma \cdot \Delta\vartheta)$$

Es gilt angenähert:

$$\gamma \approx 3\alpha \qquad [\gamma] = \frac{1}{K}$$

Wärmemenge *Q*

$$Q = m \cdot c \cdot \Delta\vartheta$$

Q: Wärmemenge $[Q]$ = J (Joule)
m: Masse
$\Delta\vartheta$: Temperaturänderung
c: spezifische Wärmekapazität

$$[c] = \frac{kJ}{kg \cdot K}$$

Die einem Körper zugeführte oder von ihm abgegebene Wärmemenge ist abhängig vom Produkt aus der Masse, der spezifischen Wärmekapazität und der Temperaturänderung, die der Körper erfährt.

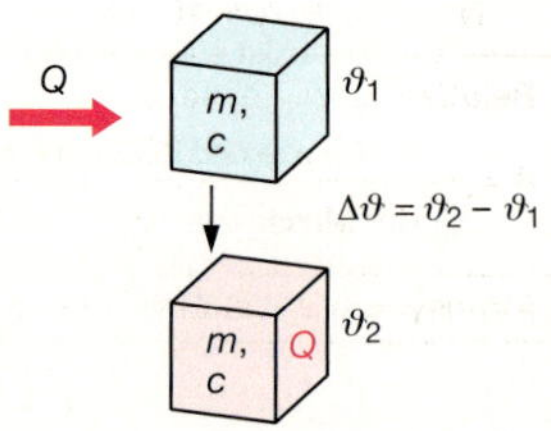

Mischungsvorgänge

abgegebene Wärmemenge = aufgenommener Wärmemenge

$$Q_{ab} = Q_{auf}$$
$$m_1 \cdot c_1\,(\vartheta_1 - \vartheta_m) = m_2 \cdot c_2\,(\vartheta_m - \vartheta_2)$$
$$\vartheta_m = \frac{m_1 \cdot c_1 \cdot \vartheta_1 + m_2 \cdot c_2 \cdot \vartheta_2}{m_1 \cdot c_1 + m_2 \cdot c_2}$$

ϑ_m: Mischungstemperatur

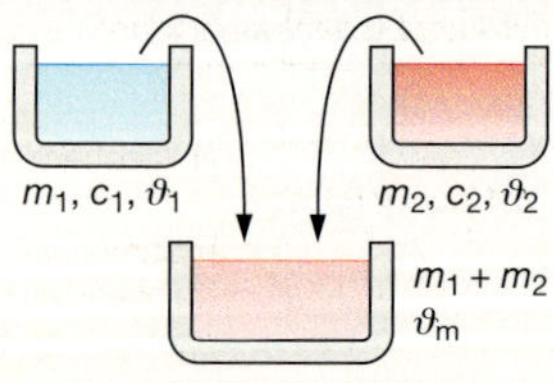

Grundlagen der Chemie – *Basics of chemistry*

Stoffeinteilung

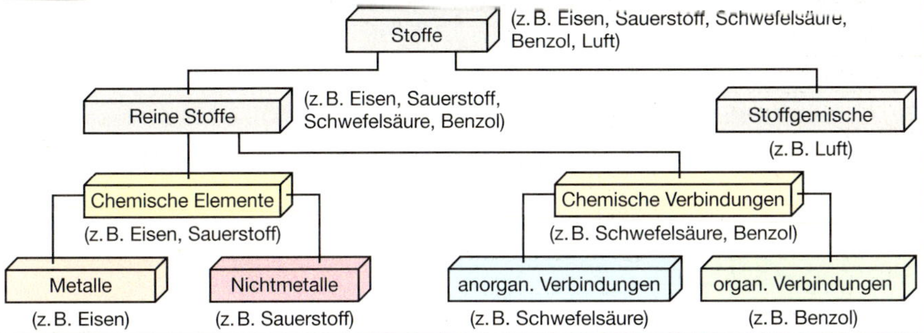

Atomaufbau

Atomkern		Atomhülle
Protonen	**Neutronen**	**Elektronen**
Elektrisch positive Masseteilchen. Die Protonen bestimmen den Charakter des Elements. Protonenzahl = Kernladungszahl = Ordnungszahl	Elektrisch neutrale Masseteilchen. Die Neutronenzahl kann für die Atomkerne des gleichen Elements unterschiedlich sein (Isotope).	Elektrisch negative Masseteilchen. Bei einem neutralen Atom ist die Protonenzahl gleich der Elektronenzahl.

Atomteilchen

Name	Ladung *e* in As	Masse *m* in g
Elektron	$-1{,}602 \cdot 10^{-19}$	$9{,}1089 \cdot 10^{-28}$
Neutron	0	$1{,}6748 \cdot 10^{-24}$
Proton	$+1{,}602 \cdot 10^{-19}$	$1{,}6725 \cdot 10^{-24}$

Schalen	Elektronen	Bezeichnung
K	2	1 s
L	2, 6	2 s, 2 p
M	2, 6, 10	3 s, 3 p, 3 d
N	2, 6, 10, 14	4 s, 4 p, 4 d, 4 f

Atommodell

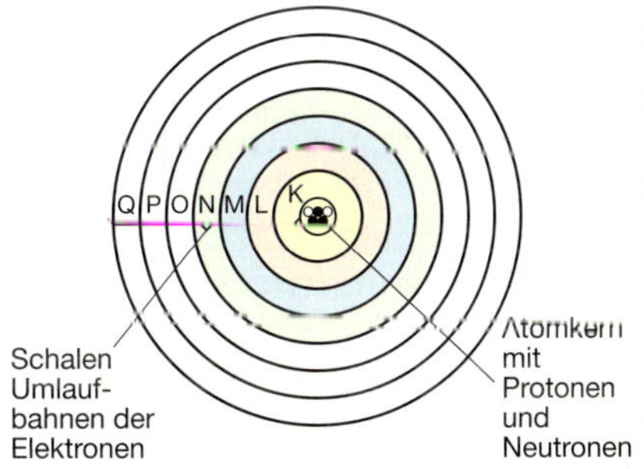

Relative Atommasse *A*

$$A = \frac{\text{Masse des neutralen Atoms}}{\frac{1}{12}\text{ der Masse des Kohlenstoffatoms } {}^{12}\text{C}}$$

Eine relative Masseneinheit beträgt $1{,}6605 \cdot 10^{-27}$ kg.

Atomsymbole und ihre Schreibweise

	Chlormolekül	Chlorid-Ion	Wasserstoffmolekül	Natriumchloridmolekül
ohne Angabe der Ionenladung	Cl_2		H_2	NaCl
mit Angabe der Ionenladung		$2\ Cl^-$	$2\ H^-$	$(Na^+\ Cl^-)$

Beispiel:

A = Z + N
(N: Neutronenzahl)

Nukleonenzahl A: 12; Protonenzahl Z (Ordnungszahl): 6 — $^{12}_{6}C$

Ca^{2+} — Ionenladung

O_2 — 2: Stöchiometrischer Index

Oxidationszahlen: $C^{IV}\ (Cl^{-I})_4$; $Na_2\ \overset{6+2-}{[SO4]}$

Stoffabscheidung durch Elektrolyse (Galvanisieren)

Material separation by electrolysis (electroplating)

Stoffabscheidung durch Elektrolyse

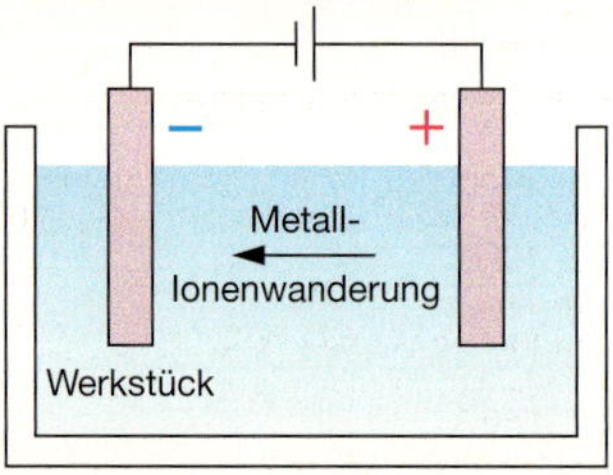

Wirkungsgrad (Stromausbeute)

Katodischer Wirkungsgrad

$\eta = \frac{m^*}{c \cdot I \cdot t}$ m^*: verfügbare Masse

Der Wirkungsgrad ist stark von der Anlage abhängig.

Die Verluste entstehen durch:
- Nebenreaktionen (z. B. Wasserstoffabscheidung)
- Zusammensetzung der Flüssigkeit
- Erwärmung der Flüssigkeit

Massenberechnung (Faradaysches Gesetz)

$m = c \cdot I \cdot t$

m: Masse

c: elektrochemisches Äquivalent

$[c] = \frac{\text{mg}}{\text{As}}, \frac{\text{g}}{\text{Ah}}$ $1\,\frac{\text{mg}}{\text{As}} = \frac{3{,}6\,\text{g}}{\text{Ah}}$

I: Stromstärke

t: Zeit

Schichtdicke *s*

$s = \frac{m}{A \cdot \varrho}$ $s = \frac{c \cdot I \cdot t}{A \cdot \varrho}$ $s = \frac{c \cdot J \cdot t}{\varrho}$

ϱ: Dichte

Stromdichte *J*

$J = \frac{I}{q}$ q: Fläche $[J] = \frac{\text{A}}{\text{dm}^2}$

Metall	Wertigkeit	elektrochem. Äquivalent c in $\frac{\text{g}}{\text{A} \cdot \text{h}}$	Metall	Wertigkeit	elektrochem. Äquivalent c in $\frac{\text{g}}{\text{A} \cdot \text{h}}$	Metall	Wertigkeit	elektrochem. Äquivalent c in $\frac{\text{g}}{\text{A} \cdot \text{h}}$
Al Aluminium	III	0,3356	Au Gold	I	7,3490	Mn Mangan	II	1,0249
Pb Blei	II	3,8654	Au Gold	III	2,4497	Ni Nickel	II	1,0954
Cd Cadmium	II	2,0969	Co Kobalt	II	1,0994	Pt Platin	IV	1,8195
Cr Chrom	III	0,6467	Cu Kupfer	I	2,3707	Ag Silber	I	4,0247
Cr Chrom	VI	0,3233	Cu Kupfer	II	1,1854	Zn Zink	II	1,2197
Fe Eisen	II	1,0419	Mg Magnesium	II	0,4535	Sn Zinn	II	2,2142

Korrosionsschutzmaßnahmen – *Corrosion protection measures*

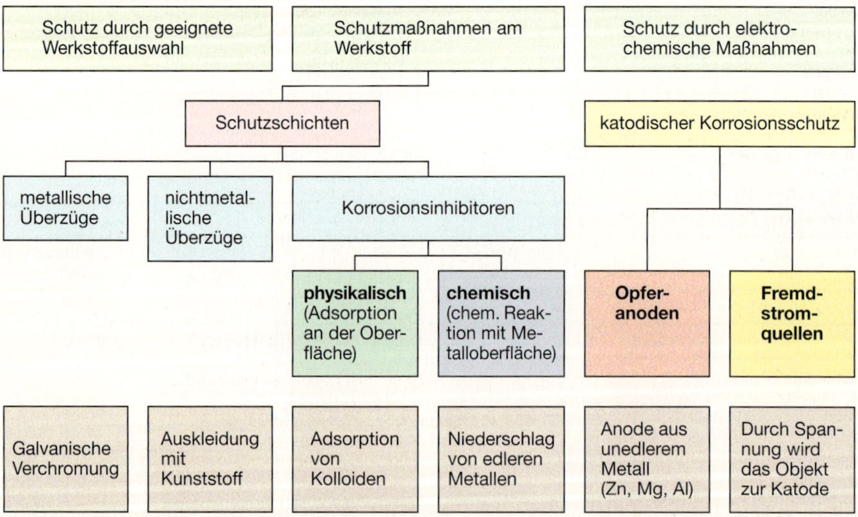

Sachwortverzeichnis

deutsch / englisch

B

D

E

F

H

I

J

K

L

M

N

O

P

Q

R

S

T

U

V

X, Y, Z

Bildquellenverzeichnis

Verlag und Autoren möchten hiermit den nachstehend aufgeführten Firmen, Verbänden, Institutionen, Zeitschriften- und Buchredaktionen sowie Einzelpersonen für ihre tatkräftige und großzügige Hilfe bei der Bereitstellung von Bild- und Informationsmaterial und für ihre Beratung danken.

F = Foto(s); Z = Zeichnung(en)

Albert Ackermann GmbH & Co. KG, Gummersbach: Z: 120 (oben)
ALTRAD plettac assco GmbH, Plettenberg: Z: 32.6
audio Network distribution GmbH & Co. KG (Belden Wire & Cable B. V., Venlo): F: 121
Berufsgenossenschaft der Feinmechanik und Elektronik (BGFE), Köln: F: 200
BW Bildung und Wissen Verlag und Software GmbH, Nürnberg: F: 5, 103
DataOptics GmbH, Rebesgrün: F: 122.1 + 3
Dätwyler Kabel + Systeme GmbH, Lahnstein: F: 185 (Mitte), 186 (links)
Dehn + Söhne, Neumarkt/ OPF.: Z: 189, 190
Dimplex, Kulmbach: Z: 290
fischerwerke- Artur Fischer GmbH & Co. KG, Waldachtal: F + Z: 136, 137
Fluke Deutschland GmbH, Kassel: F: 75
Forschungszentrum, Jülich: F: 315
Fotostudio Druwe & Polastri, Cremlingen/ Weddel: F: 54
Hager Tehalit GmbH, Blieskastel: F: 146 (K)
Helukabel GmbH, Hemmingen/ Stuttgart: F: 142, 144
Gustav Hensel GmbH & Co. KG, Lennestadt: F: 146 (A)
Hymer-Leichtmetallbau, Wangen: Z: 32.1 – 5
iiyama Deutschland GmbH, Feldkirchen: F: 106 (oben)
Kabelwerk AG Eupen, Belgien: F: 281
Kaiser GmbH & Co, Schalksmühle: F: 146 (U/H/B)
Kathrein- Werke KG, Rosenheim: Z: 257, 58, 260; F + Z: 261
Knipex-Werk C. Gustav Putsch, Wuppertal: F: 122.2, 147, 148
MAN ROLAND Druckmaschinen AG, Augsburg: F: 165
Moeller GmbH, Bonn: F: 154, 177, 218
NEC Deutschland GmbH, Ismaning: F: 106 (unten)
Osram GmbH, München: 301.1 - 5; F: 310; Z: 315
Phoenix Contact GmbH & Co. KG, Blomberg: F: 189.1,2,3
Dieter Rixe , Braunschweig: F: 125
Volker Rodenberg GmbH, Düsseldorf: F: 185 (links und rechts)
S. Siedle & Söhne, Furtwangen: Z: 250, 251
Schupa Elektro GmbH, Schalksmühle: F: 1973
Schürer GmbH, Kirchheim/ Teck: F: 288 (rechts)
SFC Smart Fuel Cell AG, Brunnthal-Nord: F: 168
Siemens AG, München: F: 79, 201
Siemon, Frankfurt: F: 120 (unten)
Günther Spelsberg GmbH & Co. KG, Schalksmühle: F: 156
Stiebel Eltron GmbH & Co. KG, Holzminden: F: 273, 288 (links)
suki.international GmbH, Landscheid: F: 131
Swisslux AG, CH- Oetwil am See: F + Z: 224
Thermax-Technik Deutschland, Oberhausen: Z: 186 (unten rechts)
Thorn Licht GmbH, Arnsberg: F: 311
TKM GmbH, Mönchengladbach: F: 122.4
Trilux- Lenze GmbH & Co. KG, Arnsberg: F: 301 (unten); 312
Tyco Electronics Raychem GmbH, Energy Division, Ottobrunn: F: 184
VARTA Gerätebatterie GmbH, Ellwangen: F: 173, 174
VC Videocomponents GmbH, Neumünster: F: 272
Wago Kontakttechnik GmbH, Minden: F: 39
Zentralverband der Deutschen Elektro- und Informationstechnischen Handwerke (ZVEH), Frankfurt a. M.: F: 225, 247

→ Weitere Produkte aus unserem

Elektrotechnik-Programm:

Das Konzept der Grundbildung

Elektrotechnik Lernbuch

Gerd Engbarth, Heinrich Hübscher, Jürgen Klaue, Stephan Sausel, Mike Thielert

Das Lernbuch gliedert sich in vier Kapitel, die den Lernfeldern der beruflichen Grundbildung entsprechen. An verschiedensten Systemen, wie z.B. PC-Netzteil, einer Hausinstallation oder einer Windenergieanlage werden die geforderten Inhalte dargestellt. Lernfeldübergreifende Themen werden im Anhang gesondert behandelt.

256 S., 19x26 cm, vierfarbig, 2. Aufl. 2004, Festeinband. Best-Nr. **221532**

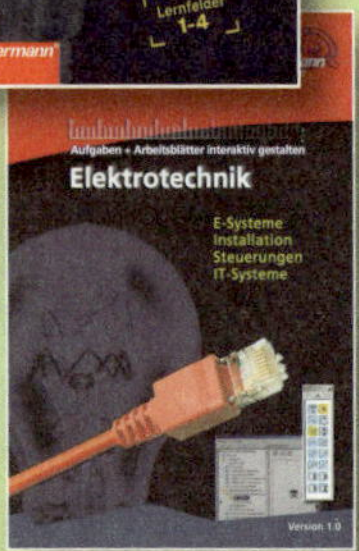

CD-ROM Elektrotechnik interaktiv

Gerd Engbarth, Heinrich Hübscher, Jürgen Klaue, Stephan Sausel, Mike Thielert

Zur aktiven Auseinandersetzung mit dem Lernbuch werden auch Aufgaben gestellt. Sie erhalten ein Layoutprogramm, das mit einer Datenbank hinterlegt ist: Diese stellt alle Materialien des Buches wie Fotos, Zeichnungen und Tabellen zur Verfügung. Intuitiv lassen sich mit diesem Fundus schnell eigene Arbeitsblätter oder Präsentationen erstellen.

Interaktive CD. Best-Nr. **364032**

Elektrotechnik Aufträge

Gerd Engbarth, Heinrich Hübscher, Jürgen Klaue, Stephan Sausel, Mike Thielert

Das Auftragsbuch enthält neu entwickelte, auch kundenorientierte Aufträge. Sie sind in ihrer Gliederung einerseits eng an das Lernbuch gekoppelt, können aber auch unabhängig davon genutzt werden. Es wird unterschieden zwischen einfachen sowie komplexen Aufträgen, oft auch in Englisch. Im Anhang werden mathematische Grundlagen abgefragt.

143 Seiten, DIN A4, vierfarbig, 2. Aufl. 2005, Broschur. Best-Nr. **221533**

Daten-CD Elektrotechnik

Integraler Bestandteil der Gesamtkonzeption ist diese Daten-CD mit den folgenden drei Schwerpunkten:

66 fertige Arbeitsblätter zum Soforteinsatz: Auf die jeweiligen Lernfelder bezogene Arbeitsblätter inkl. Lösungen (ebenfalls als PDF).

Lösungen aller Aufträge als PDF, z. T. verlinkt mit Standardprogrammen (MS-Office). Hier können erste Erfahrungen mit fertigen Dateien gesammelt werden.

Software. Hier finden Sie Programme, mit denen Aufträge gelöst, simuliert und nachvollzogen werden können, wie z. B. Siemens LogoSoft!.

Daten-CD. Best-Nr. **364033**